Kreiser / Gottwald / Stelzner

Nichtklassische Logik

Nichtklassische Logik

Eine Einführung

2., durchgesehene Auflage

Herausgegeben von

Lothar Kreiser
Siegfried Gottwald
Werner Stelzner

Akademie-Verlag Berlin

Autorenkollektiv:

Prof. Dr. sc. nat. Siegfried Gottwald (Abschnitte 2.1.—2.4.7. und 2.5.)
Prof. Dr. phil. habil. Leon Gumański (Abschnitt 5.4.)
Prof. Dr. sc. phil. Lothar Kreiser (Kapitel 1)
Dr. phil. Ingolf Max (Kapitel 9)
Dr. phil. Hans-Peter Mohr (Kapitel 8)
Dr. rer. nat. Uwe Petermann (Kapitel 7)
Dr. sc. phil. Peter Steinacker (Kapitel 3)
Prof. Dr. sc. phil. Werner Stelzner (Abschnitte 5.1.—5.3.)
Doz. Dr. sc. phil. Peter Strehle (Abschnitte 2.4.8., 2.4.9.)
Dr. sc. phil. Max-Peter Urchs (Kapitel 1, 4 und 6)

Der Abschnitt 5.4. wurde aus dem Polnischen übersetzt von
Dr. sc. phil. Max-Peter Urchs, Berlin

ISBN 3-05-000274-3

Erschienen im Akademie-Verlag Berlin, DDR-1086 Berlin, Leipziger Str. 3—4

Lizenznummer: 202 · 100/173/90
Printed in the German Democractic Republic
Fotomechanischer Nachdruck und buchbinderische Weiterverarbeitung: VEB Druckerei „Thomas Müntzer", 5820 Bad Langensalza
Einbandgestaltung: Peter Werzlau
LSV 0145
Bestellnummer: 7545649 (6981)

Inhaltsverzeichnis

Vorwort

Charakteristisch für die Entwicklung der Logik in den letzten Jahrzehnten ist neben dem Ausbau der klassischen zweiwertigen extensionalen Aussagen- und Prädikatenlogik und der Erweiterung ihres Anwendungsbereiches vor allem der Aufbau zahlreicher Systeme, die in den verschiedensten Richtungen entweder die Ausdrucksmittel der klassischen Logik erweitern oder auf einzelne ihrer als problematisch empfundenen Annahmen verzichten. Es hat sich eingebürgert, diese neuen Zweige der Logik summarisch als „nichtklassische Logik" bzw. als „nichtklassische logische Systeme" zu bezeichnen. Neben anschaulich motivierter Kritik, z. B. am tertium non datur der klassischen Logik oder an einzelnen Gesetzen der materialen Implikation, waren es vor allem den traditionellen Rahmen des Mathematischen überschreitende Anwendungsabsichten vorzugsweise in gesellschaftswissenschaftlichen Fachrichtungen, die den Aufbau nichtklassischer logischer Systeme stimulierten. Da sich dabei die Aufgabe einer semantischen Begründung syntaktisch aufgebauter Kalküle in neuer Weise stellt, spricht man in Rücksicht auf die logisch-semantischen Diskussionen gelegentlich statt von nichtklassischer Logik auch von „philosophischer Logik"; wir halten den letztgenannten Terminus aber für mißverständlich und für unglücklich gewählt, und werden ihn deshalb in diesem Buch auch nicht verwenden.

Wesentlicher Bezugspunkt aller nichtklassischen logischen Systeme ist die klassische Logik, hier wieder vor allem die Aussagenlogik. Wir setzen eine gewisse Vertrautheit mit der klassischen Aussagenlogik voraus. Den hier notwendigen Umfang des Wissens kann man sich eventuell durch Einsicht in eines der vielen Bücher über die klassische Logik und speziell zur klassischen Aussagenlogik aneignen, wie etwa durch ein auswählendes Studium der „Einführung in die mathematische Logik. Teil 1. Aussagenkalkül", Leipzig 1959, von G. Asser. Wir verwenden auch kommentarlos gewisse mengentheoretische Begriffsbildungen, so etwa die Teilmengenbeziehung (bezeichnet durch: $\subseteq$), die Durchschnittsbildung (bezeichnet durch: $\cap$), die Vereinigungsbildung (bezeichnet durch: $\cup$), die Bildung des kartesischen Produkts (bezeichnet durch: $\times$), die Bildung der Menge $\{a \mid H(a)\}$ aller Objekte a mit der Eigenschaft H, den Begriff der Abbildung f von einer Menge A in eine Menge B (bezeichnet durch: $f\colon A \to B$) und den Begriff der Potenzmenge. Hier wird notfalls schon ein Blick in ein mathematisches Wörterbuch die erforderliche Aufklärung geben. Das Zeichen „$\overset{\text{def}}{=\!=}$" steht für: bedeutet per definitionem dasselbe wie, und „gdw" ist eine Abkürzung von: genau dann, wenn.

Das erste Kapitel des Buches enthält ebenfalls eine begriffliche Festlegung der im Buch verwendeten Termini und Operationssymbole aus der klassischen Logik. Sein Hauptzweck aber ist, die inhaltliche Klammer für das anzugeben, was zur Logik in unserem Verständnis zu rechnen ist. Ein Leser, dem es mehr um die Bekanntschaft mit einem bestimmten nichtklassischen logischen System geht, kann das erste Kapitel überschlagen, sofern er sich nicht über die Festlegung klassisch-logischer Termini und Operationssymbole informieren will. Der letztlich gemeinsame Bezug auf das erste Kapitel und der wechselweise Zusammenhang zwischen den ausgewählten nichtklassischen logischen Systemen erzeugt die notwendige Einheitlichkeit in ihrer Auffassung und ihrer Darstellungsweise.

Im wesentlichen können alle behandelten nichtklassischen Systeme als gleichrangig angesehen werden. Ihren jeweils spezifischen Wert bekommen sie in Anwendungssituationen. Für den Logiker ist keines dieser Systeme anderen gegenüber aus logischen Gründen bevorzugt. Wenn trotzdem im vorliegenden Buch dem Abschnitt über Modallogik eine gewisse Sonderstellung zukommt, so allein deshalb, weil dort die in verschiedenen anderen nichtklassischen Systemen ebenfalls wesentlich benutzte sogenannte Kripke-Semantik eingeführt und erläutert wird.

Das vorliegende Buch wendet sich nicht nur und nicht einmal in erster Linie an den Fachlogiker. Wir möchten Interessenten und potentiellen Anwender Grundlegendes über inhaltliche Auffassungen und deren formale Realisierungen in verschiedensten Systemen der nichtklassischen Logik erläutern, ohne zu sehr in formale Details einzugehen. Dieses Buch ist deshalb eine elementare, nicht zu spezielle Darstellung zahlreicher Gebiete der nichtklassischen Logik, mit ausführlichen Literaturhinweisen für ein weitergehendes Studium.

Da die historischen Beweggründe für die Entwicklung einer logischen Theorie auch Hinweise auf Probleme enthalten, die durch die intendierte Theorie gelöst werden sollen, kommen mit einer behandelten nichtklassischen logischen Theorie auch ihre historischen Wurzeln zur Sprache.

Nicht alles, was zum heutigen Bestand nichtklassischer logischer

Systeme zählt, konnte in dieses Buch aufgenommen werden. Obwohl wir ein ziemlich breites Spektrum zu präsentieren versuchen, müssen wir den Leser z. B. bezüglich induktiver Logik, parakonsistenter Logik und auch relevanter Logik auf die Spezialliteratur verweisen.

Mit der Hoffnung, ein Buch vorzulegen, daß zur Orientierung dient und zur weiteren Arbeit auf diesen sich sowohl in der Forschung als auch in seinen Anwendungsbereichen rasch entwickelnden Gebieten einlädt, verbinden wir den Dank an alle in- und ausländischen Kollegen, die uns in aufgeschlossener Diskussion wertvolle Anregungen gegeben haben. Dem Akademie-Verlag und den Mitarbeitern des Druckhauses „Maxim Gorki" danken wir an dieser Stelle ausdrücklich für die Sorgfalt und Mühe bei der Drucklegung dieses Buches sowie Herrn Henning Moritz für die wertvolle Unterstützung beim Mitlesen der Korrekturfahnen und für die Anfertigung des Personenregisters.

Lothar Kreiser   Siegfried Gottwald   Werner Stelzner

Vorwort zur zweiten Auflage

Positive Beurteilungen der ersten Auflage und die Tatsache, daß sie innerhalb kürzester Zeit vergriffen war, haben Verlag und Herausgeber veranlaßt, der andauernden Nachfrage wegen diese 2. Auflage rasch und nur mit geringfügigen Änderungen folgen zu lassen. Diese Änderungen sind Korrekturen von Satzfehlern bzw. doch noch unterlaufenen Unkorrektheiten. Dem suchenden Auge, zwischen rein syntaktischer Kontrolle und dem Einlesen in den Sinn der Sätze sich bewegend, entgeht eben leider manchmal, was nachträglich bemerkt eigentlich unübersehbar scheint.

Natürlich haben wir uns die Frage gestellt, ob man nicht den Bereich der hier vorgestellten nichtklassischen logischen Theorien erweitern sollte. Da dies aber in der kurzen, zur Vorbereitung dieser 2. Auflage verfügbaren Zeit nicht zu bewältigen war, hoffen wir, daß stetes Interesse der Leser eine weitere Auflage ermöglichen wird, die wir dann überarbeitet und erweitert vorlegen zu können hoffen.

Lothar Kreiser   Siegfried Gottwald   Werner Stelzner

1. Klassische und nichtklassische Logik

1.1. Zum Gegenstand der Logik*

In diesem Abschnitt wollen wir kurz und in einer mehr beschreibenden Weise unsere Auffassung von Logik darlegen. Dabei geht es uns hier nicht vorrangig um den Bestand allen logischen Wissens, sondern vor allem um die Darstellungsweise solchen Wissens. Da es keine allgemein anerkannte Definition des Gegenstandes der Logik gibt, scheint uns ein solcher Abschnitt nützlich und in Anbetracht dessen, daß mit diesem Buch eine Einführung in eine Vielzahl logischer Theorien gegeben werden soll, auch unumgänglich. Im Idealfall wäre eine allgemeine Konzeption von Logik darzulegen, aus der man mindestens alle bekannten logischen Theorien durch Spezifikation erreicht. Ein in diese Richtung weisender Ansatz verbindet sich mit dem allgemeinen Kalkülbegriff. Im folgenden Abschnitt werden wir darauf zurückkommen.

Der inhaltliche Zusammenhang der logischen Kalküle läßt sich bis zu einem gewissen Grade dadurch einsichtig machen, daß man sie in Beziehung zu einer fest ausgewählten logischen Theorie setzt — und so verfahren wir auch nachfolgend. Die zu diesem Zwecke ausgewählte logische Theorie ist die sogenannte klassische Logik. Der Ausdruck „nichtklassische Logik" deutet die Verneinung von klassischer Logik unter dem gemeinsamen Oberbegriff Logik an. Es hat sich eingebürgert, unter klassischer Logik einen Bestand an logischen Theorien über Aussagen und ihre inneren Strukturen zu verstehen, für die die *Zweiwertigkeit* und die *Extensionalität* charakteristische Voraussetzungen sind. Was ist damit gemeint?

Beginnend mit der klassischen Logik hat sich eine Sprachbetrachtung[1]

---

* Unter Mitarbeit von Werner Wolff.

1 Eine Sprache, insbesondere die Fachsprache einer Wissenschaft, ist sozusagen das Medium, durch das der Wissenschaft vom Logischen eben dieses Logische gegeben ist. Allein wegen dieser Art des Gegebenseins, die „perfektioniert" wird durch eine das betreffende Logische „rein" zum Ausdruck bringende formalisierte Sprache, tritt der Sprachbezug hier so in den Vordergrund. Das Logische selbst hat einen in dem durch die Praxis vermittelten Verhältnis von Erkennen und Wirklichkeit liegenden außersprachlichen Grund.

herausgebildet, die auch in der nichtklassischen Logik fortgeführt wird und die verallgemeinernd folgendermaßen beschrieben werden kann: Sprache gilt als aus kleinsten Einheiten rekursiv aufgebaut, und zwar parallel syntaktisch und semantisch. In der Semantik wird in Übereinstimmung mit der Sprachwissenschaft unterstellt, daß sprachliche Ausdrücke nicht nur eine Bedeutung, sondern auch einen Sinn, nicht nur eine Extension, sondern auch eine Intension haben, also insbesondere nicht nur für bestimmte Gegenstände stehen, sondern auch in bestimmter Weise verstanden werden, bzw. die Gegebenheitsweise der Gegenstände, für die sie stehen, bestimmen. Die umgekehrte und nicht selbstverständliche Unterstellung, daß sprachliche Ausdrücke nicht nur einen Sinn, sondern auch eine Bedeutung haben müssen, wurde zwar zu Beginn der Entwicklung der klassischen Logik gemacht und erleichterte ihren Aufbau, ist aber nur bei einer bestimmten Deutung des syntaktischen Apparates erforderlich.

Idealisierend wird unterstellt, daß Bedeutung und Sinn eines Ausdrukkes eindeutig bestimmt und konstant, d. h. invariant bezüglich seiner Verwendung sind. Auf dieser Basis ergeben sich unproblematisch folgende Zusammenhänge: Der Sinn eines Ausdrucks ist in regelgeleiteter Weise abhängig vom Sinn seiner Teilausdrücke — oder anders formuliert: ein Sprecher, der die entsprechenden Regeln kennt, versteht einen Ausdruck genau dann, wenn er alle seine Teilausdrücke versteht. Der Sinn eines Ausdrucks bestimmt nun seine Bedeutung, d. h. die Bedeutung eines Ausdrucks kann bestimmt werden, wenn er verstanden wurde.

Wenn nun zusätzlich gefordert wird, daß die Bedeutung eines Ausdrucks nur von der Bedeutung seiner Teilausdrücke abhängt, so gilt dies sicher nicht für beliebige Ausdrücke.

Kontexte, als komplexe Ausdrücke, die diese Forderung erfüllen, heißen extensionale Kontexte, und Funktoren, die derartige Ausdrücke bilden, heißen extensionale Funktoren. Extensionale Kontexte lassen sich äquivalent durch folgenden Zusammenhang charakterisieren: wenn wir in ihnen einen beliebigen Teilausdruck durch einen bedeutungsgleichen ersetzen, so bleibt die Bedeutung des Kontextes konstant. In der klassischen Logik werden nur Folgebeziehungen in extensionalen Behauptungskontexten untersucht.

Wir hatten bisher offengelassen, wie der Ausdruck „Bedeutung" näher bestimmt wird. Es wäre zum Beispiel denkbar, als Bedeutung eines Aussagesatzes den durch ihn beschriebenen Sachverhalt einzuführen. Daß der Wahrheitswert eines Behauptungssatzes als seine Bedeutung gewählt wird, hängt offensichtlich mit der Bestimmung des Folgerungsbegriffes zusammen. Unter diesen Voraussetzungen sind die Eigenschaften extensionaler Satzfunktoren durch Wahrheitsfunktionen beschreibbar; und damit ist eine Abstraktion zu vollziehen von Aussagen auf Wahrheitswerte, von Aussagenvariablen auf Wahrheitswertvariable und von Satzfunktoren auf Funktionen (Junktoren), die n-Tupeln von Wahrheitswerten Wahrheitswerte zuordnen.

Diese wahrheitsfunktionale Betrachtungsweise hat nun selbst Konsequenzen für die syntaktische Gliederung elementarer Behauptungssätze. Es wird von einer Teilklasse elementarer Behauptungssätze, den atomaren Behauptungssätzen, ausgegangen, in denen die Bezeichnungen von individuellen Gegenständen und der jeweilige Rest des Satzes herausgehoben werden, wobei dieser Rest als Prädikat bezeichnet und als sprachlicher Ausdruck für eine Funktion betrachtet wird, die n-Tupeln von Gegenständen Wahrheitswerte zuordnet. Die hiermit gegebene funktionale Betrachtungsweise läßt sich verallgemeinert auf Kontexte übertragen, die nicht-extensional sind, in denen aber folgendes Prinzip gilt: Die Bedeutung des Kontextes ändert sich bei einer beliebigen intensionsgleichen Ersetzung eines beliebigen Teilausdruckes nicht. Solche Kontexte heißen intensionale Kontexte. Kontexte, in denen selbst dieses Prinzip nicht gilt, werden nicht-intensionale Kontexte genannt. Während in intensionalen Kontexten eine Abstraktion von Aussagen auf ihre Intensionen vollzogen werden kann, ist in nicht-intensionalen Kontexten selbst diese Abstraktion nicht möglich: Objekte der Analyse können nur die Aussagen selbst sein.

Verneinen wir nun, daß eine klassische logische Theorie vorliegt, so wird die Zweiwertigkeit oder die Extensionalität oder beides verneint. Die Verneinung der Zweiwertigkeit führt zum Aufbau von mehrwertigen logischen Theorien. Die Zahl der Wahrheitswerte kann dabei endlich oder unendlich sein. Die Extensionalität läßt sich so einfach nicht verneinen, weil es dann schwierig wäre, etwas zu bestimmen, was tragfähig genug zum Aufbau einer logischen Theorie ist. Sie kann aber erstens durch Aufnahme außerlogischer Voraussetzungen abgeschwächt werden. Das führt zu angewandten logischen Theorien. Z. B. läßt sich die Zeitlogik als angewandte Prädikatenlogik auffassen. Die Extensionalität kann zweitens eingeschränkt werden, indem gewisse Ausdrücke, die extensionale Aussagenverbindungen sind, explizit ausgeschlossen werden. Ein Beispiel für eine derartige Einschränkung ist die sogenannte relevante Logik. Die Gründe für eine solche Einschränkung sind dabei nicht außerlogischer Natur. In der Regel verbinden sie sich mit dem Bemühen, gewissen als paradox empfundenen Eigenschaften der logischen Folgebeziehung keine syntaktische Entsprechung zu geben.

Um die der klassischen Logik eigene Folgebeziehung definieren zu können, benötigen wir den Begriff eines formalen Schlußschemas. Wir gehen dazu von einem konkreten Schlußbeispiel aus:

(1) Jede Primzahl ist eine natürliche Zahl.
(2) 5 ist eine Primzahl.

---

5 ist eine natürliche Zahl.

Ersetzt man die Begriffsausdrücke „Primzahl" und „eine natürliche Zahl" durch „*A*" und „*B*" und vereinbart, daß diese Buchstaben den Platz für Begriffsausdrücke frei halten, also Variablen sind, für die nur Begriffsausdrücke eingesetzt werden können (derselbe Begriffsausdruck für dieselbe Variable), vereinbart man ferner, daß der Buchstabe „*a*" an die Stelle von „5" gesetzt eine Variable nur für Eigennamen ist (mit derselben Einsetzungsbedingung), so geht das Schlußbeispiel in das folgende Schlußschema über:

(1) Jedes A ist B
(2) a ist A

---

a ist B

Der waagerechte Strich steht für eine logische Grundbeziehung, die gerade zu definieren ist. Die Aussagen über dem Strich heißen die Prämissen, die Aussagen unter dem Strich die Konklusion. Beide Bezeichnungen werden auch beim Übergang zum formalen Schlußschema beibehalten.

Ein formales Schlußschema ist ein mittels Variablen mit festen Einsetzungsbedingungen und Zeichen für logische Konstanten so aufgebautes Schema, daß bei zulässiger, d. h. den Einsetzungsbedingungen entsprechender Einsetzung, ein Schlußbeispiel entsteht. Ein Schlußbeispiel besteht aus der Behauptung, daß aus n (hier $n = 2$) untereinander geschriebenen Aussagen eine weitere, durch einen Strich getrennte Aussage logisch folgt (kurz: folgt). Diese Behauptung ist wahr dann und nur dann, wenn das formale Schlußschema, aus dem das Schlußbeispiel durch zulässige Einsetzung entstand, folgende Eigenschaft hat: Bei jeder zulässigen Einsetzung, bei welcher die Prämissen wahre Aussagen sind, ist auch die Konklusion eine wahre Aussage.

Das ist die Definition der klassischen logischen Folgebeziehung mittels formaler Schlußschemata. Der waagerechte Strich steht also für die logische Folgebeziehung.

Ein formales Schlußschema, das die Eigenschaft hat, daß zwischen seinen Prämissen und seiner Konklusion die logische Folgebeziehung besteht, nennt man ein gültiges formales Schlußschema (vgl. zu dieser Begriffsbildung: Borkowski [1976], S. 28ff.). Bezüglich jeder durch zulässige Einsetzung aus einem gültigen formalen Schlußschema entstandenen Konklusion kann man sagen, daß sie aus den jeweiligen Prämissen (logisch) folgt. Man kann aber nicht behaupten, daß sie in jedem Fall auch wahr ist. Das kann man erst, wenn man weiß, daß alle Prämissen wahr sind. (Sie ist zwar auch dann wahr, wenn die Prämissen ohne unser Wissen darum wahr sind, aber wir könnten daraus doch keinen Gewinn ziehen.)

Die klassische Folgebeziehung läßt sich in verschiedener Richtung verallgemeinern. Zum einen wäre denkbar, sinnvolle Sätze zu betrachten, die keinen Wahrheitswert haben. Dann haben wir es mit Sätzen zu tun, die keine Aussagen sind, also z. B. mit Fragen, Befehlen, Bitten oder Aufforderungen. Kann an die Stelle von Wahrheit bei solchen Satzarten eine mit dem ausgedrückten Sinn verbundene andere Eigenschaft treten, daß immer dann, wenn solche sinnvollen Sätze als Prämissen diese Eigenschaft haben, sie auch der als Konklusion vorkommende sinnvolle Satz gleicher Art hat, so ist die Folgebeziehung erfüllt. So kann man z. B. bezüglich einer Norm sagen, daß sie gültig ist oder nicht. Dann ist die und-Verbindung zweier Normen eine Norm, die gültig ist genau dann, wenn die beiden in diese Verbindung eingehenden Normen gültig sind. Die Extensionalität bleibt gewahrt, ebenso die Zweiwertigkeit, obwohl die Werte keine Wahrheitswerte sind. Auch in diesem Fall erhält man eine nichtklassische logische Theorie, da ihre Objekte keine Aussagen sind.

Klassische und nichtklassische logische Theorien sind Deutungen der allgemeinen Folgebeziehung je nach in Betracht gezogener Satzart. Dabei ist hier „Satzart" in einem grammatischen Sinne zu verstehen. Die oben gegebene Definition einer speziellen Folgebeziehung geht in die Definition der allgemeinen Folgebeziehung über, wenn anstelle von „Aussagen" gesetzt wird „Sätze", und an die Stelle von „Wahrheitswert" nunmehr „ausgezeichneter Wert".

Weil die allgemeine Folgebeziehung dieselbe ist, wie immer auch gedeutet, handelt es sich um zusammengehörige, die eine Logik ausmachende Theorien. Logik hat somit die allgemeine Folgebeziehung in der Menge möglicher Deutungen über Satzarten zum Gegenstand. Eine solche Deutung legt umgekehrt auch eine bestimmte Folgebeziehung fest. Die Auswahl einer Satzart ist die zur Zeit auch übliche Verfahrensweise beim Aufbau eines nichtklassischen logischen Systems. Berücksichtigt man Behauptungssätze, die zwar einen Wahrheitswert haben, aber nicht-extensionale oder sogar nicht-intensionale Kontexte bilden, so erhält man auf diese Weise, je nach weiterer Spezifikation der Behauptungssätze, eine zur nichtklassischen Logik gehörende logische Theorie. Ein solches Verständnis von nichtklassischer Logik ist das vorherrschende und liegt auch den in diesem Buch dargestellten logischen Theorien zugrunde.

Es sei nochmals darauf hingewiesen, daß die Spiegelung der Voraussetzungen nichtklassischer logischer Theorien an denjenigen der klassischen logischen Theorien nur einer systematisierenden Sichtweise diente, die eine Gegenstandsbestimmung von Logik zum Ziel hatte. Als ein methodisches Verfahren beschreibt es nicht zugleich auch die tatsächliche Entstehungsgeschichte nichtklassischer logischer Theorien. So sind z. B. die heutigen modallogischen Untersuchungen historisch aus dem Bemühen hervorgegangen, einen stärkeren inhaltlichen Zusammenhang zwischen den Prämissen und der Konklusion eines Schlusses herzustellen. Wie im Vorwort bereits erwähnt, werden die einzelnen Kapitel auch über die historischen Beweggründe für jede der behandelten nichtklassischen logischen Theorien Auskunft geben.

1.2. Zum allgemeinen Kalkülbegriff

Präziser als die allgemeine Folgebeziehung läßt sich der Kalkülbegriff bestimmen. In diesem Abschnitt werden wir eine so allgemeine Definition dieses Begriffes geben, daß alle in diesem Buch zur Sprache kommenden logischen Kalküle Spezifizierungen von ihm sind. Explizit darstellen werden wir das in bezug auf Kalküle der klassischen Logik, weil wir dadurch zugleich auch gewisse terminologische Festsetzungen für alle Kapitel des Buches treffen können. Die Spezifikation stellt keine Einführung in die klassische Logik dar. Wer auf diesem Gebiet sein Wissen auffrischen oder vertiefen will, sei auf die reichlich vorhandene Literatur zur klassischen Logik verwiesen, so z. B. auf Asser [1959], Novikov [1973], Borkowski [1976], Schreiber [1977] oder Wessel [1984].

Ein Leser, dem es weniger um innerlogische Grundsatzbetrachtungen geht, kann diesen Abschnitt überschlagen, denn zum Studium der meisten nicht-klassischen logischen Systeme sind von logischer Seite her Grundkenntnisse der klassischen Aussagenlogik hinreichend. Über die Festsetzungen kann er sich anhand des Stichwortverzeichnisses durch Zurückschlagen informieren. Wie bei Begriffsbildungen unvermeidlich, ist das Folgende äußerlich eine Abfolge von Bestimmungen.

Sei AD eine abzählbar unendliche Menge von Ausdrücken, $\{H, G, F, H_1, G_1, F_1, \ldots\}$, die aus atomaren Ausdrücken **AT** mittels der Junktoren $\xi_1, \ldots, \xi_n$ gebildet wurden. Das Tupel $\langle \mathsf{AD}, \xi_1, \ldots, \xi_n \rangle$ nennen wir eine *formale Sprache* $\mathbf{L}$. Wir sagen, daß eine formale Sprache $\mathbf{L}_1$ *Erweiterung* einer formalen Sprache $\mathbf{L}_2$ — und $\mathbf{L}_2$ entsprechend *Redukt* von $\mathbf{L}_1$ — ist, wenn die Junktoren von $\mathbf{L}_2$ allesamt Junktoren von $\mathbf{L}_1$ sind und die Ausdrucksmenge AD_2 gleich der Menge aller derjenigen Ausdrücke von $\mathbf{L}_1$ ist, die ausschließlich mittels in $\mathbf{L}_2$ vorkommender Junktoren gebildet wurden.

Eine Abbildung C der Menge aller Untermengen von AD in sich selbst nennen wir *Konsequenzoperation* in $\mathbf{L}$, wenn sie folgende Bedingungen erfüllt:

Für alle $\Gamma \subseteq \mathsf{AD}$ gilt: $\Gamma \subseteq \mathsf{C}(\Gamma) = \mathsf{C}(\mathsf{C}(\Gamma))$;

Für alle $\Gamma, \Sigma \subseteq \mathsf{AD}$ gilt: wenn $\Gamma \subseteq \Sigma$, dann $\mathsf{C}(\Gamma) \subseteq \mathsf{C}(\Sigma)$.

Dieser Konsequenzbegriff geht auf Tarski [1936] zurück. Eine Konsequenzoperation nennen wir *kompakt*, wenn aus $H \in \mathsf{C}(\Gamma)$ die Existenz einer endlichen Ausdrucksmenge Γ_f folgt, für die $H \in \mathsf{C}(\Gamma_f)$ gilt.
Jede Konsequenzoperation C legt eine *Konsequenzrelation* $\vdash_{\mathsf{C}}$ in $\mathbf{L}$ zwischen Ausdrucksmengen und Ausdrücken fest:

Für alle $\Gamma \subseteq \mathsf{AD}$, $H \in \mathsf{AD}$ gilt nach Definition $\Gamma \vdash_{\mathsf{C}} H$ genau dann, wenn $H \in \mathsf{C}(\Gamma)$.

Wir sagen in diesem Falle, daß H aus Γ C-*herleitbar* ist. Umgekehrt ist für eine in $\mathbf{L}$ gegebene Konsequenzrelation $\vdash$ mit

$$\mathsf{C}_{\vdash}(\Gamma) \overset{\text{def}}{=} \{H \in \mathsf{AD} \mid \Gamma \vdash H\}$$

eine Konsequenzoperation in $\mathbf{L}$ erklärt. Weil Konsequenzoperationen und Konsequenzrelationen einander eindeutig entsprechen, werden wir nicht streng zwischen ihnen unterscheiden. Der später gelegentlich verwendete Terminus „Konsequenz" kann jede von ihnen bedeuten.

Ein geordnetes Paar $\langle \mathbf{L}, \vdash \rangle$ oder auch $\langle \mathbf{L}, \mathsf{C} \rangle$, wobei $\mathbf{L}$ eine formale

Sprache und $\vdash$ bzw. C eine Konsequenz in der Ausdrucksmenge dieser Sprache ist, nennen wir einen *Kalkül* in der Sprache $\mathbf{L}$.

Sei nun $\mathsf{K} = \langle \mathbf{L}, \mathsf{C} \rangle$ ein Kalkül. Eine Menge Γ, mit $\Gamma \subseteq \mathsf{AD}$, nennen wir *widerspruchsfrei* bezüglich C – kurz: C-*widerspruchsfrei* oder auch C-*konsistent* –, wenn zumindest ein Ausdruck von AD nicht aus Γ C-herleitbar ist. Andernfalls ist Γ C-*widersprüchlich* oder auch C-*inkonsistent*. Falls unter den Junktoren der Sprache des Kalküls der Negator $\sim$ vorkommt, sagt man gelegentlich auch, daß Γ *klassisch* C-*widersprüchlich* ist, wenn ein Ausdruck H und seine Negation $\sim H$ aus Γ C-herleitbar sind, und daß Γ *klassisch widerspruchsfrei* ist, wenn dem nicht so ist. Unter gewissen Bedingungen sind beide Konsistenzbegriffe äquivalent.

Eine C-konsistente Ausdrucksmenge Γ nennen wir *maximal* C-*konsistent* oder *syntaktisch vollständig* bezüglich C – kurz: C-*vollständig* –, wenn für jeden nicht zu $\mathsf{C}(\Gamma)$ gehörenden Ausdruck H die Menge $\Gamma \cup \{H\}$ C-inkonsistent ist. Jede C-konsistente Ausdrucksmenge kann gemäß dem LINDENBAUM*schen Erweiterungssatz* zu einer C-vollständigen Menge erweitert werden. Eine den Negator enthaltende formale Sprache vorausgesetzt, nennen wir Γ – analog zur klassischen Konsistenz – *klassisch* C-*vollständig*, wenn für alle Ausdrücke H genau entweder H oder $\sim H$ aus Γ C-herleitbar ist.

Die Ausdrucksmenge Γ wird bezüglich C *deduktiv abgeschlossen* genannt, wenn alle aus Γ C-herleitbaren Ausdrücke Elemente von Γ sind, d. h. wenn $\Gamma = \mathsf{C}(\Gamma)$. Eine Menge von Ausdrücken Γ nennen wir C-*unabhängig*, wenn kein Ausdruck $H \in \Gamma$ aus der um H verminderten Menge Γ C-herleitbar ist: $H \notin \mathsf{C}(\Gamma \setminus \{H\})$.

Die aus der leeren Menge $\emptyset$ C-herleitbaren Ausdrücke sind die *Sätze* von K. Einen Kalkül K nennen wir C-*konsistent* usw., wenn seine Satzmenge diese Eigenschaft hat. Kalküle mit rekursiver Satzmenge nennen wir *entscheidbar*, d. h. K ist entscheidbar, wenn es ein Berechnungsverfahren gibt, welches für beliebige Ausdrücke H nach endlich vielen Schritten die Frage beantwortet, ob H ein Satz von K ist.

Seien $\mathsf{K}_1 = \langle \mathbf{L}, \mathsf{C}_1 \rangle$ und $\mathsf{K}_2 = \langle \mathbf{L}, \mathsf{C}_2 \rangle$ Kalküle in derselben Sprache. Wir sagen, daß K_1 in K_2 *enthalten* ist und daß K_2 K_1 *enthält*, wenn die Satzmenge von K_1 in derjenigen von K_2 enthalten ist. K_1 und K_2 sind *äquivalent*, wenn ihre Satzmengen gleich sind. K_1 ist in K_2 *streng enthalten*, wenn für alle $\Gamma \subseteq \mathsf{AD}$ gilt: $\mathsf{C}_1(\Gamma) \subseteq \mathsf{C}_2(\Gamma)$. K_1 und K_2 sind *streng äquivalent*, wenn sie sich gegenseitig streng enthalten.
Seien ferner zwei Kalküle $\mathsf{K}_1 = \langle \mathbf{L}_1, \mathsf{C}_1 \rangle$ und $\mathsf{K}_2 = \langle \mathbf{L}_2, \mathsf{C}_2 \rangle$ gegeben. Wir

nennen K_1 *definitorische Erweiterung* von K_2, wenn

(1⁰) $\mathbf{L}_1$ Erweiterung von $\mathbf{L}_2$ ist;

(2⁰) für alle $\Gamma \subseteq \mathsf{AD}_2$ gilt: $\mathsf{C}_1(\Gamma) = \mathsf{C}_2(\Gamma)$;

(3⁰) es für alle $H \in \mathsf{AD}_1$ ein $G \in \mathsf{AD}_2$ derart gibt, daß für alle $\Gamma \subseteq \mathsf{AD}_1$ gilt: $(H \leftrightarrow G) \in \mathsf{C}_1(\Gamma)$ und $\mathbf{AT}(G) = \mathbf{AT}(H)$.

Ein Kalkül ist *definitorische Version* eines zweiten Kalküls, wenn beide eine gemeinsame definitorische Erweiterung haben.

In den folgenden Abschnitten des Buches werden wir konkrete Beispiele für Konsequenzoperationen kennenlernen. Man kann dabei syntaktisch bestimmte und semantisch bestimmte Konsequenzoperationen unterscheiden. Die entsprechenden Kalküle nennen wir syntaktisch bzw. semantisch bestimmt. Wir wollen diese Unterscheidungsmöglichkeit nun erläutern.

Sei Ax, mit $\mathsf{Ax} \subseteq \mathsf{AD}$, eine ausgezeichnete Menge von Ausdrücken, deren Elemente *Axiome* heißen, und R eine Menge von Schlußregeln. Eine *Schlußregel* ist eine n-stellige Operation auf der Ausdrucksmenge, die von gewissen n Ausdrücken, den *Prämissen* der Schlußregel, auf wieder einen Ausdruck, die *Konklusion*, führt. Axiome können als nullstellige Operationen, also als Schlußregeln mit leerer Prämissenmenge — Axiomregeln genannt — aufgefaßt werden. Das geordnete Paar $\langle \mathsf{Ax}, \mathsf{R} \rangle$ (bzw. die Menge R) führt nun auf eine syntaktisch bestimmte Konsequenzoperation C_1. Für $\Gamma \subseteq \mathsf{AD}$ besteht $\mathsf{C}_1(\Gamma)$ aus allen $H \in \mathsf{AD}$, die folgende Eigenschaft haben: H ist letztes Glied einer endlichen Reihe von Ausdrücken, deren erstes Glied Axiom oder Element von Γ ist und deren folgende Glieder entweder auch Axiome oder Elemente von Γ sind oder Konklusion einer Schlußregel aus R, deren sämtliche Prämissen vorher als Glieder der Reihe auftauchen. Falls C_1 nur von R ausgezeichnet wird, findet man leicht die Modifikation für die Erklärung der Konsequenzoperation. Für syntaktisch bestimmte Konsequenzoperationen C_1 sagen wir von zu $\mathsf{C}_1(\Gamma)$ gehörenden Ausdrücken, daß sie aus Γ *ableitbar* sind. Der Ableitbarkeitsbegriff bezieht sich stets auf eine syntaktisch bestimmte Konsequenz. Das Zeichen $\vdash$, eventuell mit Indizes, reservieren wir von nun an für syntaktische Konsequenzoperationen. Die Sätze syntaktisch bestimmter Kalküle nennen wir *Theoreme*.

Semantisch bestimmte Konsequenzoperationen sind dagegen unter Verwendung von über $\mathbf{L}$ hinausgehenden sprachlichen Mitteln erklärt. Man betrachtet dazu Interpretationen der Ausdrücke in einer strukturierten Menge, d. h. einer Menge M mit einer nichtleeren echten Teilmenge

E von ausgezeichneten Elementen von M und einer Menge O von Operationen in M. Das Tripel $\mathfrak{M} = \langle M, E, O \rangle$ nennen wir eine *Modellstruktur*.

Eine Interpretation (zu diesem Begriff nähere Bemerkungen im Abschnitt 1.4.) eines Kalküls K in $\mathfrak{M}$ *erfüllt* einen Ausdruck H des Kalküls K genau dann, wenn sie H ein Element aus E zuordnet. Eine Menge Γ von Ausdrücken eines Kalküls K heißt bei einer Interpretation in einer Modellstruktur $\mathfrak{M}$ *erfüllbar* genau dann, wenn jeder Ausdruck aus Γ bei dieser Interpretation erfüllt ist. Eine erfüllbare Ausdrucksmenge heißt auch *semantisch widerspruchsfrei*.

Sei **L** eine formalisierte Sprache, Γ eine Teilmenge von Ausdrücken dieser Sprache. Dann bestimmen die Modellstrukturen $\mathfrak{M}$ bei Interpretation von **L** in $\mathfrak{M}$ eine semantische Konsequenzoperation C': $H \in \mathsf{C}'(\Gamma)$ genau dann, wenn jede Interpretation, die alle Ausdrücke von Γ erfüllt, auch H erfüllt.

Gilt $H \in \mathsf{C}'(\Gamma)$, so sagt man, daß *$H$ aus Γ folgt*. Ausdrucksmengen, die deduktiv abgeschlossen sind bezüglich einer semantisch bestimmten Konsequenz, heißen *semantisch vollständig*.

Eine Interpretation von **L** in $\mathfrak{M}$, die einen Ausdruck H bzw. alle Ausdrücke einer Ausdrucksmenge Γ von **L** erfüllt, nennt man auch ein *Modell* von H bzw. von Γ. Damit ergibt sich, daß genau dann ein Ausdruck H aus einer Ausdrucksmenge Γ folgt, wenn jedes Modell für Γ auch Modell für H ist. Der Folgerungsbegriff bezieht sich auf semantisch bestimmte Konsequenzoperationen, für entsprechende Konsequenzrelationen verwenden wir das Zeichen $\models$, eventuell mit Indizes. Die Sätze semantisch bestimmter Kalküle nennen wir *Tautologien* oder auch *allgemeingültige Ausdrücke*.

Es seien zwei (streng) äquivalente Kalküle gegeben, von denen der eine, K_1, syntaktisch, der andere, K_2, dagegen semantisch bestimmt ist. In diesem Fall nennen wir K_1 *(streng) vollständig* bezüglich der C_2 auszeichnenden Modellstrukturen und die C_2 auszeichnenden Modellstrukturen *(streng) adäquat* für K_1. K_2 nennen wir durch das C_1 auszeichnende Paar $\langle \mathsf{Ax}, \mathsf{R} \rangle$ *(streng) axiomatisiert*. Streng vollständige Kalküle erweisen sich als kompakt, da die äquivalente, syntaktisch bestimmte Konsequenzoperation stets kompakt ist.

Sei **K** die Klasse aller zu einem vorgegebenen Kalkül K oder zu einer seiner definitorischen Versionen streng äquivalenten Kalküle. Dann nennen wir **K** ein *logisches System* und die Kalküle von **K** verschiedene *Darstellungen* des Systems. Insbesondere nennen wir **K** axiomatisiert, vollständig, entscheidbar usw., wenn es jeweils Darstellungen gibt, die diese Eigenschaften haben.

Der Begriff „logisches System" verallgemeinert also den Kalkülbegriff. Den noch allgemeineren Begriff einer *Logik* wollen wir als Zusammenfassung logischer Systeme unter gewissen Gesichtspunkten verstehen. (Diese Gesichtspunkte können z. B. Eigenschaften der Sprache der einzelnen Systeme betreffen.) Ein und dasselbe logische System kann so zu verschiedenen Logiken gehören.

Das vorliegende Buch ist, wie schon versichert wurde, keine Einführung in die klassische Logik. Wenn wir nun doch auf klassische, d. h. zweiwertige und extensionale logische Systeme zu sprechen kommen, so hat das – wie eingangs schon bemerkt – zwei Gründe. Erstens sollen die vielen bisher gegebenen Definitionen durch Beispiele illustriert werden. Vor allem aber ist die klassische Logik von grundlegender Bedeutung für die nichtklassische. Nichtklassische Systeme erweitern die Möglichkeiten der klassischen, bauen auf ihnen auf und modifizieren die dort genutzten Untersuchungsmethoden. Andererseits läßt sich das in der nichtklassischen Logik neu Erreichte oft in Gegenüberstellung zu den Verhältnissen in der klassischen Logik deutlich machen. Dabei ist in der Mehrzahl der Fälle bereits die klassische Aussagenlogik hierfür ausreichend, einfach weil die nichtklassischen Systeme in der Regel auf aussagenlogischer Basis entwickelt werden.
Der Grund dafür ist, daß sich die semantischen Besonderheiten der aufzubauenden nichtklassischen Logiken oft bereits mit diesen Ausdrucksmitteln hinreichend klar explizieren lassen. Der Übergang zu prädikatenlogischen Ausdrucksmengen wird nur dann vollzogen, wenn dadurch weitere semantische Eigentümlichkeiten sichtbar gemacht werden können, denn ein solcher Übergang geht zu Lasten der Anschaulichkeit der entstehenden Kalküle. Prädikatenlogische Systeme höherer Stufe, wie auch Systeme in Sprachen mit erweiterter Ausdrucksdefinition spielen im Hinblick auf deren Anwendung in der nichtklassischen Logik eine noch geringere Rolle und werden in diesem Buch nicht besprochen. Deshalb sollen nur die Systeme der klassischen Aussagen- und der klassischen Prädikatenlogik der ersten Stufe – von nun an kurz: klassische Prädikatenlogik – in Erinnerung gerufen werden. Bei dieser Gelegenheit treffen wir weitere Verabredungen hinsichtlich der Symbolik und Terminologie.

1.3. Klassische Aussagenlogik

Die klassische Aussagenlogik besteht aus einem einzigen logischen System, für das sehr viele verschiedene Darstellungen bekannt sind. Wir geben einige von ihnen an.

Die übliche formale Sprache für aussagenlogische Kalküle hat einen einstelligen Junktor $\sim$ (*Negator* genannt) und vier zweistellige: $\wedge$ (*Konjunktor*), $\vee$ (*Alternator*), $\rightarrow$ (*Implikator*) und $\leftrightarrow$ (*Äquivalentor*), sowie technische Zeichen:),(. Ausgehend von einer abzählbar unendlichen Menge AV atomarer Ausdrücke $\{p, q, r, p_1, q_1, r_1, p_2, \ldots\}$, *Aussagenvariablen* genannt, werden rekursiv die aussagenlogischen Ausdrücke aufgebaut. Die Menge AD der *aussagenlogischen Ausdrücke* ist die kleinste aller Mengen, die AV enthalten und zu denen mit H und G stets auch $(\sim H)$ (*Negation* von H), $(H \wedge G)$ (*Konjunktion*), $(H \vee G)$ (*Alternative*), $(H \rightarrow G)$ (*Implikation*) und $(H \leftrightarrow G)$ (*Äquivalenz*) gehören. Um die zusammengesetzten Ausdrücke in der Umgangssprache kürzer wiederzugeben, hat sich auch folgende Lesart eingebürgert: „nicht H“, „H und G“, „H oder G“, „wenn H, dann G“ bzw. „H genau dann, wenn G“.

Wir vereinbaren, daß die Bindungsstärke der Junktoren $\sim$, $\wedge$, $\vee$, $\rightarrow$, $\leftrightarrow$ in dieser Reihenfolge abnimmt und daß überflüssige Klammern weggelassen werden können. Dieser Klammerkonvention zufolge ist beispielsweise $p_1 \wedge p_2 \rightarrow p_3 \vee p_4 \wedge \sim p_2$ aus $\big((p_1 \wedge p_2) \rightarrow \big(p_3 \vee (p_4 \wedge (\sim p_5))\big)\big)$ entstanden.

Wir geben nun in der oben erklärten Sprache zunächst einen semantisch bestimmten Kalkül $\mathsf{K}_1 = \langle \mathbf{L}, \models_1 \rangle$ an, dem aus historischen Gründen und seiner intuitiven Einsichtigkeit wegen besonderes Interesse gebührt.

Für jeden der Junktoren wird eine Tabelle der beiden Wahrheitswerte W und F aufgestellt, die den mittels des entsprechenden Junktors zusammengesetzten Ausdrücken einen Wahrheitswert auf Grund der Wahrheitswerte der verbundenen Ausdrücke zuordnet:

H	G	$\sim H$	$H \wedge G$	$H \vee G$	$H \rightarrow G$	$H \leftrightarrow G$
W	W	F	W	W	W	W
W	F	F	F	W	F	F
F	W	W	F	W	W	F
F	F	W	F	F	W	W

So legt jede Zuordnung von Wahrheitswerten zu den atomaren Ausdrücken, *Belegung* genannt, genau einen Wahrheitswert für jeden bestimmten Ausdruck fest.

Die Konsequenzrelation $\models_1$ ist erklärt als: Für alle Γ, $\Gamma \subseteq \mathsf{AD}$, und für alle H, $H \in \mathsf{AD}$, gilt nach Definition $\Gamma \models_1 H$ genau dann, wenn für alle Belegungen gilt: wenn alle Ausdrücke aus Γ bei einer Belegung den Wert W erhalten, so erhält H bei dieser Belegung den Wert W.

Man sieht leicht, daß K_1 entscheidbar ist. Um nämlich die Frage, ob ein Ausdruck H eine Tautologie ist, zu beantworten, genügt es, den Wahrheitswert von H in allen verschiedenen Belegungen für in H vorkommende atomare Ausdrücke zu prüfen. Da H nur endlich viele atomare Ausdrücke enthält, ist die Zahl der zu untersuchenden Fälle ebenfalls endlich.

In leicht veränderter Aufmachung stellt sich der Kalkül K_1 so dar: Sei v_0 eine Abbildung von AV nach $\{\mathsf{F}, \mathsf{W}\}$. Diese wird eindeutig zum Homomorphismus v von AD nach $\{\mathsf{F}, \mathsf{W}\}$, wiederum Belegung genannt, fortgesetzt:

(1⁰) $v(H) = v_0(H)$ für $H \in \mathsf{AV}$;

(2⁰) $v(\sim H) = \mathsf{W}$ gdw $v(H) = \mathsf{F}$;

(3⁰) $v(H \wedge G) = \mathsf{W}$ gdw $v(H) = \mathsf{W}$ und $v(G) = \mathsf{W}$;

(4⁰) $v(H \vee G) = \mathsf{F}$ gdw $v(H) = \mathsf{F}$ und $v(G) = \mathsf{F}$;

(5⁰) $v(H \rightarrow G) = \mathsf{F}$ gdw $v(H) = \mathsf{W}$ und $v(G) = \mathsf{F}$;

(6⁰) $v(H \leftrightarrow G) = \mathsf{W}$ gdw $v(H) = v(G)$.

Wieder ist $\Gamma \models_1 H$ gdw für alle Belegungen v gilt: Wenn für alle Ausdrücke G aus Γ $v(G) = \mathsf{W}$, so $v(H) = \mathsf{W}$.

Ein anderer Kalkül, K_2, wird syntaktisch bestimmt. Die Konsequenzrelation wird durch ein Axiome-Regeln-Paar festgelegt. Die Menge Ax umfaßt folgende Ausdrücke:

(Ax1) $p_1 \rightarrow (p_2 \rightarrow p_1)$

(Ax2) $((p_1 \rightarrow p_2) \rightarrow p_1) \rightarrow p_1$

(Ax3) $(p_1 \rightarrow p_2) \rightarrow ((p_2 \rightarrow p_3) \rightarrow (p_1 \rightarrow p_3))$

(Ax4) $(p_1 \wedge p_2) \rightarrow p_1$

(Ax5) $(p_1 \wedge p_2) \rightarrow p_2$

(Ax6) $(p_1 \rightarrow p_2) \rightarrow ((p_1 \rightarrow p_3) \rightarrow (p_1 \rightarrow p_2 \wedge p_3))$

(Ax7) $p_1 \to (p_1 \vee p_2)$

(Ax8) $p_2 \to (p_1 \vee p_2)$

(Ax9) $(p_1 \to p_3) \to ((p_2 \to p_3) \to (p_1 \vee p_2 \to p_3))$

(Ax10) $(p_1 \leftrightarrow p_2) \to (p_1 \to p_2)$

(Ax11) $(p_1 \leftrightarrow p_2) \to (p_2 \to p_1)$

(Ax12) $(p_1 \to p_2) \to ((p_2 \to p_1) \to (p_1 \leftrightarrow p_2))$

(Ax13) $(p_1 \to p_2) \to (\sim p_2 \to \sim p_1)$

(Ax14) $p_1 \to \sim\sim p_1$

(Ax15) $\sim\sim p_1 \to p_1$.

Die Menge der Schlußregeln besteht aus:

(R1) $$\frac{H, H \to G}{G}$$

(R2) $$\frac{H}{H[p/G]}$$

Die Regel (R1) ist als *Abtrennungsregel* oder *modus ponens* bekannt, die als *Einsetzungsregel* bezeichnete Regel (R2) ist wie folgt zu verstehen: vom Ausdruck H kann man zu einem Ausdruck übergehen, der aus H durch Ersetzen einer in H vorkommenden Aussagenvariable p gleichzeitig an allen Stellen ihres Vorkommens in H durch einen beliebigen anderen Ausdruck G entsteht. Diese Einsetzungsregel ist jedoch bei Ableitungen aus nichtleeren Ausdrucksmengen nur beschränkt zugelassen. Um damit verbundenen Schwierigkeiten aus dem Wege zu gehen, behilft man sich in der Regel folgendermaßen: anstelle der Axiome (Ax1)–(Ax15) verwendet man *Axiomschemata*, in denen die Aussagenvariablen durch Ausdrücke ersetzt sind, also beispielsweise anstelle des Axioms $p_1 \to (p_2 \to p_1)$ das Axiomschema $H_1 \to (H_2 \to H_1)$, wobei H_1 und H_2 beliebige Ausdrücke sind. Auf die Einsetzungsregel wird ganz verzichtet.

Der Fakt, daß K_1 und K_2 streng äquivalent und also tatsächlich Darstellungen ein und desselben Systems sind, ist wohlbekannt. Den Beweis des „schwierigeren" strengen Enthaltenseins von K_1 in K_2 findet man z. B. in Asser [1959].

Mit dem Vorliegen der streng äquivalenten Kalküle K_1 und K_2 wissen wir u. a. bereits folgendes: Die klassische Aussagenlogik ist ein axiomatisiertes, entscheidbares, kompaktes System mit intuitiv einsichtiger, adäquater Semantik. Ferner ist die aussagenlogische Satzmenge deduktiv abgeschlossen und – obwohl klassisch konsistent – nicht klassisch vollständig, jedoch syntaktisch vollständig. (Lediglich letztere Eigenschaft ist nicht ganz einfach zu beweisen, siehe dazu ASSER [1959].)

Schließlich sei mit K_3 noch eine definitorische Version der Aussagenlogik vorgestellt. Wir betrachten die aus AV mittels $\sim$ und $\rightarrow$ aufgebaute Sprache $\mathbf{L}(\sim, \rightarrow)$ und legen $\vdash_3$ durch die Axiomenschemata-Regel-Menge fest:

(AxS1) $H_1 \rightarrow (H_2 \rightarrow H_1)$

(AxS2) $(H_1 \rightarrow (H_2 \rightarrow H_3)) \rightarrow ((H_1 \rightarrow H_2) \rightarrow (H_1 \rightarrow H_3))$

(AxS3) $(\sim H_1 \rightarrow \sim H_2) \rightarrow (H_2 \rightarrow H_1)$

(R1) $\dfrac{H, H \rightarrow G}{G}.$

Aus der strengen Äquivalenz von K_3 zu den anderen Kalkülen ergibt sich die Definierbarkeit aller Ausdrücke der „vollen" aussagenlogischen Sprache mittels $\sim$ und $\rightarrow$: $H \wedge F \overset{\text{def}}{=} \sim(H \rightarrow \sim F)$, $H \vee F \overset{\text{def}}{=} \sim H \rightarrow F$, $H \leftrightarrow F \overset{\text{def}}{=} (H \rightarrow F) \wedge (F \rightarrow H)$. Darüber hinaus können überhaupt alle zweiwertigen extensionalen Junktoren durch $\sim$ und $\rightarrow$ definiert werden. Wir sagen deshalb, daß $\mathbf{L}(\sim, \rightarrow)$ in der Aussagenlogik *funktional vollständig* ist.

1.4. Klassische Prädikatenlogik

Wir beschränken unsere Darstellung weiterhin auf ein für die folgenden Abschnitte hinreichendes Minimum. Ausführlich wird die Thematik beispielsweise in ASSER [1972] behandelt, in einer um Funktionssymbole, Gegenstandskonstanten, die Gleichheit (Identität) und den bestimmten Artikel erweiterten Sprache.

Die klassische Prädikatenlogik besteht ebenfalls nur aus einem einzigen System. Die prädikatenlogische Sprache, $\mathbf{L}_1$, ist dagegen wesentlich komplizierter als die aussagenlogische. Zum Aufbau von Ausdrücken haben wir zwei abzählbar unendliche Mengen von Gegenstands- (oder Individuen-) variablen $\mathsf{IV} = \{x, y, z, x_1, y_1, z_1, \ldots\}$ und von Prädikatensymbolen $\Pi = \{P, Q, P_1, Q_1, \ldots\}$, sowie eine Abbildung $\mathsf{ar}: \Pi \rightarrow \mathbb{N}$

(„$\mathbb{N}$" bezeichnet die Menge der natürlichen Zahlen), die jedem Prädikatensymbol seine Stellenzahl zuordnet. Das Paar (Π, ar) heißt die *Signatur* Σ der formalisierten Sprache. Die Stellenzahl von $P, Q, \ldots$ wird mit $\mathsf{ar}(P), \mathsf{ar}(Q), \ldots$ bezeichnet. Atomare Ausdrücke sind Prädikatensymbole, auf die ebensoviel in Klammern gesetzte Gegenstandsvariablen folgen, als ihre Stellenzahl beträgt. Die Menge der atomaren Ausdrücke sei AT.

Auch die Mittel für den Aufbau von Ausdrücken sind gegenüber dem aussagenlogischen Fall erweitert. Es kommen zwei Quantoren dazu: der *Allquantor* oder *Generalisator* $\bigwedge$ und der *Existenzquantor* oder *Partikularisator* $\bigvee$. Prädikatenlogische Ausdrücke werden aus atomaren Ausdrücken mittels $\sim$, $\wedge$, $\vee$, $\rightarrow$ und $\leftrightarrow$ wie üblich gebildet. Neu hinzu kommen Zeichenreihen, in denen ein Quantor von einer Gegenstandsvariablen und einem Ausdruck gefolgt wird. Die Menge der prädikatenlogischen Ausdrücke, AD_1, ist die kleinste Menge, zu der mit H, G stets auch $\sim H$, $\bigwedge xH$, $\bigvee xH$, $H \wedge G$, $H \vee G$, $H \rightarrow G$ und $H \leftrightarrow G$ gehören. Der zweite Ausdruck wird als *Generalisation*, der dritte als *Partikularisation* bezeichnet. $\bigwedge xH$ wird als „für alle x gilt H" und $\bigvee xH$ als „es gibt ein x derart, daß H" gelesen. Die in einem Ausdruck H unmittelbar auf einen Quantor folgenden Gegenstandsvariablen kommen in H von den jeweiligen Quantoren *gebunden* vor. Die übrigen in H vorkommenden Gegenstandsvariablen kommen in H *frei* vor. Der unmittelbar auf $\bigwedge x$ oder $\bigvee x$ folgende Ausdruck ist der *Bereich* des Quantors. Mit $H(x/y)$ wird der Ausdruck bezeichnet, der aus H durch Ersetzen der Gegenstandsvariable x an allen Stellen ihres freien Vorkommens in H durch die Gegenstandsvariable y entsteht. Ein solches Einsetzen von y für x in H ist *zulässig*, wenn x nicht frei im Bereich eines y bindenden Quantors vorkommt. $H[x/y]$ bezeichnet den aus H durch zulässige Einsetzung (x/y) entstandenen Ausdruck. Der Ausdrucksreichtum der Prädikatenlogik schließt denjenigen der Aussagenlogik gewissermaßen in sich ein. Wenn man nullstellige Prädikatensymbole betrachtet, so verhalten sich diese gerade wie Aussagenvariablen.

Als erste Darstellung der Prädikatenlogik geben wir einen semantisch bestimmten Kalkül K_1' an. Wir definieren dazu zunächst den in Abschnitt 1.2. bereits benutzten Begriff einer *Interpretation*. Eine Interpretation der Signatur $\Sigma = (\Pi, \mathsf{ar})$ ist ein geordnetes Paar $\mathfrak{J} = \langle W, \{R_P\}_{P \in \Pi} \rangle$ derart, daß W eine nichtleere Menge von Gegenständen (Gegenstands- oder Individuenbereich genannt) und für jedes Prädikatensymbol $P \in \Pi$ R_P eine Relation in W der Stellenzahl $\mathsf{ar}(P)$ ist. Für eine gegebene Interpretation $\mathfrak{J}$ der Signatur Σ nennen wir eine beliebige Abbildung v von der Menge der Gegenstandsvariablen nach W eine *Belegung* in $\mathfrak{J}$. Den durch die Abbildung v einer Gegenstandsvariablen α zugeordneten Gegenstand aus W bezeichnen wir mit $v(\alpha)$, die einem Prädikatensymbol β bei einer Interpretation $\mathfrak{J}$ zugeordnete Relation R_β in W mit $\mathfrak{J}(\beta)$.

Für H, $H \in \mathsf{AD}_1$, erklären wir induktiv, wann eine Belegung v in $\mathfrak{J}$ den Ausdruck H *erfüllt*, symbolisch: $\mathfrak{J}, v \models H$, gelesen: H ist durch v in $\mathfrak{J}$ erfüllt, oder: H ist $(\mathfrak{J}, v)$-gültig.

(1) $\mathfrak{J}, v \models P(x_1, \ldots, x_n)$ gdw $\mathfrak{J}(P)\big(v(x_1), \ldots, v(x_n)\big)$;

(2) $\mathfrak{J}, v \models \sim H$ gdw nicht $\mathfrak{J}, v \models H$;

(3) $\mathfrak{J}, v \models H \wedge G$ gdw $\mathfrak{J}, v \models H$ und $\mathfrak{J}, v \models G$;

(4) $\mathfrak{J}, v \models H \vee G$ gdw $\mathfrak{J}, v \models H$ oder $\mathfrak{J}, v \models G$;

(5) $\mathfrak{J}, v \models H \rightarrow G$ gdw wenn $\mathfrak{J}, v \models H$, dann $\mathfrak{J}, v \models G$;

(6) $\mathfrak{J}, v \models H \leftrightarrow G$ gdw $\mathfrak{J}, v \models H$ genau dann, wenn $\mathfrak{J}, v \models G$;

(7) $\mathfrak{J}, v \models \bigwedge x H$ gdw für alle Belegungen v', die sich von v höchstens im Wert für x unterscheiden gilt: $\mathfrak{J}, v' \models H$;

(8) $\mathfrak{J}, v \models \bigvee x H$ gdw für eine Belegung v', die sich von v höchstens im Wert für x unterscheidet, gilt: $\mathfrak{J}, v' \models H$.

Statt „$\mathfrak{J}, v \models H$" wird – mit derselben Bedeutung – auch: $\mathrm{Wert}_{\mathfrak{J}}(H, v) = \mathsf{W}$, geschrieben, wobei die Interpretation auch durch einen anderen großen gotischen Buchstaben bezeichnet sein kann, ebenso die Belegung durch einen anderen kleinen Buchstaben.

Wenn H durch jedes v in $\mathfrak{J}$ erfüllt ist, so heißt H ein $\mathfrak{J}$*-gültiger* Ausdruck und $\mathfrak{J}$ ist ein *Modell* von H. Ist H $\mathfrak{J}$-gültig für beliebiges $\mathfrak{J}$, so heißt H *allgemeingültig*. Die $\mathfrak{J}$-Gültigkeit von H wird angezeigt durch: $\mathfrak{J} \models H$, die Allgemeingültigkeit von H durch: $\models H$. Der wichtige Begriff des Modells läßt sich – wie schon bemerkt – auf Mengen Γ von Ausdrücken erweitern: $\mathfrak{J} \models \Gamma$ genau dann, wenn $\mathfrak{J}$ Modell von allen Ausdrücken aus Γ ist.

Der Kalkül K_1' ist nun durch die folgende semantische Konsequenzoperation $\models_1$ in der prädikatenlogischen Sprache festgelegt: $\Gamma \models_1 H$

genau dann, wenn für jede Interpretation $\mathfrak{I}$ gilt: Wenn $\mathfrak{I} \models G$ für jedes $G \in \Gamma$, dann $\mathfrak{I} \models H$.

Ein syntaktisch bestimmter Kalkül K_2' entsteht durch Erweiterung des Axiomschemata-Regeln-Paares des aussagenlogischen Kalküls K_2. Zu (AxS1)–(AxS15), (R1), kommen hinzu:

(AxS16) $\bigwedge x(H_1 \to H_2) \to (H_1 \to \bigwedge x H_2)$,

wobei x eine Gegenstandsvariable ist, die nicht frei in H_1 vorkommt;

(AxS17) $\bigwedge x H_1 \to H_1[x/y]$,

wobei $[x/y]$ wieder eine zulässige Einsetzung ist;

(R3) $\dfrac{H}{\bigwedge x H}$.

Die Regel (R3) wird *Generalisierungs-* oder GÖDEL*regel* genannt.

Ähnlich wie im aussagenlogischen Fall folgt aus dem Vorliegen der beiden Darstellungen K_1' und K_2' der klassischen Prädikatenlogik, daß dieses System axiomatisierbar ist, über eine adäquate Semantik verfügt usw. Wir hatten gesehen, daß die aussagenlogische Satzmenge auf einfache Art und Weise entscheidbar ist. Diese Eigenschaft besitzt die Prädikatenlogik jedoch nicht.

In den folgenden Kapiteln werden wir verschiedentlich statt der umgangssprachlichen Wörter „nicht", „und", „oder", „wenn ..., dann ...", „... genau dann, wenn ...", „für alle ... gilt ..." und „es gibt ein ... derart, daß ..." jeweils die Symbole $\neg$, $\wedge$, $\vee$, $\Rightarrow$, $\Leftrightarrow$, $\bigwedge$ und $\bigvee$ verwenden. Diese sind den Junktoren der prädikatenlogischen Sprache nachgebildet, verknüpfen aber keine prädikatenlogischen Ausdrücke, sondern Ausdrücke einer Metasprache, d. h. einer Sprache, in der über die Ausdrücke der jeweiligen formalen Sprache geredet wird. $\neg$, $\wedge$ usw. nennen wir *metasprachliche Operatoren.*

2. Mehrwertige Logik

2.1. Grundprinzipien der mehrwertigen Logik

Jedes der beiden grundlegenden Prinzipien der klassischen Logik – das Extensionalitätsprinzip und das Zweiwertigkeitsprinzip – kann im Bereich nichtklassischer logischer Systeme aufgegeben werden. Das Extensionalitätsprinzip gilt nicht in den Systemen der modalen Logik; vgl. **3.1**.

Die mehrwertige Logik, mit der wir uns in diesem Kapitel befassen werden, behält das Extensionalitätsprinzip bei, verzichtet aber auf das Zweiwertigkeitsprinzip.

Die erste und auffälligste Konsequenz dieses Schrittes ist, daß die in der klassischen Logik unterstellte Beziehung zu den Wahrheitswerten W und F ihre Natürlichkeit verliert. Es gibt bis heute keine wirklich überzeugende Deutung der in der mehrwertigen Logik „zusätzlich" betrachteten Wahrheitswerte, die jene Werte mit dem naiven Verständnis von Wahrsein bzw. von Abstufungen dieses Wahrseins verbindet. Es ist dies einer der Gründe, weswegen wir in diesem Kapitel von *Quasiwahrheitswerten* sprechen werden – und weswegen brauchbare Anwendungen der mehrwertigen Logik wesentlich sind, um zu verdeutlichen, daß es sich bei der mehrwertigen Logik um mehr als ein esoterisches Teilgebiet der nichtklassischen Logik handelt.

Das Extensionalitätsprinzip besagt im Bereich der mehrwertigen Aussagenlogik wieder, daß der Quasiwahrheitswert einer zusammengesetzten (mehrwertigen) Aussage nur abhängt von den Quasiwahrheitswerten der dabei miteinander verknüpften (mehrwertigen) Aussagen. Und im Bereich der mehrwertigen Prädikatenlogik besagt er darüber hinaus, daß ein Prädikat, also ein Begriff, schon durch seinen Umfang vollständig charakterisiert ist. (Wobei in diesem Falle noch genau zu klären ist, was dabei unter „Umfang" zu verstehen ist – vgl. **2.3.1.**)

Ganz analog zur Situation hinsichtlich des Extensionalitätsprinzips in der modalen Logik, vgl. Kap. **3**, tritt an die Stelle des Zweiwertigkeitsprinzips hier kein neues Prinzip. Wir wollen also keine generelle Festlegung darüber treffen, ob im Bereich mehrwertiger Logik nun statt zweier (Wahrheits-) Werte deren drei, vier, fünf, ... oder evtl. auch unendlich viele treten sollen. Das bedeutet nicht, daß im jeweiligen konkreten Falle eines ganz bestimmten Systems mehrwertiger Logik etwa die Anzahl der verallgemeinerten Wahrheitswerte variabel wäre; diese Anzahl von Quasiwahrheitswerten wird stets als feststehend betrachtet. Es bedeutet aber, daß unsere Untersuchungen und Begriffsbildungen so allgemein angelegt werden sollen, daß diese spezielle – feste – Quasiwahrheitswerteanzahl weitgehend ohne Einfluß bleibt, unsere Überlegungen mithin auf mehrwertige logische Systeme mit ganz unterschiedlichen Anzahlen von Quasiwahrheitswerten zutreffen. Um ein Beispiel zu nennen: der Begriff „Tautologie", den wir für Ausdrücke unserer Sprache der mehrwertigen Aussagenlogik wieder zu erklären beabsichtigen, wird so gefaßt werden, daß seine Definition in keinerlei Weise auf eine bestimmte Anzahl von Quasiwahrheitswerten Bezug nimmt; d. h. aber, daß auf diesen Begriff dann im Falle z. B. dreier Quasiwahrheitswerte ebenso Bezug genommen werden kann wie im Falle von vier oder auch von 13 Quasiwahrheitswerten.

Übrigens ist nicht allein die Anzahl von Quasiwahrheitswerten charakteristisch für Systeme mehrwertiger Logik, sondern es sind dies auch strukturelle Beziehungen innerhalb der Menge der Quasiwahrheitswerte: während etwa in der Wertmenge $\{0, 1/3, 2/3, 1\}$ je zwei dieser Quasiwahrheitswerte in natürlicher Weise hinsichtlich ihrer Größe miteinander verglichen werden können, ist dies bei der Wertmenge $\{(0,0), (0,1), (1,0), (1,1)\}$ von geordneten Paaren aus Zahlen 0, 1 keineswegs der Fall. Aber beide Mengen von Quasiwahrheitswerten bestehen aus je vier Elementen.

Die einzigen (stillschweigenden) Voraussetzungen unserer weiteren Betrachtungen werden sein, daß (1) jeder Aussage genau ein Quasiwahrheitswert zukommt und daß (2) stets wenigstens zwei Quasiwahrheitswerte vorhanden sind – wir wollen sie normalerweise mit 0 und 1 bezeichnen – und daß diese beiden Quasiwahrheitswerte so beschaffen sind, daß bei Weglassen aller anderen Quasiwahrheitswerte diese beiden sich verhalten wie die Wahrheitswerte F, W der klassischen (zweiwertigen) Logik. In diesem Sinne werden die von uns betrachteten Systeme mehrwertiger Logik Verallgemeinerungen der klassischen Logik sein.

Die gegenüber der klassischen Logik größere Zahl von Quasiwahrheitswerten, die in Systemen mehrwertiger Logik vorhanden sein können, gestattet natürlich auch eine größere Vielfalt von Verknüpfungen zwischen und Operationen mit solchen Quasiwahrheitswerten. Syntaktisches Gegenstück dieses semantischen Sachverhaltes wird u. a. sein, daß in der mehrwertigen Aussagenlogik mehrere gleichberechtigte Verallgemeinerungen der klassischen aussagenlogischen Verknüpfungen wie z. B. Konjunktion bzw. Implikation existieren können, die sich alle nur dann voneinander unterscheiden, wenn Quasiwahrheitswerte verschieden von 0 und 1 in Betracht gezogen werden, daß aber auch Verknüpfungen auftreten werden, für die es in der klassischen Logik keine Entsprechung gibt.

2.2. Mehrwertige Aussagenlogik

2.2.1. Die formale Sprache

Wie für die klassische Aussagenlogik benutzen wir eine normierte Sprache, die nur die wesentlichsten Ausdrucksmittel umfaßt, nämlich:

(a) eine unendliche Menge AV von *Aussagenvariablen*;

(b) eine – i. allg. endliche – Menge von *Junktoren*, d. h. aussagenlogischen Funktoren;

(c) Klammern als technische Zeichen zur Sicherung der eindeutigen Lesbarkeit bildbarer Ausdrücke

und gegebenenfalls noch

(d) eine Menge von *Konstanten* zur Bezeichnung bestimmter Quasiwahrheitswerte.

Wir benutzen als Aussagenvariablen dieselben Buchstaben wie im Falle der klassischen Aussagenlogik, also

$$\mathsf{AV} = \{p, q, r, p_1, q_1, r_1, p_2, q_2, r_2, \ldots\}.$$

Der gemäß (a), (b), (c) und (d) zur Sprache der mehrwertigen Aussagenlogik gehörende Grundbestand an Zeichen, ihr Alphabet, ergibt durch Hintereinanderschreiben solcher Zeichen u. a. die sinnvollen Zeichenverknüpfungen, die *Ausdrücke* dieser Sprache. Wie gewohnt ist die Menge aller Ausdrücke die kleinste Menge, die

(1) jede Aussagenvariable und jede Konstante für einen Quasiwahrheitswert enthält;

(2) für jeden zum Alphabet gehörenden Junktor φ, seine Stellenzahl möge m sein, und beliebige Ausdrücke $H_1, H_2, \ldots, H_m$ auch die Zeichen-

folge

$$\varphi(H_1, H_2, \ldots, H_m)$$

enthält.

Deswegen kann jeder Ausdruck unserer aussagenlogischen Sprache durch endlich-oftmalige geeignete Anwendung von (1), (2) erzeugt werden.

Ist φ einstelliger Junktor, so schreiben wir

$$\varphi H_1 \quad \text{statt} \quad \varphi(H_1),$$

und für zweistelliges φ schreiben wir normalerweise

$$(H_1 \varphi H_2) \quad \text{statt} \quad \varphi(H_1, H_2).$$

Klammereinsparungsregeln werden nach dem Muster der klassischen Logik benutzt.

Wegen des Extensionalitätsprinzips sind die Aussagenvariablen ebenso wie in der klassischen Aussagenlogik lediglich Variablen für Quasiwahrheitswerte. Aus demselben Grunde kann jeder Junktor unserer Sprache hinsichtlich seiner Wirkung auf den Quasiwahrheitswert eines Ausdrucks, der eben mittels dieses Junktors aus einfacheren Ausdrücken gebildet wurde, vollständig beschrieben werden durch eine Wahrheitswertfunktion[1], die natürlich dieselbe Stellenzahl wie jener Junktor hat.

Die obigen Bedingungen (b) und (d) lassen eine Vielzahl verschiedener Alphabete für unsere formale Sprache der mehrwertigen Aussagenlogik zu. Somit haben wir für die Festlegung konkreter Systeme mehrwertiger Aussagenlogik nicht nur die Menge der Quasiwahrheitswerte zu fixieren, sondern auch die Menge der Junktoren einschließlich der ihnen entsprechenden Wahrheitswertfunktionen und die Menge der Quasiwahrheitswertkonstanten.

Offen bleibt wie gewohnt zunächst, welche Aussagenvariable welchen Quasiwahrheitswert bedeuten soll. Dies darf von Fall zu Fall wechseln und ist – wie in der klassischen Aussagenlogik – jeweils durch eine Belegung der Aussagenvariablen mit Quasiwahrheitswerten festzulegen.

Für die Festlegung spezieller Systeme, d. h. Kalküle der klassischen Aussagenlogik, haben wir dagegen in Kap. 1 Wahlmöglichkeiten nur hinsichtlich der Menge der Junktoren diskutiert. – Allerdings gibt es

---

1 Wir vermeiden hier die aufwendigere Bezeichnung „Quasiwahrheitswertfunktion"; natürlich ist in diesem Kapitel damit stets eine Funktion (Abbildung) von der (jeweiligen) Menge der Quasiwahrheitswerte in sich gemeint. Ähnlich werden wir an einigen Stellen unserer weiteren Terminologie verfahren.

auch Systeme der klassischen Aussagenlogik, die Wahrheitswertkonstanten im Alphabet ihrer Sprache haben; häufig werden die Wahrheitswerte W und F aber in der Sprache von Systemen klassischer Aussagenlogik durch spezielle Ausdrücke kodiert, die immer wahr bzw. immer falsch sind. Außerdem sind die üblichen Systeme klassischer Aussagenlogik auf einer funktional vollständigen Junktorenmenge gegründet — was in Systemen mehrwertiger Aussagenlogik oft nicht der Fall ist.

Definitorisch lassen sich im Rahmen einer gegebenen Sprache mehrwertiger Aussagenlogik dann sowohl evtl. weitere Wahrheitswertbezeichnungen als auch weitere Aussagenverknüpfungen einführen. Wir werden solche definitorisch eingeführten Konstanten bzw. Junktoren so behandeln, als würden sie von Anfang an zum Alphabet gehören. Daraus ergibt sich keine Schwierigkeit, da man sie stets als Abkürzungen für die zu ihrer Definition benutzten Ausdrücke ansehen und deswegen eliminieren kann.

2.2.2. *Spezielle Wahrheitswertmengen und Junktoren*

Die historische Entwicklung der mehrwertigen Logik — vgl. **2.5** — hat dazu geführt, daß bislang trotz der möglichen großen Allgemeinheit hinsichtlich der Mengen von Quasiwahrheitswerten und auch hinsichtlich der Wahl der Wahrheitswertfunktionen, die den betrachteten Junktoren entsprechen, einige spezielle Wertmengen und Wahrheitswertfunktionen besonders häufig und intensiv betrachtet worden sind.

Bei den endlichen Mengen von Quasiwahrheitswerten handelt es sich dabei einerseits um lückenlose Anfangsabschnitte der Reihe der natürlichen Zahlen, also um Mengen der Art

$$\{1, 2, \ldots, M\} \qquad \textbf{(2.1)}$$

für gegebenes M, oder um Mengen rationaler Zahlen zwischen 0 und 1 der Art

$$\mathbf{W}_M = \{0, 1/M-1, 2/M-1, \ldots, M-2/M-1, 1\}. \qquad \textbf{(2.2)}$$

Als unendliche Wertmengen betrachtet man mitunter die Gesamtheit aller natürlichen Zahlen, aber vorzugsweise entweder die Menge $\mathbf{W}_{\aleph_0}$ aller rationalen Zahlen, d. h. Brüche, zwischen 0 und 1:

$$\mathbf{W}_{\aleph_0} = \{m/n \mid 0 \leqq m \leqq n \text{ und } n \neq 0\}, \qquad \textbf{(2.3)}$$

oder die Menge $\mathbf{W}_\infty$ aller reellen Zahlen zwischen 0 und 1:

$$\mathbf{W}_\infty = \{x \mid 0 \leqq x \leqq 1\}, \tag{2.4}$$

die auch kurz als [0,1] bezeichnet wird.

Wir werden im folgenden bei unendlichen Mengen von Quasiwahrheitswerten die Gesamtheit der natürlichen Zahlen außer Betracht lassen, und auch bei den endlichen Mengen von Quasiwahrheitswerten solchen der Gestalt (2.2) den Vorzug geben. Dies ist für unendliche Wertmengen eine unwesentliche Einschränkung, für endliche Wertmengen jedoch überhaupt keine Einschränkung: jede Menge der Art (2.1) läßt sich eindeutig auf eine Menge der Art (2.2) abbilden, und zwar sowohl durch eine Zuordnung

$$z \mapsto \frac{z-1}{M-1} \tag{2.5}$$

als auch durch eine Zuordnung

$$z \mapsto \frac{M-z}{M-1}. \tag{2.6}$$

Die Zuordnung (2.5) bildet dabei die Quasiwahrheitswerte 1 bzw. M von (2.1) ab auf die Quasiwahrheitswerte 0 bzw. 1 von (2.2) und erhält die natürliche Anordnung aller Quasiwahrheitswerte; die Zuordnung (2.6) dagegen bildet die Quasiwahrheitswerte 1 bzw. M von (2.1) ab auf 1 bzw. 0 von (2.2) und kehrt die natürliche Anordnung der Quasiwahrheitswerte aus (2.1) um. Außerdem gestattet jede der Zuordnungen (2.5), (2.6) auch noch eine eineindeutige Zuordnung zwischen den in einer Wertmenge (2.1) erklärbaren Wahrheitswertfunktionen und denen, die in der entsprechenden (d. h. gleiche Elementeanzahl habenden) Wertmenge (2.2) erklärt werden können. Deswegen läßt sich schließlich auch jedem mehrwertigen logischen System mit Wertmenge der Form (2.1) ein System mit Wertmenge der Form (2.2) zuordnen, das dieselben (meta)logischen Eigenschaften hat.

Dagegen kann man zeigen, daß trotz gleicher Elementeanzahl die Wertmenge aller natürlichen Zahlen und die Wertmenge $\mathbf{W}_{\aleph_0}$ nicht eineindeutig und ordnungserhaltend aufeinander abbildbar sind.

Übrigens ist die Tatsache, daß die Wertmengen $\mathbf{W}_{\aleph_0}$ und $\mathbf{W}_\infty$ unterschiedliche Elementeanzahl haben (sie sind nicht eineindeutig aufeinander abbildbar), der Grund dafür, daß diese Mengen von Quasiwahrheitswerten zu unterschiedlichen mehrwertigen logischen Systemen führen können, deren Eigenschaften z. B. im prädikatenlogischen Bereich stark verschieden sein können.

Besonders häufig betrachtete Wahrheitswertfunktionen entsprechen mehrwertigen Verallgemeinerungen der klassischen Aussagenverknüpfungen Negation, Konjunktion, Alternative und Implikation. Es gibt verschiedene Verfahren, solche Funktionen zu beschreiben. Bei endlichen, nicht zu umfangreichen Mengen von Quasiwahrheitswerten sind geeignet notierte Tabellen — sog. *Wahrheitswerttafeln* — vorteilhaft. Solche Tafeln können aber sehr umfangreich werden, wenn die Anzahl der Quasiwahrheitswerte und die Stellenzahl der Wahrheitswertfunktion größer werden: zur Beschreibung einer 4-stelligen Wahrheitswertfunktion bei 9 Quasiwahrheitswerten muß eine solche Tabelle schon $9^4 = 6\,561$ Funktionswerte enthalten. Dann ist es günstiger, die Wahrheitswertfunktionen durch — z. B. arithmetische — Formeln zu beschreiben. Bei unendlichen Wertmengen schließlich sind Wertetafeln nur ausnahmsweise zur Beschreibung von Wahrheitswertfunktionen geeignet.

Wir werden an unseren folgenden Beispielen beide Möglichkeiten demonstrieren. Die Wertetafeln werden wir dabei für den fünfwertigen Fall, also für die Menge

$$\mathbf{W}_5 = \{0, 1/4, 1/2, 3/4, 1\}$$

von Quasiwahrheitswerten notieren. Die Übertragung auf andere Wertemengen wird ohne Schwierigkeiten möglich sein, z. B. an Hand der Formeln, mit denen wir die Wahrheitswertfunktionen zusätzlich beschreiben.

Von einer mehrwertigen aussagenlogischen Verknüpfung (die z. B. einen Junktor der klassischen Aussagenlogik verallgemeinert) werden wir sagen, daß sie die *Normalbedingung* erfülle, wenn die ihr entsprechende Wahrheitswertfunktion g bei Einschränkung der Argumentwerte auf lediglich 0 und 1 übereinstimmt mit der Wahrheitswertfunktion einer — als zugehörig zu betrachtenden — klassisch-logischen Aussagenverknüpfung (wobei dann stets F für 0 und W für 1 zu lesen ist), wenn also die Funktion g nur Werte aus $\{0, 1\}$ annimmt, solange ihre Argumente Werte aus $\{0, 1\}$ sind.

Von den im folgenden betrachteten Wahrheitswertfunktionen gehören zu aussagenlogischen Verknüpfungen, die die Normalbedingung erfüllen, beispielsweise: non_1, alle T-Normen und alle T-Conormen, seq_i für $i = 1, 2, 3$; nicht die Normalbedingung dagegen erfüllt — in logischen Systemen mit wenigstens drei Quasiwahrheitswerten — diejenige mehrwertige Negation, deren Wahrheitswertfunktion non_2 ist. (Alle diese Funktionen werden in den nächsten Abschnitten eingeführt.)

Übrigens werden wir auch kurz sagen, eine Wahrheitswertfunktion erfülle die Normalbedingung, wenn der zugehörige Junktor die Normalbedingung erfüllt.

2.2.2.1. Wahrheitswertfunktionen für Negationen

Häufig benutzt zur Beschreibung einer Negation in Systemen mehrwertiger Logik wird die Wahrheitswertfunktion non_1, die für den dreiwertigen Fall bei Łukasiewicz [1920] und allgemeiner in Łukasiewicz/Tarski [1930] eingeführt wurde. Die Tafel für non_1 ist (für $\mathbf{W}_5$ als Menge der Quasiwahrheitswerte):

x	0	1/4	1/2	3/4	1
$\mathsf{non}_1\,(x)$	1	3/4	1/2	1/4	0

eine Beschreibung durch eine Formel mithin:

$$\mathsf{non}_1\,(x) = 1 - x. \tag{2.7}$$

Eine andere Beschreibung einer Negation wird bei Post [1921] eingeführt:

x	0	1/4	1/2	3/4	1
$\mathsf{non}_2\,(x)$	1	0	1/4	1/2	3/4

bzw. in Formeln allgemein für die Wertemenge $\mathbf{W}_M$:

$$\mathsf{non}_2\,(x) = \begin{cases} 1, & \text{wenn} \quad x = 0 \\ x - \dfrac{1}{M-1}, & \text{wenn} \quad x \neq 0. \end{cases} \tag{2.8}$$

Während aber die Funktion non_1, erklärt durch Formel (2.7), sofort auch bei unseren unendlichen Wertemengen sinnvoll ist und schon bei Łukasiewicz/Tarski [1930] auch darauf bezogen wurde, hat Post [1921] nur endliche Mengen von Quasiwahrheitswerten betrachtet. Es gibt zwar verschiedene Möglichkeiten, Formel (2.8) und damit non_2 geringfügig so abzuändern, daß eine Erweiterung auf unendliche Wertemengen möglich wird (vgl. Rescher [1969]), wir wollen jedoch darauf hier nicht eingehen und non_2 also nur bzgl. endlicher Mengen von Quasiwahrheitswerten betrachten.

2.2.2.2. *Wahrheitswertfunktionen für Konjunktionen*

An erster Stelle nennen wir die Wahrheitswertfunktion $\mathbf{et}_1$, die bereits bei Łukasiewicz [1920] und allgemeiner in Łukasiewicz/Tarski [1930] vorkommt. Sie wird festgelegt durch die Wertetafel:

$\mathbf{et}_1$	0	1/4	1/2	3/4	1
0	0	0	0	0	0
1/4	0	1/4	1/4	1/4	1/4
1/2	0	1/4	1/2	1/2	1/2
3/4	0	1/4	1/2	3/4	3/4
1	0	1/4	1/2	3/4	1

$\mathbf{et}_1$ ist eine zweistellige Wahrheitswertfunktion; die Spalte links des senkrechten Striches gibt den Wert des 1. Argumentes an, die Zeile oberhalb des waagerechten Striches den Wert des 2. Argumentes. Es ist also z. B. $\mathbf{et}_1(1/2, 3/4) = 1/2$.

Als Formel findet man sofort:

$$\mathbf{et}_1(x, y) = \min(x, y).$$

Für eine zweite Art von mehrwertiger Konjunktion beschreiben wir die zugehörige Wahrheitswertfunktion $\mathbf{et}_2$ zunächst durch eine Formel:

$$\mathbf{et}_2(x, y) = \max(0, x + y - 1);$$

die zugehörige (fünfwertige) Wertetafel hat die Gestalt:

$\mathbf{et}_2$	0	1/4	1/2	3/4	1
0	0	0	0	0	0
1/4	0	0	0	0	1/4
1/2	0	0	0	1/4	1/2
3/4	0	0	1/4	1/2	3/4
1	0	1/4	1/2	3/4	1

Eine dritte, mitunter betrachtete Art mehrwertiger Konjunktion wird charakterisiert durch die Wahrheitswertfunktion $\mathbf{et}_3$:

$$\mathbf{et}_3(x, y) = x \cdot y.$$

Allerdings ist $\mathbf{et}_3$ nur für $\mathbf{W}_2$ und unsere unendlichen Wertemengen eine Wahrheitswertfunktion, da es zu jedem $M > 2$ Quasiwahrheitswerte $a, b \in \mathbf{W}_M$ gibt, für die $a \cdot b \notin \mathbf{W}_M$ ist. Dies ist auch der Grund dafür, daß $\mathbf{et}_3$ seltener als $\mathbf{et}_1$, $\mathbf{et}_2$ betrachtet worden ist.

Alle diese drei Wahrheitswertfunktionen sind spezielle Beispiele für sog. T-Normen (nach dem englischen Terminus: triangular norm), die in Untersuchungen zu verallgemeinerten Geometrien – vgl. etwa SCHWEIZER/SKLAR [1960], [1961] – aufgetreten sind und wesentliche Eigenschaften haben, die auch Wahrheitswertfunktionen mehrwertiger Konjunktionen haben sollten.

Eine solche T-Norm t ist eine zweistellige Funktion in der Menge [0,1] oder einer Teilmenge davon, für die für alle Werte x, y, z, u gilt:

(T1) $\mathsf{t}(0, x) = 0$ und $\mathsf{t}(1, x) = x$;

(T2) $\mathsf{t}(x, y) \leqq \mathsf{t}(u, z)$, falls $x \leqq u$ und $y \leqq z$;

(T3) $\mathsf{t}(x, y) = \mathsf{t}(y, x)$;

(T4) $\mathsf{t}(\mathsf{t}(x, y), z) = \mathsf{t}(x, \mathsf{t}(y, z))$.

Wir werden gegebenenfalls et_{t} schreiben statt nur t, wenn wir eine T-Norm t als Wahrheitswertfunktion einer mehrwertigen Konjunktion auffassen.

2.2.2.3. *Wahrheitswertfunktionen für Alternativen*

Ein erstes Beispiel ist diejenige Wahrheitswertfunktion vel_1, die durch die Formel

$$\mathsf{vel}_1(x, y) = \max(x, y)$$

charakterisiert wird, deren Wertetafel also ist:

vel_1	0	1/4	1/2	3/4	1
0	0	1/4	1/2	3/4	1
1/4	1/4	1/4	1/2	3/4	1
1/2	1/2	1/2	1/2	3/4	1
3/4	3/4	3/4	3/4	3/4	1
1	1	1	1	1	1

Ein zweites Beispiel einer mehrwertigen Alternative wird beschrieben durch die Wahrheitswertfunktion

$$\mathsf{vel}_2(x, y) = \min(1, x + y)$$

mit der Wertetafel:

vel_2	0	1/4	1/2	3/4	1
0	0	1/4	1/2	3/4	1
1/4	1/4	1/2	3/4	1	1
1/2	1/2	3/4	1	1	1
3/4	3/4	1	1	1	1
1	1	1	1	1	1

Erneut nur bei unseren unendlichen Wertemengen sinnvoll ist die durch die Formel

$$\text{vel}_3\,(x, y) = x + y - x \cdot y$$

beschriebene Wahrheitswertfunktion vel_3.

Schließlich kann jeder T-Norm t eine Wahrheitswertfunktion vel_{t} zugeordnet werden vermöge der Festlegung

$$\text{vel}_{\mathsf{t}}(x, y) = 1 - \mathsf{t}(1 - x, 1 - y).$$

Diese Funktionen vel_{t} sind sog. T-Conormen. Dabei versteht man unter einer T-Conorm solch eine Funktion s in der Menge $[0, 1]$ oder einer Teilmenge davon, für die für alle Werte x, y, z, u gilt:

(T*1) $\mathsf{s}(0, x) = x$ und $\mathsf{s}(1, x) = 1$;

(T*2) $\mathsf{s}(x, y) \leqq \mathsf{s}(u, z)$, falls $x \leqq u$ und $y \leqq z$;

(T*3) $\mathsf{s}(x, y) = \mathsf{s}(y, x)$;

(T*4) $\mathsf{s}(\mathsf{s}(x, y), z) = \mathsf{s}(x, \mathsf{s}(y, z))$.

2.2.2.4. *Wahrheitswertfunktionen für Implikationen*

Für den dreiwertigen Fall bereits bei Łukasiewicz [1920], allgemein dann bei Łukasiewicz/Tarski [1930] wurde als Wahrheitswertfunktion zur Beschreibung einer mehrwertigen Implikation benutzt die Funktion seq_1 mit der Wertetafel:

seq_1	0	1/4	1/2	3/4	1
0	1	1	1	1	1
1/4	3/4	1	1	1	1
1/2	1/2	3/4	1	1	1
3/4	1/4	1/2	3/4	1	1
1	0	1/4	1/2	3/4	1

und der Beschreibung durch eine Formel:

$$\mathsf{seq}_1(x, y) = \min(1, 1 - x + y).$$

Es gilt mithin ganz allgemein

$$\mathsf{seq}_1(x, y) = \begin{cases} 1, & \text{wenn} \quad x \leqq y \\ 1 - x + y, & \text{wenn} \quad x > y. \end{cases}$$

Parallel dazu hat GÖDEL [1932] eine andere Art mehrwertiger Implikationen betrachtet, deren Wahrheitswertfunktion seq_2 beschrieben wird durch

$$\mathsf{seq}_2(x, y) = \begin{cases} 1, & \text{wenn} \quad x \leqq y \\ y, & \text{wenn} \quad x > y, \end{cases}$$

und für die sich also bzgl. $\mathbf{W}_5$ als Wertemenge folgende Wertetafel ergibt:

seq_2	0	1/4	1/2	3/4	1
0	1	1	1	1	1
1/4	0	1	1	1	1
1/2	0	1/4	1	1	1
3/4	0	1/4	1/2	1	1
1	0	1/4	1/2	3/4	1

Auch eine Abänderung der Wahrheitswertfunktion seq_2, wir wollen sie mit seq_3 bezeichnen, wird mitunter diskutiert. Sie wird definiert durch

$$\mathsf{seq}_3(x, y) = \begin{cases} 1, & \text{wenn} \quad x \leqq y \\ 0, & \text{wenn} \quad x > y. \end{cases}$$

Endlich ist es möglich, für die Quasiwahrheitswertmengen $\mathbf{W}_M$ und $\mathbf{W}_\infty$ mit jeder T-Norm t eine Wahrheitswertfunktion seq_t zu koppeln, die erklärt ist durch

$$\mathsf{seq}_\mathsf{t}(x, y) = \sup \{z \mid \mathsf{t}(x, z) \leqq y\}.$$

Ohne Beweis sei erwähnt, daß auf diese Weise die Wahrheitswertfunktion seq_2 mit der T-Norm et_1 verbunden ist, und ebenso seq_1 mit der T-Norm et_2. (Man achte auf den Wechsel der Indizes bei **seq** und **et**.)

2.2.2.5. Spezielle dreiwertige Wahrheitswertfunktionen

Im Zusammenhang mit dem Problem der Deutung der Quasiwahrheitswerte mehrwertiger logischer Systeme bzw. der Deutung der zu den „wahr" und „falsch" vertretenden Werten 1 und 0 hinzutretenden Quasiwahrheitswerten nehmen dreiwertige logische Systeme insofern eine Sonderstellung ein, als bei ihnen genau ein „zusätzlicher" Wahrheitswert existiert. Aus diesem Grunde hat man außer den oben erwähnten Beispielen von Wahrheitswertfunktionen für Junktoren mehrwertiger logischer Systeme, die für sehr verschiedene Mengen von Quasiwahrheitswerten in gleicher Weise erklärt sind, auch Wahrheitswertfunktionen diskutiert, die nur in $\mathbf{W}_3$ erklärt sind, in denen dem Quasiwahrheitswert 1/2 eine ausgezeichnete Rolle zukommt, und für die keine einfache und überzeugende Verallgemeinerbarkeit auf umfangreichere Wertemengen bekannt ist.

Die inhaltlichen Überlegungen, die zur Aufstellung der folgenden Wertetafeln führten, werden wir später erwähnen; vgl. **2.5.** Formales Resultat waren sowohl bei Bočvar [1939] als auch bei Kleene [1952] folgende Wahrheitswertfunktionen et_*, vel_*, seq_* für dreiwertige Konjunktionen, Alternativen bzw. Implikationen:

et_*	0	1/2	1
0	0	1/2	0
1/2	1/2	1/2	1/2
1	0	1/2	1

vel_*	0	1/2	1
0	0	1/2	1
1/2	1/2	1/2	1/2
1	1	1/2	1

seq_*	0	1/2	1
0	1	1/2	1
1/2	1/2	1/2	1/2
1	0	1/2	1

Für diese Wertetafeln ist charakteristisch, daß sie für die Wahrheitswerte 0 und 1 als Argumente mit den Wahrheitswertfunktionen für die entsprechenden Junktoren der klassischen Aussagenlogik übereinstimmen, also der Normalbedingung genügen, daß sie aber den Funktionswert 1/2 annehmen, sobald eines ihrer Argumente dieser „zusätzliche" Quasiwahrheitswert 1/2 ist.

Übrigens ist schon in Kleene [1938] eine weitere Version einer Wahrheitswertfunktion seq' einer dreiwertigen Implikation zu finden mit der

Wertetafel:

seq	0	1/2	1
0	1	1	1
1/2	1/2	1/2	1
1	0	1/2	1

2.2.2.6. *Die Wahrheitswertfunktionen* j_k

Um eine Möglichkeit zu haben, das Vorliegen bzw. Nichtvorliegen eines speziellen Quasiwahrheitswertes beschreiben zu können, haben ROSSER/TURQUETTE [1952] statt Konstanten spezielle einstellige Junktoren $\mathcal{J}_k$, k ein Quasiwahrheitswert oder ein einem Quasiwahrheitswert eineindeutig zugeordnetes Symbol, eingeführt. Die zugehörigen Wahrheitswertfunktionen j_k sind erklärt durch die Formel:

$$\mathrm{j}_k(x) = \begin{cases} 1, & \text{wenn} \quad x = k \\ 0, & \text{wenn} \quad x \neq k. \end{cases}$$

Als Wertetafel für $\mathrm{j}_{3/4}$ ergibt sich also z. B. bzgl. der Wertemenge $\mathbf{W}_5$:

	0	1/4	1/2	3/4	1
$\mathrm{j}_{3/4}$	0	0	0	1	0

Eine Variante dieser Wahrheitswertfunktionen, bezeichnet: j_k^s, werden wir im Abschnitt 2.4.8. benutzen. Diese Wahrheitswertfunktionen sind erklärt als

$$\mathrm{j}_k^s(x) = 1 - |x - k|.$$

Als Wertetafel für $\mathrm{j}_{3/4}^s$ ergibt sich nun bei der Menge $\mathbf{W}_5$ von Quasiwahrheitswerten:

	0	1/4	1/2	3/4	1
$\mathrm{j}_{3/4}^s$	1/4	1/2	3/4	1	3/4

2.2.3. *Ausgezeichnete Quasiwahrheitswerte, Tautologien und Folgerungen*

Vielfach wird mit den Quasiwahrheitswerten mehrwertiger logischer Systeme die Vorstellung verbunden, daß sie eine Art von Abstufung des Wahr- und vielleicht auch des Falschseins, oder aber eine Graduierung zwischen Wahrheit und Falschheit bedeuten können. Das daraus resultierende formale Problem ist, welche Quasiwahrheitswerte eines solchen mehrwertigen logischen Systems an die Stelle des Wahrheitswertes „wahr" der klassischen Logik treten sollen, und evtl. auch, welche Werte an Stelle des klassischen Wahrheitswertes „falsch" treten sollen.

In den meisten Fällen interessiert man sich in erster Linie für diejenigen Quasiwahrheitswerte, die an Stelle des klassischen Wertes „wahr" treten: sie werden dann als *ausgezeichnete Quasiwahrheitswerte* bezeichnet. Interessiert man sich auch für diejenigen Quasiwahrheitswerte, die an Stelle des klassischen Wertes „falsch" treten, so unterscheidet man dann zwischen *positiv ausgezeichneten* und *negativ ausgezeichneten* Quasiwahrheitswerten; die positiv ausgezeichneten sind in diesem Falle diejenigen, die an Stelle des klassischen Wahrheitswertes „wahr" treten, und die negativ ausgezeichneten diejenigen, die an Stelle des klassischen Wahrheitswertes „falsch" treten; vgl. RESCHER [1969]. Übrigens wird nicht verlangt, daß in solch einem Falle positiver und negativer Auszeichnung im Bereich der Quasiwahrheitswerte jeder Quasiwahrheitswert solcherart ausgezeichnet sein muß. Da wir weiterhin selten negativ ausgezeichnete Quasiwahrheitswerte zu betrachten haben, werden im folgenden immer positiv ausgezeichnete Quasiwahrheitswerte gemeint sein, wenn lediglich von ausgezeichneten Quasiwahrheitswerten gesprochen wird.

Unter einer *Tautologie* eines mehrwertigen aussagenlogischen Systems versteht man nun solch einen Ausdruck H seiner formalen Sprache, dessen Quasiwahrheitswert stets (positiv) ausgezeichnet ist, welche Quasiwahrheitswerte auch den in H auftretenden Aussagenvariablen zugeordnet werden. Die Tatsache, daß ein Ausdruck H der Sprache eines mehrwertigen aussagenlogischen Systems eine Tautologie in diesem System ist, wollen wir erneut dadurch kennzeichnen, daß wir schreiben: $\models H$. Ist dabei durch den Kontext klar, auf welches logische System Bezug genommen wird, braucht dieses System nicht extra angegeben zu werden; andernfalls — z. B. bei der gleichzeitigen Diskussion mehrerer logischer Systeme — wird der Bezug auf ein spezielles logisches System S dadurch deutlich gemacht, daß wir $\models_{\mathsf{S}}$ schreiben statt nur $\models$.

Will man auch den Begriff *Kontradiktion* für die mehrwertige Logik verallgemeinern, so bieten sich dafür z. B. folgende zwei Möglichkeiten an:

(1) verfügt das betrachtete mehrwertige logische System über eine geeignete Negation $\neg$, so kann man einen Ausdruck H seiner Sprache

genau dann Kontradiktion nennen, wenn der Ausdruck $\neg H$ eine Tautologie ist;

(2) hat das betrachtete mehrwertige logische System negativ ausgezeichnete Quasiwahrheitswerte, so kann man H Kontradiktion nennen, falls sein Quasiwahrheitswert stets (d. h., welche Quasiwahrheitswerte auch den in H vorkommenden Aussagenvariablen zugeordnet werden) ein negativ ausgezeichneter ist.

Beide Arten der Einführung des Begriffs „Kontradiktion" können in ein und demselben logischen System möglich sein, brauchen aber nicht dieselben Ausdrücke als Kontradiktion zu kennzeichnen.

Für die Festlegung, welche Quasiwahrheitswerte (positiv) ausgezeichnet sein sollen, gibt es keine allgemeinen Regeln. Normalerweise betrachtet man den Quasiwahrheitswert 1 als ausgezeichneten Quasiwahrheitswert, und mit jedem ausgezeichneten Quasiwahrheitswert z auch jeden anderen Quasiwahrheitswert als ausgezeichnet, der — in einer gegebenenfalls existierenden natürlichen Anordnung der Quasiwahrheitswerte mit 1 als größtem der Werte — größer als z ist. Analoges gilt für negativ ausgezeichnete Quasiwahrheitswerte (mit 0 an Stelle von 1 und „kleiner" statt „größer").

Dem Tautologiebegriff, der einer der zentralen Begriffe der gewöhnlichen Aussagenlogik ist, steht gleichberechtigt der Begriff der Folgerung aus einer Menge von Ausdrücken — mitunter als Prämissen bezeichnet — zur Seite. Und ebenso, wie die Betrachtung der (positiv) ausgezeichneten Quasiwahrheitswerte in natürlicher Weise zur Definition der Tautologien mehrwertiger logischer Systeme führte, wird die Berufung auf die ausgezeichneten Quasiwahrheitswerte zu einer natürlichen Verallgemeinerung des üblichen Folgerungsbegriffes führen.

Wir betrachten für ein gegebenes mehrwertiges aussagenlogisches System einen Ausdruck H und eine Menge Σ von Ausdrücken seiner Sprache. H möge eine *Folgerung* aus Σ heißen bzw. wir sagen, daß *H aus Σ folgt*, falls jede solche Zuordnung von Quasiwahrheitswerten zu den in H und den Ausdrücken aus Σ vorkommenden Aussagenvariablen, die allen Ausdrücken aus Σ ausgezeichnete Quasiwahrheitswerte zuordnet, dem Ausdruck H einen ausgezeichneten Quasiwahrheitswert gibt.

Folgt H aus Σ, so schreiben wir: $\Sigma \models H$. Im speziellen Fall, daß es sich bei der Menge Σ von Ausdrücken um die leere Menge $\emptyset$ handelt, ergibt sich sofort aus unseren Festlegungen

$$\models H \quad \text{gdw} \quad \emptyset \models H, \tag{2.9}$$

d. h., ein Ausdruck ist genau dann eine Tautologie, wenn er aus der leeren Menge folgt.

Hat man ausgezeichnete Quasiwahrheitswerte zur Verfügung, so kann man noch unter einem anderen als dem in 2.2.2 diskutierten Gesichtspunkt Beziehungen zwischen Wahrheitswertfunktionen mehrwertiger logischer Systeme und denen der klassischen Aussagenlogik betrachten, was zu den Normalbedingungen analogen Bedingungen führt.

Nehmen wir an, daß NON, ET, VEL, SEQ Wahrheitswertfunktionen bzgl. einer fixierten Menge von Quasiwahrheitswerten sind, deren entsprechende Junktoren Analoga der klassischen Junktoren Negator, Konjunktor, Alternator bzw. Implikator seien. Außerdem mögen (positiv) ausgezeichnete Quasiwahrheitswerte markiert sein. Man sagt dann, daß jene Wahrheitswertfunktionen die *Standardbedingungen* erfüllen, falls gilt:

– NON (x) ist genau dann ein ausgezeichneter Quasiwahrheitswert, wenn x kein ausgezeichneter Quasiwahrheitswert ist;
– ET (x, y) ist genau dann ein ausgezeichneter Quasiwahrheitswert, wenn x, y ausgezeichnete Quasiwahrheitswerte sind;
– VEL (x, y) ist genau dann ein nicht-ausgezeichneter Quasiwahrheitswert, wenn x, y nicht-ausgezeichnete Quasiwahrheitswerte sind;
– SEQ (x, y) ist genau dann ein nicht-ausgezeichneter Quasiwahrheitswert, wenn x ein ausgezeichneter und y ein nicht-ausgezeichneter Quasiwahrheitswert ist.

Dabei ist unterstellt, daß es keine negativ ausgezeichneten Quasiwahrheitswerte gibt, sondern daß die nicht-ausgezeichneten Quasiwahrheitswerte an die Stelle des Wahrheitswertes F der klassischen Logik treten; vgl. ROSSER/TURQUETTE [1952].

2.2.4. *Allgemeine Probleme bei mehrwertigen aussagenlogischen Systemen*

Das weite Spektrum von Möglichkeiten hinsichtlich möglicher Mengen von Quasiwahrheitswerten, möglicher Mengen ausgezeichneter Quasiwahrheitswerte, und auch möglicher Wahrheitswertfunktionen für vorhandene Junktoren bei mehrwertigen aussagenlogischen Systemen läßt es unmöglich erscheinen, mit elementaren Mitteln eine einigermaßen systematische Behandlung aller solcher Systeme zu bewältigen. Wir wollen uns daher im folgenden auf einige ausgewählte Systeme konzentrieren, die besonders häufig oder auch besonders intensiv untersucht worden sind.

Dabei zeigt sich, daß die vorzügliche Aufmerksamkeit der Logiker bei ihren Untersuchungen (mehrwertiger) aussagenlogischer Systeme einer nicht sehr großen Anzahl zentraler Probleme gilt, denen auch wir uns zuwenden wollen, und daß diese Probleme weitgehend unabhängig vom speziellen logischen System formuliert werden können.

In diesem Abschnitt erläutern wir solche Probleme. Nachfolgend werden wir für spezielle mehrwertige aussagenlogische Systeme ihre Lösungen betrachten.

2.2.4.1. Das Problem der Axiomatisierbarkeit der Menge aller Tautologien

Gefragt wird, ob es einen Kalkül gibt, der genau die sämtlichen Tautologien des betreffenden mehrwertigen logischen Systems (als seine Theoreme) erzeugt; und wenn solche Kalküle existieren, soll wenigstens einer angegeben werden. Dabei wird solch ein Logikkalkül – wie schon im Falle der klassischen Aussagenlogik – üblicherweise dadurch konstituiert, daß eine Menge von Ableitungsregeln (zusammen mit Festlegungen darüber, wie sie anzuwenden sind) und evtl. eine Menge von Axiomen angegeben werden. Je nach Wahl der Ableitungsregeln kann die Axiomenmenge leer sein oder nicht. Unabhängig davon sagt man, daß durch solch einen Logikkalkül ein Ableitungsbegriff festgelegt sei; und man schreibt: $\vdash H$, falls der Ausdruck H ableitbar ist in einem fixierten Kalkül (vgl. 1.2).

Hat man zu einem gegebenen logischen System einen Kalkül gefunden, der das Axiomatisierungsproblem positiv löst, der also alle und nur die Tautologien jenes Systems aus seinen Axiomen herzuleiten gestattet, so sagt man auch, daß dieser Kalkül – hinsichtlich des betrachteten logischen Systems – *vollständig* und *korrekt* ist.

Axiomatisierungsverfahren für verschiedene mehrwertige logische Systeme, aussagen- und auch prädikatenlogische, sind verschiedentlich angegeben worden und gestatten die positive Lösung des Axiomatisierungsproblems für jeweils ganze Klassen mehrwertiger logischer Systeme; vgl. ROSSER/TURQUETTE [1952], SCHRÖTER [1955].

2.2.4.2. *Das Problem der formalen Darstellung der Folgerungsbeziehung*

Gefragt wird, ob es einen Kalkül und damit einen Ableitungsbegriff gibt, der so beschaffen ist, daß mit ihm ausgehend von gewissen vorgegebenen Ausdrücken als Prämissen weitere Ausdrücke abgeleitet werden können, und der zusätzlich als wesentliche Eigenschaft hat, daß ein Ausdruck H genau dann aus einer Prämissenmenge Σ abgeleitet werden kann, in Zeichen: $\Sigma \vdash H$, wenn $\Sigma \models H$ gilt. Und wenn solche Kalküle existieren, soll wieder wenigstens einer angegeben werden.

Erfahrungsgemäß besteht ein enger Zusammenhang zwischen den Kalkülen zur Lösung des Axiomatisierungsproblems und denen zur Lösung unseres jetzigen Problems: Hat man einen Kalkül K zur Herleitung von Ausdrücken der Sprache des betrachteten logischen Systems und eine Ausdrucksmenge Σ, so erweitere man K dadurch zu einem Kalkül K_Σ, daß man alle Ausdrücke von Σ zu den Axiomen von K hinzunimmt (und evtl. geeignete zusätzliche Bedingungen für die Anwendung der Ableitungsregeln von K hinzufügt); danach möge H aus Σ ableitbar heißen, falls der Ausdruck H im Kalkül K_Σ hergeleitet werden kann.

Aber nicht nur die Kalküle für diese beiden Probleme, sondern auch die Lösungen beider Probleme hängen oft eng zusammen. Offensichtlich ist wegen (2.9), daß jede Lösung des Problems der formalen Darstellung der Folgerungsbeziehung eine Lösung des Axiomatisierungsproblems umfaßt. Aber auch eine Lösung des Axiomatisierungsproblems kann unter geeigneten Umständen relativ leicht zu einer Lösung des Problems der formalen Darstellung der Folgerungsbeziehung verschärft werden.

Betrachten wir die folgenden vier Eigenschaften.

($F_\models$) Für beliebige Ausdrücke H und Ausdrucksmengen Σ gilt:

$$\Sigma \models H \quad \text{gdw} \quad (\bigvee \Sigma' \subseteq \Sigma)\,(\Sigma' \text{ endlich} \wedge \Sigma' \models H). \tag{2.10}$$

($F_\vdash$) Für beliebige Ausdrücke H und Ausdrucksmengen Σ gilt:

$$\Sigma \vdash H \quad \text{gdw} \quad (\bigvee \Sigma' \subseteq \Sigma)\,(\Sigma' \text{ endlich} \wedge \Sigma' \vdash H). \tag{2.11}$$

($D_\models$) Für beliebige Ausdrücke H_1, H_2 und Ausdrucksmengen Σ gilt:

$$\Sigma \cup \{H_1\} \models H_2 \quad \text{gdw} \quad \Sigma \models H_1 \to H_2. \tag{2.12}$$

($D_\vdash$) Für beliebige Ausdrücke H_1, H_2 und Ausdrucksmengen Σ gilt:

$$\Sigma \cup \{H_1\} \vdash H_2 \quad \text{gdw} \quad \Sigma \vdash H_1 \to H_2. \tag{2.13}$$

Eigenschaft ($F_{\models}$) ist eine wesentliche Eigenschaft des betrachteten logischen Systems; hat ein gegebenes logisches System diese Eigenschaft, so sagen wir, daß für dieses System der *Endlichkeitssatz für die Folgerungsbeziehung* gelte.

Eigenschaft ($F_{\vdash}$) ist eine Eigenschaft der Kalküle, die im Zusammenhang mit dem Problem der formalen Darstellung der Folgerungsbeziehung betrachtet werden. Sie ist üblicherweise immer dann erfüllt, wenn die einen solchen Kalkül (mit) konstituierenden Schlußregeln je nur endlich viele Prämissen haben.

Eigenschaft ($D_{\models}$) ist, soll sie gelten, vor allem eine Bedingung an die betrachtete Implikation, genauer: eine Bedingung an die der betrachteten Implikation entsprechende Wahrheitswertfunktion.

Eigenschaft ($D_{\vdash}$) ist wieder eine Kalküleigenschaft, deren Erfülltsein Bedingungen an das Ableiten im Kalkül und an formale Eigenschaften der betrachteten Implikation stellt. Gilt stets (2.13) für einen betrachteten Kalkül, so sagen wir, daß für ihn das *Deduktionstheorem* gilt.

Während demnach ($F_{\vdash}$) und ($D_{\models}$) leichter zu erfüllende Bedingungen formulieren, werden durch ($F_{\models}$) und ($D_{\vdash}$) tiefgehende Forderungen ausgedrückt. Deswegen haben sich dafür auch eigene Benennungen eingebürgert.

Sind Σ, Σ' endliche Menge von Ausdrücken, etwa $\Sigma' = \{H_1, \ldots, H_n\}$, so können (2.12), (2.13) gleichwertig auch ersetzt werden durch:

$$\Sigma \cup \{H_1, \ldots, H_n\} \models H \text{ gdw } \Sigma \models H_1 \to \big(H_2 \to \ldots (H_n \to H) \ldots\big), \qquad (2.12^*)$$

$$\Sigma \cup \{H_1, \ldots, H_n\} \vdash H \text{ gdw } \Sigma \vdash H_1 \to \big(H_2 \to \ldots (H_n \to H) \ldots\big). \qquad (2.13^*)$$

Nun sind wir in der Lage, Fälle anzugeben, in denen die Lösung des Axiomatisierungsproblems die des Problems der formalen Darstellung der Folgerungsbeziehung nach sich zieht.

Satz 2.1. *Ist jede der Eigenschaften ($F_{\models}$), ($F_{\vdash}$), ($D_{\models}$) und ($D_{\vdash}$) erfüllt, so folgt aus einer Lösung des Axiomatisierungsproblems eine Lösung des Problems der formalen Darstellung der Folgerungsbeziehung.*

Beweis. Es ist leicht zu sehen, daß wegen ($F_{\models}$) – dem Endlichkeitssatz für die Folgerungsbeziehung – und wegen ($F_{\vdash}$) das Problem

$$\Sigma \models H \quad \text{gdw} \quad \Sigma \vdash H \qquad (2.14)$$

der formalen Darstellung der Folgerungsbeziehung für beliebige Ausdrücke H und Ausdrucksmengen Σ sich reduziert auf dasselbe Problem (2.14) für endliche Ausdrucksmengen Σ. Es sei also nun $\Sigma = \{H_1, H_2, \ldots, H_n\}$.

Dann folgt aus $(D_{\models})$, in der Form (2.12*), zunächst einmal

$$\Sigma \models H \quad \text{gdw} \quad \models H_1 \to (H_2 \to \ldots (H_n \to H) \ldots)); \tag{2.15}$$

die vorausgesetzte Lösung des Axiomatisierungsproblems bewirkt außerdem die Existenz eines Kalküls K, hinsichtlich dessen für beliebige Ausdrücke G gilt: $\models G$ gdw $\vdash G$, also speziell

$$\models H_1 \to (H_2 \to \ldots (H_n \to H) \ldots)) \quad \text{gdw} \quad \vdash H_1 \to (H_2 \to \ldots (H_n \to H) \ldots)) \tag{2.16}$$

Das Deduktionstheorem, angewendet in der Form (2.13*), führt damit zu

$$\vdash H_1 \to (H_2 \to \ldots (H_n \to H) \ldots)) \quad \text{gdw} \quad \Sigma \vdash H. \tag{2.17}$$

Insgesamt führen also (2.15), (2.16), (2.17) nacheinander zu (2.14) für endliche Ausdrucksmengen Σ und damit zur Lösung des Problems der formalen Darstellung der Folgerungsbeziehung. ∎

Der in diesem Satz fixierte Zusammenhang ist der Grund dafür, daß eine Lösung des Problems der formalen Darstellung der Folgerungsbeziehung oft dadurch angestrebt wird, daß man für logische Systeme, für die das Axiomatisierungsproblem gelöst ist und der Endlichkeitssatz für die Folgerungsbeziehung gilt, für die für jene Systeme im Zusammenhang mit der Lösung des Axiomatisierungsproblems betrachteten Kalküle nach der Gültigkeit des Deduktionstheorems fragt. (Nur nebenbei sei hier angemerkt, daß es auch Nachweismethoden gibt dafür, daß ein betrachteter Kalkül das Axiomatisierungsproblem für ein vorgegebenes logisches System löst, in denen die Tatsache, daß für jenen Kalkül das Deduktionstheorem gilt, eine wesentliche Rolle spielt.)

2.2.4.3. Das Problem der funktionalen Vollständigkeit der betrachteten Menge von Junktoren

Genau wie im Falle der klassischen Aussagenlogik und wie auch in allen anderen logischen Systemen, die in diesem Buch dargestellt werden, können mittels der zum System von Anfang an gehörenden, d. h. im Alphabet enthaltenen Junktoren weitere aussagenlogische Verknüpfungen eingeführt werden. Durch Definitionen können dem gegebenen logischen System somit weitere Junktoren hinzugefügt werden. Das Problem der funktionalen Vollständigkeit ist nun, ob auf diese Weise zu jeder endlichstelligen aussagenlogischen Verknüpfung, die im betrachteten System möglich ist, ihre zugehörige Wahrheitswertfunktion erklärt werden kann. Anders ausgedrückt: Kann durch Superposition, d. h. durch Ineinanderschachteln, derjenigen Wahrheitswertfunktionen, die den zum Alphabet des logischen Systems gehörenden Junktoren entsprechen, jede mögliche endlichstellige Wahrheitswertfunktion bzgl. der betrachteten Menge von Quasiwahrheitswerten erzeugt werden?

Es ist sofort klar, daß ein mehrwertiges logisches System (mit wenigstens drei Quasiwahrheitswerten) dann nicht funktional vollständig ist, wenn alle zu seinem Alphabet gehörenden Junktoren die Normalbedingung erfüllen.

Das Problem der funktionalen Vollständigkeit eines logischen Systems hat allerdings eine geringere Bedeutung als die anderen drei in diesem Abschnitt besprochenen Probleme: Man kann sich immer auf den Standpunkt stellen, daß ein funktional unvollständiges System nötigenfalls durch Hinzunahme neuer Junktoren derart erweitert werden kann, daß seine Ausdrucksfähigkeit größer wird. Allerdings stellen sich für solcherart erweiterte Systeme alle anderen hier besprochenen Probleme neu — und bedürfen meist einer neuen Lösung. Deswegen ist es für potentielle Anwendungen natürlich trotzdem wünschenswert, über funktional vollständige Systeme zu verfügen.

2.2.4.4. Das Problem der Entscheidbarkeit

Die Frage ist hierbei, ob es ein Verfahren gibt, das für jeden Ausdruck des betrachteten logischen Systems nach endlich vielen Verfahrensschritten die Information liefert, ob jener Ausdruck eine Tautologie ist oder ob er keine ist. Gibt es ein solches Verfahren, heißt die Menge aller Tautologien des betrachteten logischen Systems — und meist auch dieses System schlechthin — *entscheidbar*, andernfalls *unentscheidbar*. (Natürlich kann man dieselbe Frage hinsichtlich der Eigenschaft stellen, eine Kontradiktion zu sein. Das geschieht aber sehr selten, weil normalerweise das Hauptinteresse den Tautologien eines logischen Systems gilt.)

Das Extensionalitätsprinzip, das wir für die mehrwertige Logik akzeptiert haben, führt wie in der klassischen Aussagenlogik zu der Konsequenz, daß das vollständige Wahrheitswertverhalten eines gegebenen

Ausdrucks eines betrachteten mehrwertigen aussagenlogischen Systems durch eine Wertetafel wiedergegeben werden kann. Das Verfahren des Aufstellens der vollen Wertetafel ist daher geeignet, für jeden gegebenen Ausdruck die Information darüber zu liefern, ob er eine Tautologie ist oder nicht. Daß dieses Verfahren nach jeweils endlich vielen Schritten aber diese Information liefert ist garantiert, wenn die Menge der Quasiwahrheitswerte endlich ist.

Daher ist jedes endlichwertige aussagenlogische System entscheidbar.

2.2.5. *Spezielle mehrwertige aussagenlogische Systeme*

Wir wollen nun einige derjenigen Systeme mehrwertiger Aussagenlogik betrachten, denen bisher die meiste Aufmerksamkeit gewidmet worden ist – sei es aus historischen oder sachlichen Gründen. Woraus diese Aufmerksamkeit resultiert, darüber werden unsere späteren Betrachtungen über Anwendungen mehrwertiger Logiken (vgl. 2.4) Aufschluß geben.

Um das Alphabet der jeweiligen Systeme festzulegen genügt die Angabe der dazu gehörenden Junktoren und Konstanten; vgl. 2.2.1. Werden nur Junktoren erwähnt, so bedeutet dies, daß keine Konstanten für Quasiwahrheitswerte zum Alphabet gehören.

In Analogie zur klassischen Aussagenlogik werden auch bei den mehrwertigen Systemen oft nicht alle interessierenden Aussagenverknüpfungen von Anfang an durch Junktoren des Alphabets repräsentiert, sondern nachträglich durch Definitionen eingeführt. Die wesentlichsten derartigen Definitionen werden wir zusammen mit der Beschreibung dieser Systeme angeben; außerdem nennen wir – ohne Beweis – wichtige Resultate über Eigenschaften der jeweiligen mehrwertigen logischen Systeme.

2.2.5.1. *Das dreiwertige System* L_3 *von Łukasiewicz* [1920]

Die grundlegenden Junktoren $\sim$, $\rightarrow$ für eine Negation und eine Implikation werden beschrieben durch folgende Wahrheitswertfunktionen:

$$\sim \text{ durch } \mathsf{non}_1, \quad \rightarrow \text{ durch } \mathsf{seq}_1.$$

Weitere Verknüpfungen werden definiert als:

$$H_1 \vee H_2 \overset{\text{def}}{=} (H_1 \to H_2) \to H_2, \qquad \text{(Alternative)}$$

$$H_1 \wedge H_2 \overset{\text{def}}{=} \sim(\sim H_1 \vee \sim H_2), \qquad \text{(Konjunktion)}$$

$$H_1 \leftrightarrow H_2 \overset{\text{def}}{=} (H_1 \to H_2) \wedge (H_2 \to H_1). \qquad \text{(Äquivalenz)}$$

Die zugehörigen Wahrheitswertfunktionen sind: vel_1 für $\vee$, et_1 für $\wedge$, und die durch die Tabelle

	0	1/2	1
0	1	1/2	0
1/2	1/2	1	1/2
1	0	1/2	1

gegebene Wahrheitswertfunktion für $\leftrightarrow$.

Einziger ausgezeichneter Quasiwahrheitswert ist 1.

Alle betrachteten Junktoren erfüllen die Normalbedingung, das System ist also nicht funktional vollständig.

Das Axiomatisierungsproblem hat eine positive Lösung; vgl. Wajsberg [1931]. Mögliche Axiome sind:

($\mathsf{L}_3$1) $p \to (q \to p)$,

($\mathsf{L}_3$2) $(p \to q) \to ((q \to r) \to (p \to r))$,

($\mathsf{L}_3$3) $(\sim q \to \sim p) \to (p \to q)$,

($\mathsf{L}_3$4) $((p \to \sim p) \to p) \to p$;

zugehörige Schlußregeln sind dabei:

(L_3R1) Abtrennungsregel,

(L_3R2) Einsetzungsregel.

Erweitert man das System L_3 durch einen weiteren einstelligen Junktor **T**, dessen zugehörige Wahrheitswertfunktion $\mathsf{con}_{\mathrm{T}}$ durch die Wertetafel

	0	1/2	1
$\mathsf{con}_{\mathrm{T}}$	1/2	1/2	1/2

erklärt ist, zum System $\mathsf{L}_3^{\mathrm{S}}$, wie dies Słupecki [1936] getan hat, so erhält man ein funktional vollständiges System, dessen Axiomatisierungsproblem positiv gelöst wird durch einen Kalkül, der zusätzlich zu den Axiomen

($L_3$1) bis ($L_3$4) die Axiome

(L_3^S5) $\mathbf{T}p \rightarrow \sim\mathbf{T}p$,

(L_3^S6) $\sim\mathbf{T}p \rightarrow \mathbf{T}p$

und wieder die Schlußregeln (L_3R1) und (L_3R2) hat.

2.2.5.2. Die dreiwertigen Systeme B_3, B_3^E *von Bočvar* [1938]

Betrachtet werden im System B_3 die Junktoren $\sim$ (Negator), $\wedge$ (Konjunktor), $\vee$ (Alternator) und $\rightarrow$ (Implikator), die durch folgende Wahrheitswertfunktionen beschrieben werden (vgl. **2.2.2.1** und **2.2.2.5**):

$\sim$ durch non_1, $\quad\vee$ durch vel_*,

$\wedge$ durch et_*, $\quad\rightarrow$ durch seq_*;

dazu kommt eine Äquivalenz, die definiert werden kann durch

$$H_1 \leftrightarrow H_2 \overset{\text{def}}{=} (H_1 \rightarrow H_2) \wedge (H_2 \rightarrow H_1).$$

Ausgezeichneter Quasiwahrheitswert ist 1.

Da alle betrachteten Wahrheitswertfunktionen den Wert 1/2 haben, sobald eines ihrer Argumente den Wert 1/2 hat, gibt es im System B_3 keine Tautologien. Aus demselben Grunde – bzw. auch, weil alle Junktoren die Normalbedingung erfüllen – ist es nicht funktional vollständig.

Mit dem System B_3 bringt Bočvar [1938] ein weiteres System B_3^E in Verbindung, dessen Junktoren $\neg$, $\wedge$, $\vee$, $\rightarrow$, $\leftrightarrow$ (für: Negation, Konjunktion, Alternative, Implikation, Äquivalenz) beschrieben werden durch die Wahrheitswertetafeln:

	0	1/2	1
$\neg$	1	1	0

$\wedge$	0	1/2	1
0	0	0	0
1/2	0	0	0
1	0	0	1

$\vee$	0	1/2	1
0	0	0	1
1/2	0	0	1
1	1	1	1

$\rightarrow$	0	1/2	1
0	1	1	1
1/2	1	1	1
1	0	0	1

$\leftrightarrow$	0	1/2	1
0	1	1	0
1/2	1	1	0
1	0	0	1

Ausgezeichneter Quasiwahrheitswert ist 1.

Alle Junktoren von B_3^E erfüllen die Normalbedingung, das System ist also nicht funktional vollständig.

Als Tautologien von B_3^E erhält man alle diejenigen Ausdrücke, die aus Tautologien der klassischen Aussagenlogik dadurch hervorgehen, daß stets für die klassischen Junktoren die entsprechenden Junktoren von B_3^E geschrieben werden. Damit reduziert sich das Axiomatisierungsproblem für B_3^E auf dasjenige der klassischen Aussagenlogik.

Hätte übrigens B_3 als ausgezeichnete Quasiwahrheitswerte die Werte 1/2 und 1, so würde sich die Betrachtung der Tautologien dieses Systems in der eben für B_3^E erläuterten Weise reduzieren auf die Betrachtung der Tautologien der klassischen Aussagenlogik.

2.2.5.3. Die dreiwertigen Systeme K_3, K_3^* *von Kleene* [1938], [1952]

Im System K_3 sind die Junktoren $\sim$, $\wedge$, $\vee$ (für: Negation, Konjunktion, Alternative) erklärt wie im System L_3 von Łukasiewicz durch: non_1, et_1, vel_1. Eine Implikation $\rightarrow$ wird erklärt durch die Wahrheitswertfunktion seq',vgl. 2.2.2.5; und eine Äquivalenz schließlich in gewohnter Weise als Konjunktion zweier entgegengesetzt gerichteter Implikationen.

Negation und Äquivalenz haben dieselben Wahrheitswertfunktionen wie die entsprechenden Junktoren im System B_3 von Bočvar. Alle Junktoren von K_3 erfüllen die Normalbedingung, das System K_3 ist also nicht funktional vollständig.

Ist allein 1 ausgezeichneter Quasiwahrheitswert, gibt es für K_3 keine Tautologien; sind 1/2 und 1 ausgezeichnete Quasiwahrheitswerte, sind die Tautologien des so gefaßten Systems K_3 genau diejenigen der klassischen Aussagenlogik.

Kleene [1952] betrachtet noch ein „schwächeres" System K_3^*. Es stimmt überein mit dem System B_3 von Bočvar.

2.2.5.4. Die n-wertigen Systeme P_n *von Post* [1921]

Die grundlegenden Junktoren $\sim$, $\vee$ des Systems P_n, die eine Negation und eine Alternative darstellen, werden erklärt durch folgende Wahrheitswertfunktionen:

$\sim$ durch non_2, $\quad\vee$ durch vel_1.

Die Quasiwahrheitswertmenge von P_n ist $\mathbf{W}_n$. Weitere Junktoren können in gewohnter Weise in Analogie zur gewöhnlichen Aussagenlogik mittels Alternative und Negation definitorisch eingeführt werden.

Hinsichtlich ausgezeichneter Quasiwahrheitswerte trifft POST [1921] keine Festlegungen: in den n-wertigen Systemen P_n können nach Bedarf alle k Quasiwahrheitswerte $\geqq \frac{n-k}{n-1}$ (bei $k < n - 1$, k natürliche Zahl) ausgezeichnet sein.

Ist $\mathsf{P}_{n,k}$ für $k < n - 1$ das System P_n, erweitert um die Festlegung, daß alle Quasiwahrheitswerte $\geqq \frac{n-k}{n-1}$ ausgezeichnet sein sollen, so hat das Axiomatisierungsproblem für $\mathsf{P}_{n,k}$ eine positive Lösung; vgl. POST [1921] – allerdings wird dort kein Axiomensystem angegeben sondern nur eine Konstruktionsmethode für ein solches Axiomensystem.

2.2.5.5. *Die mehrwertigen Systeme L_ν von Łukasiewicz*

Das dreiwertige System L_3 hat ŁUKASIEWICZ schon 1922 verallgemeinert, indem er das gesamte reelle Intervall $[0, 1]$ als Menge der Quasiwahrheitswerte betrachtete; vgl. ŁUKASIEWICZ [1970, S. 129/30]. Eine zusammenfassende Übersicht über die Systeme L_ν gibt später ŁUKASIEWICZ/TARSKI [1930].

Die ŁUKASIEWICZschen Systeme L_ν gliedern sich auf in die endlichwertigen Systeme L_n, n eine natürliche Zahl $\geqq 3$, mit Quasiwahrheitswertmenge $\mathbf{W}_n$ und in die unendlichwertigen Systeme $\mathsf{L}_{\aleph_0}$ mit der Quasiwahrheitswertmenge $\mathbf{W}_{\aleph_0}$ sowie L_∞ mit der Quasiwahrheitswertmenge $\mathbf{W}_\infty$. Die grundlegenden Junktoren jedes dieser Systeme sind eine Negation $\sim$ und eine Implikation $\rightarrow$, deren zugehörige Wahrheitswertfunktionen non_1 bzw. seq_1 sind. Weitere Junktoren werden wie für L_3 definitorisch eingeführt.

Ausgezeichneter Quasiwahrheitswert ist 1. Mitunter wird 0 als negativ ausgezeichneter Quasiwahrheitswert behandelt.

Alle betrachteten Junktoren erfüllen die Normalbedingung, keines der Systeme L_n, $\mathsf{L}_{\aleph_0}$ und L_∞ ist demnach funktional vollständig.

Bezeichnen wir mit $\boldsymbol{T}(\mathsf{L}_\nu)$ die Menge aller Tautologien des Systems L_ν, so gilt:

$$\boldsymbol{T}(\mathsf{L}_\infty) = \boldsymbol{T}(\mathsf{L}_{\aleph_0}). \tag{2.18}$$

Die Beziehung $\boldsymbol{T}(\mathsf{L}_\infty) \subseteq \boldsymbol{T}(\mathsf{L}_{\aleph_0})$ ist dabei sofort klar; die umgekehrte Inklusion $\boldsymbol{T}(\mathsf{L}_{\aleph_0}) \subseteq \boldsymbol{T}(\mathsf{L}_\infty)$ ergibt sich z. B. daraus, daß jedes Axion des unten für $\mathsf{L}_{\aleph_0}$ angegebenen Axiomensystems $(\mathsf{L}_\infty 1)-(\mathsf{L}_\infty 4)$ auch eine Tautologie bzgl. L_∞ ist; vgl. RESCHER [1969]. Für die endlichwertigen Systeme L_n hat LINDENBAUM bewiesen, daß gilt

$$\boldsymbol{T}(\mathsf{L}_n) \subseteq \boldsymbol{T}(\mathsf{L}_m) \quad \text{gdw} \quad (m-1) \quad \text{Teiler ist von } (n-1);$$

vgl. ŁUKASIEWICZ/TARSKI [1930], ACKERMANN [1967]. Und natürlich ist jede Tautologie eines der Systeme L_ν auch eine Tautologie der klassischen Aussagenlogik, denn alle Junktoren von L_ν erfüllen die Normalbedingung. Speziell gilt auch noch (s. ŁUKASIEWICZ/TARSKI [1930]):

$$\boldsymbol{T}(\mathsf{L}_\infty) = \bigcap_{n=3}^{\infty} \boldsymbol{T}(\mathsf{L}_n).$$

Das Axiomatisierungsproblem hat für alle betrachteten Systeme L_ν eine positive Lösung. Die entsprechenden Kalküle sind weitgehend ähnlich; alle haben als Schlußregeln z. B.

(LR1) Abtrennungsregel, (LR2) Einsetzungsregel.

Kalküle für die Systeme L_∞ und $\mathsf{L}_{\aleph_0}$ haben als Axiomenmenge z. B. (vgl. LUKASIEWICZ/TARSKI [1930], WAJSBERG [1935], ROSE/ROSSER [1958]):

$(\mathsf{L}_\infty 1)$ $p \to (q \to p)$

$(\mathsf{L}_\infty 2)$ $(p \to q) \to ((q \to r) \to (p \to r))$

$(\mathsf{L}_\infty 3)$ $(\sim q \to \sim p) \to (p \to q)$

$(\mathsf{L}_\infty 4)$ $((p \to q) \to q) \to ((q \to p) \to p)$.

Axiomensysteme für die Systeme L_n erhält man daraus, indem man als weitere Axiome hinzunimmt (s. GRIGOLIA [1977])

$(\mathsf{L}_n 5)$ $\bigsqcup_{i=1}^{n} p \to \bigsqcup_{i=1}^{n-1} p$

und für $n > 3$ auch noch das Schema

$(\mathsf{L}_n 6)$ $\bigsqcup_{i=1}^{n-1} \left(\bigsqcap_{j=1}^{k} \sim p \sqcup \left(p \sqcap \bigsqcup_{j=1}^{k-1} p \right) \right)$, für $1 < k < n$ und $k \nmid (n-1)$,

in dem k kein Teiler von $n-1$ sein darf. Dabei sind $\bigsqcup$, $\bigsqcap$ die endlichen Iterationen einer neuen Alternative $\sqcup$ bzw. einer neuen Konjunktion $\sqcap$, die definiert werden können durch:

$$H_1 \sqcup H_2 \overset{\text{def}}{=} \sim H_1 \to H_2,$$

$$H_1 \sqcap H_2 \overset{\text{def}}{=} \sim(\sim H_1 \sqcup \sim H_2),$$

und deren Wahrheitswertfunktionen vel_2 bzw. et_2 sind; vgl. 2.2.2.2 und 2.2.2.3. Auch andere Axiomensysteme sind bekannt; vgl. ROSSER/TURQUETTE [1952], TOKARZ [1977].

Das Deduktionstheorem gilt in den Systemen L_n in folgender abgeschwächter Form (POGORZELSKI [1964]): für beliebige Ausdrücke H_1, H_2 und Ausdrucksmengen Σ gilt stets

$$\Sigma \cup \{H_1\} \models H_2 \quad \text{gdw} \quad \Sigma \models H_1 \xrightarrow{n-1} H_2,$$

wobei der Ausdruck $H_1 \xrightarrow{n-1} H_2$ rekursiv erklärt ist durch die Beziehungen

$$H_1 \xrightarrow{1} H_2 \overset{\text{def}}{=\!=} H_1 \to H_2,$$

$$H_1 \xrightarrow{k+1} H_2 \overset{\text{def}}{=\!=} H_1 \to \left(H_1 \xrightarrow{k} H_2\right);$$

und das Deduktionstheorem gilt für L_∞ in der Form:

$$\Sigma \cup \{H_1\} \models H_2 \quad \text{gdw} \quad (\mathbf{V} n \geqq 1)\left(\Sigma \models H_1 \xrightarrow{n-1} H_2\right).$$

Neben den endlichwertigen Systemen L_n sind auch $\mathsf{L}_{\aleph_0}$ und also L_∞ entscheidbar; vgl. RAGAZ [1981].

2.2.5.6. *Die n-wertigen Systeme* G_n *von Gödel* [1932]

Die Menge der Quasiwahrheitswerte des Systems G_n ist $\mathbf{W}_n$. Die Junktoren $\wedge$, $\vee$, $\rightarrow$ für Konjunktion, Alternative, Implikation sind mittels folgender Wahrheitswertfunktionen erklärt:

$$\wedge \text{ durch } \mathsf{et}_1, \qquad \vee \text{ durch } \mathsf{vel}_1, \qquad \rightarrow \text{ durch } \mathsf{seq}_2;$$

dazu kommt eine Negation $\sim$, deren Wahrheitswertfunktion non^* definiert ist als:

$$\mathsf{non}^*(x) \overset{\text{def}}{=\!=} \begin{cases} 1, & \text{wenn } x = 0 \\ 0, & \text{wenn } x \neq 0. \end{cases}$$

Ausgezeichneter Quasiwahrheitswert ist 1.

In gleicher Weise kann man ein unendlichwertiges System G_∞ konstituieren, dessen Quasiwahrheitswertmenge $\mathbf{W}_\infty$ ist.

Das Axiomatisierungsproblem ist positiv gelöst. Entsprechende Kalküle haben als Schlußregeln die Abtrennungsregel und die Einsetzungsregel. Eine dazugehörende Axiomenmenge für G_3 erhält man, indem man zu einem Axiomensystem der intuitionistischen Aussagenlogik als weiteres Axiom

$$(\sim p \to q) \to \big(((q \to p) \to q) \to p\big)$$

hinzufügt (und natürlich die intuitionistischen Junktoren als die hier betrachteten interpretiert). Analog erhält man eine zugehörige Axiomenmenge für G_∞ durch derartiges Hinzufügen von

$$(p \to q) \vee (q \to p)$$

zu einem Axiomensystem der intuitionistischen Aussagenlogik; vgl. Rescher [1969], Dummett [1959], Kubin [1979].

Da alle Junktoren die Normalbedingung erfüllen, ist keines der Systeme G_n, G_∞ funktional vollständig.

2.2.6. Mehrdimensionale Mengen von Quasiwahrheitswerten und Produktlogiken

Handelt es sich bei den Quasiwahrheitswerten eines mehrwertigen logischen Systems speziell um k-Tupel irgendwelcher Objekte, k eine feste natürliche Zahl, so wollen wir die entsprechende Menge von Quasiwahrheitswerten mehrdimensional nennen. Besonderes Interesse an derartigen Wertmengen resultiert — neben rein theoretischen Gründen — vor allem aus Anwendungsgesichtspunkten; vgl. **2.4.8.** Gibt es nämlich mehrere, gleichzeitig zu beachtende Gesichtspunkte, die ein Abgehen von dem Zweiwertigkeitsprinzip der klassischen Logik veranlassen, so kann jeder dieser Gesichtspunkte — es mögen k Stück sein — den Wert einer Komponente eines k-Tupels bestimmen, welches dann insgesamt als Quasiwahrheitswert fungiert.

Zu mehrdimensionalen Wertemengen führt auch ein allgemeines Konstruktionsprinzip, eine Art Produktbildung, das die Erzeugung eines neuen logischen Systems ausgehend von endlich vielen vorgegebenen Systemen gestattet.

Mögen $\mathsf{S}_1, \mathsf{S}_2, \ldots, \mathsf{S}_k$ logische Systeme sein. Nötig ist, daß alle diese Systeme dasselbe Alphabet und dieselben Ausdrücke haben (bzw. daß durch unwesentliche Bezeichnungsänderungen dies erreicht werden kann), daß sie also insbesondere über dieselben Junktoren und Konstanten verfügen. Die daraus gebildete Produktlogik $\mathsf{S} = \prod_{i=1}^{k} \mathsf{S}_i$ ist ein logisches System, dessen Alphabet das gemeinsame Alphabet aller Systeme S_i ist, dessen Quasiwahrheitswertmenge die Menge aller k-Tupel $\boldsymbol{t} = \langle t_1, \ldots, t_k \rangle$ mit $t_i \in \mathbf{W}^{\mathsf{S}_i}$ für jedes $i = 1, \ldots, k$ ist, und dessen Wahrheitswertfunktionen für die vorhandenen Junktoren dadurch erklärt werden, daß z. B. für jeden zweistelligen Junktor φ seine Wahrheitswertfunktion Φ_{S} im System S definiert ist als

$$\Phi_{\mathsf{S}}(\boldsymbol{x}, \boldsymbol{y}) \overset{\text{def}}{=} \langle \Phi_{\mathsf{S}_1}(x_1, y_1), \ldots, \Phi_{\mathsf{S}_k}(x_k, y_k) \rangle, \tag{2.19}$$

wenn für jedes $1 \leqq i \leqq k$ dem Junktor φ im System S_i die Wahrheitswertfunktion Φ_{S_i} entspricht und $\boldsymbol{x} = \langle x_1, \ldots, x_k \rangle$, $\boldsymbol{y} = \langle y_1, \ldots, y_k \rangle$ gesetzt ist.

Einer Konstanten α des Alphabets entspricht als Wert im System S natürlich dasjenige k-Tupel von (Quasi-) Wahrheitswerten[2], dessen i-te Komponente der der Konstanten α entsprechende Wert im System S_i ist, für alle $1 \leqq i \leqq k$.

Betrachten wir speziell etwa $\mathsf{S}_1 = \mathsf{S}_2 = \mathsf{AL}$, AL das System der klassischen Aussagenlogik mit den Junktoren $\sim$, $\rightarrow$, $\wedge$, $\vee$ und der Wahrheitswertmenge $\{0,1\}$, so ergeben sich in der Produktlogik $\mathsf{S} = \mathsf{AL} \times \mathsf{AL} = \prod_{i=1}^{2} \mathsf{S}_i$ folgende Wertetafeln für diese Junktoren:

	(0,0)	(0,1)	(1,0)	(1,1)
$\sim$	(1,1)	(1,0)	(0,1)	(0,0)

für die Negation, und entsprechend für Implikation, Konjunktion und Alternative:

$\rightarrow$	(0,0)	(0,1)	(1,0)	(1,1)
(0,0)	(1,1)	(1,1)	(1,1)	(1,1)
(0,1)	(1,0)	(1,1)	(1,0)	(1,1)
(1,0)	(0,1)	(0,1)	(1,1)	(1,1)
(1,1)	(0,0)	(0,1)	(1,0)	(1,1)

$\wedge$	(0,0)	(0,1)	(1,0)	(1,1)
(0,0)	(0,0)	(0,0)	(0,0)	(0,0)
(0,1)	(0,0)	(0,1)	(0,0)	(0,1)
(1,0)	(0,0)	(0,0)	(1,0)	(1,0)
(1,1)	(0,0)	(0,1)	(1,0)	(1,1)

$\vee$	(0,0)	(0,1)	(1,0)	(1,1)
(0,0)	(0,0)	(0,1)	(1,0)	(1,1)
(0,1)	(0,1)	(0,1)	(1,1)	(1,1)
(1,0)	(1,0)	(1,1)	(1,0)	(1,1)
(1,1)	(1,1)	(1,1)	(1,1)	(1,1)

2 Die Systeme S_i können dabei selbst zweiwertig oder auch mehrwertig sein, die in ihnen betrachteten Wahrheitswerte also insbesondere selbst wieder Quasiwahrheitswerte sein.

Natürlich ist es auch möglich, in der Menge der Quasiwahrheitswerte von S weitere Wahrheitswertfunktionen – und damit in S weitere Junktoren – einzuführen; etwa dadurch, daß in verschiedenen Komponenten von (2.19) auf Wahrheitswertfunktionen zu unterschiedlichen Junktoren Bezug genommen wird; vgl. z. B. RESCHER [1969].

Ausgezeichnete Quasiwahrheitswerte im System S können z. B. alle diejenigen k-Tupel sein, deren sämtliche Komponenten ausgezeichnete (Quasi-) Wahrheitswerte der jeweiligen logischen Systeme sind, aber auch alle diejenigen k-Tupel, die eine Komponente haben, die ausgezeichneter (Quasi-) Wahrheitswert ihres logischen Systems S_i ist. Auch noch andere Festlegungen sind möglich.

Für beide soeben erwähnten Fälle der Festlegung der ausgezeichneten Quasiwahrheitswerte des Systems S ist das Axiomatisierungsproblem für S genau dann positiv lösbar, wenn es für jedes System S_i eine positive Lösung hat; und ebenso hat dann das Entscheidungsproblem für S genau in dem Falle eine positive Lösung, wenn es für jedes System S_i eine positive Lösung hat.

2.3. Mehrwertige Prädikatenlogik

2.3.1. Mehrwertige Prädikate

Die Prädikate der klassischen Prädikatenlogik, die die formalen Fassungen der „Begriffe" sind, werden bzgl. gewisser im vorhinein abgegrenzter Individuenbereiche betrachtet und sind dann eindeutig charakterisiert durch ihre Umfänge, d. h. durch die Klasse aller der Objekte des Individuenbereiches – bzw. die Klasse aller derjenigen k-Tupel von Objekten des Individuenbereiches bei k-stelligen Prädikaten, $k > 1$ –, die unter das Prädikat fallen.

Auch in der mehrwertigen Logik betrachten wir in jedem konkreten Fall die Prädikate hinsichtlich eines gegebenen Individuenbereiches. Wir behalten den extensionalen Standpunkt bei, d. h., auch nun wieder sei ein Prädikat eindeutig charakterisiert durch seinen Umfang (auch seine Extension genannt). Aber wir verzichten auf das Zweiwertigkeitsprinzip: z. B. können nun Aussagen über das Zutreffen eines bestimmten

Prädikates für ein bestimmtes Objekt wieder von W und F, d. h. von 1 und 0 verschiedene (Quasi-) Wahrheitswerte haben.

Präzisiert werden muß, was wir unter dem Umfang eines mehrwertigen Prädikates verstehen wollen. Der übliche Klassenbegriff der Logik ebenso wie der übliche Mengenbegriff der Mathematik sind dafür nicht unmittelbar geeignet. Die seit etwa 1965 erfolgende mathematische Präzisierung vager, d. h. unscharf abgegrenzter Begriffe — wie etwa: junges Mädchen, heißes Wasser, hoher Berg —, die einher geht mit der Einführung sog. unscharfer Mengen, bietet hier einen Ausweg: unscharfe Mengen können als Umfänge mehrwertiger Prädikate dienen. Zugleich bietet die mehrwertige Logik eine sehr geeignete Darstellungssprache für jene Untersuchungen; vgl. **2.4.7**. Eine zweite Möglichkeit besteht darin, als Umfang eines mehrwertigen Prädikates eine ganze Schar gewöhnlicher Klassen zu nehmen: nämlich für jeden Quasiwahrheitswert w (evtl. mit Ausnahme eines einzigen) die Klasse aller der Objekte — bzw. k-Tupel von solchen bei k-stelligem Prädikat — des Individuenbereiches, auf die jenes Prädikat gerade mit dem Quasiwahrheitswert w zutrifft.

Das Extensionalitätsprinzip der klassischen Logik gestattet sogar, jedes gewöhnliche k-stellige Prädikat, $k \geqq 1$, über einem gegebenen Individuenbereich $\boldsymbol{I}$ mit seinem Umfang zu identifizieren, diese k-stelligen Prädikate also als Teilmengen der Menge aller k-Tupel von Objekten von $\boldsymbol{I}$ zu betrachten. In ganz analoger Weise gestattet es das Extensionalitätsprinzip der mehrwertigen Logik, k-stellige mehrwertige Prädikate als k-stellige Funktionen vom betrachteten Individuenbereich in die Menge aller Quasiwahrheitswerte aufzufassen.

2.3.2. Die formale Sprache

Unseren allgemeinen Betrachtungen legen wir eine Sprachnormierung zugrunde, die derjenigen der klassischen Prädikatenlogik analog ist. Zum Alphabet gehören:

(a) eine unendliche Menge $\mathbf{V} = \{x_1, x_2, x_3, \ldots\}$ von *Individuenvariablen*;
(b) eine — von Fall zu Fall festzulegende — Menge von *Prädikatensymbolen*, deren jedes eine zugehörige feste Stellenzahl hat;
(c) eine — i. allg. endliche — Menge von *Junktoren*;
(d) eine — ebenfalls i. allg. endliche — Menge von *Quantoren*, deren

jeder eine zugehörige Zahl von Leerstellen für Individuenvariablen und eine Zahl von Leerstellen für Ausdrücke hat[3];

(e) Klammern als technische Zeichen zur Sicherung der eindeutigen Lesbarkeit bildbarer Ausdrücke
und gegebenenfalls noch

(f) je eine Menge von *Konstanten* zur Bezeichnung bestimmter Quasiwahrheitswerte bzw. bestimmter Individuen.

Variablen und Konstanten für Individuen wollen wir gemeinsam als *Individuensymbole* bezeichnen.

Aneinanderfügen der Zeichen dieses Alphabets führt für jedes mehrwertige prädikatenlogische System u. a. zu dessen sinnvollen Zeichenreihen, den Ausdrücken. Wie üblich ist die Menge aller Ausdrücke die kleinste Menge, die:

1. jede Konstante für einen Quasiwahrheitswert enthält und jeden prädikativen Ausdruck, d. h. jede Zeichenreihe, die dadurch entsteht, daß die Leerstellen eines zum Alphabet gehörenden Prädikatensymbols mit Individuensymbolen ausgefüllt werden;

2. für jeden zum Alphabet gehörenden Junktor φ der Stellenzahl m und beliebige Ausdrücke $H_1, \ldots, H_m$ auch die Zeichenreihe

$$\varphi(H_1, \ldots, H_m)$$

enthält;

3. für jeden zum Alphabet gehörenden Quantor Q mit k Leerstellen für Individuenvariablen und m Leerstellen für Ausdrücke, für paarweise verschiedene Individuenvariablen $x^1, \ldots, x^k$ und beliebige Ausdrücke $H_1, \ldots, H_m$ auch die Zeichenreihe

$$(\mathsf{Q}x^1 \ldots x^k)\,(H_1, \ldots, H_m) \tag{2.20}$$

enthält.

Wie üblich kommen die Variablen $x^1, \ldots, x^k$ an allen Stellen des Ausdrucks (2.20), an denen sie vorkommen, *gebunden* vor; eine Individuenvariable, die an einer gewissen Stelle eines Ausdruckes H nicht gebunden vorkommt, kommt dort *frei* vor.

Die *Aussagen* der Sprache eines prädikatenlogischen Systems sind die-

---

3 Der hier betrachtete, sehr allgemeine Begriff eines Quantors kann in entsprechender Weise auch schon in der klassischen Prädikatenlogik eingeführt werden: die dort vorzugsweise betrachteten — und in diesem Buch allein erwähnten — Quantoren $\wedge$, $\vee$ sind ganz einfache Spezialfälle.

jenigen Ausdrücke, in denen keine Individuenvariablen frei vorkommen (an irgendeiner Stelle).

Da die mehrwertige Prädikatenlogik vor allem für solche Systeme entwickelt worden ist, die auf den ŁUKASIEWICZschen aussagenlogischen Systemen (vgl. **2.2.2.5**) aufbauen und nur Quantoren mit je einer Leerstelle für Individuenvariablen und für Ausdrücke haben, werden wir weiterhin (2.20) nur mit $k = m = 1$ benutzen. Die oben angegebene größere Allgemeinheit ist aber wichtig für generelle Untersuchungen zu mehrwertigen prädikatenlogischen Systemen; vgl. ROSSER/TURQUETTE [1952].

2.3.3. *Interpretationen, allgemeingültige Ausdrücke*

Fest verbunden mit einem logischen System sind dessen Sprache, d. h. sein Alphabet und die Bildungsregeln für Ausdrücke, dessen Menge von Quasiwahrheitswerten, die seinen Junktoren zugeordneten Wahrheitswertfunktionen, die Interpretationen seiner Quantoren, und die Zuordnung, welche Wahrheitswertkonstante welchen Quasiwahrheitswert bedeuten soll. Offen bleibt, welche Objekte durch die Individuensymbole bezeichnet werden sollen und welche mehrwertigen Prädikate die einzelnen Prädikatensymbole bedeuten sollen.

Letzteres darf von Fall zu Fall wechseln und ist – wie in der klassischen Prädikatenlogik – jeweils durch eine *Interpretation* für das betrachtete mehrwertige prädikatenlogische System festzulegen. Jede solche Interpretation für ein betrachtetes mehrwertiges prädikatenlogisches System muß daher liefern:

– einen nichtleeren Individuenbereich $\boldsymbol{I}$, dessen Objekte durch die Individuensymbole bezeichnet werden;

– zu jeder Individuenkonstanten der Sprache ein dadurch bezeichnetes Objekt des Individuenbereiches;

– zu jedem Prädikatensymbol der Sprache ein mehrwertiges Prädikat gleicher Stellenzahl über $\boldsymbol{I}$, d. h. eine Funktion mit dieser Stellenzahl von $\boldsymbol{I}$ in die Menge der Quasiwahrheitswerte.

Um das Wahrheitswertverhalten von Ausdrücken diskutieren zu können, in denen Individuenvariablen frei vorkommen, benötigen wir schließlich noch Belegungen der Individuenvariablen mit Individuen, d. h. mit Objekten des Individuenbereiches. Nach all diesen Vorbereitungen kann nun endlich der Quasiwahrheitswert

$$\mathrm{Wert}_{\mathfrak{A}}(H, f)$$

eines Ausdrucks H der Sprache des betrachteten logischen Systems hinsichtlich einer Interpretation $\mathfrak{A}$ für dieses System und einer Belegung f der Individuenvariablen erklärt werden:

– ist H eine Wahrheitswertkonstante, so ist $\mathrm{Wert}_{\mathfrak{A}}(H, f)$ der im betrachteten logischen System durch diese Konstante bezeichnete Quasiwahrheitswert;
– ist H ein prädikativer Ausdruck, etwa $H = P(\alpha_1, \ldots, \alpha_k)$ für Individuensymbole $\alpha_1, \ldots, \alpha_k$, so ist $\mathrm{Wert}_{\mathfrak{A}}(H, f)$ der Funktionswert $P_{\mathfrak{A}}(a_1, \ldots, a_k)$, wobei $P_{\mathfrak{A}}$ das P durch $\mathfrak{A}$ zugeordnete mehrwertige Prädikat ist und stets a_i das α_i durch f bzw. $\mathfrak{A}$ – je nachdem α_i Individuenvariable oder Individuenkonstante ist – zugeordnete Individuum;
– ist H mittels eines Junktors φ aus $H_1, \ldots, H_m$ gebildet, ergibt sich $\mathrm{Wert}_{\mathfrak{A}}(H, f)$ in gewohnter Weise durch die φ entsprechende Wahrheitswertfunktion aus $\mathrm{Wert}_{\mathfrak{A}}(H_1, f), \ldots, \mathrm{Wert}_{\mathfrak{A}}(H_m, f)$;
– ist H mittels eines Quantors Q aus den Individuenvariablen $x^1, \ldots, x^k$ und den Ausdrücken $H_1, \ldots, H_m$ gebildet, so ergibt sich $\mathrm{Wert}_{\mathfrak{A}}(H, f)$ aus $\mathrm{Wert}_{\mathfrak{A}'}(H_1, f'), \ldots, \mathrm{Wert}_{\mathfrak{A}}(H_m, f')$ für geeignete Belegungen f' der Individuenvariablen gemäß der Interpretation der Quantoren im betrachteten logischen System.

Ist für einen Ausdruck H und eine Interpretation $\mathfrak{A}$ für das betrachtete logische System $\mathrm{Wert}_{\mathfrak{A}}(H, f)$ ein ausgezeichneter Quasiwahrheitswert für jede Belegung f der Individuenvariablen, so nennen wir H *gültig* bzgl. der Interpretation $\mathfrak{A}$ (oder auch *wahr* bzgl. $\mathfrak{A}$). Ein Ausdruck H, der gültig ist bzgl. jeder Interpretation $\mathfrak{A}$ des betrachteten logischen Systems, heißt *allgemeingültig* (in diesem logischen System). Ein Ausdruck H, der bei einer Interpretation $\mathfrak{A}$ für wenigstens eine Belegung f der Individuenvariablen einen ausgezeichneten Quasiwahrheitswert $\mathrm{Wert}_{\mathfrak{A}}(H, f)$ hat, heißt *erfüllbar in* $\mathfrak{A}$; schließlich heißt H *erfüllbar* (im betrachteten logischen System), wenn H für wenigstens eine Interpretation $\mathfrak{A}$ erfüllbar in $\mathfrak{A}$ ist.

Die Aussagen des betrachteten mehrwertigen prädikatenlogischen Systems haben wieder die Eigenschaft, daß ihr Quasiwahrheitswert unabhängig ist von den speziellen Belegungen der Individuenvariablen. Man schreibt deswegen für Aussagen H einfach $\mathrm{Wert}_{\mathfrak{A}}(H)$ statt $\mathrm{Wert}_{\mathfrak{A}}(H, f)$.

Die allgemeingültigen Ausdrücke eines mehrwertigen prädikatenlogischen Systems sind es, denen die besondere Aufmerksamkeit in logischen Untersuchungen gilt.

2.3.4. *Die Łukasiewiczschen prädikatenlogischen Systeme* L_ν

Von den in **2.2.5** besprochenen mehrwertigen aussagenlogischen Systemen sind vor allem die Łukasiewiczschen Systeme L_ν zu mehrwertigen prädikatenlogischen Systemen erweitert worden. Deswegen wollen wir uns hier auf diese speziellen Systeme konzentrieren. Die einander entsprechenden aussagenlogischen und prädikatenlogischen Systeme L_ν haben stets übereinstimmende Mengen von Quasiwahrheitswerten und übereinstimmende Junktoren.

Betrachtet werden zwei Quantoren: $\forall$ und $\exists$. Die Quasiwahrheitswerte quantifizierter Ausdrücke werden dabei wie folgt festgelegt:

$$\mathrm{Wert}_{\mathfrak{A}}\,(\forall x H, f) = \inf\,\{\mathrm{Wert}_{\mathfrak{A}}\,(H, f') \mid f' \in \Psi(f)\}\,, \tag{2.21}$$

$$\mathrm{Wert}_{\mathfrak{A}}\,(\exists x H, f) = \sup\,\{\mathrm{Wert}_{\mathfrak{A}}\,(H, f') \mid f' \in \Psi(f)\}\,, \tag{2.22}$$

wobei $\Psi(f)$ die Menge aller derjenigen Belegungen f' der Individuenvariablen mit Individuen der Interpretation $\mathfrak{A}$ ist, die sich von der Variablenbelegung f höchstens darin unterscheiden, welches Individuum der Individuenvariablen x zugeordnet wird.

$\forall$ und $\exists$ sind naheliegende mehrwertige Verallgemeinerungen von Generalisator und Partikularisator der klassischen Prädikatenlogik: so wie jene Konjunktion bzw. Alternative der gewöhnlichen Aussagenlogik verallgemeinern, verallgemeinern $\forall$, $\exists$ diejenige mehrwertige Konjunktion bzw. Alternative, deren Wahrheitswertfunktion et_1 bzw. vel_1 ist. Allerdings ergeben sich Schwierigkeiten im Falle des unendlichwertigen Systems $\mathsf{L}_{\aleph_0}$, d. h. der Quasiwahrheitswertmenge $\mathbf{W}_{\aleph_0}$: es gibt bei unseren bisherigen Festlegungen Interpretationen $\mathfrak{A}_0$ derart, daß bereits für ein mehrwertiges einstelliges Prädikatensymbol P der Quasiwahrheitswert $\mathrm{Wert}_{\mathfrak{A}_0}\big(\forall x_1 P(x_1)\big)$ nicht mehr zur Wertemenge $\mathbf{W}_{\aleph_0}$ gehört. Für eine prädikatenlogische Version von $\mathsf{L}_{\aleph_0}$ wären also die Quantorenfestlegungen (2.21), (2.22) zu ändern oder schärfere Bedingungen hinsichtlich der Interpretationen bzw. der in den Interpretationen erlaubten mehrwertigen Prädikate zu stellen. Wir wollen darauf nicht näher eingehen und von den unendlichwertigen Łukasiewiczschen Systemen weiterhin nur L_∞ betrachten.

In Analogie zu verallgemeinerten Quantoren der klassischen Prädikatenlogik, die Mostowski [1957] eingeführt hat (vgl. auch Berka/Kreiser [1983]) sind von Rescher [1964], [1969] auch allgemeinere mehrwertige Quantoren diskutiert worden. Da aber über mehrwertige logische Systeme mit solchen Quantoren noch kaum allgemeine Resultate bewiesen worden sind, beschränken wir uns auf die Betrachtung der gemäß (2.21), (2.22) erklärten Quantoren.

Die endlichwertigen prädikatenlogischen Systeme L_n sind ausführlich von Thiele [1958] untersucht worden. Ausgezeichneter Quasiwahrheitswert ist dabei stets wieder 1.

Für jedes dieser Systeme L_n, $n \geqq 2$, hat das Axiomatisierungsproblem – für die Menge der allgemeingültigen Ausdrücke nun – eine positive Lösung. Einen Kalkül zur Herleitung aller und nur der allgemeingültigen Ausdrücke von L_n erhält man etwa, wenn man als Axiome alle Einsetzungsinstanzen in Tautologien des aussagenlogischen Systems L_n nimmt (d. h. alle die Ausdrücke der Sprache des prädikatenlogischen Systems L_n, die man erhält, wenn man in irgendeiner Tautologie des aussagenlogischen Systems L_n für die Aussagenvariablen korrekt gebildete Ausdrücke der prädikatenlogischen Sprache nimmt) und als Ableitungsregeln: (a) die Abtrennungsregel, (b) die Regeln der vorderen und der hinteren Generalisierung, (c) die Regeln der vorderen und der hinteren Partikularisierung, (d) die Regel der Umbenennung gebundener Variablen, und (e) die Regel der speziellen vollfreien Umbenennung, die besagt, daß verschiedene in einem Ausdruck nicht gebunden vorkommende Variablen durch eine von ihnen ersetzt werden dürfen.

Fernerhin gelten bzgl. L_n der Endlichkeitssatz für die Folgerungsbeziehung und das Deduktionstheorem in der früher angegebenen abgeschwächten Form. Und mit dem oben angedeuteten Kalkül gelingt zugleich die formale Darstellung der Folgerungsbeziehung des Systems L_n.

Wesentlich andere Resultate ergeben sich für das prädikatenlogische System L_∞.

Bezeichnet $\boldsymbol{T}(\mathsf{S})$ hier die Menge aller allgemeingültigen Ausdrücke des logischen Systems S, so hat Rutledge [1960] gezeigt, daß

$$\boldsymbol{T}(\mathsf{L}_\infty) = \bigcap_{n=2}^{\infty} \boldsymbol{T}(\mathsf{L}_n)$$

gilt, d. h., ein Ausdruck H ist genau dann L_∞-allgemeingültig, wenn er L_n-allgemeingültig ist für jedes $n \geqq 2$. RAGAZ [1981] hat außerdem gezeigt, daß eine Aussage H, in der nur einstellige Prädikatensymbole vorkommen, genau dann bzgl. L_∞ allgemeingültig ist, wenn H gültig ist in allen Interpretationen $\mathfrak{A}$ mit endlichem Individuenbereich und Wertemenge $\mathbf{W}_{\aleph_0}$.

Aber weder ist die Folgerungsbeziehung des Systems L_∞ formal durch einen Kalkül erfaßbar, noch ist das Axiomatisierungsproblem für L_∞ positiv lösbar; vgl. SCARPELLINI [1962], MOSTOWSKI [1961], HAY [1963] und die Darstellung in RAGAZ [1981].

Immerhin gilt der Endlichkeitssatz für Erfüllbarkeit im System L_∞: eine Menge Σ von Aussagen ist in einer Interpretation erfüllbar genau dann, wenn jede endliche Teilmenge Σ' von Σ in je einer Interpretation erfüllbar ist. Hierbei heißt eine Ausdrucksmenge erfüllbar, wenn simultan alle in ihr enthaltenen Ausdrücke erfüllt werden können.

2.4. Anwendungen mehrwertiger logischer Systeme

Während die naive Anschauung oft vermeint, mit den gegenüber der klassischen Logik neuen Ausdrucksmitteln nichtklassischer logischer Systeme – etwa den verschiedenen Modalitäten der Modallogik (vgl. Kapitel 3) bzw. der epistemischen Logik (vgl. Kapitel 5) oder der deontischen Logik – unschwer eine inhaltlich angemessene Interpretation verbinden zu können, war die scheinbare Anschaulichkeit mehrwertiger logischer Systeme stets geringer. Dies liegt sicher zu einem großen Teil darin begründet, daß die sich schnell präsentierende Auffassung der „zusätzlichen" Wahrheitswerte mehrwertiger logischer Systeme als Wahrheitswerte „zwischen" den traditionellen Werten „wahr" und „falsch" bisher nicht in befriedigender Weise mit den gängigen Vorstellungen über die Wahrheit bzw. Falschheit von Aussagen in Einklang gebracht werden konnte. Eines der hauptsächlichen Probleme der Anwendung mehrwertiger logischer Systeme ist daher stets die geeignete Interpretation der „zusätzlichen" – oder genauer: aller in diesen Systemen vorhandenen – Quasiwahrheitswerte. Bei den im folgenden betrachteten – teils erfolgreichen, teils problematischen – Anwendung(sversuch)en wird daher dieses Problem der jeweiligen Deutung der zugelassenen Quasiwahrheitswerte vorrangig Interesse beanspruchen.

Die Tatsache, daß sehr unterschiedliche Deutungen zur Sprache kommen werden, spricht aber nicht gegen die mehrwertige Logik: in der Modallogik zeigt sich nämlich dieselbe Problemlage, wenn man danach fragt, was man sich unter den möglichen Welten der KRIPKEsemantik vorzustellen hat. Und auch dort ist zu beobachten, daß in verschiedenen Anwendungssituationen ganz unterschiedliche Interpretationen dieser sog. möglichen Welten und der Erreichbarkeitsrelation zwischen ihnen erfolgreich bzw. notwendig sind. Mehr noch, die Möglichkeit solcher stark unterschiedlichen Deutungen der Quasiwahrheitswerte ist einer der Gründe für eine breite Anwendbarkeit mehrwertiger logischer Systeme.

2.4.1. Deutungsversuche für alethische Modalitäten

Es ist bemerkenswert, daß bereits in der Anfangsphase der Entwicklung der mehrwertigen Logik – und zwar bei ŁUKASIEWICZ [1920] – die Beziehung der Quasiwahrheitswerte mehrwertiger logischer Systeme zu den klassischen Modalitäten „notwendig" und „möglich" eine für die Konstituierung mehrwertiger Systeme entscheidende Rolle gespielt hat. Der Ausgangspunkt bei ŁUKASIEWICZ ist die Feststellung, daß sich die Theorie der Modalitäten „notwendig" und „möglich" nicht in angemessener Art und Weise im üblichen Rahmen der zweiwertigen extensionalen Aussagenlogik entwickeln läßt. Versucht man dies, stellt man schnell fest (vgl. ŁUKASIEWICZ [1930]), daß logische Prinzipien, deren Gültigkeit man aus anschaulich naheliegenden Gründen innerhalb der Modallogik wünscht, zu Widersprüchen führen, wenn man versucht, die entsprechenden Ausdrucksmittel, nämlich die Operatoren $\Box$ für „notwendig" und $\Diamond$ für „möglich", und die entsprechend gewünschten modalen Formeln zur gewöhnlichen Aussagenlogik hinzuzunehmen. (Allerdings ist dabei unterstellt, daß das Extensionalitätsprinzip für die Modaloperatoren $\Box$, $\Diamond$ gilt; gerade dies ist aber in der Modallogik – vgl. Kapitel **3** – nicht mehr der Fall.) Deswegen hatte ŁUKASIEWICZ die Idee, mehr als zwei Wahrheitswerte zulassen zu wollen, ohne den extensionalen Standpunkt aufzugeben. Am Anfang seiner Überlegungen steht z. B. die Problematik der auf Zukünftiges bezogenen Aussagen. Er schreibt ([1930], S. 64):

„Ich kann ohne Widerspruch annehmen, daß meine Anwesenheit in Warschau in einem bestimmten Zeitmoment des nächsten Jahres, z. B. mittags den 21 Dezember, heut-

zutage weder im positiven noch im negativen Sinne entschieden ist. Es ist somit möglich aber nicht notwendig, daß ich zur angegebenen Zeit in Warschau anwesend sein werde. Unter dieser Voraussetzung kann die Aussage: ‚ich werde mittags den 21 Dezember nächsten Jahres in Warschau anwesend sein', heutzutage weder wahr noch falsch sein. Denn wäre sie heutzutage wahr, so müßte meine zukünftige Anwesenheit in Warschau notwendig sein, was der Voraussetzung widerspricht; und wäre sie heutzutage falsch, so müßte meine zukünftige Anwesenheit in Warschau unmöglich sein, was ebenfalls der Voraussetzung widerspricht. Der betrachtete Satz ist daher heutzutage weder wahr noch falsch und muß einen dritten, von ‚0' oder dem Falschen und von ‚1' oder dem Wahren verschiedenen Wert haben. Diesen Wert können wir mit ‚1/2' bezeichnen; es ist eben ‚das Mögliche', das als dritter Wert neben ‚das Falsche' und ‚das Wahre' an die Seite tritt."

Die Fortführung dieser Diskussion führt Łukasiewicz auf die für sein System L_3 charakteristischen Wahrheitswerttafeln für Negation und Implikation. Für die Modaloperatoren benutzt er folgende Tafeln:

	0	1/2	1
$\Box$	0	0	1
$\Diamond$	0	1	1

Wie Tarski zeigte (vgl. Łukasiewicz [1930]), hat man dann als gleichwertige mögliche Definitionen: :

$$\Diamond p \overset{\text{def}}{=} \sim p \to p$$

$$\Box p \overset{\text{def}}{=} \sim(p \to \sim p).$$

Bald nachdem Łukasiewicz [1920] sein System L_3 gefunden hatte, war ihm klar, daß in gleicher Weise formal die Systeme L_n, $n > 3$ und auch $\mathsf{L}_{\aleph_0}$, L_∞ möglich sind (wobei er wegen (2.18) die unendlichwertigen Systeme identifizierte, da er nur die Aussagenlogik betrachtete). Er meinte jedoch ([1930], S. 72), daß

„... unter allen mehrwertigen Systemen nur zwei eine philosophische Bedeutung beanspruchen können: das dreiwertige und das unendlichwertige System. Denn werden die von ‚0' und ‚1' verschiedenen Werte als ‚das Mögliche' gedeutet, so können aus guten Gründen nur zwei Fälle unterschieden werden: entweder nimmt man an, daß das Mögliche keine Gradunterschiede aufweist, und dann erhält man das dreiwertige System; oder man setzt das Gegenteil voraus, und dann ist es am natürlichsten ebenso wie in der Wahrscheinlichkeitsrechnung anzunehmen, daß unendlich viele Gradunterschiede des Möglichen bestehen, was zum unendlichwertigen Aussagenkalkül führt. Ich glaube, daß gerade dieses letztere System vor allen anderen den Vorzug verdient."

Mehr als zwei Jahrzehnte später wendet sich Łukasiewicz [1953] noch einmal der modalen Logik zu und konstruiert ein auf intuitiv einsichtigen Prinzipien basierendes formales System modaler Logik, das ihn veranlaßt, diese eben zitierte Auffassung expressis verbis zu widerrufen. Statt dessen findet er, daß sein modallogisches System „ein 4-wertiges System ist mit zwei Werten ..., die das Mögliche bezeichnen, wobei jedoch beide Werte ein und dieselbe Möglichkeit unter zwei verschiedenen Aspekten darstellen". Der Grund dafür ist, daß — bei geeigneter Festlegung hinsichtlich der Modaloperatoren — die Theoreme dieses modallogischen Systems gerade die Tautologien des Produktsystems AL × AL (vgl. **2.2.6**) sind.

Trotz dieser interessanten Resultate von Łukasiewicz sind die Beziehungen zwischen mehrwertiger und modaler Logik bis heute nicht völlig geklärt.

Für die modallogischen Systeme S1, ..., S5 (für S4, S5 vgl. Kapitel **3**) hat Dugundji [1940] bewiesen, daß es zu keinem dieser Systeme ein zugehöriges endlichwertiges aussagenlogisches System gibt, dessen Tautologien genau die Theoreme des entsprechenden modallogischen Systems S1, ..., S5 sind. Dagegen kann man für S5 ein unendlichwertiges System angeben, dessen Tautologien gerade die Theoreme von S5 sind. Dies beruht auf dem engen Zusammenhang, der zwischen S5 und zeitlogischen Systemen mit linearer Zeit besteht. (Aus diesem Zusammenhang resultieren die spezielle unendliche Menge von Quasiwahrheitswerten jenes mehrwertigen Systems ebenso wie die Interpretationen der Modaloperatoren und der sonstigen Junktoren; vgl. Rescher [1969], Rescher/Urquhart [1971].)

Insgesamt aber herrscht heute die Auffassung vor, daß die Modallogik ein eigenständiges Gebiet der nichtklassischen Logik ist und keineswegs in toto auf die mehrwertige Logik reduziert werden kann.

2.4.2. Zur Deutung der intuitionistischen Logik

Als Reaktion auf die um die Wende zum 20. Jahrhundert entdeckten mengentheoretischen und logischen Antinomien, aber auch als Ausdruck eigener philosophischer Anschauungen hatte der holländische Mathematiker L. E. J. Brouwer zunächst in seiner Dissertation von 1907 und danach verstärkt zu Beginn der 20er Jahre eine sog. intuitionistische

Mathematik entwickelt, die nach seiner Auffassung ihre eigenständige Logik habe. Lange blieben die Prinzipien dieser intuitionistischen Logik (s. Kapitel 4) unklar, weil sie durch BROUWER nicht präzise formuliert wurden. Erst HEYTING [1930] gab ein formales System für die intuitionistische Logik an – aber nur einen Kalkül, jedoch keine zugehörige präzise Semantik.

Einen interessanten Beitrag zur Suche nach einer geeigneten Semantik für die intuitionistische Logik gab GÖDEL [1932]. Er zeigte, daß es kein mehrwertiges aussagenlogisches System mit endlich vielen Quasiwahrheitswerten gibt, dessen Tautologien gerade die Theoreme der intuitionistischen Aussagenlogik sind. Außerdem zeigte er mittels der von ihm eingeführten mehrwertigen logischen Systeme G_n (vgl. **2.2.5.6**) — unter deren Tautologien jeweils alle Theoreme der intuitionistischen Aussagenlogik vorkommen, jedoch nie alle Tautologien der klassischen Aussagenlogik –, daß es „zwischen" der klassischen und der intuitionistischen Aussagenlogik noch unendlich viele weitere logische Systeme gibt.

JAŚKOWSKI [1936] fand schließlich – dabei wesentlich die Konstruktion von Produktlogiken nutzend – ein unendlichwertiges System, dessen Tautologien genau die Theoreme der intuitionistischen Aussagenlogik sind, ohne allerdings für die Quasiwahrheitswerte eine überzeugende inhaltliche Deutung geben zu können. Daher kann die intuitionistische ebensowenig wie die modale Logik als Teilgebiet der mehrwertigen Logik gelten.

2.4.3. *Mehrwertige Wahrheitswertstrukturen für die Präsuppositionstheorie*

Die Umgangssprache ermöglicht es, Sätze zu bilden, in denen leere Namen vorkommen, also namenartige Worte, die keinen Gegenstand (und auch nicht mehrere) bezeichnen; z. B.:

Der derzeitige König von Polen wurde in Dresden geboren. **(2.23)**

Das hier interessierende Problem, das Auftreten der leeren Bezeichnung „der derzeitige König von Polen", bleibt auch bestehen beim Übergang zur (scheinbaren) Negation von **(2.23)**:

Der derzeitige König von Polen wurde nicht
in Dresden geboren. (2.24)

Die Idee, Sätze wie (2.23) und (2.24) weder als wahr noch als falsch zu betrachten, erscheint einsichtig. Will man aber trotzdem jedem Aussagesatz einen Wahrheitswert entsprechen lassen, braucht man demnach eine Wahrheitswertmenge mit mehr als zwei Elementen. Sowohl die Betrachtung von insgesamt drei als auch diejenige von insgesamt vier Quasiwahrheitswerten zur Behandlung solcher Sätze, die auf Präsuppositionen — die Existenz eines derzeitigen Königs von Polen wird in unseren Beispielsätzen „präsupponiert", d. h. von vornherein unterstellt — Bezug haben, ist untersucht worden. Wir verweisen dazu auf die Erörterung dieser Fragen in Kapitel 9.

2.4.4. *Unabhängigkeitsbeweise*

Eine der frühesten Anwendungen zwar nicht des theoretischen Apparates mehrwertiger logischer Systeme, aber verallgemeinerter Wahrheitswertemengen und -funktionen auf Problemstellungen der klassischen Logik ist die erstmals von Bernays [1926] systematisch benutzte Methode, durch Rückgriff auf geeignete Mengen von Quasiwahrheitswerten den Nachweis der Unabhängigkeit z. B. gewisser im Rahmen der klassischen Logik formulierter Axiomensysteme zu erbringen. Es kann sich dabei um Axiomensysteme für spezielle mathematische Theorien handeln, es kann sich aber auch „lediglich" um Axiomensysteme für die klassische Aussagenlogik oder andere aussagenlogische Systeme handeln.

Das Beweisprinzip besteht in folgendem: Man geht aus von einer verallgemeinerten Wahrheitswertmenge, in der es einen oder mehrere ausgezeichnete Quasiwahrheitswerte gibt, und geht außerdem aus von Wahrheitswertfunktionen, die den in der Sprache des betrachteten logischen Systems auftretenden Junktoren — bzw. Junktoren und Quantoren im prädikatenlogischen Falle — entsprechen. Die Konstruktion ist so anzulegen, daß die Schlußregeln des betrachteten logischen Systems auch hinsichtlich der mehrwertigen Interpretation seiner Verknüpfungszeichen die Eigenschaft haben, gültig zu sein, d. h. von Ausdrücken, die (immer) einen ausgezeichneten Quasiwahrheitswert haben, stets wieder zu Ausdrücken führen, die (immer) einen ausgezeichneten Quasiwahrheitswert haben.

Will man nun z. B. für ein endliches aussagenlogisches Axiomensystem (ax1), ..., (ax$N$) zeigen, daß etwa (ax 1) nicht aus den anderen Axiomen (ax2), ..., (ax$N$) hergeleitet werden kann, so muß man eine solche Menge von Quasiwahrheitswerten, eine solche Interpretation der Junktoren und evtl. eine solche Belegung der Aussagenvariablen mit Quasiwahrheitswerten konstruieren, daß zusätzlich zur oben genannten Eigenschaft der Schlußregeln auch noch jedes der Axiome (ax2), ..., (ax$N$) (stets) einen ausgezeichneten Quasiwahrheitswert hat, währenddem das als unabhängig von (ax2), ..., (ax$N$) nachzuweisende Axiom (ax 1) keinen (nicht stets einen) ausgezeichneten Quasiwahrheitswert haben darf. Gelingt eine solche Konstruktion, dann ist wegen der speziellen Gültigkeitseigenschaft der Schlußregeln, die also von Prämissen mit ausgezeichneten Quasiwahrheitswerten stets zu einer Konklusion mit ausgezeichnetem Quasiwahrheitswert führen, klar, daß (ax1) nicht aus (ax 2), ..., (ax N) abgeleitet werden kann.

Um ein Beispiel für diese Methode zu betrachten, gehen wir aus von dem in Kapitel 1 angegebenen Axiomensystem für die klassische Aussagenlogik, das aus den Axiomen (Ax1), ..., (Ax15) besteht; vgl. S. 13f.. Dieses Axiomensystem ist unabhängig, d. h. keines der 15 Axiome dieses Systems ist aus den restlichen 14 Axiomen herleitbar. Zur Demonstration der Methode der Unabhängigkeitsbeweise genügt es allerdings, nur für eines der 15 Axiome jenes Systems den Nachweis seiner Unabhängigkeit zu führen. Der interessierte Leser findet den vollständigen Unabhängigkeitsbeweis z. B. bei Asser [1959].

Betrachten wir etwa Axiom (Ax2), die Wertemenge {0, 1/2, 1}, die Interpretation der Junktoren wie im Łukasiewiczschen System L_3 und 1 als ausgezeichneten Quasiwahrheitswert.

Die Zuordnung von Quasiwahrheitswerten

p_1	p_2
1/2	0

ergibt dann sukzessive folgende Quasiwahrheitswerte

$p_1 \to p_2$	$(p_1 \to p_2) \to p_1$	$((p_1 \to p_2) \to p_1) \to p_1$
1/2	1	1/2

und also für (Ax2) nicht den ausgezeichneten Quasiwahrheitswert.

Die in 2.2.5.1 und 2.2.5.5 für L_3 genannten Resultate besagen, daß die Schlußregeln des Kalküls K_1 der klassischen Aussagenlogik, den wir hier diskutieren, auch bei der soeben genannten Interpretation (im verallgemeinerten Sinne) gültige Schlußregeln sind. Die Axiome (Ax1), (Ax3) treten auch im oben erwähnten Axiomensystem von WAJSBERG für L_3 auf, haben also stets einen ausgezeichneten Quasiwahrheitswert. Da weiterhin offenbar

$$\text{wenn } x \leqq y, \quad \text{so} \quad \mathsf{seq}_1(x, y) = 1$$

gilt, haben auf Grund der in 2.2.5.1 genannten Wahrheitswertfunktionen zu den Junktoren $\sim$, $\wedge$, $\vee$, $\leftrightarrow$ auch die Axiome (Ax4), (Ax5), (Ax7), (Ax8), (Ax10), (Ax11), (Ax14), (Ax15) stets den ausgezeichneten Quasiwahrheitswert.

Um unsere weiteren Überlegungen zu vereinfachen, erwähnen wir zunächst, daß für beliebige Quasiwahrheitswerte x, y gilt

$$x \leqq \mathsf{seq}_1(y, x). \tag{2.25}$$

Hätte nun (Ax 6) nicht stets den ausgezeichneten Quasiwahrheitswert, so gäbe es den Variablen p, q, r zugeordnete Quasiwahrheitswerte v_p, v_q, v_r, so daß

$$\mathsf{seq}_1(v_p, v_q) > \mathsf{seq}_1\big(\mathsf{seq}_1(v_p, v_r), \mathsf{seq}_1(v_p, \mathsf{et}_1(v_q, v_r))\big)$$

wäre, also insbesondere

$$\mathsf{seq}_1(v_p, v_r) > \mathsf{seq}_1\big(v_p, \mathsf{et}_1(v_q, v_r)\big)$$

und daher $v_r > \mathsf{et}_1(v_q, v_r)$, also $v_r > v_q$. Damit wäre jedoch $\mathsf{et}_1(v_q, v_r) = v_q$ und mithin

$$\mathsf{seq}_1(v_p, v_q) > \mathsf{seq}_1\big(\mathsf{seq}_1(v_p, v_r), \mathsf{seq}_1(v_p, v_q)\big),$$

was nach (2.25) nicht sein kann. Also hat auch (Ax6) stets den ausgezeichneten Quasiwahrheitswert.

Hätte (Ax9) nicht stets den ausgezeichneten Quasiwahrheitswert, so gäbe es entsprechend Quasiwahrheitswerte v_p, v_q, v_r, so daß

$$\mathsf{seq}_1(v_p, v_r) > \mathsf{seq}_1\big(\mathsf{seq}_1(v_q, v_r), \mathsf{seq}_1(\mathsf{vel}_1(v_p, v_q), v_r)\big),$$

also insbesondere

$$\mathsf{seq}_1(v_q, v_r) > \mathsf{seq}_1\big(\mathsf{vel}_1(v_p, v_q), v_r\big)$$

und daher $v_q < \mathsf{vel}_1(v_p, v_q)$, also $v_q < v_p$. Damit wäre aber $\mathsf{vel}_1(v_p, v_q) = v_p$ und demnach

$$\mathsf{seq}_1(v_p, v_r) > \mathsf{seq}_1\big(\mathsf{seq}_1(v_q, v_r), \mathsf{seq}_1(v_p, v_r)\big),$$

was nach (2.25) nicht sein kann.

Hätte schließlich (Ax12) nicht stets den ausgezeichneten Quasiwahrheitswert, so gäbe es p, q zuzuordnende Quasiwahrheitswerte v_p, v_q, so daß

$$\mathsf{seq}_1(v_p, v_q) > \mathsf{seq}_1(\mathsf{seq}_1(v_q, v_p), \vartheta),$$

wobei nach **2.2.5.1.** gesetzt ist

$$\vartheta = \mathsf{et}_1(\mathsf{seq}_1(v_p, v_q), \mathsf{seq}_1(v_q, v_p)).$$

Mithin wäre

$$\mathsf{seq}_1(v_p, v_q) > 1 - \mathsf{seq}_1(v_q, v_p) + \vartheta$$

und demnach

$$\begin{aligned} \vartheta &< \mathsf{seq}_1(v_p, v_q) + \mathsf{seq}_1(v_q, v_p) - 1 \\ &= \mathsf{et}_2(\mathsf{seq}_1(v_p, v_q), \mathsf{seq}_1(v_q, v_p)) \\ &\leqq \mathsf{et}_1(\mathsf{seq}_1(v_p, v_q), \mathsf{seq}_1(v_q, v_p)) = \vartheta, \end{aligned}$$

was erneut unmöglich ist.

Also haben alle Axiome außer (Ax2) bei dieser Interpretation in L_3 stets einen ausgezeichneten Quasiwahrheitswert. Damit ist unser Unabhängigkeitsbeweis für Axiom (Ax2) geführt.

Der Nachweis der Unabhängigkeit jedes der anderen Axiome erfolgt im Prinzip in der gleichen Art. Das Hauptproblem ist jeweils die geeignete Auswahl von (ausgezeichneten) Quasiwahrheitswerten und die passende Interpretation der Junktoren $\sim, \wedge, \vee, \rightarrow, \leftrightarrow$ durch Wahrheitswertfunktionen.

Diese hier besprochene Beweismethode ist zwar für den aussagenlogischen Fall besonders einfach zu handhaben und daher oft nur für diesen betrachtet worden. Sie kann jedoch in ganz analoger Weise auch für prädikatenlogische Systeme bzw. für in der Sprache der Prädikatenlogik formulierte (formalisierte) Theorien angewendet werden. Mit besonderem Erfolg ist dies in den letzten beiden Jahrzehnten getan worden für das gemäß Zermelo, Fraenkel und Skolem formulierte System ZF der Mengentheorie. Als Strukturen der Quasiwahrheitswerte hat man dabei sog. Boolesche Algebren benutzt, bei denen man sogleich naheliegende mehrwertige Interpretationen für Negation, Konjunktion, Alternative und (für vollständige Boolesche Algebren) die Quantoren der klassischen Prädikatenlogik der 1. Stufe hat. Hauptprobleme waren die Wahl geeigneter Boolescher Algebren und die Konstruktion geeigneter Individuenbereiche von „Quasimengen“ sowie der Gleichheit für Mengen und der Elementbeziehung als mehrwertiger Prädikate derart, daß die üblichen Axiome eines klassischen Prädikatenkalküls und die spezifisch mengentheoretischen Axiome des Systems ZF stets einen ausgezeichneten Quasiwahrheitswert haben, gewisse andere – als unabhängig nachzuweisende – Ausdrücke dagegen keinen (nicht immer einen) ausgezeichneten Quasiwahrheitswert haben. Das inhaltliche Hauptproblem war dabei nicht der Nachweis der Unabhängigkeit eines bestimmten Axiomensystems wie oben bzgl. des aussagenlogischen Kalküls K_1, sondern der Nachweis, daß gewisse spezifisch mengentheoretische Aussagen (von denen man bereits wußte, daß sie dem System ZF nicht widersprechen) im System ZF nicht beweisbar sind. Solcherart konnte u. a. gezeigt werden, daß das schon von G. Cantor formulierte Kontinuumproblem in ZF nicht lösbar ist. (Für Details und weitere Resultate verweisen wir den interessierten Leser z. B. auf Rosser [1969], Jech [1971], Bell (1977].)

2.4.5. *Mehrwertige Schaltalgebra*

Eine der interessantesten technischen Anwendungen der klassischen Aussagenlogik ist die Beschreibung von Reihen-Parallel-Schaltungen relaisgesteuerter Kontakte; vgl. etwa Asser [1959]. Den Wahrheitswerten der klassischen Aussagenlogik entsprechen dann die elektrischen Zustände „leitend“ und „nichtleitend“.

Die Methoden der klassischen Aussagenlogik können benutzt werden, um:

- vorliegende elektrische Schaltungen der genannten Art daraufhin zu analysieren, wann sie stromleitend sind und wann nicht;
- Schaltungen mit vorgegebenen Eigenschaften des Leitungsverhaltens zu entwerfen.

Der zweite dieser Aspekte ist von besonderem Interesse sowohl für den Entwurf von Schaltungen als auch für die Vereinfachung vorgegebener Schaltungen.

In ganz analoger Weise kann die mehrwertige Aussagenlogik zur Beschreibung von Schaltungen benutzt werden, deren Konstituenten über mehr als zwei Schaltzustände verfügen. Die Anzahl der Quasiwahrheitswerte und die Anzahl der möglichen Schaltzustände stimmen dabei stets überein.

Dieselben Problemstellungen, die für die gewöhnlichen Schaltungen mit Hilfe der klassischen Aussagenlogik behandelt und gelöst werden konnten, können ganz entsprechend für Schaltungen mit Schaltelementen, die über mehr als zwei Schaltzustände verfügen, durch Systeme der mehrwertigen Aussagenlogik behandelt werden. Untersuchungen zu diesem Themenkreis haben in den letzten Jahren in zunehmendem Maße das Interesse von Elektronikingenieuren gefunden, ohne allerdings wohl bisher wirklich schon in größerem Umfang bei der Konstruktion z. B. von Computern berücksichtigt worden zu sein; vgl. Rine [1977].

2.4.6. Untersuchungen zur Widerspruchsfreiheit der Mengenlehre

Die bekannten mengentheoretischen Antinomien, etwa die Russellsche Antinomie der Menge aller Mengen, die sich nicht selbst als Element enthalten (vgl. etwa Kutschera [1967], Berka/Kreiser [1983]), zeigen, daß das unbeschränkte Komprehensions- und das Extensionalitätsprinzip der naiven Mengenlehre im Rahmen der klassischen Logik nicht widerspruchsfrei miteinander vereinbar sind. Die Entwicklung der Mengentheorie im 20. Jahrhundert hat dieses Antinomienproblem dadurch überwunden, daß sie das unbeschränkte Komprehensionsprinzip der naiven Mengenlehre

$$\bigvee y \bigwedge x(x \in y \leftrightarrow H(x)) \tag{2.26}$$

in verschiedener Art und Weise eingeschränkt hat, so daß danach die kritischen Mengen, die zu den Antinomien führten und auf Grund des unbeschränkten Komprehensionsprinzips gebildet werden konnten, nicht mehr bildbar waren.

Einen anderen Weg zur Behandlung des Problems der mengentheoretischen Antinomien hat Skolem [1957] eingeschlagen und z. B. in den Arbeiten Skolem [1958], [1963] weiter verfolgt. Er stellt die Frage, ob das Komprehensionsprinzip in seiner uneingeschränkten Form (2.26), das ein Axiomenschema ist und in dem der Ausdruck $H(x)$ als Parameter fungiert, eventuell allein oder sogar mit dem Extensionalitätsprinzip in einer der Formen

$$\begin{aligned}&\bigwedge x \bigwedge y(\bigwedge z(x \in z \leftrightarrow y \in z) \rightarrow x = y),\\&\bigwedge x \bigwedge y(\bigwedge z(z \in x \leftrightarrow z \in y) \rightarrow x = y)\end{aligned} \tag{2.27}$$

als verträglich nachgewiesen werden kann, wenn die Betrachtungen nicht im Rahmen der klassischen Logik durchgeführt werden, sondern innerhalb eines Systems mehrwertiger Logik.

Aus Resultaten von Moh Shaw-Kwei [1954] folgt, daß endlichwertige Systeme dafür kaum geeignet sind. Deswegen hat Skolem den Nachweis der Widerspruchsfreiheit der beiden Prinzipien (2.26), (2.27) für den Fall zu führen versucht, daß das zugrunde liegende System mehrwertiger Logik das unendlichwertige Łukasiewiczsche prädikatenlogische System L_∞ ist. Dabei müssen natürlich die Quantoren $\bigwedge$, $\bigvee$ in (2.26), (2.27) als die Quantoren $\forall$, $\exists$ unserer Sprache für mehrwertige prädikatenlogische Systeme gelesen werden.

Skolem hat für einige Klassen von Ausdrücken $H(x)$ mit speziell eingeschränkter syntaktischer Struktur die Widerspruchsfreiheit des Axiomenschemas (2.26) zeigen können; seine Resultate sind erweitert worden von Chang [1963], [1965] und Fenstad [1964], ohne daß es ihnen gelungen ist, für sämtliche bildbare Ausdrücke $H(x)$ zu zeigen, daß das Schema (2.26) im Rahmen des Systems L_∞ widerspruchsfrei ist; vgl. Chang [1965]. Diese Resultate wurden verallgemeinert von White [1979]; er zeigt mit beweistheoretischen Mitteln die syntaktische Widerspruchsfreiheit eines Axiomensystems einer Verschärfung von L_∞, aus dem das Schema (2.26) ableitbar ist, das jedoch eine infinitäre Schlußregel enthält, d. h. eine Schlußregel mit unendlich vielen Prämissen.

Allerdings führt sowohl bei Chang [1963] als auch bei White [1979] die Hinzunahme der Extensionalitätsprinzipien (2.27) zu widersprüchlichen Systemen. Es ist ein weitgehend offenes Problem, welche abgeschwächten Extensionalitätsprinzipien in L_∞ mit dem Komprehensionsschema (2.26) verträglich sind.

2.4.7. Unscharfe Mengen und Vagheit von Begriffen

Wir haben in **2.3.1** festgestellt, daß die Klassen der zweiwertigen Logik und damit auch die Mengen der klassischen Mengenlehre zwar die Umfänge zweiwertiger Begriffe adäquat darstellen, nicht aber die Umfänge mehrwertiger Begriffe. In einem weiteren Falle können diese gewöhnlichen Mengen Begriffsumfänge nicht zufriedenstellend erfassen: wenn es sich um Begriffe handelt, die vage sind, d. h. hier, deren Umfänge nur unscharf begrenzt sind.

Es ist offensichtlich und auch schon wiederholt in philosophischer Literatur reflektiert worden (s. etwa Russell [1923], Black [1937], Hempel [1939], Rolf [1981]), daß nicht jede in praxi interessierende Eigenschaft ohne Willkür als zweiwertiges, „scharfes" Prädikat beschrieben werden kann. Anders ausgedrückt: Nicht immer läßt sich der Bereich des Zutreffens einer Eigenschaft klar abgrenzen. Einfache Beispiele sind etwa die Eigenschaft, Lebensalter einer jungen Frau zu sein, oder auch die Eigenschaft, eine viel größere Zahl als 10 zu sein.

Die traditionelle Logik und Mathematik kann mit derart vage festgelegten Eigenschaften nicht arbeiten. Daher ist üblicherweise vor der Anwendung formaler Methoden jede derartige vage Eigenschaft definitorisch in eine solche „mit klaren Grenzen" zu verwandeln. Aber besonders bei der Behandlung komplexer Zusammenhänge oder komplizierter Prozesse, etwa bei der Beschreibung und Steuerung bzw. Regelung technischer Großprozesse, führt diese „Präzisierung" schnell zu kaum noch überschaubaren Algorithmen bzw. Gleichungssystemen, für deren Bearbeitung selbst moderne Großcomputer oft nicht leistungsfähig oder nicht schnell genug sind.

Diese Problemlage veranlaßte den amerikanischen Systemtheoretiker Zadeh [1965], zusätzlich zu den gewöhnlichen Mengen neue, sog. „unscharfe Mengen" (= fuzzy sets) einzuführen, die dadurch charakterisiert sind, daß die Beziehung des Elementseins bzgl. unscharfer Mengen eine Abstufung zwischen „wahr" und „falsch" zuläßt. Und zwar wählt Zadeh [1965] als abstufende Enthaltenseinsgrade genau die sämtlichen reellen Zahlen zwischen 0 und 1, also die Menge $\mathbf{W}_\infty$ als Menge der möglichen Enthaltenseinswerte von Elementen in unscharfen Mengen.

Natürlich ist die Wahl der Menge $\mathbf{W}_\infty$ als Menge der möglichen Enthaltenseinswerte nicht der wesentliche Punkt des Ansatzes. Sie kann durch andere Mengen ersetzt werden, die u. U. Träger einer allgemeineren Struktur sind – etwa bzgl. der Anordnung ihrer Elemente. Solch eine Diskussion gibt bereits Goguen [1969].

Auf inhaltliche Einzelheiten der Theorie der unscharfen Mengen soll hier nicht eingegangen werden. Dagegen wollen wir den Formalismus dieser Theorie näher betrachten.

Zu gegebenen *unscharfen Mengen* A, B über einem Bereich $\mathbf{U}$, die charakterisiert sind durch ihre verallgemeinerten Enthaltenseinsfunktionen $\mu_A, \mu_B \colon \mathbf{U} \to \mathbf{W}_\infty$, welche als Funktionswerte $\mu_A(x)$, $\mu_B(x)$ für $x \in \mathbf{U}$ die Enthaltenseinswerte des Elements x in der unscharfen Menge A bzw. B haben, erklärt man ihren Durchschnitt $A \cap B$ und ihre Vereinigung $A \cup B$ mittels der zugehörigen Enthaltenseinsfunktionen $\mu_{A \cap B}$ bzw. $\mu_{A \cup B}$ durch die Beziehungen

$$\mu_{A \cap B}(x) = \min \left(\mu_A(x), \mu_B(x)\right),$$

$$\mu_{A \cup B}(x) = \max \left(\mu_A(x), \mu_B(x)\right);$$

und gilt für jedes $x \in \mathbf{U}$ die Ungleichung

$$\mu_A(x) \leqq \mu_B(x),$$

so nennt ZADEH [1965] die unscharfe Menge A unscharfe Teilmenge der unscharfen Menge B und schreibt dafür: $A \subset B$.

Da es sich bei den unscharfen Mengen um eine natürliche Verallgemeinerung der gewöhnlichen Mengen zu handeln scheint, wird ein mit der üblichen mengentheoretischen Symbolik vertrauter Logiker versuchen, die Theorie der unscharfen Mengen so in einer geeigneten formalen Sprache darzustellen, daß sich auch formal eine Analogie zwischen gewöhnlicher Mengentheorie und der Theorie der unscharfen Mengen ergibt.

Zur Lösung dieses Problems liegt es nahe, die verallgemeinerten Enthaltenseinswerte als Quasiwahrheitswerte eines mehrwertigen prädikatenlogischen Systems L mit Wertemenge $\mathbf{W}_\infty$ zu deuten. Dann kann man in die Sprache von L ein zweistelliges mehrwertiges Prädikat ε zur Beschreibung der verallgemeinerten Elementbeziehung einführen, das man interpretiert vermöge der Festlegung

$$[\![x \mathrel{\varepsilon} A]\!] = \mu_A(x),$$

wenn $[\![H]\!]$ den Quasiwahrheitswert eines Ausdrucks H der Sprache von L bezeichnet. Ordnet man außerdem einer Konjunktion $\wedge$ und einer Alternative $\vee$ die Wahrheitswertfunktionen et_1 bzw. vel_1 zu, so findet man, daß

$$[\![x \mathrel{\varepsilon} A \cap B]\!] = [\![x \mathrel{\varepsilon} A \wedge x \mathrel{\varepsilon} B]\!],$$

$$[\![x \mathrel{\varepsilon} A \cup B]\!] = [\![x \mathrel{\varepsilon} A \vee x \mathrel{\varepsilon} B]\!]$$

gilt für alle $x \in \mathbf{U}$ und alle unscharfen Mengen A, B über $\mathbf{U}$. Betrachtet man außerdem noch eine Implikation $\rightarrow$ in L, deren Wahrheitswertfunktion seq_1 oder auch seq_2 sein kann (vgl. 2.2.2.4), und eine durch

$$H_1 \leftrightarrow H_2 \overset{\text{def}}{=} (H_1 \rightarrow H_2) \wedge (H_2 \rightarrow H_1)$$

definierte Äquivalenz, so findet man, daß die Ausdrücke

$$\forall x(x\varepsilon A \cap B \leftrightarrow x\varepsilon A \wedge x\varepsilon B),$$

$$\forall x(x\varepsilon A \cup B \leftrightarrow x\varepsilon A \vee x\varepsilon B)$$

für alle unscharfen Mengen A, B über $\mathbf{U}$ den – einzigen ausgezeichneten – Quasiwahrheitswert 1 haben. Der Quantor $\forall$ ist dabei wie in den ŁUKASIEWICZschen prädikatenlogischen Systemen als Infimumbildung zu deuten.

Man findet auch, daß gilt

$$A \subset B \text{ gdw } [\![\forall x(x\varepsilon A \rightarrow x\varepsilon B)]\!] = 1.$$

Dann ist es eine natürliche Verallgemeinerung des Ansatzes von ZADEH [1965], ein mehrwertiges Prädikat für die Inklusion unscharfer Mengen zu definieren durch

$$A \subseteqq B \overset{\text{def}}{=\!=} \forall x(x\varepsilon A \rightarrow x\varepsilon B).$$

Die Darstellung der Theorie der unscharfen Mengen in der Sprache eines mehrwertigen Logiksystems, etwa dem um geeignete Junktoren erweiterten ŁUKASIEWICZschen unendlichwertigen System L_∞, gestattet demnach nicht nur, die formale Analogie von gewöhnlicher Mengentheorie und Theorie der unscharfen Mengen zu verdeutlichen, sondern gibt auch Anregungen für die Entwicklung der Theorie der unscharfen Mengen. Die verallgemeinerte Inklusionsbeziehung ist nur ein geringfügiges Beispiel; die erwähnten Anregungen haben zu viel weitergehenden Problemstellungen und Lösungen geführt, die jedoch hier nicht besprochen werden können; siehe etwa GOTTWALD [1979], [1980], [1985].

2.4.8. *Eine dreidimensionale, mehrwertige Logik und ihre Begründung aus wissenschaftsmethodologischer Sicht*

In 2.2.6 hatten wir bereits den Terminus „mehrdimensionale Logik" eingeführt. Wir wollen nun drei mögliche Gründe für eine solche Logik diskutieren und einen möglichen axiomatischen Aufbau andeuten.

Stellen wir uns dazu erst einmal auf den Standpunkt eines Wissenschaftlers, der zu der Erkenntnis gelangt ist, daß für seine Anliegen eine geeignete Logik notwendig ist. Dieses Ergebnis wird von seinem Erkenntnisinteresse bestimmt. So erfordert beispielsweise die pädagogischpsychologische Diagnose mit Hilfe einer EDVA die logisch-mathematische Modellierung des Diagnoseverfahrens. Ein solches Verfahren ist in KRESCHNAK [1985] dargestellt. Es zeigte sich bei der praktischen Anwendung dieses Verfahrens, daß seine Anwendungsbreite bedeutend erweitert werden könnte, wenn man mehrwertige Logiken benutzt. Allgemein gibt es hierfür prinzipiell drei Gründe, die wir zwar am Beispiel der pädagogisch-psychologischen Diagnose erläutern, die aber bei empirischen Untersuchungen ausnahmslos auftreten können.

Zu jedem Experiment gehört die Angabe der relevanten Bedingungen, die für die Aufdeckung von Zusammenhängen bedeutsam erscheinen. Diese können auch direkt in die Formulierung von Vermutungen oder Hypothesen über solche gesetzmäßigen Zusammenhänge eingehen. Bei der Wiederholung von Experimenten oder bei der Anwendung der für Untersuchungen in der Schule bedeutsamen ex-post-facto-Methode[4] kann es nun vorkommen, daß gewisse äußere Bedingungen nicht ganz den geforderten entsprechen. Wird beispielsweise als höchste zulässige Lautstärke einer Klasse 40 phon angegeben, werden aber tatsächlich 40,1 phon gemessen, so entsteht die Frage, ob damit die gefundenen Ergebnisse zu verwerfen sind. Mit anderen Worten: Sind Aussagen generell mit „falsch" zu bewerten, wenn der tatsächliche Sachverhalt von dem behaupteten „gering" abweicht? Es ist evident, daß das zu einem hohen Informationsverlust führt (STREHLE [1983]). Ist die jeweilige Abweichung des behaupteten Sachverhalts vom tatsächlichen numerisch oder in Rangreihen ausdrückbar, so können vom Anwender sogenannte Bewertungsfunktionen von diesen Werten oder Reihen in eine vorgegebene Menge von Quasiwahrheitswerten festgelegt werden. Die erhaltenen Werte heißen Ausprägungswerte, denn sie drücken aus, wie ausgeprägt der tatsächliche Sachverhalt bezüglich des behaupteten ist. Der Sachverhalt, den wir kurz mit „40,1 phon" bezeichnen, hat für die Aussage „Es herrschten 40,0 phon." einen günstigeren Ausprägungswert zur Folge als „41,3". Beide müßten allerdings strenggenommen den Wert „falsch"

4 Mit „ex-post-facto-Methode" bezeichnet man in der Wissenschaftsmethodologie ein Erkenntnisverfahren ähnlich der experimentellen Methode, nur daß hierbei kein Experiment mit seinen Bedingungen geplant, ausgeführt, ausgewertet usw. wird, sondern die zu beurteilenden Prozesse sind bereits spontan abgelaufen oder bewußt (aber unter einer anderen Zielstellung) herbeigeführt worden. Im Nachhinein wird nun der Prozeß so gedanklich rekonstruiert und bewertet, als sei ein „Experiment" durchgeführt worden. Bei historischen Prozessen u. a. ist in vielen Fällen kein anderes empirisches Vorgehen möglich.

erhalten. Die mehrwertige Logik bietet aber die Möglichkeit, die Abweichungen deutlich zu machen und mit der Menge der positiv ausgezeichneten Werte den „Brauchbarkeitsbereich“ festzulegen. Der „am positivsten“ ausgezeichnete Wert bedeutet dann die „volle“ Übereinstimmung.

In der wissenschaftlich-empirischen Forschung tritt noch ein weiterer Umstand auf. Es ist möglich, daß der Abstand des behaupteten Sachverhaltes vom tatsächlichen nicht feststellbar ist, mit anderen Worten, man kann nicht ohne weiteres überprüfen, ob eine Aussage zutrifft oder nicht. Die Ursachen können unterschiedlicher Natur sein. Dieser Umstand zwingt uns in der Forschung zunächst zur Formulierung von Vermutungen, die bei angemessener Begründung zur Hypothese werden und schließlich zum wissenschaftlichen Gesetz erhoben werden können. Es geht dabei also darum, Gründe aufzufinden, die die Wahrheit einer solchen Aussage entweder begründen oder in Abrede stellen.

Mit den Mechanismen solcher Begründungen beschäftigen sich u. a. Polya [1962–63] und Stegmüller [1969]. Für uns ist dabei nur von Interesse, daß es vorstellbar erscheint, die Gründe, die für oder gegen das Zutreffen einer Aussage sprechen, zu graduieren. Damit ist aber ein weiterer Grund für die Anwendung einer mehrwertigen Logik gegeben.

Dieser Grund ist nicht mit dem oben diskutierten identisch. Das bedeutet, auch die Quasiwahrheitswerte, die analog zu oben durch geeignete Bewertungsfunktionen gewonnen werden, sind nicht miteinander vergleichbar, d. h. sie müssen den Aussagen nebeneinander zugeordnet werden. Stellen wir uns auf einen allgemeineren Standpunkt und dehnen unsere Erörterungen auf die jeweiligen „Abstände“ des tatsächlichen Sachverhaltes vom behaupteten aus, so sind die Quasiwahrheitswerte auf die Ausprägungswerte relativiert. Sie geben an, mit welcher Sicherheit die Aussage „bedingt“ zutrifft. Wir bezeichnen diese Quasiwahrheitswerte als Begründungswerte.

Es kommt aber noch ein weiterer Grund für die Anwendung einer mehrwertigen Logik hinzu: die Vagheit von Aussagen. Wir bezeichnen eine Aussage als „vage“ genau dann, wenn nicht feststellbar ist, welcher Sachverhalt (bzw. welche Menge von Sachverhalten) von ihr behauptet wird (werden). Die Ursachen liegen häufig in der Verwendung vager Begriffe. Beispielsweise ist die Aussage „Der Schüler S verfügt über hohes Wissen.“ vage, denn es ist nicht feststellbar, über „wieviel“ Wissen der Schüler verfügt. „Hohes Wissen“ ist der verwendete vage Begriff. Es gibt nun eine Reihe von Autoren, die die Vagheit als Grund für die

Anwendung einer mehrwertigen Logik ansehen (ZADEH [1965], GOTTWALD [1980], SEUREN [1980]). Gibt es für die Vagheit von Aussagen Abstufungen, so können wiederum durch Bewertungsfunktionen Quasiwahrheitswerte angegeben werden, die Ausdruck für den Grad der Vagheit einer Aussage sind. Diese Werte sind ebenfalls nicht mit den zuvor diskutierten vergleichbar und müssen gesondert aufgeführt werden. Das bedeutet, wir ordnen einer Aussage H_i ein Tripel $\boldsymbol{x}_i = \langle x_1^i, x_2^i, x_3^i \rangle$ zu. Die erste Komponente x_1^i ist eine Variable für den Ausprägungswert, x_2^i für den Begründungswert und x_3^i für den Vagheitswert. Die erste Komponente gibt also den „Grad" der Ausprägung, den Abstand des tatsächlichen Sachverhaltes hinsichtlich des behaupteten an, die zweite ist Ausdruck der Gewißheit, die über diesen „Grad" der Ausprägung vorhanden ist, während die dritte Komponente als sogenannter „Vagheitswert" einen Hinweis darüber gibt, welchen Informationswert die ersten beiden Komponenten haben. Bei vagen Aussagen ist dieser Informationswert gering. Teilt man einem Arzt etwa mit „Ich bin mir fast sicher, daß der Patient P fiebrig ist.", so ist der Informationswert durch den vagen Begriff „fiebrig" eingeschränkt. „Ich bin fast sicher" gibt außerdem nicht-numerisch an, daß die Gewißheit über den behaupteten Sachverhalt und damit über seine Übereinstimmung mit dem tatsächlichen, nicht den idealen, den am positivsten ausgezeichneten Wert hat.

Legen wir die in **2.2.2** eingeführte Wertmenge $\mathbf{W}_M = \left\{0, \frac{1}{M-1}, \frac{2}{M-1}, \ldots, 1\right\}$ zugrunde und lassen für die drei Komponenten jeweils die Mengen $\mathbf{W}_{M_1}$, $\mathbf{W}_{M_2}$ und $\mathbf{W}_{M_3}$ zu, so ergeben sich folgende exponierte Fälle für die Erkenntnisbewertung von Aussagen, wenn 1 der am positivsten ausgezeichnete Wert ist.

$$\boldsymbol{x}_i = \boldsymbol{a}_1 = \langle a_1^1, a_2^1, a_3^1 \rangle = \langle 1, 1, 1 \rangle \tag{2.28}$$

Die betreffende Aussage ist wahr, d. h. der behauptete Sachverhalt stimmt mit dem tatsächlichen überein ($a_1^1 = 1$), worüber Gewißheit herrscht ($a_2^1 = 1$), und die Aussage ist nicht vage.

$$\boldsymbol{x}_i = \boldsymbol{a}_2 = \langle 0, 1, 1 \rangle \tag{2.29}$$

Die betreffende Aussage ist gewiß ($a_2^2 = 1$) „absolut" falsch ($a_1^2 = 0$) und nicht vage ($a_3^2 = 1$).

$$\boldsymbol{x}_i = \boldsymbol{a}_3 = \langle 1, 0, 1 \rangle \tag{2.30}$$

Die Wahrheit der Aussage ($a_1^3 = 1$) ist widerlegt ($a_2^3 = 0$), und die Aussage ist nicht vage.

$$\boldsymbol{x}_i = \boldsymbol{a}_4 = \langle 0, 0, 1 \rangle \tag{2.31}$$

Die Falschheit der Aussage ($a_1^4 = 0$), d. h. die „größtmögliche“ Nichtübereinstimmung des behaupteten Sachverhaltes mit dem behaupteten, ist widerlegt, und die Aussage ist nicht vage.

$$\boldsymbol{x}_i = \boldsymbol{a}_5 = \left\langle a_1^5, \frac{1}{2}, 1 \right\rangle \tag{2.32}$$

Für den Wert a_1^5 sprechen genausoviel Gründe wie dagegen, er kann weder widerlegt noch begründet werden, und die Aussage ist nicht vage.

$$\boldsymbol{x}_i = \boldsymbol{a}_6 = \langle a_1^6, a_2^6, 0 \rangle \tag{2.33}$$

Die betreffende Aussage ist „absolut“ vage; damit ist der Informationswert von a_1^6 und a_2^6 eingeschränkt.

Es ist aus den gemachten Ausführungen hinreichend einsichtig geworden, daß wir es hier mit einer Konkretisierung der in **2.2.6** gemachten Ausführungen zu tun haben.

Nun geht es darum, für diese Konkretisierung eine geeignete Logik anzugeben. Dazu ist ein wichtiger Unterschied der eindimensionalen zur mehrdimensionalen mehrwertigen Logik hervorzuheben, der darin besteht, daß hier das in **2.2.1** angeführte Extensionalitätsprinzip nicht ohne weiteres gilt. Ein und derselben Aussage können ohne inhaltliche Einwände mehrere (nicht alle) Tripel zugeordnet werden. So ist $\boldsymbol{a}_1 = \langle 1, 1, 1 \rangle$ inhaltlich mit $\boldsymbol{a}_4 = \langle 0, 0, 1 \rangle$ vereinbar, denn das erste Tripel bedeutet bezüglich der ersten beiden Komponenten, daß die volle Übereinstimmung (Wahrheit) bewiesen ist, während $\boldsymbol{a}_4$ ausdrückt, daß die Falschheit widerlegt wurde. Zur Aufrechterhaltung des Extensionalitätsprinzips müssen Auswahlbedingungen für die Quasiwahrheitswerte (Tripel) angegeben werden, so daß dadurch jeder Aussage genau ein Tripel zugeordnet werden kann.

Denkbar ist z. B. (a) das Tripel mit dem günstigsten Ausprägungswert oder (b) das Tripel mit dem günstigsten Begründungswert zu benutzen.

Wir stellen uns auf den Standpunkt, wir haben uns für ein Auswahlkriterium entschieden, dann brauchen wir in der Logik keine Unterscheidung zwischen Variablen für Aussagen und solchen für Quasiwahrheitswertetripel (wir nennen sie im folgenden auch „Logikwerte“) zu machen. Zur Verdeutlichung unseres Vorgehens wollen wir jedoch die

Zeichen der Menge $\{p, q, r, p_0, q_0, r_0, p_1, q_1, r_1, \ldots\}$ als Aussagenvariable und $\boldsymbol{x}_i$, $i = 2, \ldots, n$, $n \in \mathbb{N}$, als Quasiwahrheitswertvariablen nutzen. Die Menge **M** dieser Werte ist also eine Menge solcher Tripel $\boldsymbol{x}_i = \langle x_1^i, x_2^i, x_3^i \rangle$, wobei die Komponenten natürliche Zahlen (wir machen hier weiterhin von dieser in **2.2.2.** angeführten Möglichkeit Gebrauch) sind, also für $j = 1, 2, 3$:

$$x_j^i \in \mathbf{W}_{M_j} = \{1, 2, \ldots, M_j\},$$

$$M_j \in \mathbb{N},\ M_2 - \text{ungeradzahlig}^5.$$

Damit haben wir $\mathbf{W}_{M_1} \cdot \mathbf{W}_{M_2} \cdot \mathbf{W}_{M_3}$ verschiedene Tripel. Die Menge der ausgezeichneten bezeichnen wir mit **M***. Ein Tripel ist ausgezeichnet genau dann, wenn jede Komponente einen ausgezeichneten Wert angenommen hat. Die Mengen ausgezeichneter Werte $\mathbf{W}_{S_1}$ $\mathbf{W}_{S_2}$, $\mathbf{W}_{S_3}$ mit

$$\mathbf{W}_{S_1} = \{1, 2, \ldots, S_1\},\quad 1 \leqq S_1 < M_1;$$

$$\mathbf{W}_{S_2} = \{1, 2, \ldots, S_2\},\quad 1 \leqq S_2 \leq \frac{M_2 + 1}{2};$$

$$\mathbf{W}_{S_3} = \{1, 2, \ldots, S_3\},\quad 1 \leqq S_3 < M_3,$$

werden vom Benutzer präzisiert.

Welche Junktoren müssen nun wie eingeführt werden? Es hat sich gezeigt, daß neben der üblicherweise gewählten Einführung einer Negation, Konjunktion, Implikation, Alternative und des Junktors $\mathcal{J}_K$ die Junktoren $\overline{\wedge}$ und $\mathcal{J}_K^S$ zweckmäßig sind. Auch bei der Prüfung weiterer Junktoren gilt es, aus den zahlreichen möglichen für die Anwendung geeignete auszuwählen. Da die Werte Tripel sind, werden die Funktionen komponentenweise definiert, wobei nicht notwendig für jede Komponente derselbe Junktor gewählt werden muß. Wir geben einige Beispiele an:

Ist der Wert von p (in Zeichen: $[\![p]\!]$) $\boldsymbol{x}_1$, also $[\![p]\!] = \boldsymbol{x}_1$, und $[\![q]\!] = \boldsymbol{x}_2$, so ist

$$(1)\quad [\![\neg p]\!] \stackrel{\text{def}}{=} \langle (M_1 - x_1^1 + 1), (M_2 - x_2^1 + 1), (M_3 - x_3^1 + 1) \rangle \qquad (2.34)$$

$$(2)\quad [\![\bar{p}]\!] \stackrel{\text{def}}{=} \begin{cases} \langle 1, 1, 1 \rangle, & \text{falls } \boldsymbol{x}_1 \notin \mathbf{M}^* \\ \langle M_1, M_2, M_3 \rangle, & \text{sonst} \end{cases} \qquad (2.35)$$

---

5 Um einen Begründungswert zur Verfügung zu haben, der ausdrückt, daß ebensoviel für den Ausprägungswert spricht, als dagegen.

(3) $[\![p \dot{\vee} q]\!] \stackrel{\text{def}}{=} \langle \min(x_1^1, x_1^2), \min(x_2^1, x_2^2), \min(x_3^1, x_3^2) \rangle$ (2.36)

(4) $[\![p \dot{\wedge} q]\!] \stackrel{\text{def}}{=} \langle \max(x_1^1, x_1^2), \max(x_2^1, x_2^2), \max(x_3^1, x_3^2) \rangle$ (2.37)

(5) $[\![p \,\overline{\wedge}\, q]\!] \stackrel{\text{def}}{=} \langle a_1, a_2, a_3 \rangle$, mit

$$a_j \stackrel{\text{def}}{=} \begin{cases} \dfrac{x_j^1 + x_j^2}{2}, & \text{falls } \dfrac{x_j^1 + x_j^2}{2} \in \mathbf{W}_M, \\ \dfrac{x_j^1 + x_j^2 + 1}{2}, & \text{sonst} \end{cases} \tag{2.38}$$

für $j = 1, 2, 3$.

Die in (2.38) erklärte Funktion steht gewissermaßen zwischen den Konjunktionen und Alternativen. Sie vermeidet, daß bei „Zusammenfassungen" von Aussagen (die ja komponentenweise erfolgen) der jeweils günstigste, d. h. dem am positivsten ausgezeichneten Wert am nächsten stehende (Alternative), oder der jeweils ungünstigste, d. h. dem am negativsten ausgezeichneten Wert am nächsten stehende (Konjunktion), angenommen wird.

Für die Implikation „$\rightarrow$" mit

$$[\![p \rightarrow q]\!] \stackrel{\text{def}}{=} \langle a_1, a_2, a_3 \rangle, \tag{2.39}$$

mit

$$a_j \stackrel{\text{def}}{=} \max\{1, x_j^2 - x_j^1 + 1\}, \quad j = 1, 2, 3,$$

gilt nicht die Bedingung, daß sie dann und nur dann einen nicht ausgezeichneten Wert annimmt, wenn $[\![p]\!]$ ausgezeichnet ist und $[\![q]\!]$ nicht. Zur Nutzung der Abtrennungsregel ist aber eine Implikation wünschenswert, die diese Bedingung erfüllt.

Das leuchtet sofort ein, denn dann ist ja in dem Fall, in dem eine Implikation $p \rightsquigarrow q$ einen ausgezeichneten Wert annimmt, obwohl ihr Vorderglied einen ausgezeichneten und ihr Hinterglied einen nicht ausgezeichneten Wert annehmen kann, bei ausgezeichnetem Vorderglied nicht garantiert, daß auch das Hinterglied einen ausgezeichneten Wert annehmen muß. Darauf beruht aber der modus ponens:

$$\begin{array}{l} p \rightsquigarrow q \\ p \\ \hline \qquad q \end{array}$$

Ist also beispielsweise $[\![p]\!] = \langle S_1, S_2, S_3 \rangle$, nach den obigen Festlegungen für die Quasiwahrheitswerte ausgezeichnet, und noch $S_j \geqq 2$ für

$j = 1, 2, 3$ und $[\![p \to q]\!] = \langle 2, 2, 2\rangle$ ausgezeichnet, so ist nach der Definition (2.39):

$$[\![p \to q]\!] = \langle 2, 2, 2\rangle = \langle \max\{1, 2\}, \max\{1, 2\}, \max\{1, 2\}\rangle$$
$$= \langle \max\{1, x_1^2 - S_1 + 1\}, \max\{1, x_2^2 - S_2 + 1\},$$
$$\max\{1, x_3^2 - S_3 + 1\}\rangle.$$

Das bedeutet, $[\![q]\!] = \langle x_1^2, x_2^2, x_3^2\rangle = \langle S_1 + 1, S_2 + 1, S_3 + 1\rangle$ ist nicht ausgezeichnet.

Die folgende Implikation erfüllt die Standardbedingung (vgl. Rosser/Turquette [1952]):

$$[\![p \Rightarrow q]\!] \stackrel{\text{def}}{=} \langle a_1, a_2, a_3\rangle, \tag{2.40}$$

mit

$$a_j = \begin{cases} 1, & \text{falls } x_j^1 \notin \mathbf{W}_{S_j}, \quad j = 1, 2, 3. \\ x_j^2, & \text{sonst} \end{cases}$$

Analog wird $\mathcal{J}_K^S(p)$ (vgl. **2.2.2.6**) und $\mathcal{J}_K$ komponentenweise eingeführt, wobei sich $\mathcal{J}_K^S$ für unsere Wertmenge jeweils als

$$\mathcal{J}_K^S = |S - K| + 1$$

ergibt.

Die Beispiele sollen genügen, um das Prinzip einer solchen methodologisch begründeten, mehrdimensionalen mehrwertigen Vorgehensweise zu verdeutlichen. Eine solche Logik ist axiomatisierbar, wobei der Kalkül deduktiv und funktional vollständig und konsistent ist (vgl. Strehle [1983]).

2.4.9. Bemerkungen zur Rangreihen-Logik

Wir wollen nun eine Möglichkeit zum Aufbau einer Logik für den Fall kennenlernen, daß uns nicht, wie in den vorangegangenen Kapiteln, numerische Werte zur Verfügung stehen, sondern nur bekannt ist, daß beliebige Aussagen aus der betrachteten Grundmenge hinsichtlich ihrer Wahrheits- (oder Quasiwahrheitswert-)bewertung entweder gleichwertig sind, oder die eine einen günstigeren Wert hat (wahrer ist) als die andere. Für solche Fälle führte Hempel [1937] eine Logik ein, die er topologische nannte. Wir bezeichnen sie zur Vermeidung von Verwechslungen als Rangreihen-Logik.

Dabei wird davon ausgegangen, daß die Aussagen einer bestimmten Aussagenmenge hinsichtlich ihrer Wahrheitsbewertung eine Rangreihe bilden. Unter eine rRangreihe verstehen wir im allgemeinen folgendes:

Ein bestimmter Objektbereich bildet eine Rangreihe dann und nur dann, wenn in diesem Bereich zwei zweistellige Relationen „$\boldsymbol{g}$" und „$\boldsymbol{w}$" vorliegen, für die gilt

(1) $X_i \boldsymbol{g} X_i$;
(2) wenn $X_i \boldsymbol{g} X_j$, dann $X_j \boldsymbol{g} X_i$;
(3) wenn $X_i \boldsymbol{g} X_j$, und $X_j \boldsymbol{g} X_z$, so $X_i \boldsymbol{g} X_z$;
(4) es gilt nicht: $X_i \boldsymbol{w} X_i$;
(5) wenn $X_i \boldsymbol{w} X_j$, und $X_j \boldsymbol{w} X_z$, so $X_i \boldsymbol{w} X_z$;
(6) wenn $X_i \boldsymbol{w} X_j$, so nicht $X_i \boldsymbol{g} X_j$;
(7) wenn nicht $X_i \boldsymbol{g} X_j$, so $X_i \boldsymbol{w} X_j$ oder $X_j \boldsymbol{w} X_i$.

Durch Definition kann eine dritte Relation „$\boldsymbol{m}$" eingeführt werden:

$$X_i \boldsymbol{m} X_j \overset{\text{def}}{=} X_j \boldsymbol{w} X_i .$$

Im Bereich der chemischen Elemente bilden beispielsweise die beiden Relationen „dem Atomgewicht nach gleich" und „dem Atomgewicht nach leichter" eine Rangreihe.

Im Bereich der Aussagen interpretieren wir „$\boldsymbol{w}$" als „weniger wahr" und „$\boldsymbol{g}$" als „gleich wahr".

Setzt man eine (beliebige) mehrwertige Logik voraus, so kann man prüfen, welche Stellung jeweils mit einem Junktor verknüpfte Aussagen aus einer Aussagenmenge, die eine Rangreihe bildet, zu zwei weiteren, mit dem gleichen Junktor verknüpften, einnehmen.

Wählen wir als Beispiel eine mehrwertige Logik mit der Wertmenge $\mathbf{W}_M = \left\{0, \frac{1}{M-1}, \frac{2}{M-1}, \ldots, 1\right\}$ und den folgenden Wertfunktionen:

Negation: $[\![\sim X]\!] = 1 - [\![X]\!]$,
Konjunktion: $[\![X_i \dot{\wedge} X_j]\!] = \min \{[\![X_i]\!], [\![X_j]\!]\}$,
Alternative: $[\![X_i \dot{\vee} X_j]\!] - \max \{[\![X_i]\!], [\![X_j]\!]\}$,
Implikation:

$$\text{I)}\ [\![X_i \rightarrow X_j]\!] = \min \{1, 1 - [\![X_i]\!] + [\![X_j]\!]\},$$

$$\text{II)}\ [\![X_i \Rightarrow X_j]\!] = \begin{cases} 1, & \text{falls } [\![X_i]\!] \text{ nicht ausgezeichnet} \\ [\![X_j]\!] \text{ sonst,} & \end{cases}$$

Äquivalenz: $[\![X_i \leftrightarrow X_j]\!] = 1 - |[\![X_i]\!] - [\![X_j]\!]|$.

Steht nun die Rangreihe hinsichtlich der Wahrheitsbewertung der Aussagen p_1, p_2, p_3 und p_4 fest, so kann die Stellung der entsprechenden Aussagenverbindungen zueinander angegeben werden: Wir wählen für die Negation als Beispiel p_1 und p_2:

(p_1, p_2)	$(\sim p_1, \sim p_2)$
g	***g***
w	***m***
m	***w***

Aus der zweiten Zeile lesen wir ab: gilt $p_1\boldsymbol{w}p_2$, so gilt für die Negation von p_1 und p_2 dann $\sim p_1\boldsymbol{m}\sim p_2$.

Für die zweistelligen Funktionen sind 75 verschiedene Anordnungen, d. h. Zeilen in den Wertetabellen möglich. Wir geben exemplarisch zehn an:

Nr.	(p_1, p_3)	(p_2, p_4)	(p_1, p_2)	(p_3, p_4)	(p_1, p_4)	(p_2, p_3)	$(p_1 \dot{\vee} p_3)$, $(p_2 \dot{\vee} p_4)$	$(p_1 \dot{\wedge} p_3)$, $(p_2 \dot{\wedge} p_4)$	$(p_1 \rightarrow p_3)$, $(p_2 \rightarrow p_4)$	$(p_1 \Rrightarrow p_3)$, $(p_2 \Rrightarrow p_4)$	$(p_1 \leftrightarrow p_3)$, $(p_2 \leftrightarrow p_4)$
0	1	2	3	4	5	6	7	8	9	10	11
1	***w***	***w***	***w***	***w***	***w***	***w***	***w***	***w***	***g***	?	?
2	***w***	***w***	***w***	***w***	***w***	***g***	***w***	***w***	***g***	?	?
3	***w***	***w***	***w***	***w***	***w***	***m***	***w***	***w***	***g***	?	?
4	***w***	***w***	***w***	***g***	***w***	***w***	***g***	***w***	***g***	***g/w***	***w***
5	***w***	***w***	***w***	***m***	***w***	***w***	***m***	***w***	***g***	***g/m***	***w***
6	***w***	***w***	***g***	***w***	***w***	***w***	***w***	***g***	***g***	***g/m***	***m***
7	***w***	***w***	***g***	***g***	***w***	***w***	***g***	***g***	***g***	***g***	***g***
8	***w***	***w***	***g***	***m***	***w***	***w***	***m***	***g***	***g***	***g/m***	***w***
9	***w***	***w***	***m***	***w***	***w***	***w***	***w***	***m***	***g***	***g/w***	***m***
10	***w***	***w***	***m***	***g***	***w***	***w***	***g***	***m***	***g***	***g/w***	***m***

(bei „?“ sind alle drei Werte möglich)

Wir diskutieren das Prinzip an der sechsten Zeile. Durch die Spalten eins bis sechs ist für p_1, p_2, p_3, p_4 die folgende Rangreihe festgelegt, wobei der Logikwert von links nach rechts zunimmt und Aussagen, die den gleichen Platz innehaben, d. h. zwischen denen die Beziehung „***g***“ gilt, untereinander geschrieben werden:

$$\begin{array}{l} p_1, p_3, p_4 \\ p_2 \end{array}$$

Welche Anordnung haben nun $(p_1 \dot{\vee} p_3)$ und $(p_2 \dot{\vee} p_4)$ zueinander? Die Alternative ist so festgelegt, daß jeweils der größere der beiden Argumentwerte angenommen wird. Obwohl wir diesen für $(p_1 \dot{\vee} p_3)$ nicht kennen, so wissen wir durch die Rangreihe doch, daß er p_3 eigen sein muß. Für $(p_2 \dot{\vee} p_4)$ trifft das auf p_4 zu. Gleichzeitig muß p_4 ein größerer Wert zukommen als p_3. Damit hat nun $(p_1 \dot{\vee} p_3)$ einen geringeren Wert als $(p_2 \dot{\vee} p_4)$, also ist

$$(p_1 \dot{\vee} p_3)\ \boldsymbol{w}\ (p_2 \dot{\vee} p_4).$$

Analog werden die anderen Werte bestimmt. Es gibt allerdings eine Anzahl unbestimmter Fälle (z. B. Spalte 10 und 11 in der ersten Zeile), die den Wert der Rangreihen-Logik beträchtlich einschränken. Trotzdem wird durch die Annahme von Regeln eine Folgebeziehung definiert (Hempel [1937], Wessel [1972]).

Im Zusammenhang mit den mehrdimensionalen Betrachtungen ergibt sich nun die Frage, wie im Falle der Zuordnung mehrdimensionaler Logikwerte die Rangreihenbildung zu erfolgen hat und wie zweckmäßig zu verfahren ist, wenn für wenigstens eine Komponente numerische Quasiwahrheitswerte angegeben werden können und gleichzeitig für wenigstens eine weitere nur eine Rangreihenbildung möglich ist. In Strehle [1983] wurde versucht, diese Probleme zu lösen. Das Prinzip des Vorgehens besteht darin, daß jede endliche Menge von Aussagen hinsichtlich jeder Komponente der n-dimensionalen Logikwerte (z. B. für Tripel) in jeweils eine Rangreihe geordnet wird. Diese (im Falle der Tripel drei) Rangreihen werden dann in n-Tupel (Tripel) angeordnet. Betrachten wir z. B. die Aussagenmenge $\{a_i \mid i = 1, \ldots, 10\}$. Die Rangreihen seien:

$$\mathcal{R}_1 = a_1, a_2, a_{10}, a_3, a_7, a_8, a_4, a_9, \begin{array}[t]{l} a_5 \\ a_6 \end{array}$$

hinsichtlich der ersten Komponente;

$$\mathcal{R}_2 = a_{10}, a_9, \begin{array}{c} a_2 \\ a_7 \\ a_6 \end{array}, a_4, a_5, a_1, a_3, a_2$$

hinsichtlich der zweiten Komponente;

$$\mathcal{R}_3 = a_5, a_6, a_3, a_1, a_2, a_4, a_7, a_9, a_{10}$$

$$a_8$$

hinsichtlich der dritten Komponente. Dabei steht die Aussage mit dem günstigeren Wert links von der mit dem weniger günstigen.

Die rangreihenlogische Bewertung einer solchen Aussagenmenge wird dann durch Rangreihentupel, im Beispiel durch das Tripel $\langle \mathcal{R}_1, \mathcal{R}_2, \mathcal{R}_3 \rangle$, charakterisiert. Die Kalkülisierung geschieht ebenfalls für jede Komponente zunächst gesondert, danach werden diese Kalküle in n-Tupel angeordnet, wir nennen eine solche Anordnung n-teiligen Kalkül. Ausdrücke solcher Kalküle sind dann n-Tupel, deren Komponenten jeweils Ausdrücke der einzelnen einstelligen Kalküle sind. Solche Kalküle haben die üblichen Kalküleigenschaften, wenn das für jeden Teilkalkül der Fall ist.

In geeigneter Weise können nun mehrwertige Kalküle definiert werden, deren Teilkalküle Rangreihenkalküle oder numerische Kalküle sind, oder es treten beide Arten auf (Strehle [1983]).

2.5. Historischer Überblick zur mehrwertigen Logik

Die Geschichte der mehrwertigen Logik beginnt mit den Arbeiten von Łukasiewicz [1920] und Post [1921]. Zwar waren beide zeitlich nicht die ersten, die das Zweiwertigkeitsprinzip in der Logik nicht streng voraussetzten, jedoch begann die eigentliche Entwicklung mehrwertiger logischer Systeme erst nach ihren Arbeiten und im Anschluß an diese.

Die Vorgeschichte der mehrwertigen Logik läßt sich dagegen bis auf Aristoteles zurückverfolgen, der (etwa in *De Interpretatione*, cap. 9 – vgl. Łukasiewicz [1930], [1970], Patzig [1973], Rescher [1969]) das auch für Łukasiewicz (vgl. dessen [1930] und 2.4.1) stimulierende Problem diskutierte, welcher Wahrheitswert auf Zukünftiges bezogenen Aussagen heute zukommen kann. Die Frage, welchen Wahrheitswert man derartigen Aussagen über Zukünftiges zuzuschreiben geneigt ist, hängt auch eng zusammen mit philosophischen Auffassungen zum Determinismusproblem, denn die Deutung, daß ein etwa allein vorhandener dritter (Quasi-) Wahrheitswert die qualitative Einstufung als „möglich“,

„unbestimmt" anzeige, ist sehr naheliegend (wenn auch keineswegs notwendig). Und in der Tat haben die den Indeterminismus vertretenden Epikuräer das Zweiwertigkeitsprinzip abgelehnt, während die Stoiker als strenge Deterministen es akzeptierten. Auch in der mittelalterlichen Philosophie und Logik hat jenes Problem der *contingentia futura* wiederholt zu umfangreichen Diskussionen geführt, ohne jedoch zu einer Lösung gebracht worden zu sein; vgl. Łukasiewicz [1935], Michalski [1937], Baudry [1950], Rescher [1969].

Die allgemeine Belebung der Logikforschung in der zweiten Hälfte des 19. Jahrhunderts führte auch zu ersten – teils noch unklaren – Anfängen mehrwertiger logischer Systeme bei H. MacColl [1897] (vgl. Lovett [1900–01]) und Ch. S. Peirce (vgl. Peirce [1931–58], insbes. Bd. 4, sowie Fisch/Turquette [1966], Turquette [1967]), die jedoch ohne Auswirkung auf die nachfolgende Entwicklung blieben.

Als mehrwertige logische Systeme werden oft auch die sog. „nicht-Aristotelischen" Systeme von N. A. Vasilev [1910], [1912] angesehen; es scheint aber angebrachter (vgl. Arruda [1977]), sie als Vorläufer der heutigen parakonsistenten logischen Systeme aufzufassen, in denen es „sich widersprechende" Theoreme der Form H, $\sim H$ geben kann, ohne daß sich daraus wie z. B. in der klassischen Logik die Herleitbarkeit aller Ausdrücke ergäbe.

Die Entwicklung der mehrwertigen Logik von 1920 bis ca. 1930 wurde im wesentlichen von Łukasiewicz und der polnischen Logikerschule getragen; Łukasiewicz/Tarski [1930] und Łukasiewicz [1930] geben einen zusammenfassenden Überblick sowohl über kalkültechnische Resultate als auch über Interpretationsprobleme. Daneben hat Bernays [1926] die in **2.4.4** dargestellte Methode der Unabhängigkeitsbeweise (für den aussagenlogischen Fall) publiziert, die weite Verbreitung gefunden hat.

Die erwähnten Publikationen Łukasiewicz/Tarski [1930] und Łukasiewicz [1930] sowie das – im englischen Sprachraum einflußreiche – Lehrbuch Lewis/Langford [1932], in dem die Grundideen der mehrwertigen Logik ausführlich dargestellt wurden, haben die weitere Forschung aktiviert. Wichtige theoretische Resultate über mehrwertige logische Systeme waren z. B. die Axiomatisierung des dreiwertigen Łukasiewiczschen Systems L_3 durch Wajsberg [1931] und die Ergänzung von L_3 zu einem funktional vollständigen System L_3^s und dessen Axiomatisierung durch Słupecki [1936] (vgl. **2.2.5.1**); wichtige Anwendungsuntersuchungen waren die Klärung des Verhältnisses zur intuitionistischen Logik durch Gödel [1932] und Jaśkowski [1936] (vgl. 2.4.2), die Anwendung dreiwertiger Systeme auf die Diskussion der Antinomienproblematik durch Bočvar [1938], [1943] (vgl. auch Sinowjew [1968]), wobei der dritte (Quasi-) Wahrheitswert „sinnlos" bedeutet, und die Anwendung auf mathematische Probleme partiell, d. h. nicht überall erklärter Funktionen bei Kleene [1938], [1952], in welchem Falle der dritte Wahrheitswert für „undefiniert" steht. Schließlich wurden die theoretischen Ansätze in den 40er Jahren insbesondere durch J. B. Rosser und A. R. Turquette verallgemeinert und weitergeführt; die Gesamtdarstellung in der Monographie Rosser/Turquette [1952] wurde für viele Jahre zum Standardwert über mehrwertige Logik.

Seither ist das Gebiet der mehrwertigen Logik in rascher Entwicklung begriffen. Die noch bei Rosser/Turquette [1952] als wichtiges Problem genannte Frage nach nützlichen Anwendungen mehrwertiger logischer Systeme ist zwar nicht endgültig beantwortet – und wohl auch nie abschließend beantwortbar, aber es wurden zahlreiche Anwendungsmöglichkeiten untersucht; vgl. 2.4. für eine Auswahl. In gleicher Weise hat der Bestand an theoretischen Resultaten bedeutend zugenommen. Auf Einzelheiten soll hier nicht eingegangen werden, einige der Resultate sind oben genannt worden.

Hingewiesen werden muß jedoch auf zwei umfangreiche, allerdings auch sehr spezielle – und weitgehend mathematisch orientierte – Teilgebiete der mehrwertigen Logik. Erstens hat das Problem der funktionalen Vollständigkeit für Junktorensysteme in endlichwertigen logischen Systemen zu ausgedehnten algebraischen Untersuchungen Anlaß gegeben, in denen unter allen (endlichstelligen) Abbildungen von einer endlichen Menge E_k (von Quasiwahrheitswerten) in sich alle solchen Teilmengen Φ studiert werden, die die Eigenschaft haben, daß jede Abbildung von E_k in sich aus Abbildungen aus Φ durch Superposition, d. h. Ineinanderschachteln erzeugt werden kann; vgl. z. B. Rosenberg [1977], Pöschel/Kalužnin [1979]. Zweitens ist die Methode der Unabhängigkeitsbeweise auf prädikatenlogische Systeme ausgedehnt worden und hat wie in 2.4.6 erwähnt bei Benutzung geeigneter Booleſcher Algebren als Quasiwahrheitswertmengen – und geeigneter Erklärung der zu betrachtenden mehrwertigen Prädikate – für die üblichen axiomatischen Mengentheorien zum Nachweis der Unabhängigkeit zahlreicher mathematisch bedeutsamer Aussagen von jenen Axiomensystemen geführt; vgl. noch Levin/Levin [1978]. Damit ist zugleich in anderer Weise als bei mehrdimensionalen Quasiwahrheitswertmengen gezeigt, daß viel allgemeinere Mengen von Quasiwahrheitswerten als in den in 2.2.5 besprochenen Systemen nützlich sein können.

Zusammenfassende Darstellungen der mehrwertigen Logik sind nur wenige vorhanden; ein Standardwerk ist das Buch Rescher [1969], empfehlenswert auch Ackermann [1967], Sinowjew [1968]. Die aktuelle Forschungsliteratur ist in zwei umfangreichen Bibliographien zusammengestellt: Rescher [1969], Wolf [1977].

3. Modallogik

3.1. Problemstellung

Modallogik hat — wie andere logische Theorien auch — zur Aufgabe, ein in seiner kommunikativen Funktion zugleich auch objektiv-real bestimmtes Sprachfragment in einer formalen Sprache, für die klare syntaktische oder semantische Regeln angegeben werden können, zu explizieren, und somit Möglichkeiten für einen präzisen Gebrauch dieses Sprachfragments zu beschreiben. Spezifikum des Sprachfragments, von dem die Modallogik ausgeht, ist der Gebrauch solcher Ausdrücke wie „notwendig", „möglich", „beweisbar", „ungewiß", „wünschenswert", „obligatorisch" u. ä., die zur weiteren Bestimmung von Aussagen verwendet werden. Solche Ausdrücke (in ebendieser Verwendung) werden *Modalitäten* genannt.[1] Je nachdem, ob sich die weitere Bestimmung auf die Art des Wahrseins von Sätzen, auf unsere Kenntnis über das Wahrsein von Sätzen, auf die Einordnung von Sätzen in einen Pflichtkodex usw. bezieht, spricht man von *alethischen*, *epistemischen*, *deontischen* u. a. Modalitäten.

Neben dieser relativ weitgesteckten Auffassung von Modallogik (in jüngster Zeit wird hierfür immer häufiger der Terminus intensionale Logik verwendet), wird Modallogik (im engeren Sinne) als Logik der alethischen, d. h. der Wahrheitsmodalitäten „möglich", „notwendig", „zufällig" u. ä. verstanden.

Welcher der beiden Auffassungen man sich auch immer anschließt, die exponierte Stellung der alethischen Modallogik, die sich unter anderem darin äußert, daß Kalküle alethischer Modalitäten zu den am weitesten entwickelten und am umfassendsten untersuchten zählen, ist unbestreitbar. Es seien hier zwei Gründe angeführt, die zu dieser Sonderstellung wesentlich beigetragen haben.

---

1 Genauer müßten wir hier von Modalitäten *de dicto* (d. h. Modalitäten der Sprechweise) sprechen. Im Unterschied dazu sind Modalitäten *de re* solche, die sich auf die Sachebene beziehen, also darauf, ob z. B. einem Gegenstand eine Eigenschaft notwendig zukommt oder nicht.
Da im vorliegenden Kapitel ausschließlich Modalitäten *de dicto* behandelt werden, werden wir abkürzend schlechthin von Modalitäten sprechen.

Das ist zum einen die historische Entwicklung. Die Untersuchung alethischer Modalitäten und der formalen Gesetze ihres Gebrauchs stand am Anfang der Modallogik im weiteren Sinn. Schon Aristoteles würdigte die alethischen Modalitäten einer ausführlichen Darstellung. Mehr noch gilt dies für die moderne Entwicklungsetappe der Modallogik. Alethische Modalitäten treten etwa mit der Arbeit von LEWIS [1918] in das Blickfeld logischer Untersuchungen, nichtalethische Modalitäten erst seit der zweiten Hälfte unseres Jahrhunderts, verstärkt in den letzten zwei Jahrzehnten.

Andererseits sind nach unserer Auffassung alethische Modalitäten die der Logik am nächsten stehenden und daher in ihrer logischen Repräsentation die am wenigstens problematischen Modalitäten. Alethische Modallogiken bilden daher den Grundstock dessen, was man heute „klassische Modallogik“[2] nennt.

Auch die nachfolgende Darstellung wird sich im wesentlichen auf alethische Modallogik beschränken, eine Ausnahme bildet lediglich **3.5.** Das läßt zunächst eine Präzisierung der Kapitelbezeichnung angeraten erscheinen. Wenn wir dies nicht tun, so um eine der grundlegenden Intentionen der Darstellung deutlich zu machen. Die Methoden und Ergebnisse der Modallogik im engeren Sinn lassen sich bei geeigneter Modifikation auf die Behandlung anderer Modalitäten übertragen, sie bieten einen Zugang für die Behandlung nichtklassischer Operatoren überhaupt, wie dies z. B. in den Kapiteln zur epistemischen und zur Kausallogik deutlich wird. Auch die Zeitlogik in ihrer gegenwärtigen Form ist ein „Ableger“ der Modallogik. Es ist unsere Absicht, dem interessierten Leser diese Möglichkeiten offenzuhalten.

Bevor wir jedoch zur Darstellung modaler Logiken übergehen, sei an einem Beispiel die Zweckmäßigkeit der eingangs erwähnten Sprachpräzisierung illustriert.[3]

Wir betrachten die modalen Ausdrucksmittel „es ist notwendig, daß ...“ und „es ist möglich, daß ...“[4], die im folgenden durch die Zeichen $\Box$ bzw. $\Diamond$ repräsentiert sein sollen. Sei ferner A eine beliebige Aussage.

Es erscheint akzeptabel, daß eine Aussage der Form „Es ist notwendig,

---

2 SEGERBERG [1971]

3 Das nachstehende Beispiel ist von LEMMON [1966; 1977, S. 1].

4 Beide modalen Ausdrücke sind als alethische, d. h. als Wahrheitsmodalitäten zu verstehen, es müßte also korrekt heißen „es ist notwendigerweise wahr, daß A“ bzw. „es ist möglicherweise wahr, daß A“.

daß A“ eine Aussage der Form „Es ist möglich, daß A“ impliziert, es gilt also

$$\Box A \rightarrow \Diamond A. \tag{3.1}$$

Ebenso scheint intuitiv einleuchtend, daß, wenn eine Aussage möglicherweise wahr ist, möglicherweise auch ihre Negation wahr ist, d. h. es gilt zudem

$$\Diamond A \rightarrow \Diamond {\sim} A. \tag{3.2}$$

Aus beiden Ausdrücken erhalten wir nun nach den Gesetzen der klassischen Aussagenlogik den Ausdruck

$$\Box A \rightarrow \Diamond {\sim} A, \tag{3.3}$$

d. h. aus der Notwendigkeit von A folgt die Möglichkeit der Negation von A; eine Behauptung die unserer intuitiven Auffassung vom Gebrauch der Modalausdrücke widerspricht. Der aufmerksame Leser wird leicht feststellen, daß in (**3.1**) und (**3.2**) jeweils von einer anderen Art von Möglichkeit die Rede ist (in (**3.2**) von einer solchen, die Notwendigkeit ausschließt; in unserem normalen Sprachgebrauch sprechen wir dann von Zufälligkeit), worauf schließlich die offensichtlich falsche Schlußfolgerung (**3.3**) zurückzuführen ist. Damit haben wir ein Beispiel für die Zweckmäßigkeit unseres Vorhabens, den Gebrauch modaler Ausdrücke zu präzisieren, erbracht. Gleichzeitig ist aber auch deutlich geworden, daß es nicht korrekt ist, von alethischer Möglichkeit bzw. Notwendigkeit schlechthin zu sprechen. Unsere Darstellung der Modallogik (korrekter: modaler Logiken) hat u. a. zum Ziel, eine Reihe von Möglichkeiten aufzuweisen, wie alethische Modalitäten in verschiedenen logischen Systemen expliziert werden können, und so ein gewisses Spektrum für die Präzisierung ihres Gebrauchs bereitzustellen.

Es liegt nun nahe, beim Aufbau einer konkreten modalen Logik so vorzugehen, daß wir so „nahe“ wie möglich an der klassischen Logik „bauen“. Damit verfügen wir nicht nur über eine vertraute Grundlage, es erhöht sich gleichzeitig die Wahrscheinlichkeit, die aus der klassischen Logik bekannten Untersuchungsmethoden anwenden zu können. Wir verfahren darum so, daß wir für die modalen Ausdrucksmittel „es ist notwendig, daß ...“ bzw. „es ist möglich, daß ...“ entsprechende Zeichen einführen und diese zu den Junktoren der klassischen Aussagenlogik hinzufügen. Dabei stoßen wir jedoch unvermeidlich an die Grenzen klassischer Logik. Wären die so eingeführten Modalfunktoren extensional, so könnten wir sie auf Grund der funktionalen Vollständigkeit auf Junktoren der klassischen Logik reduzieren. Nachstehendes Beispiel zeigt, daß wir von diesem Prinzip (der Extensionalität) Abschied nehmen müssen.[5]

Wir betrachten zwei Aussagen

Es gibt in unserem Sonnensystem außerhalb der Erde keine vernunftbegabten Lebewesen. (3.4)

Von zwei unterschiedlichen natürlichen Zahlen ist eine größer als die andere. (3.5)

Vom Standpunkt der klassischen Aussagenlogik sind (3.4) und (3.5) wahre Aussagen und damit material äquivalent. Wenn wir auf diese den Modaloperator „es ist notwendig, daß ...“ anwenden, so erhalten wir Aussagen unterschiedlichen Wahrheitswertes:

Es ist notwendig, daß es in unserem Sonnensystem außerhalb der Erde keine vernunftbegabten Lebewesen gibt. (3.4′)

Es ist notwendig, daß von zwei unterschiedlichen natürlichen Zahlen eine größer als die andere ist. (3.5′)

Es ist (3.4′) eine falsche, (3.5′) dagegen eine wahre Aussage, folglich sind (3.4′) und (3.5′) auch nicht material äquivalent. Die Einführung alethischer Modalitäten und die unterschiedliche Bewertung der modalisierten Aussagen machen somit auch den Unterschied von (3.4) und (3.5) präziser faßbar: (3.4) ist eine nichtnotwendige (zufällige) Wahrheit, (3.5) eine notwendige Wahrheit.[6] Man kann weiter differenzieren, indem man etwa notwendig notwendige, zufällig notwendige, notwendig zufällige etc. Wahrheiten betrachtet. Wir verschieben diese Differenzierung auf einen späteren Abschnitt, für uns ist wesentlich, festzuhalten, daß wir im Ergebnis unserer Spracherweiterung verschiedene Arten des Wahr-

---

5 All dies unter der Voraussetzung, daß wir an dem Zweiwertigkeitsprinzip, welches zusammen mit dem Extensionalitätsprinzip die klassische Logik determiniert, festhalten. Wir werden im folgenden konsequent am Zweiwertigkeitsprinzip festhalten, weisen aber darauf hin, daß ein solches Vorgehen nicht das einzig denkbare ist. Über alternative Ansätze siehe Kapitel 2.

6 Die Basis für diese Unterscheidung liefert zunächst lediglich unsere Bewertung von (3.4′) und (3.5′), d. h. die Notwendigkeit der Wahrheit (3.5) ist relativiert auf alle die Voraussetzungen, die wir bei der Bewertung von (3.5′) unterstellen, analog für (3.4).

seins von Sätzen ausdrücken können. Für diese auch spezifische Arten ihrer formalen Behandlung zu explizieren, ist naheliegend.[7]

Mit der Erweiterung der Sprache ist aber auch eine wesentliche Erweiterung der semantischen Grundlagen erforderlich. Das Fehlen einer adäquaten Semantik war jedoch lange Zeit ein Hemmnis für die Entwicklung der modernen Modallogik. Erst mit den Arbeiten von KRIPKE [1959], HINTIKKA [1957], [1969], KANGER [1957] wurde dieses Hindernis überwunden. Mit der semantischen Begründung der Modallogik, die in der Literatur meist als KRIPKE-*Semantik* (auch *Mögliche-Welten-Semantik* oder *Relationssemantik*) bezeichnet wird, begann eine neue Entwicklungsetappe der Modallogik,[8] sowohl der alethischen wie auch der Modallogik im weiteren Sinne. Wir werden im folgenden ausführlich auf diese semantischen Konstruktionen eingehen, die wesentliche, nicht nur technische Fortschritte der Modallogik ermöglichten. Sie bewirkten auch, daß die Modallogik zum umfangreichsten Teilgebiet nichtklassischer Logik avancierte und in diesem Rahmen eine exponierte Stellung erwarb.

Zur Illustration dieser Behauptung sei hier auf die zahlreichen beschriebenen und systematisierten Kalküle bzw. Kalkülfamilien, die heute den Gegenstand der Modallogik ausmachen, verwiesen. Beachtlich ist auch die Vielfalt der — teils neu entwickelten, teils modifizierten — logischen Techniken zur Untersuchung modaler Logiken. Schließlich sind die neugewonnenen Kenntnisse über die Kalküle und ihre formalen Beziehungen zueinander wie auch zu nichtmodalen Kalkülen sowie die im Rahmen dieser Untersuchungen aufgetretenen weiterführenden Fragestellungen hervorzuheben.

Im Einklang mit der raschen Entwicklung verstärkt sich nicht nur das Interesse der Logiker selbst an dieser Forschungsrichtung. Die Modal-

---

7 Das bedeutet natürlich nicht, daß die klassische Logik für bestimmte Typen von Sätzen nicht gültig ist, sondern lediglich, daß die klassische Logik nicht alle Möglichkeiten der formalen Behandlung ausschöpft — ähnlich wie die Aussagenlogik nur einen Teil der logischen Gesetze liefert, die Erweiterung der Sprache und die damit mögliche Vertiefung der Analyse die Zahl der eliminierbaren Gesetze vergrößert.

8 Im Rahmen der vorliegenden Arbeit ist es nicht möglich, detailliert auf die Entwicklungsgeschichte der Modallogik einzugehen. Der interessierte Leser sei auf die Literatur verwiesen; viele Monografien zur Modallogik enthalten historische Einführungen so z. B. FEYS [1965], LEMMON [1977], s. auch BERKA/KREISER [1983], den Artikel „Modallogik" im Historischen Wörterbuch der Philosophie, Bd. 6; für neuere Entwicklungen s. den Einführungsartikel zu SMIRNOV [1981], insbesondere aber *Handbook of Philosophical Logik*, Vol. II, [1984].

logik gewinnt zunehmend den Rang eines potentiellen Instrumentariums für Untersuchungen in anderen Wissenschaftsgebieten und rückt so in das Blickfeld von Vertretern anderer Disziplinen, so z. B. Linguisten, Juristen, Wissenschaftstheoretikern. Diesem letztgenannten Umstand Rechnung tragend, werden sich die folgenden Ausführungen auf einige wichtige (im wesentlichen formale) Aspekte der Modallogik zu beschränken haben, so daß zum einen die Spezifik dieser Richtung plastisch hervortritt und zum anderen dem Nichtlogiker eine ausreichende Grundlage für das Studium spezieller, ihn interessierender Quellen geboten wird.

3.2. Prinzipien für den Aufbau einer einfachen Modallogik

Im folgenden wollen wir grundlegende Ideen und Methoden der Darstellung der Modallogik einführen. Zu diesem Zweck stellen wir einen einfachen Modalkalkül L dar, in dem die LEIBNIZsche Idee, Notwendigkeit als Wahrheit in allen möglichen Welten anzusehen, in einfacher und anschaulicher Form realisiert wird. Die Charakterisierung von L erfolgt insbesondere unter semantischen Aspekten und orientiert sich vorrangig an einer anschaulichen Umsetzung der Grundidee, weniger an einer detaillierten technischen Ausführung des Kalküls.

Wir erweitern zunächst das Arsenal unserer Ausdrucksmittel, indem wir zu den Zeichen für die klassischen Junktoren ein neues Zeichen $\Box$ („es ist notwendig, daß ...“) hinzufügen. Entsprechend erweitern wir die Ausdrucksdefinition, so daß neben $p, q, p \to (q \to p), \ldots$ auch $\Box p$, $\Box p \wedge q$, $\Box(\Box p \vee \Box{\sim}q), \ldots$ Ausdrücke der Modallogik sind. Wie bekannt, ist die klassische Aussagenlogik funktional vollständig, so daß eine Erweiterung der Sprache ohne grundlegende Ergänzung der Semantik einen modallogischen Operator auf einen nichtmodalen reduzieren würde und damit jeder modallogische Ausdruck einem nichtmodalen äquivalent wäre.

Bevor wir jedoch diese prinzipielle Erweiterung der Semantik einführen, betrachten wir noch einmal Belegungen für Aussagenvariablen. AV bezeichne die Menge aller Aussagenvariablen. Dann ist eine Belegung eine Funktion v: AV $\to$ {W, F}, die jeder Aussagenvariablen genau einen Wert aus {W, F} zuordnet. Wie bereits gezeigt, bestimmt diese Funktion den Wahrheitswert jedes beliebigen aussagenlogischen Ausdrucks bei der gegebenen Belegung eindeutig. Bei einer anderen Belegung v' ist die Wahrheitswertezuordnung ebenfalls eindeutig bestimmt, die Wahrheitswerte der einzelnen Ausdrücke differieren jedoch im allgemeinen voneinander (in Abhängigkeit von der Belegung). Eine Belegung der Aussagenvariablen induziert also eindeutig eine Bewertung aller aussagenlogischen Ausdrücke. Diesen Umstand machen wir uns jetzt zunutze, wenn wir festlegen, daß in diesem Abschnitt Belegungen für Aussagenvariablen als „mögliche Welten"[9] bezeichnet werden. Diese Bezeichnung soll zunächst nichts anderes aufzeigen als den Umstand, daß aus der Zuordnung von Wahrheitswerten zu logisch nichtzusammengesetzten Aussagen die Wahrheitswerte für beliebige (aussagenlogisch) zusammengesetzte Aussagen resultieren, daß also eine Belegung eine mit den Mitteln der Aussagenlogik sprachlich erfaßbare Welt charakterisiert.

Mögliche Welten sind also zunächst nichts anderes als Belegungen für **AV**. Unterscheiden sich zwei solche Belegungen auch nur in dem Wert für eine bestimmte Aussagenvariable, so sprechen wir von unterschiedlichen möglichen Welten.

Sei nun v eine mögliche Welt im soeben festgelegten Sinne. In herkömmlicher Art und Weise wird v auf alle aussagenlogischen Ausdrücke erweitert ($v(H)$ bezeichnet den Wahrheitswert des Ausdrucks H bei der Belegung v):

$$v(H_1 \wedge H_2) = \mathsf{W} \quad \text{gdw} \quad v(H_1) = v(H_2) = \mathsf{W},$$

$$v(H_1 \vee H_2) = \mathsf{W} \quad \text{gdw} \quad v(H_1) = \mathsf{W} \quad \text{oder } v(H_2) = \mathsf{W},$$

$$v(H_1 \rightarrow H_2) = \mathsf{W} \quad \text{gdw} \quad v(H_1) = \mathsf{F} \quad \text{oder } v(H_2) = \mathsf{W},$$

$$v(\sim H) = \mathsf{W} \quad \text{gdw} \quad v(H) = \mathsf{F}.$$

Bei der Feststellung des Wahrheitswertes eines aussagenlogischen Ausdrucks bewegen wir uns also im Rahmen der klassischen Semantik innerhalb ein und derselben Welt. Die Bewertung für Ausdrücke, in denen Modaloperatoren vorkommen, erfolgt in Realisierung der Leibnizschen Idee nach folgender Vorschrift:

$$v(\Box H) = \mathsf{W} \quad \text{gdw} \quad \text{für alle möglichen Welten, d. h. für alle Belegungen } v' : v'(H) = \mathsf{W}. \tag{3.6}$$

9 Die Anführungszeichen werden im folgenden weggelassen. Der Leser sollte jedoch stets beachten, daß hier und im folgenden jeweils konkret ein Terminus technicus eingeführt und in der genau beschriebenen Weise verwendet wird. Inwieweit der Leser diesen Terminus technicus als Explikat des Leibnizschen Begriffs ansieht, müssen wir ohnehin seinem (des Lesers) Urteil überlassen.

Wie schon im Falle der klassischen Logik nennen wir einen Ausdruck H, für den $v(H) = \mathsf{W}$ gilt, *gültig* bei der Belegung v. Gilt $v(H) = \mathsf{W}$ für beliebige mögliche Welten, so heißt H *allgemeingültig* (in L).

Bevor wir einige Ausdrücke auf Allgemeingültigkeit untersuchen, seien zwei elementare Schlußfolgerungen aus der Festlegung (3.6.) getroffen.

Schlußfolgerung 1: Wenn H eine aussagenlogische Tautologie ist, so gilt $v(\Box H) = \mathsf{W}$ für beliebige v, d. h. $\Box H$ ist allgemeingültig.

Schlußfolgerung 2: Sei H eine aussagenlogische Tautologie und H' ein Ausdruck, der durch Einsetzung beliebiger modallogischer Ausdrücke anstelle beliebiger Aussagenvariablen in H entsteht (wobei natürlich gleiche Aussagenvariablen durch gleiche Ausdrücke ersetzt werden). Einen solchen Ausdruck nennen wir *Einsetzungsinstanz* für H. Dann gilt $v(H') = \mathsf{W}$ für beliebige v, d. h. H' ist allgemeingültig.

Von der Gültigkeit dieser Schlußfolgerungen überzeugt sich der Leser durch einfache Anwendung der Definitionen einer klassischen Tautologie und der Vorschrift für die Bewertung modallogischer Ausdrücke.

Im folgenden sollen nun einige modallogische Ausdrücke analysiert werden, die keine Einsetzungsinstanzen klassischer Tautologien sind. Dabei werden wir unsere Überlegungen auf Ausdrucksschemata beziehen. Ein Ausdrucksschema nennen wir gültig, wenn bei beliebiger Ersetzung von $A, B, \ldots$ durch entsprechende Ausdrücke ein allgemeingültiger Ausdruck entsteht.

Betrachten wir zunächst das Schema

$$\Box A \to A.$$

Man kann sich leicht davon überzeugen, daß bei beliebiger Belegung v $v(\Box A \to A) = \mathsf{W}$, da dieses Schema nur dann den Wert F annähme, wenn $v(\Box A) = \mathsf{W}$ und gleichzeitig $v(A) = \mathsf{F}$. Das ist jedoch unmöglich, da $v(\Box A) = \mathsf{W}$ nur dann, wenn auch $v(A) = \mathsf{W}$. Somit ist $\Box A \to A$ gültig und demnach jeder Ausdruck, der durch Einsetzung in dieses Schema entsteht, allgemeingültig.

Untersuchen wir nunmehr

$$\Box A \to \Box\Box A.$$

Nehmen wir an, daß es eine Belegung v gibt, für die $v(\Box A \to \Box\Box A) = \mathsf{F}$ gilt. Dann ist $v(\Box A) = \mathsf{W}$, d. h. für beliebige Belegungen v' gilt $v'(A) = \mathsf{W}$, außerdem ist dann $v(\Box\Box A) = \mathsf{F}$. Letzteres ist nur der Fall, wenn es eine Belegung v^0 gibt, bei der $v^0(\Box A) = \mathsf{F}$. Wiederum aus (3.6.): $v^0(\Box A) = \mathsf{F}$ gdw es eine Belegung v^1 gibt, für die $v^1(A) = \mathsf{F}$ gilt. Damit erhalten wir einen Widerspruch zu $v'(A) = \mathsf{W}$ für beliebige v', womit die Gültigkeit des Schemas $\Box A \to \Box\Box A$ nachgewiesen ist.

Ein weiteres Beispiel für ein gültiges Schema ist

$$\Box(A \to B) \to (\Box A \to \Box B).$$

In der Tat führt die Annahme, es gebe eine Belegung v, bei der dem obenstehenden Schema der Wert F zugeordnet wird, zum Widerspruch. Dann müßte nämlich einerseits $v(\Box(A \to B)) = v(\Box A) = \mathsf{W}$ gelten, andererseits wäre $v(\Box B) = \mathsf{F}$. Zum einen erhalten wir $v'(A \to B) = v'(A) = \mathsf{W}$ für beliebige v', zum anderen muß es ein v^1 geben, so daß $v^1(B) = \mathsf{F}$.

Bevor wir weitere Ausdrücke untersuchen, wollen wir einen neuen modalen Junktor einführen: $\Diamond$ („es ist möglich, daß ...“). Wir legen fest, daß $\Diamond$ als Abkürzung für $\sim\Box\sim$ verstanden wird. Damit ist auch die Fortsetzung der Bewertungsfunktion für $\Diamond$ determiniert:

$$v(\Diamond H) = \mathsf{W} \quad \text{gdw} \quad \text{es eine mögliche Welt } v^1 \text{ gibt, so daß } v^1(H) = \mathsf{W}. \tag{3.7}$$

Da wir $\Diamond$ in Abhängigkeit von $\Box$ bestimmt haben, müssen wir uns zunächst von der Korrektheit der Festlegung (3.7) überzeugen. Zu diesem Zweck stellen wir folgende Überlegungen an:

Nach Definition von $\Diamond$ gilt $v(\Diamond H) = \mathsf{W}$ gdw $v(\Box\sim H) = \mathsf{F}$. Letzteres ist aber nach (3.6.) genau dann der Fall, wenn nicht für alle v' $v'(\sim H) = \mathsf{W}$, also genau dann, wenn es (mindestens) eine Belegung v^1 gibt, für die $v^1(H) = \mathsf{W}$. Unter Berücksichtigung dieser Festlegung ist offensichtlich, daß $v(\Box A \to \Diamond A) = \mathsf{W}$ für beliebige Belegungen v, d. h., $\Box A \to \Diamond A$ ist ebenfalls ein gültiges Schema.

Wir setzen nun die Untersuchung ausgewählter modallogischer Ausdrücke fort und betrachten

$$\Diamond\Box A \to A.$$

Sei $v(\Diamond\Box A) = \mathsf{W}$. Dann gibt es nach (3.7) eine mögliche Welt v^1, in der $v^1(\Box A) = \mathsf{W}$. Das ist jedoch nur dann der Fall, wenn für alle v' $v'(A) = \mathsf{W}$, d. h. insbesondere auch für v: $v(A) = \mathsf{W}$. Damit ist die Gültigkeit des Schemas $\Diamond\Box A \to A$ nachgewiesen.

Während wir bisher Ausdrucksschemata betrachtet haben (jede unserer Überlegungen gilt unabhängig davon, ob anstelle von A, B, ...

Aussagenvariablen oder beliebige Ausdrücke stehen), wollen wir jetzt einen speziellen Ausdruck auf Allgemeingültigkeit untersuchen:

$$p \rightarrow \Box p.$$

Ohne Beschränkung der Allgemeinheit können wir annehmen, daß es verschiedene mögliche Welten gibt, die auch p unterschiedlich bewerten, also z. B. $v_1(p) = \mathsf{W}$, $v_2(p) = \mathsf{F}$. Dann ist $v_1(p \rightarrow \Box p) = \mathsf{F}$, da $v_1(p) = \mathsf{W}$, aber wegen $v_2(p) = \mathsf{F}$ auch $v_1(\Box p) = \mathsf{F}$. Der Ausdruck $p \rightarrow \Box p$ ist also nicht allgemeingültig. Selbstverständlich ist damit auch die Frage nach der Gültigkeit des entsprechenden Schemas $A \rightarrow \Box A$ negativ beantwortet.

Die hier angeführten Beispiele zeigen zunächst, daß eine solche Explikation des Notwendigkeitsbegriffs, wie im vorliegenden Abschnitt unternommen, sinnvoll ist. Sowohl die als gültig wie auch die als nicht gültig nachgewiesenen Schemata geben wichtigen Charakteristika des intuitiven Notwendigkeitsbegriffs formalen Ausdruck. So ist es z. B. völlig mit diesem übereinstimmend, daß eine notwendig wahre Aussage auch wahr sein muß, und umgekehrt, daß aus der Wahrheit einer Aussage keineswegs die Notwendigkeit dieses Wahrseins folgt (vgl. die Gültigkeit von $\Box A \rightarrow A$ bzw. die Nichtgültigkeit von $A \rightarrow \Box A$). Anders verhält es sich mit der Gültigkeit von $\Box A \rightarrow \Box\Box A$. Man muß nicht vorbehaltlos der These zustimmen, daß, wenn eine Aussage notwendig wahr ist, ihr diese Eigenschaft mit Notwendigkeit zukommt. Eine solche These gilt also nicht für Notwendigkeit schlechthin, wohl aber ist dies eine akzeptable und sinnvolle Charakteristik eines genauer zu bestimmenden Notwendigkeitsbegriffs, also These einer möglichen Explikation von Notwendigkeit.

Die Frage, welche Resultate die semantische Charakteristik modaler Ausdrücke nun insgesamt erbracht hat, läßt sich kaum am Beispiel einiger gültiger bzw. nichtgültiger Ausdrücke erörtern. Wir werden daher zunächst eine andere Darstellung der in der beschriebenen Semantik allgemeingültigen Ausdrücke geben. Analog zur klassischen Logik vollziehen wir den syntaktischen Aufbau der gemäß Leibnizscher Vorschrift charakterisierten Modallogik, indem wir eine Reihe von Axiomenschemata und Schlußregeln formulieren und ferner eine genaue Vorschrift angeben, nach der Theoreme der zu betrachtenden Modallogik ableitbar sind.

Aus den vorhergehenden Betrachtungen ist offensichtlich, daß alle Tautologien der Aussagenlogik auch in L gültig sind und außerdem die für die klassische Logik gültige Abtrennungsregel in L beibehalten wird. Schlußfolgerung 2 besagt, daß alle Einsetzungsinstanzen klassischer Tautologien in L gültig sind und ist somit eine durch Erweiterung der Sprache mögliche Verallgemeinerung der Substitutionsregel der klassischen Aussagenlogik. Sie findet ihren Niederschlag in A0 und in der Tatsache, daß wir Axiomenschemata verwenden. Die Postulate des Kalküls sind nun[10]

(A0) Alle Tautologien der klassischen Aussagenlogik (und deren Einsetzungsinstanzen);

(A1) $\Box(A \to B) \to (\Box A \to \Box B)$;

(A2) $\Box A \to A$;

(A3) $\Box A \to \Box\Box A$;

(A4) $\Diamond\Box A \to A$;

(MP) $\dfrac{A,\ A \to B}{B}$;

(GR) $\dfrac{A}{\Box A}$ (die sogenannte GÖDELsche Regel).

Die Vorschrift, nach der weitere im Kalkül L[11] beweisbare Ausdrücke gewonnen werden, ist folgende:

> In L beweisbar ist jeder Ausdruck, der als letzter einer endlichen Folge von Ausdrücken steht, von denen jeder ein Axiom des Kalküls ist oder mittels einer Schlußregel aus in der Folge vorhergehenden Ausdrücken gewonnen wurde. Ein in L beweisbarer Ausdruck H heißt *Theorem* von L, eine solche Folge von Ausdrücken heißt *Beweis* von H.

Damit haben wir eine syntaktische Charakteristik für modale Ausdrücke gegeben, die analog zur klassischen Aussagenlogik aufgebaut ist und diese einbezieht, Grundpostulate für die Modaloperatoren angibt und schließlich den Anspruch erhebt, dieselbe Ausdrucksmenge auszuzeichnen (als Theoreme), wie die semantische Charakterisierung. Es gilt

Satz 3.1. *Ein Ausdruck H ist genau dann ein Theorem von* L, *wenn er in der beschriebenen Semantik allgemeingültig ist.*

---

10 Postulat ist hier und im folgenden als Sammelbegriff für Axiomenschemata und Schlußregeln anzusehen.

11 Wir verwenden die gleiche Bezeichnung wie oben, obwohl ein Nachweis der Adäquatheit von semantischer und syntaktischer Charakteristik noch aussteht.

Den Beweis dieser Behauptung vertagen wir auf Abschnitt 3.4, wo wir in einem allgemeinen Zusammenhang noch einmal auf das beschriebene System zurückkommen werden. Es erweist sich nämlich, daß L das in der Modallogik wohlbekannte System S5 darstellt, welches in **3.4** ausführlich dargestellt ist.

3.3. Das System *K*

Bevor wir uns der Vielfalt modaler Logiken zuwenden, sind die im vorhergehenden Abschnitt vernachlässigten technischen Einzelheiten zu präzisieren. Objekt der Exemplifikation ist das modallogische System ***K***[12]. Dieses System ist Basis für den Aufbau einiger wichtiger Modallogiken; darüber hinaus stellt die Semantik für ***K*** den Grundtyp einer Mögliche-Welten-Semantik für eine Reihe von Modalkalkülen dar. Unser zentrales Anliegen ist der Nachweis der Adäquatheit von syntaktischer und semantischer Darstellung in Form der Sätze über Widerspruchsfreiheit und Vollständigkeit von ***K*** hinsichtlich der entsprechenden Mögliche-Welten-Semantik.

3.3.1. Zum Aufbau des Kalküls

Wir erweitern zunächst den Zeichenvorrat der klassischen Aussagenlogik und modifizieren demgemäß die Ausdrucksdefinition. Zu den Zeichen für die klassischen Junktoren ergänzen wir das Zeichen $\Box$, welches wir wie bisher als Notwendigkeitsoperator ansehen werden. In der Ausdrucksdefinition ergänzen wir einen Rekursionsschritt:

> Ist H ein (modallogischer) Ausdruck, so ist auch $\Box H$ ein (modallogischer) Ausdruck.

Eine Modifikation der Klammerkonvention erübrigt sich, wenn wir festlegen, daß das Zeichen $\Box$ stärker bindet als alle klassischen Junktoren. Den Möglichkeitsoperator $\Diamond$ führen wir, wie bereits im vorhergehenden Abschnitt angedeutet, als Abkürzung für $\sim\Box\sim$ ein.

12 Eine der ersten Formulierungen dieses Kalküls findet man in MAKINSON [1966].

Definition 3.2. $\Diamond H \overset{\text{def}}{=} \sim\Box\sim H$.[13]

Die hier getroffenen Festlegungen gelten für alle in diesem und im folgenden Abschnitt zu untersuchenden Modallogiken, sie gelten auch für die Mehrzahl der Modallogiken aus **3.5**. Unter den verschiedenen Methoden zum Aufbau eines Kalküls wählen wir die für die vorliegende Darstellung als am zweckmäßigsten erscheinende axiomatische Methode aus. Zur Vereinfachung der Formulierung verwenden wir im folgenden die Symbole A, B, C, ..., A_1, A_2, ... für beliebige modallogische Ausdrücke. Damit steht also $A \to (B \to A)$ für einen beliebigen Ausdruck, in dem A und B durch bestimmte modallogische Ausdrücke ersetzt sind, so z. B. für $p \to (q \to p)$, $\Box p \to (\Box p \to \Box p)$, $\Box p \wedge q \to (p \to \Box p \wedge q)$.

Wir formulieren nun anstelle der Axiome Axiomenschemata, so daß wir den üblichen Beweisbegriff leicht auf den Beweis von Theoremschemata übertragen können.

Da wir, wie bereits erwähnt, nur solche Modallogiken betrachten, die die klassische Aussagenlogik als echten Teil enthalten, also eine Erweiterung derselben sind, sind hier nur die spezifisch modallogischen Postulate von Interesse. Die konkrete Art und Weise des Aufbaus der aussagenlogischen Basis ist nicht wesentlich, wir fassen diese Basis in den ersten beiden Postulaten zusammen.

Die Postulate von ***K*** sind:

(AL) Alle Theoremschemata der klassischen Aussagenlogik;

(MP) $\dfrac{A \to B,\ A}{B}$; (Abtrennungsregel)

(MA1) $\Box(A \to B) \to (\Box A \to \Box B)$;

(GR) $\dfrac{A}{\Box A}$. (GÖDELsche Regel)

Das Axiomenschema (MA1): „Wenn A notwendigerweise B impliziert, so impliziert die Notwendigkeit von A die Notwendigkeit von B" bedarf wegen seiner Plausibilität keiner weiteren Erläuterung. Die sog. GÖDELsche Regel verleiht folgender Forderung formalen Ausdruck: Wenn A als erwiesen gilt, so gilt auch die Notwendigkeit von A als erwiesen.

Wir legen nun fest, wie aus diesen Postulaten Theoreme (genauer Theoremschemata) gewonnen werden.

13 Die Entscheidung, $\Diamond$ als mittels $\Box$ definierten Operator einzuführen, ist nicht verbindlich; eine Reihe von Autoren verfährt umgekehrt. In **3.5** wird außerdem eine unabhängige Betrachtung von $\Diamond$ und $\Box$ zugelassen.

Definition 3.3. Eine endliche Folge von Ausdrücken $H_1, \ldots, H_n$ heißt *Beweisschema* von H_n (in $\boldsymbol{K}$) gdw jeder der Ausdrücke H_i ein Axiomenschema von $\boldsymbol{K}$ oder eine Einsetzung in ein bereits bewiesenes Theoremschema von $\boldsymbol{K}$ ist oder aber aus vorhergehenden Ausdrücken dieser Folge durch korrekte Anwendung einer Schlußregel gewonnen wurde. H_n heißt dann *Theoremschema* (von $\boldsymbol{K}$), wir schreiben kurz $\vdash_{\boldsymbol{K}} H_n$.

Der hier definierte Beweisbegriff ist leicht auf andere Kalküle übertragbar, es ändern sich lediglich die Postulatmenge (d. h. Axiomenschemata und Schlußregeln) und die Bezeichnung des Kalküls. Bevor wir Beispiele für den Beweis von Theoremschemata in $\boldsymbol{K}$ aufzeigen, seien darum noch einige allgemeine Bemerkungen vorangestellt. Wie aus Definition 3.3 ersichtlich, bestimmen die Postulate eines Systems S im Verein mit dem Beweisbegriff für S eindeutig die Menge der Theoremschemata von S. Darum wird S häufig ebenfalls zur Bezeichnung dieser Menge verwendet. Eine solche Verfahrensweise ist durchaus zulässsig, man sollte dabei jedoch beachten, daß die Menge der Theoreme (bzw. Theoremschemata) keinesfalls eindeutig die Postulate determiniert. Wie schon in der klassischen Logik, so sind auch in der Modallogik unterschiedliche Postulatmengen zur Charakterisierung ein und desselben logischen Systems möglich. Dieser Umstand ist eine der Ursachen dafür, daß in der Literatur oftmals unterschiedliche Bezeichnungen für ein und dasselbe logische System (im Sinne einer Menge von Theoremen) anzutreffen sind. Wir werden an geeigneter Stelle auf die häufigsten Bezeichnungen hinweisen.

Noch eine Bemerkung sei vorangestellt. Wenn auch eigentlich nicht erforderlich, so werden wir dennoch – der besseren Übersichtlichkeit geschuldet – jedes Glied der Beweisfolge in einer einzelnen, numerierten Beweiszeile anführen und außerdem diese mit einem Kommentar versehen. Letzterer dient der Rechtfertigung dieser Zeile und enthält die Bezeichnung des Axiomenschemas oder Theoremschemas, welches dieser Zeile zugrunde liegt oder die Angabe der Zeilen und der auf sie angewandten Schlußregeln, aus denen diese Zeile resultiert.

Wichtige Theoremschemata von $\boldsymbol{K}$:

T1. $\vdash_{\boldsymbol{K}} \quad \Box(A \wedge B) \leftrightarrow \Box A \wedge \Box B$.[14]

---

14 Um Mißverständnissen vorzubeugen, sei darauf hingewiesen, daß **T1** das Schema $\Box(A \wedge B) \leftrightarrow \Box A \wedge \Box B$ ist; das Symbol $\vdash_{\boldsymbol{K}}$ dient hier lediglich dazu, den Kalkül, in dem **T1** beweisbar ist, zu fixieren.

Beweis:

1)	$A \to (B \to A \wedge B)$	AL
2)	$\Box(A \to (B \to A \wedge B))$	1, GR
3)	$\Box(A \to (B \to A \wedge B)) \to (\Box A \to \Box(B \to A \wedge B))$	MA1
4)	$\Box A \to \Box(B \to A \wedge B)$	2, 3, MP
5)	$\Box(B \to A \wedge B) \to (\Box B \to \Box(A \wedge B))$	MA1
6)	$\Box A \to (\Box B \to \Box(A \wedge B))$	4, 5, AL[15]
7)	$(\Box A \to (\Box B \to \Box(A \wedge B))) \to (\Box A \wedge \Box B \to \Box(A \wedge B))$	AL
8)	$\Box A \wedge \Box B \to \Box(A \wedge B)$	6, 7 MP
9)	$A \wedge B \to A$	AL
10)	$\Box(A \wedge B \to A)$	9, GR
11)	$\Box(A \wedge B \to A) \to (\Box(A \wedge B) \to \Box A)$	MA1
12)	$\Box(A \wedge B) \to \Box A$	10, 11, MP
13)	$A \wedge B \to B$	AL
14)	$\Box(A \wedge B \to B)$	13, GR
15)	$\Box(A \wedge B \to B) \to (\Box(A \wedge B) \to \Box B)$	MA1
16)	$\Box(A \wedge B) \to \Box B$	14, 15 MP
17)	$\Box(A \wedge B) \to \Box A \wedge \Box B$	12, 16, AL
18)	$\Box(A \wedge B) \leftrightarrow \Box A \wedge \Box B$	8, 17, AL ∎

T1′. $\vdash_K \Box(A_1 \wedge \ldots \wedge A_n) \leftrightarrow \Box A_1 \wedge \ldots \wedge \Box A_n$.

T2. $\vdash_K \Diamond(A \vee B) \leftrightarrow \Diamond A \vee \Diamond B$.

T1′ ist eine elementare Verallgemeinerung von **T1**, **T2** dagegen läßt sich leicht aus **T1** durch Anwendung der Definition 3.2 und der DeMorganschen Gesetze der Aussagenlogik beweisen.

T3. $\vdash_K \Box A \vee \Box B \to \Box(A \vee B)$.

Beweis:

1)	$A \to A \vee B$	AL
2)	$\Box(A \to A \vee B)$	1, GR
3)	$\Box(A \to A \vee B) \to (\Box A \to \Box(A \vee B))$	MA1

15 Hier steht AL als Abkürzung für die Anwendung der aussagenlogischen Regel $C_1 \to C_2, C_2 \to C_3 / C_1 \to C_3$ auf die genannten Zeilen. Das ist legitim, da aus den ersten beiden Postulaten von K diese Regel (wie alle anderen aussagenlogischen Regeln auch) ableitbar ist. Ähnliches gilt für die Zeilen 17 und 18 dieses Beweises. Auch im folgenden werden wir von dieser Konvention Gebrauch machen.

4) $\Box A \rightarrow \Box(A \vee B)$ 2, 3 MP

5) $\Box B \rightarrow \Box(A \vee B)$ analog aus: $B \rightarrow A \vee B$

6) $\Box A \vee \Box B \rightarrow \Box(A \vee B)$ 4, 5 AL ∎

Schließlich seien noch einige Theoremschemata ohne Beweis angeführt.

T4. $\vdash_K \Box A \leftrightarrow \sim\Diamond\sim A$.

T5. $\vdash_K \Box A \rightarrow \Box(B \vee \sim B)$.

T6. $\vdash_K \Box(A \wedge \sim A) \rightarrow \Box B$.

T7. $\vdash_K \Box A \rightarrow \Box(A \vee B)$.

T8. $\vdash_K \Diamond(A \wedge B) \rightarrow \Diamond A \wedge \Diamond B$.

T9. $\vdash_K \Box A \wedge \Diamond B \rightarrow \Diamond(A \wedge B)$.

T10. $\vdash_K \Box(A \rightarrow B) \rightarrow (\Diamond A \rightarrow \Diamond B)$.

T11. $\vdash_K \Box(A \vee B) \rightarrow \Box A \vee \Diamond B$.

Für die Abkürzung von Beweisführungen erweisen sich ableitbare Schlußregeln als außerordentlich zweckmäßig. Wir wollen die wichtigsten von ihnen kurz darstellen:

(MR) $\dfrac{A \rightarrow B}{\Box A \rightarrow \Box B}$.

Beweis: Sei (n_1) $\vdash_K A \rightarrow B$.

Dann können wir den Beweis fortsetzen

(n_2) $\vdash_K \Box(A \rightarrow B)$ n_1, GR

(n_3) $\vdash_K \Box(A \rightarrow B) \rightarrow (\Box A \rightarrow \Box B)$ MA1

(n_4) $\vdash_K \Box A \rightarrow \Box B$ n_2, n_3, MP ∎

($\text{MR}_\Diamond$) $\dfrac{A \rightarrow B}{\Diamond A \rightarrow \Diamond B}$

Der Beweis dieser Regel reduziert sich auf die Anwendung von $(A \rightarrow B) \leftrightarrow (\sim B \rightarrow \sim A)$ und MR unter Beachtung der Definition für $\Diamond$.

(ER) $\dfrac{A \leftrightarrow B}{\Box A \leftrightarrow \Box B}$.

($\text{ER}_\Diamond$) $\dfrac{A \leftrightarrow B}{\Diamond A \leftrightarrow \Diamond B}$.

Beide Regeln folgen unmittelbar aus MR bzw. $MR_\Diamond$. Ferner ist ableitbar

$$(MR') \quad \frac{A \wedge B \rightarrow C}{\Box A \wedge \Box B \rightarrow \Box C}.$$

Beweis: Sei

$(n_1) \quad \vdash_K A \wedge B \rightarrow C.$

Dann gilt ebenso

$(n_2) \quad \vdash_K \Box(A \wedge B) \rightarrow \Box C$ (wegen n_1, MR)

$(n_3) \quad \vdash_K \Box A \wedge \Box B \rightarrow \Box(A \wedge B)$ (aus **T1**)

$(n_4) \quad \vdash_K \Box A \wedge \Box B \rightarrow \Box C$ n_2, n_2, AL ∎

Schließlich gilt

$$(MR'') \quad \frac{A_1 \wedge \ldots \wedge A_n \rightarrow C}{\Box A_1 \wedge \ldots \wedge \Box A_n \rightarrow \Box C},$$

welche analog zu MR′ unter Rückgriff auf **T1′** bewiesen wird.

3.3.2. Semantische Charakterisierung

Wir führen nun explizit die bereits erwähnte Mögliche-Welten-Semantik (auch Kripke-Semantik oder Relationssemantik genannt) ein. Wir bebetrachten ein Tripel $\langle \mathcal{W}, R, v \rangle$ dessen Komponenten folgender Art sind:

$\mathcal{W} \neq \emptyset$, d. h. $\mathcal{W}$ ist eine nichtleere Menge (die Menge „möglicher Welten")

$R \subseteq \mathcal{W} \times \mathcal{W}$, d. h. R ist eine binäre Relation in $\mathcal{W}$ (die Erreichbarkeitsrelation)

v: $AV \times \mathcal{W} \rightarrow \{W, F\}$, d. h. v ist eine Funktion, die jeder Aussagenvariablen in jeder möglichen Welt einen Wahrheitswert zuordnet.[16]

---

16 Kripke [1959], [1963] geht anders vor, er erweitert das Tripel um ein spezielles $g \in \mathcal{W}$, die sogenannte „aktuelle Welt". Entsprechend modifiziert sind Gültigkeit im Modell bzw. Allgemeingültigkeit.
Die von uns gewählte Darstellung ist so beschaffen, daß sie die Klasse der nach Kripke allgemeingültigen Ausdrücke nicht verändert. Der Verzicht auf die Hervorhebung aktueller Welten ist für die hier beschriebenen Kalküle belanglos. Das bedeutet jedoch nicht, daß wir generell auf diesen vereinfachten Modellbegriff reduzieren können. Schon bei der semantischen Darstellung von S 0.5 (vgl. Lemmon

Definition 3.4. Ein solches Tripel nennen wir *Modell* für ***K*** und definieren eine Fortsetzung der Bewertungsfunktion v auf alle Ausdrücke folgendermaßen ($w, w' \in \mathscr{W}$; A, B sind Ausdrücke):

(M1) $v(\sim A, w) = \mathsf{W}$ gdw $v(A, w) = \mathsf{F}$

(M2) $v(A \wedge B, w) = \mathsf{W}$ gdw $v(A, w) = v(B, w) = \mathsf{W}$

(M3) $v(A \vee B, w) = \mathsf{W}$ gdw $v(A, w) = \mathsf{W}$ oder $v(B, w) = \mathsf{W}$

(M4) $v(A \rightarrow B, w) = \mathsf{W}$ gdw $v(A, w) = \mathsf{F}$ oder $v(B, w) = \mathsf{W}$

(M5) $v(\Box A, w) = \mathsf{W}$ gdw für alle $w' \in \mathscr{W}$: $w\mathsf{R}w'$ impliziert $v(A, w') = \mathsf{W}$ (kurz: $\bigwedge_{w \in \mathscr{W}} [w\mathsf{R}w' \Rightarrow v(A, w') = \mathsf{W}]$).

Wiederum sind **(M1)**–**(M4)** nichts anderes als die üblichen semantischen Charakteristika der klassischen aussagenlogischen Funktoren, hier lediglich relativiert auf die Elemente von $\mathscr{W}$. Die Bedingung **(M5)** realisiert (in etwas modifizierter Form) die LEIBNIZsche Vorschrift von Notwendigkeit als Wahrheit in allen möglichen Welten: In w wird als notwendig angesehen, was in allen R-Nachfolgern von w, d. h. in allen aus w erreichbaren Welten wahr ist. Damit wird die LEIBNIZsche Vorschrift zum Spezialfall, ihr ist in all den Modellen Genüge getan, in denen $\mathsf{R} = \mathscr{W} \times \mathscr{W}$, d. h. wo jede mögliche Welt aus jeder beliebigen erreichbar ist. Die Relativierung des Notwendigkeitsbegriffes nicht auf alle möglichen Welten schlechthin, sondern nur auf die R-erreichbaren (durch die Relation R vermittelten) ist zugleich die Grundlage für das breite Anwendungsspektrum solcher semantischen Konstruktionen.

Wir behalten die tradierten Bezeichnungen bei, d. h. wir werden weiterhin von $\mathscr{W}$ als der Menge der möglichen Welten und von R als Erreichbarkeitsrelation zwischen möglichen Welten sprechen. Die Diskussion der Frage, ob eine solche Bezeichnung angemessen sei, würde den Rahmen der vorliegenden Einführung überschreiten. Hier sei darauf hingewiesen, daß diese Modelle ihre vordergründige Aufgabe, eine handhabbare, adäquate Zuordnungsvorschrift der Wahrheitswerte zu mo-

[1957]) sind aktuelle Welten ein unverzichtbarer Bestandteil, ähnliches gilt z. B. für Verallgemeinerungen von Umgebungssemantiken (siehe **3.5.3**). Auch ist der Anwendungsbereich von KRIPKE-Semantiken weit größer als die alethische Modallogik. So ist z. B. für die Analyse sogenannter counterfactuals im Rahmen von KRIPKE-Semantiken die Unterscheidung von aktuellen und nichtaktuellen Welten unumgänglich. Ähnliches gilt für zeitlogische Systeme.

dalen Ausdrücken zu liefern, erfüllen. Die Betonung dieses technischen Aspekts findet ihren Niederschlag in der Bezeichnung: Relationssemantik. Daß darüber hinaus diese semantischen Konstruktionen einen gewissen alternativen Zugang für nichtformale Überlegungen zur Modallogik liefern, ist als positiver Nebeneffekt anzusehen.

Bevor wir zu Beispielen für die Anwendung des so definierten Modellbegriffs kommen, sei darauf verwiesen, daß wir aus der Definition von $\Diamond$ sowie aus (**M1**) und (**M5**) eine abgeleitete Bewertungsvorschrift für Ausdrücke der Form $\Diamond A$ erhalten. Diese lautet:

(**M6**) $v(\Diamond A, w) = \mathsf{W}$ gdw es gibt ein $w^0 \in \mathscr{W}: w\mathsf{R}w^0$ und $v(A, w^0) = \mathsf{W}$

$$\left(\text{kurz: } \bigvee_{w^0 \in \mathscr{W}} [w\mathsf{R}w^0 \wedge v(A, w^0) = \mathsf{W}]\right).$$

Eine Aussage wird also in w als möglich (wahr) angesehen, wenn sie in mindestens einer der aus w erreichbaren Welten wahr ist. Die folgenden Festlegungen sind wieder für beliebige modale Systeme anwendbar, wir verzichten deshalb auf die explizite Erwähnung von $\boldsymbol{K}$.

Definition 3.5. Ein Ausdruck H heißt *gültig* im Modell $\mathfrak{M} = \langle \mathscr{W}, \mathsf{R}, v \rangle$ gdw für alle $w \in \mathscr{W}: v(H, w) = \mathsf{W}$; er heißt *allgemeingültig* gdw er in jedem beliebigen Modell $\mathfrak{M}$ (einer bestimmten Klasse) gültig ist.[17]

An einem einfachen Beispiel wollen wir die Funktion des Modellbegriffs erläutern. Wir zeigen, daß der Ausdruck $p \rightarrow \Box p$ nicht $\boldsymbol{K}$-allgemein-

---

17 Aus der Fortsetzung der Bewertungsfunktion (insbesondere aus **M5**) ergibt sich, daß nur die Teile des Modells $\mathfrak{M}$ für die Bewertung eines Ausdrucks H in einer Welt w relevant sind, die unmittelbar oder mittelbar R-Nachfolger von w sind.

Präziser definieren wir:

Ein Modell $\langle \mathscr{W}, \mathsf{R}, v \rangle$ heißt zusammenhängend, wenn es ein $w_0 \in \mathscr{W}$ gibt, so daß für alle anderen $w' \in \mathscr{W}$ gilt:

$w_0\mathsf{R}w'$ oder es gibt $w_1, \ldots, w_n$, so daß $w_i\mathsf{R}w_{i+1}$ $(i = 0, \ldots, n-1)$ und $w_n\mathsf{R}w'$.

Dann gilt folgendes Lemma: Ist ein Ausdruck H erfüllbar (d. h. es gibt ein Modell $\langle \mathscr{W}, \mathsf{R}, v \rangle$, in dem $v(H, w) = \mathsf{W}$ für ein $w \in \mathscr{W}$), so ist H auch in einem zusammenhängenden Modell erfüllbar.

Der Beweis dieses Lemmas ist trivial. Man beschränkt das ursprüngliche Modell, in dem H nach Voraussetzung erfüllbar ist, auf alle mittelbaren und unmittelbaren R-Nachfolger der Welt w, in der H erfüllt war und zeigt, daß in dem verbleibenden Modell H ebenfalls erfüllt wird.

Daraus folgt unmittelbar, daß wir unsere Untersuchungen auf zusammenhängende Modelle beschränken können (Kripke [1963]).

gültig ist. Dazu konstruieren wir das folgende Modell. Seien

$$\mathcal{W} = \{w_1, w_2\},$$

$$\mathsf{R} = \{\langle w_1, w_2\rangle\},$$

$$v(p, w_1) = \mathsf{W}, \; v(p, w_2) = \mathsf{F} \quad \text{und}$$

$$v(a, w_i) = \mathsf{W} \text{ für beliebige von } p \text{ verschiedene Aussagenvariable } a \text{ und } (i = 1, 2).$$

Dann gilt: $v(p, w_1) = \mathsf{W}$, aber wegen $w_1 \mathsf{R} w_2$ und $v(p, w_2) = \mathsf{F}$ auch $v(\Box p, w_1) = \mathsf{F}$, somit $v(p \to \Box p, w_1) = \mathsf{F}$. Wir haben also ein Modell gefunden, in dem der Ausdruck $p \to \Box p$ nicht gültig ist, er ist folglich auch nicht allgemeingültig.

Modelle solcher Art wollen wir im folgenden widerlegende Modelle nennen. Der Leser kann sich analog leicht davon überzeugen, daß z. B. nachstehend beschriebenes Modell ein widerlegendes Modell für den Ausdruck $\Box p \vee \Box \sim p$ ist:

$$\mathcal{W} = \{w_1, w_2\},$$

$$\mathsf{R} = \{\langle w_1, w_1\rangle, \langle w_1, w_2\rangle\},$$

$$v(p, w_1) = \mathsf{W}, \quad v(p, w_2) = \mathsf{F}$$

$$v(a, w_i) = \mathsf{W} \quad (i = 1, 2) \text{ für alle von } p \text{ verschiedenen Aussagenvariablen } a.$$

3.3.3. Der Satz über Adäquatheit

Der nachstehend bewiesene Satz stellt das zentrale Ergebnis über die Modallogik ***K*** dar. Er fixiert den Zusammenhang zwischen der syntaktischen und der semantischen Beschreibung dieses logischen Systems, beide Zugänge erweisen sich aus der Sicht der durch sie ausgezeichneten Ausdrücke als gleichwertig, d. h. Kalkül und Modellbegriff sind einander adäquat.

Satz 3.6. *Ein Ausdruck H ist genau dann ein Theorem in* ***K****, wenn er* ***K****-allgemeingültig ist.*

Der Beweis dieses Satzes erfolgt in mehreren Teilschritten, zunächst beweisen wir die Korrektheit des Kalküls hinsichtlich der beschriebenen Semantik. Es gilt

Lemma 3.7. *Wenn* $\vdash_{\boldsymbol{K}} H$, *so ist* H *ein* ***K****-allgemeingültiger Ausdruck.*

Beweis: Offensichtlich ist es ausreichend zu zeigen, daß beim Aufbau von Beweisen in $\boldsymbol{K}$ jede Beweiszeile $\boldsymbol{K}$-allgemeingültig ist. Alle Axiomenschemata von $\boldsymbol{K}$ sind allgemeingültig. Diese Behauptung ist trivial für (AL), wir zeigen, daß sie auch für (MA1) zutrifft. Nehmen wir an, das Gegenteil sei der Fall, d. h. in einem Modell $\langle \mathscr{W}, \mathsf{R}, v \rangle$ gelte für ein $w \in \mathscr{W}$ und gewisse Ausdrücke A und B: $v(\Box(A \to B) \to (\Box A \to \Box B), w) = \mathsf{F}$, d. h. $v(\Box(A \to B), w) = v(\Box A, w) = \mathsf{W}$ und $v(\Box B, w) = \mathsf{F}$. Letzteres bedeutet (vgl. (**M5**)), daß es ein $w^0 \in \mathscr{W}$ gibt mit $v(B, w^0) = \mathsf{F}$ und $w\mathsf{R}w^0$. Wegen $w\mathsf{R}w^0$ müßte aber $v(A \to B, w^0) = \mathsf{W}$ sowie $v(A, w^0) = \mathsf{W}$, also auch $v(B, w^0) = \mathsf{W}$ gelten, womit wir einen Widerspruch zu $v(B, w^0) = \mathsf{F}$ erhalten. Damit ist auch die $\boldsymbol{K}$-Allgemeingültigkeit von (MA1) nachgewiesen.

Die Schlußregeln von $\boldsymbol{K}$, das sind (MP) und (GR), erhalten diese Eigenschaft, d. h. bei korrekter Anwendung dieser Regeln erhalten wir aus $\boldsymbol{K}$-allgemeingültigen Ausdrücken wiederum nur $\boldsymbol{K}$-allgemeingültige Ausdrücke. Von der Richtigkeit dieser Behauptung überzeugt man sich ohne Schwierigkeiten.

Da jeder Beweis eine endliche Folge von Beweiszeilen ist, so ist damit nachgewiesen, daß die $\boldsymbol{K}$-Allgemeingültigkeit auch für die letzte Beweiszeile, d. i. aber genau das Theorem H, zutrifft. ∎

Damit ist die Korrektheit des Kalküls nachgewiesen. Hieraus folgt trivialerweise die syntaktische Widerspruchsfreiheit des Kalküls $\boldsymbol{K}$: Es gibt keinen Ausdruck H, für den sowohl $\vdash_{\boldsymbol{K}} H$ als auch $\vdash_{\boldsymbol{K}} \sim H$ gelten. In der Tat, gesetzt den Fall, es gebe einen solchen Ausdruck, dann müßten nach dem soeben bewiesenen Lemma sowohl H als auch $\sim H$ $\boldsymbol{K}$-allgemeingültig sein, was im Widerspruch zu Bedingung (**M1**) aus der Definition eines Modells für $\boldsymbol{K}$ steht.

Bevor wir zum Beweis der zweiten Teilbehauptung übergehen, sei zunächst die Beweisidee skizziert. Um nachzuweisen, daß ein nicht beweisbarer Ausdruck auch nicht allgemeingültig ist, konstruieren wir ein spezielles Modell, das sogenannte *kanonische Modell* für $\boldsymbol{K}$. Hier sind die Elemente von $\mathscr{W}$ speziell konstruierte Ausdrucksmengen, die den Bedingungen (**M1**)–(**M4**) genügen, R ist so definiert, daß (**M5**) erfüllt ist und die Bewertungsfunktion trivial $v(A, w) = \mathsf{W}$ gdw $A \in w$. Wenn wir

zeigen, daß die Konstruktion solcher Modelle durchführbar ist und es außerdem für jeden nicht beweisbaren Ausdruck eine Ausdrucksmenge gibt, die die Negation dieses Ausdrucks enthält, so ist damit nachgewiesen, daß ebendieser Ausdruck nicht allgemeingültig ist.
Wir führen zunächst einige Termini ein und beweisen drei Lemmata, bevor wir das kanonische Modell für $\boldsymbol{K}$ konstruieren.

Definition 3.8. Eine Ausdrucksmenge Γ heißt *konsistent*, wenn es keine $A_1, \ldots, A_n \in \Gamma$ gibt, für die $\vdash \sim(A_1 \wedge \ldots \wedge A_n)$ gilt. Eine Ausdrucksmenge Γ heißt *maximal konsistent*, wenn sie konsistent ist und jede Erweiterung dieser Menge, d. h. jede Ausdrucksmenge, die Γ echt enthält, nicht konsistent ist.[18]

Für maximal konsistente Ausdrucksmengen gilt

Lemma 3.9. *Sei Γ eine maximal konsistente Ausdrucksmenge. Dann gilt:*

(1) *für beliebige Ausdrücke A: $\sim A \in \Gamma$ gdw $A \notin \Gamma$*

(2) *Wenn A Theorem ist, so ist $A \in \Gamma$*

(3) *$A, B \in \Gamma$ gdw $A \wedge B \in \Gamma$*

(4) *$A \in \Gamma$ oder $B \in \Gamma$ gdw $A \vee B \in \Gamma$*

(5) *$A \to B \in \Gamma$ gdw $A \notin \Gamma$ oder $B \in \Gamma$.*

Beweis: (1) Wenn wir annehmen, daß $A \in \Gamma$ und $\sim A \in \Gamma$, so wäre Γ inkonsistent, da $\vdash \sim(A \wedge \sim A)$. Wenn wir andererseits annehmen, daß $A \notin \Gamma$ und $\sim A \notin \Gamma$, so ist, wie folgende Überlegung zeigt, Γ nicht maximal. Eine der beiden Ausdrucksmengen $\Gamma \cup \{A\}$ oder $\Gamma \cup \{\sim A\}$ ist konsistent. In der Tat, wenn wir das Gegenteil annehmen, so gibt es $A_1, \ldots, A_n \in \Gamma$ und $B_1, \ldots, B_m \in \Gamma$ derart, daß sowohl $\vdash \sim(A_1 \wedge \ldots \wedge A_n \wedge A)$ als auch $\vdash \sim(B_1 \wedge \ldots \wedge B_m \wedge \sim A)$. Dann gilt allein auf Grund aussagenlogischer Gesetze auch $\vdash \sim(A_1 \wedge \ldots \wedge A_n \wedge B_1 \wedge \ldots \wedge B_m)$. Dann wäre aber Γ nicht konsistent, was unserer Voraussetzung widerspricht. Wenn also, wie vorausgesetzt, Γ maximal konsistent ist, so ist der Fall, daß $A \notin \Gamma$ und $\sim A \notin \Gamma$, ebenso wie $A \in \Gamma$ und $\sim A \in \Gamma$ ausgeschlossen.

---

18 Natürlich sind die hier definierten Termini abhängig vom Kalkül, so daß es korrekter wäre, von $\boldsymbol{K}$-konsistenten Ausdrucksmengen bzw. von maximal $\boldsymbol{K}$-konsistenten Ausdrucksmengen zu sprechen. Da jedoch diese Abhängigkeit für die folgenden beiden Lemmata unwesentlich ist, verzichten wir auf die explizite Erwähnung von $\boldsymbol{K}$ und beweisen somit die Lemmata 3.9 und 3.10 für beliebige, auf der klassischen Aussagenlogik aufbauende Modallogiken.

(2) Nehmen wir an, daß $A \notin \Gamma$, dann ist nach (1) $\sim A \in \Gamma$, aber mit $\vdash A$ gilt auch $\vdash \sim(\sim A)$, so daß dann Γ inkonsistent wäre.

(3) bis (5) werden analog bewiesen. ∎

Für konsistente Mengen gilt außerdem folgendes wichtige Lemma, das in der Literatur häufig als LINDENBAUM*scher Satz* bezeichnet wird.

Lemma 3.10. *Jede konsistente Ausdrucksmenge kann zu einer maximal konsistenten Ausdrucksmenge erweitert werden.*

Beweis: Sei Γ eine konsistente Ausdrucksmenge. Wir konstruieren eine maximal konsistente Ausdrucksmenge $\Delta \supseteq \Gamma$ nach folgender Vorschrift: Sei $A_0, A_1, \ldots, A_n, \ldots$ eine Liste aller Ausdrücke. (Die Reihenfolge ist hierbei unwesentlich; die prinzipielle Möglichkeit, eine solche Liste aufzustellen, resultiert aus der Abzählbarkeit der Ausdrucksmenge.) Wir setzen

$$\Delta_0 = \Gamma,$$

für $n \geqq 0$:

$$\Delta_{n+1} = \begin{cases} \Delta_n \cup \{A_n\}, & \text{wenn diese Ausdrucksmenge konsistent ist} \\ \Delta_n & \text{andernfalls,} \end{cases}$$

$$\Delta = \bigcup_{i \geq 0} \Delta_i .$$

Offensichtlich ist $\Gamma = \Delta_0 \subseteq \Delta$. Außerdem gilt, daß alle Δ_i konsistent sind. Aber dann ist $\bigcup_{i \geq 0} \Delta_i$ ebenfalls konsistent.

Wenn wir das Gegenteil annehmen, so gibt es $A_{i_1}, \ldots, A_{i_n} \in \bigcup_{i \geq 0} \Delta_i$ mit $\vdash \sim(A_{i_1} \wedge \ldots \wedge A_{i_n})$. Wir wählen nun $i^* = \max(i_1, \ldots, i_n)$. Nach Konstruktion gilt für beliebige i: $\Delta_i \subseteq \Delta_{i+1}$, deshalb gilt $A_{i_1}, \ldots, A_{i_n} \in \Delta_{i^*}$. Das bedeutet aber, daß Δ_{i^*} inkonsistent wäre. Also ist $\Delta = \bigcup_{i \geq 0} \Delta_i$ konsistent.

Schließlich ist $\bigcup_{i \geq 0} \Delta_i$ maximal konsistent. Diese Behauptung resultiert aus folgender Überlegung: Nehmen wir an, es gäbe einen Ausdruck A_j, für den $A_j \notin \bigcup_{i \geq 0} \Delta_i$ und $\bigcup_{i \geq 0} \Delta_i \cup \{A_j\}$ konsistent ist. Zugleich mit $\bigcup_{i \geq 0} \Delta_i \cup \{A_j\}$ ist auch $\Delta_{j+1} = \Delta_j \cup \{A_j\}$ konsistent, da $\Delta_{j+1} \subseteq \bigcup_{i \geq 0} \Delta_i$. Damit ist aber $A_j \in \Delta_{j+1} \subseteq \bigcup_{i \geq 0} \Delta_i$ im Widerspruch zur Annahme, womit gezeigt ist, daß Δ eine maximal konsistente Erweiterung von Γ ist.

Neben diesen beiden Lemmata, die für die klassische Aussagenlogik wie auch für die auf ihr aufbauenden modallogischen Kalküle gelten, beweisen wir noch ein für die Modallogik spezifisches Lemma über maximal konsistente Ausdrucksmengen.

Lemma 3.11. *Sei Γ eine maximal **K**-konsistente Ausdrucksmenge und sei $\Box A \notin \Gamma$. Dann ist die Ausdrucksmenge $\{\sim A\} \cup \{C_i \mid \Box C_i \in \Gamma\}$ **K**-konsistent.*

Beweis: Nehmen wir an, daß $\{\sim A\} \cup \{C_i \mid \Box C_i \in \Gamma\}$ nicht **K**-konsistent sei. Dann gibt es $C_{i_1}, \ldots, C_{i_n}$ derart, daß

$$\vdash_K \sim(C_{i_1} \wedge \ldots \wedge C_{i_n} \wedge \sim A).^{19}$$

Eine einfache aussagenlogische Umformung führt zu

$$\vdash_K C_{i_1} \wedge \ldots \wedge C_{i_n} \rightarrow A$$

und somit nach Anwendung von (MR″) zu

$$\vdash_K \Box C_{i_1} \wedge \ldots \wedge \Box C_{i_n} \rightarrow \Box A.$$

Damit ist nach Lemma 3.9. (2) auch $\Box C_{i_1} \wedge \ldots \wedge \Box C_{i_n} \rightarrow \Box A \in \Gamma$. Andererseits haben wir $\Box C_{i_j} \in \Gamma$ vorausgesetzt, so daß wiederum nach Lemma 3.9.(3) $\Box C_{i_1} \wedge \ldots \wedge \Box C_{i_n} \in \Gamma$ und schließlich nach Behauptung (5) desselben Lemmas $\Box A \in \Gamma$. Das aber steht im Widerspruch zur Voraussetzung. Lemma 3.11 ist somit bewiesen. ∎

Wir können nunmehr den zweiten Teil des Adäquatheitssatzes beweisen:

Lemma 3.12. (Vollständigkeit) *Sei H ein **K**-allgemeingültiger Ausdruck. Dann ist $\vdash_K H$.*

Beweis: Wir konstruieren ein spezielles **K**-Modell, das sogenannte kanonische Modell, in dem alle nichtbeweisbaren Ausdrücke nicht gültig sind. Dazu bestimmen wir

die Menge $\mathscr{W}^+$ als die Menge aller maximal **K**-konsistenten Ausdrucksmengen;

19 Die Tatsache, daß wir den Ausdruck A in unsere Überlegungen einbeziehen, stellt keine Einschränkung der Allgemeinheit dar. Man kann leicht sehen, daß mit $\vdash \sim (A_1 \wedge \ldots \wedge A_n)$ auch $\vdash \sim (A_1 \wedge \ldots \wedge A_n \wedge B)$ gilt.

die Relation R^+: für w, $w' \in \mathscr{W}^+$ gilt $w\mathsf{R}^+w'$ gdw für alle C: $\Box C \in w$ impliziert $C \in w'$;

die Funktion v^+: $v^+(p, w) = \mathsf{W}$ gdw $p \in w$.

Wir zeigen zunächst, daß die Fortsetzung von v^+ gemäß (**M1**)–(**M5**) auf beliebige Ausdrücke folgende, für das Modell charakteristische Eigenschaft sichert:

$$v^+(A, w) = \mathsf{W} \quad \text{gdw} \quad A \in w. \tag{3.8}$$

Den Beweis dieser Behauptung führen wir mittels Induktion über den Aufbau des Ausdrucks A. Für Aussagenvariablen gilt (**3**.8) nach Definition von v^+.

Sei nun A ein Ausdruck der Form $\sim B$. Es gilt $v^+(A, w) = v^+(\sim B, w) = \mathsf{W}$ gdw $v^+(B, w) = \mathsf{F}$. Nach Induktionsvoraussetzung ist letzteres gleichbedeutend mit $B \notin w$. Das wiederum ist genau dann der Fall, wenn $\sim B \in w$, d. h. wenn $A \in w$.

Ähnlich einfach verlaufen die Beweise der Fälle, wo A die Gestalt $B_1 \wedge B_2$, $B_1 \vee B_2$ bzw. $B_1 \rightarrow B_2$ hat, was durch die Analogie von (**M1**)–(**M4**) mit den Eigenschaften maximal $\boldsymbol{K}$-konsistenter Ausdrucksmengen (vgl. Lemma **3**.9) hinreichend erklärt ist.

Sei nun A ein Ausdruck der Gestalt $\Box B$. Wenn wir annehmen, daß $\Box B \in w$, so gilt nach Definition von R^+ für alle $w' \in \mathscr{W}$: $w\mathsf{R}^+w'$ impliziert $B \in w'$. Das bedeutet nach Induktionsvoraussetzung, daß für alle $w' \in \mathscr{W}: w\mathsf{R}^+w' \Rightarrow v^+(B, w') = \mathsf{W}$; damit ist nach (**M5**) auch $v^+(\Box B, w) = \mathsf{W}$. Sei umgekehrt $\Box B \notin w$. Dann ist nach Lemma **3.11** die Ausdrucksmenge $\{\sim B, C_1, \ldots, C_i, \ldots\}$ (wobei mit C_i alle die Ausdrücke bezeichnet sind, für die $\Box C_i \in w$) $\boldsymbol{K}$-konsistent und kann nach Lemma **3.10**. zu einer maximal $\boldsymbol{K}$-konsistenten Ausdrucksmenge w^* erweitert werden. Jetzt gilt für alle Ausdrücke: Wenn $\Box C \in w$, so ist nach Konstruktion von w^* auch $C \in w^*$, d. h. es gilt $w\mathsf{R}^+w^*$. Außerdem ist $\sim B \in w^*$, also $B \notin w^*$ und somit nach Induktionsvoraussetzung $v^+(B, w^*) = \mathsf{F}$. Folglich gilt $v^+(\Box B, w) = \mathsf{F}$. Wir können somit schlußfolgern, daß (**3**.8) für beliebige Ausdrücke gültig ist.

Sei nun H ein in $\boldsymbol{K}$ nicht beweisbarer Ausdruck. Dann ist offensichtlich $\{\sim H\}$ eine $\boldsymbol{K}$-konsistente Ausdrucksmenge und kann zu einer maximal $\boldsymbol{K}$-konsistenten Menge w^0 erweitert werden. Da nach Konstruktion $w^0 \in \mathscr{W}^+$ ist, gilt (**3**.8) auch für w^0, d. h., da $\sim H \in w^0$ ist, gilt $v^+(H, w^0) = \mathsf{F}$; somit ist H nicht $\boldsymbol{K}$-allgemeingültig. Damit ist die Vollständigkeit des Kalküls $\boldsymbol{K}$ nachgewiesen. Der Adäquatheitssatz ergibt sich nun als einfache Schlußfolgerung aus den Lemmata **3.7** und **3.12**. ∎

3.4. Klassische Modallogik (Normale Systeme)

3.4.1. Die Kalküle T, S4 *und* S5[20]

Wir bezeichnen alle die modallogischen Systeme, die ***K*** enthalten, in denen also

(MA1) $\Box(A \to B) \to (\Box A \to \Box B)$

und

(GR) $\dfrac{A}{\Box A}$

gelten, als normale modallogische Systeme. Unter diesen nehmen die nachfolgend beschriebenen Kalküle T, S4 und S5 eine exponierte Stellung ein, da sie zu den ersten und häufigsten Untersuchungsobjekten moderner modallogischer Untersuchungen zählen. Das ist in erster Linie darauf zurückzuführen, daß diese Systeme wichtige Aspekte alethischer Modalitäten der formalen Untersuchung zugänglich machen. Dabei spielt nicht allein die Plausibilität der Postulate eine wichtige Rolle, sondern auch die Tatsache, daß die ihnen adäquate Relationssemantik relativ einfach ist. Schließlich sei noch darauf verwiesen, daß die Kalküle S4 und S5 und die zwischen ihnen liegenden Kalküle eine wichtige Rolle bei der Untersuchung der intuitionistischen Aussagenlogik und der intermediären Kalküle gespielt haben.[21]

Wir betrachten folgende Axiomenschemata

(MA2) $\Box A \to A$;

(MA3) $\Box A \to \Box\Box A$;

(MA4) $\Diamond\Box A \to A$.

Die im vorhergehenden Abschnitt getroffenen Festlegungen hinsichtlich Sprache und Beweisbegriff beibehaltend, charakterisieren wir jetzt

---

20 Eine ausführliche Darstellung dieser Modallogiken findet man z. B. in Hughes/Cresswell [1968].

21 Der erste, der auf den Zusammenhang von S4 und dem Heytingschen Kalkül hinwies, war Gödel [1933]. Dabei lieferte er zugleich eine Interpretation für die Modalität von S4, die über den Rahmen der alethischen Modallogik hinausführt.

die Kalküle durch die entsprechenden Postulatemengen.

T: {AL, MA1, MA2, MP, GR},[22]

S4: {AL, MA1, MA2, MA3, MP, GR},

S5: {AL, MA1, MA2, MA3, MA4, MP, GR}.

Offensichtlich sind alle drei Kalküle Erweiterungen von ***K***. Mehr noch, S4 ist ebenfalls eine Erweiterung von T, S5 eine Erweiterung von S4 (und damit auch von T). Dann ist aber zunächst festzuhalten, daß alle Theoremschemata von ***K*** auch Theoremschemata jedes der hier beschriebenen Kalküle sind. Wir werden aus diesem Grund auch die im vorhergehenden Abschnitt begonnene Numerierung der beweisbaren Schemata fortsetzen. Bevor wir jedoch für die jeweiligen Kalküle charakteristische Theoremschemata anführen, sei noch auf ein anderes Problem hingewiesen. Wenn wir exakt vorgehen wollen, so müssen wir nachweisen, daß S4 bzw. S5 echte Erweiterungen von T bzw. S4 sind.

Die naheliegendste Möglichkeit, diesen Nachweis zu führen, besteht darin, mittels geeigneter Wertefunktionen die Unabhängigkeit der jeweils hinzugefügten Axiomenschemata von den übrigen nachzuweisen.[23] Hier sei nur ein solcher Nachweis geführt, wir zeigen:

(MA2) *ist unabhängig von* ***K***.

Wir verwenden die Wertefunktionen der klassischen Aussagenlogik und erweitern dieselben um eine Funktion für $\Box$:

A	$\Box A$
0	1
1	1

Nun kann man leicht sehen, daß alle Axiomenschemata von ***K*** bei beliebiger Verteilung der Werte 0 und 1 auf die Aussagenvariablen den Wert 1 annehmen. Die Schlußregeln von ***K*** (also (MP) und (GR)) sind so beschaffen, daß sie diese Eigenschaft erhalten, damit hat jedes Theoremschema von ***K*** bei beliebiger Werteverteilung den Wert 1. Das gilt nicht für $\Box p \to p$ (setze $p = 0$), womit gezeigt ist, daß $\Box A \to A$ kein Theoremschema von ***K*** ist. Bei geeigneter Wahl der Wertefunktionen kann

22 Dieser Kalkül wird in der Literatur häufig mit M bezeichnet. Entsprechend findet man gelegentlich M′ bzw. M″ für S4 bzw. S5.

23 Ausführlicher wird auf diese Art von Unabhängigkeitsbeweisen im Kapitel „Mehrwertige Logik“ eingegangen.

man Unabhängigkeitsbeweise für (MA3) bzw. (MA4) analog führen. Wir überlassen diese Aufgabe dem Leser und verweisen hier lediglich auf die nachfolgende semantische Charakteristik dieser Kalküle, die ausreichend ihre Verschiedenheit widerspiegelt.

Die Beweise der folgenden Theoremschemata sind unkompliziert und darum sei ihre Ausführung bis auf wenige Ausnahmen dem Leser überlassen.

T12. $\vdash_{T} \; A \to \Diamond A$.

T13. $\vdash_{T} \Box A \to \Diamond A$.

T14. $\vdash_{T} \; (A \to B) \to (A \to \Diamond B)$.

T15. $\vdash_{T} \Box(A \vee \sim A) \leftrightarrow A \vee \sim A$.

T16. $\vdash_{T} \; (A \to B) \to (\Box A \to B)$.

In T ist außerdem die Schlußregel

$$(\mathrm{GR}_{\Diamond}) \quad \frac{A}{\Diamond A}$$

ableitbar. Soweit zu T. In S4 bzw. S5 gelten außerdem:

T17. $\vdash_{S4} \Box A \leftrightarrow \Box\Box A$

T17'. $\vdash_{S4} \Diamond A \leftrightarrow \Diamond\Diamond A$

T17''. $\vdash_{S4} \Diamond\Diamond A \to \Diamond A$

T18. $\vdash_{S4} \Box A \to \Box\Diamond\Box A$

T18'. $\vdash_{S4} \Diamond\Box\Diamond A \to \Diamond A$

T19. $\vdash_{S4} \Box\Diamond A \leftrightarrow \Box\Diamond\Box\Diamond A$

T19'. $\vdash_{S4} \Diamond\Box A \leftrightarrow \Diamond\Box\Diamond\Box A$

T20. $\vdash_{S4} \Box\Diamond\Box A \to \Box\Diamond A$

T20'. $\vdash_{S4} \Diamond\Box A \to \Diamond\Box\Diamond A$

T21. $\vdash_{S4} \Box(A \to B) \to \Box(\Box A \to \Box B)$

T22. $\vdash_{S5} A \to \Box\Diamond A$

T23. $\vdash_{S5} \Box A \leftrightarrow \Diamond\Box A$

T23'. $\vdash_{S5} \Diamond A \leftrightarrow \Box\Diamond A$

Zur Illustration geben wir ein Beweisschema für **T18**:

1)	$\Box A \to \Diamond\Box A$	**T12**
2)	$\Box\Box A \to \Box\Diamond\Box A$	1, MR
3)	$\Box A \to \Box\Box A$	MA3
4)	$\Box A \to \Box\Diamond\Box A$	2, 3, AL ∎

Abschließend noch das Beweisschema für **T23**.

1)	$\Box A \to \Diamond\Box A$	**T12**
2)	$\Box A \to \Box\Box A$	MA3
3)	$\Diamond\Box A \to \Diamond\Box\Box A$	2, $MR_{\Diamond}$
4)	$\Diamond\Box\Box A \to \Box A$	MA4
5)	$\Diamond\Box A \to \Box A$	3, 4, AL
6)	$\Box A \leftrightarrow \Diamond\Box A$	1, 5, AL ∎

An dieser Stelle seien einige Bemerkungen nichtformaler Art eingeschoben. Die Kalküle T, S4 und S5, die den Anspruch erheben, wesentliche Eigenschaften alethischer Modalitäten widerzuspiegeln, genügen diesem Anspruch in unterschiedlicher Weise. Zunächst zu T. Hier ist einmal die Forderung realisiert, daß, was notwendig ist, auch wahr sein muß, d. h. (MA2), und entsprechend, was wahr ist, auch möglich sein muß, d. h. **T12**; beide Prinzipien zusammen ergeben **T13**, daß das, was notwendig ist, auch möglich[24] sein muß. Ebenso plausibel sind die in **T1** bzw. **T3** dargestellten Prinzipien: Die Konjunktion zweier Aussagen ist genau dann notwendig (wahr), wenn beide Aussagen notwendig (wahr) sind, bzw. wenn eine der Aussagen A oder B notwendig ist, so ist auch deren Alternative notwendig. Auch das negative Ergebnis, daß **T3** nicht umkehrbar ist (das zweite der in **3.3.2** beschriebenen Modelle widerlegt $\Box(A \vee B) \to \Box A \vee \Box B$), stimmt mit unserer intuitiven Vorstellung von Notwendigkeit überein: Wenn eine Alternative notwendig ist, so muß keineswegs eines der beiden Alternativglieder notwendig sein. Wenn T überhaupt Probleme hinsichtlich dieses intuitiven Verständnisses von Notwendigkeit und Möglichkeit aufwirft, so resultieren diese aus der ableitbaren Regel

$$\text{(MR)} \quad \frac{A \to B}{\Box A \to \Box B}.$$

Diese Regel macht deutlich, daß sich alle die Fragen und Probleme, die sich um die sogenannten „Paradoxien der materialen Implikation" ranken, über diese Regel Eingang in die Modallogik finden (vgl. z. B. **T5** oder **T6**). Dagegen ist zunächst nichts einzuwenden, man muß aber eingestehen, daß die Aufgaben, die am Ausgangspunkt der modernen Modallogik standen, nämlich genau diese Schwachstellen der materialen

24 „Möglich" hier nicht im Sinne von „zufällig" (vgl. die Anmerkung zu (3.2) auf S. 88).

Implikation auszubessern, auf diesem Wege nicht gelöst werden können. Diese Bemerkung schränkt aber keineswegs die Einschätzung ein, daß T wesentliche Aspekte alethischer Modalitäten korrekt widerspiegelt.

Im Unterschied zu den Kalkülen S4 und S5 bietet T jedoch keinen Ansatzpunkt zur Behandlung iterierter Modalitäten, sieht man einmal davon ab, daß man aus (MA2) und **T12** leicht die Schemata $\Box\Box A \to \Box A$ und $\Diamond A \to \Diamond\Diamond A$ beweisen kann. In S4 wird nun der Vorschlag realisiert, iterierte gleichartige Modaloperatoren auf je einen solchen zu reduzieren, also zwischen einer notwendig und einer notwendigerweise notwendig wahren Aussage keinen Unterschied zu machen, wie **T17** besagt. Gleiches gilt automatisch für die Möglichkeit und ist in **T17′** formuliert. Diese durch das Postulat (MA3) bewirkte Festsetzung hat Konsequenzen für das Ausdrucksvermögen der modalen Sprache. Wir werden später zeigen, daß in S4 nicht mehr als 14 voneinander unterscheidbare Modalitäten (im Sinne der Aufeinanderfolge von Zeichen der Art $\Box$, $\Diamond$ bzw. $\sim$) erfaßbar sind.

Noch stärker ist die Einschränkung der Ausdrucksmöglichkeiten im System S5. Hier sind nur noch sechs voneinander unterscheidbare Modalitäten erfaßbar. In S5 gilt genau das als notwendig, was möglicherweise notwendig ist und, analog, genau das als möglich, was notwendigerweise möglich ist (vgl. **T23** und **T23′**).

3.4.2. Relationssemantiken für T, S4 *und* S5

Wir betrachten zunächst den Kalkül T und weisen für diesen eine adäquate Relationssemantik nach.

Definition 3.13. T-*Modell* heißt jedes Modell $\langle \mathscr{W}, \mathrm{R}, v \rangle$, in dem die Relation R reflexiv ist, also jedes Modell für ***K***, in dem die Bedingung

$$\text{(T)} \quad \bigwedge_{w \in \mathscr{W}} w\mathrm{R}w$$

erfüllt ist.

Die Definitionen von Gültigkeit und Allgemeingültigkeit eines Ausdrucks, bezogen auf T-Modelle, liefern die Begriffe der T-Gültigkeit bzw. T-Allgemeingültigkeit eines Ausdrucks.

Satz 3.14. (Adäquatheitssatz für T)

H ist T*-allgemeingültig gdw* $\vdash_{\mathrm{T}} H$.

Beweis: Das Beweisschema bleibt das gleiche wie im vorhergehenden Abschnitt, d. h. wir beweisen zuerst, daß alle Theoreme von T T-allgemeingültig sind. Da die Schlußregeln die gleichen wie für $\boldsymbol{K}$ sind, bleibt lediglich das neu hinzugekommene Axiomenschema auf T-Allgemeingültigkeit zu untersuchen.

Nehmen wir an, daß $v(\Box A \rightarrow A, w) = \mathsf{F}$ für ein bestimmtes T-Modell $\langle \mathscr{W}, \mathsf{R}, v \rangle$ und ein $w \in \mathscr{W}$. Dann ist $v(\Box A, w) = \mathsf{W}$, außerdem $v(A, w) = \mathsf{F}$. Wegen Bedingungen (M5) ist $\bigwedge_{w' \in \mathscr{W}} [w\mathsf{R}w' \Rightarrow v(A, w') = \mathsf{W}]$. Nach (T) gilt aber $w\mathsf{R}w$, also auch $v(A, w) = \mathsf{W}$, ein Widerspruch. Damit ist die T-Allgemeingültigkeit von (MA2) nachgewiesen.

Für den Nachweis der zweiten Teilbehauptung — alle T-allgemeingültigen Ausdrücke sind Theoreme von T — bilden wir wie im Beweis von Lemma 3.12. ein kanonisches Modell, nur sind jetzt die Elemente von $\mathscr{W}^+$ maximal T-konsistente Ausdrucksmengen. Alle anderen Festlegungen bezüglich $\langle \mathscr{W}^+, \mathsf{R}^+, v^+ \rangle$ bleiben unverändert. Die Beweise der Lemmata 3.9. bis 3.11. bedürfen keiner Modifikation, wir ersetzen lediglich in den obigen Formulierungen „K" durch „T". Auch die charakteristische Eigenschaft (3.8) von $\langle \mathscr{W}^+, \mathsf{R}^+, v^+ \rangle$ bleibt erhalten, wir haben lediglich nachzuweisen, daß das so konstruierte Modell $\langle \mathscr{W}^+, \mathsf{R}^+, v^+ \rangle$ ein T-Modell ist, d. h., daß im kanonischen Modell die Bedingung (T) erfüllt ist.

Das ist der Fall, wenn (nach Definition von R^+) für alle $w \in \mathscr{W}^+$ und für alle Ausdrücke C gilt:

$$\Box C \in w \Rightarrow C \in w.$$

Diese Bedingung ist aber trivial erfüllt, da wegen $\vdash_{\mathsf{T}} \Box C \rightarrow C$ nach Lemma 3.9.(2) für $w \in \mathscr{W}^+$ stets $(\Box C \rightarrow C) \in w$ und somit, wiederum nach Lemma 3.9.(5), mit $\Box C \in w$ auch $C \in w$ ist. Diese Überlegung beendet den Adäquatheitsbeweis für T. ∎

Wir formulieren nun die entsprechenden Modellbegriffe für S4 und S5.

Definition 3.15. S4-*Modell* heißt jedes Modell $\langle \mathscr{W}, \mathsf{R}, v \rangle$, in dem die Relation R reflexiv und transitiv ist, d. h. jedes T-Modell in dem die Bedingung

$$\text{(S4)} \quad \bigwedge_{w, w', w'' \in \mathscr{W}} [w\mathsf{R}w'' \wedge w''\mathsf{R}w' \Rightarrow w\mathsf{R}w']$$

erfüllt ist.

S5-*Modell* heißt jedes Modell $\langle \mathscr{W}, \mathsf{R}, v\rangle$, in dem R eine reflexive, transitive und symmetrische Relation ist, d. h. jedes S4-Modell, in dem gilt

$$\text{(S5)} \quad \bigwedge_{w,w' \in \mathscr{W}} [w\mathsf{R}w' \Rightarrow w'\mathsf{R}w].$$

Satz 3.16. *Die so definierten Modellklassen sind für* S4 *bzw.* S5 *adäquat.*

Beweis: Wir haben wiederum lediglich zu zeigen:
a) (MA3) ist in allen T-Modellen mit transitiver Relation allgemeingültig und im kanonischen S4-Modell gilt (S4).
b) (MA4) ist in allen S4-Modellen mit symmetrischer Relation allgemeingültig und im kanonischen Modell für S5 gilt Bedingung (S5).

Wir beschränken uns hier auf den Nachweis der Behauptung (b), da wir im folgenden ein allgemeineres Ergebnis erzielen, aus dem alle Adäquatheitssätze für die hier betrachteten normalen Kalküle als Spezialfälle folgen werden.
Nehmen wir also an, (MA4) sei nicht allgemeingültig, d. h. in einem S5-Modell $\langle \mathscr{W}, \mathsf{R}, v\rangle$ gelte $v(\Diamond\Box A \to A, w) = \mathsf{F}$ für ein $w \in \mathscr{W}$, d. h. also $v(\Diamond\Box A, w) = \mathsf{W}$ und $v(A, w) = \mathsf{F}$. Dann gibt es nach (M6) ein $w^0 \in \mathscr{W}$ mit $w\mathsf{R}w^0$ und $v(\Box A, w^0) = \mathsf{W}$, also $\bigwedge_{w'} [w^0\mathsf{R}w' \Rightarrow v(A, w') = \mathsf{W}]$. Nun gilt aber $w^0\mathsf{R}w$ wegen der Symmetrie von R, somit auch $v(A, w) = \mathsf{W}$. Der so nachgewiesene Widerspruch zeigt die Falschheit unserer Annahme.
Wir zeigen nun, daß im entsprechend konstruierten kanonischen Modell $\langle \mathscr{W}^+, \mathsf{R}^+, v^+\rangle$ die Relation R^+ symmetrisch ist. Sei $w\mathsf{R}w'$. Nehmen wir an, daß $w'\mathsf{R}w$ nicht gelte. Nach Definition von R^+ gibt es dann einen Ausdruck C, für den $\Box C \in w'$ und $C \notin w$. Dann ist $\sim C \in w$, wie sich unmittelbar aus Lemma 3.9 ergibt. Andererseits ist wegen $\vdash_{\mathsf{S5}} \sim C \to \Box\sim\Box C$ (vgl. T22) auch $\sim C \to \Box\sim\Box C \in w$ und somit $\Box\sim\Box C \in w$. Wegen $w\mathsf{R}^+w'$ gilt dann aber auch $\sim\Box C \in w'$. Das würde aber bedeuten, daß w' nicht konsistent ist, im Widerspruch zu $w' \in \mathscr{W}^+$. Damit ist gezeigt:

$$\bigwedge_{w,w' \in \mathscr{W}^+} [w\mathsf{R}^+w' \Rightarrow w'\mathsf{R}^+w].$$

Diese Feststellung beendet den Beweis von (b). ∎

Bevor wir die Darstellung anderer normaler Kalküle beginnen, wollen wir noch einmal auf den eingangs betrachteten Kalkül zurückkommen. In der Anmerkung zu Definition 3.5 haben wir bereits nachgewiesen, daß wir nicht alle Modelle einer Relationssemantik zu betrachten brauchen, sondern nur zusammenhängende. Das bedeutet aber speziell für S5-Modelle (hier ist R eine Äquivalenzrelation), daß in den zusammenhängenden S5-Modellen für beliebige w, w' aus $\mathcal{W}$ gilt: $w\mathsf{R}w'$, d. h. jede Welt ist R-Nachfolger jeder beliebigen Welt. Wenn wir nun noch diese $w \in \mathcal{W}$ mit jeweils vollständigen Belegungen für Aussagenvariablen gleichsetzen, so können wir konstatieren, daß zusammenhängende S5-Modelle nichts anderes als die in **3.2** behandelte Semantik für L darstellen. Damit ist nun auch die Adäquatheit des Kalküls L = S5 zu dieser Semantik nachgewiesen. S5 ist folglich das modallogische System, welches die Art von Notwendigkeit charakterisiert, die durch die LEIBNIZsche Vorschrift determiniert wird.[25]

Wenden wir uns erneut den beschriebenen normalen Kalkülen zu. Die behandelten Beispiele machen eine Zielrichtung unserer Überlegungen deutlich: Mit jedem der (hinsichtlich ***K***) zusätzlichen modalen Postulate korrespondiert eine Modellbedingung gemäß der folgenden Aufstellung:

Postulat		**Modellbedingung**	
(MA2)	$\Box A \rightarrow A$	T:	R ist reflexiv
(MA3)	$\Box A \rightarrow \Box\Box A$	S4:	R ist transitiv
(MA4)	$\Diamond\Box A \rightarrow A$	S5:	R ist symmetrisch

Die Korrespondenz zwischen Postulat und Modellbedingung besagt also, daß die Erweiterung von ***K*** um ein Postulat aus dieser Aufstellung der Modellklasse aller ***K***-Modelle, die der gegenüberstehenden Modellbedingung genügen, adäquat ist. Darüber hinaus erweist sich, und auch das verdeutlichen die behandelten Beispiele, daß die Kombination von zusätzlichen modalen Postulaten mit der Kombination der jeweiligen Modellbedingungen korrespondiert.

So können wir jetzt neben den behandelten auch das sogenannte BROUWER*sche System* B[26] untersuchen. Die Postulate von B sind (AL), (MP), (MA1), (MA2), (MA4), (GR). B-*Modell* ist dann jedes ***K***-Modell, in dem die Relation R reflexiv und symmetrisch ist. Offensichtlich ist B, wie S4 auch, einerseits eine Erweiterung von T und andererseits ein echter Teilkalkül von S5, jedoch ist weder S4 in B noch B in S4 enthalten.

---

25 Die in **3.2** beschriebene Semantik für S5 entspricht der in KRIPKE [1959] veröffentlichten.

26 BECKER [1930] benannte das charakteristische Axiom von B nach BROUWER.

Wir betrachten schließlich noch ein weiteres Axiomenschema, die sogenannte GEACH-*Formel*

(G) $\Diamond\Box A \to \Box\Diamond A$.

Wenn wir (G) zu den Postulaten von S4 hinzufügen, erhalten wir das aus der Literatur bekannte System S4.2. Dieses ist eines der vielen zwischen S4 und S5 angesiedelten Systeme (trivial ist S4.2 eine Erweiterung von S4, andererseits ist (G) eine einfache Schlußfolgerung aus (MA3) und **T22**, d. h. S4.2 ist Teilkalkül von S5). Am Beispiel von (G) wollen wir ein weiteres Mal die Korrespondenz von Postulaten und Modellbedingungen demonstrieren, gleichzeitig aber auch einen Weg zum Auffinden der einem Postulat entsprechenden Modellbedingung aufzeigen.
„Herleitung" der Modellbedingung für (G): $\Diamond\Box A \to \Box\Diamond A$.
Wir nehmen an, in einem Modell $\langle \mathscr{W}, \mathsf{R}, v\rangle$ gelte für ein $w \in \mathscr{W}: v(\Diamond\Box A \to \Box\Diamond A, w) = \mathsf{F}$, d. h. $v(\Diamond\Box A, w) = \mathsf{W}$, also $\bigvee_{w'} [w\mathsf{R}w' \wedge v(\Box A, w') = \mathsf{W}]$, mithin

$$\bigvee_{w'} \left[w\mathsf{R}w' \wedge \bigwedge_{w^0} [w'\mathsf{R}w^0 \Rightarrow v(A, w^0) = \mathsf{W}]\right] \tag{3.9}$$

sowie $v(\Box\Diamond A, w) = \mathsf{F}$, also $\bigvee_{w''} [w\mathsf{R}w'' \wedge v(\Diamond A, w'') = \mathsf{F}]$, folglich

$$\bigvee_{w''} \left[w\mathsf{R}w'' \wedge \bigwedge_{w^1} [w''\mathsf{R}w^1 \Rightarrow v(A, w^1) = \mathsf{F}]\right]. \tag{3.10}$$

Wir wollen nun erreichen, daß in jedem Modell der zu bestimmenden Modellklasse das Schema (G) allgemeingültig ist, d. h. der angenommene Fall $v\big((\mathsf{G}), w\big) = \mathsf{F}$ ist auszuschließen. Darum bestimmen wir die Modellbedingung ausgehend von der Konjunktion von (3.9) und (3.10), d. i.

$$\bigvee_{w'} \left[w\mathsf{R}w' \wedge \bigwedge_{w^0} [w'\mathsf{R}w^0 \Rightarrow v(A, w^0) = \mathsf{W}]\right]$$
$$\wedge \bigvee_{w''} \left[w\mathsf{R}w'' \wedge \bigwedge_{w^1} [w''\mathsf{R}w^1 \Rightarrow v(A, w^1) = \mathsf{F}]\right].$$

Nach Vereinfachung erhalten wir zunächst.

$$\bigvee_{w'} \bigvee_{w''} \bigwedge_{w^0} \big[w\mathsf{R}w' \wedge w\mathsf{R}w'' \wedge [w'\mathsf{R}w^0 \Rightarrow v(A, w^0) = \mathsf{W}]$$
$$\wedge [w''\mathsf{R}w^0 \Rightarrow v(A, w^0) = \mathsf{F}]\big].$$

Diese Bedingung wird unerfüllbar, wenn wir als Modellbedingung

(G) $\bigwedge_{w} \bigwedge_{w'} \bigwedge_{w''} \bigvee_{w^0} [w\mathsf{R}w' \wedge w\mathsf{R}w'' \Rightarrow w'\mathsf{R}w^0 \wedge w''\mathsf{R}w^0]$

wählen, weil ansonsten für ein w^0 gelten müßte: $v(A, w^0) = \mathsf{W}$ und $v(A, w^0) = \mathsf{F}$. Um festzustellen, ob die so gewonnene Modellbedingung mit dem Postulat (G) tatsächlich korrespondiert, verfahren wir folgendermaßen. Wir betrachten das kanonische Modell eines Kalküls $\mathsf{K_G}$, in dem das Schema (G) Postulat oder Theorem ist, und weisen in diesem die Modellbedingung (𝔊) als erfüllt nach.

Seien also w, w_1, w_2 maximal $\mathsf{K_G}$-konsistente Ausdrucksmengen und gelte außerdem $w\mathsf{R}^+w_1$ und $w\mathsf{R}^+w_2$. Wir zeigen zunächst, daß

$$\overline{w} = \{A \mid \Box A \in w_1\} \cup \{B \mid \Box B \in w_2\}$$

$\mathsf{K_G}$-konsistent ist.

Wenn dies nicht der Fall wäre, so gäbe es A_i und B_j ($i = 1, \ldots, n$; $j = 1, \ldots, m$) derart, daß $\Box A_i \in w_1$ und $\Box B_j \in w_2$ und außerdem

$$\vdash_{\mathsf{K_G}} \sim((A_1 \wedge \ldots \wedge A_n) \wedge (B_1 \wedge \ldots \wedge B_m)).$$

Eine einfache aussagenlogische Umformung liefert dann

$$\vdash_{\mathsf{K_G}} (A_1 \wedge \ldots \wedge A_n) \to \sim(B_1 \wedge \ldots \wedge B_m).$$

Schließlich erhalten wir nach Anwendung von (MR″)

$$\vdash_{\mathsf{K_G}} (\Box A_1 \wedge \ldots \wedge \Box A_n) \to \Box\sim(B_1 \wedge \ldots \wedge B_m).$$

Die weiteren Überlegungen basieren wesentlich auf den in Lemma 3.9 beschriebenen Eigenschaften maximal konsistenter Ausdrucksmengen sowie der Definition der Relation R^+ im kanonischen Modell. Wegen $\Box A_i \in w_1$ ist also auch $\Box\sim(B_1 \wedge \ldots \wedge B_m) \in w_1$. Nun folgt aus $w\mathsf{R}^+w_1$ $\Diamond\Box\sim(B_1 \wedge \ldots \wedge B_m) \in w$. Wegen (G) ist damit zugleich $\Box\Diamond\sim(B_1 \wedge \ldots \wedge B_m) \in w$. Da wir $w\mathsf{R}^+w_2$ vorausgesetzt hatten, gilt also auch $\Diamond\sim(B_1 \wedge \ldots \wedge B_m) \in w_2$, d. h. nichts anderes als $\sim\Box(B_1 \wedge \ldots \wedge B_m) \in w_2$.

Andererseits hatten wir aber $\Box B_j \in w_2$ für $j = 1, \ldots, m$ vorausgesetzt, damit ist auch $\Box(B_1 \wedge \ldots \wedge B_m) \in w_2$ im Widerspruch zur Konsistenz von w_2.

Damit ist $\overline{w}$ $\mathsf{K_G}$-konsistent und kann nach Lemma 3.10 zu einer maximal $\mathsf{K_G}$-konsistenten Ausdrucksmenge erweitert werden. Für eine solche – nennen wir sie w^0 – gilt nach Konstruktion $w_1\mathsf{R}^+w^0$ sowie $w_2\mathsf{R}^+w^0$, d. h., die Bedingung (𝔊) ist im kanonischen Modell erfüllt.

Insbesondere ist mithin nachgewiesen, daß S4.2 in der Klasse der ***K***-Modelle, in denen R eine reflexive, transitive und der Bedingung (𝔊) genügende Relation ist, adäquat repräsentiert ist.

Wir beschreiben nunmehr eine Verallgemeinerung der bisher erzielten Resultate, wobei gleichzeitig eine Reihe anderer, bisher von uns nicht untersuchter normaler Modallogiken der Untersuchung zugänglich wird. Das Verdienst, eine solche Verallgemeinerung in der Form eines unifizierenden Prinzips gefunden zu haben, gebührt E. J. LEMMON[27].

Wir legen zunächst fest, daß $\Box^k$ für $k \geqq 1$ eine Abkürzung für k aufeinanderfolgende $\Box$ ist, d. h.

$$\Box^k H \overset{\text{def}}{=} \underbrace{\Box \ldots \Box}_{k\,\text{mal}} H .$$

Analog bestimmen wir

$$\Diamond^k H \overset{\text{def}}{=} \underbrace{\Diamond \ldots \Diamond}_{k\,\text{mal}} H .$$

Für $k = 0$ definieren wir:

$$\Box^0 H \overset{\text{def}}{=} H, \qquad \Diamond^0 H \overset{\text{def}}{=} H .$$

Wir betrachten jetzt folgende Verallgemeinerung des Schemas (G).

(G′) $\quad \Diamond^m \Box^n H \rightarrow \Box^p \Diamond^q H .$

Offensichtlich wandelt sich (G′) bei entsprechender Auswahl von p, q, m und n jeweils zu (MA2), (MA3), (MA4) bzw. (G).

Bevor wir die zu (G′) korrespondierende Modellbedingung formulieren, müssen wir noch eine Festlegung treffen. Sei eine binäre Relation R gegeben. Dann definieren wir die Potenzen von R wie folgt:

$$a\mathsf{R}^1 b \quad \text{gdw} \quad a\mathsf{R}b$$

$$a\mathsf{R}^{n+1} b \quad \text{gdw} \quad \bigvee_c [a\mathsf{R}^n c \wedge c\mathsf{R}b],$$

so daß z. B.

$$a\mathsf{R}^2 b \quad \text{gdw} \quad \bigvee_c [a\mathsf{R}c \wedge c\mathsf{R}b],$$

$$a\mathsf{R}^3 b \quad \text{gdw} \quad \bigvee_c [a\mathsf{R}^2 c \wedge c\mathsf{R}b].$$

Wir legen außerdem fest

$$a\mathsf{R}^0 b \quad \text{gdw} \quad a = b .$$

---

27 Die folgende Darstellung stützt sich auf dessen Arbeit [1977], wo der interessierte Leser auch eine Reihe anderer wichtiger Ergebnisse über Modallogiken findet.

Mit ($\mathfrak{G}'$) bezeichnen wir nun die Modellbedingung

$$(\mathfrak{G}')\colon \quad \bigwedge_{w} \bigwedge_{w'} \bigwedge_{w''} \left[w\mathsf{R}^m w' \wedge w\mathsf{R}^p w'' \Rightarrow \bigvee_{w^0} [w'\mathsf{R}^n w^0 \wedge w''\mathsf{R}^q w^0] \right],$$

die offensichtlich eine Verallgemeinerung von ($\mathfrak{G}$) ist.

Wie zuvor zeigen wir die Korrespondenz von (G') und ($\mathfrak{G}'$) in zwei Teilschritten.

1. Schritt: (G') ist in jedem ***K***-Modell, das die Bedingung ($\mathfrak{G}'$) erfüllt, gültig.

Beweis: Wir nehmen an, das Gegenteil sei der Fall, d. h. es sei

$$v(\Diamond^m \Box^n A \to \Box^p \Diamond^q A, w) = \mathsf{F},$$

also

$$v(\Diamond^m \Box^n A, w) = \mathsf{W} \tag{3.11}$$

und

$$v(\Box^p \Diamond^q A, w) = \mathsf{F}. \tag{3.12}$$

Die m-malige Anwendung von (**M6**) auf (**3.11**) ergibt

$$\bigvee_{w'} [w\mathsf{R}^m w' \wedge v(\Box^n A, w') = \mathsf{W}]. \tag{3.13}$$

Analog ergibt die p-fache Anwendung von (**M5**) auf (**3.12**)

$$\bigvee_{w''} [w\mathsf{R}^p w'' \wedge v(\Diamond^q A, w'') = \mathsf{F}]. \tag{3.14}$$

Die Bedingung ($\mathfrak{G}'$) erlaubt nun die Schlußfolgerung

$$\bigvee_{w^0} [w'\mathsf{R}^n w^0 \wedge w''\mathsf{R}^q w^0]. \tag{3.15}$$

Andererseits bedeutet $v(\Box^n A, w') = \mathsf{W}$ aus (**3.13**), daß

$$\bigwedge_{w'''} [w'\mathsf{R}^n w''' \Rightarrow v(A, w''') = \mathsf{W}],$$

also insbesondere für w^0 aus (**3.15**)

$$v(A, w^0) = \mathsf{W}. \tag{3.16}$$

Eine analoge Überlegung bezüglich (**3.14**) und (**3.15**) führt zu

$$v(A, w^0) = \mathsf{F}. \tag{3.17}$$

Der Widerspruch zwischen (**3.16**) und (**3.17**) führt unsere Annahme ad absurdum. ∎

2. Schritt: Sei S eine konsistente Erweiterung von K, die (G′) beinhaltet, d. h. gelte $\vdash_S$ (G′). Sei ferner $\langle \mathscr{W}^+, R^+, v^+ \rangle$ das kanonische Modell von S. Dann erfüllt R^+ die Bedingung (𝔊′).

Beweis: Seien $w, w', w'' \in \mathscr{W}^+$ derart, daß $w(R^+)^m w'$ und $w(R^+)^p w''$. Wir zeigen zuerst, daß die Ausdrucksmenge

$$\{A \mid \Box^n A \in w'\} \cup \{B \mid \Box^q B \in w''\}$$

S-konsistent ist. Andernfalls gäbe es $A_1, \ldots, A_k, B_1, \ldots, B_l$ in dieser Menge, für die gilt

$$\vdash_S \sim((A_1 \wedge \ldots \wedge A_k) \wedge (B_1 \wedge \ldots \wedge B_l)),$$

und somit

$$\vdash_S A_1 \wedge \ldots \wedge A_k \rightarrow \sim(B_1 \wedge \ldots \wedge B_l).$$

Daher liefert die n-fache Anwendung von (MR″)

$$\vdash_S \Box^n A_1 \wedge \ldots \wedge \Box^n A_k \rightarrow \Box^n \sim(B_1 \wedge \ldots \wedge B_l).$$

Da für $i = 1, \ldots, k$ gilt: $\Box^n A_i \in w'$, ist also auch $\Box^n \sim(B_1 \wedge \ldots \wedge B_l) \in w'$. Wegen $w(R^+)^m w'$ ist folglich $\Diamond^m \Box^n \sim(B_1 \wedge \ldots \wedge B_l) \in w$. Die Beachtung des Theoremschemas (G′) führt entsprechend dem Lemma **3.9** zur Schlußfolgerung, daß auch $\Box^p \Diamond^q \sim(B_1 \wedge \ldots \wedge B_l) \in w$ gilt. Wegen $w(R^+)^p w''$ ist also $\Diamond^q \sim(B_1 \wedge \ldots \wedge B_l) \in w''$, d. h.

$$\sim\Box^q(B_1 \wedge \ldots \wedge B_l) \in w''.$$

Andererseits hatten wir für alle B_j $(j = 1, \ldots, l)$: $\Box^q B_j \in w''$ vorausgesetzt, so daß folglich auch $\Box^q(B_1 \wedge \ldots \wedge B_l) \in w''$. Der somit nachgewiesene Widerspruch schließt den Beweis der S-Konsistenz von $\{A \mid \Box^n A \in w'\} \cup \{B \mid \Box^q B \in w''\}$ ab. Diese Menge kann also nach dem LINDENBAUMschen Satz (Lemma **3.10**) zu einer maximal S-konsistenten Ausdrucksmenge w^0 erweitert werden. Man sieht leicht, daß w^0 eine Menge ist, deren Existenz in (𝔊′) behauptet wird (offensichtlich gilt nach Definition von R^+ und nach Konstruktion von w^0: $w'(R^+)^n w^0$ sowie $w''(R^+)^q w^0$). ∎

Damit ist gezeigt: (𝔊′) ist eine mit dem Ausdrucksschema (G′) korrespondierende Modellbedingung.

Wir betrachten schließlich einige Spezialfälle von (G′):

(1) $m = p = q = 0, n = 1$:

(G′) wird zu (MA2): $\Box A \to A$. Entsprechend wird (G′) zu

$$\bigwedge_{w} \bigwedge_{w'} \bigwedge_{w''} \left[w\mathsf{R}^0 w' \wedge w\mathsf{R}^0 w'' \Rightarrow \bigvee_{w^0} [w'\mathsf{R}w^0 \wedge w''\mathsf{R}^0 w^0] \right].$$

Bei Berücksichtigung der Definition von R^0 erhalten wir daraus

$$\bigwedge_{w} \bigwedge_{w'} \bigwedge_{w''} \left[w = w' \wedge w = w'' \Rightarrow \bigvee_{w^0} [w'\mathsf{R}w^0 \wedge w'' = w^0] \right],$$

was unschwer als Reflexivitätsbedingung für R auszumachen ist.

(2) $m = q = 0, n = 1, p = 2$:

(G′) wird dann zu (MA3): $\Box A \to \Box\Box A$. (G′) liefert in diesem Fall

$$\bigwedge_{w} \bigwedge_{w'} \bigwedge_{w''} \left[w = w' \wedge w\mathsf{R}^2 w'' \Rightarrow \bigvee_{w^0} [w'\mathsf{R}w^0 \wedge w'' = w^0] \right],$$

d. h.

$$\bigwedge_{w} \bigwedge_{w''} [w\mathsf{R}^2 w'' \Rightarrow w\mathsf{R}w''],$$

also die Transitivität von R.

(3) $m = n = 1, p = q = 0$:

(G′) wird zu (MA4). (G′) liefert die Symmetriebedingung für R.

(4) $m = p = 0, n = q = 1$:

(G′) wird zu: $\Box A \to \Diamond A$ (oft als Schema D bezeichnet), (G′) zu:

$$\bigwedge_{w} \bigvee_{w^0} w\mathsf{R}w^0,$$

d. h. jedes w hat mindestens einen R-Nachfolger. Die Tatsache, daß $\Box A \to \Diamond A$ in T ein Theoremschema ist (**T13**), schränkt nicht die mögliche Verwendung als Axiomenschema ein. In ***K*** ist **T13** nicht beweisbar, deshalb ist das Hinzufügen von **T13** zu den Postulaten von ***K*** eine echte Erweiterung von ***K***.

Am Rande sei vermerkt, daß bei der Behandlung deontischer Modalitäten im Rahmen von normalen Modalkalkülen häufig auf das Schema D (**T13**) zurückgegriffen wurde.

(5) $m = n = p = 1, q = 0$:

(G′) wird dann zu: $\Diamond\Box A \rightarrow \Box A$ (auch als Schema E bezeichnet), (𝔊′) zu

$$\bigwedge_{w}\bigwedge_{w'}\bigwedge_{w''}[wRw' \wedge wRw'' \Rightarrow w'Rw''].\tag{3.18}$$

(6) $m = p = 1, n = q = 0$:

(G′) wird zum Schema: $\Diamond A \rightarrow \Box A$. Die korrespondierende Modellbedingung (𝔊′) hat dann die Form

$$\bigwedge_{w}\bigwedge_{w'}\bigwedge_{w''}[wRw' \wedge wRw'' \Rightarrow w' = w''],$$

d. h. jedes $w \in \mathscr{W}$ hat höchstens einen Nachfolger.

(7) $m = n' = q = 0, p = 1$:

(G′) wird zu: $A \rightarrow \Box A$, (𝔊′) zu

$$\bigwedge_{w}\bigwedge_{w'}[wRw' \Rightarrow w = w'].$$

Die angeführten Beispiele illustrieren die vielseitige Anwendbarkeit von (G′) bei der Untersuchung modallogischer Systeme. Auch wenn nicht alle denkbaren zusätzlichen Postulate damit erfaßt werden können (so z. B. weder $\Diamond\Diamond A$ noch $\Box\Diamond\Diamond A$; auch (MA1) ist nicht als Spezialfall von (G′) darstellbar), liegen die Vorzüge eines solchen unifizierenden Herangehens auf der Hand. Der erste und wichtigste besteht darin, daß für eine Kalkülfamilie ein einheitlicher Adäquatheitsbeweis gegeben werden kann und dann jeweils lediglich die entsprechenden Modellbedingungen spezifiziert werden müssen. Die Kombination verschiedener Postulate liefert (wenn konsistent möglich) unterschiedliche Modallogiken. Davon konnten wir uns am Beispiel der Kalküle T, S4, S5 und B überzeugen. Aber nicht jede solche Postulatemenge liefert einen neuen Kalkül,[28] wie man am Beispiel von S5 sehen kann. Neben der bereits angeführten Menge (AL), (MA1)–(MA4), (MP), (GR) ist auch (AL), (MA1), (MA2), $\Diamond\Box A \rightarrow \Box A$, (MP), (GR) eine Postulatemenge für S5. Das kann man zeigen, indem man die wechselseitige Beweisbarkeit der Postulate demonstriert, oder aber, indem man die Modellbedingungen vergleicht und als äquivalent nachweist. Mit $\vdash_{S5} \Diamond\Box A \rightarrow \Box A$ (T23) haben wir bereits einen Teil der oben formulierten Behauptung nachgewiesen, den verbleibenden Teil beweisen wir auf semantischer Ebene.

28 Ausführlich dazu z. B. in Feys [1965].

Wir zeigen, daß die Modellbedingungen für (MA3) und (MA4) aus den Modellbedingungen für (MA1), (MA2) und $\Diamond\Box A \rightarrow \Box A$ ableitbar sind. Sei zunächst $w\mathsf{R}w'$. Dann ist auch $w\mathsf{R}w' \wedge w\mathsf{R}w$, folglich (vgl. (3.18)) auch $w'\mathsf{R}w$. R ist also eine symmetrische Relation, und dies ist ja gerade die Modellbedingung für (MA4). Sei jetzt $w\mathsf{R}w'$ sowie $w'\mathsf{R}w''$. Wegen der bereits gezeigten Symmetrie von R gilt also auch $w'\mathsf{R}w \wedge w'\mathsf{R}w''$, somit (wiederum nach (3.18)) $w\mathsf{R}w''$, d. h. R ist transitiv (Modellbedingung für (MA3)).

Neben dem Nachweis von Abhängigkeiten (u. U. wechselseitigen) zwischen den Kalkülen spielen die korrespondierenden Modellbedingungen eine wichtige Rolle beim Nachweis der Verschiedenheit zweier Kalküle. Wir haben bereits eine Methode für die Lösung dieser Aufgabe demonstriert. Hier sei darauf hingewiesen, daß es unter Beachtung der Modellbedingung(en) relativ einfach ist, ein widerlegendes Modell für einen Ausdruck zu konstruieren. Wenn wir also nachweisen wollen, daß S5 eine echte Erweiterung von S4 ist, so müssen wir ein Modell konstruieren, in dem R eine reflexive und transitive, nicht aber symmetrische Relation ist Der Leser überzeugt sich leicht davon, daß $\langle \mathscr{W}, \mathsf{R}, v\rangle$ mit

$$\mathscr{W} = \{w_1, w_2\}$$

$$\mathsf{R} = \{\langle w_1, w_1\rangle, \langle w_1, w_2\rangle, \langle w_2, w_2\rangle\}$$

$$v(p, w_1) = \mathsf{F}, \quad v(p, w_2) = \mathsf{W}$$

$v(a, w_i) = \mathsf{W}$ für $i = 1, 2$ und alle von p verschiedenen Aussagenvariablen a

ein widerlegendes Modell für $\Diamond\Box p \rightarrow \Box p$ ist.

Wir setzen voraus, daß für alle hier beschriebenen Kalküle solche Beweise leicht rekonstruierbar sind. Zwischen ***K***, T, S4, B und S5 bestehen also die folgenden Beziehungen (→ steht für echtes Enthaltensein eines Kalküls in einem anderen):

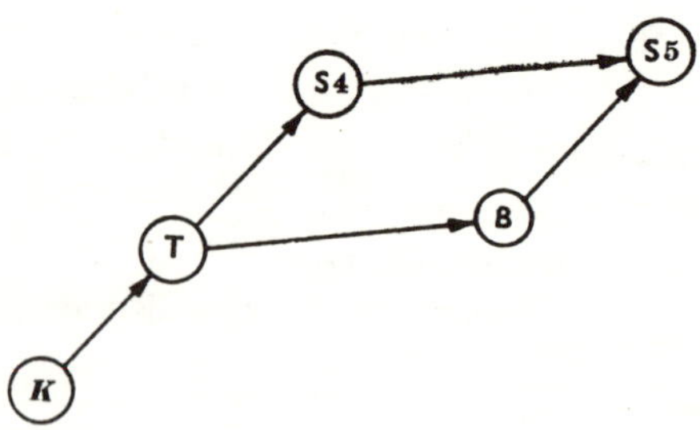

Wir beschränken uns auf diese wenigen Kalküle. Leser, die an anderen normalen Kalkülen, so z. B. am Kontinuum von Kalkülen zwischen S4 und S5, an S4.1, S4.2, S6 oder aber an S1–S3 interessiert sind, verweisen wir auf spezielle Literatur[29].

Bevor wir einige spezielle Eigenschaften der beschriebenen Kalküle darlegen, ist noch eine Anmerkung zu den Fällen (6) und (7) der Diskussion von (G′) zu machen. Auch wenn sich die hier untersuchten Modalausdrücke prinzipiell von den vorhergehenden unterscheiden, bestätigt dennoch ihre Analyse eine grundlegende Schlußfolgerung hinsichtlich der Anwendung der Relationssemantik.

Wenn in den Fällen (1) bis (5) Modalausdrücke behandelt werden, die – zumindest teilweise – unserer intuitiven Auffassung von Modaloperatoren entsprechen (oder ihr wenigstens nicht widersprechen), so sind in den Fällen (6) und (7) Ausdrücke gebildet worden, die unserer Intuition konträr sind. Es ist wohl kaum jemand geneigt zu akzeptieren, daß – wie bei (6) – Notwendigkeit von der Möglichkeit impliziert wird bzw. daß, wenn eine Aussage wahr ist, dieselbe auch notwendig wahr ist wie bei (7). Ein Vorzug der Relationssemantik, in diesem Fall ihr „heuristischer" Aspekt, wird auch gerade durch diese entarteten Postulate bestätigt. Die Modellbedingungen lassen nämlich auch die entsprechenden Modelle entarten.

Das im Fall (6) diskutierte Schema ergibt zusammen mit **T13** (vgl. Fall (4)): $\Diamond A \leftrightarrow \Box A$. Ein solches Ausdrucksschema bewirkt die Gleichsetzung von Möglichkeit und Notwendigkeit. Es ist nun bemerkenswert. daß die korrespondierende Modellbedingung, das ist in diesem Fall $\bigwedge_{w} \bigvee_{w^0} \bigwedge_{w'} [w\mathsf{R}w^0 \wedge [w\mathsf{R}w' \Rightarrow w' = w^0]]$, fordert, daß jede mögliche Welt genau einen Nachfolger hat.

Noch illustrativer ist Fall (7). Die entsprechende Modellbedingung lautet: Jede mögliche Welt hat höchstens sich selbst zum Nachfolger. Wenn wir (MA2) und $A \rightarrow \Box A$ gemeinsam postulieren, erhalten wir offensichtlich das Theoremschema $A \leftrightarrow \Box A$. Das bedeutet, daß alle modalen Ausdrücke auf nichtmodale reduzierbar sind. Dann ist $\Box$ redundant und somit die eingangs vereinbarte Spracherweiterung fiktiv. Die entsprechende Modellstruktur ist nun determiniert: Es gibt genau

29 Lemmon [1977] und Gabbay [1976] für weitere Kombinationen der oben diskutierten Postulate; Zeman [1973] und Chellas [1980] behandeln dieses Problem in einem größeren Rahmen.

eine mögliche Welt.[30] Das ist im Grunde genommen eine entartete Relationssemantik, ist aber auch gerade die Semantik der klassischen Aussagenlogik.

3.4.4. *Entscheidbarkeit*

Eine Schlüsselfrage bei der Untersuchung eines logischen Systems ist die Frage seiner Entscheidbarkeit, d. h. das Problem, ob es einen solchen Algorithmus gibt, der nach einer endlichen Zahl von Teilschritten eine Antwort auf die Frage liefert, ob ein bestimmter Ausdruck Theorem des Systems ist oder nicht. So theoretisch diese Fragestellung auch erscheinen mag, sie hat einen wichtigen praktischen Aspekt. Im Falle einer positiven Antwort ist die Darstellung dieses Systems in anderer Form, etwa als Tableaux- oder als Sequenzenkalkül[31] der Weg zu einem effektiveren Beweisbegriff.

Da alle der hier betrachteten Kalküle endlich axiomatisiert sind, liefert der nachfolgend skizzierte Nachweis der Endliche-Modell-Eigenschaft (*fmp*)[32] einen effektiven Weg zur Lösung des Entscheidbarkeitsproblems.

Definition 3.17. Ein logisches System hat die *Endliche-Modell-Eigenschaft* (*fmp*) genau dann, wenn es für jeden nicht allgemeingültigen Ausdruck H ein widerlegendes endliches Modell aus der adäquaten Modellklasse gibt, d. h. ein solches Modell $\langle \mathscr{W}, \mathsf{R}, v \rangle$, für das $\mathscr{W}$ eine endliche Menge ist und in dem $v(H, w) = \mathsf{F}$ für ein $w \in \mathscr{W}$ gilt.[33]

Der Nachweis der *fmp* ermöglicht es, die nicht allgemeingültigen Ausdrücke eines Systems auszusondern. Die *fmp* stellt nur eine hinreichende Bedingung für die Entscheidbarkeit dar; darüber und über andere Verfahren zum Nachweis der Entscheidbarkeit siehe z. B. Gabbay [1976, S. 124ff. bzw. 215ff.].

Wir wollen nachfolgend eine relativ allgemeine Prozedur zum Nachweis der *fmp* darstellen, die sogenannte Filtration. Die Grundidee besteht

30 Genauer: Alle möglichen Welten sind voneinander isoliert, d. h. man kann sie für die Bewertung modaler Ausdrücke außer acht lassen und sich auf den Fall einer einzigen möglichen Welt beschränken.

31 Für diese Art der Darstellung von Kalkülen s. z. B. Berka/Kreiser [1983].

32 finite model property

33 Beispiele endlicher widerlegender Modelle siehe im vorhergehenden Abschnitt.

darin, daß wir für einen beliebigen Ausdruck H ein Verfahren angeben, ein Modell für die Bewertung von H auf ein endliches Modell aus derselben Modellklasse zu kontrahieren, so daß die Bewertung von H unverändert bleibt. Dazu greifen wir auf eine recht allgemeine mathematische Methode, die Äquivalenzklassenbildung, zurück.

Sei Γ eine nichtleere Ausdrucksmenge, die alle Teilausdrücke der Ausdrücke aus Γ enthält, also hinsichtlich Teilausdrücken abgeschlossen ist. Sei außerdem $\mathfrak{M} = \langle \mathcal{W}, \mathsf{R}, v \rangle$ ein Modell aus der entsprechenden Modellklasse. Wir definieren zunächst die Äquivalenzrelation $\equiv_\Gamma$ in $\mathcal{W}$:

$$w \equiv_\Gamma w' \quad \text{gdw} \quad \text{für alle } H \in \Gamma\text{: } v(H, w) = v(H, w').$$

Damit können wir in $\mathcal{W}$ Äquivalenzklassen bestimmen:

$$[w]_\Gamma \overset{\text{def}}{=} \{w' \mid w \equiv_\Gamma w'\},$$

wir setzen außerdem

$$\mathcal{W}^* \overset{\text{def}}{=} \{[w]_\Gamma \mid w \in \mathcal{W}\}.$$

Ferner definieren wir R^* und v^* durch:

$$[w]_\Gamma \, \mathsf{R}^* [w']_\Gamma \quad \text{gdw} \quad w \mathsf{R} w',$$

$$v^*(\alpha, [w]_\Gamma) = v(\alpha, w) \quad \text{für alle Aussagenvariablen } \alpha \in \Gamma,$$

$$v^*(\beta, [w]_\Gamma) = \mathsf{F} \quad \text{für alle anderen Aussagenvariablen.}$$

Das so definierte Tripel $\mathfrak{M}^* = \langle \mathcal{W}^*, \mathsf{R}^*, v^* \rangle$ ist ein Modell der gleichen Modellklasse wie $\mathfrak{M}$; $\mathcal{W}^*$ ist eine nichtleere Menge, v^* eine Bewertung aller Aussagenvariablen, R^* eine binäre Relation in $\mathcal{W}^*$, die die gleichen Modellbedingungen erfüllt, wie R in $\mathcal{W}$.[34]

Die wichtigste Eigenschaft von $\mathfrak{M}^* = \langle \mathcal{W}^*, \mathsf{R}^*, v^* \rangle$ konstatiert folgender Satz.

Satz 3.18. *Für beliebige $H \in \Gamma$ gilt: für alle $[w]_\Gamma \in \mathcal{W}^*$ ist $v^*(H, [w]_\Gamma) = v(H, w)$.*

Mit anderen Worten, $\mathfrak{M}^*$ erhält für alle Ausdrücke aus Γ die Bewertung

34 Ausführlich siehe CHELLAS [1980]. Die Definition von R^* ist nur die naheliegendste von vielen möglichen, die beschriebene Filtration eine von vielen. Sie erhält — und das ist allein wesentlich für die Filtration — solche Eigenschaften von R wie Reflexivität, Symmetrie, Transitivität; der vorstehende Beweis gilt also u. a. für ***K***, **T**, **S4**, **S5**, **B**.

aus dem Modell $\mathfrak{M}$. Der Beweis dieses Satzes erfolgt mittels Induktion über den Aufbau des Ausdrucks H. Dabei bildet die Definition von v^* die Induktionsbasis; die Untersuchung der einzelnen Fälle ist problemlos.

Betrachten wir nun den speziellen Fall einer endlichen nichtleeren Ausdrucksmenge Γ; Γ enthalte n Ausdrücke. Dann gibt es, wie bekannt, höchstens 2^n unterschiedliche Verteilungen der Werte W und F auf die Ausdrücke von Γ, d. h. im Modell $\mathfrak{M}$ gibt es höchstens 2^n Elemente von $\mathscr{W}$, die sich hinsichtlich ihrer Bewertung von Ausdrücken aus Γ unterscheiden. Bei der Filtration hatten wir aber genau diejenigen $w \in \mathscr{W}$, die sich hinsichtlich der Bewertung von Γ nicht unterscheiden, in Äquivalenzklassen zusammengefaßt. Das Ergebnis der Filtration ist also ein Modell $\mathfrak{M}^*$, bei dem $\mathscr{W}^*$ maximal 2^n Elemente enthält, also endlich ist. Das ist das entscheidende Resultat der Filtration: ein endliches Modell im Falle endlicher Γ. Wenn wir nun einen Ausdruck H widerlegen, d. h. als nicht allgemeingültig nachweisen wollen, so bilden wir $\Gamma(H)$, die Menge aller Teilausdrücke von H. $\Gamma(H)$ ist endlich, das Ergebnis der Filtration eines beliebigen Modells enthält maximal 2^n verschiedene Welten (hier ist n die Anzahl aller Teilausdrücke von H). Wenn es also ein widerlegendes Modell für H gibt, so gibt es auch ein widerlegendes Modell, das nicht mehr als 2^n Elemente enthält. Die Überprüfung aller Modelle mit höchstens 2^n Welten entscheidet also über die Allgemeingültigkeit von H. Da es offensichtlich nur endlich viele verschiedene Modelle mit höchstens 2^n Welten gibt, ist diese Überprüfung aber in endlich vielen Teilschritten beendet.

Das ist nur eine prinzipielle Lösung des Entscheidungsproblems. Schon für einfache Ausdrücke ist die Zahl der in Frage kommenden Modelle sehr groß. Für einen Ausdruck wie $p \rightarrow \Box p$ z. B. müßten wir alle Modelle mit ($n = 3$) 8 möglichen Welten untersuchen. Das widerlegende Modell im vorhergehenden Abschnitt zeigt jedoch, daß wir mit zwei Welten auskommen. Uns kam es hier zunächst auf eine solche prinzipielle Lösung an. Wir konstatieren die Entscheidbarkeit der Kalküle T, S4, S5. Eine Liste entscheidbarer Kalküle findet man z. B. in Gabbay [1976, S. 231]. Dort sind auch Beispiele nichtentscheidbarer Kalküle angegeben.

Das hier beschriebene Entscheidungsverfahren gestattet, wie schon erwähnt, eine prinzipielle Lösung des Problems, wird aber kaum praktische Anwendung finden. Für eine Reihe von Kalkülen ist jedoch eine weitere wesentliche Reduktion der Zahl der zu untersuchenden Modelle möglich, s. etwa Lemmon [1977, S. 79ff.].

Wir wenden uns schließlich einem weiteren Charakteristikum modaler Kalküle zu — ihrer Ausdrucksfähigkeit. Zunächst einmal ist festzustellen, daß durch den Zeichenvorrat einer formalen Sprache der Rahmen dessen, was man in ebendieser Sprache ausdrücken kann, abgesteckt ist. Wir haben bereits gesehen, daß man in der von uns gewählten Sprache über Notwendigkeit und Möglichkeit ($\Diamond$ als Abkürzung von $\sim\Box\sim$) reden kann, ebenso kann man aber auch die Unmöglichkeit oder etwa die Zufälligkeit des durch die Aussage A beschriebenen Sachverhalts ($\Box\sim A$ bzw. $\sim\Box A \wedge \sim\Box\sim A$) sprachlich fixieren.

Wir wenden uns einem Aspekt der Ausdrucksfähigkeit zu — der Reduzierbarkeit iterierter Modaloperatoren. In den unterschiedlichen Modalkalkülen werden verschiedene Explikationen modaler Ausdrücke vorgenommen. So gilt z. B. in S4, daß Notwendigkeit beliebige Iterationen von Notwendigkeit impliziert (vgl. $\Box A \to \Box\Box A$). Wie man unschwer am T-Modell $\langle \mathscr{W}, \mathsf{R}, v \rangle$

$$\mathscr{W} = \{w_1, w_2, w_3\},$$

$$\mathsf{R} = \{\langle w_1, w_1\rangle, \langle w_1, w_2\rangle, \langle w_2, w_2\rangle, \langle w_2, w_3\rangle, \langle w_3, w_3\rangle\},$$

$$v(p, w_1) = v(p, w_2) = \mathsf{W}, \quad v(p, w_3) = \mathsf{F},$$

$v(\alpha, w_i) = \mathsf{F}$ für $i = 1, 2, 3$ und beliebige von p verschiedene Aussagenvariablen α,

sieht, ist $v(\Box p \to \Box\Box p, w_1) = \mathsf{F}$, d. h. für die in T explizierte Notwendigkeit gilt diese Eigenschaft nicht.

Das bedeutet aber auch folgendes: In S4 ist eine beliebige Iteration eines Notwendigkeitsoperators reduzierbar auf diesen einen, d. h. es gilt $\vdash_{S4} \Box A \leftrightarrow \Box^n A$ (und analog $\vdash_{S4} \Diamond A \leftrightarrow \Diamond^n A$). Damit erweitert aber der Gebrauch z. B. iterierter Notwendigkeit nicht die Ausdrucksfähigkeit; auch wenn die Sprache (in diesem Fall die Ausdrucksdefinition) solche Iterationen zuläßt, erhält man doch nur der einfachen Notwendigkeit (in S4) logisch äquivalente Ausdrücke.

Am Beispiel der Kalküle T, S4 und S5 wollen wir dieses Problem näher analysieren. Zunächst einige Definitionen.

Als *modales Präfix*[35] bezeichnen wir eine beliebige endliche Folge von

---

35 Verschiedentlich wird eine solche Folge auch als Modalität bezeichnet.

Zeichen aus $\{\sim, \Box, \Diamond\}$, die Länge der Folge bezeichnen wir als *Rang* des modalen Präfixes. Die leere Folge hat den Rang 0.
Die verschiedenen modalen Präfixe vom Rang 1 sind $\sim$, $\Box$, $\Diamond$, den Rang 2 haben $\Box\Box$, $\sim\Box$, $\Box\sim$, $\sim\sim$, $\Diamond\sim$, $\sim\Diamond$, $\Diamond\Diamond$, $\Diamond\Box$, $\Box\Diamond$, (auf Grund der Definition von $\Diamond$ sind $\sim\Box$ und $\Diamond\sim$ bzw. $\Box\sim$ und $\sim\Diamond$ jeweils äquivalente modale Präfixe, d. h. für beliebige Ausdrücke H gilt $\vdash \sim\Box H \leftrightarrow \Diamond\sim H$ und $\vdash \Box\sim H \leftrightarrow \sim\Diamond H$).
Ein modales Präfix α mit dem Rang n nennen wir *reduzierbar* im Kalkül S gdw es ein modales Präfix β mit dem Rang $m < n$ gibt, so daß für beliebige Ausdrücke H: $\vdash_S \alpha H \leftrightarrow \beta H$.
Als Maß der Ausdrucksfähigkeit eines modalen Kalküls wollen wir die Anzahl nichtreduzierbarer nichtäquivalenter modaler Präfixe ansehen. Für die einzelnen Kalküle gilt nun:

1. In T gibt es unendlich viele nichtäquivalente nichtreduzierbare modale Präfixe. Wir haben bereits gezeigt, daß $\nvdash_T \Box A \leftrightarrow \Box\Box A$, ebenso gelten $\nvdash_T \Diamond A \leftrightarrow \Box\Box A$, $\nvdash_T \sim A \leftrightarrow \Box\Box A$, $\nvdash_T A \leftrightarrow \Box\Box A$. Damit haben wir gezeigt, daß es in T modale Präfixe mit dem Rang 2 gibt, die nicht reduzierbar sind. Wir verallgemeinern diese Behauptung, ohne hier den Beweis anzuführen: Für beliebige n ist $\Box^n$ ein in T nichtreduzierbares modales Präfix, d. h. es gibt unendlich viele nichtäquivalente nichtreduzierbare modale Präfixe in T (vgl. Chellas [1980]).

2. In S4 gibt es genau 14 verschiedene nichtäquivalente nichtreduzierbare modale Präfixe. Diese sind (neben dem leeren modalen Präfix): $\Box$, $\Diamond$, $\Box\Diamond\Box$, $\Box\Diamond$, $\Diamond\Box\Diamond$, $\Diamond\Box$, $\sim\Box$, $\sim$, $\sim\Diamond$, $\sim\Box\Diamond\Box$, $\sim\Box\Diamond$, $\sim\Diamond\Box\Diamond$, $\sim\Diamond\Box$. Die Reduzierbarkeit der anderen modalen Präfixe resultiert aus den Theoremschemata **T17**, **T17′**, **T18**, **T18′**, **T19**, **T19′**, der Anwendung von (MR), ($MR_\Diamond$) und der Definition von $\Diamond$ sowie der aussagenlogischen Basis von S4. Auch hier verzichten wir auf einen detaillierten Beweis.

3. In S5 gibt es genau 6 nichtäquivalente nichtreduzierbare modale Präfixe. Diese sind (neben dem leeren modalen Präfix) $\Box$, $\Diamond$, $\sim\Box$, $\sim$, $\sim\Diamond$. Dieses Ergebnis resultiert aus der weiteren Reduktion der modalen Präfixe aus S4: Mittels **T23** ist $\Diamond\Box\Diamond$ auf $\Box\Diamond$ reduzierbar, analog ist $\Box\Diamond\Box$ mittels **T23′** auf $\Diamond\Box$ reduzierbar. Gleiches gilt für die entsprechenden negierten modalen Präfixe, so daß zunächst zehn modale Präfixe aus der Aufzählung unter 2. verbleiben. Die nochmalige Anwendung von **T23** bzw. **T23′** reduziert aber $\Box\Diamond$ auf $\Diamond$ bzw. $\Diamond\Box$ auf $\Box$ (analog für die entsprechenden negierten modalen Präfixe). Es verbleiben also in

S5 die oben angeführten modalen Präfixe. Einfache S5-Modelle zeigen, daß dieselben nicht weiter reduzierbar sowie paarweise nichtäquivalent sind.

Damit wird deutlich, daß es in S5 genau sechs voneinander unterscheidbare Modalitäten gibt; das sind, neben der nichtmodalisierten einfachen bzw. negierten Aussage, die Notwendigkeit, die Möglichkeit, die Nichtnotwendigkeit bzw. die Unmöglichkeit.

3.5. Modifikationen und Erweiterungen

In jüngster Zeit zeichnet sich ein deutliches Interesse an Anwendungen der Modallogik ab. Viele dieser Anwendungen haben jedoch eine Abschwächung der bisher getroffenen Voraussetzungen zur Vorbedingung. Wir wollen daher im folgenden einige Modifikationen der bisher betrachteten Kripke-Semantik vorstellen. Dazu zählen in erster Linie die Semantiken für nichtnormale Kalküle, insbesondere aber die wesentliche Erweiterung des semantischen Apparats, die mit dem Übergang zu den sogenannten Umgebungssemantiken verbunden ist. Angewandte Modallogiken sind im allgemeinen polymodale Kalküle, d. h. solche, in denen mehrere voneinander unabhängige Modaloperatoren auftreten. Bevor wir jedoch zu diesen Modifikationen kommen, sei eine andere Sichtweise auf die Grundbausteine der semantischen Konstruktion, die möglichen Welten, kurz skizziert.

3.5.1. Hintikkas mögliche Welten

Hintikka, der einen wichtigen Beitrag zur Entwicklung nichtklassischer Logiken, insbesondere der Logiken epistemischer Modalitäten leistete, geht von einer grundsätzlich unterschiedlichen Position an die Umsetzung der Leibnizschen Idee heran. Sein Ausgangspunkt sind nicht mögliche Welten (Zustandsbeschreibungen, Situationen etc.) schlechthin, sondern spezifische Formen derselben. Die Elemente von $\mathscr{W}$ waren bei Kripke dadurch charakterisiert, daß allen Aussagenvariablen und damit allen Ausdrücken der Objektsprache ein Wahrheitswert zugeordnet, die

Beschreibung der möglichen Welt also eine vollständige ist. Diese Forderung läßt HINTIKKA fallen: für ihn sind die Grundbausteine der Semantik – er nennt sie ***Modellmengen*** – nur Fragmente solcher Zustandsbeschreibungen.[36] Entsprechend der im Abschnitt **3.3.** eingeführten Terminologie sind Modellmengen konsistente, aber nicht unbedingt maximal konsistente Ausdrucksmengen. Sie sind so beschaffen, daß sie mit einem Ausdruck auch alle für die konsistente Bewertung dieses Ausdrucks erforderlichen Ausdrücke (also dessen Teilausdrücke oder deren Negationen) enthalten. Eine Bewertungsfunktion erübrigt sich, da in einer Modellmenge genau die Ausdrücke anerkannt werden, die in derselben enthalten sind. Die Relativierung der Modellmengen aufeinander erfolgt wie bei KRIPKE mittels einer binären Relation (der Alternativrelation), wobei wiederum $\Box H$ nur in solchen Modellmengen anerkannt wird, für die in allen alternativen (d. h. mittels Alternativrelationen erreichbaren) Modellmengen H anerkannt wird.

Formal gesehen ist der Unterschied zwischen den Semantiken von HINTIKKA und KRIPKE unerheblich. Ähnlich wie bereits zuvor beschrieben, liefern auch bei HINTIKKA die Modellkonstruktionen in Abhängigkeit von den Eigenschaften der Alternativrelation semantische Charakteristika unterschiedlicher Modallogiken. Der Vorzug der Sichtweise HINTIKKAS ist eng mit seinem vorrangigen Interesse an Logiken für epistemische Modalitäten verbunden. Unter diesem Aspekt ist die Interpretation der möglichen Welten als Wissenszustände naheliegend. Solche Wissenszustände werden aber kaum dem Prinzip der Vollständigkeit genügen, schon die – bei HINTIKKA realisierte – Forderung nach Konsistenz dieser Ausdrucksmengen ist eine starke Idealisierung. Der Vorzug der KRIPKEschen Semantik liegt in ihrem Kompromißcharakter, sie liegt zwischen algebraischer Semantik und der Semantik von HINTIKKA, verbindet also eine gewisse Anschaulichkeit mit der Möglichkeit der Anwendung algebraischer Methoden. Sie schafft, wie wir bereits gesehen haben, einen wichtigen Zugang für die Untersuchung solcher formaler Eigenschaften modallogischer Systeme wie Entscheidbarkeit, Vollständigkeit usw. Wir werden uns deshalb auch im weiteren auf mögliche Welten im KRIPKEschen Sinne, d. h. maximal konsistente Ausdrucksmengen beschränken.

---

36 Eine ausführlichere Darstellung siehe im Kapitel „Epistemische Logik".

Eine Besonderheit des Kalküls ***K*** aus **3.3** besteht darin, daß in der beschriebenen Semantik keine Forderungen an die Erreichbarkeitsrelation R gestellt werden: R ist eine beliebige zweistellige Relation. ***K*** ist die Basis für eine Reihe von Erweiterungen, die sogenannten normalen Kalküle. Wenn wir aber Kalküle untersuchen wollen, die schwächer als ***K*** sind, d. h. solche Kalküle, in denen nicht alle Theoreme von ***K*** beweisbar sind, so sind wir gezwungen, die Semantik grundlegend zu modifizieren.

Wir betrachten zunächst die folgende Abschwächung des Kalküls: Wir ersetzen in ***K*** die Schlußregel

(GR) $\dfrac{A}{\Box A}$

durch eine in ***K*** ableitbare, nämlich

(MR) $\dfrac{A \to B}{\Box A \to \Box B}$,

behalten aber

(MA1) $\Box(A \to B) \to (\Box A \to \Box B)$

als Axiomenschema bei.[37] Kalküle, die diese Bedingungen erfüllen, d. h. in denen (MR) und (MA1) gültig sind, (GR) aber nicht gültig ist, wollen wir *nichtnormale Kalküle* nennen.
Das Interesse an nichtnormalen Kalkülen resultiert vorrangig aus Versuchen, die bekannten alethischen Modallogiken so zu modifizieren, daß sie eine epistemische, deontische oder ähnliche nichtalethische Interpretation der Modalitäten zulassen.[38] Wichtige systematisierende Untersuchungen zu dieser Kalkülgruppe haben neben Kripke [1965] vor allem Lemmon [1966] und Routley [1970] vorgelegt. Wegen der großen formalen Ähnlichkeit mit den Kalkülen alethischer Modalitäten werden die nichtnormalen Kalküle in diesem Kapitel kurz vorgestellt.

Die Rolle des Basiskalküls (ähnlich der von ***K*** für die normalen Kal-

---

37 Andere Abschwächungen sind denkbar. Kalküle, in denen (MR), nicht aber (MA1) gilt, (bzw. das dazu äquivalente **T1**), sind ebenfalls Gegenstand modallogischer Untersuchungen, siehe z. B. Steinacker [1979].

38 Vgl. z. B. das Kapitel „Epistemische Logik".

küle) kommt dem Kalkül C2 zu, der durch folgende Postulate charakterisiert ist:

(AL) Alle Theoremschemata der klassischen Aussagenlogik;

(MP) $\dfrac{A \rightarrow B, A}{B}$;

(MA1) $\Box(A \rightarrow B) \rightarrow (\Box A \rightarrow \Box B)$;

(MR) $\dfrac{A \rightarrow B}{\Box A \rightarrow \Box B}$.

Da (MR) in ***K*** ableitbar ist, ist C2 ein Teilkalkül von ***K***, alle Theoreme von C2 (wir greifen auf den üblichen Beweisbegriff zurück) sind auch Theoreme von ***K***. Eine Reihe von Theoremen und ableitbaren Regeln, die in **3.3** im Kalkül ***K*** bewiesen wurden, gilt bereits für C2, so z. B.

T1. $\Box(A \wedge B) \leftrightarrow \Box A \wedge \Box B$.

($\mathsf{MR}_\Diamond$) $\dfrac{A \rightarrow B}{\Diamond A \rightarrow \Diamond B}$.

(ER) $\dfrac{A \leftrightarrow B}{\Box A \leftrightarrow \Box B}$.

Die Semantik für nichtnormale Kalküle unterscheidet sich von der bisher behandelten durch die Einführung nichtnormaler Welten in der Menge $\mathscr{W}$. Diese sind, wie man im folgenden sehen kann, dadurch charakterisiert, daß in ihnen nichts notwendig ist, d. h. kein Ausdruck der Form $\Box H$ wird in einer nichtnormalen Welt anerkannt. Die bisher gebräuchlichen Welten dagegen – wir wollen sie jetzt normale nennen – erkennen alle aussagenlogischen Theoremschemata als notwendig an (vgl. $\vdash_{\boldsymbol{K}} \Box(A \vee \sim A)$); sie werden in einem selbständigen Strukturelement $\mathscr{N}$ zusammengefaßt.

Definition 3.19. Ein Quadrupel $\langle \mathscr{W}, \mathscr{N}, \mathsf{R}, v \rangle$ heißt C2-*Modell* genau dann, wenn folgende Bedingungen erfüllt sind:

$\mathscr{W}$ ist eine nichtleere Menge;

$\mathscr{N} \subseteq \mathscr{W}$;

R ist eine binäre Relation in $\mathscr{W}$, also $\mathsf{R} \subseteq \mathscr{W} \times \mathscr{W}$;

v ist eine Bewertungsfunktion für Aussagenvariablen, d. h. $v\colon \mathsf{AV} \times \mathscr{W} \rightarrow \{\mathsf{W}, \mathsf{F}\}$.

Wie üblich wird v auf beliebige Ausdrücke erweitert, nur wird (**M5**) durch folgende Vorschrift ersetzt:

$$(\mathbf{M5''}) \quad v(\Box A, w) = \mathsf{W} \quad \text{gdw} \quad w \in \mathcal{N} \wedge \bigwedge_{w' \in \mathcal{W}} [wRw' \Rightarrow v(A, w') = \mathsf{W}].$$

Offensichtlich treten somit notwendige Wahrheiten nur in normalen möglichen Welten, d. h. in Elementen von $\mathcal{N}$ auf.

Der Beweis der Adäquatheit des beschriebenen Kalküls mit der so festgelegten Semantik sei dem Leser überlassen, er verläuft exakt nach dem Schema des Adäquatheitsbeweises für normale Kalküle.

Offensichtlich ist dieser Typ von Kripke-Semantik eine einfache Verallgemeinerung der in **3.3** beschriebenen Semantik. Man setze $\mathcal{N} = \mathcal{W}$ und erhält eben die ***K***-Modelle, da unter dieser Voraussetzung (**M5''**) automatisch in (**M5**) übergeht.

Wir verzichten auf eine ausführliche Darstellung nichtnormaler Kalküle und geben statt dessen eine Liste möglicher zusätzlicher Postulate und der korrespondierenden Modellbedingungen.[39] Da, wie soeben festgestellt, die C2-Modelle eine Verallgemeinerung der ***K***-Modelle sind, gilt die Korrespondenz zwischen Modellbedingungen und Postulat auch für normale Erweiterungen (man setze lediglich $\mathcal{N} = \mathcal{W}$).

(MAx1) $\Box A \to A$ $\qquad \bigwedge_{w \in \mathcal{N}} wRw$

(MAx2) $\Box A \to \Diamond A$ $\qquad \bigwedge_{w \in \mathcal{N}} \bigvee_{w'} wRw'$

(MAx3) $\Box B \to (A \to \Box\Diamond A)$ $\qquad \bigwedge_{w \in \mathcal{N}} \bigwedge_{w' \in \mathcal{N}} [wRw' \Rightarrow w'Rw]$

(MAx4) $\Box(A \to B) \to \Box(\Box A \to \Box B)$ $\qquad \bigwedge_{w \in \mathcal{N}} \bigwedge_{w' \in \mathcal{N}} \bigwedge_{w''} [wRw' \wedge w'Rw'' \Rightarrow wRw'']$

(MAx5) $\Box(A \vee \sim A) \to \Box\Box(A \vee \sim A)$ $\qquad \bigwedge_{w \in \mathcal{N}} \bigwedge_{w'} [wRw' \Rightarrow w' \in \mathcal{N}]$

39 Das sind im wesentlichen Ergebnisse von Routley [1970], lediglich die Notation ist geändert. Zwecks größerer Einheitlichkeit haben wir eine durchgehende Numerierung der möglichen Postulate gewählt. So erhalten einige bereits früher betrachtete Axiomenschemata eine zweite Bezeichnung, z. B. ist (MAx6) identisch mit (MA3).

(MAx6) $\Box A \to \Box\Box A$

$$\bigwedge_{w\in\mathcal{N}} \bigwedge_{w'\in\mathcal{N}} \bigwedge_{w''} [wRw' \wedge w'Rw'' \Rightarrow wRw'' \wedge w'' \in \mathcal{N}]$$

(MAx7) $\Box B \to (\Diamond A \to \Box\Diamond A)$

$$\bigwedge_{w\in\mathcal{N}} \bigwedge_{w'} \bigwedge_{w''} [wRw' \wedge wRw'' \Rightarrow w'Rw'']$$

(MAx8) $\Box B \to \Box(\Box A \to A)$

$$\bigwedge_{w} \left[\bigvee_{w'\in\mathcal{N}} w'Rw \Rightarrow wRw\right]$$

(MAx9) $\Box B \to (A \to \Box A)$

$$\bigwedge_{w\in\mathcal{N}} \bigwedge_{w'} [wRw' \Rightarrow w = w']$$

(MAx10) $\sim\Box\Box A$

$$\bigwedge_{w\in\mathcal{N}} \bigvee_{w'\in\mathcal{W}} [wRw' \Rightarrow w' \notin \mathcal{N}]$$

(MAx11) $\Diamond\Box A$

$$\bigwedge_{w\in\mathcal{N}} \bigwedge_{w'\in\mathcal{N}} \left[wRw' \Rightarrow \neg \bigvee_{w''\in\mathcal{W}} w'Rw''\right]$$

(MAx12) $\Diamond A$

$$\mathcal{N} = \emptyset$$

(MAx13) $\Box(\Diamond\Box A \to \Box\Diamond A)$

$$\bigwedge_{w} \bigwedge_{w_1} \left[wRw_1 \Rightarrow \bigwedge_{w'} \bigwedge_{w''} \bigvee_{w_0} [w_1Rw' \wedge w_1Rw'' \Rightarrow w'Rw_0 \wedge w''Rw_0]\right]$$

(MAx14) $\Box B \to (A \to (\Diamond\Box A \to \Box A))$

$$\bigwedge_{w\in\mathcal{N}} \bigwedge_{w'} \bigwedge_{w''} [wRw' \Rightarrow w = w' \vee [wRw'' \Rightarrow w''Rw']]$$

(GR) $\dfrac{A}{\Box A}$

$$\mathcal{W} = \mathcal{N}$$

Diese Aufstellung eröffnet nun die Möglichkeit, durch Ergänzung neuer modaler Postulate oder von deren Kombinationen jeweils neue Modalkalküle zu konstruieren. Die korrespondierenden Modellbedingungen gestatten es, einen entsprechenden Modellbegriff festzulegen. Nicht ausgeschlossen ist hierbei die Möglichkeit, daß nicht alle zusätzlichen Postulate voneinander unabhängig sind; analoges gilt für die Modellbedingungen.

Nicht in jedem Fall liefern letztere einen so eindeutigen Hinweis auf die gegenseitige Abhängigkeit, wie dies z. B. für (MAx4), (MAx5), (MAx6) der Fall ist (vgl. auch (MAx7), (MAx9) und (MAx14)). Das tut aber letztlich der Korrektheit des Kalkülaufbaus und der Adäquatheit von Kalkül und semantischer Konstruktion keinen Abbruch.

Abschließend seien einige repräsentative Modallogiken charakterisiert und zusammenfassend in ihren Abhängigkeiten untereinander vorgestellt.[40] Wir werden C2 sukzessive erweitern, da aber dabei die Postulatmengen anwachsen und unübersichtlich werden, verwenden wir eine andere Form der Darstellung. Anstatt also z. B. bei der Beschreibung von S4 die Postulate von T noch einmal aufzuzählen, schreiben wir

$$S4 = T + MAx6,$$

weisen also lediglich auf die Basis und das entsprechende spezifische Postulat hin. Neben C2 betrachten wir folgende normale und nichtnormale Modallogiken:

D2 = C2 + MAx2

E2 = C2 + MAx1

E3 = E2 + MAx4

E4 = E3 + MAx5

E5 = E4 + MAx3

K = C2 + GR

T = ***K*** + MAx1

B = T + MAx3

S4 = T + MAx6

S4.2 = S4 + MAx13

S4.4 = S4 + MAx14

S5 = S4 + MAx3

40 Die vorgenommene Auswahl ist subjektiv beeinflußt; der interessierte Leser findet in der Literatur speziellere Darstellungen. Für nichtnormale Kalküle siehe z. B. Lemmon [1966], für Lewissche Kalküle siehe Zeman [1973].

Die Abhängigkeiten sind nun aus der nachstehenden Abbildung zu entnehmen (hier deutet eine aufsteigende Linie auf eine entsprechende Erweiterung des Kalküls):

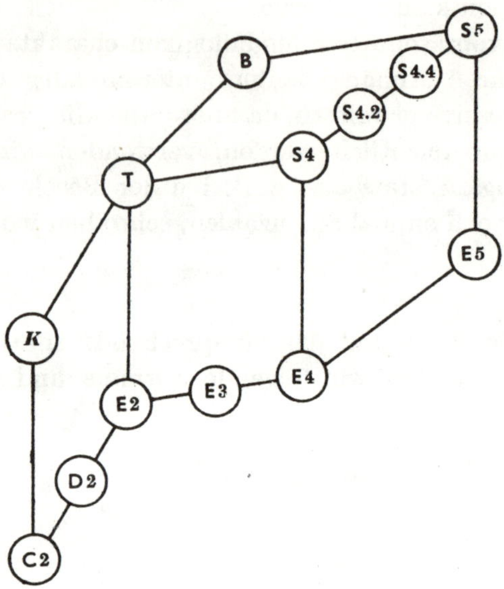

3.5.3. Umgebungssemantiken

Die bisher betrachtete Modifikation der Kripke-Semantik ist selbstverständlich nicht die einzig mögliche. Sie erfolgte, wie schon erwähnt, im Hinblick auf eine nichtalethische Interpretation der entsprechenden Kalküle. Gerade dabei traten jedoch bald Probleme auf. Die nunmehr als Postulat gesetzte Schlußregel

(MR) $$\frac{A \rightarrow B}{\Box A \rightarrow \Box B}$$

wurde als eine der wichtigsten Ursachen dieser Probleme angesehen,[41] weshalb auf dem Weg zu neuen Modalkalkülen eine weitere Abschwä-

41 (MR) ist dafür verantwortlich, daß alle diejenigen Ausdrücke, die als „Paradoxien der materialen Implikation" bezeichnet werden, unverändert modalisiert werden und so in die Modallogik Eingang finden (vgl. z. B. die Theoreme **T3, T5, T6**).

chung der Schlußregel vorgenommen wurde. Die Regel (MR) wurde durch die sowohl in $\boldsymbol{K}$ wie auch in C2 beweisbare Regel

$$\text{(ER)} \quad \frac{A \leftrightarrow B}{\Box A \leftrightarrow \Box B}$$

ersetzt. Für den Aufbau des Basiskalküls soll (ER) das einzige modale Postulat sein, d. h. wir verzichten auch auf (MA1). Den so bestimmten Kalkül wollen wir $\boldsymbol{L}$ nennen.

Um eine adäquate Semantik für $\boldsymbol{L}$ zu konstruieren, müssen wir eine wesentliche Modifikation vornehmen. Anstelle der bisher betrachteten Relation zwischen Elementen von $\mathscr{W}$ wird jetzt eine Relation zwischen Elementen von $\mathscr{W}$ und Teilmengen von $\mathscr{W}$ eingeführt. Mit anderen Worten, anstelle der Erreichbarkeitsrelation zwischen möglichen Welten tritt jetzt eine Relation zwischen möglichen Welten und Mengen von möglichen Welten $Q \subseteq \mathscr{W}$. Wenn für $w \in \mathscr{W}$ und $Q \subseteq \mathscr{W}$ $w\mathsf{R}Q$ gilt, so nennen wir Q eine *Umgebung* von w. Damit ist auch der Name dieses Typs von Semantik erklärt.[42]
Wir legen nun fest, was wir unter einem $\boldsymbol{L}$-Modell verstehen.

Definition 3.20. *$\boldsymbol{L}$-Modell* heißt ein Tripel $\langle \mathscr{W}, \mathsf{R}, v \rangle$, für das folgende Bedingungen erfüllt sind:

$\mathscr{W}$ ist eine nichtleere Menge (die Menge möglicher Welten),
R ist eine Relation: $\mathsf{R} \subseteq \mathscr{W} \times 2^{\mathscr{W}}$,
v ist eine Funktion, $v\colon \mathsf{AV} \times \mathscr{W} \to \{\mathsf{W}, \mathsf{F}\}$,

d. h. v ist die übliche Belegung für Aussagenvariablen, die wie gewohnt auf beliebige modallogische Ausdrücke erweitert wird. Dabei bleiben die Vorschriften (M1)–(M4) unverändert, (M5) wird modifiziert zu

$$\text{(M5*)} \quad v(\Box A, w) = \mathsf{W} \quad \text{gdw} \quad w\mathsf{R}\{w' \mid v(A, w') = \mathsf{W}\}.$$

Somit wird eine Aussage in einer möglichen Welt als notwendig wahr angesehen, wenn zwischen dieser Welt und der Menge der möglichen Welten, in denen diese Aussage als wahr angesehen wird, die Relation R besteht. Mit anderen Worten, $\Box A$ wird dann in einer Welt w akzeptiert, wenn die Menge der Welten, in denen A akzeptiert wird, eine Umgebung von w bildet.

---

42 Die Umgebungssemantik wird in der Literatur oftmals auch als MONTAGUE-Semantik bezeichnet (nach R. MONTAGUE, der neben D. SCOTT und C. HOWARD wesentlich an der Ausarbeitung beteiligt war).

Unter der Voraussetzung, daß wie bisher $\Diamond$ als Abkürzung für $\sim\Box\sim$ angesehen wird, lautet die Wahrheitsbedingung für $\Diamond$:

$$(\mathbf{M5}^*_\Diamond) \quad v(\Diamond A, w) = \mathsf{W} \quad \text{gdw} \quad \textit{nicht}\ w\mathsf{R}\{w' \mid v(A, w') = \mathsf{F}\}$$

Wie üblich werden nun die Begriffe der $\boldsymbol{L}$-Gültigkeit, der $\boldsymbol{L}$-Allgemeingültigkeit eines Ausdrucks, der $\boldsymbol{L}$-konsistenten und der maximal $\boldsymbol{L}$-konsistenten Ausdrucksmenge definiert. Dann gilt der folgende

Satz 3.21. *Ein Ausdruck H ist **L**-allgemeingültig gdw H ein Theorem von **L** ist.*

Der Beweis des Adäquatheitssatzes erfolgt wie bisher, d. h. nachdem die Korrektheit nachgewiesen ist, wird ein kanonisches Modell unter Verwendung der maximal $\boldsymbol{L}$-konsistenten Ausdrucksmengen konstruiert, in dem jeder nicht beweisbare Ausdruck in einer bestimmten Welt w falsifiziert wird.[43]

Wir haben also zunächst einen Basiskalkül für eine neue Familie von Modalkalkülen konstruiert und semantisch charakterisiert. Dieser hat, ähnlich wie C2 für nichtnormale und $\boldsymbol{K}$ für normale Kalküle, relativ geringe selbständige Bedeutung. Zu untersuchen sind also mögliche Erweiterungen von $\boldsymbol{L}$. Dabei ist zu erwarten, daß diese, da sie die von (MR) verursachten „Defekte" nicht mehr aufweisen, besser den mit den beabsichtigten Interpretationen der Modaloperatoren verknüpften Intentionen entsprechen. Hier sei jedoch gleich auf eine Schwierigkeit hingewiesen. Da die Relation R Objekte unterschiedlicher Art (Elemente bzw. Teilmengen einer Menge) miteinander verknüpft, können wir nicht auf solche Relationseigenschaften wie Reflexivität, Symmetrie oder Transitivität zurückgreifen. Generell müssen wir berücksichtigen, daß die den zusätzlichen Postulaten entsprechenden Modellbedingungen weniger anschaulich formuliert werden können.
Hier sind einige Postulate und die mit ihnen korrespondierenden Modellbedingungen:

(MAx1) $\Box A \to A$ $\qquad \bigwedge_w \bigwedge_Q [w\mathsf{R}Q \Rightarrow w \in Q]$

(MAx2) $\Box A \to \Diamond A$ $\qquad \bigwedge_w \bigwedge_Q [w\mathsf{R}Q \Rightarrow \text{nicht } w\mathsf{R}(\mathscr{W} \setminus Q)]$

---

43 Leser, die den Adäquatheitsbeweis nachvollziehen wollen, seien auf die Veränderung beim Aufbau des kanonischen Modells hingewiesen. Für $w \in \mathscr{W}^+$, $Q \subseteq \mathscr{W}^+$ ist definiert: $w\mathsf{R}^+Q$ gdw für einen Ausdruck B: $\Box B \in w$ und $Q = \{w' \mid B \in w'\}$.

(MAx5) $\Box(A \vee \sim A) \rightarrow \Box\Box(A \vee \sim A)$ $\bigwedge_{w} [w\mathsf{R}\mathscr{W} \Rightarrow w\mathsf{R}\{w' \mid w'\mathsf{R}\mathscr{W}\}]$

(MAx6) $\Box A \rightarrow \Box\Box A$ $\bigwedge_{w} \bigwedge_{Q} [w\mathsf{R}Q \Rightarrow w\mathsf{R}\{w' \mid w'\mathsf{R}Q\}]$

(MAx15) $\Box A \wedge \Box B \rightarrow \Box(A \wedge B)$ $\bigwedge_{w} \bigwedge_{Q_1} \bigwedge_{Q_2} [w\mathsf{R}Q_1 \wedge w\mathsf{R}Q_2 \Rightarrow w\mathsf{R}(Q_1 \cap Q_2)]$

(MAx16) $\Box(A \vee \sim A)$ $\bigwedge_{w} [w\mathsf{R}\mathscr{W}]$

(MAx17) $\sim\Box\sim(A \vee \sim A)$ $\bigwedge_{w} [\text{nicht } w\mathsf{R}\emptyset]$

(MR) $\dfrac{A \rightarrow B}{\Box A \rightarrow \Box B}$ $\bigwedge_{w} \bigwedge_{Q_1} \bigwedge_{Q_2} [w\mathsf{R}Q_1 \wedge Q_1 \subseteq Q_2 \Rightarrow w\mathsf{R}Q_2]$

Wie man sich leicht überzeugen kann, ist im Kalkül $\boldsymbol{L}$ das zusätzliche Postulat (MAx16): $\Box(A \vee \sim A)$ der GÖDELschen Regel (GR): $\dfrac{A}{\Box A}$ äquivalent. In der Tat, wenn (GR) gilt, so ist (MAx16) beweisbar. Umgekehrt, wenn (MAx16) gilt, so ist (GR) ableitbar: Sei H ein Theorem des Kalküls, dann ist auch $H \leftrightarrow A \vee \sim A$ ein Theorem. Nach Regel (ER) ist damit auch $\Box H \leftrightarrow \Box(A \vee \sim A)$ ein Theorem, so daß also auch $\Box H$ beweisbar ist. (MAx15) ist in Kalkülen, in denen (MR) gilt, dem Axiomenschema (MA1): $\Box(A \rightarrow B) \rightarrow (\Box A \rightarrow \Box B)$ äquivalent. Wir haben bereits einen Teil dieser Behauptung bewiesen (s. Beweis von **T1** in **3.3**); dabei haben wir nur (MA1) und (MR) verwendet. Umgekehrt, aus der Tautologie $(A \rightarrow B) \wedge A \rightarrow B$ erhalten wir $\Box((A \rightarrow B) \wedge A) \rightarrow \Box B$ mittels (MR); außerdem liefert das Axiomschema (MAx15) $\Box(A \rightarrow B) \wedge \Box A \rightarrow \Box((A \rightarrow B) \wedge A)$, so daß $\Box(A \rightarrow B) \wedge \Box A \rightarrow \Box B$, also schließlich $\Box(A \rightarrow B) \rightarrow (\Box A \rightarrow \Box B)$.

Nach diesen vorbereitenden Überlegungen können wir den „Anschluß" an den Kalkül C2 herstellen. Wir erhalten C2, wenn wir zu $\boldsymbol{L}$ die Postulate (MAx15) und (MR) hinzufügen. Dann ist auch eine Umgebungssemantik für C2 bestimmt:

C2-*Modell* (hinsichtlich Umgebungssemantik) ist jedes $\boldsymbol{L}$-Modell, in dem die Bedingungen

$$\bigwedge_{w} \bigwedge_{Q_1} \bigwedge_{Q_2} [w\mathsf{R}Q_1 \wedge w\mathsf{R}Q_2 \Rightarrow w\mathsf{R}(Q_1 \cap Q_2)]$$

und

$$\bigwedge_{w} \bigwedge_{Q_1} \bigwedge_{Q_2} [w\mathsf{R}Q_1 \wedge Q_1 \subseteq Q_2 \Rightarrow w\mathsf{R}Q_2]$$

gelten. Diese beiden Bedingungen können wir in einer Bedingung äquivalent zusammenfassen:

$$\bigwedge_{w} \bigwedge_{Q_1} \bigwedge_{Q_2} [w\mathsf{R}Q_1 \wedge w\mathsf{R}Q_2 \Leftrightarrow w\mathsf{R}(Q_1 \cap Q_2)]. \tag{3.19}$$

C2-Umgebungsmodell ist also jedes $\boldsymbol{L}$-Modell, in dem die Bedingung (3.19) gilt.[44]

Wir überlassen es nun dem Leser, im Rahmen der Umgebungssemantiken die adäquaten Modellbegriffe für andere bisher betrachtete Modalkalküle, für E2, T, S4 usw., zu formulieren. Das ist offensichtlich möglich, was jedoch nichts an der Tatsache ändert, daß die herkömmliche KRIPKE-Semantik für diese Kalküle die natürlichere semantische Beschreibung liefert.

Es ergibt sich die Frage, ob es möglich ist, auf dem aufgewiesenen Weg weitere, verallgemeinerte Semantiken für Modallogiken zu finden. Zuvor sei jedoch die für den Kalkül $\boldsymbol{L}$ charakteristische Schlußregel

$$\text{(ER)} \quad \frac{A \leftrightarrow B}{\Box A \leftrightarrow \Box B}$$

betrachtet. Sie spielt im System modaler Postulate eine Schlüsselrolle. In den Modallogiken, die auf der klassischen Logik aufbauen, ist diese Regel Voraussetzung für eine wichtige Eigenschaft dieser Kalküle. Es gilt unter dieser Voraussetzung der Ersetzbarkeitssatz:

Satz 3.22. *Sei H ein modallogischer Ausdruck und sei $B \leftrightarrow B'$ ein Theorem in einem Kalkül, in dem* (ER) *gilt. Dann gilt: Wenn H' ein Ausdruck ist, der aus H durch die Ersetzung von B durch B' an einer oder mehreren Stellen des Vorkommens von B in H entstanden ist, so ist $H \leftrightarrow H'$ ein Theorem des Kalküls.*

Der Beweis dieses Satzes unterscheidet sich nicht wesentlich vom Beweis des Ersatzbarkeitssatzes für die klassische Logik.

Von ebendiesem Satz wird aber bei der Konstruktion algebraischer Semantiken wesentlicher Gebrauch gemacht, so daß die Gültigkeit von

---

44 Wenn wir die Potenzmengenalgebra von $\mathscr{W}$ betrachten, können wir die Bedingung (3.19) auch so formulieren:

$$\bigwedge_{w} \{Q \mid w\mathsf{R}Q\} \text{ ist ein Filter in } 2^{\mathscr{W}}.$$

Satz 3.22 ein wichtiges Indiz für die Möglichkeit einer Relationssemantik liefert[45].

Es erweist sich jedoch, daß weitere Verallgemeinerungen der Mögliche-Welten-Semantik existieren, die für echte Teilkalküle von L adäquat sind (RAUTENBERG [1979], GERASIMOVA [1984]). Wir wenden uns nunmehr einer anderen Erweiterung des Anwendungsbereiches von Mögliche-Welten-Semantiken zu.

3.5.4. *Angewandte Modallogiken*

Wir haben bisher vorwiegend solche Kalküle betrachtet, die der Untersuchung und Systematisierung alethischer Modalitäten dienten. Sie sind u. a. dadurch charakterisiert, daß sie nur einen unabhängigen Modaloperator enthalten und werden daher monomodale Systeme genannt. Dieser einzige Modaloperator war außerdem einstellig. Die bereits vorgestellten Modifikationen umfassen jedoch nur einen geringen Teil des möglichen Anwendungsgebiets der auf Mögliche-Welten-Strukturen basierenden semantischen Konstruktionen. In der einen oder anderen Modifikation haben sich Relationssemantiken (Mögliche-Welten-Semantiken) auch bei der Untersuchung nichtalethischer (dabei nicht unbedingt einstelliger) Modalitäten – so in der Logik von Konditionalaussagen, der deontischen Logik, der epistemischen Logik usw. – wie auch der intuitionistischen Logik u. a. bewährt. Mehr noch, es erwies sich, daß in diesen Strukturen auch Logiken mit mehreren unabhängigen nichtklassischen Operatoren (wie z. B. in zeitlogischen Systemen) dargestellt werden können. Solche Kalküle werden wir *polymodal* nennen.

Parallel dazu prägte sich ein Entwicklungstrend der Modallogik aus, bei dem eine stärkere Orientierung auf angewandte Systeme erfolgte. Letztere sind häufig Kombinationen unterschiedlicher Modallogiken (z. B. alethischer und zeitlogischer, alethischer und epistemischer, epistemischer und doxastischer (d. h. Glaubens-) Modalitäten, Modallogiken auf nichtklassischer Basis). Damit entstand die Frage, ob auch solche Kalküle semantisch adäquat widergespiegelt werden können. Da hier nicht Raum

---

45 Über algebraische Semantiken für Modalkalküle und die Beziehung zwischen algebraischen und Relationssemantiken siehe z. B. LEMMON [1966], ROUTLEY [1970]; wichtig ist hierbei, daß es Modalkalküle gibt, für die es eine algebraische aber keine Relationssemantik gibt.

für eine ausführliche Behandlung angewandter Kalküle ist, sollen nur die Rahmenbedingungen für eine positive Beantwortung dieser Frage skizziert werden.[46]

Sei $\mathcal{L}(\mathfrak{C})$ eine Sprache, die neben den Funktoren der klassischen Aussagenlogik eine Menge $\mathfrak{C}$ nichtklassischer Funktoren enthält. Sie nun $\# \in \mathfrak{C}$ ein n-stelliger Funktor. Wir formulieren folgende Bedingung

(N) Wenn $A_i \leftrightarrow B_i$ für $i = 1, \ldots, n$ Theoreme des Kalküls sind, so ist auch $\#(A_1, \ldots, A_n) \leftrightarrow \#(B_1, \ldots, B_n)$ Theorem des Kalküls.

Man sieht leicht, daß (N) eine Verallgemeinerung der Schlußregel (ER) ist.

Wir betrachten nun den Fall einer Sprache $\mathcal{L}(\#)$, deren einziger n-stelliger nichtklassischer Funktor $\#$ ist. $\mathsf{L}_\#$ sei ein Kalkül, der einzig durch die klassische Basis (AL) und (MP) und das nichtklassische Postulat (N) charakterisiert ist. Dann bestimmen wir folgenden Modellbegriff:
In dem Tripel $\langle \mathscr{W}, \mathsf{R}_\#, v \rangle$ seien

$\mathscr{W}$ – eine nichtleere Menge (die Menge möglicher Welten)

$\mathsf{R}_\# \subseteq \mathscr{W} \times \underbrace{2^{\mathscr{W}} \times \ldots \times 2^{\mathscr{W}}}_{n\text{-mal}}$, d. h. $\mathsf{R}_\#$ ist eine Relation zwischen einer möglichen Welt und n Umgebungen

v – die übliche Bewertungsfunktion für Aussagenvariablen in möglichen Welten, die entsprechend (M1)–(M4) und
(M5$^\#$) $v(\#(A_1, \ldots, A_n), w) = \mathsf{W}$ gdw $(w, Q, \ldots, Q_n) \in \mathsf{R}_\#$,
wobei $Q_i = \{w' \mid v(A_i, w') = \mathsf{W}\}$ ist, auf beliebige Ausdrücke von $\mathcal{L}(\#)$ erweitert wird.

Wie üblich wird die Allgemeingültigkeit bestimmt und die Adäquatheit der semantischen Konstruktion nachgewiesen. Auch die Erweiterung um zusätzliche Postulate erfolgt in bekannter Form. So entspricht z. B. dem zusätzlichen Postulat

$$\#(A_1, \ldots, A_n) \wedge \#(B_1, \ldots, B_n) \rightarrow \#(A_1 \wedge B_1, \ldots, A_n \wedge B_n)$$

die Modellbedingung

$$\bigwedge_{w} \bigwedge_{Q_1} \cdots \bigwedge_{Q_n} \bigwedge_{Q'_1} \cdots \bigwedge_{Q'_n} [(w, Q_1, \ldots, Q_n) \in \mathsf{R}_\# \wedge (w, Q'_1, \ldots, Q'_n) \in \mathsf{R}_\#$$

$$\Rightarrow (w, Q_1 \cap Q'_1, \ldots, Q_n \cap Q'_n) \in \mathsf{R}_\#]$$

(vgl. im vorhergehenden Abschnitt (MAx15) und die korrespondierende Modellbedingung).

---

46 Eine ausführliche Darstellung findet man z. B. in GABBAY [1976].

Auch hier können wir wie im Fall der einstelligen Modaloperatoren durch geeignete Ergänzung von Postulaten zu solchen Kalkülen gelangen, die in KRIPKE-Semantiken mit $(n+1)$-stelliger Relation zwischen möglichen Welten adäquat widergespiegelt werden. Ein Beispiel ist die folgende $\boldsymbol{K}^{[n]}$ genannte Modallogik.[47] Sie ist ein Analogon des Kalküls $\boldsymbol{K}$ aus 3.3. für den Fall eines n-stelligen Notwendigkeitsoperators $\boxed{n}$. $\boldsymbol{K}^{[n]}$ ist, aufbauend auf klassischer Basis, durch die spezifisch modalen Postulate

$$(\boldsymbol{K}^{[n]}1) \quad \frac{A_i \; (i = 1, \ldots, n)}{\boxed{n}\,(A_1, \ldots, A_n)}$$

$$(\boldsymbol{K}^{[n]}2) \quad \boxed{n}\,(A_1 \wedge B_1, \ldots, A_n \wedge B_n) \leftrightarrow \boxed{n}\,(A_1, \ldots, A_n) \wedge \boxed{n}\,(B_1, \ldots, B_n)$$

$$(\boldsymbol{K}^{[n]}3) \quad \boxed{n}\,(\ldots, \mathsf{F}, \ldots) \rightarrow \boxed{n}\,(B_1, \ldots, B_n)^{48}$$

bestimmt.

Offensichtlich ist in $\boldsymbol{K}^{[n]}$ die Bedingung (N) beweisbar.

$\boldsymbol{K}^{[n]}$-*Modell* ist jedes Tripel $\langle \mathscr{W}, \mathsf{R}, v \rangle$, in dem $\mathscr{W}$ eine nichtleere Menge, R eine in $\mathscr{W}$ definierte $(n+1)$-stellige Relation und v eine Bewertungsfunktion ist, die gemäß (M1)–(M4),

$$(\mathbf{M5}^{\boldsymbol{K}^{[n]}}) \quad v\left(\boxed{n}\,(A_1, \ldots, A_n), w\right) = \mathsf{W} \quad \text{gdw}$$

$$\bigwedge_{w_1} \cdots \bigwedge_{w_n} [(w, w_1, \ldots, w_n) \in \mathsf{R} \Rightarrow v(A_i, w_i) = \mathsf{W} \qquad (i = 1, \ldots, n)]$$

auf beliebige Ausdrücke von $\mathscr{L}\left(\boxed{n}\right)$ erweitert wird.

Bei geeigneter Auswahl der spezifischen Postulate können Kalküle mit mehrstelligen Modaloperatoren zur Untersuchung von relativen (relativierten) Notwendigkeiten bzw. zum Aufbau einer Theorie der Konditionalsätze herangezogen werden.

Wir werden diese Linie nicht weiter verfolgen und verweisen hier auf eine andere Erweiterung. Sei $\mathsf{L}(\mathfrak{C})$ ein auf der Sprache $\mathscr{L}(\mathfrak{C})$ basierender Kalkül, für den jeder nichtklassische Funktor $\# \in \mathfrak{C}$ die Bedingung (N) erfüllt. Betrachten wir zunächst Teilkalküle von $\mathsf{L}(\mathfrak{C})$. Sei $\mathsf{L}_{\#}(\mathfrak{C})$ der Teilkalkül von Ausdrücken, der durch die Postulate von $\mathsf{L}(\mathfrak{C})$, in denen höchstens ein nichtklassischer Funktor (nämlich genau $\#$) vorkommt, bestimmt ist. Nehmen wir an, daß sich für jeden solchen Teilkalkül eine

47 GABBAY [1976], S. 182.

48 F steht hier für einen beliebigen zu $p \wedge \sim p$ äquivalenten Ausdruck.

adäquate Umgebungssemantik (KRIPKE-Semantik) mit der jeweils spezifischen Relation $\mathsf{R}_{\#}$ angeben läßt. Dann ist $\langle \mathcal{W}, \{\mathsf{R}_{\#}\}_{\# \in \mathfrak{C}}, v \rangle$ eine adäquate Semantik für den Teilkalkül von $\boldsymbol{L}(\mathfrak{C})$, dessen Postulate alle die Postulate von $\mathsf{L}(\mathfrak{C})$ sind, die keine Beziehungen zwischen unterschiedlichen nichtklassischen Funktoren festlegen. ($\{\mathsf{R}_{\#}\}_{\# \in \mathfrak{C}}$ ist hier die Familie der mit den Funktoren aus $\mathfrak{C}$ korrespondierenden Relationen). Nach diesem Prinzip sind einfache polymodale Systeme konstruiert. Gelingt es, auch für die Postulate, die Beziehungen zwischen Funktoren aus $\mathfrak{C}$ herstellen, entsprechende Modellbedingungen zu formulieren, so erhalten wir adäquate semantische Darstellungen polymodaler Systeme.

Diese wichtige Eigenschaft der Mögliche-Welten-Semantik ist von großer Bedeutung für den Aufbau angewandter Modallogiken. Sie bewährt sich auch beim Aufbau einer alethischen Modallogik auf nichtklassischer (z. B. intuitionistischer) Basis. Da, wie bekannt, auch die intuitionistische Logik adäquat in einer Relationssemantik dargestellt werden kann, ist die entsprechende Semantik für solche Modalkalküle nach dem oben beschriebenen Verfahren zu konstruieren.[49]

Bevor wir die Grenzen des beschriebenen semantischen Verfahrens skizzieren, sei noch ein Ausflug in das Gebiet der *Zeitlogik* gestattet, der zugleich eine Illustration für das zuletzt beschriebene Verfahren darstellt. Wir beschreiben hier das „minimale“ zeitlogische System $\boldsymbol{T}_0$ mit der adäquaten Relationssemantik.[50]
Neben den klassischen Funktoren treten die beiden Satzoperatoren **F** („es wird irgendwann (wahr) sein, daß ...“) und **P** („irgendwann war (wahr), daß ...“) auf. Mit ihrer Hilfe definieren wir die abhängigen Operatoren **G** und **H** (entsprechend: „es wird immer sein, daß ...“ bzw. „es war immer, daß ...“):

$$\mathbf{G} \stackrel{\text{def}}{=} \sim\mathbf{F}\sim$$

$$\mathbf{H} \stackrel{\text{def}}{=} \sim\mathbf{P}\sim.$$

$\boldsymbol{T}_0$ baut auf der klassischen Aussagenlogik auf, neben (AL) und (MP) gelten:

$$\mathbf{G}(A \rightarrow B) \rightarrow (\mathbf{G}A \rightarrow \mathbf{G}B), \qquad \mathbf{H}(A \rightarrow B) \rightarrow (\mathbf{H}A \rightarrow \mathbf{H}B),$$

$$\frac{A}{\mathbf{G}A}, \qquad \frac{A}{\mathbf{H}A},$$

49 Siehe z. B. BULL [1965], BULAVINOV [1978], das Kapitel „Intuitionistische Logik“.
50 THOMASON [1972], ausführlich zu Problemen der Zeitlogik siehe PRIOR [1967].

sowie

$$A \to \mathbf{HF}A\,,$$

$$A \to \mathbf{GP}A\,.$$

Ohne die beiden letztgenannten Axiomenschemata, die eine Verbindung zwischen den parallel eingeführten Zeitoperatoren postulieren, hätten wir für die Fragmente, die jeweils nur **G** bzw. **H** enthalten, im Kalkül ***K*** eine präzise logische Charakteristik. Nach unserer Bildungsvorschrift für die semantische Konstruktion müßten wir also ein Quadrupel $\langle \mathscr{W}, \mathsf{R}_{\mathbf{G}}, \mathsf{R}_{\mathbf{H}}, v \rangle$ als Modellgrundlage ansehen und die den Verbindungsaxiomen korrespondierenden Modellbedingungen finden. Wie nicht anders zu erwarten, sind jedoch $\mathsf{R}_{\mathbf{G}}$ und $\mathsf{R}_{\mathbf{H}}$ unter diesen Voraussetzungen jeweils zueinander konverse Relationen, d. h. es gilt

$$w_1 \mathsf{R}_{\mathbf{G}} w_2 \quad \text{gdw} \quad w_2 \mathsf{R}_{\mathbf{H}} w_1\,.$$

Wir können somit auf die übliche Modellstruktur $\langle \mathscr{W}, \mathsf{R}, v \rangle$ zurückgreifen, d. h. wie sonst ist $\mathscr{W}$ eine nichtleere Menge, $\mathsf{R} \subseteq \mathscr{W} \times \mathscr{W}$ und v die übliche Bewertungsfunktion. Modifiziert wird lediglich die Vorschrift für die Fortsetzung von v auf beliebige Ausdrücke, nunmehr gilt

$$(\mathbf{M5^F}) \quad v(\mathbf{F}A, w) = \mathsf{W} \quad \text{gdw} \quad \bigvee_{w_0} [w\mathsf{R}w_0 \wedge v(A, w_0) = \mathsf{W}]$$

$$(\mathbf{M5^P}) \quad v(\mathbf{P}A, w) = \mathsf{W} \quad \text{gdw} \quad \bigvee_{w_0} [w_0\mathsf{R}w \wedge v(A, w_0) = \mathsf{W}]\,.$$

Für diesen einfachsten Fall einer Zeitlogik ist die Adäquatheit leicht nachzuweisen, auch eine nichtformale Beschreibung der Komponenten der Modellstruktur bietet sich an: $\mathscr{W}$ ist jetzt die Menge aller Zeitpunkte (charakterisiert in Bewertungen von Ausdrücken), R die zeitliche Ordnungsrelation. Damit ist die Darstellung von $\boldsymbol{T}_0$ beendet. Es sei schließlich noch auf andere, im Rahmen der Zeitlogik behandelte Probleme hingewiesen. Solche sind unter anderen die axiomatische Charakterisierung von zeitlogischen Operatoren in Systemen mit linear geordneter Zeit, mit sich verzweigender Zeit, der Unterschied von Zeitlogiken mit diskreter und stetiger Zeit. Ihre Behandlung sprengt den Rahmen der vorliegenden Arbeit, wir verweisen darum auf die spezielle Literatur (neben den oben genannten auch Segerberg [1970]). Hervorzuheben ist schließlich, daß bei der Untersuchung der letztgenannten Probleme eine teilweise Umkehrung der bisherigen Problemstellung eintritt, nunmehr ist für semantisch charakterisierte Ausdrucksmengen ein adäquater Kalkül aufzuweisen. Das ist keineswegs eine triviale Aufgabe.

3.5.5. Grenzen des semantischen Verfahrens

Die bisher dargestellten Ergebnisse legen die Vermutung nahe, daß bei ausreichend schwachen Voraussetzungen – z. B. lediglich der Regel (ER) bzw. der Bedingung (N) – für beliebige Modalkalküle eine dem Kalkül adäquate Umgebungs- oder KRIPKE-Semantik existiert. Dies und der am Beispiel angewandter Modallogiken nachgewiesene Bausteincharakter der semantischen Konstruktionen ließen Mögliche-Welten-Semantiken als universelles, adäquates Ausdrucksmittel für Modallogiken erscheinen. Etwa Mitte der siebziger Jahre haben sich jedoch diese Hoffnungen als trügerisch erwiesen. Zunächst für KRIPKE-Semantiken (FINE [1974]), dann auch für Umgebungssemantiken (GERSON [1975]) wurden Kalküle konstruiert, die nicht solcherart adäquat semantisch darstellbar sind. Darüber hinaus sind sogar entscheidbare normale Kalküle bekannt, für die keine adäquate Mögliche-Welten-Semantik existiert (VAN BENTHEM [1979], CRESSWELL [1984]).[51]

Daß solche unvollständigen Kalküle keine Ausnahmen sind, belegen Arbeiten von BLOK [1977] und DZIOBIAK [1978]. Diese Ergebnisse schränken den Wert der semantischen Konstruktionen ein, bedürfen jedoch einer Anmerkung. Die unvollständigen Kalküle wurden konstruiert, um nachzuweisen, daß die beschriebenen semantischen Konstruktionen kein universelles Ausdrucksmittel für modale Logiken sind.[52] Sinnvolle Interpretationen der in solchen Kalkülen auftretender Modalitäten sind nicht auszuschließen, liegen dann aber „abseits" der bisher in diesem Kapitel betrachteten Interpretationen. Somit ist auch die der Mögliche-Welten-Semantik zugrunde liegende Idee durch die unvollständigen Logiken nicht widerlegt: Für die hier interessierenden Modalkalküle läßt sich eine semantische Konstruktion angeben, auch wenn nicht in jedem Fall die Modellbedingungen so klar formulierbar sind, wie für die „klassischen" Modalkalküle T, S4 oder S5. Für diese und die anderen hier beschriebenen Kalküle liefern die semantischen Konstruktionen einen alternativen Zugang zur Analyse der implizit definierten Modalitäten. Dieser Zugang zeichnet sich zudem durch eine gewisse Plausibilität aus. Unter diesem Gesichtspunkt haben die als Mögliche-Wellen-Se-

---

51 Eine Übersicht gibt URCHS [1981].

52 DAHN [1973] beschreibt eine Verallgemeinerung der KRIPKE-Semantik, die in diesem Sinne wesentlich ausdrucksfähiger ist.

mantiken bezeichneten Konstruktionen ihre Existenzberechtigung überzeugend nachgewiesen und sich zu einem Instrument entwickelt, ohne welches die moderne Modallogik kaum vorstellbar ist.

3.6. Modale Prädikatenlogik

Die bisher untersuchten modalen Aussagenlogiken waren als Erweiterungen der klassischen Aussagenlogik um jeweils spezifische modale Postulate angelegt. Analog erhält man aus der klassischen Prädikatenlogik der ersten Stufe — nach entsprechender Erweiterung der Sprache — Systeme modaler Prädikatenlogik. Wir wollen uns auf die Darstellung einiger weniger beschränken und dabei die Adäquatheit der entsprechenden Modelle skizzieren.

Auch der Aufbau modaler Prädikatenlogik mit Identität ist, wie das Beispiel $S5^{*=}$ zeigt, kalkültechnisch problemlos; dasselbe gilt für die Behandlung von Zusatzpostulaten und korrespondierenden Modellbedingungen. Die eigentlichen Probleme modaler Prädikatenlogik liegen auf dem Gebiet der inhaltlichen Bewertung ihrer Ergebnisse, wir wollen zum Abschluß dieser Einführung in die Modallogik kurz auf sie verweisen. Zuvor sei jedoch der Aufbau modaler Prädikatenlogiken demonstriert.

3.6.1. Einige prädikatenlogische modale Systeme

Wir erweitern die Sprache der klassischen Prädikatenlogik der ersten Stufe um den Modaloperator $\Box$, ergänzen die Ausdrucksdefinition wie in **3.3.1** und bestimmen die Kalküle $\boldsymbol{K}^*$, T^*, $\mathsf{S4}^*$ und $\mathsf{S5}^*$ als Erweiterung der Postulate eines Kalküls der klassischen Prädikatenlogik um die spezifisch modalen Postulate von $\boldsymbol{K}$, T, $\mathsf{S4}$ bzw. $\mathsf{S5}$.
Als ***K**-Modell** bezeichnen wir ein Quadrupel $\langle \mathcal{W}, \mathsf{R}, \{D_w\}, \{U_w\}\rangle$, wo, wie bisher,

$\mathcal{W}$ eine nichtleere Menge

und

$\mathsf{R} \subseteq \mathcal{W} \times \mathcal{W}$ eine binäre Relation in $\mathcal{W}$

sind. Außerdem sind

$\{U_w\}$ eine Menge von Mengen von Individuen (die Individuenbereiche für $w \in \mathscr{W}$), die der Bedingung

$$\bigwedge_w \bigwedge_{w'} [w\mathsf{R}w' \Rightarrow U_w \subseteq U_{w'}] \text{ genügt;}$$

$\{D_w\}$ eine Menge von Funktionen, für die für jedes $w \in \mathscr{W}$ und für jedes n-stellige Prädikat P gilt:

$$D_w(P) \subseteq U_w^n.$$

Ferner sei g eine Abbildung der Individuenvariablen nach $U = \bigcup_{w \in \mathscr{W}} U_w$. Wir definieren die Bewertung eines Ausdrucks in $w \in \mathscr{W}$ hinsichtlich g wie folgt:

$$v\big(P(x_1, \ldots, x_n), w\big)_g = \mathsf{W} \quad \text{gdw} \quad \big(g(x_1), \ldots, g(x_n)\big) \in D_w(P)$$ [53]

$$v(\sim A, w)_g = \mathsf{W} \quad \text{gdw} \quad v(A, w)_g = \mathsf{F}$$

$$v(A \wedge B, w)_g = \mathsf{W} \quad \text{gdw} \quad v(A, w)_g = v(B, w)_g = \mathsf{W}$$

$$v(A \vee B, w)_g = \mathsf{W} \quad \text{gdw} \quad v(A, w)_g = \mathsf{W} \vee v(B, w)_g = \mathsf{W}$$

$$v(A \rightarrow B, w)_g = \mathsf{W} \quad \text{gdw} \quad v(A, w)_g = \mathsf{F} \vee v(B, w)_g = \mathsf{W}$$

$$v\Big(\bigwedge_x A(x), w\Big)_g = \mathsf{W} \quad \text{gdw} \quad v(A, w)_{g'} = \mathsf{W} \text{ für alle } g' \text{ derart, daß } g'(x) \in U_w \text{ und } g'(y) = g(y) \text{ für alle } y \neq x$$

$$v\Big(\bigvee_x A(x), w\Big)_g = \mathsf{W} \quad \text{gdw} \quad v(A, w)_{g'} = \mathsf{W} \text{ für ein } g' \text{ derart, daß } g'(x) \in U_w \text{ und } g'(y) = g(y) \text{ für alle } y \neq x$$

$$v(\Box A, w)_g = \mathsf{W} \quad \text{gdw} \quad v(A, w')_g = \mathsf{W} \text{ für alle } w' \text{ derart, daß } w\mathsf{R}w'.$$

Ein Ausdruck H heißt *erfüllbar*, wenn es ein g und ein $w \in \mathscr{W}$ gibt, so daß $v(H, w)_g = \mathsf{W}$; *gültig* im Modell, wenn für alle g und alle $w \in \mathscr{W}$ $v(H, w)_g = \mathsf{W}$ gilt. Ein Ausdruck, der in allen Modellen (einer bestimmten Klasse) gültig ist, heißt *allgemeingültig* (hinsichtlich dieser Klasse).

Wenn wir D_w für nullstellige Prädikate P_0 (d. h. für Aussagenvariablen) als Wahrheitswertezuweisungen für P_0 definieren, d. h. D_w ist eine Be-

53 Offensichtlich gilt $\big(g(x_1), \ldots, g(x_n)\big) \in D_w(P)$, nur dann, wenn $g(x_i) \in U_w$ $(i = 1, \ldots, n)$.

legung $\mathsf{AV} \to \{\mathsf{W}, \mathsf{F}\}$, so erhalten wir als Spezialfall das aus **3.3.2** bekannte ***K***-Modell. T*-Modell ist jedes ***K****-Modell in dem R eine reflexive Relation ist, d. h. in dem gilt $\bigwedge_{w \in \mathscr{W}} [w\mathsf{R}w]$. Analog sind S4*-(S5*-) Modelle alle diejenigen T*-(S4*-) Modelle, in denen R transitiv (symmetrisch) ist.

Auf den Beweis der Adäquatheit der Modellklassen verzichten wir an dieser Stelle, er ergibt sich als natürliche Verallgemeinerung des analogen Beweises aus **3.3**.

Wir demonstrieren ein Beweisschema in ***K****:

T24. $\vdash_{K^*} \Box \bigwedge_x A(x) \to \bigwedge_x \Box A(x)$.

Beweis: 1) $\bigwedge_x A(x) \to A(x)$ — Theoremschema d. Prädikatenlogik

2) $\Box \bigwedge_x A(x) \to \Box A(x)$ — 1, MR

3) $\Box \bigwedge_x A(x) \to \bigwedge_x \Box A(x)$ — 2, Regel der Prädikatenlogik ∎

Weitere interessante Theoremschemata sind:

T25. $\vdash_{K^*} \Box \bigwedge_x \big(A(x) \wedge B(x)\big) \leftrightarrow \Box \bigwedge_x A(x) \wedge \Box \bigwedge_x B(x)$.

T25′. $\vdash_{K^*} \Diamond \bigvee_x \big(A(x) \vee B(x)\big) \leftrightarrow \Diamond \bigvee_x A(x) \vee \Diamond \bigvee_x B(x)$.

T26. $\vdash_{K^*} \Box \bigwedge_x A(x) \vee \Box \bigwedge_x B(x) \to \Box \bigwedge_x \big(A(x) \vee B(x)\big)$.

T26′. $\vdash_{K^*} \Diamond \bigvee_x \big(A(x) \wedge B(x)\big) \to \Diamond \bigvee_x A(x) \wedge \Diamond \bigvee_x B(x)$.

3.6.2. Erweiterungen

Die Umkehrung der Implikation in **T24** ist in der Modallogik als BARCAN-Formel

(BF) $\bigwedge_x \Box A(x) \to \Box \bigwedge_x A(x)$

bekannt geworden. Diese ist noch in S4* nicht beweisbar, wohl aber in S5*. Bevor wir den Beweis dieser Behauptung antreten, sei noch eine Anmerkung zur Bedingung $\bigwedge_w \bigwedge_{w'} [w\mathsf{R}w' \Rightarrow U_w \subseteq U_{w'}]$ aus der Definition des ***K****-Modells ergänzt.

Diese (für die hier betrachteten Kalküle allgemeine) Modellbedingung ist als Einschränkung der folgenden Art anzusehen: Die Menge der in einer möglichen Welt w „anzutreffenden" Individuen U_w vergrößert sich in R-Nachfolgern von w allenfalls, d. h. es können neue Individuen auftreten, nicht aber bereits vorhandene „verschwinden". Aus der Symmetrie der Relation R in S5*-Modellen (sowie der zu Definition 3.5 angemerkten Reduktion der Modelle auf zusammenhängende) folgt $U_w = U_{w'} = U$ für beliebige $w, w' \in \mathscr{W}$, d. h. in S5*-Modellen ist der Individuenbereich konstant, neue Individuen können in möglichen Welten eines Modells nicht auftreten. Diese Eigenschaft steht in engem Zusammenhang mit der BARCAN-Formel, die wir jetzt beweisen wollen.

T27. $\vdash_{S5^*} \bigwedge_x \Box A(x) \rightarrow \Box \bigwedge_x A(x)$.

Beweis:

1)	$\bigwedge_x \Box A(x) \rightarrow \Box A(x)$	Theoremschema der Prädikatenlogik
2)	$\Diamond \bigwedge_x \Box A(x) \rightarrow \Diamond \Box A(x)$	1, $\mathsf{MR}_\Diamond$
3)	$\Diamond \Box A(x) \rightarrow A(x)$	MA4
4)	$\Diamond \bigwedge_x \Box A(x) \rightarrow A(x)$	2, 3, Regel der Aussagenlogik
5)	$\Diamond \bigwedge_x \Box A(x) \rightarrow \bigwedge_x A(x)$	4, Regel der Prädikatenlogik
6)	$\Box \Diamond \bigwedge_x \Box A(x) \rightarrow \Box \bigwedge_x A(x)$	5, MR
7)	$\bigwedge_x \Box A(x) \rightarrow \Box \Diamond \bigwedge_x \Box A(x)$	T22
8)	$\bigwedge_x \Box A(x) \rightarrow \Box \bigwedge_x A(x)$	6, 7, Regel der Aussagenlogik ∎

Wie schon aus der Definition der Modelle für T*, S4*, S5* ersichtlich, liefert die Methode der korrespondierenden Modellbedingungen analoge Ergebnisse wie in der modalen Aussagenlogik. Wir könnten in ähnlicher Art und Weise die Kalküle C2*, D2* usw. konstruieren.

Für die BARCAN-Formel, die in S4* nicht beweisbar ist (man kann ein entsprechendes widerlegendes Modell konstruieren) geben wir eine korrespondierende Modellbedingung an. Sie lautet

$$\bigwedge_w \bigwedge_{w'} [w\mathsf{R}w' \Rightarrow U_{w'} \subseteq U_w]. \tag{3.20}$$

Wir könnten also zu jedem der Kalküle, in denen (BF) nicht beweisbar ist, dieses Postulat ergänzen; (3.20) liefert dann die korrespondierende zusätzliche Modellbedingung. Dabei wird deutlich, daß S4* + BF keineswegs schon der Kalkül S5* ist: aus $U_w = U_{w'}$ folgt noch nicht die Symmetrie der Relation R.

Schließlich sei eine letzte Erweiterung angedeutet. Wir bezeichnen mit $S5^{*=}$ den Prädikatenkalkül der ersten Stufe mit Identität, erweitert um die Postulate von S5. Den gleichen Effekt erzielen wir selbstverständlich, wenn wir S5* um die Postulate

(I1) $x = x$

(I2) $x = y \rightarrow (A(x) \rightarrow A(y))$[54]

ergänzen.

$S5^{*=}$-*Modell* ist jedes S5*-Modell, in dem das Identitätsprädikat = nach folgender Vorschrift bewertet wird:

$$v(x = y, w)_g = \mathsf{W} \quad \text{gdw} \quad g(x) = v(y).$$[55]

In $S5^{*=}$ gelten die folgenden Theoreme:

T28. $\vdash_{S5^{*=}} x = y \rightarrow \Box(x = y)$ (gilt schon in $\boldsymbol{K}^{*=}$)

T29. $\vdash_{S5^{*=}} x \neq y \rightarrow \Box(x \neq y)$,

Wir beweisen beide Theoreme gleichzeitig:[56]

1) $x = y \rightarrow (\Box(x = x) \rightarrow \Box(x = y))$ I2

2) $\Box(x = x) \rightarrow (x = y \rightarrow \Box(x = y))$ 1, aussagenlogische Umformung

3) $\Box(x = x)$ I1, GR

4) $x = y \rightarrow \Box(x = y)$ 2, 3, MP (Das ist **T28**!)

5) $\sim\Box(x = y) \rightarrow \sim(x = y)$ 4, aussagenlogische Umformung

54 Hier ist $A(y)$ das Ergebnis der Ersetzung von x durch y an einer oder mehreren Stellen (nicht unbedingt an allen) des freien Vorkommens von x im Ausdruck A.

55 Im Grunde genommen müßten wir das erste Vorkommen von „=" in diesem Ausdruck wie auch in den Ausdrücken (I1) und (I2) graphisch von der bisherigen, metasprachlichen Verwendung abheben, da dies jedoch allgemein nicht üblich ist, verzichten auch wir hier darauf.

56 Nach Kostjuk [1978], S. 78.

6) $\Diamond\sim(x = y) \rightarrow \sim(x = y)$ 5, Def. von $\Diamond$

7) $\Diamond(x \neq y) \rightarrow (x \neq y)$ 6, Def. von $\neq$

8) $\Box\Diamond(x \neq y) \rightarrow \Box(x \neq y)$ 7, MR

9) $(x \neq y) \rightarrow \Box\Diamond(x \neq y)$ **T22**

10) $x \neq y \rightarrow \Box(x \neq y)$ 8, 9, Regel der Aussagenlogik ∎

Die hier bewiesenen Ausdrücke besagen, daß man in S5*⁼ nicht zwischen notwendiger und zufälliger Identität bzw. Nichtidentität unterscheiden kann, anders ausgedrückt: Jede Identität ist nowendig. Es wurden auch Systeme konstruiert, in denen **T28** und **T29** entsprechend nicht beweisbar sind.[57] Damit schließen wir die formale Behandlung modaler Systeme ab.

3.6.3. Quantifikation und Modalitäten

Wir haben angedeutet, daß die formale Behandlung der modalen Prädikatenlogik erster Stufe im Vergleich zur aussagenlogischen Fassung kaum wesentliche Probleme aufwirft. So ist es nicht verwunderlich, daß Kripke bereits in seiner ersten Arbeit zur Mögliche-Welten-Semantik (Kripke [1959]) die Adäquatheit der Semantik für S5*⁼ nachweist. Er war es auch, der einen wesentlichen Unterschied von modaler und klassischer Prädikatenlogik nachwies: Wie bekannt, ist ein beliebiges einstelliges Fragment der klassischen Prädikatenlogik entscheidbar. Das gilt aber nicht für die modale Prädikatenlogik, dort ist selbst das einstellige Fragment nicht entscheidbar (Kripke [1962]).

In der nachfolgenden Entwicklung lassen sich deutlich zwei Tendenzen abgrenzen. Zum einen wurden vorrangig modale Aussagenlogiken untersucht und ihre Vielfalt vergrößert, zum anderen wurden Probleme, die bei der Verquickung von Quantifikation und Modallogik auftreten, diskutiert. Die eigentliche Schwierigkeit modaler Prädikatenlogiken in ihrer gegenwärtigen Form liegt u. E. nicht in formallogischen, sondern in inhaltlichen, philosophischen und z. T. linguistischen Fragestellungen. Allein deren Darstellung würde weit über den Rahmen vorliegender Einführung in die Modallogik hinausgehen. Wir führen darum lediglich einige Beispiele an (Sokuler [1977]; S. 46f.]):

57 Minc [1974].

1. In den betrachteten Systemen ist jede Identität eine notwendige, es gilt **T28**: $x = y \rightarrow \Box(x = y)$.

2. In der modalen Prädikatenlogik gilt das Gesetz der identischen Ersetzung (I2). Mit dessen Hilfe läßt sich aber aus den offensichtlich wahren Aussagen

$\Box(9 > 7)$

und

9 = Anzahl der Planeten unseres Sonnensystems

auf die offensichtlich falsche Aussage

$\Box$ (Anzahl der Planeten unseres Sonnensystems > 7)

schließen.

3. Unklarheit herrscht hinsichtlich der Zulässigkeit der BARCAN-Formel[58], man kann sie so interpretieren, daß die Möglichkeit eines Objekts dessen Existenz impliziert.

Die Diskussion dieser Fragen hat bisher keineswegs einen einheitlichen Standpunkt erzeugt, mehr noch, es herrscht weitgehend Unklarheit über ein zweckmäßiges Herangehen an die bei der Quantifikation in modalen Kontexten entstehenden Probleme.

Nach unserer Auffassung lassen sich dabei zwei Arten von Problemstellungen unterscheiden: Solche, die sich auf die nichtmodale Prädikatenlogik beziehen (in erste Linie die Frage nach der geeigneten Interpretation der Quantifikation), und andere, die spezifisch modale Aspekte berücksichtigen (etwa der Status möglicher Objekte in der Modallogik). Im ersten Fall wirkt die Einführung von Modalitäten lediglich als „Katalysator", der latente Probleme der klassischen Logik sichtbar macht (ähnlich wie z. B. die sogenannten „Paradoxien der materialen Implikation" modale „Paradoxien" erzeugen). In dieser Richtung bewirkt die Modalisierung eine differenziertere Betrachtung und ein tiefergehendes Verständnis der klassischen Logik. So wird z. B. in der Literatur zwischen der Substitutionsinterpretation und der Gegenstandsinterpretation der Quantifikation unterschieden. Bei Substitutionsinterpretation wird der Ausdruck $\bigwedge_x A(x)$ als wahr angesehen, wenn bei jeder Ersetzung von x durch Termini für Objekte aus dem Gegenstandsbereich der Theorie der Ausdruck A wahr wird; bei der Gegenstandsinterpretation wird $\bigwedge_x A(x)$ genau dann als wahr angesehen, wenn alle Objekte aus dem Gegenstands-

58 $\Diamond \bigvee_x A(x) \rightarrow \bigvee_x \Diamond A(x)$ ist eine äquivalente Form von (BF).

bereich der Theorie die mit A bezeichnete Eigenschaft haben. Bei der zuletzt genannten Interpretation wird z. B. **T28:** $x = y \rightarrow \Box(x = y)$ zu einer respektablen Aussage über Identität in modalen Kontexten: Wenn x und y derselbe Gegenstand sind, so hat y auch dieselben Eigenschaften wie x, u. a. auch die, notwendig mit x identisch zu sein.[59]

Die Probleme der zweiten Art sind nach unserer Auffassung wesentlich dadurch bedingt, daß in der modalen Prädikatenlogik eine zweifache Quantifizierung vorgenommen wird. Schon eine oberflächliche Betrachtung zeigt eine große Ähnlichkeit der formalen Eigenschaften von Quantoren und Modaloperatoren (jeweils $\Box$ und $\bigwedge$ bzw. $\Diamond$ und $\bigvee$). Diese wird noch deutlicher, wenn wir die semantische Bestimmung von $\Box$ bzw. $\Diamond$ heranziehen; sie bringt explizit die Quantifikation über mögliche Welten zum Ausdruck. Modale Prädikatenlogik ist also Ausdruck zwiefacher, sich überschneidender Quantifikation: über mögliche Welten und über Objekte in möglichen Welten. Das bedeutet u. U. aber auch, daß wir bei den oben beschriebenen unterschiedlichen Auffassungen von Quantifikation gegebenenfalls unsere Festlegung auf die ausschließliche Behandlung von Modalitäten de dicto, also Modalitäten der Sprechweise, aufgeben müssen.[60]

Untrennbar von den bereits genannten Problemen ist in diesem Zusammenhang auch die Frage nach der Natur der von den Individuenvariablen vertretenen Objekte zu sehen. Die klassische Prädikatenlogik ist hinsichtlich unterschiedlicher Antworten auf diese Frage invariant, einzige Forderung ist, daß der Individuenbereich nicht leer ist. Die Modallogik erfordert zu ihrer befriedigenden Diskussion einen wesentlich präziseren Objektbegriff. Eine ausführliche Untersuchung zu dieser Problematik liefert ČelIščev [1978]. Die Diskussion der genannten Probleme nimmt in der aktuellen Literatur zur Modallogik einen breiten Raum ein. Dabei reicht das Spektrum der Standpunkte von Quines entschiedener Ablehnung der Quantifikation modaler Kontexte bis zur gemäßigten Feststellung, daß die auftretenden Probleme — wie andere philosophische Probleme auch — mittels logischer Analyse wohl unter-

59 Hier wird deutlich, daß sich die vorgeschlagene Unterteilung der Probleme nicht so absolut durchführen läßt. Gerade in dem zuletzt diskutierten Beispiel sind wir explizit von dem bisher vereinbarten Verständnis der Modalitäten als Modalitäten de dicto abgewichen. Wir betrachten hier „notwendig mit x identisch zu sein" als Eigenschaft, „notwendig" ist also hier offensichtlich als Modalität de re verwendet.

60 Eine sehr aufschlußreiche Darstellung der de dicto/de re — Unterscheidung im Zusammenhang mit der Quantifikation modaler Kontexte gibt Stelzner [1985].

sucht, nicht aber ausschließlich mit Mitteln der logischen Analyse entschieden werden können (SOKULER [1977]; S. 6). Den interessierten Leser verweisen wir auf solche Arbeiten wie z. B. KRIPKE [1971], [1972], SCOTT [1970], HINTIKKA [1969], sowie auf die zusammenfassenden Arbeiten von SOKULER [1977] und ČELIŠČEV [1977], [1978], in denen ein Überblick über verschiedene Standpunkte in der Diskussion der genannten Probleme gegeben wird.

4. Intuitionistische Logik

4.1. Problemstellung

Gegen Ende des 19. Jahrhunderts kam man mehr und mehr dazu, CANTORS Mengenlehre als fundamental für die gesamte Mathematik anzusehen. Gerade zu dieser Zeit wurde jedoch festgestellt, daß der naive Gebrauch des Mengenbegriffs zu logischen Widersprüchen in dieser Theorie führt — die Grundlage der zeitgenössischen Mathematik war somit unsicher geworden. Die Arbeiten zur Überwindung dieser Situation, die man auch als eine der Grundlagenkrisen der Mathematik bezeichnet, führten in den ersten zwanzig Jahren unseres Jahrhunderts zum Entstehen neuer Schulen bei der Grundlegung der Mathematik. Eine dieser Schulen, der (*logische*) *Intuitionismus*, setzte in seiner Kritik vor allem am Begriff des Aktual-Unendlichen und bei der uneingeschränkten Verwendung gewisser logischer Schlüsse an.

So kann die Anwendung des Satzes vom ausgeschlossenen Dritten auf unendliche Objektbereiche manchmal einen unbefriedigenden Eindruck hinterlassen. Das sollen die beiden folgenden Beispiele einer „klassischen" Existentialdefinition von HEYTING und eines von BENENSON stammenden Beweises verdeutlichen:

Beispiel 4.1. k soll die größte Primzahl derart sein, daß ihr um 2 verminderter Wert ebenfalls Primzahl ist. Falls aber keine solche Zahl existiert, so soll k gleich 1 sein.

Beispiel 4.2. Die Existenz irrationaler Zahlen a und b derart, daß a^b eine rationale Zahl ist, kann folgendermaßen bewiesen werden. Ein tiefliegendes algebraisches Resultat stellt die Irrationalität von $\sqrt{2}^{\sqrt{2}}$ fest. Man setze also $a = \sqrt{2}^{\sqrt{2}}$ und $b = \sqrt{2}$ und erhält nach Potenzieren die rationale Zahl 2. Der Beweis läßt sich jedoch auch elementar führen: die Zahl $\sqrt{2}^{\sqrt{2}}$ ist rational oder nicht rational. Im ersten Fall sei $a = b = \sqrt{2}$. Im zweiten Fall sei dagegen $a = \sqrt{2}^{\sqrt{2}}$ und $b = \sqrt{2}$.

Die in den obigen Beispielen durchgeführten Überlegungen werden von den Intuitionisten nicht als stichhaltig angesehen. Für sie ist die Mathematik keine Theorie, sondern eine besondere Art geistiger Tätigkeit:

aus ursprünglichen Objekten, den natürlichen Zahlen, entstehen durch gedankliche Konstruktion neue Objekte. Insbesondere muß für einen Existenzbeweis eine effektive Konstruktion des fraglichen Objekts gegeben sein.

Ausgehend von diesen Ansichten erkennen die Intuitionisten nur diejenigen mathematischen Sachverhalte als wahr an, die (im Sinne von direkt konstruierbar) unmittelbar einzusehen sind. Man unterscheidet folgerichtig das Nichtvorliegen von p (d. h. das Fehlen einer Konstruktion für p) vom Vorliegen von nicht-p (also einer Konstruktion für nicht-p) und verwirft so das tertium-non-datur: die Alternative „p oder (nicht-p)" wird gedeutet als „es gibt eine Konstruktion für p oder es gibt eine Konstruktion für nicht-p" und ist nicht länger richtig. Hier kommt bereits eine andere Auffassung der Negation zum Ausdruck, $\sim p$ ist nicht lediglich die Verneinung von p, sondern kann als „es ist absurd, p anzunehmen" aufgefaßt werden. Bei dieser Deutung der Negation wird verständlich, warum beispielsweise der im klassischen Sinne wahre Ausdruck

$$(\sim p \to \sim q) \to (q \to p)$$

verworfen wird: es bedeute p beispielsweise „Das Wasser im Becken ist wärmer als 25 °C" und q „Das Wasser im Becken ist wärmer als 20 °C" Das Vorderglied $(\sim p \to \sim q)$ der Implikation ist wahr, denn wenn es nicht einfach nur falsch, sondern absurd ist anzunehmen, das Wasser im Becken sei wärmer als 25 °C, so kann dies nur bedeuten, daß gar kein Wasser im Becken ist und es folglich auch nicht wärmer als 20 °C sein kann. Dagegen ist das Nachglied offensichtlich falsch und somit die Implikation insgesamt falsch.

Historisch gesehen entstand die intuitionistische Logik als Formalisierung des intuitionistischen Programms zur Überwindung der dritten Grundlagenkrise der Mathematik. Die Beziehung zwischen dem formalen System und dem hinter der intuitionistischen Mathematik stehenden Konzept wird in **4.6** näher dargestellt.

4.2. Syntax

Sei AV wieder eine abzählbar unendliche Menge $\{p, q, r, \ldots, p_0, p_1, p_2, \ldots\}$, deren Elemente Aussagenvariablen heißen. Weiter seien, wie in der klassischen Aussagenlogik, $\sim$ ein einstelliger und $\wedge$, $\vee$, $\to$ sowie $\leftrightarrow$ zweistellige Junktoren. Die Menge aller intuitionistischen Ausdrücke ist die kleinste AV enthaltende Menge, zu der mit H_1, H_2 auch $\sim H_1$, $(H_1 \wedge H_2)$, $(H_1 \vee H_2)$, $(H_1 \rightarrow H_2)$ und $(H_1 \leftrightarrow H_2)$ gehören. Letztere Ausdrücke werden nun entsprechend als „*es ist absurd, daß* H_1“, „H_1 *und* H_2“, „H_1 *oder* H_2“, „*wenn* H_1, *dann* H_2“ und „H_1 *genau dann, wenn* H_2“ gelesen. Obige Menge, kurz *Menge aller Ausdrücke* genannt, wird mit AD bezeichnet. Die intuitionistische Ausdrucksmenge unterscheidet sich in ihrer Gestalt also nicht von der klassischen Ausdrucksmenge AD. Die verwendeten gleichen syntaktischen Mittel dürfen aber nicht darüber hinwegtäuschen, daß der intuitionistischen Logik eine andere Formalisierungskonzeption zugrunde liegt, wie am Schluß von **4.1** schon angedeutet. Die andere Auffassung der Junktoren in der intuitionistischen Logik wird in der semantischen Interpretation der Ausdrücke deutlich und darin, welche von ihnen als Axiome gewählt werden.

Als Axiomensystem betrachtet, besteht der intuitionistische Aussagenkalkül, mit der Satzmenge INT, aus allen Ausdrücken, die man mittels der Schlußregel MP (Modus Ponens) aus den nachfolgenden Axiomenschemata herleiten kann:

(a) $G \rightarrow (H \rightarrow G)$;

(b) $(G \rightarrow (H \rightarrow H_1)) \rightarrow ((G \rightarrow H) \rightarrow (G \rightarrow H_1))$;

(c) $G \wedge H \rightarrow G$; $G \wedge H \rightarrow H$;

(d) $G \rightarrow G \vee H$; $H \rightarrow G \vee H$;

(e) $(G \rightarrow H) \rightarrow ((G \rightarrow H_1) \rightarrow (G \rightarrow H \wedge H_1))$;

(f) $(G \rightarrow H) \rightarrow ((H_1 \rightarrow H) \rightarrow (G \vee H_1 \rightarrow H))$;

(g) $(G \rightarrow \sim H) \rightarrow (H \rightarrow \sim G)$;

(h) $\sim G \rightarrow (G \rightarrow H)$.

Die oben vorgestellten Axiomenschemata und Schlußregeln zeichnen den intuitionistischen Ableitungsbegriff aus: für eine Ausdrucksmenge Γ ist die *intuitionistische Ableitungsmenge* $\mathsf{Cn_i}(\Gamma)$ der Durchschnitt aller Ausdrucksmengen Σ, welche Γ und alle Axiomenschemata (a)—(h) enthalten und gegenüber der Regel MP abgeschlossen sind. Der Ausdruck H heiße nun *aus* Γ *intuitionistisch ableitbar*, wenn $H \in \mathsf{Cn_i}(\Gamma)$, d. h. wenn es Elemente $G_1, \ldots, G_k \in \Gamma$ und Axiomenschemata $A_1, \ldots, A_e$ gibt, aus denen sich H mittels MP ableiten läßt. Insbesondere sind die aus der leeren

Menge intuitionistisch ableitbaren Ausdrücke gerade die Theoreme der intuitionistischen Aussagenlogik: $\mathsf{Cn_i}(\emptyset) = \mathsf{INT}$. Statt $H \in \mathsf{Cn_i}(\Gamma)$ schreibt man auch $\Gamma \vdash^{\mathrm{i}} H$. Insbesondere bedeutet $\vdash^{\mathrm{i}} H$, daß H *Theorem* der intuitionistischen Aussagenlogik ist.

Eine Ausdrucksmenge Γ heiße *intuitionistisch widersprüchlich*, wenn für einen Ausdruck H gilt: $H \wedge \sim H \in \mathsf{Cn_i}(\Gamma)$. Andernfalls nennt man Γ *intuitionistisch widerspruchsfrei.*[1]

Wie man sich leicht überzeugt, erhält man aus den Axiomenschemata (a) – (f) und $(\sim G \rightarrow \sim H) \rightarrow (H \rightarrow G)$ ein Axiomensystem für die klassische Aussagenlogik, wobei man die auftretenden Junktoren im Sinne der klassischen Logik zu interpretieren hat. Anstelle dieses Ausdrucks könnte man auch $G \vee \sim G$ oder $\sim\sim G \rightarrow G$ zu den Axiomen (a) – (f) hinzufügen, um die klassische Aussagenlogik zu erhalten. Weitere Beziehungen zur klassischen Logik und zu anderen Systemen sowie einige bemerkenswerte Eigenschaften von INT besprechen wir nach Einführung einer semantischen Darstellung des Systems, um den Aufwand für die dazu notwendigen Rechnungen zu verringern.

4.3. Semantik

Neben der in 4.2 eingeführten axiomatischen Darstellung der intuitionistischen Aussagenlogik gibt es eine Vielzahl anderer.[2] Wir geben eine relationale Semantik an (KRIPKE-Semantik), die derjenigen für modale Logiken sehr ähnlich ist. Die Modellstrukturen bestehen erneut aus Paaren $\langle \mathscr{W}, \mathsf{R} \rangle$, wobei $\mathscr{W}$ eine nichtleere Trägermenge der Struktur und R eine zwischen den Elementen von $\mathscr{W}$ erklärte zweistellige Relation ist. Die hauptsächlichen Merkmale sind folgende:

(1) Die Elemente der Trägermenge werden in modallogischen Untersuchungen nach KRIPKE oft „mögliche Welten" genannt. Eine solche Deutung dieser Objekte ist keinesfalls die einzig zulässige. Will man Modelle für die intuitionistische Logik aufbauen, so sieht man in den Elementen des Trägers besser „Stadien sicherer Erkenntnis" oder „Situa-

---

1 Da $p \rightarrow (\sim p \rightarrow q)$ Theorem der intuitionistischen Aussagenlogik ist, sind die klassische Konsistenz bezüglich der intuitionistischen Konsequenzoperation und die intuitionistische Konsistenz ein und dasselbe.

2 Beispiele weiterer semantischer Darstellungen des Systems INT und Beweise ihrer jeweiligen Äquivalenz findet man in LÓPEZ-ESCÓBAR [1981].

tionen". Durch Anhäufung neuen Wissens kommt man zu weiteren Situationen. Da es sich um gesicherte Erkenntnisse handelt, wird man in einer nachfolgenden Situation keine den zuvor gewonnenen widersprechenden Ergebnisse finden. Die Relation R kann nun als Ordnung der Aufeinanderfolge von Situationen aufgefaßt werden. Eine einmal wahre Aussage bleibt, in Übereinstimmung mit dieser Deutung, in allen nachfolgenden Situationen wahr.

(2) Die Nichterfüllung des Ausdrucks H in einer Situation bedeutet lediglich, daß ausreichende Gründe für die Erfüllung von H nicht vorliegen — die Erfüllung von $\sim H$ dagegen verlangt, daß weiteres Fortschreiten der Entwicklung die Erfüllung von H grundsätzlich ausschließt.

(3) Die Konjunktion $H \wedge G$ zweier Ausdrücke ist in einer Situation erfüllt, wenn H und G erfüllt sind.

(4) Auch im Fall der Alternative gibt es formal keinen Unterschied zur Gültigkeit in KRIPKE-Modellen für die Modallogik: $H \vee G$ ist erfüllt, wenn H erfüllt ist oder wenn G erfüllt ist.

(5) $G \rightarrow H$ ist in einer Situation nur dann gültig, wenn es kein fortgeschritteneres Entwicklungsstadium geben kann, in dem G erfüllt ist, H dagegen nicht.

Wir kommen nun zu einer präzisen Fassung der relationalen Semantik für die intuitionistische Aussagenlogik.

Definition 4.3. Ein geordnetes Paar $\mathfrak{F} = \langle \mathscr{W}, \mathsf{R} \rangle$ mit einer Menge $\mathscr{W} \neq \emptyset$ und einer auf $\mathscr{W}^2$ reflexiven, transitiven und schwach antisymmetrischen Relation R nennen wir eine *i-Struktur*. Die $w \in \mathscr{W}$ heißen *Situationen* oder *Stadien*.

Definition 4.4. Eine Abbildung $v\colon \mathsf{AV} \rightarrow 2^{\mathscr{W}}$ heiße *monoton*, wenn für alle $w, w' \in \mathscr{W}$ und für alle $p \in \mathsf{AV}$ aus $w\mathsf{R}w'$ $w \in v(p) \Rightarrow w' \in v(p)$ folgt. Monotone Abbildungen nennen wir auch *Realisierungen*. Ein geordnetes Paar $\langle \mathfrak{F}, v \rangle$ aus einer i-Struktur $\mathfrak{F}$ und einer Realisierung v nennen wir *i-Modell*.

Analog zur modalen Logik erklären wir die Erfüllung von Aussagen in Modellen $\langle \mathfrak{F}, v \rangle$. $\langle \mathfrak{F}, v \rangle \models H/w/$ lesen wir als: „der Ausdruck H ist in der Situation w des Modells $\langle \mathfrak{F}, v \rangle$ erfüllt." Wenn klar ist, um welches Modell es sich handelt, schreiben wir statt dessen kurz: $w \models H$. Die entsprechenden Bedingungen für die intuitionistische Logik lauten:

(I1) $w \models p \quad \Leftrightarrow w \in v(p)$ für $p \in \mathsf{AV}$;

(I2) $w \models \sim H \quad \Leftrightarrow w' \not\models H$ für alle w', für die $w\mathsf{R}w'$ gilt;

(I3) $w \models H \wedge G \quad \Leftrightarrow w \models H$ und $w \models G$;

(I4) $w \models H \vee G \quad \Leftrightarrow w \models H$ oder $w \models G$;

(I5) $w \models H \to G \quad \Leftrightarrow$ wenn $w' \models H$, dann $w' \models G$ für alle w' mit $w\mathsf{R}w'$.

Somit haben wir eine Interpretation für alle Ausdrücke aus AD gegeben und die Bedeutung jedes Ausdrucks in der Situation des Modells festgelegt. Diese Festlegung wurde entsprechend der in den Punkten (1)–(5) präzisierten Intuitionen getroffen. Die Wahrheit einer Aussagenvariable in der Situation des Modells ist monoton: mit der Wahrheit von p in $w \in \mathscr{W}$ ist p in allen $w' \in \mathscr{W}$ wahr, für die $w\mathsf{R}w'$ gilt, die also auf w gemäß R folgen. Wie man leicht nachrechnet, überträgt sich die Monotonieeigenschaft auf beliebige Ausdrücke. Es gilt also:

$$w \models H \Rightarrow w' \models H \quad \text{für alle } w\mathsf{R}w'.$$

Ähnlich wie im Fall der Modallogik legen wir fest:

Definition 4.5. H ist *gültig* in der i-Struktur $\mathfrak{F}$, $\mathfrak{F} \models H$, wenn für beliebige Realisierungen v und für alle Situationen w des Trägers $\mathscr{W}$ von $\mathfrak{F}$ gilt: $w \models H$. H heiße *intuitionistisch gültig*, kurz: i-*gültig*, wenn $\mathfrak{F} \models H$ für alle i-Strukturen $\mathfrak{F}$.

Definition 4.6. Ein Ausdruck H *folgt aus* einer Ausdrucksmenge Γ auf der Basis der intuitionistischen Aussagenlogik, $\Gamma \models^{\mathsf{i}} H$, wenn für jedes Modell $\langle \mathfrak{F}, v \rangle$ und jede Situation w des Modells gilt:

$$\text{wenn für alle } G \in \Gamma\colon \langle \mathfrak{F}, v \rangle \models G/w/, \text{ so } \langle \mathfrak{F}, v \rangle \models H/w/.$$

Aus obigen Festlegungen erhalten wir eine Methode, die Richtigkeit von Formeln aus $\mathsf{Cn}_{\mathsf{i}}(\Gamma)$ und speziell aus INT zu prüfen.

Beispiel 4.7. $p \to \sim\sim p \in \mathsf{INT}$.

Angenommen, $p \to \sim\sim p$ sei in einer Situation w eines i-Modells $\langle \mathscr{W}, \mathsf{R}, v \rangle$ nicht gültig. Dann gäbe es lt. Gültigkeitsbedingungen eine auf w folgende Situation $w^{(1)}$ mit

$$w^{(1)} \models p,$$

$$w^{(1)} \not\models \sim\sim p.$$

Damit würde eine Situation $w^{(2)}$ derart existieren, daß $w^{(1)}\mathsf{R}w^{(2)}$ und

$$w^{(2)} \models \sim p.$$

Deshalb wäre für alle $w^{(3)}$ mit $w^{(2)}\mathsf{R}w^{(3)}$ auch

$$w^{(3)} \not\models p.$$

Andererseits gilt auf Grund der Transitivität von R, daß $w^{(1)}\mathsf{R}w^{(3)}$. Aus der Monotonie von v folgt aber, daß $w^{(3)} \in v(p)$ also $w^{(3)} \models p$, ein Widerspruch.

Beispiel 4.8. $\sim\sim\sim p \to \sim p \in \mathsf{INT}$.

Sei obiger Ausdruck nicht in der Situation w des Modells $\langle \mathscr{W}, \mathsf{R}, v\rangle$ erfüllt. Laut Erfüllungsbedingung erhalten wir

$$w^{(1)} \models \sim\sim\sim p,$$

$$w^{(1)} \not\models \sim p \quad \text{für ein gewisses } w^{(1)} \text{ mit } w\mathsf{R}w^{(1)}.$$

Damit gibt es ein $w^{(2)}$ derart, daß $w^{(1)}\mathsf{R}w^{(2)}$ und

$$w^{(2)} \models p.$$

Dagegen ist in keiner der auf $w^{(1)}$ folgenden Situation $\sim\sim p$ erfüllt, also auch

$$w^{(2)} \not\models \sim\sim p.$$

Der Widerspruch ergibt sich nun wie im vorigen Beispiel.

Ähnlich wie in der modalen Logik kann man mit Hilfe des kanonischen Modells für INT beweisen, daß der oben eingeführte semantische Folgerungsbegriff dem syntaktisch bestimmten intuitionistischen Ableitungsbegriff streng adäquat ist, d. h. für alle $H \in \mathsf{AD}$ und $\Gamma \subseteq \mathsf{AD}$ gilt:

$$\Gamma \models^{\mathsf{i}} H \Leftrightarrow \Gamma \vdash^{\mathsf{i}} H.$$

Insbesondere ist ein Ausdruck Theorem der intuitionistischen Aussagenlogik genau dann, wenn dieser Ausdruck i-gültig ist (einen Beweis findet man in RAUTENBERG [1979]).

Die aus nur einer Situation bestehende Struktur $\langle\{w\}, \mathsf{R}\rangle$, in der $w\,\mathsf{R}w$ gilt, ist nach Definition eine i-Struktur. Man kann nun zeigen, daß ein Ausdruck genau dann Tautologie der klassischen Aussagenlogik ist, wenn er in obiger Struktur gültig ist. Es genügt, sich dazu zu überlegen, daß jede Realisierung v einer Belegung der Aussagenvariablen mit den Wahrheitswerten W und F entspricht und umgekehrt. Da die betrachtete i-Struktur nur eine einzige Situation besitzt, geht die Bewertung zusammengesetzter Ausdrücke, den Vorschriften (I2)–(I5) entsprechend durchgeführt, gerade so vor sich, wie die Bewertung zusammengesetzter Ausdrücke im Fall der klassischen Aussagenlogik. Sei nämlich ein Ausdruck H in der i-Struktur $\langle \{w\}, \mathsf{R} \rangle$ nicht gültig. Nach Definition 4.5 gibt es eine Realisierung v' derart, daß $\langle \{w\}, \mathsf{R}, v' \rangle \not\models H/w/$. Eine in H vorkommende Aussagenvariable p erhalte nun die Belegung W genau dann, wenn $\mathsf{W} = v'(p)$, andernfalls erhalte p die Belegung F. Man sieht leicht, daß, wegen der Gleichartigkeit der Bewertung zusammengesetzter Ausdrücke, H die Belegung F erhält, also keine Tautologie ist. Wenn andererseits H keine Tautologie ist, also eine falsifizierende Bewertung für H existiert, so erhält man eine Realisierung v'', welche zu $\langle \{w\}, \mathsf{R}, v'' \rangle \not\models H/w/$ führt, indem man umgekehrt für alle in H vorkommenden Individuenvariablen p $v''(p) = \mathsf{W}$ genau dann setzt, wenn p die Belegung W erhalten hatte.

Die den klassischen Folgerungsbegriff festlegende Struktur ist mithin in der Klasse der den intuitionistischen Folgerungsbegriff festlegenden Strukturen enthalten. Wenn also H aus Γ klassisch nicht folgt, so folgt H aus Γ auch nicht auf der Basis der intuitionistischen Aussagenlogik. Wegen $\Gamma \models^{\mathsf{i}} H \Leftrightarrow \Gamma \vdash^{\mathsf{i}} H$ und der entsprechenden Adäquatheit der klassischen Konsequenzrelationen überträgt sich dieses Verhältnis auf die syntaktisch bestimmten Ableitungen: H ist aus Γ intuitionistisch ableitbar, nur wenn H aus Γ klassisch ableitbar ist. Insbesondere ist jedes Theorem der intuitionistischen Aussagenlogik auch Theorem der klassischen Aussagenlogik. Sei dazu für eine Ausdrucksmenge Γ die Menge der aus Γ klassisch ableitbaren Ausdrücke $\mathsf{Cn}(\Gamma)$. Dann läßt sich das oben Gesagte kurz als

$$(\bigwedge \Gamma \subseteq \mathsf{AD}) \left(\mathsf{Cn_i}(\Gamma) \subseteq \mathsf{Cn}(\Gamma)\right)$$

und

$$\mathsf{Cn_i}(\emptyset) \subseteq \mathsf{Cn}(\emptyset)$$

aufschreiben.

Das nächste Beispiel zeigt, daß die Umkehrung nicht gilt: der klassische Aussagenkalkül ist echt reicher als INT.

Beispiel 4.9. $p \vee {\sim} p$ ist nicht i-gültig. Dazu betrachtet man die i-Struktur, deren Trägermenge aus den beiden Elementen w und w' besteht, die durch R verbunden sind, $w\mathsf{R}w'$, und eine Realisierung v, für die $w' \in v(p)$ und $w \notin v(p)$ gilt. Falls nun $w \models {\sim} p$, so würde auch $w' \not\models p$ gelten, im Widerspruch zur Voraussetzung. Also gilt $w \not\models {\sim} p$ und damit auch $w \not\models p \vee {\sim} p$.

Ganz ähnlich zeigt man mittels der dreielementigen I-Struktur

$\langle\{w, w', w''\}, \mathsf{R}\rangle$, in der $w\mathsf{R}w'$ und $w\mathsf{R}w''$ gilt, daß auch $\sim\sim p \vee \sim p$ und $\sim(p \wedge q) \leftrightarrow \sim p \vee \sim q$ keine i-gültigen Ausdrücke sind.

Aus der Adäquatheit des semantischen Folgerungsbegriffs und des syntaktisch bestimmten Ableitungsbegriffs erhalten wir als weitere Schlußfolgerung wie üblich den *Kompaktheitssatz* für die intuitionistische Aussagenlogik: wenn es für jede endliche Teilmenge einer Ausdrucksmenge Γ ein Modell gibt, so daß sie in einer Situation dieses Modells erfüllt ist, dann gibt es auch ein Modell, welches Γ in einer Situation erfüllt. Sei nämlich für eine beliebige endliche Untermenge Γ_e von Γ ein Modell $\langle\mathfrak{F}, v\rangle$ und eine Situation w gegeben, so daß

$$(\bigwedge H \in \Gamma_e)\,(\langle\mathfrak{F}, v\rangle \models H/w/), \quad \text{kurz: } \langle\mathfrak{F}, v\rangle \models \Gamma_e/w/.$$

Dann ist natürlich ausgeschlossen, daß

$$\bigwedge\langle\mathfrak{F}, v\rangle \bigwedge w(\langle\mathfrak{F}, v\rangle \not\models \Gamma_e/w/)$$

und ebenso ist ausgeschlossen, daß

$$\bigwedge\langle\mathfrak{F}, v\rangle \bigwedge w\,(\langle\mathfrak{F}, v\rangle \models \Gamma_e/w/ \Rightarrow \langle\mathfrak{F}, v\rangle \models \bot\,/w/),$$

wobei $\bot$ die Aussagenkonstante „Falsch“ ist.
Letzteres bedeutet nichts anderes als

$$\Gamma_e \not\models^{\mathsf{i}} \bot,$$

woraus wegen der Adäquatheit folgt

$$\Gamma_e \nvdash^{\mathsf{i}} \bot.$$

Wenn nun aus Γ ein Widerspruch abgeleitet werden könnte, so hätte der entsprechende Nachweis nur endlich viele Beweisschritte. Er ließe sich also in einer bestimmten endlichen Untermenge von Γ nachvollziehen. Das widerspräche jedoch der in der vorigen Zeile ausgedrückten Widerspruchsfreiheit beliebiger endlicher Untermengen von Γ. Also muß

$$\Gamma \not\models^{\mathsf{i}} \bot$$

gelten. Indem wir die oben angeführten Beweisschritte in genau der umgekehrten Reihenfolge gehen, erhalten wir schließlich

$$\bigvee\langle\mathfrak{F}, v\rangle \bigvee w(\langle\mathfrak{F}, v\rangle \models \Gamma/w/),$$

und der Kompaktheitssatz ist bewiesen.

Zwischen INT und dem modallogischen System $\mathsf{S4}$ besteht ein interessanter Zusammenhang. Sei $\boldsymbol{M}$ folgende Übersetzung von AD in die Sprache der modalen Logik (SCHÜTTE [1968]):

$$\boldsymbol{M}(p) = \Box p, \quad \text{für } p \in \mathsf{AV};$$

$$\boldsymbol{M}(\sim H) = \Box \sim \boldsymbol{M}(H);$$

$$\boldsymbol{M}(H \wedge G) = \boldsymbol{M}(H) \wedge \boldsymbol{M}(G);$$

$$\boldsymbol{M}(G \vee H) = \boldsymbol{M}(G) \vee \boldsymbol{M}(H);$$

$$\boldsymbol{M}(G \to H) = \Box(\boldsymbol{M}(H) \to \boldsymbol{M}(G)).$$

Man kann zeigen, daß für alle $H \in \mathsf{AD}$ gilt:

$$H \in \mathsf{INT} \Leftrightarrow \boldsymbol{M}(H) \in \mathsf{S4}.$$

Aus der Entscheidbarkeit von $\mathsf{S4}$ ergibt sich sofort, daß auch INT entscheidbar ist.

Wir lernen nun noch ein wichtiges Hilfsmittel bei semantischen Untersuchungen von INT kennen. Sei $\langle V, \mathsf{R}\rangle$ eine in der i-Struktur $\langle \mathscr{W}, \mathsf{R}\rangle$ enthaltene lineare Ordnung, d. h. $w\mathsf{R}w'$ oder $w'\mathsf{R}w$ gilt für alle $w, w' \in V$. Sei v eine Realisierung in $\langle V, \mathsf{R}\rangle$ und $\mathbf{a}_v$ die Menge aller Ausdrücke $H \in \mathsf{AD}$, für die $\langle V, \mathsf{R}, v\rangle \models H/w/$ für ein gewisses $w \in V$ gilt. Den Träger einer solchen linearen Ordnung nennen wir *Situationskette* und sprechen von einer *optimalen* Situationskette, wenn für alle $H \in \mathsf{AD}$ gilt: $H \in \mathbf{a}_v$ oder $\sim H \in \mathbf{a}_v$. Wegen der Disjunktionseigenschaft der intuitionistischen Logik ist diese Bedingung gleichwertig mit:

$$(\bigwedge H \in \mathsf{AD})\,(H \vee \sim H \in \mathbf{a}_v).$$ [3]

Wir beweisen nun folgendes Lemma:

Lemma 4.10. *Zu jeder Situation $w \in \mathscr{W}$ existiert eine w enthaltende optimale Situationskette $V \subseteq \mathscr{W}$.*

Beweis: Für beliebiges $H \in \mathsf{AD}$ gibt es eine auf w folgende Situation w', in der $H \vee \sim H$ gilt. Denn entweder gibt es ein w' mit $w' \models H$ – und damit auch $w' \models H \vee \sim H$ – oder aber $w \models \sim H$, also auch $w \models H \vee \sim H$. Im zweiten Fall setzen wir w für w'.

---

3 Die Eigenschaft einer Logik, daß $H \vee G$ nur dann Theorem ist, wenn H Theorem ist oder wenn G Theorem ist, nennt man die Disjunktionseigenschaft dieser Logik. Für INT kann man sie so beweisen wie für $\mathsf{S4}$, nämlich durch Zusammenfügen zweier Modelle mittels einer neuen ersten Situation (LEMMON [1966]).

Sei nun H, H', H'', ... eine Liste aller Ausdrücke. Es gibt zunächst ein w' mit $w' \models H' \vee \sim H'$, sodann ein w'' mit $w' \mathsf{R} w''$ und $w'' \models H'' \vee \sim H''$. Die Kette $w \mathsf{R} w' \mathsf{R} w'' \mathsf{R} \ldots$ ist optimale Situationskette. ∎

Satz 4.11. *Im Fall optimaler Situationsketten enthält die Menge* $\mathbf{a}_v$ *für beliebige Ausdrücke entweder den Ausdruck selbst, oder dessen Negation.*

Beweis: Sei $\sim H \in \mathbf{a}_v$. Es gibt also ein $w \in V$ mit $w \models \sim H$. Wäre nun $H \in \mathbf{a}_v$, so gäbe es ein $w' \in V$ mit $w' \models H$. Wegen der linearen Ordnung von $\langle V, \mathsf{R} \rangle$ ergibt sich ein Widerspruch, weil in einer der beiden Situationen $H \wedge \sim H$ gelten würde. Mithin ist $H \notin \mathbf{a}_v$. Sei umgekehrt $H \notin \mathbf{a}_v$. Wegen der Optimalität von V erhalten wir $w \models H$ oder $w \models \sim H$ für gewisse $w \in V$. Die erste Möglichkeit entfällt, also ist $\sim H \in \mathbf{a}_v$ nach Definition. Die Schritte für die anderen Junktoren sind noch einfacher. ∎

Als Schlußfolgerung ergeben sich eine Reihe wohlbekannter Sätze über die intuitionistische Logik. Diese sind zum Teil leicht auch ohne optimale Situationsketten zu gewinnen.

Folgerung 4.12. *Jede intuitionistisch widerspruchsfreie Ausdrucksmenge ist widerspruchsfrei bezüglich der klassischen Aussagenlogik.*

Beweis: Sei $\Gamma \subseteq \mathsf{AD}$ i-widerspruchsfrei. Dann gibt es ein Modell $\langle \mathscr{W}, \mathsf{R}, v \rangle$ und ein $w \in \mathscr{W}$ mit $\langle \mathscr{W}, \mathsf{R}, v \rangle \models \Gamma/w/$. Also gilt $\langle V, \mathsf{R}, v \rangle \models \Gamma/w/$ für eine durch w führende optimale Situationskette $V \subseteq \mathscr{W}$. Daraus folgt, daß $\Gamma \subseteq \mathbf{a}_v$. Damit ist Γ klassisch erfüllbar und daher klassisch widerspruchsfrei. ∎

Da die Einpunktstruktur eine i-Struktur ist, gilt selbstverständlich auch die Umkehrung. Die beiden Konsistenzbegriffe stimmen also überein.

Folgerung 4.13. (Satz von Glivenko). *Für alle* $H \in \mathsf{AD}$ *gilt:*

$$\sim H \in \mathsf{Cn}(\Gamma) \Leftrightarrow \sim H \in \mathsf{Cn}_{\mathsf{i}}(\Gamma).$$

Beweis: Sei $\sim H \notin \mathsf{Cn}_{\mathsf{i}}(\Gamma)$. Es existiert also ein i-Modell $\langle \mathscr{W}, \mathsf{R}, v \rangle$ und eine Situation $w \in \mathscr{W}$ derart, daß

$$\langle \mathscr{W}, \mathsf{R}, v \rangle \models \Gamma/w/,$$

$$\langle \mathscr{W}, \mathsf{R}, v \rangle \not\models \sim H/w/.$$

Daher gibt es ein w' mit $w \mathsf{R} w'$ und $\langle \mathscr{W}, \mathsf{R}, v \rangle \models H/w/$. Wir wählen eine optimale Situationskette V mit $w \mathsf{R} w' \mathsf{R} \ldots$. $\mathbf{a}_v$ ist klassisch erfüllbar und $\Gamma \subseteq \mathbf{a}_v$. Damit gilt: $\sim H \notin \mathsf{Cn}(\Gamma)$.
Die andere Richtung der Äquivalenz ist klar. ∎

Eine andere Fassung des Satzes von GLIVENKO lautet:

$$(\bigwedge H \in \mathsf{AD})\big(H \in \mathsf{Cn}(\Gamma) \Rightarrow \sim\sim H \in \mathsf{Cn_i}(\Gamma)\big).$$

Aus der ersten Version folgt sofort die zweite: Sei $H \in \mathsf{Cn}(\Gamma)$. Wegen $(p \leftrightarrow \sim\sim p) \in \mathsf{Cn}(\emptyset)$ gilt also $\sim\sim H \in \mathsf{Cn}(\Gamma)$ und wegen Folgerung 4.13 auch $\sim\sim H \in \mathsf{Cn_i}(\Gamma)$.

Umgekehrt reicht die zweite Version für den Beweis von Folgerung 4.13: Sei $\sim H \in \mathsf{Cn}(\Gamma)$. Damit ist $\sim\sim\sim H \in \mathsf{Cn_i}(\Gamma)$ und wegen $(\sim\sim\sim H \to \sim H) \in \mathsf{Cn_i}(\emptyset)$ (s. Beispiel 4) gilt schließlich $\sim H \in \mathsf{Cn_i}(\Gamma)$. Die andere Richtung der Äquivalenz folgt wieder aus $\mathsf{Cn_i}(\Gamma) \subseteq \mathsf{Cn}(\Gamma)$.

Folgerung 4.14. (Satz von GÖDEL): *Wenn H nur die Junktoren $\sim$ und $\wedge$ enthält, dann ist*

$$H \in \mathsf{INT} \Leftrightarrow H \in \mathsf{AL}.$$

Beweis: Der Ausdruck H soll nur $\sim$ und $\wedge$ enthalten und kein Theorem von INT sein. Falls $H \in \mathsf{AV}$, so gehört H trivialerweise nicht zu AL.

Sei nun H der Gestalt $\sim G$. Es gibt dann ein Modell und eine Situation w, so daß $w \not\models \sim G$. Folglich existiert ein w' mit $w\mathsf{R}w'$ und $w' \models G$. Wir wählen nun eine optimale Situationskette durch w'. Wie in Folgerung 4.13 ist G klassisch erfüllbar und H keine Tautologie.

Hat H die Form $G \wedge F$, so gibt es ein Modell und eine Situation w derart, daß $w \not\models G \wedge F$. Daher gilt $w \not\models G$ oder $w \not\models F$. Nehmen wir ohne Beschränkung der Allgemeinheit an, daß der zweite Fall gilt und wählen wir eine optimale Situationskette durch w und durch ein solches w', in welchem $w' \models \sim F$ gilt. Wieder ist F klassisch erfüllbar und darum weder F noch H Theorem von AL.

Wir haben also gezeigt, daß $H \notin \mathsf{INT} \Rightarrow H \notin \mathsf{AL}$. Die andere Richtung der Äquivalenz ist offensichtlich. ∎

Wir hatten bereits festgestellt, daß INT in AL enthalten ist. Aus der Folgerung 4.14 ergibt sich, daß INT seinerseits das gesamte mittels Konjunktion und Negation gebildete Fragment der AL umfaßt. Bekanntlich läßt sich in AL zu jedem beliebigen Ausdruck ein äquivalenter Ausdruck angeben, der als Junktoren nur Negation und Konjunktion enthält. Daraus kann nun aber nicht der Schluß gezogen werden, alle in AL richtigen Ausdrücke seien in INT enthalten (und somit diese beiden Kalküle identisch), wie übrigens schon in Beispiel 4.9 nachgewiesen worden war. Die obengenannten Ausdrücke sind nämlich in INT nicht länger äquivalent, oder anders gesagt, mittels Negation und Konjunktion allein lassen sich die übrigen Junktoren in INT nicht definieren. Durch die Wahl entsprechender Modelle läßt sich sogar mehr beweisen: die intuitionistischen Junktoren sind unabhängig — keiner von ihnen kann mit Hilfe der anderen definiert werden (siehe z. B. McKinsey [1939]).

4.4. Intuitionistische Prädikatenlogik

Wir erweitern nun die intuitionistische Aussagenlogik auf Sprachen erster Stufe. Sei dazu $\mathsf{AD_i}$ die Ausdrucksmenge der intuitionistischen Prädikatenlogik, die sich von der Menge $\mathsf{AD_1}$ in Kapitel **1** nur dadurch unterscheidet, daß bei der Bildung atomarer Ausdrücke neben Gegenstandsvariablen auch Konstanten zugelassen sind. Der axiomatische Kalkül der intuitionistischen Prädikatenlogik, dessen Theoremmenge kurz als $\mathsf{INT_1}$ bezeichnet wird, ist durch folgende Axiomenschemata und Schlußregeln bestimmt:

(A) $H \to (G \to H)$;

(B) $(H \to (G \to F)) \to ((H \to G) \to (H \to F))$;

(C) $H \wedge G \to H$; $H \wedge G \to G$;

(D) $H \to H \vee G$; $G \to H \vee G$;

(E) $(H \to G) \to ((H \to F) \to (H \to G \wedge F))$;

(F) $(H \to G) \to ((F \to G) \to (H \vee F \to G))$;

(G) $(H \to {\sim}G) \to (G \to {\sim}H)$;

(H) ${\sim}H \to (H \to G)$;

(I) $H[x/a] \to \bigvee xH$;

(K) $\bigwedge xH \to H[x/a]$, wobei $[x/a]$ erneut das Symbol für die korrekte Einsetzung von a anstelle x in H ist.

Bei den folgenden Regeln wird vorausgesetzt, daß a nicht in G enthalten ist.

(1) $$\frac{H[x/a] \to G}{\bigvee xH \to G}$$

$$(2) \quad \frac{G \to H[x/a]}{G \to \wedge xH}$$

$$(3) \quad \frac{H, H \to G}{G}$$

INT_1 ist die Menge der aus (A)–(K) mittels (1)–(3) ableitbaren Ausdrücke aus AD_1.

Bei der Suche nach einer für INT_1 adäquaten Semantik, also nach einer Klasse von Modellstrukturen, in der genau alle Theoreme der intuitionistischen Prädikatenlogik wahr sind, nehmen wir die für INT adäquate Semantik als Ausgangspunkt. Wir haben hier ähnliche Probleme zu lösen, wie beim Übergang von der modalen Aussagenlogik zur modalen Prädikatenlogik.

Sei $\langle \mathscr{W}, \mathsf{R}\rangle$ eine i-Struktur und v eine Abbildung von der atomaren Ausdrucksmenge AT_i nach $2^{\mathscr{W}}$. Eine solche Abbildung nennen wir *monoton*, wenn aus $w\mathsf{R}w'$ für alle $G \in \mathsf{AT}_\mathsf{i}$ folgt: $w \in v(G) \Rightarrow w' \in v(G)$. Monotone Abbildungen nennen wir wieder *Realisierungen*. Um die Erfüllungsbedingungen für prädikatenlogische Ausdrücke in Modellsituationen usw. angeben zu können, benötigen wir subtilere Modellstrukturen als im aussagenlogischen Fall. Sei φ eine Abbildung von $\mathscr{W}$ nach einer Menge von Konstantenmengen, für die gelten soll:

$$(\bigwedge w, v \in \mathscr{W})\,\big(w\mathsf{R}v \Rightarrow \varphi(w) \subseteq \varphi(v)\big).$$

Mit $\mathsf{AD}_\mathsf{i}/\varphi(w)$ bezeichnen wir die Mengen aller Ausdrücke aus AD_i, deren Konstanten sämtlich aus $\varphi(w)$ stammen.

Ein geordnetes Quadrupel $\langle \mathscr{W}, \mathsf{R}, v, \varphi\rangle$ aus einer I-Struktur, Realisierung v und monotonem φ nennen wir nun i-*Modell*. Die Erfüllung eines Ausdrucks H in der Situation w des i-Modells $\mathfrak{M} = \langle \mathscr{W}, \mathsf{R}, v, \varphi\rangle$, symbolisch: $\mathfrak{M} \models_1 H/w/$ oder kurz $w \models_1 H$, ist folgendermaßen erklärt:

(I_1^*) $\quad w \models_1 G \Leftrightarrow G \in \mathsf{AD}_\mathsf{i}/\varphi(w) \wedge w \in v(G)$ für $G \in \mathsf{AT}_\mathsf{i}$;

(Für atomare Ausdrücke begnügen wir uns also mit dem Wissen um die Erfüllung des Ausdrucks in der fraglichen Situation, ohne uns darum zu kümmern, wie diese Anerkennung zustande kommt.)

(I_2^*) $\quad w \models_1 H \wedge G \Leftrightarrow H \wedge G \in \mathsf{AD}_1/\varphi(w) \wedge w \models_1 H \wedge w \models_1 G$;

(I_3^*) $\quad w \models_1 H \vee G \Leftrightarrow H \vee G \in \mathsf{AD}_1/\varphi(w) \wedge (w \models_1 H \vee w \models_1 G)$;

$(\mathrm{I}_4^*)\quad w \models_1 {\sim}H \Leftrightarrow {\sim}H \in \mathsf{AD}_1/\varphi(w) \wedge (\bigwedge v \in \mathscr{W})\,(w\mathsf{R}v \Rightarrow v \not\models_1 H);$

$(\mathrm{I}_5^*)\quad w \models_1 H \to G \Leftrightarrow H \to G \in \mathsf{AD}_1/\varphi(w) \wedge (\bigwedge v \in \mathscr{W})\,\big(w\mathsf{R}v \Rightarrow (v \models_1 H \Rightarrow v \models_1 G)\big);$

$(\mathrm{I}_6^*)\quad w \models_1 \bigvee xH \Leftrightarrow \bigvee xH(x) \in \mathsf{AD}_1/\varphi(w) \wedge \big(\bigvee a \in \varphi(w)\big)\,(w \models_1 H[x/a]);$

$(\mathrm{I}_7^*)\quad w \models_1 \bigwedge xH \Leftrightarrow \bigwedge xH(x) \in \mathsf{AD}_1/\varphi(w) \wedge \big(\bigwedge a \in \varphi(w)\big)\,(\bigwedge v \in \mathscr{W})\,(w\mathsf{R}v \Rightarrow v \models_1 H[x/a]).$

Definition 4.15. Der Ausdruck H ist im Modell $\mathfrak{M}$ *gültig*, $\mathfrak{M} \models_1 H$, wenn $(\bigwedge w \in \mathscr{W})\,\big(H \in \mathsf{AD}_1/\varphi(w) \Rightarrow \mathfrak{M} \models_1 H/w/\big)$ gilt. H ist *intuitionistisch allgemeingültiger Ausdruck*, wenn H in allen Modellen für die intuitionistische Prädikatenlogik erster Stufe gültig ist.

Die Semantik läßt folgende intuitive Deutung zu: Die $w \in \mathscr{W}$ bedeuten wieder Stadien gesicherter Erkenntnis. $\varphi(w)$ sind die Parameter, deren Einführung es ermöglichte, w zu erreichen. Dabei ist nur gefordert, daß einmal eingeführte Parameter erhalten bleiben. Die Einschränkungen $H \in \mathsf{AD}_1/\varphi(w)$ sollen den unsinnigen Fall ausschließen, daß die Anerkennung eines Ausdrucks in einer Situation behauptet wird, in der die im Ausdruck enthaltenen Parameter noch gar nicht eingeführt worden sind. Die Motivation für die Bedingungen (**I***1)–(**I***5) ist analog zu der in 4.3 vorgestellten. Bedingung (**I***6) ist klar, Bedingung (**I***7) kann so verstanden werden: um $\bigwedge xH$ in w sicher zu wissen, ist es nicht genug, $H[x/a]$ für alle bisher eingeführten Parameter, also für alle $a \in \varphi(w)$, zu bestätigen – man muß sich vielmehr auch der Richtigkeit von $H[x/a]$ für alle noch einzuführenden Parameter, also für alle in auf w folgenden Situationen einzuführenden, sicher sein.

Für INT_1 sind eine Vielzahl Eigenschaften nachgewiesen worden. Zunächst ist die oben vorgestellte Semantik adäquat, die Theoreme der intuitionistischen Prädikatenlogik sind also genau die intuitionistisch allgemeingültigen Ausdrücke (für einen Beweis siehe z. B. Fitting [1969]). Aus dieser Adäquatheit ergibt sich wieder die Gültigkeit des Deduktions- und des Kompaktheitssatzes. Weiter liegen Erkenntnisse über die adäquate Modellklasse und eine semantische Darstellung als Regellogik vor (siehe dazu Fitting [1969]).

Im folgenden wenden wir uns wieder der intuitionistischen Aussagenlogik zu.

4.5. Modifikationen

Zwischen den aussagenlogischen Systemen INT und AL liegen unendlich viele weitere Systeme. Genauer gesagt existiert ein Kontinuum von Zwischensystemen, sog. *intermediäre Logiken*, die INT enthalten und ihrerseits in AL enthalten sind. Im vergangenen Vierteljahrhundert wurde eine Vielzahl von Ergebnissen zum Verband dieser Logiken erbracht und so zum tieferen Verständnis des Verhältnisses von intuitionistischer und klassischer Logik beigetragen.[4] Die KRIPKE-artige Semantik aus **4.3** läßt sich für die Zwischensysteme modifizieren. Allerdings gab ŠECHTMAN [1977] ein Beispiel für eine unvollständige intermediäre Logik an, so daß die Situation hier ähnlich wie in der modalen Logik ist. Analog zur modalen Logik kommen wir deshalb durch Nutzung der algebraischen Semantik auch hier auf das Konzept einer „weichen" KRIPKE-Semantik, welches Vollständigkeitsbeweise für alle Zwischensysteme ermöglicht.

Neben dem aus formallogischen Gründen interessanten Verband der intermediären Logiken lassen sich auch solche Modifikationen von INT angeben, deren Untersuchung philosophisch motiviert ist. So verlangt die intuitionistische Logik für die Anerkennung von $H \vee G$, daß H anerkannt ist oder G anerkannt ist. Dagegen kann $\sim(H \wedge G)$ anerkannt sein, ohne daß ein Nachweis für $\sim H$ oder ein Nachweis für $\sim G$ vorliegt. Dieser Mangel ist in Systemen der „konstruktiven Logik" behoben, für die RAUTENBERG [1979] das nachfolgende Beispiel gibt:

Wir erweitern zunächst die aussagenlogische Sprache um die mittels der konstruktiven Negation $\neg$ gebildeten Ausdrücke. Die so erhaltene Ausdrucksmenge sei $\mathsf{AD_k}$. In $\mathsf{AD_k}$ entsteht das System KT, indem wir zu INT folgende Axiomenschemata hinzufügen und die Schlußregeln auf $\mathsf{AD_k}$ erweitern:

(j) $\neg(H \wedge G) \leftrightarrow \neg H \vee \neg G$; (m) $\neg \sim H \leftrightarrow H$;

(k) $\neg(H \vee G) \leftrightarrow \neg H \wedge \neg G$; (n) $\neg\neg H \leftrightarrow H$;

(l) $\neg(H \rightarrow G) \leftrightarrow H \wedge \neg G$; (o) $\neg H \rightarrow \sim H$.

Für das System KT kann eine adäquate KRIPKE-artige Semantik angegeben werden. Diese soll die hinter KT stehende philosophische Motivation verdeutlichen: Im intuitionistischen Modell ließ sich in einem gegebenen Stadium w jede beliebige Aussage H entweder verifizieren, $w \models H$, oder

4 Beispiele derartiger Ergebnisse findet man in DZIOBIAK [1981], [1982] und [1983].

nicht verifizieren, $w \not\models H$. Nun soll es zusätzlich möglich sein, eine Aussage zu *falsifizieren*, $w \dashv H$. Dabei soll $w \dashv H$ nicht etwa das Gleiche bedeuten wie $w \models \sim H$, also wie reductio ad absurdum von H, sondern die Falschheit von H soll in einer Situation w unmittelbar einzusehen sein. Deshalb wurde die konstruktive Negation eingeführt, $w \dashv H$ bedeutet dasselbe wie $w \models \neg H$.

Sei, um zur Erklärung der semantischen Strukturen zu kommen, $\mathscr{W}$ erneut nichtleer und durch R geordnet. Wir betrachten zwei Funktionen v^+ und v^- von AV nach $2^{\mathscr{W}}$, für die gilt:

1° $v^+(p) \cap v^-(p) = \emptyset$ für $p \in \mathsf{AV}$;

2° $(\bigwedge w, v \in \mathscr{W}) \big(w \in v^-(H) \wedge w\mathsf{R}v \Rightarrow v \in v^-(H)\big)$;

3° $(\bigwedge w, v \in \mathscr{W}) \big(w \in v^+(H) \wedge w\mathsf{R}v \Rightarrow v \in v^+(H)\big)$;

Eine gegebene Situation kann damit zu $v^+(H)$, zu $v^-(H)$, oder zu keiner der beiden Mengen gehören. Es treten also drei mögliche Wahrheitswerte auf, die entsprechend als „wahr", „falsch" und „ungewiß" bezeichnet werden können.

Die Erfüllungsbedingungen für Elementarformeln lauten

$$w \models p \Leftrightarrow w \in v^+(p),$$
$$w \dashv p \Leftrightarrow w \in v^-(p).$$

Die weiteren Erfüllungsbedingungen für $\models$ sind dieselben wie in **4.3**, erweitert um die Definition der konstruktiven Negation:

(I6) $w \models \neg H \Leftrightarrow w \dashv H$.

Weiter legen wir fest:

(I7) $w \dashv \sim H \Leftrightarrow w \models H$;

(I8) $w \dashv H \wedge G \Leftrightarrow w \dashv H$ oder $w \dashv G$;

(I9) $w \dashv H \vee G \Leftrightarrow w \dashv H$ und $w \dashv G$;

(I10) $w \dashv H \rightarrow G \Leftrightarrow w \models H$ und $w \dashv G$;

(I11) $w \dashv \neg H \Leftrightarrow w \models H$.

Das 4-Tupel $\langle \mathscr{W}, \mathsf{R}, v^+, v^- \rangle$ nennen wir *konstruktives Modell.*

Das System KT ist vollständig gegenüber der Klasse aller konstruktiven Modelle (siehe Rautenberg [1979]).

4.6. Historisches

Der logische Intuitionismus entstand, wie in **4.1** ausgeführt, im ersten Fünftel des 20. Jahrhunderts als Richtung bei der Grundlegung der Mathematik. HEYTING, einer der Begründer dieser Richtung, schreibt: „Zu den Intuitionisten rechnen wir diejenigen Mathematiker, die den folgenden Grundsätzen zustimmen: 1. Mathematik hat nicht bloß formale, sondern auch inhaltliche Bedeutung. 2. Die mathematischen Gegenstände werden vom denkenden Geist unmittelbar erfaßt; die mathematische Erkenntnis ist daher von der Erfahrung unabhängig." (HEYTING [1934], S. 3.) und weiter: „In der intuitionistischen Mathematik wird ... nicht nach festen Normen, die sich in einer Logik unterbringen lassen, geschlossen, sondern jeder einzelne Schluß wird unmittelbar auf seine Evidenz geprüft." (Ebenda, S. 2).

Nachdem der Intuitionismus, nach Vorarbeit von BAIRE, LEBESQUE, BOREL und anderen, durch BROUWER und seine Schüler, unter ihnen insbesondere HEYTING, als Richtung in der Begründung der Mathematik und darüber hinaus als Art, Mathematik zu betreiben, entwickelt worden war, sah er sich bald verschiedenen Angriffen ausgesetzt.

Einer der konsequentesten Gegner war HILBERT. Seine eigenen Ergebnisse hatten zum Teil die Form reiner Existenzbeweise und trafen seinerzeit nicht selten auf Widerspruch, wie z. B. sein 1890 gefundener Satz, nach dem jedes System algebraischer Formen ein endliches Basissystem besitzt. Insbesondere verteidigte HILBERT die Mengenlehre als Gebiet mathematischer Forschung, das viele schöne Resultate über aktual-unendliche Mengen hervorgebracht hatte, und erklärte, daß sich die Mathematiker aus diesem von CANTOR geschaffenen Paradies nicht mehr vertreiben lassen werden (siehe HILBERT [1926]). In seiner Polemik gegen WEYL, der BROUWERS Arbeit als Beginn einer neuen Mathematik rühmt, schreibt er: „... nein: BROUWER ist nicht ... die Revolution, sondern nur die Wiederholung eines Putschversuches mit alten Mitteln, der seinerzeit viel schneidiger unternommen, doch gänzlich mißlang und jetzt, zumal, wo die Staatsmacht durch FREGE, DEDEKIND und CANTOR so wohlgerüstet und gefestigt ist, von vornherein zu Erfolglosigkeit verurteilt ist." (HILBERT [1931], S. 160)

Aus heutiger Sicht spielt die intuitionistische Auffassung von Mathematik wie auch ihre nach der exakten Fassung des Algorithmenbegriffs entstandene Version, die konstruktive Mathematik, eine wesentliche Rolle bei der Klärung der Grundlagen dieser Wissenschaft. HEYTING konnte feststellen: „Der Geist der friedlichen Zusammenarbeit hat den Sieg über den Geist des unversöhnlichen Kampfes davongetragen. Keine der beiden Richtungen beansprucht heute das Recht, die einzig wahre Mathematik darzustellen.“ (HEYTING [1962], S. 195).

Trotz der von HEYTING geteilten Ansicht, die intuitionistische Auffassung von Mathematik lasse sich insgesamt nicht in das System einer Logik zwängen, entwickelte er 1930, auch aus methodologischen Gründen, formallogische Systeme der intuitionistischen Aussagenlogik und der intuitionistischen Prädikatenlogik der ersten Stufe. Bereits vorher hatten ŁUKASIEWICZ [1920] und KOLMOGOROFF [1925] axiomatische Fassungen von Fragmenten des BROUWERschen Programms gegeben.

GÖDEL [1932] zeigte, daß eine für INT adäquate Struktur unendlich sein muß. Damit war klar, daß INT keiner mehrwertigen Logik mit endlich vielen Werten entsprach. JAŚKOWSKI [1936] gelang es, eine Struktur mit unendlich vielen Elementen anzugeben, in der genau alle Elemente von INT wahr sind. Später wurden, wie in **4.3** schon angedeutet, viele andere semantische Darstellungen von INT gefunden. Untersuchungen von MCKINSEY/TARSKI [1948] klärten das Verhältnis zwischen INT und dem modallogischen System S4. Die Autoren entwickelten dabei eine topologische Semantik, die gleichzeitig die historisch erste Semantik für ein modallogisches System darstellte. Ein weiteres Resultat dieser Arbeiten war eine Übersetzung der intuitionistischen in die modallogische Sprache, die zu der von SCHÜTTE [1968] stammenden äquivalent ist und so die Entscheidbarkeit von INT beweist.

Auch GÖDEL [1933] fand eine solche Übersetzung. Er gab dazu eine Deutung von INT als Beweisbarkeitskalkül und übersetzte die intuitionistische Sprache folgendermaßen (anstelle der GÖDELschen Notation verwenden wir wieder die modallogische, $\Box p$ ist als „p ist beweisbar“ zu lesen):

(1⁰) $\boldsymbol{g}(p) = p$ für $p \in \mathsf{AV}$;

(2⁰) $\boldsymbol{g}(\sim H) = \Box\sim\Box\boldsymbol{g}(H)$;

(3⁰) $\boldsymbol{g}(H \wedge G) = \Box\boldsymbol{g}(H) \wedge \Box\boldsymbol{g}(G)$;

(4⁰) $\boldsymbol{g}(H \vee G) = \Box\boldsymbol{g}(H) \vee \Box\boldsymbol{g}(G)$;

(5⁰) $\boldsymbol{g}(H \rightarrow G) = \Box\boldsymbol{g}(H) \rightarrow \Box\boldsymbol{g}(G)$.

Eine weitere interessante Deutung wurde in KOLMOGOROFF [1932] gegeben: Aussagenvariable werden als Symbole für *Aufgaben* genommen, die effektiv gelöst werden sollen. Nicht jede Aufgabe muß dabei lösbar sein. Die Junktoren interpretiert man wie folgt:

$p \wedge q$ — die Aufgaben p und q sind beide zu lösen;
$p \vee q$ — wenigstens eine der Aufgaben ist zu lösen;
$p \rightarrow q$ — die Lösung von q ist auf die Lösung von p zurückzuführen;
$\sim p$ — aus der Annahme, p sei gelöst, ist ein Widerspruch herzuleiten.

Diese Interpretation kann man als einen Ausgangspunkt der konstruktiven Logik ansehen.

Schließlich sei noch eine von LORENZEN [1961] stammende Deutung der intuitionistischen Aussagenlogik als Dialogspiel erwähnt. Zwei Spieler, der Proponent **P** und der Opponent **O**, führen folgendermaßen einen Dialog um einen aussagenlogischen Ausdruck: Der Dialog beginnt mit dem Setzen des Ausdrucks durch **P**. Dieser hat im weiteren Spiel folgende Möglichkeiten: er kann einen der durch **O** gesetzten Ausdrücke den Regeln entsprechend angreifen oder sich gegen den letzten Angriffszug von **O** verteidigen. Jener hingegen darf nur den im vorhergehenden Zug durch **P** gesetzten Ausdruck angreifen oder sich gegen den Angriff im vorhergehenden Zug von **P** verteidigen.

Angriff und Verteidigung gehen nach folgenden Regeln vor sich:

gesetzter Ausdruck	Angriff	Verteidigung
$\sim H$	H?	nicht möglich
$H \wedge G$	?links	H
$H \wedge G$	?rechts	G
$H \vee G$	?	H
$H \vee G$	?	G
$H \rightarrow G$	H?	G

Dabei bedeutet ? das Angriffszeichen, H? bedeutet einen Angriff, bei dem der Angreifende H behauptet, während (?links) und (?rechts) einen Angriff auf die linke bzw. rechte Teilformel bedeutet. **P** gewinnt den Dialog um H, wenn er eine in H vorkommende Aussagenvariable zu verteidigen hat, die von **O** zuvor bereits behauptet wurde. Andernfalls gewinnt **O**. Die Theoreme von INT sind genau diejenigen Ausdrücke, um die jeder Dialog von **P** gewonnen werden kann.

Anhand dieser historischen Bemerkungen wird deutlich, daß sich die intuitionistische Aussagenlogik von Anfang an besonderen Interesses erfreute und zu vielen weitergehenden Untersuchungen Anlaß war. Diese brachten nicht nur Klarheit über den Kalkül INT, sondern führten auch zu vielen tiefen Einsichten in die Struktur der intermediären Systeme und anderer, mit INT in Beziehung stehender Kalküle. Ähnliches läßt sich von der intuitionistischen Prädikatenlogik der ersten Stufe sagen.

Nun scheint die Verbindung derartiger Untersuchungen zu den eingangs genannten Richtungen der mathematischen Grundlagenforschung recht schwach zu sein. Andererseits ist aber die in der intuitionistischen Aussagenlogik dargelegte Auffassung der Junktoren auch unabhängig von ihrer Beziehung zur intuitionistischen Mathematik eine interessante alternative Möglichkeit zur klassischen Auffassung. Auf diese Weise wurde INT zum neben dem System der klassischen Aussagenlogik wichtigsten aussagenlogischen System.

5. Epistemische und deontische Logik

5.1. Epistemische Prädikate

Gegenstand der epistemischen Logik ist die logische Analyse epistemischer Prädikate, d. h. solcher Prädikate, mit denen die Art der Zuordnung eines Wahrheitswertes zu Aussagen bzw. Sätzen beschrieben werden kann. Die epistemische Logik setzt an der Differenz zwischen Zukommen eines Wahrheitswertes und Zuschreiben eines solchen an. Die hiermit angesprochene Unterscheidung zwischen der Wahrheit einer Aussage bzw. eines Satzes und dem Umstand, daß diese Aussage bewiesen, angenommen, verworfen, geglaubt, gewußt oder behauptet wird, scheint trivial zu sein. Wie die Geschichte der Philosophie und Logik beweist, ist das Verwischen dieser Unterscheidung aber trotzdem zum Ausgangspunkt divergierender Entwicklungen geworden. Wir wollen hier nur auf die intuitionistische Kritik an der klassischen Logik verweisen.

Die intuitionistische Logik kann im Gegensatz zur klassischen Logik, deren Grundprädikat das klassische Wahrheitsprädikat ist, das sich auf das Zukommen von Wahrheitswerten bezieht, von ihrer ursprünglichen inhaltlichen Begründung her als epistemische Logik angesehen werden, da der in ihr als Grundprädikat zugrunde gelegte Wahrheitsbegriff durch epistemische Komponenten vom klassischen Wahrheitsbegriff abgehoben ist. Allerdings werden die diesen epistemischen Komponenten entsprechenden epistemischen Prädikate in der intuitionistischen Logik nicht explizit syntaktisch dargestellt. Daß die explizite Angabe dieser epistemischen Komponenten (zumindest für das HEYTINGsche System) durchaus möglich ist, hat GÖDEL [1933] gezeigt (vgl. auch NOVIKOV [1977] und WESSEL [1984]). Bei dieser expliziten Darstellung epistemischer Prädikate verschwindet dann auch der Eindruck einer Konkurrenz zwischen klassischer und intuitionistischer Logik (allgemeiner: epistemischer Logik), denn das inhaltliche Anliegen der intuitionistischen Logik ist dann auf der Basis der klassischen Logik realisierbar. Zudem gewinnt die Darstellung an Klarheit.

Die epistemische Logik in ihrer modernen Form vermeidet die Vermischung von Wahrheitsprädikat und epistemischen Prädikaten und führt spezielle syntaktische Ausdrucksmittel für epistemische Prädikate ein. Später stellen wir entsprechende Systeme der epistemischen Logik von Łoś, Pap, Chisholm, Hintikka, Kutschera, Lenzen und ein System der Behauptungslogik dar.

5.1.1. Parameterbezogenheit epistemischer Prädikate

Eine wesentliche Besonderheit epistemischer Prädikate gegenüber dem Wahrheitsprädikat besteht darin, daß diese keine für Aussagen definierten einstelligen Prädikate sind. Während das Zukommen eines Wahrheitswertes unmittelbare Eigenschaft jeder Aussage und der die entsprechende Aussage ausdrückenden Aussagesätze ist, ist die Zuordnung eines Wahrheitswertes allein durch Bezug auf die entsprechende Aussage bzw. den entsprechenden Satz, dem der Wahrheitswert zugeordnet wird, nicht vollständig und eindeutig beschreibbar. Neben dem Satz (nur ihm gegenüber sind Zuordnungen von Wahrheitswerten unmittelbar ausführbar; der Aussage werden Werte nur mittelbar zugeordnet) müssen in epistemischen Prädikaten demzufolge weitere Zuordnungsbezüge, Parameter oder Koordinaten, ausdrückbar sein, bezüglich derer die entsprechende Zuordnungseinstellung besteht bzw. die entsprechende Zuordnungshandlung ausgeführt wird. Epistemische Prädikate müssen also als mehrstellige Prädikate expliziert werden. Lewis [1974; S. 142ff.] spricht in diesem Zusammenhang von kontextuellen Koordinaten, zu denen er zählt: Zeit, Ort, Sprecher, Hörer, Koordinate der indizierten Gegenstände, Koordinate des vorhergehenden Redekontextes. Auch die formale Pragmatik von R. Montague beruht auf der grundlegenden Idee der Berücksichtigung von Koordinaten, die in einem Index gewissermaßen zu einem Koordinatenbündel zusammengefaßt werden, das alle relevanten Aspekte des Verwendungskontextes enthält, durch die das Zutreffen möglicher Wahrheitswerte auf den in diesem Kontext benutzten Satz (der bei Montague kein Satz ist, dessen Wahrheitswert eindeutig determiniert ist, und der folglich kein vollständiger Satz im Sinne der Aussagenlogik ist) beeinflußt wird (vgl. Montague [1974], Montague/Schnelle [1972], Parsons [1975]).

Nicht für jede Art der Zuordnung von Wahrheitswerten zu Sätzen sind die gleichen Koordinaten bzw. Parameter relevant. Unterschiedliche epistemische Prädikate können sich also auch durch ihre Stellenzahl und die Art ihrer Parameter unterscheiden, wobei allerdings nicht für jeden Parameter eine Einsetzungsmöglichkeit im entsprechenden epistemischen Prädikat vorhanden sein muß. Parameterzahl und syntaktisch ausgedrückte Stellenzahl des Prädikats müssen nicht unbedingt übereinstimmen. Häufig verzichtet man auf die syntaktische Angabe solcher Parameter, die zwar notwendig sind, damit der mit dem Prädikat gebildeten epistemischen Aussage überhaupt ein Wahrheitswert zukommt, wenn die epistemische Aussage für alle zugelassenen Werte dieses Parameters (Konstanz der anderen Parameter vorausgesetzt) stets den gleichen Wahrheitswert annimmt. Beispiele für eine solche Vorgehensweise liefern die unten beschriebenen Systeme der epistemischen Logik von Łoś, Pap, Hintikka, von Kutschera und Lenzen. Man spricht in diesen Fällen auch von absoluten Parametern, während relative Parameter gerade dadurch gekennzeichnet sind, daß unterschiedliche Werte für diese Parameter unterschiedliche Wahrheitswerte der entsprechenden epistemischen Aussagen zur Folge haben können. Von einem Prädikat P, für das die Individuenart $\boldsymbol{I}$ relativer Parameter ist und das dementsprechend eine Freistelle für Individuen der Art $\boldsymbol{I}$ enthält, kann leicht zu einem Prädikat P^* übergegangen werden, für das $\boldsymbol{I}$ kein relativer, sondern absoluter Parameter ist, indem das freie Vorkommen der Individuenvariablen für $\boldsymbol{I}$ in P (z. B. durch Quantifizieren oder Konstanthalten) beseitigt wird. P^* ist also nicht durch Eliminierung von Parametern entstanden, sondern durch deren Verabsolutierung. Für eine eindeutige Bestimmung von P^* muß man sich unmittelbar auf P beziehen, da der gleiche Parameter auf unterschiedliche Weise verabsolutiert werden kann, was zu unterschiedlichen Wahrheitswerten der entsprechenden epistemischen Aussagen führen kann.[1]

Betrachten wir die folgenden epistemischen Einstellungen bzw. epistemischen Akte:

(1) innere Akzeptation im Sinne des Für-wahr-haltens eines Satzes,
(2) äußere Akzeptation, Behauptung eines Satzes,

Wenn wir fragen, was die Parameter der diesen epistemischen Einstellungen bzw. Akten entsprechenden Prädikate sind, werden wir zu unterschiedlichen Antworten kommen. Sowohl im Prädikat der inneren Akzeptation (A^i) als auch in dem der äußeren Akzeptation ($A^ä$) ist der Parameter „epistemisches Subjekt" enthalten. Von den epistemischen Subjekten wird mit den genannten Prädikaten ausgesagt, daß sie die

1 Ein davon abweichender Standpunkt wird in Heitsch [1977] vertreten.

epistemische Einstellung der inneren Akzeptation haben bzw. daß sie den epistemischen Akt der Behauptung vollziehen. Diese Aussage muß in beiden Fällen unvollständig sein, wenn keine Zeitbestimmung gegeben wird, zu der die epistemische Einstellung besteht bzw. der epistemische Akt vollzogen wird. Es muß also sowohl für A^i als auch für $A^ä$ ein Zeitparameter vorhanden sein. Dabei ist die Einführung eines Zeitintervallparameters (oder zweier Zeitpunktparameter, die Anfang und Ende eines Intervalls angeben) der Beschränkung auf einen Zeitpunktparameter aus formalen (technischen) Gründen vorzuziehen.

Für die innere Akzeptation sind die genannten Parameter ausreichend, um mit dem entsprechenden Prädikat vollständige epistemische Aussagen zu bilden. Wir können dieses Prädikat folgendermaßen syntaktisch darstellen:

$A^i(x, p, \langle t_1, t_2 \rangle)$ – „das epistemische Subjekt x erhält die innere Akzeptation des Satzes p in dem von t_1 und t_2 begrenzten Intervall aufrecht" (explizite innere Akzeptation).

Um auch vollständige epistemische Aussagen über den Akt der äußeren Akzeptation bilden zu können, müssen wir als weiteren Parameter den Adressaten der Behauptung (den Kommunikationspartner bzw. das Auditorium) des epistemischen Subjekts angeben. Das entsprechende Prädikat kann dann symbolisch folgendermaßen dargestellt werden:

$A^ä(x, p, \langle t_1, t_2 \rangle, y)$ – „x vollzieht im Intervall $\langle t_1, t_2 \rangle$ den Akt der expliziten äußeren Akzeptation von p gegenüber y" (Behauptungsakt).

5.1.2. Explizite und implizite epistemische Prädikate

Eine unter logischem Gesichtspunkt äußerst wichtige Eigenschaft epistemischer Prädikate ist deren Hyperintensionalität (Cresswell [1972, 1980], Stelzner [1984]). Diese Prädikate sind bezüglich des Satzes, auf den sie sich beziehen, (bezüglich des Inhalts) weder extensional (bei Ersetzung eines Satzes durch einen davon verschiedenen Satz mit gleichem Wahrheitswert bleibt der Wahrheitswert des Prädikatenausdrucks nicht unbedingt unverändert), noch sind sie intensional im Carnapschen Sinne, denn auch unterschiedliche, aber logisch äquivalente Sätze, auf die sich ein epistemisches Prädikat bezieht, können bei sonst konstanten Parametern zu unterschiedlichen Wahrheitswerten des Prädikatenausdrucks führen. Diese Eigenschaft epistemischer Prädikate erschwert natürlich deren logische Analyse. So ist die Intensionalität z. B. Voraussetzung, um die in der alethischen Modallogik so erfolgreichen Mögliche-Welten-Semantiken KRIPKEschen Stils auf die epistemische Logik übertragen zu können. Logiker sind deshalb geneigt (und die von uns unten angeführten Systeme sind Beleg dafür, daß sie dieser Versuchung relativ leicht erliegen), nicht empirische epistemische Prädikate, mit denen tatsächlich bestehende epistemische Einstellungen bzw. Akte beschrieben werden (explizite epistemische Prädikate), zum Analysegegenstand zu machen, sondern diese Prädikate (unausgesprochen oder ausgesprochen) so zu deuten, daß sie intensional werden. Dazu gibt es drei Wege. *Erstens* können theoretische epistemische Prädikate zum Analysegegenstand gemacht werden, und nicht die angeführten empirischen epistemischen Prädikate. Derartige theoretische epistemische Prädikate sind z. B. das von GÖDEL in seinem System eingeführte Beweisbarkeitsprädikat, das können aber auch Prädikate sein wie „verifizierbar", „falsifizierbar". Allerdings sind diese Prädikate wenig geeignet, epistemische Einstellungen oder Akte in einem allgemeineren Sinne zu beschreiben.

Zweitens kann man bei den empirischen Prädikaten bleiben und in ihnen lediglich den Parameter „epistemisches Subjekt" so beschränken, daß nur sogenannte logisch allwissende epistemische Subjekte zugelassen werden.[2] Natürlich sind solche Subjekte eine Fiktion und die entsprechenden epistemischen Prädikate werden leer, da für den Parameter „epistemisches Subjekt" keine geeigneten Einsetzungen gefunden werden können.

Drittens schließlich kann wiederum von empirischen epistemischen Prädikaten ausgegangen werden, wobei diese Prädikate aber nicht mehr unmittelbar auf den Satz bezogen werden, bezüglich dessen eine explizite epistemische Handlung vollzogen wird bzw. eine explizite epistemische Einstellung besteht. Das epistemische Prädikat wird dann als implizites epistemisches Prädikat aufgebaut, das sich nicht mehr auf die unmittelbar akzeptierten Sätze bezieht, sondern auf die diesen Sätzen entsprechenden Aussagen (also auf Abstraktionsklassen gleichbedeutender Aussagesätze)[3] oder auf die durch die Sätze bezeichneten Sachverhalte, oder

2 So z. B. von HINTIKKA [1962] und LENZEN [1980] bestimmt.

3 Das ist die Position von CHURCH [1950], [1954] in der Kontroverse mit CARNAP um die Möglichkeit der Angabe von Identitätskriterien für Glaubenssätze (d. h. für Sätze über innere Akzeptationen); vgl. auch CARNAP [1972].

das Prädikat wird auf logische Folgen der vom epistemischen Subjekt explizit akzeptierten Sätze bezogen.[4] Mit diesen impliziten epistemischen Prädikaten werden keine unmittelbaren epistemischen Einstellungen oder Akte beschrieben. Sie haben allerdings nicht die Fiktivität der Prädikate, in denen logisch allwissende epistemische Subjekte vorausgesetzt werden.

Wir wollen hier einige der möglichen impliziten Prädikate innerer Akzeptation einführen. Man kann dazu zwei prinzipiell unterschiedliche Wege beschreiten:

Einmal kann man verstehende (oder hermeneutische) implizite epistemische Prädikate einführen, die darauf basieren, wie das epistemische Subjekt einen von ihm explizit akzeptierten Satz versteht. Zum anderen ist der Aufbau formaler impliziter epistemischer Prädikate möglich, die unmittelbar von den formallogischen Eigenschaften des vom epistemischen Subjekt explizit akzeptierten Satzes ausgehen. In diesen Prädikaten wird der akzeptierte Satz als Satz der Analysesprache behandelt, obwohl das epistemische Subjekt diesen Satz möglicherweise nicht im Sinne der Analysesprache versteht.

Um hermeneutisch implizite epistemische Prädikate ausdrücken zu können, führen wir als weiteres Prädikat ein: „das epistemische Subjekt x versteht das sprachliche Gebilde a im Intervall $\langle t_1, t_2\rangle$ in dem Sinne, daß x mit a das identifiziert, was in der Analysesprache mit b ausgedrückt wird" (symbolisch): $V(x, a, \langle t_1, t_2\rangle, b)$. Dieses Verstehensprädikat ist für Sprachelemente beliebiger Art definiert. Insbesondere können für a Sätze, Gegenstandbezeichnungen, Bezeichnungen für Eigenschaften oder Relationen eingesetzt werden.[5] Dieses Prädikat ist an der hier durch b ausgefüllten Leerstelle intensional, d. h., es gilt:

Satz 5.1.

(R^v) *Wenn beweisbar* $M \leftrightarrow N$ $(\vdash M \leftrightarrow N)$, *so gilt*

$$V(x, a, \langle t_1, t_2\rangle, M) \leftrightarrow V(x, a, \langle t_1, t_2\rangle, N).$$

Dagegen ist die 2. Stelle hyperintensional, d. h. eine (R^v) entsprechende Ersetzbarkeitsregel für die a-Stelle gilt nicht.

Die propositional hermeneutische implizite innere Akzeptation (A^{ip}) kann nun folgendermaßen definiert werden:

---

4 So verfährt von Kutschera [1976].

5 Dieses Verstehensprädikat ist demnach allgemeiner als das ansonsten vergleichbare Repräsentationsprädikat von Kaplan [1969].

Definition 5.2.

$$A^{ip}(x, p, \langle t_1, t_2 \rangle) \stackrel{\text{def}}{=} \bigvee q\big(V(x, q, \langle t_1, t_2 \rangle, p) \wedge A^i(x, q, \langle t_1, t_2 \rangle)\big).$$

Der Quantor $\bigvee$ (und später der Quantor $\bigwedge$) wird in diesem Kapitel nicht in der im 1. Kapitel dargestellten Gegenstandsinterpretation der Quantoren benutzt (der sich auch die alethische Modallogik, die intuitionistische und die Kausallogik anschließen), sondern es wird eine Substitutionsinterpretation der Quantoren angenommen (vgl. STELZNER [1985a, 1985b]).

Mit (R^v) gewinnen wir aus Definition 5.2 folgende Regel, die zeigt, daß A^{ip} Prädikatensymbol eines intensionalen Prädikats ist:

Satz 5.3.

(R^{ip}) *Wenn* $\vdash M \leftrightarrow N$, *so* $\vdash A^{ip}(x, M, \langle t_1, t_2 \rangle) \leftrightarrow A^{ip}(x, N, \langle t_1, t_2 \rangle)$.

Eine andere Form impliziter Akzeptation ist die konklusiv hermeneutische implizite innere Akzeptation (A^{is}):

Definition 5.4.

$$A^{is}(x, p, \langle t_1, t_2 \rangle) \stackrel{\text{def}}{=} \bigvee q_1 \ldots \bigvee q_n \bigvee r_1 \ldots \bigvee r_n\big(V(x, q_1, \langle t_1, t_2 \rangle, r_1) \wedge \ldots$$
$$\ldots \wedge V(x, q_n, \langle t_1, t_2 \rangle, r_n) \wedge A^i(x, q_1, \langle t_1, t_2 \rangle) \wedge \ldots$$
$$\ldots \wedge A^i(x, q_n, \langle t_1, t_2 \rangle)\big),$$

wobei $r_1, \ldots, r_n \vdash p$.
Auch dieses Prädikat ist intensional, es gilt:

Satz 5.5.

(R^{is}) *Wenn* $\vdash M \leftrightarrow N$, *so* $\vdash A^{is}(x, M, \langle t_1, t_2 \rangle) \leftrightarrow A^{is}(x, N, \langle t_1, t_2 \rangle)$.

Aus Definition 5.2 und Definition 5.4 folgt unmittelbar, daß mit $A^{ip}(x, p, \langle t_1, t_2 \rangle)$ auch $A^{is}(x, p, \langle t_1, t_2 \rangle)$ gilt.

Die zu A^{ip} und A^{is} analogen Prädikate der formalen impliziten inneren Akzeptation A^i_p und A^i_s werden ohne Bezug auf das Verständnis des epistemischen Subjekts eingeführt:

Definition 5.6.

$A^i_p(x, p, \langle t_1, t_2 \rangle) \stackrel{\text{def}}{=} \bigvee q\, A^i(x, q, \langle t_1, t_2 \rangle)$, wobei $\vdash p \leftrightarrow q$.

Definition 5.7.

$A^i_s(x, p, \langle t_1, t_2\rangle) \overset{\text{def}}{=} \bigvee q_1 \ldots \bigvee q_n(A^i(x, q_1, \langle t_1, t_2\rangle) \wedge \ldots \wedge A^i(x, q_n, \langle t_1, t\rangle_2))$,

wobei $q_1, \ldots, q_n \vdash p$.

Während sich bei den hermeneutischen impliziten inneren Akzeptationsprädikaten die Implizitheit danach richtet, was das epistemische Subjekt inhaltlich akzeptiert, obwohl es diese Akzeptation eventuell in einer Sprache vollzieht, die nicht mit der Analysesprache übereinstimmt (eventuell in einer fehlgedeuteten Analysesprache) und diese Prädikate somit durchaus wesentlich für die inhaltliche Einschätzung innerer Akzeptationen des epistemischen Subjekts sind, sagen die formalen Begriffe impliziter innerer Akzeptation nur dann etwas über den Inhalt der epistemischen Einstellungen aus, wenn das epistemische Subjekt adäquat verstehend (im Sinne der Analysesprache) akzeptiert. Das ist aber nicht gesichert.

Trotz dieser unterschiedlichen inhaltlichen Wichtung der hermeneutischen und der formalen impliziten epistemischen Prädikate stimmen sie in ihren internen logischen Beziehungen weitgehend überein. Während für die propositional impliziten Prädikate ohne weitere Voraussetzungen bezüglich der Akzeptationen epistemischer Subjekte lediglich die Ersetzbarkeit logischer Äquivalenzen im Inhalt des Akzeptationsprädikats gesichert ist, sind mit den konklusiv impliziten Prädikaten bedeutend größere deduktive Möglichkeiten verknüpft, denn es gilt

Satz 5.8.

$(R'A^{is})$ *Wenn* $M_1, \ldots, M_n \vdash N$,

so $\vdash A^{is}(x, M_1, \langle t_1, t_2\rangle) \wedge \ldots \wedge A^{is}(x, M_n, \langle t_1, t_2\rangle) \rightarrow A^{is}(x, N, \langle t_1, t_2\rangle)$.

Analog gilt auch für A^i_s die in $(R'A^{is})$ ausgedrückte strenge Folgerichtigkeit, die keinerlei spezielle logische Fähigkeiten des epistemischen Subjekts voraussetzt.

Die innere Widerspruchsfreiheit (daß also nicht zugleich M und $\sim M$ vom gleichen Subjekt akzeptiert wird) bezüglich aller eingeführten impliziten epistemischen Prädikate kann dagegen nur durch die Annahme von zusätzlichen Postulaten gesichert werden, ergibt sich also nicht aus den angenommenen Definitionen.

Eine besondere Form impliziter epistemischer Prädikate stellen die de re interpretierten epistemischen Prädikate dar. In diesen Prädikaten wird nicht der gesamte Inhalt implizit genommen, sondern die Implizitheit erstreckt sich im allgemeinen nur auf im Inhalt vorkommende Gegenstandsbezeichnungen. So ist in der epistemischen Aussage „Der Bestohlene hielt den Dieb nicht für den Dieb“ die Gegenstandsbezeichnung „der Dieb“ im ersten Vorkommen sicher implizit zu verstehen, die Aussage insgesamt ist also de re zu interpretieren, denn der Bestohlene akzeptiert sicher nicht explizit den Satz „Der Dieb ist nicht der Dieb“. Wohl aber kann er z. B. den Satz „Mein bester Freund ist nicht der Dieb“ explizit innerlich akzeptieren, wobei sein bester Freund eben der Dieb ist.

5.1.3. Wissen

Wissensprädikate sind spezifische Akzeptationsprädikate, die man auch als epistemische Prädikate im engeren Sinne bezeichnet und von den Glaubensprädikaten (den doxastischen Prädikaten) unterscheidet. Wissen wird stets als besondere Form innerer Akzeptation expliziert. Daran ändert auch nichts, daß Wissensprädikate in bestimmten Systemen der epistemischen Logik (oder genauer: der Wissenslogik) als Grundprädikate, formal unabhängig vom Akzeptationsprädikat, eingeführt werden.

Im Anschluß an Hintikka [1962] (vgl. auch von Kutschera [1976]) unterscheidet man zwei Grundformen von Wissen: Wissen im schwachen Sinne (das einer wahren inneren Akzeptation entspricht) und Wissen im starken Sinne. Für Wissen im starken Sinne wird neben innerer Akzeptation und Wahrheit des akzeptierten Satzes zusätzlich verlangt, daß das epistemische Subjekt über hinreichend starke Wissensgründe verfügt, die seine Akzeptation kognitiv rechtfertigen. Für Wissen im schwachen Sinne wird auf eine solche Bindung an hinreichend starke Wissensgründe bewußt verzichtet.

Allerdings wäre der explizite schwache Wissensbegriff durch $A^i(x, p, \langle t_1, t_2\rangle) \wedge p$ nur unzureichend bestimmt, da hier nicht gesichert ist, daß x den Satz p im Sinne der Analysesprache versteht. Dann wäre aber folgende Situation möglich:

$$A^i(x, p, \langle t_1, t_2\rangle) \wedge V(x, p, \langle t_1, t_2\rangle, q) \wedge p \wedge \sim(p \leftrightarrow q).$$

In diesem Falle wäre es natürlich irreführend zu sagen, daß x in $\langle t_1, t_2\rangle$ weiß, daß p wahr ist. Der explizite schwache Wissensbegriff muß also auf einer adäquat verstehenden inneren Akzeptation aufbauen:

Definition 5.9.

$$W(x, p, \langle t_1, t_2\rangle) \overset{\text{def}}{=} A^i(x, p, \langle t_1, t_2\rangle) \wedge V(x, p, \langle t_1, t_2\rangle, p) \wedge p.$$

Schwache Wissensbegriffe liegen z. B. den Systemen der epistemischen Logik von KUTSCHERA [1976] und LENZEN [1980] zugrunde, während HINTIKKA auf die Explikation des starken Wissensbegriffes zielt (vgl. STELZNER [1984]). Für die Einführung impliziter schwacher Wissensbegriffe gibt es unterschiedliche Möglichkeiten:

Definition 5.10.

$$W^{p*}(x, p, \langle t_1, t_2 \rangle) \overset{\text{def}}{=} \bigvee q \big(A^i(x, q, \langle t_1, t_2 \rangle) \wedge V(x, q, \langle t_1, t_2 \rangle, p) \big) \wedge p$$

(*propositional impliziter schwacher Wissensbegriff*).

Definition 5.11.

$$\begin{aligned} W^{s*}(x, p, \langle t_1, t_2 \rangle) \overset{\text{def}}{=} \bigvee q_1 \ldots \bigvee q_n \bigvee r_1 \ldots \bigvee r_n \big(& A^i(x, q_1, \langle t_1, t_2 \rangle) \wedge \ldots \\ & \wedge A^i(x, q_n, \langle t_1, t_2 \rangle) \wedge \\ & \wedge V(x, q_1, \langle t_1, t_2 \rangle, r_1) \wedge \ldots \\ & \wedge V(x, q_n, \langle t_1, t_2 \rangle, r_n) \wedge r_1 \wedge \ldots \wedge r_n \big), \end{aligned}$$

wobei $r_1, \ldots, r_n \vdash p$

(*konklusiv impliziter schwacher Wissensbegriff*).

Offensichtlich gilt:

$$\vdash W^{p*}(x, p, \langle t_1, t_2 \rangle) \leftrightarrow A^{ip}(x, p, \langle t_1, t_2 \rangle) \wedge p;$$

x weiß propositional implizit einen Satz genau dann, wenn x diesen Satz propositional implizit innerlich akzeptiert und dieser Satz wahr ist. Voraussetzung für implizites Wissen in diesem Sinne ist nicht, daß x überhaupt einen Satz explizit weiß. Analoges ist zu W^{s*} zu sagen, wobei zwar

$$\vdash W^{s*}(x, p, \langle t_1, t_2 \rangle) \rightarrow A^{is}(x, p, \langle t_1, t_2 \rangle) \wedge p,$$

nicht aber die Umkehrung $A^{is}(x, p, \langle t_1, t_2 \rangle) \wedge p \rightarrow W^{s*}(x, p, \langle t_1, t_2 \rangle)$ gilt.

Implizite schwache Wissensbegriffe, die unmittelbar auf der Basis expliziter schwacher Wissensbegriffe eingeführt werden, sind die nun explizierten impliziten Wissensbegriffe:

Definition 5.12.

$$W^p(x, p, \langle t_1, t_2 \rangle) \overset{\text{def}}{=} \bigvee q W(x, q, \langle t_1, t_2 \rangle), \text{ wobei } \vdash p \leftrightarrow q.$$

Definition 5.13.

$$\begin{aligned} W^s(x, p, \langle t_1, t_2 \rangle) \overset{\text{def}}{=} \bigvee q_1 \ldots \bigvee q_n \big(& W(x, q_1, \langle t_1, t_2 \rangle) \wedge \ldots \\ & \wedge W(x, q_n, \langle t_1, t_2 \rangle) \big), \end{aligned}$$

wobei $q_1, \ldots, q_n \vdash p$.

Obwohl aus der Definition nicht unmittelbar ersichtlich, sind sowohl W^p als auch W^s Prädikatoren von hermeneutischen impliziten Prädikaten. Die entsprechenden Verstehensvoraussetzungen sind nämlich bereits mit dem Vorliegen expliziten schwachen Wissens gegeben.

5.2. Systeme der epistemischen Logik

Wir wollen in diesem Abschnitt einige Systeme der epistemischen Logik darstellen, die repräsentativ für die Entwicklung dieser Disziplin sind. Es wird dabei deutlich werden, daß eine einheitliche geschlossene epistemische Logik nicht existiert und sich die epistemische Logik eher als Menge teilweise recht gravierend unterschiedlicher Einzeluntersuchungen und entsprechender Systeme entwickelt hat, auch wenn durchaus dominierende Linien in ihrer Entwicklung feststellbar sind.

Bei der Analyse der von uns ausgewählten Systeme wird auch deutlich, daß ihre inhaltliche Grundlegung nicht mit der Präzision erfolgt, wie sie der Leser nach unseren einleitenden Bemerkungen erwarten könnte. Das beginnt bereits mit der Parameterbezogenheit epistemischer Prädikate. Hier verzichtet man bis auf die Angabe des epistemischen Subjekts (und auch das stellen nicht alle Autoren in ihren Systemen explizit dar) auf die Angabe weiterer Parameter, ohne daß in jedem Fall explizit angegeben wird, wie die nicht syntaktisch ausgedrückten Parameter zu verstehen sind. Aus dem Kontext wird aber deutlich, daß sich sinnvolle Leseweisen der Ausdrücke dieser epistemischen Logiken dann ergeben, wenn man annimmt, daß weitere Parameter konstant bleiben.
Deutlich wird aber auch, daß die in diesen Systemen behandelten epistemischen Prädikate nicht sinnvoll als explizite epistemische Prädikate zu deuten sind, teilweise trotz gegenteiliger Versicherungen bzw. angebotener Lesearten durch die Autoren dieser Systeme.

5.2.1. Die Behauptungslogik von Łoś

Von Łoś [1948] wurde das erste System einer epistemischen Logik aufgebaut, in dessen Symbolismus der Parameter für das epistemische Subjekt aufgenommen wurde. Darüber hinaus ist dieses System das erste System einer sogenannten Platzlogik (place-logic), für deren Symbolismus

Funktionen bzw. Prädikate der Art Txp („Es ist der Fall am Platz x, daß p“ bzw. „Es ist mit dem Individuum x der Fall, daß p“) charakteristisch sind (vgl. PRIOR [1957; S. 121f.]). Es handelt sich beim System von Łoś um ein System der Behauptungslogik (assertion-logic), wobei die Untersuchung der inhaltlichen Grundlagen dieser Logik allerdings stark in den Hintergrund tritt.[6] Ziel der Arbeit von Łoś war es, eine Formalisierung der intensionalen Funktion Lxp (x behauptet p) in Form einer mehrwertigen Logik zu liefern. Dazu wurde der klassische Aussagenkalkül folgendermaßen erweitert:

(1) Erweiterung des Grundzeichenvorrats:

(1.1) x, y, z, x_i, y_i, z_i (mit $i = 1, 2, \ldots$) – Variablen für Namen epistemischer Subjekte,

(1.2) L – zweistellige Behauptungsfunktion,

(1.3) $\wedge$ – Allquantifikator.

(2) Erweiterung der Ausdrucksdefinition:

(2.1) Wenn H Ausdruck ist und α ist Variable der Art (1.1), so sind Ausdrücke: $L\alpha H$ und $\wedge\alpha H$.

(3) Es werden folgende speziellen Axiome und Regeln angenommen:

(L1) $Lxp \leftrightarrow {\sim}Lx \sim p$,

(L2.1) $Lx\big((p \rightarrow q) \rightarrow \big((q \rightarrow r) \rightarrow (p \rightarrow r)\big)\big)$,

(L2.2) $Lx\big(\big(p \rightarrow ({\sim}p \rightarrow q)\big)\big)$,

(L2.3) $Lx\big(({\sim}p \rightarrow p) \rightarrow p\big)$,

(L3) $Lx(p \rightarrow q) \rightarrow (Lxp \rightarrow Lxq)$,

(L4) $(\wedge xLxp) \rightarrow p$,

(L5) $LxLxp \rightarrow Lxp$,

(R) Wenn $\vdash H$, so $\vdash \wedge\alpha H$.

Definition: $\vee\alpha H \overset{\text{def}}{=} {\sim}\wedge\alpha \sim H$.

Dieses System ist intensional, da gilt:

Wenn $\vdash H \leftrightarrow G$, so $\vdash LxH \leftrightarrow LxG$.

Es ist aber nicht extensional, da nicht beweisbar ist $(p \leftrightarrow q) \rightarrow (Lxp \leftrightarrow Lxq)$, während $\wedge x(Lxp \leftrightarrow Lxq) \rightarrow (p \leftrightarrow q)$ im System beweisbar ist (SUSZKO [1949]).

---

6 Zur Behauptungslogik und ihren intuitiven Grundlagen vgl. RESCHER [1968] und STELZNER [1984].

Wird allerdings nur ein epistemisches Subjekt im Gegenstandsbereich zugelassen, so ist das System von Łoś durchaus extensional, denn es gilt dann mit (**L4**) und (**L1**): $Lxp \rightarrow p$ (d. h. dieses einzige epistemische Subjekt ist unfehlbar in dem Sinne, daß es nur wahre Sätze behauptet, und es ist umfassend in dem Sinne, daß es alle wahren Sätze behauptet). Damit gilt in diesem Falle natürlich auch $(p \leftrightarrow q) \rightarrow (Lxp \leftrightarrow Lxq)$, also die Extensionalität von L. Wird dagegen mehr als ein Subjekt zugelassen, so läßt sich in diesem System eine erfüllbare Funktion Sp definieren, die nicht zweiwertig ist:

Definition 5.14.

$$Sp \overset{\text{def}}{=} \vee x \vee y(Lxp \wedge Ly \sim p).$$

Es kann leicht bewiesen werden: $Sp \rightarrow S \sim p$ und $\sim S(p \rightarrow p)$. Nicht beweisbar ist aber $\sim Sp$. Somit ist S keine der vier möglichen einstelligen zweiwertigen Wahrheitsfunktionen. Wievielwertig das System von Łoś ist, hängt von der Anzahl der im Gegenstandsbereich zugelassenen epistemischen Subjekte ab. Sind n Subjekte zugelassen ($n \geq 1$), so ist das System 2^n-wertig, wobei der ausgezeichnete Wert so bestimmt ist, daß wenn H den ausgezeichneten Wert hat, beliebige Ausdrücke der Art $L\alpha H$ den ausgezeichneten Wert haben.

In der Terminologie von Rescher [1968] ist das System von Łoš ein System einer kompletten Behauptungslogik. Derartige Systeme sind trotz ihrer Nichtextensionalität wohl zu stark, um als System einer intuitiv befriedigenden Behauptungslogik akzeptiert werden zu können. Wir wollen hier nur auf $L1$ verweisen: $Lxp \leftrightarrow \sim Lx \sim p$. Das epistemische Subjekt verhält sich also zu keinem Satz indifferent. Für jedes epistemische Subjekt und für jeden Satz gilt, daß entweder er selbst oder seine Negation von diesem epistemischen Subjekt behauptet wird. Intuitiv unannehmbar ist aber auch die Gültigkeit folgender bei Łos beweisbarer Prinzipien:

$$L(x, p \vee q) \rightarrow Lxp \vee Lxq,$$

$$(Lxp \rightarrow Lxq) \rightarrow Lx(p \rightarrow q),$$

$$\wedge xLxp \rightarrow p,$$

$$p \rightarrow \vee xLxp.$$

Allerdings darf diese Kritik nicht als pauschale Kritik an der Arbeit von Łoś mißverstanden werden, für den formale Gesichtspunkte im Blickpunkt standen, nicht aber die intuitive Paradoxienfreiheit des von ihm aufgebauten Systems der epistemischen Logik.

5.2.2. Die Glaubenslogik von Pap

Im Anschluß an die Diskussion zwischen Carnap [1952] und Church [1950, 1954] um die Synonymität von Glaubenssätzen und als Beitrag zu dieser Diskussion stellte Pap [1957] das erste System einer Glaubenslogik (belief-logic) vor. „Glauben" ist hierbei im Sinne von „innere Akzeptation" zu verstehen.

Für die Entwicklung der epistemischen Logik allgemein ist der Beitrag Paps insbesondere deshalb von Bedeutung, weil das von Pap aufgebaute System die Extensionalität vermeidet (das wurde auch von Łoś geleistet), darüber hinaus aber ist dieses System auch nicht intensional, d. h. von Pap wurde ein hyperintensionales System der epistemischen Logik entwickelt, denn die Ersetzbarkeit logischer Äquivalenzen gilt in diesem System nicht unbeschränkt. Mit seinem System formuliert Pap stärkere Forderungen für die Identität von Aussagen (Propositionen) in Glaubenskontexten. Er selbst versteht sein System als implizite Definition für „Glauben" und „Proposition".

Das System von Pap ist eine Erweiterung eines modalen Aussagenkalküls mit strikter Implikation ($\rightarrowtail$), die in den in Kapitel **3** behandelten Modalsprachen definitorisch einführbar ist: $H_1 \rightarrowtail H_2 \overset{\text{def}}{=\!=} \Box(H_1 \rightarrow H_2)$. Als neue Grundzeichen werden zu dem entsprechenden Modalkalkül hinzugefügt: x, y, z, x_1, y_1, z_1 (Individuenvariablen) und B (Glaubensprädikator), und Elementarausdrücke der Art $B(\alpha, H)$ (wobei α eine Individuenvariable und H ein Ausdruck ist) gebildet. Weiter werden fünf spezielle Axiome angenommen:

(**A1.**) $\big(B(x, p) \rightarrowtail B(x, q)\big) \rightarrowtail (p \rightarrowtail q)$

(**A2.**) $\big(B(x, p) \wedge B(x, p \rightarrowtail q)\big) \rightarrowtail B(x, q)$

(**A3.**) $B(x, \sim p) \rightarrowtail \sim B(x, p)$

(**A4.**) $B(x, p \wedge q) \rightarrowtail B(x, p) \wedge B(x, q)$

(**A5.**) $\sim\big(B(x, p) \rightarrowtail p\big)$

In diesem System ist nicht beweisbar

$$B(x, (B(x, p))) \rightarrowtail B(x, p) \tag{5.1}$$

(was **L5** entsprechen würde). Mehr noch, das System ist nicht widerspruchsfrei durch ein diesem Ausdruck entsprechendes Axiom erweiterbar, denn mit (5.1) und

$$(B(x, B(x, p)) \rightarrowtail B(x, p)) \rightarrowtail (B(x, p) \rightarrowtail p)$$

(nach (**A1**)) erhalten wir $B(x, p) \rightarrowtail p$, was (**A5**) widerspricht. RESCHER [1957] sieht hierin einen Defekt des Systems von PAP, da er (5.1) für intuitiv mindestens ebenso sicher hält wie z. B. (**A1**). Ausgehend von der Zielstellung PAPS, einen Beitrag zur Bestimmung der Synonymität von Glaubenssätzen zu leisten, hat (**A1**) allerdings eine wesentliche Funktion, während (5.1) durchaus als verzichtbar erscheint.

Was PAP nicht erfaßt, sind Verbindungen zwischen klassischer Logik und Glaubenslogik. Bei ihm werden die Gesetze der klassischen Aussagenlogik nicht implizit vom epistemischen Subjekt geglaubt (wie bei ŁOŚ diese Gesetze behauptet werden), und auch aussagenlogische Schlüsse aus Glaubenssätzen sind nur in ziemlich begrenztem Maße möglich. Vom Standpunkt der empirischen Anwendbarkeit des PAPschen Systems ist dies allerdings kein Nachteil, da die volle logische Allwissenheit epistemischer Subjekte bezüglich expliziter Akzeptationsprädikate empirisch nicht einlösbar ist.

Gesetze der Aussagenlogik sind innerhalb des Glaubenskontextes bei PAP positiv jedem anderen Satz gleichgestellt, d. h., sie müssen, wenn sie in Schlußschemata des Sprechers eingehen sollen, von diesem vorher explizit geglaubt (innerlich akzeptiert) werden. Angenommen wird allerdings eine negative logische Normierung, da z. B. ausgeschlossen ist $B(x, p \wedge \sim p)$ (d. h., es ist beweisbar $\sim B(x, p \wedge \sim p)$). PAPS System ist also ein Modell für ein nichtwidersprüchlich akzeptierendes epistemisches Subjekt, dessen logische Folgerichtigkeit nicht gesichert ist.

5.2.3. *Weltensemantiken und epistemische Logik*

5.2.3.1. *Hintikkas epistemische Logik: Knowledge and Belief*

Während die Systeme von ŁOŚ und PAP in der weiteren Entwicklung der epistemischen Logik nicht zur Bildung bestimmter Richtungen führten und nur gelegentlich Erwähnung fanden, wurden die Arbeiten von

HINTIKKA sehr intensiv rezipiert und diskutiert. Der Schwerpunkt dieser Arbeiten liegt auf der Entwicklung formaler Semantiken für die epistemische Logik, wobei enge Verbindungen zu formalen Semantiken, die auf dem Begriff der möglichen Welt und auf Beziehungen zwischen möglichen Welten aufbauen, vorhanden sind. HINTIKKA selbst hat seine Resultate in vielen Arbeiten dargelegt und weiterentwickelt; Ausgangs- und auch Höhepunkt seiner Bemühungen um die epistemische Logik ist aber sein „Knowledge and Belief" (HINTIKKA [1962]). Wir werden deshalb auch das dort entwickelte System in den Mittelpunkt unserer Darstellung stellen.

HINTIKKA untersucht vier epistemische Prädikate:

„a weiß, daß p" – $K_a p$,
„a glaubt, daß p" – $B_a p$,
„nach allem, was a weiß, ist es möglich, daß p" – $P_a p$,
„mit allem, was a glaubt, ist verträglich, daß p" – $C_a p$.

Zur Ausdrucksdefinition der Prädikatenlogik 1. Stufe wird hinzugefügt: Wenn H ein Ausdruck ist und a ist Symbol für ein epistemisches Subjekt, so sind $K_a H$, $B_a H$, $P_a H$ und $C_a H$ Ausdrücke.

Zur Darstellung der logischen Eigenschaften dieser epistemischen Begriffe beschreitet HINTIKKA einen modelltheoretischen Weg. Grundlegend sind hierbei die Begriffe der Modellmenge und des Modellsystems. Eine *Modellmenge* ist eine Menge von Sätzen, die einen bestimmten logisch möglichen Sachverhalt (eine logisch mögliche Welt) (teilweise) beschreibt; vgl. auch Kapitel 3. Die epistemische Logik wird dann dadurch geliefert, daß dargestellt wird, unter welchen Bedingungen ein Satz in einer Modellmenge enthalten sein kann.

Jede Modellmenge μ für den Prädikatenkalkül erfüllt die folgenden Konsistenzbedingungen:

(**C.**$\sim$) Wenn $p \in \mu$, so ist nicht $\sim p \in \mu$.

(**C.**$\wedge$) Wenn $p \wedge q \in \mu$, so $p \in \mu$ und $q \in \mu$.

(**C.**$\vee$) Wenn $p \vee q \in \mu$, so $p \in \mu$ oder $q \in \mu$ (oder beides).

(**C.**$\sim\sim$) Wenn $\sim\sim p \in \mu$, so $p \in \mu$

(**C.**$\sim\wedge$) Wenn $\sim(p \wedge q) \in \mu$, so $\sim p \in \mu$ oder $\sim q \in \mu$ (oder beides).

(**C.**$\sim\vee$) Wenn $\sim(p \vee q) \in \mu$, so $\sim p \in \mu$ und $\sim q \in \mu$.

(C.E) Wenn $(\vee x)\, p \in \mu$, so $p(a/x) \in \mu$, für mindestens ein freies Individuensymbol a.

(C.U) Wenn $(\wedge x)\, p \in \mu$, und b kommt in wenigstens einem Element von μ (frei) vor, so $p(b/x) \in \mu$.

(C.$\sim E$) Wenn $\sim(\vee x)\, p \in \mu$, so $(\wedge x) \sim p \in \mu$.

(C.$\sim U$) Wenn $\sim(\wedge x)\, p \in \mu$, so $(\vee x) \sim p \in \mu$.

Eine Satzmenge λ ist *konsistent* (satisfiable) genau dann, wenn es eine Modellmenge μ mit $\mu \supseteq \lambda$ gibt, d. h., wenn λ in eine Modellmenge μ einbettbar ist.
Inkonsistent wird jede Satzmenge genannt, die nicht konsistent ist. Ein Satz H ist *gültig* genau dann, wenn die Menge $\{\sim H\}$ inkonsistent ist. Ein Satz H ist eine *Kontradiktion* genau dann, wenn $\sim H$ gültig ist. Ein Ausdruck $H \to G$ ist gültig genau dann, wenn $\{H, \sim G\}$ inkonsistent ist.

Betrachtet man die gegebenen Bedingungen für eine Modellmenge, so wird deutlich, daß hierdurch zwar eine Semantik für die klassische Prädikatenlogik 1. Stufe geliefert wird, daß epistemische Sätze in ihrer „inneren Logik" aber unbestimmt bleiben. Um entsprechende epistemische Bedingungen formulieren zu können, genügt es nicht, einzelne mögliche Sachverhalte zu betrachten (die durch μ beschriebene Welt), sondern es sind alternative Welten zu betrachten. Eine alternative Modellmenge für die Modellmenge μ ist jede beliebige Modellmenge μ^*, für die gilt, daß μ^* wenigstens die gleichen Konsistenzbedingungen wie μ erfüllt.
Eine Modellmenge bildet mit einer über ihr definierten Alternativrelation ein *Modellsystem.* Ein Modellsystem beschreibt entsprechend (partiell) eine mögliche Menge von möglichen Welten. Die von Hintikka formulierten Konsistenzbedingungen bestimmen, wann eine Menge epistemischer Sätze eine Modellmenge ist und somit in ein Modellsystem eingebettet werden kann. Damit bestimmen sie die logische Charakteristik epistemischer Prädikate.

Spezielle Konsistenzkriterien für epistemische Sätze sind:

(C.P^*) Wenn $P_a p \in \mu$ und wenn μ zum Modellsystem Ω gehört, so gibt es in Ω wenigstens eine epistemische Alternative μ^* zu μ (bezüglich a), daß $p \in \mu^*$.

D. h., wenn p bezüglich all dessen, was a weiß, möglich ist, so ist p in mindestens einer möglichen Welt wahr, die mit all dem verträglich ist, was a weiß.

(C.K) Wenn $K_a p \in \mu$, so $p \in \mu$.

D. h., wenn a weiß, daß p, so ist p wahr.

(C.KK^*) Wenn $K_a p \in \mu$ und wenn μ^* eine epistemische Alternative zu μ (bezüglich a) in einem Modellsystem ist, so gilt $K_a p \in \mu^*$.

Die genannte Bedingung drückt aus, daß sich das Wissen nicht verkleinern kann. In jeder epistemischen Alternative μ^* zu μ weiß ein beliebiges epistemisches Subjekt a also mindestens, was a auch in μ weiß (nicht ausgeschlossen ist durch die genannten Prinzipien, daß a in μ^* mehr weiß als in μ).

Es folgen zwei Kriterien, die sich auf die Gültigkeit der Äquivalenz $P_a p \leftrightarrow \sim K_a \sim p$ beziehen:

(C.$\sim K$) Wenn $\sim K_a p \in \mu$, so $P_a \sim p \in \mu$.
(C.$\sim P$) Wenn $\sim P_a p \in \mu$, so $K_a \sim p \in \mu$.

Während sich die Kriterien für K und P sämtlich auf epistemische Wissensmodellsysteme bezogen und Konsistenzbedingungen für epistemische Alternativen von Modellmengen formulierten, richten sich die Kriterien für B und C auf doxastische (Glaubens-) Alternativen von Modellmengen, durch die doxastische Modellsysteme gebildet werden. Doxastische Alternativen von Modellmengen sind also solche Modellmengen, die zu Modellsystemen gehören, die den folgenden Konsistenzbedingungen genügen:

(C.C^*) Wenn $C_a p \in \mu$ und wenn μ zu einem Modellsystem Ω gehört, so ist in Ω mindestens eine doxastische Alternative μ^* zu μ (bezüglich a), für die gilt $p \in \mu^*$.

D. h., ist p mit allem, was a glaubt, verträglich, so gibt es unter den doxastischen Alternativen μ^* von μ bezüglich a mindestens eine, in der p wahr ist.

(C.B^*) Wenn $B_a p \in \mu$ und wenn μ^* eine doxastische Alternative zu μ (bezüglich a) in einem Modellsystem ist, so ist $p \in \mu^*$.

Im Unterschied zu (C.K) für Wissen wird durch (C.B^*) nicht gesichert, daß beliebige geglaubte Sätze p wahr sind. Letzteres wäre intuitiv nicht akzeptabel. Ein solches intuitiv paradoxes Resultat erhielten wir mit (C.B^*) allerdings dann, wenn wir annehmen würden, die Relation der doxastischen Alternativität wäre eine reflexive Relation. Man kann deshalb nicht allgemein annehmen, daß für beliebige doxastische Modellsysteme Ω gilt: Wenn $\mu \in \Omega$, so ist μ eine doxastische Alternative zu μ.

(C.BB^*) Wenn $B_a p \in \mu$ und wenn μ^* eine doxasstische Alternative zu μ (bezüglich a) in einem Modellsystem ist, so gilt $B_a p \in \mu^*$.

Diese Bedingung entspricht (C.KK^*) und drückt aus, daß sich die Menge der von a in μ geglaubten Sätze beim Übergang zu einer doxastischen Alternative μ^* von μ (bezüglich a) nicht verringern kann.

Mit der Festlegung, daß $B_a p \in \mu$ immer dann gilt, wenn $p \in \mu^*$ für beliebige doxastische Alternativen μ^* zu μ bezüglich a in einem Modellsystem Ω gilt, fordert die Gültigkeit (C.BB^*) die Transitivität der Relation der doxastischen Alternativität (analog für (C.KK^*) und die Relation der epistemischen Alternativität).
Schließlich gelten analog zu (C.$\sim K$) und (C.$\sim P$):

(C.$\sim B$) Wenn $\sim B_a p \in \mu$, so $C_a \sim p \in \mu$.
(C.$\sim C$) Wenn $\sim C_a p \in \mu$, so $B_a \sim p \in \mu$.

Zu den reinen epistemischen bzw. doxastischen Prinzipien kommen noch gemischt epistemisch-doxastische Prinzipien:

(C.KK^*dox) Wenn $K_a p \in \mu$ und wenn μ^* eine doxastische Alternative zu μ (bezüglich a) in einem Modellsystem Ω, so gilt $K_a p \in \mu^*$.

Diese Bedingung ist äquivalent mit:

(C.KB) Wenn $K_a p \in \mu$, so $B_a K_a p \in \mu$.

Wenn ein epistemisches Subjekt a weiß, daß p, so glaubt nach (C.KB) a auch, daß er weiß, daß p.
Nach (C.KK^*) gilt aber auch:

(C.K^*dox) Wenn $K_a p \in \mu$ und wenn μ^* eine doxastische Alternative zu μ (bezüglich a) in einem Modellsystem ist, so gilt $p \in \mu^*$.

Also: Wenn a weiß, daß p, so glaubt a auch, daß p.

Glauben wird also von Hintikka im Sinne der allgemeinen inneren Akzeptation verstanden, nicht aber als spezifische, mit Wissen unvereinbare Form innerer Akzeptation. Aus inhaltlichen Gesichtspunkten werden dagegen von Hintikka die folgenden Prinzipien verworfen:

(C.B^*ep) Wenn $B_a p \in \mu$ und wenn μ^* eine epistemische Alternative zu μ (bezüglich a) in einem Modellsystem ist, so $p \in \mu^*$.

Nach ($\mathbf{C}.B^*ep$) würde aus dem Glauben, daß p, das Wissen um die Wahrheit von p folgen. Nicht annehmbar ist für HINTIKKA auch das schwächere Prinzip:

($\mathbf{C}.B$) Wenn $B_a p \in \mu$, so $p \in \mu$.

Für einen schwachen Wissensbegriff wären ($\mathbf{C}.B$) und ($\mathbf{C}.B^*ep$) äquivalent. Verworfen werden von HINTIKKA auch:

($\mathbf{C}.BB^*ep$) Wenn $B_a p \in \mu$ und wenn μ^* eine epistemische Alternative zu μ (bezüglich a) in einem Modellsystem ist, so $B_a p \in \mu^*$

und das damit äquivalente

($\mathbf{C}.BK$) Wenn $B_a p \in \mu$, so $K_a B_a p \in \mu$.

HINTIKKAS Ziel bei der Aufstellung seines Systems war die logische Analyse von Wissensbehauptungen, bzw. genauer, von Behauptungen darüber, daß jemand etwas wisse bzw. glaube. Zur inhaltlichen Rechtfertigung der von ihm angenommenen Prinzipien ist er gezwungen, folgende Einschränkungen anzunehmen:

1. Die Behauptungen müssen in der gleichen Situation getroffen werden. Es dürfen keine zeitlichen oder lokalen Unterschiede auftreten.

2. Die behauptende Person (der Sprecher) darf ihre (seine) Behauptungsdisposition in der Behauptungssituation nicht ändern. Entsprechend können von diesem Behaupter in der Behauptungssituation keine neuen Informationen in der Weise berücksichtigt werden, daß dies zur Änderung der von ihm geäußerten Meinung führen würde.

3. Es tritt nur ein epistemisches Subjekt auf, das Behauptungen über seinen eigenen (dann eventuell unter Verwendung des Personalpronomens der 1. Person Singular) epistemischen bzw. doxastischen Zustand bzw. über die entsprechenden Zustände anderer epistemischer Subjekte trifft. Diese Behauptungen sind auch immer an die gleiche Person adressiert (bzw. werden an die gleiche Menge von Personen adressiert).

4. Der Behauptende wird als idealer Logiker vorausgesetzt, der in der Lage ist, alle logischen Konsequenzen aus den von ihm behaupteten Sätzen zu ziehen. Dazu kommt, daß dieser Behauptende beliebige epistemische Subjekte, die er in seinen Behauptungen erwähnt, als ideale Logiker betrachtet.

Diese Voraussetzung findet ihren Niederschlag auch in der Terminologie HINTIKKAS. Welten, die nur von idealen Logikern bewohnt werden, nennt er epistemisch perfekte Welten. Nun sind aber sicher nicht alle logisch möglichen Welten epistemisch perfekte Welten. Es wäre deshalb auch unangemessen, Sätze, deren Gültigkeit auf der Beschränkung auf epistemisch perfekte Welten beruht, als logisch gültige Sätze zu bezeichnen. Deshalb zieht es HINTIKKA vor, bei Voraussetzung epistemisch perfekter Welten statt von Widerspruchsfreiheit von Verteidigbarkeit eines Satzes zu sprechen. Nichtverteidigbar ist ein Satz, der in jeder epistemisch perfekten Welt falsch ist. Ist ein Satz in jeder epistemisch perfekten Welt wahr, so wird er von HINTIKKA *selbst-tragend* (self-sustaining) genannt. Eine Implikation $G \rightarrow H$ ist selbst-tragend genau dann, wenn $\{G, \sim H\}$ nicht verteidigbar ist.

Im System von „Knowledge and Belief" (KB) sind u. a. folgende Sätze selbst-tragend, deren Beweis wir zur Demonstration der Ableitungsverfahren im System von HINTIKKA mit angeben:

KB1. $K_a p \rightarrow p$. (unmittelbar aus $(\mathbf{C}.K)$)
KB2. $K_a(p \rightarrow q) \wedge K_a p \rightarrow K_a q$.

Beweis:

(1) $K_a(p \rightarrow q) \in \mu$; Prämisse (P)
(2) $K_a p \in \mu$; Prämisse (P)
(3) $\sim K_a q \in \mu$; Annahme des indirekten Beweises (AdiB)
(4) $P_a \sim q \in \mu$; $(\mathbf{C}.\sim K)$, 3
(5) $\sim q \in \mu^*$ für mindestens eine epistemische Alternative μ^* zu μ bezüglich a; $(\mathbf{C}.P^*)$, 4
(6) $K_a(p \rightarrow q) \in \mu^*$; $(\mathbf{C}.KK^*)$, 1
(7) $(p \rightarrow q) \in \mu^*$; $(\mathbf{C}.K)$, 6
(8) $K_a p \in \mu^*$; $(\mathbf{C}.KK^*)$, 2
(9) $p \in \mu^*$; $(\mathbf{C}.K)$, 8
(10) $q \in \mu^*$; 7, 8

Widerspruch zwischen 5 und 10. ∎

KB3. $K_a p \rightarrow K_a(p \vee q)$.

Beweis:

(1) $K_a p \in \mu$; P
(2) $\sim K_a(p \vee q) \in \mu$; AdiB
(3) $P_a \sim (p \vee q) \in \mu$; $(\mathbf{C}.\sim K)$, 2
(4) $\sim(p \vee q) \in \mu^*$; für mindestens eine epistemische Alternative μ^* zu μ bezüglich a; $(\mathbf{C}.P^*)$, 3
(5) $\sim p \in \mu^*$; $(\mathbf{C}.\sim\vee)$, 4

(6) $K_a p \in \mu^*$; (C.KK^*), 1
(7) $p \in \mu^*$; (C.K), 6

Widerspruch (5, 7) ▮

KB4. $K_a p \rightarrow K_a K_a p$.

Beweis:

(1) $K_a p \in \mu$; P
(2) $\sim K_a K_a p \in \mu$; AdiB
(3) $P_a \sim K_a p \in \mu$; (C.$\sim K$), 2
(4) $\sim K_a p \in \mu^*$; für mindestens eine epistemische Alternative μ^* zu μ bezüglich a; (C.P^*), 3
(5) $K_a p \in \mu^*$; (C.KK^*), 1

Widerspruch (4, 5) ▮

In der Diskussion um das System Hintikkas wurden insbesondere Einwände gegen KB4 („KK-These" genannt) geäußert (Pailthorp [1967], Johnson Wu [1972, 1976]). In Verbindung damit wurde insbesondere (C.KK^*) kritisiert. Hintikka zieht dieses Prinzip in „Knowledge and Belief" der schwächeren Bedingung

(C.K^*) Wenn $K_a p \in \mu$ und wenn μ^* eine epistemische Alternative zu μ (bezüglich a) in einem Modellsystem Ω ist, so $p \in \mu^*$

vor. Diese Entscheidung steht mit zwei Voraussetzungen in Verbindung. Die erste Voraussetzung bezieht sich auf (C.P^*). $P_a p$ bedeutet hier, daß p nicht nur mit allen von a gewußten Sätzen verträglich ist, wie das durch (C.K^*) oder (C.KK^*) und (C.K) gesichert wird, sondern daß dort p auch mit jedem wahren Satz der Form $K_a q$ verträglich ist, was durch (C.KK^*), nicht aber durch (C.K^*) gesichert wird (Hintikka [1962; S. 19]). Zweitens schließlich umfaßt, nach Hintikka, die Verteidigbarkeit einer Satzmenge auch die Fähigkeit, nicht nur das, was gewußt wird, zu verteidigen, sondern auch die Verpflichtung zu erfüllen, zu verteidigen, daß jenes gewußt wird.

Beide Bedingungen werden von Hintikka damit in Verbindung gebracht, daß es ihm in seiner Explikation um Wissen im starken Sinne geht. Dieses Wissen muß dabei nach Hintikka „... sehr streng, tatsächlich ... unrealistisch streng sein. So impliziert in vielen mittleren Arten starken Wissens Wissen nicht das Wissen, das jemand weiß." (Hintikka [1962, S. 158]). Trotzdem räumt er ein, daß zumindest (C.KK^*) auch für Wissen im schwachen Sinne gültig ist, allerdings sollte das nicht von der Verbindung von (C.KK^*) und Wissen im starken Sinne ablenken (HINTIKKA [1962; S. 159]). Später (HINTIKKA [1972]) revidiert sich HINTIKKA in der Weise, daß er (C.KK^*) für den schwachen Wissensbegriff für nicht akzeptabel erklärt, nachdem er noch in „'Knowing that one knows' reviewed" (HINTIKKA [1970]) wie in „Knowledge and Belief" erklärte, die KK-These gelte auch für Wissen im schwachen (schwächsten) Sinne. Diese Einschränkung ist allerdings logisch nicht notwendig, denn wie BARENSE [1966] und BYRD [1973] zeigen, haben Wissen (im Sinne von HINTIKKA) und wahrer Glaube (also Wissen im schwachen Sinne) auf der Basis von HINTIKKAS eigener Formalisierung die gleiche innere Logik.

In „Some Problems in Epistemic Logic" (HINTIKKA [1972]) präzisiert HINTIKKA seinen Standpunkt in der Weise, daß die KK-These nichts mit logischer Allwissenheit zu tun habe. In einem allgemeinen Sinne ist dem sicher zuzustimmen, allerdings hängt der Beweis dieser These in HINTIKKAS System von (C.$\sim K$) ab[7], und (C.$\sim K$) kann nur in einer Welt gelten, die epistemisch perfekt ist, in der also jeder die logischen Konsequenzen dessen kennt, was er weiß.

Wie JOHNSON WU [1976] zeigte, kann demzufolge die KK-These durchaus aus dem System HINTIKKAS ausgeschlossen werden, ohne (C.KK^*) auszuschließen, wenn (C.K) und (C.P) durch folgende Prinzipien ersetzt werden:

(C.K^*part) Wenn $K_a p \in \mu$, und wenn μ^* eine partielle epistemische Alternative zu μ (bezüglich a) in einem Modellsystem Ω ist, gilt $p \in \mu^*$.

(C.$\sim K^*part$) Wenn $\sim K_a p \in \mu$ und μ gehort zu einem Modellsystem Ω so gibt es in Ω mindestens eine partielle epistemische Alternative μ^* zu μ (bezüglich a), daß $\sim p \in \mu^*$.

(C.$\sim P^*$) Wenn $\sim P_a p \in \mu$ und wenn μ^* eine epistemische Alternative zu μ (bezüglich a) in einem Modellsystem Ω ist, so $\sim p \in \mu^*$.

Die Einführung dieser Prinzipien läßt, obwohl die KK-These nicht mehr gilt, die Bedeutung von $P_a p$ unverändert, was bei Ersetzung von (C.KK^*) durch (C.K^*) nicht gilt.

Es ist also durchaus nicht so, wie HINTIKKA in „Knowledge and Belief" annahm (HINTIKKA [1962; S. 105]), daß die KK-These und die Bedingung (C.KK^*) notwendig miteinander äquivalent sind.

7 Vgl. den Beweis für (KB4).

Wir hatten bereits darauf hingewiesen, daß das von uns hier skizzierte Herangehen HINTIKKAS an Probleme der epistemischen Logik von der Fiktion der epistemisch perfekten Welt ausgeht, in der nur logisch allwissende (bzw. allgläubige) und streng folgerichtige epistemische Subjekte existieren. Auch HINTIKKA selbst empfand dies als unbefriedigend. In „Impossible Possible Worlds Vindicated" (HINTIKKA [1975]) gelingt es ihm zu zeigen, daß das Auftreten des Paradoxons der logischen Allwissenheit durchaus nicht notwendig mit der Grundidee der Analyse epistemischer Termini (im Sinne HINTIKKAS allgemeiner: propositionaler Einstellungen) im Rahmen von Weltensemantiken verbunden ist. Er faßt seine Überlegungen dazu folgendermaßen zusammen: „Die „Mögliche-Welten"-Analyse des Wissens kann folgendermaßen formuliert werden:

(1) Ein Satz der Form ‚a weiß, daß p' ist wahr in einer Welt W genau dann, wenn p in allen epistemischen a-Alternativen zu W wahr ist, d. h. in allen den epistemischen möglichen Welten, die mit dem verträglich sind, was a in W weiß.

Das Fehlen der logischen Allwissenheit kann wie folgt formuliert werden:

(2) Es gibt solche a, p und q, so daß a weiß, daß p, p impliziert logisch q (d. h. $(p \rightarrow q)$ ist logisch wahr), aber a weiß nicht, daß q.

Der Begriff der logischen Wahrheit (Allgemeingültigkeit) wird in der üblichen modelltheoretischen Weise definiert:

(3) Ein Satz ist logisch wahr genau dann, wenn er in jeder möglichen Welt wahr ist.

... Ein Widerspruch zwischen (1)–(3) tritt nur in Verbindung mit der folgenden zusätzlichen Annahme auf:

(4) Jede epistemische mögliche Welt ist logisch möglich, (d. h. jede epistemische Alternative zu einer gegebenen Welt W ist logisch möglich.)" (HINTIKKA [1975; S. 475]).

Zur konkreten Charakterisierung der nach Verzicht auf (4) möglichen logisch unmöglichen, aber epistemisch möglichen Welt zieht HINTIKKA die Begriffe der trivialen Widerspruchsfreiheit und Widerspruchsfreiheit der Konstituenten heran (HINTIKKA [1970a, 1973]) und verweist in diesem Zusammenhang auch auf die Konzeption der Urnenmodelle (RANTALA [1975]). Allerdings ist der von HINTIKKA vorgeschlagene konkrete Lösungsweg technisch derart aufwendig, daß auch er – obwohl das Problem damit theoretisch gelöst ist – bezüglich des Wissensbegriffs nur in Ausnahmefällen als empirisch akzeptabel gelten kann.

5.2.3.2. Kripke-Semantiken in der epistemischen Logik

Angeregt durch die Erfolge welten-semantischer Betrachtungsweisen in der alethischen Modallogik wurde diese Untersuchungsmethode in den letzten Jahren mehr oder weniger mechanisch auch auf die epistemische Logik übertragen. Dabei wurde allerdings die Spezifik epistemischer Kontexte im Interesse der Anwendbarkeit bestimmter modelltheoretischer Konstruktionen häufig vernachlässigt. Ein Beispiel dafür liefern RESCHER/NAT [1973], die zu epistemischen Logiken einfach durch eine veränderte Lesweise des Notwendigkeitsoperators in den Systemen T, S4 und S5 als Wissensoperator kommen. Es fällt ihnen dann leicht, für diese epistemischen Logiken adäquate KRIPKE-Semantiken anzugeben. Die entsprechenden Systeme der epistemischen Logik sind dementsprechend intensionale Systeme, die sich nicht auf explizite epistemische Prädikate beziehen, sondern auf implizite epistemische Prädikate, die – wie vorn gezeigt – keine epistemischen Einstellungen sind, deren Existenz sich das epistemische Subjekt bewußt ist bzw. auf entsprechende Anregung hin bewußt würde.

5.2.3.2.1. von Kutschera

Um die Anwendbarkeit der Mögliche-Welten-Semantiken KRIPKEschen Stils in der epistemischen Logik zu rechtfertigen, geht auch KUTSCHERA zur Behandlung impliziter epistemischer Prädikate über, wodurch die Intensionalität der entsprechenden epistemischen Logiken erreicht wird (KUTSCHERA [1976]). Der von KUTSCHERA behandelte implizite Glaubensbegriff (KUTSCHERA zieht es vor, vom „rationalen" Glaubensbegriff zu sprechen) wird von ihm folgendermaßen auf den expliziten (bei KUTSCHERA „deskriptiven") Glaubensbegriff zurückgeführt.

Definition 5.15.

$\boldsymbol{G}(a, p) \overset{\text{def}}{=} \mathfrak{A}_a \vdash p$, wobei $\mathfrak{A}_a$ die Menge der von a explizit akzeptierten Sätze ist und $\vdash$ das Zeichen der logischen Ableitbarkeit ist.

Das epistemische Subjekt a glaubt also implizit (rational) p, wenn p logische Folge der von a explizit akzeptierten Sätze ist. KUTSCHERA richtet seine Analyse also auf einen konklusiv formalen impliziten Akzeptationsbegriff. Bezüglich dieses Akzeptationsbegriffs wird ein Wissensbegriff im schwachen Sinne eingeführt:

Definition 5.16. $\boldsymbol{W}(a, p) \overset{\text{def}}{=} \boldsymbol{G}(a, p) \wedge p.$

Beim Aufbau seines Systems der epistemischen Logik verzichtet KUTSCHERA auf die Angabe des Parameters für das epistemische Subjekt. Die Sprache seines Systems G ergibt sich, indem zur Sprache der klassischen Prädikatenlogik 1. Stufe $\boldsymbol{G}$ als Grundzeichen hinzugefügt wird und die Festlegung, daß falls H ein Ausdruck ist, auch $\boldsymbol{G}H$ ein Ausdruck ist. $\boldsymbol{G}$ soll stärker binden als alle aussagenlogischen Operatoren. Die Semantik wird folgendermaßen bestimmt (VON KUTSCHERA [1976; S. 91]):

Als Interpretation von G gilt ein Quadrupel $\langle \mathcal{U}, \mathcal{I}, \mathcal{S}, \varphi \rangle$, mit:

(1) $\mathcal{U}$ ist ein nichtleerer Gegenstandsbereich.

(2) $\mathcal{I}$ ist eine nichtleere Menge von Welten.

(3) Für alle $i \in \mathcal{I}$ ist $\mathcal{S}_i$ eine nichtleere Teilmenge von $\mathcal{I}$, so daß gilt: $j \in \mathcal{S}_i \rightarrow \mathcal{S}_i = \mathcal{S}_j$ für alle $j \in \mathcal{I}$ (oder wenn wir anstelle von $\mathcal{S}$ eine Relation R zwischen Welten einführen: $i\mathsf{R}j \rightarrow (i\mathsf{R}k \leftrightarrow j\mathsf{R}k)$ für alle $i, j, k \in \mathcal{I}$).

(4) Für alle $i \in \mathcal{I}$ ist φ_i eine Funktion, so daß gilt:

a) $\varphi_i(a) = \varphi_j(a)$, für alle $j \in \mathcal{I}$ und alle Gegenstandskonstanten a von $\mathcal{U}$.

b) φ_i erfüllt die üblichen Bedingungen für prädikatenlogische Interpretationen.

c) $\varphi_i(\boldsymbol{G}A) = \mathsf{W}$ genau dann, wenn $\mathcal{S}_i \subseteq [A]$ (d. h. $\mathcal{S}_i$ ist eine Teilmenge der Welten j, in denen gilt $\varphi_j(A) = \mathsf{W}$).

Traditionell formuliert: $\varphi_i(\boldsymbol{G}A) = \mathsf{W}$ genau dann, wenn für alle j mit $i\mathsf{R}j$ gilt $\varphi_j(A) = \mathsf{W}$. Erfüllbarkeit und Allgemeingültigkeit werden wie üblich definiert.

$\mathcal{S}_i$ wird von KUTSCHERA als Menge derjenigen Welten verstanden, von denen das epistemische Subjekt in i glaubt, daß eine von ihnen die wirkliche Welt ist, ohne zu wissen, welche das ist.

Bezüglich der aufgebauten Interpretation gibt KUTSCHERA folgendes semantisch vollständige und widerspruchsfreie Axiomensystem an.

System G: Die Prädikatenlogik 1. Stufe wird erweitert durch:

(G1.) $\boldsymbol{G}(A \rightarrow B) \rightarrow (\boldsymbol{G}A \rightarrow \boldsymbol{G}B)$,

(G2.) $\boldsymbol{G}A \rightarrow \sim\boldsymbol{G} \sim A$,

(G3.) $\wedge x\boldsymbol{G}A \rightarrow \boldsymbol{G}\wedge xA$,

(G4.) $GA \rightarrow GGA$,
(G5.) $\sim GA \rightarrow G \sim GA$,
(RG.) Wenn $\vdash A$, so $\vdash GA$.

Entsprechend gelten in G u. a. folgende Theoreme bzw. Schlußregeln:

TK1. Wenn $\vdash A \rightarrow B$, so $\vdash GA \rightarrow GB$.
TK2. $G(A \wedge B) \leftrightarrow GA \wedge GB$.
TK3. $GA \vee GB \rightarrow G(A \vee B)$.
TK4. $\bigwedge xGA \leftrightarrow G\bigwedge xA$.
TK5. $\bigvee xGA \rightarrow G\bigvee xA$.
TK6. $GA \leftrightarrow GGA$.
TK7. $\sim GA \leftrightarrow G \sim GA$.
TK8. $GGA \vee G \sim GA$.

Bei der inhaltlichen Analyse dieser Prinzipien muß man beachten, daß ein impliziter Glaubensbegriff behandelt wird, wodurch z. B. **TK1—TK3** unmittelbar gerechtfertigt werden. Aber auch **TK4** und **TK5** sind durchaus damit vereinbar. Wenig einsichtig sind dagegen die Iterationsprinzipien **TK6—TK8**, wenn G als implizites Glaubensprädikat verstanden wird.

Wird zu G die Definition

$$WA \stackrel{\text{def}}{=} GA \wedge A$$

hinzugefügt, so sind folgende Ausdrücke beweisbar:

TK9. $WA \rightarrow A$.
TK10. $WA \rightarrow WGA$.
TK11. $WA \rightarrow GWA$.
TK12. $WA \rightarrow WWA$.
TK13. $GA \rightarrow WGA$.
TK14. $GA \rightarrow GWA$.
TK15. $\sim GA \rightarrow W \sim GA$.
TK16. $\sim GA \rightarrow G \sim WA$.
TK17. $\sim GA \rightarrow W \sim WA$.
TK18. $G(GA \rightarrow A)$.
TK19. $\sim W \sim WA \leftrightarrow GA$.

TK18 zeigt, daß das Paradox von MOORE (vgl. STELZNER [1984; S. 97f.]) in G ausgeschlossen ist. **TK19** weist auf eine Möglichkeit, den Operator G aus der Sprache von G zu eliminieren.

Eine spezielle Semantik für „Wissen" erhält KUTSCHERA, indem er $\mathscr{S}_i$ als Menge derjenigen Welten deutet, von denen das epistemische Subjekt in i weiß, daß eine von ihnen die wirkliche Welt ist, ohne zu wissen, welche das ist. Es gilt dann $\varphi_i(\mathbf{W}A) = \mathsf{W}$ genau dann, wenn $\mathscr{S}_i \subseteq [A]$. Als Zusatzbedingung ist $i \in \mathscr{S}_i$ (bzw. $i\mathsf{R}i$) anzunehmen. Die Bedingung $j \in \mathscr{S}_i \to \mathscr{S}_i = \mathscr{S}_j$ ist durch $j \in \mathscr{S}_i \to \mathscr{S}_j \subseteq \mathscr{S}_i$ (bzw. $i\mathsf{R}j \wedge j\mathsf{R}k \to i\mathsf{R}k$) zu ersetzen.

Es gilt dann $\boldsymbol{W}A \to \boldsymbol{W}\boldsymbol{W}A$, aber nicht $\sim\boldsymbol{W}A \to \boldsymbol{W} \sim \boldsymbol{W}A$.

Diese Semantik entspricht dem System S4 (und damit auch HINTIKKAS System).

Von KUTSCHERA werden auch Ansätze einer bedingten epistemischen Logik und einer epistemischen Wahrscheinlichkeitslogik entwickelt. Intensiv ausgearbeitet wurden diese Ansätze von KUTSCHERAS Schüler LENZEN, der in Verbindung damit differenzierte Welten-Semantiken für Systeme der epistemischen Logik entwickelte.

5.2.3.2.2. Lenzen

LENZEN [1980] baut seine epistemische Logik auf folgenden Grundbegriffen auf:

Ü(a, p) — (die Person) a ist davon überzeugt, daß p,
G(a, p) — a glaubt, daß p.

Ü(a, p) ist dabei im Sinne vollständiger sicherer Akzeptation zu verstehen, während G(a, p) ein Moment subjektiver Unsicherheit bei der Akzeptation von p durch a enthalten kann; a hält p mit einer gewissen Wahrscheinlichkeit für wahr.

G(a, p) gilt dabei genau dann, wenn a die Wahrheit von p für wahrscheinlicher hält als die Wahrheit von $\sim p$. Ü(a, p) gilt dann, wenn a eine beliebige Tautologie für gleichwahrscheinlich mit p hält. Abgeleitete epistemische Begriffe sind

M(a, p) — a hält es für möglich, daß p,
A(a, p) — a hält es für ausgeschlossen, daß p.

Dafür werden folgende Definitionen angegeben:

Definition 5.17. M$(a, p) \overset{\text{def}}{=} \sim$Ü$(a, \sim p)$.

Definition 5.18. A$(a, p) \overset{\text{def}}{=}$ Ü$(a, \sim p)$.

Zur Darstellung seiner Systeme der epistemischen Logik führt LENZEN die Beziehung der summativen Implikation ein: $\{p_1, \ldots, p_m\}$ *impliziert summativ* $\{q_1, \ldots, q_n\}$ genau dann, wenn aus logischen Gründen mindestens so viele Sätze aus $\{q_1, \ldots, q_n\}$ wahr sein müssen wie Sätze aus $\{p_1, \ldots, p_m\}$ wahr sind (symbolisch: $\{p_1, \ldots, p_m\}\, \mathbf{I}\, \{q_1, \ldots, q_n\}$).

Die (reinen) Kalküle G und Ü entstehen durch Annahme folgender spezieller Axiome und Regeln (da das epistemische Subjekt konstant gehalten wird, verzichtet LENZEN auf dessen explizite Angabe):

Kalkül G:

Axiomenschemata:

(G1.) $\mathrm{G}H \rightarrow \sim\mathrm{G} \sim H$
(G3.) $\sim\mathrm{G}H \rightarrow \mathrm{G} \sim \mathrm{G}H$
(G4.) $\mathrm{G}(\mathrm{G}H_1 \rightarrow H_2) \rightarrow (\mathrm{G}H_1 \rightarrow \mathrm{G}H_2)$

Schlußregel:

(**RG**$_m$) Falls $\{H_1, \ldots, H_m\}\, \mathbf{I} \{H'_1, \ldots, H'_m\}$, so

$$\mathrm{G}H_m \wedge \sim\mathrm{G} \sim H_{m-1} \wedge \ldots \wedge \sim\mathrm{G} \sim H_1 \rightarrow \mathrm{G}H'_1 \vee \ldots \vee \mathrm{G}H'_m.$$

Es gilt

T1. $\mathrm{G}H \leftrightarrow \mathrm{GG}H.$

Kalkül Ü:

Axiomenschemata:

(Ü1.) $\ddot{\mathrm{U}}H \rightarrow \mathrm{M}H$
(Ü2.) $\ddot{\mathrm{U}}(H_1 \rightarrow H_2) \rightarrow (\ddot{\mathrm{U}}H_1 \rightarrow \ddot{\mathrm{U}}H_2)$
(Ü3.) $\ddot{\mathrm{U}}H \rightarrow \ddot{\mathrm{U}}\ddot{\mathrm{U}}H$
(Ü4.) $\mathrm{M}H \rightarrow \ddot{\mathrm{U}}\mathrm{M}H$

Schlußregel:

(**RÜ**) Wenn $\vdash H$, so $\vdash \ddot{\mathrm{U}}H$.

Es gelten

T2. $\ddot{\mathrm{U}}(H_1 \wedge H_2) \leftrightarrow \ddot{\mathrm{U}}H_1 \wedge \ddot{\mathrm{U}}H_2.$
T3. $\ddot{\mathrm{U}}(\ddot{\mathrm{U}}H_1 \vee H_2) \leftrightarrow \ddot{\mathrm{U}}H_1 \vee \ddot{\mathrm{U}}H_2.$

Bei der Explikation der logischen Beziehungen für den Wissensbegriff legt LENZEN zwei unterschiedliche Wissensbegriffe zugrunde. Einmal expliziert er den schwachen Wissensbegriff (W^+H) (mit ausdrücklicher Entscheidung gegen den starken Wissensbegriff), und zum anderen führt er den Wissensbegriff als Grundbegriff ein, der nicht auf Überzeugung reduzierbar ist. Der schwache Wissensbegriff wird dabei nicht auf der Basis von G eingeführt, sondern basiert auf Ü, entspricht wahrer fester Überzeugung.

Definition 5.19. $\mathrm{W}^{+}(a, H) \overset{\text{def}}{=} \mathrm{Ü}(a, H) \wedge H$.

Die von Lenzen entwickelten Kalküle zu diesen Wissensbegriffen unterscheiden sich von denen Hintikkas und Kutscheras wesentlich, obwohl auch Lenzen Welten-Semantiken zugrunde legt. Zwar stimmt Lenzen mit Hintikka überein, daß der Kalkül wahrer Überzeugung (Wissen im schwachen Sinne) nicht S4 sein kann, sondern stärker als S4 und schwächer als S5 ist (und damit unterscheidet er sich von Kutschera), andererseits betrachtet Lenzen im Unterschied zu Hintikka [1969; S. 83] S4 nicht als die „Logik des realen Wissens". Lenzen [1979] baut also seine Wissenslogiken als Zwischenlogiken zwischen S4 und S5 auf. Dem schwachen Wissensbegriff entspricht im Resultat S4.4 und dem allgemeineren Wissensbegriff S4.2.

Die entsprechenden Kalküle entstehen durch folgende Erweiterungen aus adäquaten Systemen der klassischen Aussagenlogik:

Kalkül W⁺:

Axiomenschemata:

($\mathscr{W}^{+}1$) $\mathrm{W}^{+}H \to H$

($\mathscr{W}^{+}2$) $\mathrm{W}^{+}(H_1 \to H_2) \to (\mathrm{W}^{+}H_1 \to \mathrm{W}^{+}H_2)$

($\mathscr{W}^{+}3$) $\mathrm{W}^{+}H \to \mathrm{W}^{+}\mathrm{W}^{+}H$

($\mathscr{W}^{+}4$) $H \to (\sim\mathrm{W}^{+}\sim\mathrm{W}^{+}H \to \mathrm{W}^{+}H)$

Schlußregel:

(**RW⁺**) Wenn $\vdash H$, so $\vdash \mathrm{W}^{+}H$.

Fügt man zu $\mathscr{W}^{+}$ die folgende Definition hinzu:

Definition 5.20. $\mathrm{Ü}H \overset{\text{def}}{=} \sim\mathrm{W}^{+} \sim \mathrm{W}^{+}H$,

so wird dieses System äquivalent mit dem Kalkül Ü, vorausgesetzt, W^{+} wird dort entsprechend (**5.19**) behandelt.

Kalkül W:

Axiomenschemata:

($\mathscr{W}1$) $\mathrm{W}H \to H$

($\mathscr{W}2$) $\mathrm{W}(H_1 \to H_2) \to (\mathrm{W}H_1 \to \mathrm{W}H_2)$

($\mathscr{W}3$) $\mathrm{W}H \rightarrow \mathrm{WW}H$

($\mathscr{W}4$) $\sim\mathrm{W} \sim \mathrm{W}H \rightarrow \mathrm{W} \sim \mathrm{W} \sim H$

Schlußregel:

(**RW**) Wenn $\vdash H$, so $\vdash \mathrm{W}H$.

Für die angeführten Systeme werden von LENZEN [1980; S. 205f., 198, 199] folgende Semantiken angegeben, bezüglich derer die entsprechenden Systeme semantisch vollständig und korrekt sind.

Definition 5.21. Eine G-*Bewertung* ist ein Tripel $\langle \mathscr{I}, \mathbf{P}, v \rangle$, für das gilt:

a) $\mathscr{I}$ ist eine nichtleere Menge (von Welten);
b) $\mathbf{P}$ ist eine Funktion, die jedem $i \in \mathscr{I}$ ein Wahrscheinlichkeitsmaß $\mathbf{P}_i$ auf der Potenzmenge von $\mathscr{I}$ so zuordnet, daß mit $\mathbf{P}_i(X) > 1/2$ stets $\mathbf{P}_i(X \cap \{j | \mathbf{P}_j \overset{\mathrm{G}}{=} \mathbf{P}_i\}) > 1/2$ ist. ($\{j | \mathbf{P}_j \overset{\mathrm{G}}{=} \mathbf{P}_i\}$ steht hierbei für die Menge derjenigen Welten, in denen die gleichen Sätze eine Wahrscheinlichkeit $> 1/2$ zugeordnet bekommen wie in der Welt i. Es steht also für die Menge der Welten, in denen die gleichen Sätze als Glaubenssätze ausgezeichnet werden wie in der Welt i.);
c) v ist eine Funktion, die jedem $i \in \mathscr{I}$ und jedem Satz H von G einen Wahrheitswert $v(i, H)$ nach Maßgabe folgender Bedingungen zuordnet

(I) $v(i, H) = \mathsf{W}$ oder $v(i, H) = \mathsf{F}$ für alle Elementarsätze,
(II) $v(i, \sim H) = \mathsf{F}$ gdw $v(i, H) = \mathsf{W}$,
(III) $v(i, H_1 \rightarrow H_2) = \mathsf{F}$ gdw $v(i, H_1) = \mathsf{W}$ und $v(i, H_2) = \mathsf{F}$,

und außerdem gilt:

(IV) $v(i, \boldsymbol{G}H) = \mathsf{W}$ gdw $\mathbf{P}_i([H]) > 1/2$,

wobei $[H] \overset{\mathrm{def}}{=} \{j | v(j, H) = \mathsf{W}\}$ gesetzt ist.

Definition 5.22. Eine Ü-*Bewertung* ist ein Tripel $\langle \mathscr{I}, \mathsf{R}^{\mathrm{Ü}}, v \rangle$, für das gilt:

a) siehe Definition 5.21.
b) $\mathsf{R}^{\mathrm{Ü}}$ ist eine serielle, euklidische und transitive Relation über $\mathscr{I}$; d. h., es gilt:

$$\wedge i \vee j (i \mathsf{R}^{\mathrm{Ü}} j),$$

$$\wedge ijk (i \mathsf{R}^{\mathrm{Ü}} j \wedge i \mathsf{R}^{\mathrm{Ü}} k \rightarrow j \mathsf{R}^{\mathrm{Ü}} k),$$

$$\wedge ijk (i \mathsf{R}^{\mathrm{Ü}} j \wedge j \mathsf{R}^{\mathrm{Ü}} k \rightarrow i \mathsf{R}^{\mathrm{Ü}} k).$$

c) siehe Definition 5.21; aber an Stelle von (IV) tritt:

($\mathrm{IV}^{\mathrm{Ü}}$) $v(i, \mathsf{Ü}H) = \mathsf{W}$ gdw für alle j mit $i \mathsf{R}^{\mathrm{Ü}} j$: $v(j, H) = \mathsf{W}$.

Definition 5.23. Eine W-*Bewertung* ist ein Tripel $\langle \mathcal{J}, \mathsf{R}^{w}, v\rangle$, für das gilt:

a) siehe Definition 5.21;

b) R^{w} ist eine reflexive, transitive und euklidische verbundene Relation über $\mathcal{J}$; d. h., es gilt:

$$\bigwedge i(i\mathsf{R}^{w}i),$$

$$\bigwedge ijk(i\mathsf{R}^{w}j \wedge j\mathsf{R}^{w}k \to i\mathsf{R}^{w}k),$$

$$\bigwedge ijk(i\mathsf{R}^{w}j \wedge i\mathsf{R}^{w}k \to \bigvee l(j\mathsf{R}^{w}l \wedge k\mathsf{R}^{w}l));$$

c) siehe Definition 5.21; aber an Stelle von (IV) tritt:

(IV^{w}) $v(i, \mathrm{W}H) = \mathsf{W}$ gdw für alle j mit $i\mathsf{R}^{w}j$ gilt $v(j, H) = \mathsf{W}$.

Den semantischen Festlegungen für Ü und G gemäß wird ein gemischtes System D der doxastischen Logik aufgebaut, indem zum klassischen Aussagenkalkül hinzugefügt wird:

Axiomenschemata:

(D1) $\ddot{\mathrm{U}}H \to \boldsymbol{G}H$,
(G1) $\boldsymbol{G}H \to \sim\boldsymbol{G} \sim H$,
(D2) $\ddot{\mathrm{U}}(H_1 \to H_2) \to (\boldsymbol{G}H_1 \to \boldsymbol{G}H_2)$,
(Ü2) $\ddot{\mathrm{U}}(H_1 \to H_2) \to (\ddot{\mathrm{U}}H_1 \to \ddot{\mathrm{U}}H_2)$,
(D3) $\boldsymbol{G}H \to \ddot{\mathrm{U}}\boldsymbol{G}H$,
(Ü3) $\ddot{\mathrm{U}}H \to \ddot{\mathrm{U}}\ddot{\mathrm{U}}H$,
(D4) $\mathrm{M}\boldsymbol{G}H \to \boldsymbol{G}H$,
(Ü4) $\mathrm{M}H \to \ddot{\mathrm{U}}\mathrm{M}H$,
(D5) $\boldsymbol{G}(H_1 \to H_2) \vee \boldsymbol{G}(H_1 \to \sim H_2) \vee \ddot{\mathrm{U}}H_1$;

Schlußregel:

(**RÜ**) Wenn $\vdash H$, so $\vdash \ddot{\mathrm{U}}H$,

($\mathbf{RG}_m$) $\{H_1, \ldots, H_m\}\ \mathbf{I}\{H_1', \ldots, H_m'\} \vdash$

$$\boldsymbol{G}H_m \wedge \sim\boldsymbol{G} \sim H_{m-1} \wedge \ldots \wedge \sim\boldsymbol{G} \sim H_1 \to \boldsymbol{G}H_1' \vee \ldots \vee \boldsymbol{G}H_m'.$$

5.3. Effektive epistemische Logik

Die in den dargestellten Systemen der epistemischen Logik behandelten Glaubens- (inneren Akzeptations-) und Wissensprädikate bzw. -operatoren werden von den Autoren dieser Systeme als Explikationen epistemischer

Begriffe verstanden, mit denen innere epistemische Einstellungen des Subjekts in expliziter oder impliziter Form dargestellt werden. Das Bestehen dieser epistemischen Einstellungen (ob explizit oder implizit) ist in keiner Weise daran gebunden, daß diese epistemischen Einstellungen vom Subjekt kommuniziert werden bzw. ob das Bestehen dieser Einstellungen von anderen epistemischen Subjekten feststellbar ist oder nicht. In diesem Sinne sind die bisher behandelten epistemischen Prädikate der inneren Akzeptation, des Wissens, des Glaubens und der Überzeugung keine effektiven epistemischen Prädikate, denn von solchen wird verlangt, daß vom epistemischen Subjekt unterschiedene Subjekte unmittelbaren Zugang zu den durch diese Prädikate ausgedrückten epistemischen Einstellungen bzw. Akten haben, daß von Fremd-Subjekten festgestellt werden kann, ob ein solches Prädikat auf das epistemische Subjekt zutrifft oder nicht.

5.3.1. Behauptung

Ein solches effektives epistemisches Prädikat ist z. B. das Prädikat der äußeren Akzeptation (der Behauptung), mit dem ausgedrückt wird, daß ein epistemisches Subjekt (der Sprecher oder Adressant) gegenüber einem anderen epistemischen Subjekt (dem Hörer oder Adressaten) behauptet, ein bestimmter Satz sei wahr. Wir müssen hier zwischen der Äußerung eines Satzes und der Behauptung eines Satzes unterscheiden.[8] Während jede explizite Behauptung eines Satzes die Äußerung dieses Satzes einschließt, stellt eine Äußerung eines Satzes nur unter bestimmten Bedingungen eine Behauptung dar. Die wichtigste zu erfüllende Bedingung ist, daß der Behauptende seine Äußerung so gestaltet, daß der Adressat hinreichend in der Annahme gerechtfertigt ist, der Behaupter wolle (ihm gegenüber) ausdrücken, daß er den geäußerten Satz für wahr hält, ihn also innerlich akzeptiert. Wie diese Bedingung gesichert wird, ob durch Verwendung bestimmter Standardformen für Behauptungen wie z. B. „Ich behaupte, daß ...“ oder „Ich meine, daß ...“ usw. oder aber ob diese Bedingung durch die Art der Äußerung in einer bestimmten Kommunikationssituation erfüllt wird, ist dabei nicht entscheidend. Allerdings müssen diese Standardbedingungen in der jeweiligen Kom-

8 Zur Unterscheidung von Äußerung und Behauptung vgl. FREGE [1891], S. 73.

munikationsgemeinschaft so festgelegt werden, daß sie klarlegen, ob eine Äußerung behauptend oder nicht behauptend zu verstehen ist. Natürlich können diese Standardbedingungen in unterschiedlichen Bereichen unterschiedlich scharf ausgeprägt sein, vom normal intonierten Aussprechen eines Satzes über das Beiordnen einer Behauptungsformel bis zum Schwur.

Für Behauptungen in der bisher skizzierten Form kann folgendes Reduktionsprinzip angenommen werden: Ein epistemischer Akt des epistemischen Subjekts x gegenüber y gilt genau dann als Behauptung von p, wenn dieser Akt auch als Behauptung von x gilt, daß x p innerlich akzeptiert. Symbolisch:

$$A^{ä}(x, p, \langle t_1, t_2\rangle, y) \leftrightarrow A^{ä}(x, A^{i}(x, p, \langle t_1, t_2\rangle), \langle t_1, t_2\rangle, y).$$

Mit der Behauptung verfügt das epistemische Subjekt über ein Mittel, um seine nichteffektiven expliziten epistemischen Einstellungen anderen epistemischen Subjekten in effektiver Weise mitzuteilen. Allerdings kann nicht angenommen werden, daß mit Erfüllung der Standardbedingungen für die Behauptung zugleich gesichert sei, daß der Behaupter tatsächlich den von ihm äußerlich akzeptierten Satz auch innerlich akzeptiert. Er versichert dies zwar mit Erfüllen der Standardbedingungen, diese Versicherung (und demzufolge die äußere Akzeptation) muß aber nicht unbedingt aufrichtig sein. Die Möglichkeit der Lüge ist auch bei Erfüllen der Standardbedingungen nicht auszuschließen.

Ebenso ist bei stärkeren Behauptungsbegriffen (und den diesen Begriffen entsprechenden Standardbedingungen für die Behauptung), die z. B. einschließen können, daß eine Behauptung zugleich als Versicherung gilt, der Behaupter verfüge über eine hinreichende erkenntnismäßige Begründung für den von ihm behaupteten Satz, nicht gesichert, daß das epistemische Subjekt tatsächlich über eine solche Begründung verfügt.

Würde man zu den Standardbedingungen der Behauptung die Forderung hinzufügen, das epistemische Subjekt müsse den behaupteten Satz tatsächlich innerlich akzeptieren, wie das in der sogenannten Sprechakttheorie[9] der Fall ist, so würde man den Behauptungsbegriff nicht als effektiven Begriff aufbauen, sondern die Nichteffektivität der inneren Akzeptation auf den Behauptungsbegriff übertragen. Mit der expliziten äußeren Akzeptation eines Satzes übernimmt der Sprecher die Ver-

---

9 Vgl. SEARLE [1971], PIEL [1980], VIEHWEGER [1983].

pflichtung, für die Wahrheit des von ihm behaupteten Satzes mit seinen Behauptungen solange einzustehen, wie er die Behauptung dieses Satzes nicht zurücknimmt. In einem objektiven (impliziten) Sinn hat er damit auch für die Wahrheit all der Sätze einzustehen, die aus den Sätzen folgen, deren Behauptung er aufrechterhält. Mitunter wird daraus eine Normalitätsforderung für die Behauptung abgeleitet, die besagt, der Sprecher sei verpflichtet, alle logischen Folgen aus den von ihm explizit behaupteten Sätzen ebenfalls explizit äußerlich zu akzeptieren. In einem aktivistischen Sinne verstanden, ist diese Forderung natürlich nicht zu erfüllen, da jeder Sprecher dann unendlich viele Sätze explizit behaupten müßte. Aber auch wenn diese Forderung dispositionell verstanden wird und besagen soll, der Sprecher müsse zumindest auf Befragen in einer angemessenen Zeitspanne jeden beliebigen Satz explizit behaupten, der aus den von ihm behaupteten Sätzen logisch folgt, ist diese Forderung zu stark. Es sei hier nur auf die Unentscheidbarkeit der klassischen Prädikatenlogik 1. Stufe verwiesen. Auf prädikatenlogischem Niveau müßte der Sprecher also doch über ein praktikables Entscheidungsverfahren verfügen, um die Forderung nach strenger Folgerichtigkeit erfüllen zu können. Diese Forderung ist also im Interesse der Anwendbarkeit der zu entwickelnden effektiven epistemischen Logik abzuschwächen. Dafür gibt es mehrere Möglichkeiten, von denen wir hier nur auf besonders charakteristische verweisen.

So könnte von der starken positiven Normierung (strenge Folgerichtigkeit) zu einer starken negativen Normierung übergegangen werden: Ein diese Forderung erfüllender Sprecher ist verpflichtet, keine Negation einer logischen Folge der von ihm aufrechterhaltenen expliziten Behauptungen explizit äußerlich zu akzeptieren. Wir wollen dies als Normalitätsforderung nach strenger Widerspruchsfreiheit (schwacher Folgerichtigkeit) bezeichnen. Die (schwache) Widerspruchsfreiheit des Sprechers ist erfüllt, wenn der Sprecher keine Negation eines von ihm explizit behaupteten Satzes explizit behauptet (implizite Widersprüche sind hier nicht ausgeschlossen). Zu einer abgeschwächten positiven Normierung bezüglich der Folgerichtigkeit kann übergegangen werden, wenn vom Sprecher verlangt wird, er müsse eine Art von elementarer Logizität mit seinen Behauptungen erfüllen, indem er mit der expliziten Behauptung eines Satzes verpflichtet wird, bestimmte elementare Folgen aus seinen Behauptungen im genannten Sinne dispositionell explizit äußerlich zu akzeptieren. Für diese elementare Logizität gibt es natürlich wiederum unterschiedliche Ausprägungen. Wir werden später näher darauf eingehen. Die mit der elementaren Logizität verbundenen Verpflichtungen beziehen sich auf explizite Behauptungen. Sie haben nicht Verpflichtungen zur Behauptung zum Ausgangspunkt, sondern führen von expliziten Behauptungen zu Verpflichtungen explizit zu behaupten, und erst wenn diese Verpflichtungen in expliziter Behauptung eingelöst sind, ergeben sich daraus neue Verpflichtungen zu expliziter Behauptung. Insofern entsteht eine bestimmte Hierarchie von Verpflichtungen zur expliziten Behauptung, und der Sprecher muß diese Verpflichtungen schrittweise auf schrittweise Aufforderung hin durch die entsprechenden expliziten Behauptungen realisieren. Syntaktisch drücken wir dies durch einen Zahlenindex rechts unten am Behauptungsprädikator aus, mit dem angegeben wird, in wieviel Schritten der Sprecher ausgehend von den von ihm im Intervall aufrechterhaltenen expliziten Behauptungen zur expliziten Behauptung des entsprechenden Satzes gebracht werden kann. Nicht vorausgesetzt wird dabei, daß es im entsprechenden Intervall tatsächlich möglich sei, alle diese Schritte zur expliziten Behauptung zu vollziehen. Symbolisch hat dann ein Ausdruck der Erreichbarkeit der expliziten Behauptung folgende Gestalt: $A_n(x, M, \langle t_1, t_2 \rangle, y)$. („Der Sprecher x kann auf der Basis der von ihm gegenüber y in $\langle t_1, t_2 \rangle$ aufrechterhaltenen expliziten Behauptungen in n Schritten dazu gebracht werden, M explizit zu behaupten.") Handelt es sich bei M um eine aufrechterhaltene Behauptung von x in $\langle t_1, t_2 \rangle$ gegenüber y, so gilt $A_0(x, M, \langle t_1, t_2 \rangle, y)$. x hat dann M vor $\langle t_1, t_2 \rangle$ gegenüber y explizit behauptet und diese Behauptung in $\langle t_1, t_2 \rangle$ aufrechterhalten.

Die genannten Forderungen nach logischer Normalität haben natürlich nicht den Rang logischer Prinzipien. Daß sie gestellt werden, ist eher sozial bedingt. Ihre Erfüllung kann nicht für beliebige Sprecher postuliert werden.

Wir werden anschließend das System S^z der Behauptungslogik aufbauen, in dem es vermieden wird, Forderungen nach logischer Normalität des Behauptungsprozesses in den Rang logischer Prinzipien zu erheben. Trotzdem stellt sich dieses System der Aufgabe, Normalitätsforderungen der genannten Art zu erfassen. In S^z wird diese Aufgabe gelöst, indem davon ausgegangen wird, daß man Sprecher nach den durch sie erfüllten Normalitätsforderungen unterscheiden und typisieren kann. Für unterschiedliche Sprechertypen können dann unterschiedliche Normalitätsforderungen fixiert werden. Technisch ist das leicht durch das Einführen von Sortenprädikaten zu realisieren, mit denen ausgedrückt wird, daß ein epistemisches Subjekt zu einem Sprechertyp gehört, der durch Erfüllung bestimmter Normalitätsforderungen gekennzeichnet ist. Möglich wäre auch, unterschiedliche Sorten von Behaupternamen einzuführen, wobei sich die Sortenzugehörigkeit in der vorgenannten Weise bestimmt.[10]

5.3.2. Das System S^z

Das System S^z baut als angewandter Prädikatenkalkül auf der klassischen Prädikatenlogik auf. Es werden folgende Ergänzungen vorgenommen:

I. Grundzeichen:

(1) t_i, mit $i = 1, 2, \ldots$ – Zeitpunktvariablen
(2) $\langle\,\rangle$ – Intervalloperator
(3) $\rhd$ – Ordnungsrelator
(4) A_i, mit $i = 0, 1, 2, \ldots$ – Prädikator der in i Schritten erreichbaren expliziten Behauptung
(5) P^1 – Sortenprädikator für elementar logisch Behauptende
P^2 – Sortenprädikator für widerspruchsfrei Behauptende
P^3 – Sortenprädikator für schwach folgerichtig Behauptende
P^4 – Sortenprädikator für streng folgerichtig Behauptende

II. Wenn t_i, t_j Zeitpunktvariablen sind, so ist $\langle t_i, t_j\rangle$ Intervall (gelesen: „von t_i und t_j begrenztes Intervall").

III. Ausdrucksdefinition:

(1) Wenn t_i, t_j Zeitpunktvariablen sind, so ist $(t_i \rhd t_j)$ Ausdruck.
(2) Wenn M Ausdruck ist, k^1 und k^2 Individuenvariablen sind und I Intervall ist, so sind Ausdrücke:

$A_n(k^1, M, I, k^2)$, mit $n = 0, 1, 2, \ldots$

$P^\alpha(k^1, I, k^2)$, mit $\alpha = 1, 2, 3, 4$

Zur Vereinfachung der Schreibweise kann auf die Angabe von k^1, I, k^2 in Axiomen, Regeln, Theoremen verzichtet werden, wenn dort an allen

10 Derartige Systeme werden dargestellt in STELZNER [1977], [1978], [1984].

k^1-, I-, k^2-Stellen stets die gleichen freien Variablen auftauchen. Die entsprechenden Parameter werden hier also nicht durch Quantifizierung verabsolutiert.

IV. Definitionen:

$t_i^j \overset{\text{def}}{=} \langle t_i, t_j \rangle$,

$t_i \rhd t_1, \ldots, t_n \rhd t_j \overset{\text{def}}{=} t_i \rhd t_1 \wedge \ldots \wedge t_i \rhd t_n \wedge t_1 \rhd t_j \wedge \ldots \wedge t_n \rhd t_j$.

($t_i \rhd t_1, \ldots, t_n \rhd t_j$ drückt also aus, daß die Zeitpunkte $t_1, \ldots, t_n$ zwischen t_i und t_j liegen, wobei $t_i \rhd t_j$.)

V. Axiomenschemata und Schlußregeln:

(A1) $t_i \rhd t_j \vee t_j \rhd t_i$,

(A2) $t_i \rhd t_j \wedge t_j \rhd t_l \rightarrow t_i \rhd t_l$,

(A3) $A_n(M, t_h^i) \rightarrow \bigwedge t_l \bigwedge t_j\big((t_h \rhd t_l, t_j \rhd t_i \vee t_i \rhd t_l, t_j \rhd t_h \rightarrow A_n(M, t_l^j)\big)$,

(A4) $\bigvee t_i\big(A_n(M, t_h^i) \wedge A_n(M, t_i^l)\big) \rightarrow A_n(M, t_h^l)$,

(A5) $A_m(M) \rightarrow A_n(M)$, falls gilt $m \leq n$,

(A6) $P^1 \rightarrow \big(A_i(M \rightarrow N) \wedge A_j(M) \rightarrow A_{i+j+1}(N)\big) \wedge$
$\wedge \big(A_i(N) \rightarrow A_{i+1}(M \rightarrow N)\big) \wedge$
$\wedge \big(A_i(M \vee M) \rightarrow A_{i+1}(M)\big) \wedge$
$\wedge \big(A_i(M) \vee A_i(N) \rightarrow A_{i+1}(M \vee N)\big) \wedge$
$\wedge \big(A_i(M) \wedge A_j(N) \rightarrow A_{i+j+1}(M \wedge N)\big) \wedge$
$\wedge \big(A_i(M \wedge N) \rightarrow A_{i+1}(M) \wedge A_{i+1}(N)\big) \wedge$
$\wedge \big(A_i(\sim\sim M) \rightarrow A_{i+1}(M)\big) \wedge$
$\wedge \big(A_i(M) \rightarrow A_{i+1}(\sim\sim M)\big) \wedge$
$\wedge \big(A_i(M) \rightarrow A_{i+1}(A_0(M))\big) \wedge$
$\wedge \big(A_i(A_0(M)) \rightarrow A_{i+1}(M)\big)$,

(A7) $P^2 \rightarrow \big(A_i(M) \rightarrow \sim A_j(\sim M)\big)$,

(A8) $P^1 \vee P^2 \vee P^3 \vee P^4 \rightarrow \bigvee p\, A_0(p)$.

(R1) Wenn $M_1, \ldots, M_n \vdash N$, so $\vdash P^3 \rightarrow \big(A_{i1}(M_1) \wedge \ldots \wedge A_{in}(M_n) \rightarrow \sim A_j(\sim N)\big)$.

(R2) Wenn $M_1, \ldots, M_n \vdash N$, so $\vdash P^4 \rightarrow \big(A_{i1}(M_1) \wedge \ldots \wedge A_{in}(M_n) \rightarrow A_{i1+\ldots+in+1}(N)\big)$.

Abgeleitete Schlußregeln:

(R1*) Wenn $\vdash N$, so $\vdash P^3 \rightarrow \sim A_j(\sim N)$.

(R2*) Wenn $\vdash N$, so $\vdash P^4 \rightarrow A_1(N)$.

Mit den Axiomenschemata (A6) und (A7) und den Regeln (R1) und (R2) wurden in $\mathbf{S}^z$ Normalitätsforderungen so eingeführt, daß ihre Gültigkeit nur für bestimmte Typen epistemischer Subjekte vorausgesetzt wird. Ein besonderes Problem bei der konkreten Formulierung dieser Prinzipien stellt die in (A6) fixierte Festlegung der an einen elementar logisch Behauptenden zu stellenden Normalitätsforderungen dar. Es ist hierbei insbesondere zu fragen, inwiefern die mit (A6) gegebenen deduktiven Möglichkeiten des Übergangs von der Erreichbarkeit bestimmter expliziter Behauptungen zur Erreichbarkeit anderer Behauptungen einem nach einheitlichen und klar bestimmbaren Prinzipien aufgebauten Deduktionssystem, d. h. einem Kalkül entsprechen, durch das elementare logische Übergänge bestimmt werden. Es ist zu fragen, in welchem Sinne dieses Deduktionssystem vollständig und widerspruchsfrei ist (vgl. STELZNER [1984; S. **133**–138]).
Wir gehen von folgenden allgemeinen Bestimmungen deduktiver Vollständigkeit und Widerspruchsfreiheit für die effektive epistemische Logik aus.

Definition 5.24. Ein System $\mathbf{S}$ der effektiven epistemischen Logik ist *e-vollständig* bezüglich eines Deduktionssystems $\mathbf{D}$, wenn gilt: Wenn $M_1, \ldots, M_n \vdash_{\mathbf{D}} N$, so gilt für bestimmte $i_1, \ldots, i_n, i_{n+1}$:

$$A_{i_1}(M_1) \wedge \ldots \wedge A_{i_n}(M_n) \vdash_{\mathbf{S}} A_{i_{n+1}}(N).$$

Definition 5.25. Ein System $\mathbf{S}$ der effektiven epistemischen Logik ist *e-widerspruchsfrei* bezüglich eines Deduktionssystems $\mathbf{D}$, wenn gilt: Wenn $M_1, \ldots, M_n \vdash_{\mathbf{D}} N$, so gilt für beliebige $i_1, \ldots, i_n, i_{n+1}$:

$$A_{i_1}(M_1) \wedge \ldots \wedge A_{i_n}(M_n) \vdash_{\mathbf{S}} \sim A_{i_{n+1}}(\sim N).$$

1. Betrachten wir lediglich unspezifizierte Behauptervariablen, so ist das System $\mathbf{S}^z$ lediglich vollständig bezüglich eines Deduktionssystems, das nur triviale Deduktionen der Art $M_1, \ldots, M_n \vdash M_i$ (mit $1 \leq i \leq n$) zuläßt. $\mathbf{S}^z$ ist aber nicht widerspruchsfrei bezüglich dieses Deduktionssystems.

2. Vollständig und widerspruchsfrei bezüglich dieses Deduktionssystems ist der Teil von $\mathbf{S}^z$, in dem nur widerspruchsfreie und schwach folgerichtige Behaupter betrachtet werden.

3. Lassen wir nur schwach folgerichtige Behaupter in S^z zu, so ist S^z bezüglich des Deduktionssystems S^z selbst widerspruchsfrei, aber nicht vollständig.

4. Lassen wir nur streng folgerichtige Behaupter in S^z zu, ist S^z vollständig bezüglich S^z, aber nicht widerspruchsfrei bezüglich dieses Systems.

5. Lassen wir in S^z nur epistemische Subjekte zu, die streng folgerichtig und dazu noch widerspruchsfrei (oder auch schwach folgerichtig) behaupten, so ist S^z vollständig und widerspruchsfrei bezüglich des Deduktionssystems S^z.

Werden neben den bereits genannten spezifischen Arten von Behauptenden nun auch noch elementar logisch Behauptende zugelassen, so ist das Deduktionssystem **DS1**, bezüglich dessen S^z dann e-vollständig ist, ein Teilsystem des klassischen Aussagenkalküls:

DS1.	(1) $N \vdash M \rightarrow N$	(2) $M \rightarrow N, M \vdash N$
	(3) $M \vee M \vdash M$	(4) $M \vdash M \vee N$
	(5) $N \vdash M \vee N$	(6) $M, N \vdash M \wedge N$
	(7) $M \wedge N \vdash M$	(8) $M \wedge N \vdash N$
	(9) $\sim\sim M \vdash M$	(10) $M \vdash \sim\sim M$

Wir wollen jetzt allgemeinere Prinzipien angeben, denen **DS1** entspricht und die zeigen, daß dieses Deduktionssystem nicht durch eine willkürliche Zusammenstellung von Deduktionsprinzipien gebildet wurde.

Im Deduktionssystem **DS1** für den elementar logisch Behauptenden werden die folgenden drei Prinzipien so realisiert, daß dieses System nicht echt erweitert werden kann, ohne daß gegen mindestens eines dieser drei Prinzipien verstoßen wird:

Prinzip I: Ein Deduktionssystem soll von wahren Sätzen stets zu wahren Sätzen führen (bzw. es soll die positiv ausgezeichneten Werte vererben).

Prinzip II: Ein Deduktionssystem für den elementar logisch Behauptenden (der möglicherweise auch einander widersprechende Sätze behauptet) soll so gestaltet sein, daß der Behauptungsbegriff auch im Falle der Erreichbarkeit der Behauptung widersprüchlicher Sätze nicht in dem Sinne entartet, daß dann die explizite Behauptung jedes beliebigen Satzes erreichbar wäre (es soll für beliebige i_1, i_2, i_3 nicht gelten: $A_{i_1}(M) \wedge A_{i_2}(\sim M) \rightarrow A_{i_3}(N)$).

Prinzip III: Die im System enthaltenen Deduktionsregeln sollen möglichst einfach sein und sich auf die gebräuchlichsten logischen Konstanten beziehen.

Das Prinzip III läßt natürlich unterschiedliche Explikationen zu. Für das System **DS1** wurde es in folgender Weise präzisiert:

Prinzip III_1: Die Deduktionsregeln sollen sich auf die logischen Konstanten $\sim$, $\rightarrow$, $\vee$, $\wedge$ beziehen. In jeder primären Regel sollen nur entweder zwei einstellige aussagenlogische Konstanten oder eine zweistellige Konstante vorkommen.

Es gilt folgender

Satz 5.26. *Das Deduktionssystem* **DS1** *ist ein den Prinzipien* I, II *und* III_1 *adäquates Deduktionssystem.*

Mithin gelten:

a) **DS1** erfüllt die Bedingungen, die durch die Prinzipien I, II und III_1 gefordert werden.

b) Falls **DS1** echt erweitert wird, verstößt die Erweiterung gegen mindestens eines der genannten Prinzipien.

Aus der von uns angenommenen Explikation III_1 des Prinzips III und aus I folgt unmittelbar Prinzip II. Natürlich sind auch solche Explikationen von III möglich, für die das nicht gilt. Eine solche Explikation III_2 liegt z. B. vor, wenn für die primären Regeln zugelassen wird, daß in ihnen ein zweistelliger und zwei einstellige Junktoren vorkommen dürfen. Es sind dann unterschiedliche Deduktionssysteme möglich, die sowohl I, II als auch III_2 erfüllen und die im bereits angeführten Sinne vollständig sind.

5.3.3. Starke Begriffe der elementaren Logizität, der Widerspruchsfreiheit, der schwachen und der strengen Folgerichtigkeit von Behauptenden

Die im System S^z eingeführten Begriffe der elementaren Logizität, der Widerspruchsfreiheit, der schwachen und der strengen Folgerichtigkeit von Behauptenden sind auf den Sprecher und den Hörer und Zeitintervalle relativiert. Soll nun ein Sprecher allgemein die diesen Begriffen entsprechenden Eigenschaften haben, so müßte die Relativierung auf Hörer und Intervall durch entsprechende Allquantifikation beseitigt werden:

Definition 5.27. $P^i_a(x) \overset{\text{def}}{=} \wedge y \wedge t_1 \wedge t_2 \, P^i(x, t^2_1, y)$, mit $i = 1, 2, 3, 4$.

Allerdings würde dann mit A8 gelten

$$P^i_a(x) \rightarrow \wedge y \wedge t_1 \wedge t_2 \vee p \, A_0(x, p, t^2_1, y).$$

Damit wäre natürlich ausgeschlossen, daß ein Behaupter x von einer der Arten P^i_a ist, denn kein Behaupter kann in jedem Intervall bezüglich beliebiger Adressaten eine Behauptung aufrechterhalten. Tatsächlich sollte x als P^i im absoluten Sinne gelten, wenn er in jedem Zeitintervall, in dem er bezüglich eines Adressaten die Behauptung eines Satzes aufrechterhält, P^i ist. Also:

Definition 5.28.

$$P^i_a(x) \overset{\text{def}}{=\!=} \bigwedge y \bigwedge t_1 \bigwedge t_2 (\bigvee p\, A_0(x, p, t_1^2, y) \rightarrow P^i(x, t_1^2, y))$$
$$\wedge \bigvee p \bigvee y \bigvee t_1 \bigvee t_2\, A_0(x, p, t_1^2, y)$$

Aber auch wenn die Intervallrelativierung nicht durch Quantifizierung verabsolutiert wird, können die Sortenprädikate P^i verstärkt werden, und das in einer Weise, die dem intuitiven Verständnis dieser Prädikate besser gerecht wird als deren bisherige Einführung. Für keines der Prädikate $P^i(x, t_1^2, y)$ gilt bisher nämlich folgendes: Wenn das Prädikat in einem bestimmten Intervall auf x bezüglich y zutrifft, so trifft P^i in jedem Teilintervall von t_1^2 auf x bezüglich y zu. Dagegen gilt für den widerspruchsfrei und den schwach folgerichtig Behauptenden umgekehrt:

$$\vdash P^i(x, t_1^2, y) \wedge t_3 \rhd t_1, t_2 \rhd t_4 \rightarrow P^i(x, t_3^4, y), \text{ mit } i = 2, 3. \qquad (5.2)$$

Wenn also x in t_1^2 bezüglich y widerspruchsfrei oder schwach folgerichtig behauptet, so behauptet x bezüglich y in jedem t_1^2 umfassenden Intervall widerspruchsfrei bzw. schwach folgerichtig. Es sind aber durchaus echte Teilintervalle von t_1^2 (natürlich auch von t_3^4) möglich, in denen x bezüglich y widersprüchlich behauptet bzw. sich nicht schwach folgerichtig mit seinen Behauptungen verhält. Die von uns eingeführten Begriffe betreffen also nur Normalitätsforderungen, die sich auf solche Behauptungen beziehen, die im gesamten Bezugsintervall aufrechterhalten werden. Sollen diese Normalitätsforderungen auch für die Behauptungen gelten, die nur in Teilintervallen aufrechterhalten werden, so müssen wir folgende Verstärkungen der Prädikate P^i einführen:

Definition 5.29.

$$P^{i*}(x, t_2^1, y) \overset{\text{def}}{=\!=} \bigwedge t_3 \bigwedge t_4 (t_1 \rhd t_3, t_4 \rhd t_2 \vee t_2 \rhd t_3, t_4 \rhd t_1 \rightarrow P^1(x, t_1^2, y))$$
$$(i = 1, 2, 3, 4)$$

Der Behaupter x erfüllt also die verstärkten Normalitätsforderungen in einem Intervall, wenn er die schwachen Normalitätsforderungen in jedem Teilintervall des Bezugsintervalls erfüllt. Natürlich erfüllt er dann auch die verstärkten Normalitätsforderungen in jedem Teilintervall (für $i = 1, 2, 3, 4$):

$$\vdash P^{i*}(x, t_1^2, y) \to \bigwedge t_3 \bigwedge t_4 (t_1 \rhd t_3, t_4 \rhd t_2 \vee t_2 \rhd t_3, t_4 \rhd t_1 \to P^{i*}(x, t_3^4, y)). \tag{5.3}$$

Eine weitere sinnvolle Verstärkung für P^{2*} und P^{3*} ergibt sich, wenn diese Prädikate analog zu P^2 und P^3 auf Basis eines abgeschwächten Behauptungsbegriffs eingeführt werden:

Definition 5.30.

$$A_n^s(x, M, t_1^2, y) \stackrel{\text{def}}{=} \bigvee t_3 \bigvee t_4 ((t_1 \rhd t_3, t_4 \rhd t_2 \vee t_2 \rhd t_3, t_4 \rhd t_1) \wedge A_n(x, M, t_3^4, y))$$

Aufrechterhalten der Behauptung im Intervall ist hier also so zu verstehen, daß die Behauptung in mindesten einem Teilintervall des Bezugsintervalls aufrechterhalten wird. Es gilt demnach:

$$\vdash A_n(x, M, t_1^2, y) \to A_n^s(x, M, t_1^2, y). \tag{5.4}$$

Für den entsprechenden verstärkten Widerspruchsfreiheitsbegriff gilt dann:

P1. $\vdash P^{is}(x, t_1^2, y) \to (A_n^s(x, p, t_1^2, y) \to \sim A_m^s(x, \sim p, t_1^2, y))$, mit $i = 2, 3$.

Natürlich hat ein Verstoßen gegen dieses Widerspruchsfreiheitsprinzip nicht in jedem Falle ein Verstoßen gegen die Normalitätsforderung der Widerspruchsfreiheit zur Folge. Ein Verstoß gegen das jetzt eingeführte Prinzip liegt schon dann vor, wenn gilt $A_n(x, p, t_1^2, y)$ und $A_m(x, \sim p, t_3^4, y)$ und sich die Intervalle t_1^2 und t_3^4 nicht überschneiden und in keinem Teilintervall von t_1^2 die Behauptung von $\sim p$ von x gegenüber y erreichbar ist und in keinem Teilintervall von t_3^4 die Behauptung p von x gegenüber y erreichbar ist. $P^{is}(x, t_5^6, y)$ (mit $t_5 \rhd t_1, t_2, t_3, t_4 \rhd t_6$ bzw. $t_6 \rhd t_1, t_2, t_3, t_4 \rhd t_5$) besagt in diesem Falle einfach, daß x seine Einstellung zu p in der Weise geändert hat, daß er nicht mehr p behauptet, sondern zur Behauptung von $\sim p$ übergegangen ist (bzw. umgekehrt).

Eine Verstärkung der genannten Normalitätsforderungen bezüglich des Adressatenparameters ergibt sich, wenn ein adressatenunabhängiger Behaupterτyp eingeführt wird (Stelzner [1984; S. 141–145]).

Neben diesen unterschiedlich starken Normalitätsforderungen vom Typ des elementar logisch, widerspruchsfrei, schwach folgerichtig und streng folgerichtig Behauptenden sind für die Behauptungslogik Varianten von P^3 und P^4 von Interesse, bei denen als Basislogik für die zu erfüllende Folgerichtigkeit nicht das System der Behauptungslogik selbst angenommen wird, sondern andere logische Systeme, insbesondere Fragmente dieses Systems, wodurch die entsprechenden Normalitätsforderungen unter Umständen auch von empirisch möglichen Behauptern erfüllbar werden. Natürlich müßte man sich dann auf solche Bezugslogiken beschränken, für die Entscheidungsverfahren existieren, die für epistemische Subjekte praktikabel sind, also z. B. die klassische Aussagenlogik oder den einstelligen Prädikatenkalkül 1. Stufe.

Unser Ziel war es, mit unserem Abriß einige wichtige Entwicklungslinien der epistemischen Logik aufzuzeigen. Daß ein solches Unterfangen niemals Anspruch auf Vollständigkeit erheben kann, versteht sich von selbst.[11] Wir sind z. B. nicht auf die sehr interessanten Versuche von Chisholm zum Aufbau epistemischer Präferenzlogiken eingegangen, in denen die Beziehung der epistemischen Bevorzugung in Verbindung mit dem Glauben eines Satzes, dem Glauben der Negation eines Satzes und der Glaubensindifferenz bezüglich eines Satzes der logischen Analyse unterworfen wird. (Chisholm [1969], Chisholm/Keim [1972]).

Im Zusammenhang mit dem Problem der logischen Allwissenheit soll hier noch auf das System von Eberle [1974] verwiesen werden, in dem sowohl Allwissenheit bezüglich logisch gültiger Sätze als auch bezüglich logischer Folgen aus gewußten Sätzen vermieden wird. Nicht unerwähnt bleiben soll auch die Arbeit von Blau [1969]. Als einige der wenigen Systeme der epistemischen Logik, die explizite epistemische Prädikate der logischen Analyse unterziehen, sollen hier das System von Sinowjew [1975] und die in Arbeiten von Wuttich dargestellten Systeme Erwähnung finden (Wuttich [1976, 1977], Wessel/Wuttich [1977]).

5.4. Ausgewählte Probleme der deontischen Logik

5.4.1. Hauptlinien der bisherigen Entwicklung

Die deontische Logik ist dasjenige Gebiet moderner Logik, zu dem die Untersuchungsergebnisse logischer Verknüpfungen zwischen normativen Termini (solchen wie: *‚ist obligatorisch‘*, *‚ist erlaubt‘*, *‚ist verboten‘*) und

11 Umfangreiche Bibliographien zur epistemischen Logik sind zu finden in Lenzen [1978], [1980] und Kelsik [1979].

zwischen Sätzen gehören, in denen derartige Termini vorkommen. Ein Meilenstein, von dem an die Entwicklung dieser Disziplin gerechnet wird, ist der Artikel G. H. VON WRIGHTS aus dem Jahre 1951, in dem die später *Old System* (OS) genannte Theorie vorgestellt wird. Zwar erschienen fast gleichzeitig und unabhängig davon die Publikationen BECKER [1952] und KALINOWSKI [1953], die aber — wenngleich letztere tiefer in die Problematik eindrang — nicht von solch entscheidendem Einfluß auf das weitere Schicksal des neuen Zweiges logischer Forschung waren wie eben die VON WRIGHTsche Arbeit. Noch weniger Einfluß hatte die Tätigkeit der zahlreichen Vorgänger, unter denen man ARISTOTELES, G. W. LEIBNIZ, B. BOLZANO, A. HÖFLER, E. HUSSERL und andere, vor allem aber E. MALLY anführt, den Schöpfer des ersten Versuchs, eine Theorie des Pflicht-Begriffes zu axiomatisieren.

Viele Informationen über die Vorreiter der deontischen Logik kann man bei KALINOWSKI [1972] finden. KALINOWSKI [1977] schreibt, daß VON WRIGHT den Begriff ‚*deontische Logik*‘ unter dem Einfluß C. D. BROADS einführte, der seinerseits den Terminus ‚*deontischer Satz*‘ benutzte. Früher hatte J. BENTHAM für die Logik des Willens und der Moralität den Namen ‚*Deontologie*‘ gebraucht, wogegen E. MALLY seine logische Theorie des Wollens und Müssens als ‚*Deontik*‘ bezeichnete. VON WRIGHT stellte seine Theorie OS anfänglich in nichtaxiomatisierter Form vor und beschränkte sich darauf, eine Matrizenmethode der Entscheidbarkeit anzugeben, die (durch Überführung in die alternative Normalform) festzustellen gestattet, was ein Satz der Theorie ist. Nach einiger Zeit gab er jedoch auch ein Axiomsystem für seine Theorie[1] (vgl. VON WRIGHT [1964]). G. KALINOWSKI faßte seine Theorie K_1 dagegen von Anfang an sowohl axiomatisch als auch über Matrizen. Andere Logiker, die sich später zum Thema der deontischen Logik äußerten, axiomatisierten ihre Theorien vorwiegend. Bekanntlich ist die Axiomatisierung eine syntaktische Methode, während die Matrizenmethode, welche ein gewisses mathematisches Modell der Theorie angibt, zu den semantischen Methoden gezählt wird. Bald fanden sich auch Befürworter anderer semantischer Methoden in der deontischen Logik, gerade nach-

1 Wir werden eine *Theorie*, verstanden als Menge von Sätzen, von einem *deduktiven Kalkül* (einem axiomatischen oder einem Regelkalkül) dieser Theorie unterscheiden. Ein deduktiver Kalkül ist ein metatheoretisches Gebilde, ein Komplex von Regeln zur Bildung und Bewertung von Ausdrücken. Eine Theorie $\mathfrak{S}$ kann in der Gestalt verschiedener Kalküle gefaßt werden. Die Termini ‚Theorie‘ und ‚System‘ werden [in diesem Abschnitt — d. Ü.] gleichbedeutend gebraucht.

dem mengentheoretische Modelle (vom Typ S. KANGERS, J. HINTIKKAS und vor allem S. KRIPKES), die auf der Theorie möglicher Welten basieren, modern wurden. Nicht alle sind jedoch Anhänger dieser neuen Methoden (vgl. z. B. die Informationen in SÁNCHEZ-GARCÍA [1985]). Einige Schwierigkeiten, auf die diese Methoden stießen, kann man etwa aus HILPINEN [1977] kennenlernen. Es ist also nicht verwunderlich, daß VON WRIGHT den alten Methoden treu blieb. Dabei zeigte er aber großen Einfallsreichtum und konstruierte sogar spezielle Theorien der Veränderungen und der Handlungen und baute auf ihnen eine seiner späteren Konzeptionen deontischer Logik auf.

Die Theorie OS VON WRIGHTS war ein zweiwertiges System. Schon vorher hatte aber MENGER [1939] angeregt, sich auf ein dreiwertiges System zu stützen, in dem neben *Wahr* und *Falsch* die *Ungewißheit* als dritter Wert vorkommt, und hatte es für einen Fehler MALLYS gehalten, die klassische zweiwertige Logik als Basis zu nehmen. Es sollte also nicht verwundern, daß einige Logiker dreiwertige Kalküle der deontischen Logik aufbauten. So ging FISHER [1961] vor, der seine Theorie auf die Entscheidbarkeitsmethode, welche eine Junktorencharakteristik über Matrizen nutzt, stützte. Ebenso L. ÅQUIST, der Schöpfer eines axiomatischen Systems mit dem Grundbegriff eines zweistelligen Junktors ‚*ist besser als*', der die Definition anderer deontischer Junktoren gestattet. Auch in der oben angeführten Publikation KALINOWSKI [1953] finden wir – früher als in Arbeiten FISHERS und ÅQUISTS – ein axiomatisches System dreiwertiger Logik K_1. Wie aber BAILHACHE [1984] bemerkt, lassen die dreiwertigen Auffassungen einige Interpretationsfragen offen.

VON WRIGHT zählte normative Termini zu den Modalitäten. Würde man diesen Weg weiter verfolgen, so könnte man die deontische Logik in der modalen Logik unterbringen. Tatsächlich waren die Beziehungen zwischen der alethischen und der deontischen Logik – gerade im ersten Zeitraum – sehr deutlich. VON WRIGHT formte seine Theorie OS geradezu nach dem Vorbild der alethischen Logik, weswegen er sich später berechtigte Vorwürfe machte. Auch BECKER ließ sich von der Analogie zur modalen Logik leiten, und KALINOWSKI zeigte für seine Systeme K_1, K_2 nicht nur eine normative Interpretation auf, sondern auch eine modale. Ganz treffend stellt also J.-L. GARDIES fest, daß die deontische Logik „im Schatten der modalen Logik zur Welt kam" (vgl. GARDIES [1978]). Wir fügen gleich hinzu, daß dieser unglückselige Schatten auf den Eigenschaften der vorgeschlagenen deontischen Theorien und auf den Möglichkeiten ihrer praktischen Anwendung lastete.

Die Bindungen an die modale Logik zeigten sich auch in anderer Form. Einige Logiker errichteten nämlich ein deontisches System über einem alethischen. Als erster ging diesen Weg ANDERSON [1956], der zu einem normalen alethischen System eine Aussagenkonstante S (interpretiert als *Sanktion* oder *Verletzung der Norm* oder *Strafbarkeit*) und ein Axiom hinzufügte, was ihm — wie er glaubte — gestattete, auf gewisse Weise normative Termini zu definieren. Ähnlich ging A. N. PRIOR vor (PRIOR [1958]), der als Basis das FEYSsche System T der alethischen Logik wählte und vier spezifische Axiome dazufügte, die den Junktor der Pflicht enthalten. Das ANDERSONsche Vorbild fand Nachfolger und zieht weiterhin die Forscher an: beispielsweise errichtete Z. ZIEMBA in den letzten Jahren über dem modalen Namenkalkül seine Kalküle SD, SD′ (ZIEMBA [1983]). Das System von ANDERSON stellt eine teilweise Reduktion der deontischen auf die modale Logik dar, weil die deontischen Termini mittels modaler und der Konstante S definiert werden, die kein modaler Terminus ist.

Eine andere Methode wählte DAWSON [1959], der zeigte, daß man gewisse, im alethischen System S4.2 vorkommende Modalitäten so interpretieren kann, daß man im Ergebnis ein deontisches System erhält. Somit zeigte er die Möglichkeit, die deontische Logik völlig auf die alethische zu reduzieren. Diesem Weg folgte KIELKOPF [1974], der die deontische Logik auf das alethische System K1 (von B. SOBOCIŃSKI) zurückführte. Allerdings trafen derartige Unternehmungen schon recht früh auf Kritik. CASTAÑEDA [1960] dachte vor allem an moralische Normen, als er feststellte, daß wir den naturalistischen Fehler schon soweit kennen, um uns darüber klar zu sein, daß die Reduzierung ethischer Aussagen auf Sätze über logische Notwendigkeit bedeutet, die Moralität auf etwas zu bringen, was sie nicht ist. Tatsächlich sind trotz gewisser Analogien die deontischen Begriffe von den alethischen so verschieden, daß alle Versuche, die einen auf die anderen zurückzuführen, als Zeugnis dafür gewertet werden müssen, daß man sich über deren semantische Verschiedenartigkeit im unklaren ist oder diese Verschiedenartigkeit unzulässig vernachlässigt oder schließlich dafür, daß das angeblich alethische System nicht viel mit den Begriffen der Notwendigkeit und Möglichkeit gemein hat.

An dieser Stelle soll gesagt werden, daß die deontische Logik nicht nur mit der alethischen, sondern auch mit anderen, zu den modalen gezählten Logiken, wie z. B. der epistemischen, in Verbindung gebracht wurde. Als Beispiel können hier die Arbeiten PHILIPP [1977], [1978] dienen. J. L. GARDIES schlägt seit kurzem die Verknüpfung der deontischen und der temporalen Logik vor (vgl. GARDIES [1983], S. 96). Außerdem wurden Versuche unternommen, gewisse Systeme der deontischen Logik auf nichtmodale Systeme zu reduzieren. So führte SILVERSTEIN [1974] gewisse dyadische deontische Systeme VON WRIGHTS auf das zweistellige Fragment des Prädikatenkalküls der ersten Stufe zurück, und LINDEMANS [1983] reduzierte vor kurzem VON WRIGHTS Theorie OS auf den „einstelligen" Prädikatenkalkül, den er um eine Prädikatenkonstante, als die Eigenschaft des *Erlaubtseins* interpretiert, erweiterte.

Sein Ergebnis hielt LINDEMANS für das Zeugnis, daß die deontische Logik von Anfang an keine Normlogik war. Gerade VON WRIGHT aber behandelte anfänglich seine Theorie OS als Normlogik, d. h. als Logik der zwischen Normen bestehenden Beziehungen. Ähnlich versteht übrigens KALINOWSKI bisher seine Systeme K_1, K_2. Bald bemerkte man aber, daß Normen keine Aussagesätze im logischen Sinne sind, da sie weder wahr noch falsch sind, also auch nicht Argumente extensionaler Junktoren sein können, und mehr noch, daß zwischen Normen keine logischen Folgebeziehungen bestehen (die schließlich für Aussagesätze erklärt sind). Diese berechtigte Ansicht rief eine ununterbrochen bis auf den heutigen Tag dauernde Diskussion hervor. Es fanden sich Anhänger des – als *Kognitivismus* bezeichneten – Standpunkts, nach dem die Normen einen bestimmten logischen Wert (*Wahrheit*, *Falschheit*) besitzen, wenngleich er oft nicht leicht festzustellen ist und wir dabei selbst vor Fehlern nicht gefeit sind, wie dies schließlich bei allen Aussage-(beschreibenden)-Sätzen der Fall ist. Die Mehrzahl der Autoren stellte sich jedoch – wie man meinen kann – auf nichtkognitivistische Positionen. Nichtsdestotrotz fanden sich auch solche, die auf irgendeine Weise die konträren Tendenzen aussöhnen wollten. Wegen der Wichtigkeit dieser Probematik für die Konstruktion und Interpretation deontischer Systeme müssen wir dieser Frage hier etwas mehr Aufmerksamkeit widmen.

5.4.2. Logik der Normen oder der Normsätze?

Wie WOLEŃSKI [1982] bemerkt, existieren drei hauptsächliche Normtheorien: 1. die *sprachliche* – nach der die Norm ein eigenartiges sprachliches Gebilde ist, 2. die *naturalistische* – welche die Norm mit einer gewissen Regularität des Verhaltens identifiziert, und 3. die *platonische* – die in der Norm eine ideale Pflicht sieht. Es entstanden auch gemischte Theorien. WOLEŃSKI selbst erkennt Normen nicht als sprachliche Gebilde an, er meint, daß Normen Entscheidungen sind, die in Aussagen des Typs: „*Ich lege fest, daß A gilt.*“ ausgedrückt werden. Wir meinen, daß diese Konzeption das Ergebnis einer Vermengung der Norm mit dem ihr exekutive Kraft verleihenden Akt ist. Dagegen ist es zweifellos der Fall, daß es in der natürlichen Sprache solche Aussagen (Sätze im grammatischen Sinne, nicht im logischen) gibt, die sowohl umgangssprachlich wie auch in der wissenschaftlichen Praxis ‚Normen‘ genannt werden. Diese Feststellung kann unser entscheidender Ausgangspunkt sein, denn vom logischen Standpunkt aus ist nur eine sprachliche Auffassung der Norm brauchbar. Man muß an dieser Stelle gleich feststellen, daß sich in den Streitgesprächen zum Thema des Wesens der Norm und ihres Verhältnisses zur deontischen Logik ein weitreichendes begriffliches Durcheinander zeigte, deshalb ist es den Versuch wert, die Terminologie zumindest teilweise zu ordnen.

Vor allem muß man sich darüber im klaren sein, daß nicht jede normative Termini enthaltende Aussage eine Norm ist. Zu derartigen Termini gehören das Substantiv „Verpflichtung“ und die Formen des ihm entsprechenden Verbs. Aber nicht jeder Satz (im grammatischen Sinne), der solche Ausdrücke enthält (Sollsatz), darf als Norm angesehen werden. So kann beispielsweise der Ausspruch einer Sekretärin über die im Direktorenzimmer dauernde Beratung: „*Das muß* [im Polnischen Verbform von „Verpflichtung – d. Ü.] *bald zu Ende sein*“ in Abhängigkeit von Tonfall und Situation entweder als ein Wunsch: „*Wenn das nur bald zu Ende wäre!*“ oder gleichbedeutend zu: „*Wahrscheinlich ist das bald zu Ende.*“ verstanden werden. In keinem Fall ist der Ausspruch eine Norm. Ähnlich sind die (grammatischen) Sätze „*Das hättest Du nicht sagen sollen.*“, „*Ich müßte morgen um 6.00 Uhr aufstehen*“, die man als Wertungen interpretieren darf und die sich ebensogut in der Form: „*Schlecht, daß Du das gesagt hast*“, „*Es wäre wichtig* (*zweckmäßig, klug*), *wenn ich morgen um 6.00 aufstünde*“, keine Normen. Auch normative Termini enthaltende Einzelaussagen wie: „*Jan müßte* (*hat die Pflicht*) *seine Eltern* (*zu*) *achten*“, „*Anna hat das Recht, Jan vor Gericht zu bringen*“, „*Es ist unzulässig, daß Jan Anna öffentlich beleidigt*“ sind keine Normen. Im Inhalt der Norm steckt nämlich, daß sie auf allgemeine Weise normiert, eine gewisse Kategorie menschlichen Verhaltens regelt. Die Allgemeinheit ist eine wesentliche Eigenschaft der Norm und wird trotzdem von den Forschern oft übersehen.

Es haben diejenigen recht, die wie H. KELSEN [1960], O. WEINBERGER

[1985] oder Z. Ziemba [1983] behaupten, daß Normen weder *wahr* noch *falsch* sind, jedoch *gültig* oder *ungültig* sein können. Tatsächlich erhalten in verschiedenen Epochen und Gesellschaften unterschiedliche Normen Gültigkeit, ungeachtet, ob dies juristische oder Moralnormen sind. Im alten Sparta wurden behinderte Kinder erschlagen, was nicht nur als erlaubt, sondern sogar als Pflicht galt. Zu einigen Normen gibt es heute verschiedene Einstellungen, einige sind dafür, ihnen exekutive Kraft zu verleihen, andere verwahren sich energisch dagegen (z. B. Euthanasie, Schwangerschaftsabbruch). Diese verschiedenen Standpunkte sind kein Anzeichen dafür, daß man den logischen Wert der jeweiligen Norm nicht beachtet hat. Die Auswahl der Normen und ihre Zusammenfassung in einem System oder Kodex hängt von akzeptierten Wertungen ab, also davon, was man für wertvoll hält, wie auch von den gewählten Zielen, denen die Normen dienen sollen. Man kann deshalb nicht nur über die Gültigkeit der Norm (ihre exekutive Kraft) am gegebenen Ort und zur gegebenen Zeit sprechen, sondern auch über ihre Wirksamkeit, ihre Effektivität bei der Realisierung der Ziele.

Dagegen ist es völlig unbegründet, Normen Wahrheit oder Falschheit zuzuschreiben. O. Weinberger [1974] stellt richtig vier Eigenschaften von Normen fest: 1. Eine Norm beschreibt nicht die Wirklichkeit, 2. sie kann nicht verifiziert werden, 3. sie kann in keinen Aussagesatz umgeformt werden, 4. sie kann nicht aus Aussagesätzen oder deskriptiven Sätzen gefolgert werden und vice versa: Aus einer Norm läßt sich kein Aussagesatz ableiten. Zwar versuchte J.-L. Gardies [1976], anknüpfend an G. Kalinowski, die zweite Eigenschaft anzugreifen und erklärte – A. Tarski nachahmend – die Wahrheit einer Norm mittels des Ausdrucks:

(+) *Die Norm* ‚Der Mensch soll nicht töten' *ist genau dann wahr, wenn der Mensch nicht töten soll.*

Allerdings kann dieser Versuch keinesfalls als gelungen betrachtet werden, denn der auf der rechten Seite der Äquivalenz (+) stehende Ausdruck ist im logischen Sinne kein Satz, sondern eine Norm und somit als Argument eines extensionalen Äquivalenzzeichens ungeeignet. Überdies kann wegen fehlender Wahrheitskriterien dieses Arguments der Ausdruck (+) nicht zur Feststellung der Wahrheit einer Norm dienen.

Noch in den 30er Jahren unseres Jahrhunderts begannen Hofstadter, McKinsey [1939] und kurz darauf auch Jørgensen [1937–38] den Aufbau einer Theorie der Gebote (der Imperative), der später von anderen Forschern fortgesetzt wurde. Ähnlich wie Normen sind auch Gebote weder wahr noch falsch. Sicher führte eben diese Ähnlichkeit dazu, daß, als das Interesse an deontischer Logik stieg, oft Normen mit Geboten identifiziert wurden und daß dies zahlreiche Logiker bis heute so halten. Als Beispiele können H. KEUTH, O. WEINBERGER und Z. ZIEMBA dienen. Man muß sich aber über die Unterschiede zwischen dem Begriff der Norm und dem Begriff des Gebotes klar sein. Vor allem umfassen Gebote auch Anweisungen, die einmalige Handlungen betreffen, wie: „*Hinlegen!*", „*Ich bitte, unverzüglich Jan herzurufen!*", „*Die Putzfrau soll das fortschaffen!*". Diese Ausdrücke sind keine Normen, da sie nicht auf allgemeine Weise irgendeine Kategorie (Art) menschlichen Verhaltens regeln. Ich schlage vor, solche Gebote im Unterschied zu anderen „*Befehle*" zu nennen.

Bei der Gelegenheit merken wir gleich an, daß die alle Normen charakterisierende Allgemeinheit nicht von der Adressatenzahl der Norm abhängt, also von den Personen, an die sie gerichtet ist. Ein Befehl wie „*Hinlegen!*" kann an einen einzelnen Soldaten oder an die ganze Kompanie gerichtet sein. Ebenso kann die Norm einen Adressaten oder unbeschränkt viele haben. Dagegen entnimmt man aus dem Inhalt des Befehls nicht, wie sich der Adressat in der nächsten analogen Situation zu verhalten hat — bei einer Norm läßt sich das feststellen. Vergleichen wir den Satz: „*Bringen Sie bitte die heutige Post!*" mit dem Satz: „*Die Sekretärin soll dem Direktor täglich die eingehende Post vorlegen!*" Der Unterschied ist offensichtlich und die Folgerung drängt sich von selbst auf: Nicht jedes Gebot ist eine Norm.[2] Sind dagegen alle Normen spezielle Gebote? Auf diese Frage geben die sprachlichen Gepflogenheiten keine eindeutige Antwort. Trotzdem bemerkt man unschwer gewisse Merkmale von Geboten bei Normen, die auf Pflichten oder Verbote hinweisen.

Wie aber ist es mit Erlaubnissen? Ist auch in ihrem Inhalt ein Gebot enthalten? Es scheint, daß die Antwort auf diese Frage gewisse Konventionen verlangt. Man kann — wie dies WEINBERGER [1974] tut — Erlaubnisse verabredungsgemäß nicht zu den Normen zählen und die Normen als Gebote behandeln.[3] Ein solches Ausgrenzen der Erlaubnisse

---

2 A. A. IWIN [1972] rechnet zu den Normen Kommandos und Regeln. Annähernd das von uns hier als ‚Norm' Verstandene erklärt er als eigentliche Normen. Wir halten dies für eine unrechte Erweiterung des Normbegriffes, welche wesentliche Unterschiede zwischen Befehl oder Regel und der Norm verwischt.

3 Der Standpunkt WEINBERGERS erklärt sich dadurch, daß er anstelle des Terminus ‚*Norm*' ‚*Sollsatz*' verwendet.

aus dem Bereich des Namens ‚Norm' würde jedoch – egal, wie man es begründete – sehr von den eingeschliffenen und verwurzelten Gewohnheiten abweichen. Man kann auch – wie das die Autoren des Artikels Świridowicz u. a. [1975] vorschlagen – annehmen, daß in der Erlaubnis *implicite*, an andere Personen gerichtet, das Verbot des Störens (und vor allem des Abhaltens) der Person, der die Erlaubnis gegeben wurde, enthalten ist, ihre Handlungsfreiheit in dem in der Erlaubnis angezeigten Bereich zu nutzen. Eine solche Konvention ist vielleicht etwas künstlich, würde jedoch die Normen in den Bereich der Gebote aufzunehmen gestatten. Jedenfalls wirkt die Entscheidung dieser Frage nicht grundsätzlich auf Inhalt und Form der deontischen Logik ein, weil die in ihr häufig benutzten Symbole des Gebotes (für gewöhnlich ‚!') als Zeichen für die Norm interpretiert werden können.

Die Schwierigkeit bei der Definition dessen, was eine Norm ist, liegt in der Vielfalt der sprachlichen Formen, in denen Normen auftreten können. Oft haben sie die Gestalt von Aussagesätzen, von deskriptiven Sätzen, und wenn der Ausdruck aus dem Kontext gerissen wurde, ist es unmöglich festzustellen, ob es sich um Normen handelt. Als typisches Beispiel kann der Satz dienen: „*Die Aufnahmekommissionen arbeiten in Dreiergruppen*", der eine deskriptive Funktion haben kann, in einer Anweisung vorkommend jedoch als Norm verstanden werden wird, die sich auch mit den Worten: „*Die Aufnahmekommissionen sollen* (*sind verpflichtet*) *in Dreiergruppen* (*zu*) *arbeiten*" ausdrücken läßt. Dagegen nimmt der Satz: „*Die Minister für Verkehr und für Innere Angelegenheiten geben auf dem Rechtsweg detaillierte Vorschriften für den Straßenverkehr heraus.*", in einer bestimmten Art von Kontext auftretend, ein künftiges Ereignis vorweg, in einem Regierungsbeschluß enthalten, verpflichtet er jedoch beide Minister zu bestimmten Handlungen und ist eine ihnen gegebene Anweisung (Befehl) und keine Norm. Wir fügen hinzu, daß eines der sprachlichen Gewänder, in denen Normen aufzutreten pflegen, die Gestalt des Gebots hat, z. B. „*Du sollst nicht fremdgehen!*".

Ob ein Ausdruck H eine Norm ist, entscheidet die Erfüllung dreier Bedingungen: 1° Der Ausdruck H läßt sich – im Kontext, in dem er vorkommt – ohne Bedeutungswandel durch einen Ausdruck H^+ ersetzen, in dem normative Termini zu finden sind, 2° der Ausdruck H^+ hat bestimmte Adressaten (zumindest einen), 3° der Ausdruck H^+ regelt allgemein gewisse Verhaltensweisen der Adressaten, indem er ihnen Pflichten auferlegt oder Verbote erteilt oder auch bestimmte Erlaubnisse (Befugnisse) gibt. Der Fall $H = H^+$, in dem H normative Termini enthält, wird nicht ausgeschlossen. Die Bedingung 3° verstehen wir so, daß die Verhaltensweisen, von denen in H^+ die Rede ist, prinzipiell realisierbar sind, da andernfalls H^+ dieses Verhalten nicht regeln würde. Man normiert nur solche Verhaltensweisen, die auch anders als von der Norm angezeigt sein könnten. Notwendiges oder unmögliches Verhalten wird nicht normiert. A. SOETEMAN [1973] schreibt richtig, daß eine Pflicht, die von den Adressaten nicht zu erfüllen ist, völlig sinnlos wäre.

Die logische Folgebeziehung bezieht sich auf Sätze im logischen Sinne, also auf Aussagesätze mit festgelegtem logischen Wert (*Wahr*, *Falsch*). Es entsteht also die Frage, ob man korrekt davon sprechen kann, daß eine Norm aus der anderen folgt, wie dies in der Praxis nicht selten geschieht. Dieses Problem trägt oft den Namen „JØRGENSEN*sches Dilemma*", wenngleich es dieser Autor für Imperative (Anweisungen) formulierte (vgl. JØRGENSEN [1937–38]). Natürlich erkannten diejenigen, die Normen den Status von Sätzen im logischen Sinn zuschrieben, das Problem nicht an. Diejenigen aber, die sich darüber klar waren, daß Normen keinen logischen Wert haben, hielten entweder das Sprechen über Folgern von Normen für falsch, oder sie schlugen eine Erweiterung des Begriffs der logischen Folgebeziehung vor, damit sie Normen mit umfaßt. Unter den ersten findet man u. a.: J. JØRGENSEN, K. ENGLIŠ, H. KELSEN und Z. ZIEMBA, unter den zweiten O. WEINBERGER [1985] und G. KALINOWSKI ([1985], S. 159), der vorschlägt, Normen und Aussagesätze in einer Menge von Aussagen zu vereinen, die entweder einen logisch positiven Wert (*Wahrheit* oder *Gültigkeit*) oder einen logisch negativen Wert (*Falschheit*, *Ungültigkeit*) haben.

In dieser Diskussion muß man sehen, daß es ein recht starkes und begründetes Bedürfnis gibt, über etwas zu sprechen, was umgangssprachlich „*Folgerung von Normen*" genannt wird. Es scheint jedoch nicht notwendig – und noch nicht einmal sinnvoll –, den allgemein üblichen logischen Folgerungsbegriff zu ändern. Dagegen lohnt es, einen neuen Terminus einzuführen, z. B. „*Nach-sich-Ziehen*", der den in Anwendung auf Normen irreführenden Folgerungsbegriff ersetzt. Wir können sagen, daß manche Normen andere Normen nach sich ziehen (oder auch nicht). Es geht nur darum, genau festzulegen, wann die Relation des Nach-sich-Ziehens auf Normen zutrifft. Der Vorschlag KALINOWSKIS, den Begriff der Folgerung und des logischen Wertes zu erweitern, kann dagegen nicht angenommen werden. Denn die zwischen Normen bestehenden logischen Verhältnisse wie Diskordanz, Unverträglichkeit oder Nach-sich-Ziehen hängen nicht davon ab, ob die Normen gültig sind (exekutive Kraft haben) oder nicht.

Dieser unbestreitbare Fakt wird leider von Wissenschaftlern oft übersehen. Man muß sich nämlich klar darüber sein, daß es Normen gibt, und sogar ganze Kodexe, die keine exekutive Kraft haben und sie vielleicht nie haben werden, weil sie nur diskutiert oder projektiert werden. Trotzdem kann schließlich das Problem ihrer Verträglichkeit (im Rahmen des Kodex) sinnvoll gestellt und untersucht werden oder jenes, ob eine der Normen eine andere nach sich zieht, wie auch das Problem, welche weiteren Normen die gegebenen nach sich ziehen. Auf die Frage, wie die Relation des Nach-sich-Ziehens erklärt werden muß, kommen wir später zurück. Vorläufig beschäftigen wir uns mit der Unterscheidung zwischen Normen und Normsätzen.

Im Artikel von WRIGHT [1951] führte VON WRIGHT Symbole einstelliger deontischer Junktoren ,**P**', ,**O**', ,**F**' (vom englischen ,*permitted*', ,*obligatory*', ,*forbidden*') ein, die der Reihe nach als „*ist erlaubt*“, „*ist obligatorisch*“, „*ist verboten*“ gelesen werden. Argumente dieser Junktoren sollten Typen menschlicher Handlungen sein, also z. B. ,*Verkauf*', ,*Steuern zahlen*', ,*Diebstahl*'. Später begann VON WRIGHT, unter dem Einfluß der Kritik A. R. ANDERSONS und A. PRIORS, diese Junktoren anders zu behandeln. Er erkannte, daß sie als Argumente Sätze verlangen, die die Realisierung oder Unterlassung menschlicher Handlungen beschrieben. Beispielsweise können die Aussagefunktionen ,**P**p', ,**O**p', ,**F**p' folgende Einsetzungen haben: ,*Es ist erlaubt, daß ein Anhänger keine Leuchten an der Vorderfront hat*', ,*Es ist obligatorisch, daß die Fußgänger nur an den dafür bestimmten Stellen die Straße überqueren*', ,*Es ist verboten, daß Kraftfahrer nachts die Hupe betätigen.*' All diese Einsetzungen sind Normen, können also – wie wir bereits feststellten – nicht korrekt mittels extensionaler Junktoren verknüpft werden.

Die Untersuchung logischer Zusammenhänge zwischen Ausdrücken dieser Art machte also Schwierigkeiten. Man kann jedoch die Funktionen ,**P**p', ,**O**p', ,**F**p' so interpretieren, daß sie Schemata von Aussagesätzen sind, die die Existenz gewisser Normen feststellen, also Schemata sogenannter *deontischer Sätze* sind. Und gerade so halten es viele Logiker, die anstelle einer Normlogik Logik der Normsätze betreiben, d. h. *deontische Logik im engeren Sinne* – wie G. KALINOWSKI zu sagen vorschlägt. WEINBERGER [1985] rät, deontische Sätze nicht als Sätze über Normen, sondern als Sätze über Normsysteme aufzufassen. Dies ist annehmbar, allerdings mit einer Verbesserung. Wir möchten – wie in den vorhergehenden Arbeiten – deontische Sätze auf eine gewisse nichtleere Menge von Normen relativieren, die wir ,*Kodex*' nennen werden. Der Terminus

‚*System*' würde eine gewisse Ordnung in dieser Menge suggerieren, die wir nicht voraussetzen wollen wegen der angestrebten Allgemeinheit der Sätze deontischer Logik. Wir wollen auch nicht von der Existenz (in welchem Sinn?, wo?, wann?) der Norm sprechen, sondern von ihrer Zugehörigkeit zum betrachteten Kodex. Dementsprechend lesen wir Ausdrücke der Form ‚$\mathbf{P}p$' als: „*Zum Kodex $\mathcal{K}$ gehört die Norm, die besagt: es ist erlaubt, daß p.*", oder kürzer, aber mit derselben Bedeutung: „*Übereinstimmend mit dem Kodex $\mathcal{K}$ ist es erlaubt, daß p.*" Analog lesen wir die Ausdrücke ‚$\mathbf{O}p$', ‚$\mathbf{F}p$' (indem das Wort ‚*erlaubt*' durch ‚*obligatorisch*' bzw. ‚*verboten*' ersetzt wird). Aus diesen Ausdrücken entstehen mit Einsetzen eines konkreten Kodex für die Variable ‚$\mathcal{K}$' und eines entsprechenden Satzes für die Variable ‚p' deontische Sätze mit bestimmtem Wert. Wenn wir uns derartiger Ausdrücke bedienen, können wir extensionale Junktoren nutzen und einen deontischen Aussagenkalkül aufbauen.

Das wiederum gestattet, die *Relation des Nach-sich-Ziehens* zwischen Normen zu erklären, nämlich folgendermaßen:

> Die Normen $n_1, n_2, \ldots, n_k$ ziehen hinsichtlich des deontischen Systems $\mathbf{S}$ die Norm n_{k+1} genau dann nach sich, wenn aus den die Zugehörigkeit der Normen $n_1, n_2, \ldots, n_k$ zu einem beliebigen Kodex $\mathcal{K}$ behauptenden Sätzen nach den Gesetzen des Systems $\mathbf{S}$ der die Zugehörigkeit der Norm n_{k+1} zum Kodex $\mathcal{K}$ behauptende Satz folgt.

Wie man sieht, ist die Relation des Nach-sich-Ziehens auf das System $\mathbf{S}$ relativiert. In der Tat, solange es keine allgemein anerkannte Theorie der deontischen Logik gibt, nicht einmal ein System, welches so bedeutende Verbreitung wie der zweiwertige klassische Aussagenkalkül gefunden hätte, solange muß man damit rechnen, daß das, was hinsichtlich $\mathbf{S}_1$ nach sich gezogen wird, nicht hinsichtlich $\mathbf{S}_2$ nach sich gezogen werden muß. Mehr noch, mit dem Wechsel des logischen Systems kann sich auch der Kodex ändern.

Wir nehmen nämlich an, daß der Kodex $\mathcal{K}$ die Summe dreier Mengen ist: der Menge $\mathcal{X}_1$ der explicite in $\mathcal{K}$ eingetragenen Normen, sozusagen expressis verbis vorkommenden, und der Normenmenge $\mathcal{X}_2$, die wir ‚*abschließende*' nennen werden, weil sie zum Kodex $\mathcal{K}$ hinzugefügt wurde, um ihn abzuschließen (worum es dabei geht, erklären wir etwas später genauer — vorläufig beschränken wir uns auf die Information, daß ein *abgeschlossener Kodex* festzustellen gestattet, was erlaubt und was verboten ist), und überdies der Menge $\mathcal{X}_3$ der Normen, die von Normen der Menge $\mathcal{X}_1 \cup \mathcal{X}_2$ nach sich gezogen werden und die — aus außerlogischen Motiven — kraft Entscheidung des Normgebers aus dem Kodex $\mathcal{K}$ nicht ausgeschlossen wurden (zum Thema des Ausschließens von Normen, die von Normen aus $\mathcal{X}_1 \cup \mathcal{X}_2$ nach sich gezogen werden, kommen wir in Kürze zurück).

Die Menge $\mathcal{X}_2$ kann leer sein, wenn $\mathcal{X}_1$ abgeschlossen ist. Die Menge $\mathcal{X}_1 \cup \mathcal{X}_2$ kann auf der Grundlage des Systems $\mathbf{S}_1$ andere Normen nach sich ziehen als aufgrund von $\mathbf{S}_2$. Jedoch sollten wir mit der Konstruktion des Systems $\mathbf{S}_i$ nicht schon festlegen, welche Normen konkret zu $\mathcal{K}$ gehören. Wir sollten $\mathcal{K}$ als Parameter behandeln.

Da der Aufbau der deontischen Logik in Gestalt einer Normsatzlogik möglich ist und wir eine ausreichende Erklärung der Relation des Nach-sich-Ziehens von Normen haben, zeigt sich, daß auch eine Normenlogik möglich ist — woran aus anderen Gründen auch O. Weinberger und G. Kalinowski (vgl. Weinberger [1985], Kalinowski [1985]) glaubten —, die sich zwar anderer Begriffe und Symbole als die deontische Logik (im engeren Sinne) bedient, zu dieser aber völlig parallel ist. Wir können jedoch O. Weinberger [1985] nicht zustimmen, der andeutet, die deontische Logik sei lediglich sekundär gegenüber der Normlogik. Er meint, daß man zur Konstruktion eines deontischen Systems eine bereits zuvor erklärte normenlogische Konzeption heranziehen muß. Zu dieser Ansicht neigt auch G. Kalinowski (vgl. Kalinowski [1985], S. 142). Wir meinen, daß man bedeutend weniger braucht: Notwendig ist einzig die Konzeption eines Kodex.

5.4.3. Kodexe

Es läßt sich schwerlich bestreiten, daß man Kodexe im Prinzip völlig beliebig zusammenstellen kann. Ob sich eine bestimmte Norm im gegebenen Kodex wiederfinden soll, entscheiden die Normgeber oder die Projektierenden des Kodex. Wie wir oben schon festgestellt haben, sollen Normen das Verhalten ihrer Adressaten regeln. O. Weinberger [1973a, S. 125] schreibt, daß „das Normensystem ein Instrument der Lenkung und Regulierung ist." Wenn also der Kodex der Regulierung bestimmter Bereiche menschlichen Verhaltens dienen soll, so muß man eine gewisse Rationalität bei seiner Konstruktion voraussetzen, eine Rationalität, die die Wirksamkeit des Kodex bei der Realisierung der angestrebten Ziele sichert. Man muß also einerseits die schöpferische Freiheit beim

Aufbau von Kodexen begrenzen, andererseits jedoch die größtmögliche Allgemeinheit der Gesetze deontischer Logik bewahren.

Deshalb sollten wir den Kodexen sehr allgemeine und die Normgeber möglichst wenig einschränkende Anforderungen auferlegen, die dabei – im Rahmen des Möglichen – formalen Charakter haben. Es scheint, daß man die *minimalen Anforderungen an einen rationalen Kodex* $\mathcal{K}$ (der die Regulierung bestimmter Bereiche menschlichen Verhaltens, also auch die Eliminierung gewisser unerwünschter Verhaltensweisen, ermöglicht) auf die folgenden vier bringen kann:

1. Die Normen des Kodex $\mathcal{K}$ betreffen weder notwendiges, (unvermeidliches), noch unmögliches Verhalten.
2. Der Bereich $\mathfrak{D}$ der Verhaltensweisen, den die Normen des Kodex $\mathcal{K}$ betreffen, ist genau geklärt.
3. Zum Kodex $\mathcal{K}$ gehört kein Paar einander ausschließender Normen.
4. Der Kodex $\mathcal{K}$ ist hinsichtlich der Verhaltensweisen des Bereiches $\mathfrak{D}$ abgeschlossen.

Ad 2. Das, was wir hier ‚*Bereich von Verhaltensweisen*‘ nennen, ist eine Unterklasse der möglichen Verhaltensweisen eines Menschen oder einer Menschengruppe, sowohl Handlungen wie auch das Unterlassen von Handlungen. Dieser Begriff ist enger als der von O. Weinberger gebrauchte Begriff ‚*Willensfeld*‘, der nicht nur menschliches Verhalten, sondern auch Sachverhalte umfaßt (vgl. Weinberger [1973a], S. 126).

Ad 3. Unter ‚*einander ausschließenden Normen*‘ verstehen wir ein Normenpaar, dessen eine der anderen widerspricht, z. B. „*Es ist obligatorisch, daß der Fahrzeugführer volljährig ist.*“ – „*Es ist nicht obligatorisch, daß der Fahrzeugführer volljährig ist*“; „*Es ist erlaubt, daß der Student den Vorlesungen fernbleibt*“ – „*Es ist nicht erlaubt, daß der Student den Vorlesungen fernbleibt*“; „*Es ist verboten, daß der Richter betrunken zur Verhandlung kommt*“ – „*Es ist nicht verboten, daß der Richter betrunken zur Verhandlung kommt*“. Der Begriff der sich ausschließenden Normen entspricht also dem Begriff der Widersprüchlichkeit von Sätzen im logischen Sinne.

Ad 4. Der Kodex $\mathcal{K}$ ist *hinsichtlich der Verhaltensweisen des Bereiches* $\mathfrak{D}$ genau dann *abgeschlossen*, wenn es für jede Verhaltensweise aus dem Bereich $\mathfrak{D}$ eine zu $\mathcal{K}$ gehörige Norm gibt, die ein derartiges Verhalten so regelt, daß klar ist, ob es erlaubt oder verboten ist. Die Abgeschlossenheit des Kodex (oder Normensystems) wurde fälschlicherweise mit der Gültigkeit einer Implikation in diesem Kodex identifiziert, die besagt:

(++) Wenn es bezüglich $\mathcal{K}$ nicht verboten ist, daß q, dann ist es bezüglich $\mathcal{K}$ erlaubt, daß q.

Das brachte P. Mullock zur Überzeugung, daß der Unterschied zwischen einem abgeschlossenen Kodex und einem offenen (d. h. einem nichtabgeschlossenen) aus logischer Sicht unwesentlich ist: Wenn nämlich das Verhalten q[4] im offenen Kodex nicht normiert ist, so kann doch daraus, daß q nicht verboten ist, unmittelbar gefolgert werden, daß q erlaubt ist (vgl. Mullock [1975]). Mullock erklärte jedoch weder, auf welcher Basis er die Gültigkeit einer solchen unmittelbaren Folgerung anerkennt, noch wie man diese Folgerung ohne folgende Voraussetzung erhält:

(V) Wenn es in $\mathcal{K}$ keine das Verhalten q verbietende Norm gibt, so ist q bezüglich $\mathcal{K}$ nicht verboten.

Die Implikation (++) kann sowohl für offene wie auch für abgeschlossene Kodexe gültig sein (in dem Sinne, daß, wenn ihr Vorderglied wahr ist, so auch ihr Nachglied), wenn es um Verhaltensweisen eines bestimmten Bereiches $\mathfrak{D}$ geht. Wenn nämlich $\mathcal{K}$ abgeschlossen ist, so ist bei wahrem Vorderglied die Wahrheit des Nachgliedes durch die Definition garantiert, die Erlaubtsein mit Nichtverbotensein identifiziert. Wenn $\mathcal{K}$ offen ist und q bezüglich $\mathcal{K}$ nicht verboten ist, so wird die Wahrheit des Nachgliedes durch ebendieselbe Definition garantiert. Wenn dagegen $\mathcal{K}$ offen ist und q durch $\mathcal{K}$ nicht normiert wird, so gibt es ohne die Voraussetzung (V) weder einen Grund, die Wahrheit des Vordergliedes der Implikation (++) anzuerkennen, noch seine Falschheit. Nach der Annahme von (V) kann man das Vorderglied als wahr ansehen und die genannte Definition erneut anwenden. Wie man sieht, ist nicht die Gültigkeit der Implikation (++) für das Abschließen des Kodex wichtig, sondern die Frage, ob die Voraussetzung (V) angenommen wurde. Die Implikation (++) hat definierenden Charakter. Man sieht dies deutlicher, wenn man sie auf die Form einer Äquivalenz bringt.

Wir meinen, daß die Rationalität des Kodex die Erfüllung der Bedingung 4 verlangt. Wenn nämlich die Aufgabe des Kodex die Normierung des Bereiches $\mathfrak{D}$ sein soll, so dürfen wir erwarten, daß der Kodex alle Fragen nach Verhaltensweisen aus dem Bereich $\mathfrak{D}$ beantwortet. Darf eine ein Fahrzeug führende Person während der Fahrt vor sich hin

---

4 Statt des Ausdrucks ‚*das im Satz p beschriebene Vorgehen* (*Verhalten*)' werden wir die Kurzform ‚*das Vorgehen* (*Verhalten*) *p*' benutzen.

summen? Die Straßenverkehrsordnung äußert sich expressis verbis zu diesem Thema nicht. Darf man demzufolge dem Fahrer das Singen verbieten, um so mehr im Falle, wo es ihn vor dem Einschlafen bewahrt und seine Aufmerksamkeit nicht im mindesten beansprucht? Da wir eine eindeutige Antwort auf unsere Frage haben wollen, stehen wir also auf dem Standpunkt derer, die – wie H. KELSEN – meinen, daß ein Kodex lückenlos, also abgeschlossen sein muß. Wenn es im Kodex $\mathcal{K}$ keine das zum Bereich $\mathfrak{D}$ gehörende Verhalten q explicite verbietende (oder fordernde) Norm gibt, so ist es Sache der Logik, die Grundlage für die Anerkennung des Umstandes zu schaffen, daß zu $\mathcal{K}$ implicite eine das Verhalten q erlaubende (das Unterlassen von q erlaubende) Norm gehört. Aus diesem Grund werden wir in der Metatheorie voraussetzen:

(**Z1**) Wenn in der Menge (der explicite in $\mathcal{K}$ vorkommenden Normen) $\mathcal{X}_1$ keine das Verhalten q verbietende Norm enthalten ist — und auch keine $\sim q$ fordernde —, dann ist das Verhalten q hinsichtlich $\mathcal{K}$ nicht verboten, und die Norm ‚*q ist nicht verboten*' gehört zur Menge (der $\mathcal{K}$ abschließenden Normen) $\mathcal{X}_2$.

(**Z2**) Wenn es in der Menge $\mathcal{X}_1$ keine die Pflicht zur Realisierung von q auferlegende Norm gibt — auch nicht eine $\sim q$ verbietende —, so ist q bezüglich $\mathcal{K}$ nicht obligatorisch' und die Norm ‚*q ist nicht obligatorisch*' gehört zu $\mathcal{X}_2$.

Wir setzen also voraus, daß der Kodex $\mathcal{K}$ abgeschlossen ist, obwohl die Untermenge $\mathcal{X}_1$ nicht abgeschlossen zu sein braucht.

Nachdem wir nun einen festen Begriff des Kodex haben, können wir uns an den Aufbau eines deontischen Systems machen, das als Theorie des Folgerns deontischer Sätze (Sätze über Normen) aufgefaßt wird, wobei wir voraussetzen, daß alle betrachteten Sätze denselben, wenn auch beliebig gewählten, Kodex betreffen. Wie wir schon festgestellt hatten, wäre es auch möglich, ein normlogisches System zu konstruieren. Dies würde allerdings die Einführung einer ganzen Reihe von Termini verlangen, die den in der Aussagenlogik vorkommenden analog sind. Da die Sätze einer solchen Normenlogik mit denen der deontischen Logik (im engeren Sinne) isomorph wären, halten wir es für zwecklos, Terminologie und Symbolik mit Neuschöpfungen zu belasten. Wir beschränken uns deshalb auf die Konstruktion eines deontischen Systems, wobei wir uns darum bemühen werden, die Möglichkeit seiner praktischen Anwendung in der Jurisprudenz, der Ethik und in allen anderen der Normierung unterliegenden Bereichen zu sichern.

Es ist ein Fakt, daß in Kodexen verschiedene *Inkompatibilitäten* vorkommen. In der Arbeit GUMAŃSKI [1983] wurden zwei Arten unterschieden: Der Kodex $\mathcal{K}$ ist *stark inkompatibel* genau dann, wenn die Adressaten – zumindest unter gewissen Umständen – nicht alle Pflichten und/oder Verbote, die in den zum Kodex $\mathcal{K}$ gehörigen Normen gegeben sind, erfüllen bzw. einhalten können. Beispielsweise ist ein Kodex stark inkompatibel zu den Normen der Form: ‚*Es ist verboten, daß p*', ‚*Wenn q, so ist es obligatorisch, daß p*' gehören. Wenn die Umstände *q* vorliegen, so entsteht zwischen diesen Normen ein Konflikt. Ähnlich, aber bereits unabhängig von Umständen, sind Normen der Form: ‚*Es ist obligatorisch, daß p*', ‚*Es ist obligatorisch, daß es nicht wahr ist, daß p*' (oder auch ‚*Es ist verboten, daß p*') stark inkompatibel. Dagegen ist ein Kodex $\mathcal{K}$ *schwach inkompatibel*, wenn sich – zumindest unter gewissen Umständen – nicht alle Erlaubnisse nutzen lassen, ohne Pflichten des Kodex $\mathcal{K}$ zu verletzen und/oder gegen Verbote des Kodex zu handeln. Beispielsweise muß man einen Kodex als schwach inkompatibel ansehen, wenn zu ihm zwei Normen der Form: ‚*Es ist verboten, daß p*', ‚*Wenn q, so ist es erlaubt, daß p*' gehören. Hier kann unter den Umständen *q* wieder die Erlaubnis nicht genutzt und der Sachverhalt *p* realisiert werden, ohne das Verbot zu übertreten, aber man kann die Erlaubnis ungenutzt lassen und so keine der betreffenden Normen verletzen. Unabhängig von den Umständen entsteht eine analoge Situation, wenn es im Kodex Normen der Form: ‚*Es ist obligatorisch, daß p*', ‚*Es ist zulässig, daß es unwahr ist, daß p*' gibt. Da ein Kodex, der prinzipiell eine beliebige Zahl von Normen haben kann, insbesondere aber auch nur zwei besitzen und dabei stark (schwach) inkompatibel sein kann, werden wir solche Normen auch ‚*stark* (*schwach*) *inkompatibel*' nennen.

Die deontische Logik sollte mit Rücksicht auf die Sicherung ihrer allgemeinen Anwendbarkeit keinerlei Voraussetzungen darüber machen, ob die Kodexe, auf welche ihre Sätze sich beziehen, stark oder schwach inkompatibel sind. Insbesondere sollte aus ihren Sätzen nicht folgen, daß der Kodex $\mathcal{K}$ inkompatibel ist. Dieses Postulat wurde in GUMAŃSKI [1983] als „*Prinzip der Nichteinmischung*" bezeichnet.

5.4.4. Bedingte Normen

Die Theorie OS VON WRIGHTS ließ extensionale Junktoren auf den Argumentstellen der deontischen Junktoren ‚**P**', ‚**O**', ‚**F**' zu. Ausdrücke wie ‚$\mathbf{P}(p \to q)$', ‚$\mathbf{O}(p \wedge q)$', $\mathbf{F}(p \vee q)$', ‚$\mathbf{P}(\sim p)$' waren also korrekt. Bald bemerkte man jedoch, daß man mit derartigen Ausdrücken sogar dann bestimmte Schwierigkeiten hat, wenn die Variablen als Repräsentanten von Sätzen über die Ausführung oder Unterlassung einer Tätigkeit behandelt werden. Eine wesentliche Gruppe derartiger Schwierigkeiten bildeten paradoxe Sätze der Theorie **OS**, in denen solche Ausdrücke vorkommen. Dieses Thema besprechen wir im einzelnen später. Ein anderes Problem war die Unmöglichkeit, Normen korrekt zu formalisieren, die auf den Fall der Nichterfüllung einer Pflicht hinweisen. Auf derartige Normen machte CHISHOLM [1963] aufmerksam und nannte sie ‚*Kontra-Pflicht-Gebote*‘ (*contrary-to-duty-imperatives*). Diese Normen sind eine spezielle Art *bedingter Normen*, also solcher, die Bedingungen für Gebote, Verbote oder Erlaubnisse angeben, wie z. B. ‚*Wenn der Jugendliche volljährig geworden ist, kann er gewählt werden.*‘ (in der Theorie **OS** entspricht dem der Ausdruck $\mathbf{P}(p \to q)$), ‚*Wenn der Fahrer die Fahrtrichtung ändern will, muß er sein Vorhaben rechtzeitig anzeigen.*‘ ($\mathbf{O}(p \to q)$), ‚*Wenn ein Mann verheiratet ist, darf er keine weitere Ehe schließen.*‘ ($\mathbf{F}(p \to q)$). Ein Beispiel für Kontra-Pflicht-Gebote ist die Norm: ‚*Wenn jemand ein Versprechen nicht eingehalten hat, so muß er die von ihm enttäuschte Person um Entschuldigung bitten*‘.

Eine andere, obwohl der vorhergehenden Art ähnliche Form bedingter Normen betrifft *abgeleitete Pflichten* (*derived obligations*) oder *Verbindlichkeiten* (*commitments*), also Normen, die den Adressaten zu etwas verpflichten, falls er die Anweisung einer Norm erfüllt hat, z. B. ‚*Wenn man eine Anleihe zurückgibt, so muß man sich dafür bedanken.*‘ A. N. PRIOR [1962] schlug – nach einem Hinweis von G. E. HUGHES – vor, solche Normen in Gestalt des Ausdrucks $p \to \mathbf{O}q$ zu formalisieren, der allerdings in der Theorie **OS** nicht korrekt aufgebaut ist. Denselben Vorschlag machte übrigens CHISHOLM. VON WRIGHT hielt ihn allerdings nicht für sonderlich günstig und erarbeitete einen neuen axiomatischen Kalkül eines deontischen Systems **NS** (vgl. VON WRIGHT [1964]), in dem er – seinen erstmals 1956 publizierten Gedanken realisierend – einen zweistelligen Junktor der Pflicht verwendete, der Normen der bedingten Pflicht in der „*Es ist obligatorisch, p auszuführen, wenn q der Fall ist.*“ gelesenen Form ‚$\mathbf{O}(p/q)$‘ zu formalisieren gestattet.

Einen ähnlichen Weg beschritt J. E. FENSTAD und ebenso RESCHER [1958], der sein System auf einem modallogischen aufbaute. Sowohl RESCHERS wie auch VON WRIGHTS Lösungsvorschlag erwies sich jedoch als unbefriedigend und traf auf die verdiente Kritik (vgl. z. B. ZIEMBA [1969], HANSSON [1969] oder die Einleitung von D. FØLLESDAL und

R. HILPINEN zu HILPINEN [1971]). Gegenwärtig wird mitunter weiterhin das Problem diskutiert, ob man bei der Formalisierung bedingter Normen und von Sätzen über bedingte Normen den deontischen Junktor an den Anfang zu stellen hat oder vor das Nachglied der Implikation, d. h. in Form des Ausdrucks ‚$\mathbf{O}(p \rightarrow q)$', oder aber ‚$p \rightarrow \mathbf{O}q$'.

O. WEINBERGER sprach sich mehrmals (vgl. WEINBERGER [1973], [1974], [1985]) dafür aus, die bedingte Pflicht in der Form $p \rightarrow \mathbf{O}q$ darzustellen. Er ist nämlich der Ansicht, daß eine logische Analyse bedingter Normen (er nennt sie ‚*hypothetische*') drei Postulate beachten muß: 1. die Möglichkeit, eine bestimmte Art von Abtrennungsregel anzuwenden (daraus, daß die in der Norm genannte Bedingung erfüllt ist, kann gefolgert werden, daß die gebotene Verhaltensweise realisiert werden soll); 2. der (die Bedingung formulierende) Aussageteil und der die bedingte Norm ausdrückende normative Teil sollten in der Struktur deutlich getrennte Sätze sein; 3. die bedingte Norm muß als Spezialfall einer Norm aufgefaßt werden. Von diesem Standpunkt gesehen, hält WEINBERGER die Form $\mathbf{O}(p \rightarrow q)$ für unnütz, da sie keine Abtrennungsregel der Form

$$\mathsf{R}_1: \quad \frac{\mathbf{O}(p \rightarrow q) \qquad p}{\mathbf{O}q}$$

anzuwenden gestattet und außerdem die Unterscheidung der drei Strukturen

wenn p, dann soll q sein,
wenn p sein soll, dann q,
wenn p sein soll, dann soll q sein,

unmöglich macht, da sie den wesentlichen Unterschied im semantischen Charakter der Glieder des Konditionalsatzgefüges (einerseits ein Aussagesatz, andererseits eine Norm) nicht herausstreicht. Anstelle der Regel R_1 schlägt WEINBERGER die Regel R_2 vor:

$$\mathsf{R}_2: \quad \frac{p \rightarrow \mathbf{O}q \qquad p}{\mathbf{O}q}$$

die die Norm $\mathbf{O}q$ vom nichtnormativen Vorderglied p abzutrennen gestattet. Obwohl WEINBERGERS Analysen oft durch Tiefe und Treffsicherheit beeindrucken, kann man sie in diesem Fall keineswegs annehmen. Beginnen wir mit dem Besprechen der drei Postulate dieses Autors.

Man muß zustimmen, daß WEINBERGER mit seiner Forderung, daß auf die bedingte Norm eine Abtrennungsregel angewandt werden können müsse, nicht allein steht. U. a. hat auch UCHII [1974] eine solche Forderung erhoben. Überlegen wir uns aber, ob sie in einem ausschließlich mit Aussagevariablen operierenden deontischen Kalkül richtig und realisierbar ist. Sehen wir uns dazu die Regel R_2 in oben angeführter Gestalt an. Die Variable ‚*p*' soll hier einen Sachverhalt repräsentieren, in dem die Pflicht realisiert werden soll. Der in Normen anstelle der Variablen ‚*p*' vorkommende Satz wird – ihrer Allgemeinheit wegen – niemals ein Einzelsatz sein. Man formuliert keine Normen, indem man etwa die Bedingung angibt: „*Wenn es am 16. VI.* 1986 *regnet, dann ...*", „*Wenn Hans Schmied nach links abbiegen will, so ...*", „*Wenn der Minister XYZ es für richtig hält, dann ...*". Bedingungen für Erlaubnisse, Gebote und Verbote sind in Normen allgemein formuliert: „*Wenn die Temperatur um 6.00 Uhr früh an zwei aufeinanderfolgenden Tagen unter 10°C sinkt, dann ...*", „*Wenn der Fahrzeugführer die Spur wechseln will, so ...*", „*Wenn der Schuldner seine Verbindlichkeiten nicht termingerecht zurückzahlt, dann ...*". Wie kann man demnach die Abtrennungsregel in der Form R_2 anwenden? Wir untersuchen ein Beispiel:

(1) *Wenn der Fahrzeugführer die Fahrtrichtung ändern will, so muß er sein Vorhaben rechtzeitig anzeigen;*

und

(2) *Der Fahrzeugführer will die Fahrtrichtung ändern*;

also

(3) *Er muß sein Vorhaben rechtzeitig anzeigen.*

Die zweite Prämisse kann, wenn sie als wahr anerkannt werden soll, nicht mit dem Vorderglied der ersten identifiziert werden. Dieses Vorderglied beschränkt sich nämlich nicht auf einen konkreten Fahrer, der zur gegebenen Zeit am gegebenen Ort sein Fahrzeug lenkt, sondern spricht allgemein von einem beliebigen „abstrakten" Fahrer. Indem man die Mittel der logischen Analyse nutzt, kann die Prämisse (1) in der Form dargestellt werden:

Für jedes x: *wenn* x *Fahrzeugführer ist und* x *die Richtung ändern will, so muß* x *sein Vorhaben rechtzeitig anzeigen.*

Die Prämisse (2) muß dagegen als Aussage über eine konkrete Person y verstanden werden.

y *ist Fahrzeugführer und* y *will die Fahrtrichtung ändern.*

Trotz ihrer gleichen Form in der Umgangssprache darf also der Satz (2) nicht mit dem Vorderglied der Implikation (1) identifiziert werden. In der ersten Prämisse haben wir irgendeinen Fahrer im Sinn, wenn wir „*Fahrer*" sagen, in der zweiten dagegen einen ganz konkreten. Es gibt also keine Berechtigung, die Schlußfolgerung (3) von der Konjunktion der Prämissen (1) und (2) abzutrennen. Nebenbei gesagt, trifft man den Fehler, den man bei derartigen Abtrennungen macht, auch außerhalb normativer Kontexte. In Logiklehrbüchern kommen Anwendungsbeispiele der Regel *Modus Ponens* vor, die dergestalt formuliert sind:

(1′) *Wenn es regnet, dann ist es naß.*

und (2′) *Es regnet.*

also (3′) *Es ist naß.*

Die Autoren dieser Beispiele vergessen, daß der Ausdruck ‚*Es regnet*' kein Satz im logischen Sinne ist, da er keinen bestimmten logischen Wert hat. Die natürliche Sprache gestattet, einen solchen Ausdruck entweder als Abkürzung des Satzes zu verwenden: ‚*Jetzt* (*am 5. VI. 1986 um 12.00*) *regnet es hier* (*in Berlin*).' oder als Abkürzung der Aussagefunktion: ‚*Irgendwann* (*zur Zeit* t) *regnet es irgendwo* (*am Ort* s)'. Wenn wir also die Prämisse (1′) als allgemeinen Satz (Gesetz) verstehen wollen, so müssen wir den in ihm vorkommenden Ausdruck ‚*Es regnet*' als Abkürzung einer Aussagefunktion ansehen, wobei ihre Variablen durch gedachte Quantoren, die am Beginn der Prämisse stehen, gebunden sind. In diesem Fall muß aber (2′) dieselbe Aussagefunktion sein, die Prämisse kann also nicht als wahr angesehen werden (Aussagefunktionen haben keinen bestimmten logischen Wert), und im Ergebnis läßt sich die Abtrennung der Schlußfolgerung (3′) nicht ausführen. Die Herleitung der Folgerung (3′) aus den Prämissen (1′) und (2′) wäre nur bei der Voraussetzung zulässig, daß die ganze Überlegung ein konkretes, einzelnes Ereignis betrifft, von dem in beiden Prämissen und in der Konklusion die Rede ist.

Ganz analog könnte man versuchen, anzunehmen, daß die Folgerung (3) aus den Prämissen (1) und (2) folgt, indem man voraussetzt, es handele sich in dieser Überlegung um einen konkreten Fahrer und um seine konkrete Absicht. Dann würde sich der Gedankengang so aufschreiben lassen:

(1⁺) *Wenn der Fahrer Hans Schmied jetzt die Richtung ändern will, so muß Hans Schmied entsprechend der Straßenverkehrsordnung rechtzeitig sein Vorhaben anzeigen.*

und (2⁺) *Der Fahrer Hans Schmied will jetzt die Richtung ändern.*

also (3⁺) *Entsprechend der Straßenverkehrsordnung muß Hans Schmied sein Vorhaben rechtzeitig anzeigen.*

In dieser Form ist die Herleitung tatsächlich korrekt. Allerdings ist die Prämisse (1⁺) beileibe keine Norm und auch kein Satz über eine Norm. Sie macht eine Aussage über Hans Schmied, von dem wir jedoch kein Wort in der Straßenverkehrsordnung finden.

Zusammenfassend muß das erste der drei Postulate WEINBERGERS, bedingte Normen betreffend, bezüglich deontischer Kalküle, die mit Aussagenvariablen als einzigen Variablen operieren, als unangemessen angesehen werden. Auch die von ihm vorgeschlagene Regel R_2 muß als ungeeignet zurückgewiesen werden.

Wir kommen nun zum zweiten Postulat WEINBERGERS. Es deutet darauf hin, daß eine bedingte Norm aus zwei verschiedenen Teilen besteht: dem Aussage- und dem normativen Teil. Deshalb soll die für eine adäquate Formalisierung der bedingten Pflicht geeignete Form $p \rightarrow \mathbf{O}q$ sein. Auch hier kann man WEINBERGER nicht recht geben. Wie J.-L. GARDIES (in KALINOWSKI-SELVAGGI [1985], S. 135) richtig schreibt, können in indoeuropäischen Sprachen die Bedeutungen der Ausdrücke: ‚*Wenn es nicht wahr ist, daß p, dann ist es obligatorisch, daß es nicht wahr ist, daß q*‘ und ‚*Es ist obligatorisch, daß wenn es nicht wahr ist, daß p, es auch nicht wahr ist, daß q*‘ nicht unterschieden werden. Wir können diese Erkenntnis verallgemeinern. Ausdrücke der Form:

A: Wenn p, so $\mathbf{D}q$

B: $\mathbf{D}$: wenn p, so q

in denen ‚$\mathbf{D}$‘ irgendeinen einstelligen deontischen Junktor vertritt, sind in den uns bekannten natürlichen Sprachen hinsichtlich ihrer Bedeutung nicht zu unterscheiden und können deshalb stellvertretend gebraucht werden. Es gibt also keine Gründe, einzig die Form A für geeignet zu halten. Mehr noch: Ob ein Ausdruck der Form A eine Norm ist, entscheidet nicht allein seine Struktur, sondern auch der Inhalt von ‚p‘ und dessen Zusammenhang mit den Verhaltensnormen der Adressaten des Satzes. Um sich davon zu überzeugen, genügt es, die folgenden Aussagen zu vergleichen:

(1a) *Wenn der Student zur Prüfung kommt, dann soll er sein Studienbuch bei sich haben.*

(1b) *Falls ich nicht irre, soll der Student dem Prüfenden sein Studienbuch vorlegen.*

(2a) *Wenn an der Abteiltür das Zeichen einer durchgestrichenen Zigarette angebracht ist, dann ist im Abteil das Tabakrauchen verboten.*

(2b) *Wenn die Aufschriften noch gültig sind, dann ist in diesem Warteraum das Tabakrauchen verboten.*

(3a) *Wenn das Kind in Begleitung Erwachsener ist, dann ist erlaubt, daß es den Fahrstuhl benutzt.*

(3b) *Wenn der Lehrer gute Laune hat, dann ist es den Kindern erlaubt, auf dem Sportplatz zu spielen.*

Die mit dem Buchstaben ‚a' versehenen Aussagen sind bedingte Normen. In jedem dieser Konditionalsatzgefüge — ob sie exekutive Kraft haben oder nicht — informiert das Vorderglied den Adressaten, unter welchen Umständen die im Nachglied angegebene Verhaltensweise für ihn obligatorisch, verboten oder erlaubt ist. Im Gegensatz dazu sind die mit dem Buchstaben ‚b' versehenen Aussagen überhaupt keine Normen. Einzig das Nachglied formuliert hier eine bestimmte Norm, das Vorderglied beschränkt aber den Bereich des Gebotes, des Verbotes oder der Erlaubnis nicht auf bestimmte Situationen — wie das in bedingten Normen der Fall ist. Im Beispiel (1b) ist die Pflicht, sein Studienbuch vorzulegen, nicht davon abhängig, ob sich jemand irrt oder nicht. In den Beispielen (2b), (3b) zeigt das Vorderglied dem Adressaten nicht an, unter welchen Bedingungen er sich auf bestimmte Weise verhalten soll oder darf. Es informiert nur, woran man erkennt, ob die im Nachglied gegebene Norm exekutive Kraft hat.

Wie man sieht, gibt die Form **A** (wenn p, so $\mathbf{D}q$) keine Garantie, daß wir es mit einer Norm zu tun haben. Man muß deshalb in der Symbolik bedingte Normen von Konditionalsatzgefügen, die gar keine Normen sind, unterscheiden. Mit Rücksicht darauf, daß in ersteren die Bedingung ein Teil der Norm ist und in den zweiten nicht, nehmen wir die Form **B** ($\mathbf{D}$: wenn p, so q) für die ersten (d. h. die bedingten Normen) und **A** für die anderen. Da unser Ziel der Aufbau der deontischen Logik im engeren Sinne — nicht einer Normenlogik — ist, werden wir Ausdrücke der Form $\mathbf{O}(p \to q)$, $\mathbf{P}(p \to q)$, $\mathbf{F}(p \to q)$ als „*Entsprechend dem Kodex* $\mathcal{K}$, *wenn p, so ist q obligatorisch*", „*Entsprechend dem Kodex* $\mathcal{K}$, *wenn p, so ist q zulässig*" bzw. „*Entsprechend dem Kodex* $\mathcal{K}$, *wenn p, so ist q verboten*" lesen, wobei die *Entsprechung* darauf beruht, daß die betreffende Norm zum Kodex $\mathcal{K}$ gehört.

Wir fügen hinzu, daß, entgegen WEINBERGERS Befürchtungen, beim Arbeiten mit dem Ausdruck ‚$\mathbf{O}(p \to q)$', zwischen Sätzen über bedingte Normen und solchen Sätzen unterschieden werden kann, die folgende Form haben:

wenn p sein soll, so q,
wenn p sein soll, so soll q sein.

Für die ersten haben wir nämlich den Ausdruck ‚$\mathbf{O}p \to q$' und für die zweiten ‚$\mathbf{O}p \to \mathbf{O}q$'. Was das dritte Postulat WEINBERGERS angeht, so können wir ihm ohne zu zögern zustimmen. Natürlich sind bedingte Normen auch Normen und — fügen wir noch hinzu — Sätze über bedingte Normen sind Sätze über Normen.

5.4.5. *Das Standardsystem deontischer Logik und seine Paradoxe*

Wie die Autoren der „Einleitung" zu HILPINEN [1971] schrieben, enthält die Mehrheit der Systeme deontischer Logik das System der Theorie OS VON WRIGHTS. Diese Feststellung ist bis auf den heutigen Tag richtig. Der axiomatische Kalkül der Theorie OS enthält zwei Axiome, denen viele Autoren noch ein drittes hinzufügten. Der auf diese Weise entstandene axiomatische Kalkül wurde von B. HANSSON ‚*Standardsystem deontischer Logik*', kurz SDL, genannt. Dieses System wurde der Bezugspunkt in Vergleichen und Diskussionen. Auch für uns wird es diese Rolle haben, weshalb wir es hier etwas eingehender beschreiben wollen.

Ausdruck der Sprache des Systems SDL ist jede Zeichenreihe H (und keine weiteren), die eine der beiden Bedingungen erfüllt:

1. H hat die Form $\mathbf{P}G$, wobei G Ausdruck der klassischen Aussagenlogik ist, und ‚$\mathbf{P}$' wird gelesen: „*es ist erlaubt, daß*".

2. Wenn H, G Ausdrücke von SDL sind, dann gehören auch $\sim H$, $H \vee G$, $H \wedge G$, $H \to G$, $H \equiv G$ zur Ausdrucksmenge von SDL.

Die Symbole, $\sim$, $\vee$, $\wedge$, $\to$, $\equiv$ lesen wir in dieser Reihenfolge: „*es ist nicht wahr, daß*", „*oder*", „*und*", „*wenn ... dann*", „*genau dann, wenn*".

Wie man aus der induktiven Definition ersieht, sind weder die Iteration des deontischen Junktors noch sogenannte „gemischte“ Ausdrücke, wie z. B. $p \rightarrow \mathbf{P}q$, in denen ein Argument des Junktors deontisch ist und das andere nicht, möglich.

Die *Axiomatik* des Systems **SDL** kann aus folgenden Ausdrücken bestehen:

A1. $\mathbf{P}(p \vee q) \equiv \mathbf{P}p \vee \mathbf{P}q$

A2. $\mathbf{P}(p \vee \sim p)$

A3. $\sim\mathbf{P}(p \wedge \sim p)$

sowie aus allen Ausdrücken, die durch Einsetzung von Ausdrücken der Sprache des Systems **SDL** in Sätze der klassischen Aussagenlogik entstehen.

Weiter definiert man:

D1. $\mathbf{O}p \equiv \sim\mathbf{P} \sim p$

D2. $\mathbf{F}p \equiv \sim\mathbf{P}p$

wobei das Symbol ‚**O**‘ als: „*es ist obligatorisch, daß*“ und das Symbol ‚**F**‘ als: „*es ist verboten, daß*“ gelesen wird.
Schlußregeln des Systems sind: die Einsetzungsregel, die Abtrennungsregel, die Ersetzungsregel für in **SDL** oder in der klassischen Aussagenlogik äquivalente Ausdrücke sowie die Regel der definitorischen Ersetzung.

Der Hauptnachteil des Systems besteht darin, daß sich in ihm gewisse Sätze beweisen lassen, die bei üblicher Deutung der deontischen Junktoren paradox erscheinen. Dies deutet darauf hin, daß die Bedeutung, die in diesem System die deontischen Junktoren erhalten, grundsätzlich von deren Bedeutung in natürlichen Sprachen verschieden ist. Aus diesem Grund eignet sich das System nicht für praktische Anwendungen auf dem Gebiet der Jurisprudenz, der Ethik oder anderer normativer Disziplinen. Sehen wir uns diese paradoxen Sätze näher an.

PT1. $\sim\mathbf{P}p \rightarrow \mathbf{O}(p \rightarrow q)$.

Bereits 1954 machte A. N. PRIOR darauf aufmerksam, daß im Sinne dieser These die Verwirklichung eines verbotenen Zustandes p zu allem Möglichen verpflichtet, insbesondere zu jeder Handlung. Anhand dieser Beobachtung formulierte GUMAŃSKI [1975a] folgendes Beispiel einer paradoxen Anwendung von PT1:

Da es unzulässig ist, daß ein Bürger eine staatliche Kasse bestiehlt ($\sim\mathbf{P}p$), *ist obligatorisch, daß, wenn er eine solche verbrecherische Handlung begangen hat, die Staatsorgane ihm verzeihen und die Direktion ihn sogar belohnt* ($\mathbf{O}(p \rightarrow q)$).

Prior selbst unternahm einen — mißlungenen — Versuch, den Satz PT1 zu verteidigen. Sich auf die Äquivalenz ‚$p \rightarrow q \equiv \sim(p \wedge \sim q)$ stützend, sah er nämlich ‚$\mathbf{O}(p \rightarrow q)$' als zu ‚$\mathbf{O} \sim (p \wedge \sim q)$' äquivalent an und interpretierte letzteren Ausdruck als: „*Wir sind verpflichtet, nicht p zu tun und dabei q zu unterlassen*", wodurch nach seiner Überzeugung ein recht natürlich aus $\sim\mathbf{P}p$ folgender Gedanke ausgedrückt wurde. Prior hat allerdings den Umstand übersehen, daß die in den dem Ausdruck ‚$\mathbf{O} \sim (p \wedge \sim q)$' entsprechenden Normen formulierten Pflichten selbst bei der von ihm suggerierten Interpretation nicht nur erfüllt werden können, indem man die Realisierung des Zustandes p unterläßt, sondern auch, indem man den Zustand q hervorbringt. Wenn demnach der Kassierer den Diebstahl begeht (p), so sollte ihn die Direktion trotzdem belohnen (q). Man könnte uns zwar den Vorwurf machen, daß wir im Nachglied der These den Adressaten der Norm geändert haben, von dem im Vorderglied die Rede war: das Verbot bezieht sich auf den Kassierer, die Pflicht fällt der Direktion zu. Allerdings betreffen die Sätze von SDL, wie einige meinen, nur einen Adressaten. Außerdem können wir unser Beispiel mit Leichtigkeit umarbeiten, indem wir für ‚q' den Satz nehmen: ‚*die Hälfte des gestohlenen Geldes zahlt er auf das Privatkonto des Direktors ein.*' Auch auf diese Weise bleibt unser Paradoxon bestehen.

Außerdem — das soll gleich unterstrichen werden — ruft die von Prior angewandte, wenngleich in SDL zulässige, Operation der äquivalenten Umformung des Arguments des deontischen Junktors, die hier vom Ausdruck ‚$\mathbf{O}(p \rightarrow q)$' auf den Ausdruck ‚$\mathbf{O} \sim (p \wedge \sim q)$' führte, prinzipielle Zweifel hervor. Die Konjunktion ist nämlich, im Unterschied zur Implikation, symmetrisch. Wenn auch im vorliegenden Fall sowohl das Glied ‚p' als auch ‚q' Sätze über menschliche Handlungen oder die Unterlassung menschlicher Handlungen sind, so muß in bedingten Normen im allgemeinen die Bedingung nicht vom Menschen abhängen, insbesondere nicht Ergebnis seiner Handlungen sein. Betrachten wir die Norm: ‚*Wenn es regnet, sollen die Schüler nicht im Freien Sport machen.*' Die Bedingung, unter der die Pflicht wirkt, ist Regenwetter, worauf — zumindest bisher — der Mensch keinen Einfluß hat. Wenn wir diese Norm nach Priors Muster umgestalten, so klingt sie absurd: ‚*Es ist obligatorisch, daß nicht Regen gemacht und das Nicht-Sporttreiben der*

Schüler im Freien unterlassen wird." Selbst wenn wir eine weniger drastische Interpretation hernehmen: „*Es ist obligatorisch, daß es nicht gleichzeitig regnet und die Schüler im Freien Sport machen*', so verschwimmt der Unterschied völlig, was hier Bedingung ist und was bedingt.

Kommen wir aber auf die paradoxen Sätze von SDL zurück.

PT2. $\mathbf{P}(p \wedge q) \rightarrow \mathbf{P}p \wedge \mathbf{P}q$.

R. N. McLaughlin [1955] gab ein solches Gegenbeispiel: *Daraus, daß man in der Öffentlichkeit spazierengehen und bekleidet sein kann, folgt nicht, daß man öffentlich ohne Kleidung spazieren darf.* Das Beispiel war vielleicht nicht besonders glücklich gewählt, aber der paradoxe Charakter des Satzes offensichtlich, und er wird noch deutlicher, wenn man bedenkt, daß aus ihm unmittelbar der Satz folgt:

PT2a. $\mathbf{P}(p \wedge q) \rightarrow \mathbf{P}p$,

gegen den in Gumański [1975a] folgendes Schlußbeispiel gegeben wurde: *Wenn es erlaubt ist, den Gashahn zu öffnen und unmittelbar danach das Gas anzuzünden, so ist es eben gestattet, den Gashahn zu öffnen — unabhängig davon, was man sonst noch tut.* Es gibt aber keine unbedingte Erlaubnis, Gashähne zu öffnen. Wenn es an dem wäre, so würde die gute Energiequelle im Haushalt zu einer viel größeren Gefahr, als das gegenwärtig der Fall ist. Oft ist es so, daß manche Tätigkeiten nur dann erlaubt sind, wenn sie gekoppelt ausgeführt werden, d. h. gleichzeitig oder hintereinander. Dann steht dem nichts entgegen, daß gleichzeitig eine Norm exekutive Kraft hat, die die Realisierung der einen Tätigkeit verbietet, sofern nicht die andere ausgeführt wird. Deshalb können die Normen: ‚*Es ist erlaubt, daß man den Gashahn öffnet und danach das Gas anzündet*' ($\mathbf{P}(p \wedge q)$) und ‚*Wenn man danach das Gas nicht anzündet, so ist es verboten, daß man den Gashahn öffnet*' ($\mathbf{F}(\sim q \rightarrow p)$) in einem Kodex harmonisch koexistieren.

In der Tat sind diese Normen nicht stark inkompatibel und sogar nicht einmal schwach inkompatibel, denn wenn man sowohl das Gashahnöffnen wie auch das Gasanzünden realisiert (die Zustände p und q), so verletzt der Adressat nicht das bedingte Verbot, welches nur dann zur Anwendung kommt, wenn das Gasanzünden nicht stattfindet (der Zustand q nicht eintritt). Im Gegenteil, wenn wir in der deontischen Logik die These PT2 oder PT2a als Satz nähmen, so würde zwischen Erlaubnissen der Form $\mathbf{P}p$ und bedingten Verboten der Form $\mathbf{F}(\sim q \rightarrow p)$ schwache Inkompatibilität bestehen. Damit würden wir kraft der Logik festlegen, daß der entsprechende Kodex als schwach inkompatibel angesehen werden muß. Auf diese Weise würden wir aber gegen das Nichteinmischungsprinzip verstoßen, welches verlangt, die Logik solle weder die Kompatibilität noch die (starke oder schwache) Inkompatibilität der von ihr behandelten Kodexe voraussetzen.

McLaughlin machte auf den paradoxen Charakter einer weiteren These von SDL aufmerksam:

PT3. $\mathbf{O}p \wedge \mathbf{O}(p \rightarrow q) \rightarrow \mathbf{O}q$.

Hier das in Ziemba [1971] gegebene Gegenbeispiel: *Ich müßte dienstlich verreisen und bin verpflichtet, wenn ich fahre, eine Fahrkarte zu kaufen. Warum aber sollte ich eine Fahrkarte kaufen, wo ich doch meiner Reiseverpflichtung nicht nachkomme?* In der Tat, aus der bedingten Gültigkeit von q folgt keineswegs die unbedingte (absolute) Gültigkeit von q, selbst dann nicht, wenn die Bedingung p die Erfüllung einer Pflicht ist. Eine Voraussetzung der Form $\mathbf{O}p$ garantiert nicht, daß die Pflicht je erfüllt wird, und um so weniger, daß sie stets erfüllt sein wird, daß also der Zustand p ununterbrochen andauert. Nur dann aber, wenn dieser Zustand tatsächlich eingetreten ist, wird die Erfüllung des Zustandes q obligatorisch. Wenn also der Zustand p nicht ewig ist – wie das in der Regel der Fall ist, wo es um menschliches Verhalten und dessen Resultate geht – dann hat die Pflicht, den Zustand q herzustellen, ausschließlich bedingten Charakter, nicht aber absoluten.

Zu den am häufigsten diskutierten Thesen von SDL gehört das sogenannte Paradoxon von A. Ross:

PT4. $\mathbf{O}p \rightarrow \mathbf{O}(p \vee q)$.

In seiner ersten Version wurde das Gegenbeispiel von A. Ross für die Logik der Imperative formuliert, es läßt sich jedoch leicht so umarbeiten, daß es der These PT4 entspricht: *Wenn der Sekretär einen Brief abschicken soll, so soll er ihn abschicken oder verbrennen.* In nicht enden wollenden Streitgesprächen zu diesem Thema kamen sowohl die zahlreichen Verteidiger der These zu Wort wie auch ihre Gegner. Unter den ersten kann man G. Kalinowski [1972], B. Hansson [1969], R. Hilpinen [1971], Z. Ziemba [1983] nennen. Zur zweiten Gruppe gehören u. a. O. Weinberger [1970], [1985], G. H. v. Wright [1968], H. Keuth [1974], L. Gumański [1975a]. Wenn man den Verlauf der Diskussion verfolgt, so bemerkt man schnell das Durcheinanderwerfen von Begriffen und Problemen, insbesondere einerseits des Erfüllens einer Norm und andererseits ihrer exekutiven Kraft. Es traten unterschiedliche Auffassungen einer alternativen Pflicht zutage – dem werden wir uns unten etwas ausführlicher widmen. Man machte darauf aufmerksam, daß der den Brief verbrennende Sekretär die Pflicht, ihn abzuschicken, verletzt. Man kann Ross' Beispiel jedoch modifizieren: *Wenn es obligatorisch ist, einen fremden Brief abzuschicken* ($\mathbf{O}p$), *so muß man ihn abschicken oder an den Adressaten schreiben, daß alles in diesem Brief falsch ist* $(\mathbf{O}(p \vee q))$. Bei einer solchen Formulierung verletzt eine Person, die den Brief abschickt und dem Adressaten schreibt, also die Zustände p und q herstellt, ihre Pflicht keineswegs. Die Alternative ‚$p \vee q$' schließt ja die Wahrheit beider Glieder nicht aus und die Norm ‚$\mathbf{O}(p \vee q)$' gibt keinen Hinweis, welches der Glieder zu wählen ist.

Nach dem Transpositionsgesetz erhält man aus der These PT2a die These:

PT5. $\sim\mathbf{P}p \rightarrow \sim\mathbf{P}(p \wedge q)$,

die da lautet, daß ein verbotener Zustand p selbst dann nicht realisiert werden darf, wenn man gleichzeitig eine Handlung ausführt, die die im Zustand p entstandene Situation bereinigt oder mildert. Demnach folgt aus dem Umstand, daß es verboten ist, einen Menschen zu schlagen ($\sim\mathbf{P}p$), das Verbot, daß jemand dies tut und andere Menschen den Geschlagenen in Schutz nehmen $(\sim\mathbf{P}(p \wedge q))$. Diese Konklusion bringt die Zeugen eines rowdyhaften Überfalls in eine schwierige Situation, da ihre Einmischung einen verbotenen Zustand hervorbringen würde ($p \wedge q$). Dies ist das sogenannte *Paradoxon des guten Samariter*, das man zum sogenannten *Räuberparadoxon* umgestalten kann, wenn die Zustände p und q von einer Person realisiert werden. Wenn jemand beispielsweise in starker Erregung einen anderen geschlagen hat, also das Verbot zu schlagen ($\sim\mathbf{P}_p$) gebrochen hat, so darf er den anderen nach Abklingen der Leidenschaften nicht um Entschuldigung bitten oder ihm eventuelle Hilfe erweisen, da er auf diese Art das zweite Verbot $(\sim\mathbf{P}(p \wedge q))$ übertreten würde.

Mehr noch, durch Einsetzen von ‚$\sim q$' für ‚q' erhält man aus der These PT5 die These:

PT5a. $\sim\mathbf{P}p \rightarrow \sim\mathbf{P}(p \wedge \sim q)$,

die darauf verweist, daß die Zeugen eines Rowdyüberfalls auch dann gegen ein Verbot verstoßen, wenn sie nicht intervenieren, dann nämlich tragen sie zur Realisierung eines ebenfalls unzulässigen Zustandes ($p \wedge \sim q$) bei. Ganz ähnlich übertritt derjenige ein Verbot, welcher einen

Geschlagenen nicht um Entschuldigung bittet. Wie man sieht, stellt das System SDL jeden, der etwas Verbotenes getan hat, in eine ausweglose Situation. Wenn Du irrtümlich das linke Blinklicht eingeschaltet hast, wobei Du mit dem Auto rechts abbiegen willst, so handelst Du falsch, wenn Du Deinen Irrtum korrigierst (gemäß PT5) wie auch dann, wenn Du ihn nicht korrigierst (nach PT5a).

Einen paradoxen Charakter bemerkte man auch (vergleiche die „Einleitung“ zu HILPINEN [1971]) bei der These:

PT6. $\mathbf{P}p \to \mathbf{P}(p \vee q)$.

Wenn jemand rauchen darf, so darf er auch rauchen oder andere Leute totschlagen. Das übliche Verständnis alternativer Erlaubnisse läßt dem Adressaten die Wahl der Alternativglieder frei. Wenn es an der Kreuzung erlaubt ist, nach rechts abzubiegen oder nach links, so ist jede Wahl der Fahrtrichtung zulässig. Analog läßt die Erlaubnis des Rauchens oder Totschlagens das Totschlagen zu.

In der Arbeit GUMAŃSKI [1975a] wurde auf eine Reihe weiterer in SDL vorkommender paradoxer Thesen hingewiesen. Es sind dies:

PT7. $\mathbf{O}p \vee \mathbf{O}q \to \mathbf{O}(p \vee q)$

PT8. $\mathbf{P}p \vee \mathbf{P}q \to \mathbf{P}(p \vee q)$

PT9. $\mathbf{P}(p \wedge q) \to \mathbf{P}(p \vee q)$

PT10. $\mathbf{P}(p \to q) \to (\mathbf{O}p \to \mathbf{P}q)$

PT11. $\sim\mathbf{P}p \to \mathbf{P}(p \to q)$

PT12. $\mathbf{O}p \to \mathbf{P}(p \vee q)$

PT13. $\mathbf{O}p \vee \mathbf{O}q \to \mathbf{P}(p \vee q)$

Wir besprechen sie der Reihe nach.

Das Vorderglied der Implikation PT7 kann u. a. in Situationen wahr sein, in denen entsprechend eines gegebenen Kodex p obligatorisch ist und q verboten. Das Nachglied dagegen suggeriert gewissermaßen, daß es eine Auswahl zwischen dem Zustand p und dem Zustand q gibt. Die alternative Pflicht überläßt es nämlich – ähnlich wie die alternative Erlaubnis – dem Adressaten, welchen der alternativen Zustände (welche Verhaltensweisen) er realisiert. In der betrachteten Situation gibt es dagegen überhaupt keine Wahl, da einer der Zustände verboten ist. Wir bemerken, daß jedes Gegenbeispiel für die These PT4 sich leicht zu einem für die These PT7 machen läßt.

Nach dem, was wir hier über PT7 gesagt haben, müßte klar sein, worauf der paradoxe Charakter der These PT8 beruht. Wenn der Sachverhalt p zulässig ist, so kann gleichzeitig der Zustand q verboten sein, entgegen der Suggestion des Nachgliedes der These gibt es also keinerlei freie Auswahl des Vorgehens.

Hier nun ein in GUMAŃSKI [1975a] gegebenes Gegenbeispiel für die These PT9. *Es ist erlaubt, daß der Kassierer Gelder aus der Kasse des Unternehmens entnimmt und sie auf das Konto ebendieses Betriebes einzahlt. Demnach ist es* im Sinne von PT9 *ebenfalls gestattet, Gelder aus der Kasse zu nehmen oder sie auf das Konto einzuzahlen.* Und da ihm die Alternative Möglichkeiten der Auswahl eröffnet, kann der Kassierer einfach Geld entnehmen, sogar dann, wenn er vorhat, dieses zu veruntreuen.

Z. ZIEMBA [1983, S. 197] verteidigt die These PT9, und obwohl er zugibt, daß sie ungültig (unrichtig) für die ausdrückliche Erlaubnis (die expressis verbis im Kodex vorkommt) ist, bemüht er sich, die Fehlerhaftigkeit obigen Gegenbeispiels für den Fall nachzuweisen, daß man ‚*Erlaubnis*' als gleichbedeutend mit ‚*Verneinung des Verbotes*' versteht. Er meint nämlich, daß die Direktion sicherlich eine Norm aufstellt, die es dem Kassierer untersagt, Geld aus der Kasse zu entnehmen, ohne es anschließend auf das Konto einzuzahlen. Die Direktion kann dagegen keine allgemeine Norm, die Geldentnahmen aus der Kasse verbietet, aufstellen, und demnach ist es dem Kassierer erlaubt (weil es nicht verboten ist), Geld aus der Kasse zu entnehmen.

Wie man sieht, besteht ZIEMBAS Argumentation darin, die Möglichkeit zu bestreiten, alternative Erlaubnisse so aufzufassen, daß diese die Wahl zwischen den alternativ angebotenen Verhaltensweisen offenlassen. Er begründet dies damit, daß ein Glied der Alternative durch eine andere Norm verboten sein kann. Diese Art der Argumentation trifft man recht häufig, sie verdient deshalb Beachtung. Die Bedeutung von Normen, z. B. $\mathbf{P}(p \vee q)$ oder $\mathbf{O}(p \vee q)$, kann nicht davon abhängen, ob p, q erlaubte, verbotene oder obligatorische Zustände sind. So, wie der Sinn des Alternators im Satz der Form $p \vee q$ unverändert bleibt (obgleich der Wert des Satzes sich ändern kann), wenn anstelle eines wahren Gliedes ein falsches eingesetzt wird, so hängt der Sinn der alternativen Erlaubnis (Pflicht) nicht davon ab, ob im jeweiligen Kodex die Zustände p, q erlaubt oder verboten sind (obwohl das für die exekutive Kraft der Norm entscheidend sein kann). Damit ist für die Bedeutung der Norm ‚*Es ist erlaubt, das der Kassierer Gelder aus der Kasse entnimmt oder sie auf das Konto des Betriebs einzahlt*' belanglos, daß die Direktion vergaß, das Geldabheben ohne nachfolgende Kontoeinzahlung zu verbieten.

In der natürlichen Sprache läßt die alternative Erlaubnis oder Pflicht einfach immer die Freiheit der Wahl. Wer dem widerspricht, operiert mit irgendeinem von Theoretikern erdachten Begriff oder einem solchen, der aufgrund ungenauer Sprachanalyse erstellt wurde. ZIEMBA schreibt an anderer Stelle (ZIEMBA [1983, S. 189]) selbst: „Es ist eine Tatsache, daß beispielsweise in der juristischen Sprache das Wort ‚*erlaubt*' u. a. im Sinne ‚*mittels einer erlaubenden Norm ausdrücklich gestattet*', aber auch im Sinne von ‚*indifferent*' (weder verboten, noch obligatorisch – L. G.) und im Sinne ‚*nicht verboten*' gebraucht wird." Was bedeutet das? Es zeigt, daß in der juristischen Sprache – die der Umgangssprache sehr nahesteht – der Begriff der Erlaubnis all diese drei Fälle umfaßt. Diese Beobachtung darf auf die alternative Erlaubnis, wie auch auf die alternative Pflicht ausgeweitet werden. Eine Norm der Gestalt $\mathbf{P}(p \vee q)$ oder $\mathbf{O}(p \vee q)$ läßt zu, daß p, q indifferente Zustände sind, daß also gleichzeitig $\mathbf{P}p$ und $\mathbf{P} \sim p$, $\mathbf{P}q$ und $\mathbf{P} \sim q$ gelten, d. h. sie läßt die Auswahl der Verhaltensweisen zu. Wenn dem nicht so wäre, so würde der Kraftfahrer, nachdem er an eine Kreuzung mit einem Gebotszeichen für Links- oder Rechtsabbiegen herangefahren ist (das Zeichen enthält ein Gebot, erteilt aber auch eine Erlaubnis), nicht entscheiden können, welche Richtung er einschlagen darf (denn wenn nun plötzlich das Linksabbiegen durch eine zusätzliche Norm verboten wäre?). Z. ZIEMBA könnte hier einwenden, daß die Erlaubnis (und sogar die Pflicht) in diesem Falle eine ausdrückliche ist. Aber im umgangssprachlichen Begriff der Erlaubnis oder der Pflicht gibt es eben keinen Unterschied, ob die Erlaubnis (die Pflicht) ausdrücklich ist, oder nur von anderen Normen abgeleitet.

Die nächste These PT10 hat einen Kommentar, der dem zur These PT3 gegebenen sehr ähnlich ist. Die in der Norm aufgeführte Pflicht der Form $\mathbf{O}p$ muß nicht allgemein erfüllt sein und insbesondere ist es höchst zweifelhaft, ob sie ständig erfüllt wird. Demnach gibt es keinen Grund zu glauben, daß die Bedingung für die Zulässigkeit des Zustandes q ununterbrochen erfüllt ist. Nur in diesem Fall aber könnte man annehmen, daß q absolut zulässig ist. Wir illustrieren das an einem in GUMAŃSKI [1975a] gegebenen Beispiel. *Es ist erlaubt, daß, wenn ein Vater seine unmündigen Kinder erzieht, er für diese Kindergeld einnimmt.* Kann man daraus folgern, daß die Konklusion ‚*Wenn es die Pflicht des Vaters ist, seine unmündigen Kinder zu erziehen, so darf er das Kindergeld einnehmen*' berechtigt ist? Wir stimmen zu, daß es in unserem Moralkodex Pflicht des Vaters ist, seine Kinder zu erziehen. Warum aber sollten wir anerkennen, daß zu diesem Kodex die absolute Erlaubnis, Kindergeld zu erhalten, gehört, da uns doch bekannt ist, daß mancher Vater seiner

Pflicht nicht nachkommt und die Erziehung seiner Kinder vernachlässigt?

Was die Thesen PT11, PT12, PT13 angeht, so erhält man sie jeweils aus den Thesen PT1, PT4, PT7 durch Anwendung der SDL-These ‚$\mathbf{O}p \rightarrow \mathbf{P}p$' und des klassischen aussagenlogischen Satzes des hypothetischen Syllogismus. Es ist also nicht verwunderlich, daß die Gegenbeispiele für die Thesen PT1, PT4, PT7 sich leicht in solche für die Thesen PT11 bis PT13 umwandeln lassen.

A. SIDORSKY [1965] und vor allem O. WEINBERGER [1970], [1985] bemühten sich zu zeigen, daß die These

PT14. $\mathbf{O}(p \wedge q) \rightarrow \mathbf{O}p \wedge \mathbf{O}q$

paradox ist. WEINBERGER weist nämlich darauf hin, daß eine im Kodex festgehaltene Pflicht — nennen wir sie ‚*konjunktive Pflicht*' —, gewisse Tätigkeiten gemeinsam auszuführen ($\mathbf{O}(p \wedge q)$), nicht ausschließt, daß zum selben Kodex eine die Ausführung nur einer dieser Tätigkeiten verbietende bedingte Norm gehört. Es kann also eine analoge Situation (nur eben die Pflichten, nicht die Erlaubnisse betreffend) eintreten, wie die bei der Besprechung des paradoxen Charakters von PT2 beschriebene.

WEINBERGER gibt folgende Beispiele: Erstens: 1° *Im Dampfkessel ist ein entsprechender Wasserstand einzuhalten und der Kessel ist zu heizen* ($\mathbf{O}(p \wedge q)$) und außerdem 2° *wenn die Wasserfüllmenge unter den entsprechenden Wert absinkt, dann ist der Kessel nicht zu heizen* ($\mathbf{O}(\sim p \rightarrow \sim q)$ — WEINBERGER stellt diese Norm zwar, entsprechend seinen Ansichten, in der Form $\sim p \rightarrow \mathbf{O} \sim q$ dar, aber wir hatten schon oben erklärt, daß die Form $\mathbf{O}(\sim p \rightarrow \sim q)$ die bessere ist). Wenn demnach der Wasserstand nicht ausreichend ist, also der Zustand p nicht gegeben ist, so ist nach der bedingten Norm (2°) das Heizen des Kessels (die Tätigkeit q) verboten. Die konjunktive Norm (1°) zieht aber nach PT14 eine Norm nach sich, die die absolute Pflicht, den Kessel zu heizen, beinhaltet. Es entsteht also eine Inkompatibilität (wir fügen hinzu: eine starke) der Pflichten. Das zweite Beispiel: *Es wird verlangt, die Zentralheizung aufzudrehen und die Fenster zu schließen. Es gilt auch, daß bei geöffneten Fenstern die Heizung nicht aufzudrehen ist.* Somit zeigt man auf Grundlage der These PT14 wieder leicht die absolute Pflicht, die Zentralheizung aufzudrehen, was im Fall geöffneter Fenster zu einer Kollision der Pflichten führt.

WEINBERGER unterstreicht, daß gemeinsames Auftreten von Normen dieses Typs, wie in obigen Beispielen (einer konjunktierten Norm und einer bedingten Norm), häufig ist und von niemandem als unzulässig angesehen wird. In der Tat, wir können ein konkretes Beispiel aus der Straßenverkehrsordnung hinzufügen. Beim Wechsel der Fahrspur sind die Fahrzeugführer Adressaten zweier Normen: 1° *Es ist* (p) *rechtzeitig die Absicht, die Spur zu wechseln, anzuzeigen und* (q) *die Spur zu wechseln, nachdem man sich überzeugt hat, niemanden zu behindern.* 2° *Wenn* ($\sim p$) *die Absicht des Spurwechsels nicht angezeigt wurde, so darf man* ($\sim q$) *selbst dann nicht die Spur wechseln, wenn man sich überzeugt hat, niemanden zu behindern.* Wenn man in der deontischen Logik die These PT14 anerkennt und dazu noch die Thesen ‚$\mathbf{O}(p \wedge q) \rightarrow \mathbf{O}p$', ‚$\mathbf{O}(p \wedge q) \rightarrow \mathbf{O}q$', so muß man entweder voraussetzen, daß es im Kodex keine bedingten Normen gibt, die die Tätigkeit $p(q)$ verbieten, falls nicht die Tätigkeit $q(p)$ ausgeführt wurde — und eine solche Voraussetzung wäre eine unzulässige Beschränkung der Allgemeinheit der logischen Theorie — oder aber sich mit der Möglichkeit abfinden, daß im Kodex derartige bedingte Normen vorkommen und somit auch mit der Konsequenz, daß sich kraft der logischen Gesetze die starke Inkompatibilität des Kodex nachweisen läßt — dies aber kollidiert mit dem von uns postulierten Prinzip der Nichteinmischung. Aus diesen Gründen halten wir es jerzr (im Gegensatz zu GUMAŃSKI [1975b]—[1983]) für richtig, PT14 zu den paradoxen Thesen von SDL zu zählen, um so mehr, als ein vorteilhaftes Ergebnis dieser Entscheidung die Hervorhebung des semantischen Unterschiedes zwischen den Ausdrücken ‚$\mathbf{O}(p \wedge q)$', ‚$\mathbf{O}p \wedge \mathbf{O}q$' ist.

Mehr noch, als paradox muß auch die zu PT14 entgegengesetzte Implikation gelten:

PT15. $\mathbf{O}p \wedge \mathbf{O}q \rightarrow \mathbf{O}(p \wedge q)$,

obwohl diese auf den ersten Blick ganz „unschuldig" erscheinen könnte. Sätze über konjunktive Pflichten unterscheiden sich von Konjunktionen von (unbedingten) Pflichtsätzen dadurch, daß die ersten Verhaltensweisen betreffen, die zur Entstehung von auf gewisse Weise miteinander verbundenen Sachverhalten führen — insbesondere derart, daß bei Nichtrealisierung eines dieser Sachverhalte die Verwirklichung des anderen unerwünscht oder gar verboten sein kann. In einer Konjunktion können Pflichtsätze stehen, die voneinander völlig unabhängig sind und die zu ebenso unabhängigen Zuständen führen, mithin wäre es ein Unsinn, eine dieser obligatorischen Verhaltensweisen zu verbieten, falls die zweite nicht realisiert wurde. Beispiele konjunktiver Pflichten hatten wir schon kennengelernt. Betrachten wir nun ein Beispiel für eine Konjunktion von Sätzen über unbedingte Pflichten. Nach einem ziemlich verbreiteten Moralkodex gilt, daß ein Mann seine Ehefrau achten soll. Es gilt auch, daß er seine Eltern achten soll. Welchen Sinn hätte eine bedingte Norm, die verbietet, seine Eltern zu schätzen, wenn man aus irgendwelchen Gründen seine Frau nicht achtet (oder umgekehrt)? Die These **PT**15 suggeriert eben, daß aus zwei Sätzen über beliebige – und insbesondere völlig unabhängige – Pflichten ein Satz folgt, der die Pflicht der gemeinsamen Realisierung beider verbindlichen Verhaltensweisen fordert – wobei unausgesprochen dahinter steht, daß mit dem Verbot, nur eine der beiden Handlungen zu realisieren, gerechnet werden muß. Die nach dieser These abgeleitete Schlußfolgerung ist hinsichtlich der Prämisse völlig unberechtigt, denn es geht über das hinaus, was in der Prämisse gesetzt wurde.

Mit den hier aufgeführten Thesen **PT**1–**PT**15 ist die Liste der paradoxen Thesen von **SDL** nicht vollständig. Vor allem lassen sich zwei von ihnen (**PT**8, **PT**14), nachdem man sie in die Form einer Äquivalenz gebracht hat, im System **SDL** beweisen, und daher sind auch diese beiden Äquivalenzen paradox. Außerdem kann man aus allen bisher besprochenen paradoxen Thesen weitere erhalten, indem man Ausdrücke der Form $\sim \mathbf{P}H$ durch äquivalente der Form $\mathbf{O} \sim H$ ersetzt oder die Definition **D**1, **D**2 (der Zeichen ‚**O**', ‚**F**') sowie äquivalente Umformungen entsprechend den Regeln des klassischen Aussagenkalküls anwendet oder schließlich, indem man verschiedene Substitutionen für Variable vornimmt. Man muß betonen, daß der paradoxe Charakter der hier besprochenen Thesen von der Interpretation abhängt. Er entsteht dann, wenn die Thesen von **SDL** entsprechend dem üblichen Verständnis der deontischen Junktoren aufgefaßt werden. Man muß allerdings zugeben, daß die mit alternativen Pflichten und Erlaubnissen zusammenhängenden Paradoxa auf der Basis von **SDL** nicht herleitbar sind, weil in dieser Theorie aus Ausdrücken der Form $\mathbf{O}(H \vee G)$, $\mathbf{P}(H \vee G)$ keine Konjunktionen der Form $\mathbf{P}H \wedge \mathbf{P}G$ folgen (sondern die schwächeren $\mathbf{P}H \vee \mathbf{P}G$). Trotzdem zeugt das Auftreten paradoxer Thesen davon, daß sich **SDL** für praktische Anwendungen nicht eignet.

5.4.6. Postulate, die ein deontisches System erfüllen sollte

Eine der Hauptursachen dieses Zustandes ist das Behandeln der in den Argumenten deontischer Junktoren vorkommenden Junktoren, als ob es extensionale Junktoren wären, wobei sie aber faktisch den Charakter intensionaler Junktoren haben. Wir haben schon oben – im Zusammenhang mit der These PT1 – darauf hingewiesen, daß Ausdrücke der Form ‚$\mathbf{O}(p \rightarrow q)$' und ‚$\mathbf{O} \sim (p \wedge \sim q)$' nicht gleichbedeutend sind (obwohl $p \rightarrow q \equiv \sim(p \wedge \sim q)$ Satz der klassischen Aussagenlogik ist); im zweiten gibt es nämlich keinen Unterschied zwischen dem, was die Bedingung ausmacht, und dem, was die bedingte Verhaltensweise darstellt. Ebenso sind die Ausdrücke der Form ‚$\mathbf{O}(p \rightarrow q)$', ‚$\mathbf{O}(\sim p \vee q)$' nicht gleichbedeutend (obwohl $p \rightarrow q \equiv \sim p \vee q$ zu den Sätzen der klassischen Aussagenlogik gehört), weil die zweiten irreführend eine Möglichkeit, zwischen $\sim p$ und q zu wählen, suggerieren.

Vergleichen wir zwei Normen: 1. *Es ist obligatorisch, daß in den Klassen der Unterstufe der Unterricht ausfällt, wenn die Außentemperatur unter* –18 °C *sinkt.* 2. *Es ist obligatorisch, daß die Außentemperatur nicht unter* –18 °C *sinkt oder der Unterricht in den Klassen der Unterstufe ausfällt.* Erscheinungen, die sich der menschlichen Einflußnahme entziehen, können nicht Gegenstand von Normierungen sein. Insbesondere kann man keine sie betreffenden Gebote, Verbote oder Erlaubnisse formulieren. Wir fügen hinzu, daß das Argument des deontischen Junktors in Ausdrücken der Form $\mathbf{O}(H \rightarrow G)$ nicht dem Transpositionsgesetz unterliegt. Aus Sätzen der Form $\mathbf{O}(H \rightarrow G)$ folgen keine Sätze der Form $\mathbf{O}(\sim G \rightarrow \sim H)$. Stellen wir z. B. die Normen gegeneinander: 1. *Es ist obligatorisch, daß bei heranziehendem Gewitter der diensthabende Ingenieur die Sendeantenne abschaltet.* 2. *Es ist obligatorisch, daß bei vom diensthabenden Ingenieur nicht abgeschalteter Sendeantenne kein Gewitter heranzieht.* Die erste dieser Normen zieht ganz und gar nicht die zweite nach sich. Analoge Bemerkungen kann man bezüglich der Argumente von deontischen Junktoren ‚$\mathbf{P}$' sowie ‚$\mathbf{F}$' formulieren. Aus all diesen Gründen muß man im Bereich deontischer Junktoren befindliche Junktoren von den übrigen Junktoren unterscheiden, und den deontischen Junktoren muß man intensionalen Charakter zuerkennen. Dieses Postulat müßte bei der Konstruktion deontischer Systeme berücksichtigt werden, sofern diese praktischen Zwecken in normativen Bereichen dienen sollen.

Das zweite Postulat, dessen Richtigkeit nach dem bisher Gesagten bereits offensichtlich sein sollte, ist die Forderung, wonach das deontische System keine paradoxen Sätze enthält. Dies kann vor allem durch genaueste Analyse der üblichen Bedeutung deontischer Junktoren erreicht werden. Es gibt Forscher, die an der Eliminierbarkeit paradoxer Thesen aus der deontischen Logik zweifeln. Zu ihnen gehört J.-L. Gardies. Er meint, daß die Wurzeln der Paradoxa tief im Gebrauch deontischer

Termini in den indo-europäischen Sprachen zu finden sind (vergleiche GARDIES [1973], S. 165) und daß man sie nicht durch axiomatisierende Eingriffe entfernen kann.

Überdies leitet GARDIES aus der zutreffenden Beobachtung, daß sich in indo-europäischen Sprachen Normen der Form: *‚wenn ∼p, so ist ∼q obligatorisch'*, *‚es ist obligatorisch, daß wenn ∼p, so ∼q'* nicht unterscheiden lassen, die Schlußfolgerung ab, daß aus logischer Sicht die natürliche Sprache nicht buchstäblich zu nehmen ist (vgl. KALINOWSKI, SELVAGGI [1985], S. 135). Diese Schlußfolgerung ist jedoch unbegründet. Leider scheinen manche zeitgenössischen Schöpfer logischer Theorien die schon von SOKRATES empfohlene epagogische Methode, die Bedeutung von Ausdrücken festzustellen, vergessen zu haben. Ihre Verallgemeinerungen erfolgen oft übereilt auf der Basis irgendwelcher Intuitionen oder oberflächlicher Analyse des sprachlichen Materials, oder aber sind direkt ein Element eines intellektuellen Spiels, welches die Frage beantworten soll, was aus gegebenen Voraussetzungen folgt (vgl. HANSSON [1977]). Und wenn sich die solcherart erhaltene Theorie als mit den üblichen Begriffen nicht übereinstimmend erweist, so schreiben manche Schöpfer die Schuld daran nicht ihrer Theorie zu, sondern der natürlichen Sprache. Sie fordern sogar dreist, diese Sprache zu verändern.

Ein solches Vorgehen ist unzureichend. Wir wollen damit nicht sagen, daß die natürliche Sprache nicht mit Mängeln behaftet wäre. Erscheinungen der Unschärfe von Bedeutungen und der Mehrdeutigkeit kommen in der natürlichen Sprache vor. Trotzdem muß die Analyse des sprachlichen Materials so genau wie möglich sein, wenn die logische Theorie praktischen Zwecken dienen soll, vor allem im Bereich der Jurisprudenz oder Ethik, also in Gebieten, in denen die Normen in natürlicher Sprache formuliert werden. Aus diesem Grunde ist die Anwendung semantischer Methoden, die auf mengentheoretische Modelle gestützt sind, für die Feststellung der Adäquatheit von Theorien oft wenig geeignet.

GARDIES [1978] meint, daß die von ihm genutzte Semantik der möglichen Welten klar und einfach Unterschiede zwischen den deontischen Junktoren aufzeigt, die in der natürlichen Sprache verwischt werden. Wir fragen: Auf welcher Grundlage wird behauptet, daß die eingeführten Unterschiede überhaupt etwas mit den üblichen Begriffen gemein haben? Wie stellt man fest, ob das gewählte semantische Modell diejenigen Begriffe adäquat charakterisiert, welche die Theorie behandeln soll? Vermutlich tut man das recht ungenau und ziemlich eigenwillig, da die modelltheoretische semantische Methode nicht vor paradoxen Thesen schützt (vgl. HANSON [1965], BAILHACHE [1977], GARDIES [1983], WOLEŃSKI [1982]).

Wie oberflächlich Analysen des sprachlichen Materials mitunter sind, wird dadurch bezeugt, daß in einem der Systeme aus GARDIES [1973] – wie P. BAILHACHE zeigte – völlig unzulässigerweise die These ‚$\mathbf{O}p \rightarrow p$' vorkam (vgl. BAILHACHE [1977]). Wir fügen hinzu, daß das von GARDIES gewählte Axiom A1 $(p \rightarrow q) \rightarrow (\mathbf{P}p \rightarrow \mathbf{P}q)$ durch Kontraposition in die Implikation $\sim(\mathbf{P}p \rightarrow \mathbf{P}q) \rightarrow \sim(p \rightarrow q)$ übergeht, in der das Vorderglied wahr (wenn $\mathbf{P}p$ wahr und $\mathbf{P}q$ falsch ist) sein kann und das Nachglied falsch, wenn p falsch ist. Wir meinen, daß die Methode von Versuch und Irrtum, der eine eingehende Analyse der natürlichen Sprache vorangeht, geeigneter ist, wobei – solange das nur irgend möglich ist – der sprachlichen Wirklichkeit die entscheidende Stimme zukommt. Besser korrigiert man – wie VON WRIGHT das seit Jahren tut – seine Theorien, wobei man schrittweise zu deren maximaler Anpassung an die Praxis gelangt, als daß man sich mit der ersten besten formalen Annäherung zufrieden gibt, die lediglich einige Eigenschaften der betreffenden Begriffe erhascht und andere übersieht.

GUMAŃSKI [1980] bemüht sich, das Postulat zu begründen, wonach man deontische Theorien nicht als hinsichtlich der logischen Konsequenzoperation (im klassischen Sinne) abgeschlossene Mengen behandeln soll und insbesondere von diesen Theorien nicht verlangen soll, daß sie bezüglich der Abtrennungsregel (kurz: AR) abgeschlossen sind. Es geht darum, daß seit der Entstehung der allgemeinen Theorie logischer Systeme von TARSKI diese Systeme fast immer mit sog. Theorien, die als bezüglich AR abgeschlossene Ausdrucksmengen aufgefaßt werden, identifiziert wurden. Eine solche Auffassung scheint für die deontische Logik (wie übrigens auch für empirische Wissenschaften) ungeeignet.

Im Bereich der Norm werden verschiedene Begründungsarten und Auswahlkriterien für die Annahme oder das Verwerfen von Normen angewendet. Die Folgerung und das Feststellen des Nach-sich-ziehens von Normen durch andere Normen sind nur einige der angewendeten Methoden und dabei keineswegs die wichtigsten und unumgänglichsten. Der Umstand, daß aus den zum Kodex $\mathcal{K}$ explicite gehörenden oder zu ihm als abschließende Normen entsprechend den Voraussetzungen (Z1), (Z2) (siehe S. 239) hinzugefügten – also zur Menge $\mathcal{X}_1 \cup \mathcal{X}_2 \subseteq \mathcal{K}$ gehörigen – Sätzen über Normen $n_1, \ldots, n_k$ ein Satz über eine andere Norm n_{k+1} folgt, die nicht Element von $\mathcal{X}_1 \cup \mathcal{X}_2$ ist, wie auch die Feststellung, daß die Normen $n_1, \ldots, n_k$ die Norm n_{k+1} nach sich ziehen, deuten lediglich darauf hin, daß die Norm n_{k+1} sich zur Einfügung in den Kodex $\mathcal{K}$ anbietet. Die Entscheidung aber, ob die Norm n_{k+1} in den Kodex $\mathcal{K}$ eingehen soll, fällt erst nach Erwägung anderer Teilkriterien oder der zugrunde gelegten ethischen, politischen oder ideologischen Prinzipien. Es kommt vor, daß die Norm n_{k+1} einen Spezialfall von Verhaltensweisen betrifft, die allgemein von der Norm n_j ($j \leq k$) geregelt werden, und daß n_j die Norm n_{k+1} nach sich zieht. Trotzdem wird n_{k+1} nicht akzeptiert, da hierfür einige allgemeine Prinzipien sprechen, welche verlangen, n_{k+1} als Ausnahme zu behandeln und den von der Norm n_{k+1} betroffenen Fall aus dem von n_j geregelten Bereich auszuschließen.

Diese Erscheinung ist Juristen als die Gegenüberstellung von lex generalis und lex specialis bekannt. Beispielsweise kann aus Sätzen über allgemeine Normen, die dem Kraftfahrer bestimmte Pflichten und Verbote auferlegen, nach einem gewissen Gesetz der deontischen Logik der Satz folgen, daß die selben Pflichten und Verbote einen betrunkenen Kraftfahrer betreffen. Ebenso kann kraft dieses logischen Gesetzes aus den jedem Vater minderjähriger Kinder auferlegten Pflichten und Verboten folgen, daß dieselben Pflichten und Verbote einen wegen psychopathologischer Störungen unterhaltsunfähigen Vater betreffen. Im ersten Fall wird gewiß niemand die Gültigkeit von betrunkene Kraftfahrer betreffenden Normen aufheben, im zweiten Fall können die Vätern auferlegten Pflichten und Verbote dem Psychopathen als Ausnahmeregelung erlassen werden. Obwohl also aus dem Satz H_1 über die Norm n_j der Satz H_2 über die Norm n_{k+1} folgt und der Satz H_1 wahr ist, kann nicht entsprechend der Abtrennungsregel der Satz H_2 als wahr angenommen werden.

Aus diesem Grund ist es günstiger, den deduktiven Kalkül einer gegebenen Theorie $\mathfrak{S}$ der deontischen Logik so aufzubauen, daß unter den akzeptierten Schlußregeln die Regel AR nicht vorkommt. Das schließt keineswegs aus, daß die Theorie $\mathfrak{S}$ faktisch hinsichtlich AR abgeschlossen ist (als Beispiel kann das in Gumański [1975] vorgestellte System DSC dienen). Dank der Abwesenheit der Regel AR im Kalkül können wir bei praktischen Anwendungen – die in der Erweiterung von $\mathfrak{S}$ durch Axiome bestehen, welche die zu einem gegebenen Kodex $\mathcal{K}_1$ gehörenden Normen bestimmen – festlegen, was aus den hinzugefügten Axiomen folgt. Wir brauchen jedoch nicht abzutrennen und die Konklusion anzuerkennen. Deshalb sind wir in der Lage festzustellen, welche Normen von den explicite im Kodex $\mathcal{K}_1$ vorkommenden oder zu ihm als den Kodex abschließende Normen hinzugefügten Normen nach sich gezogen werden, sind aber nicht gezwungen, diese nach sich gezogenen Normen zu akzeptieren. Wir überlassen die Entscheidung, ob diese Normen dem Kodex zugefügt werden, dem Normgeber.

Hier könnte jemand fragen, ob es nicht einen Widerspruch zwischen der Forderung, daß die Regel **AR** nicht im System vorkommt, und der zuvor formulierten vierten Bedingung der Anforderungen an einen rationalen Kodex gibt. Diese Bedingung verlangt, daß der Kodex hinsichtlich der Verhaltensweisen des Bereiches $\mathfrak{D}$ abgeschlossen ist. Um diese Bedingung zu erfüllen, haben wir die Voraussetzungen (Z1), (Z2) gemacht, denenzufolge es für die zum Bereich $\mathfrak{D}$ gehörende und durch keine Norm des Kodex $\mathcal{K}$ explicite geregelte Verhaltensweise q im Kodex $\mathcal{K}$ abschließende Normen gibt, die feststellen, daß q weder verboten noch obligatorisch ist. Dies genügt, um den Kodex abzuschließen. Das Akzeptieren aller von expliciten und abschließenden Normen nach sich gezogener Normen ist gar nicht notwendig.

Will man mit dem Aufbau eines deontischen Systems (im engeren Sinne) beginnen, so ist – entsprechend dem oben gesagten – zunächst festzuhalten, welchen Sinn die in Argumenten deontischer Junktoren vorkommenden Junktoren haben. Dies wird uns im folgenden beschäftigen.

Vor allem aber betonen wir, daß wir die Junktoren ‚**O**‘, ‚**F**‘ im Sinne der Definitionen D1 und D2 (s. Seite 248) auffassen werden, die die übliche Bedeutung dieser Junktoren treffend wiedergeben.

Konjunkte Erlaubnisse, über die Sätze der Form $\mathbf{P}(p \wedge q)$ informieren, geben – wie wir beim Besprechen der Thesen PT2, PT2a erläutert haben – an, daß zwei angezeigte Vorgehensweisen p, q gemeinsam realisiert werden dürfen, d. h. gleichzeitig oder mit geringem zeitlichen Abstand. Demnach sind dann auch Sätze der Form $\mathbf{P}(p \rightarrow q)$, $\mathbf{P}(q \rightarrow p)$ gültig. Trotzdem gibt die Konjunktion $\mathbf{P}(p \rightarrow q) \wedge \mathbf{P}(q \rightarrow p)$ nicht die volle Bedeutung des Satzes $\mathbf{P}(p \wedge q)$ wieder, da sie nicht angibt, was im Falle des Vorliegens von $\sim p$, $\sim q$ getan werden darf. Wir können nicht annehmen, daß beide Verhaltensweisen p, q absolut erlaubt sind, da man mit dem Verbot, das eine ohne das andere zu tun, rechnen muß. Die Norm nämlich, über die der Satz $\mathbf{P}(p \wedge q)$ spricht, kann im Kodex zusammen mit einer vom Satz der Form $\mathbf{F}(\sim p \rightarrow q)$ oder $\mathbf{F}(\sim q \rightarrow p)$ angezeigten Norm vorkommen. Aus eben diesem Grund mußten wir die Konjunktion $\mathbf{P}p \wedge \mathbf{P}q$ als im allgemeinen nicht aus dem Satz $\mathbf{P}(p \wedge q)$ folgend verwerfen. Wir können allerdings annehmen, daß die Alternative $\mathbf{P}p \vee \mathbf{P}q$ aus $\mathbf{P}(p \wedge q)$ folgt. Wenn sie nämlich falsch wäre (wobei $\mathbf{P}(p \wedge q)$

richtig ist), so würde das davon zeugen, daß $\sim\mathbf{P}p \wedge \sim\mathbf{P}q$ gilt, also beide Verhaltensweisen p, q absolut verboten sind.

In einem solchen Fall würde der die im Satz $\mathbf{P}(p \wedge q)$ gegebene Erlaubnis nutzende Adressat der Norm absolute Verbote übertreten, über die die Sätze $\sim\mathbf{P}p$, $\sim\mathbf{P}q$ informieren. Mithin wäre ein diese drei Arten von Normen enthaltender Kodex aus rein logischen Gründen schwach inkompatibel. Da wir das Prinzip der Nichteinmischung akzeptieren, können wir eine solche Voraussetzung über den Kodex nicht machen. Deshalb erkennen wir die Alternative $\mathbf{P}p \vee \mathbf{P}q$ als Folge des Satzes $\mathbf{P}(p \wedge q)$ an. Nach diesen Erläuterungen versteht der Leser sicher, warum wir die Äquivalenz:

$$\text{T1} \quad \mathbf{P}(p \wedge q) \equiv \mathbf{P}(p \rightarrow q) \wedge \mathbf{P}(q \rightarrow p) \wedge (\mathbf{P}p \vee \mathbf{P}q)$$

als die Bedeutung des Satzes $\mathbf{P}(p \wedge q)$ adäquat beschreibend ansehen.

Aus analogen Gründen wie im Fall der konjunktiven Erlaubnis wird die im Satz $\mathbf{O}(p \wedge q)$ bestimmte konjunktive Pflicht durch folgende Äquivalenz adäquat charakterisiert:

$$\text{T2} \quad \mathbf{O}(p \wedge q) \equiv \mathbf{O}(p \rightarrow q) \wedge \mathbf{O}(q \rightarrow p) \wedge (\mathbf{O}p \vee \mathbf{O}q).$$

Die Herleitbarkeit der Konjunktion $\mathbf{O}(p \rightarrow q) \wedge \mathbf{O}(q \rightarrow p)$ aus dem Satz $\mathbf{O}(p \wedge q)$ ruft keine Zweifel hervor, aber die Konjunktion $\mathbf{O}(p \rightarrow q) \wedge \mathbf{O}(q \rightarrow p)$ läßt offen, ob und welche Pflichten der Adressat hat, wenn die Zustände $\sim p$, $\sim q$ eintreten. Die Annahme der Konjunktion $\mathbf{P} \sim p \wedge \mathbf{P} \sim q$ würde von der schwachen Inkompatibilität des Kodex zeugen, deshalb entscheiden wir uns gerade für die Alternative $\mathbf{O}p \vee \mathbf{O}q$.

Alternative Erlaubnisse, um die es in Ausdrücken der Form $\mathbf{P}(p \vee q)$ geht, wurden von von Wright zunächst (von Wright [1951]) so aufgefaßt, daß sie die Äquivalenz ‚$\mathbf{P}(p \vee q) \equiv \mathbf{P}p \vee \mathbf{P}q$', die eine der paradoxen Thesen von SDL ist, erfüllen. Später erkannte er jedoch in von Wright [1968] an, daß die alternative Erlaubnis dem Adressaten die freie Wahl seiner Verhaltensweisen überläßt, und führte folglich einen zweiten Begriff der alternativen Erlaubnis ein, der durch die Äquivalenz ‚$\mathbf{P}(p \vee q) \equiv \mathbf{P}p \wedge \mathbf{P}q$' erklärt ist. Den ersten Begriff nannte er ‚*schwach*', den zweiten ‚*stark*'. Mit dem zweiten Begriff operierend, entledigte er sich einiger Paradoxa der Theorie SDL (vergleiche von Wright [1974a]). Der Inhalt des üblichen Begriffes der alternativen Erlaubnis ist reicher, als von Wright meinte. Die Implikation ‚$\mathbf{P}(p \vee q) \rightarrow \mathbf{P}p \wedge \mathbf{P}q$'

ist allgemeingültig, während die entgegengesetzte Implikation paradox ist:

PT16. $\mathbf{P}p \wedge \mathbf{P}q \rightarrow \mathbf{P}(p \vee q)$.

Wir bemerken nämlich, daß ihr Vorderglied u. a. dann wahr ist, wenn $\mathbf{O}p \wedge \mathbf{O}q$ gilt. Das Nachglied suggeriert irreführend, daß es eine Wahl zwischen den Verhaltensweisen p, q gibt. Den vollen Inhalt der alternativen Erlaubnis in der natürlichen Sprache gibt erst die Äquivalenz:

T3 $\mathbf{P}(p \vee q) \equiv \mathbf{P}p \wedge \mathbf{P} \sim p \wedge \mathbf{P}q \wedge \mathbf{P} \sim q \wedge \mathbf{P}(p \rightarrow q) \wedge \mathbf{P}(q \rightarrow p)$

wieder. Sie macht deutlich, daß die alternative Erlaubnis nicht nur die Realisierung der Verhaltensweisen p, q zuläßt, sondern ebenso ihre Unterlassung und überdies die gemeinsame Realisierung beider Verhaltensweisen (sofern sich diese nicht gegenseitig ausschließen). Das stimmt mit dem Sinn der nichtausschließenden Alternative überein.

Die in Ausdrücken der Form $\mathbf{O}(p \vee q)$ formulierte alternative Pflicht zwingt, im Unterschied zu Alternativen der Gestalt $\mathbf{O}p \vee \mathbf{O}q$, weder zur Realisierung der Verhaltensweise p, noch q. Man darf also eine von ihnen unterlassen. Es ist Sache des Adressaten, die Wahl zwischen den alternativ angezeigten Verhaltensweisen zu treffen. Der Unterschied zwischen alternativer Pflicht und Erlaubnis besteht darin, daß zumindest eine der in der alternativen Pflicht angezeigten Verhaltensweisen realisiert werden muß. Deshalb halten wir für die hinsichtlich des umgangssprachlichen Verständnisses adäquate Definition die Äquivalenz:

T4 $\mathbf{O}(p \vee q) \equiv \mathbf{P}p \wedge \mathbf{P} \sim p \wedge \mathbf{P}q \wedge \mathbf{P} \sim q \wedge \mathbf{P}(p \rightarrow q) \wedge \mathbf{P}(q \rightarrow p)$

$$\wedge\, \mathbf{O}(\sim p \rightarrow q) \wedge \mathbf{O}(\sim q \rightarrow p).$$

Wir bemerken, daß die Erfüllung einer der in den Gliedern ‚$\mathbf{O}(\sim p \rightarrow q)$', ‚$\mathbf{O}(\sim q \rightarrow p)$' aufgestellten Pflichten den Adressaten sofort von der Erfüllung der zweiten befreit. Die Erlaubnisse $\mathbf{P}(p \rightarrow q)$, $\mathbf{P}(q \rightarrow p)$ verbleiben allerdings weiter im Bereich seiner Entscheidung

In Argumenten deontischer Junktoren muß man von der gewöhnlichen, nichtausschließenden Alternative $p \vee q$ die ausschließende Alternative $p \dot{\vee} q$ unterscheiden, die eine gemeinsame Realisierung der Verhaltensweisen p, q nicht vorsieht. Aus diesem Grund führen wir die Begriffe der *ausschließend-alternativen Erlaubnis* und *ausschließend-alternativen*

Pflicht ein. Diese Begriffe werden durch folgende Äquivalenzen erläutert:

$$\text{T5} \quad \mathbf{P}(p \dot{\vee} q) \equiv \mathbf{P}p \wedge \mathbf{P} \sim p \wedge \mathbf{P}q \wedge \mathbf{P} \sim q \wedge \mathbf{F}(p \to q) \wedge \mathbf{F}(q \to p)$$

$$\text{T6} \quad \mathbf{O}(p \dot{\vee} q) \equiv \mathbf{P}p \wedge \mathbf{P} \sim p \wedge \mathbf{P}q \wedge \mathbf{P} \sim q \wedge \mathbf{F}(p \to q) \wedge \mathbf{F}(q \to p)$$
$$\wedge\, \mathbf{O}(\sim p \to q) \wedge \mathbf{O}(\sim q \to p)$$

Die bedingte Erlaubnis behandeln wir ähnlich wie die absolute (unbedingte) Erlaubnis als primäre Begriffe. Aus diesem Grund können wir die Sätze $\mathbf{P}(p \to q)$, $\mathbf{P}p$ nicht definieren. Es mag zwar scheinen, als reiche es, die bedingte Erlaubnis als einzigen primären Begriff zu nehmen, denn absolut erlaubt ist das, was unter allen Umständen erlaubt ist, als könne also eine Definition der Form:

$$\mathbf{P}p \equiv \mathbf{P}(q \to p) \wedge \mathbf{P}(\sim q \to p)$$

für adäquat angesehen werden. Faktisch aber erweckt nur die Implikation ‚$\mathbf{P}(q \to p) \wedge \mathbf{P}(\sim q \to p) \to \mathbf{P}p$' keine Vorbehalte und kann als Satz der deontischen Logik angenommen werden. Die zu ihr entgegengesetzte Implikation ‚$\mathbf{P}p \to \mathbf{P}(q \to p) \wedge \mathbf{P}(\sim q \to p)$' ist dagegen unannehmbar. Eine ihrer unmittelbaren Konsequenzen ist nämlich der Ausdruck $\mathbf{P}p \to \mathbf{P}(q \to p)$, der paradox ist – durch Transposition erhält man aus ihm die Implikation ‚$\sim\mathbf{P}(q \to p) \to \sim\mathbf{P}p$', welche besagt, daß hinsichtlich eines beliebigen Kodex $\mathcal{K}$ das bedingt Verbotene auch absolut verboten ist.

Was dagegen die Sätze über bedingte Pflichten angeht, so lassen sich diese durch die Äquivalenz:

$$\text{T7} \quad \mathbf{O}(p \to q) \equiv \sim\mathbf{P}(p \to \sim q)$$

erklären.

Von bedingten Normen unterscheiden wir Normen, die hinreichende und notwendige Bedingungen dafür angeben, daß bestimmte Verhaltensweisen obligatorisch zulässig oder unzulässig sind. Da wir keinen besseren Terminus haben, werden wir diese *Äquivalenznormen* nennen, weil sie in Sätzen der Form $\mathbf{O}(p \equiv q)$, $\mathbf{P}(p \equiv q)$, $\mathbf{F}(p \equiv q)$ aufgestellt sind, die wir der Reihe nach lesen werden als: „Entsprechend dem Kodex $\mathcal{K}$ ist p genau dann obligatorisch, wenn q", „Entsprechend dem Kodex $\mathcal{K}$ ist p genau dann erlaubt, wenn q", „Entsprechend dem Kodex $\mathcal{K}$ ist p genau dann verboten, wenn q". Diese Sätze werden durch folgende Äquivalenzen definiert:

T8 $\mathbf{P}(p \equiv q) \equiv \mathbf{P}(q \to p) \wedge \mathbf{F}(\sim q \to p)$,

T9 $\mathbf{O}(p \equiv q) \equiv \mathbf{O}(q \to p) \wedge \mathbf{F}(\sim q \to p)$.

Wir geben hier keine Definition des Satzes über das Äquivalenzverbot $\mathbf{F}(p \equiv q)$ an, ähnlich wie wir zuvor keine Definition der Sätze $\mathbf{F}(p \wedge q)$, $\mathbf{F}(p \vee q)$, $\mathbf{F}(p \dot{\vee} q)$ lieferten, und zwar deshalb, weil sie entsprechend aus T8, T1, T3, T5 durch Negation beider Argumente des Hauptjunktors (des Äquivalenzzeichens) und durch Anwendung der Definition D2 entstehen.

Wir haben bereits die Bedeutung aller Junktoren festgelegt, mit denen wir in Argumenten deontischer Junktoren zu tun haben werden, wenn wir ein System der deontischen Logik (im engeren Sinne) aufbauen werden. Wir haben auch eine Reihe von Postulaten und Anweisungen gegeben, die man bei der Konstruktion eines solchen Systems beachten sollte. Wir können nun also endlich zum Aufbau eines gewissen axiomatischen Kalküls des Systems kommen, das wir *‚deontischer Aussagenkalkül* DSC_5‘ nennen wollen. Dieses System ist über dem klassischen (zweiwertigen) Aussagenkalkül errichtet.

5.4.7. *Ein axiomatischer Kalkül des Systems* DSC_5

Zur Beschreibung des Kalküls verwenden wir metasprachliche Variablen ‚*H*‘, ‚*G*‘, gegebenenfalls mit unteren Indizes. Diese Variablen repräsentieren verschiedene Ausdrücke.

Die Sprache des Systems DSC_5 nennen wir ‚Sprache **J**‘. Vor die Beschreibung der Sprache setzen wir zwei induktive Hilfsdefinitionen. *Nichtdeontische Ausdrücke* sind genau alle Ausdrücke, die folgende Bedingungen erfüllen: 1. Jede Aussagenvariable ist nichtdeontischer Ausdruck. 2. Wenn H, G nichtdeontische Ausdrücke sind, so sind $\sim H$, $H \vee G$, $H \wedge G$, $H \to G$, $H \equiv G$, $H \dot{\vee} G$ nichtdeontische Ausdrücke.

Deontische Formeln sind genau alle Ausdrücke, die die Bedingungen erfüllen: 1. Wenn H nichtdeontischer Ausdruck ist, so sind $\mathbf{O}H$, $\mathbf{P}H$, $\mathbf{F}H$ deontische Formeln. 2. Wenn H deontische Formel ist, so ist auch $\sim H$ deontische Formel.

Ausdrücke der Sprache **J** sind beliebige Ausdrücke, die folgende Bedingungen erfüllen: 1. Wenn H ein nichtdeontischer Ausdruck ist, so ist

H Ausdruck der Sprache **J**. 2. Wenn beide Ausdrücke H, G deontische Formeln sind oder einer von ihnen deontische Formel und der andere nichtdeontischer Ausdruck ist, so sind $H \vee G$, $H \wedge G$, $H \rightarrow G$, $H \equiv G$, $H \dot{\vee} G$ Ausdrücke der Sprache **J**. 3. Wenn H, G Ausdrücke der Sprache **J** sind, so sind $\sim H$, $H \vee G$, $H \wedge G$, $H \rightarrow G$, $H \equiv G$, $H \dot{\vee} G$ Ausdrücke der Sprache **J**.

Wie man sieht, sind in der Sprache **J** sogenannte „gemischte" Ausdrücke, z. B. $p \rightarrow \mathbf{O}q$, zulässig, es gibt jedoch keine Iterationen noch sonstige Superpositionen der deontischen Junktoren ‚**P**', ‚**O**', ‚**F**'. Deontische Formeln sind keine Ausdrücke der Sprache **J**. Die Zeichen ‚$\vee$', ‚$\wedge$', ‚$\rightarrow$', ‚$\equiv$', ‚$\dot{\vee}$', ‚$\sim$' sind, wo sie außerhalb von Argumenten der deontischen Junktoren ‚**O**', ‚**P**', ‚**F**' vorkommen, *extensionale* Junktoren. Zeichen, die ebenso aussehen und gelesen werden, aber in Argumenten deontischer Junktoren vorkommen, haben den Charakter *intensionaler* Junktoren und dürfen mit erstgenannten nicht verwechselt werden. Ausdrücke der Form $\sim H$, $H \vee G$, $H \wedge G$, $H \rightarrow G$, $H \equiv G$, $H \dot{\vee} G$ werden wir — aus Analogiegründen — der Reihe nach ‚*Negation*', ‚*Alternative*', ‚*Konjunktion*', ‚*Implikation*', ‚*Äquivalenz*', ‚*Disjunktion*' nennen, unabhängig davon, ob sie im Bereich eines deontischen Junktors vorkommen oder nicht.

Wegen des Assoziativgesetzes werden wir Ausdrücke der Form $(H \wedge G) \wedge F$ mit Ausdrücken der Form $H \wedge (G \wedge F)$ identifizieren.[5] *Axiome des Kalküls* sind Ausdrücke der Sprache **J** der Form $\sim(H_1 \wedge H_2 \wedge \ldots \wedge H_n)$ $(n > 1)$ genau dann, wenn sie zumindest eine der folgenden Bedingungen (für gewisse Zahlen $i, j, k, i_1, \ldots, i_m, j_1, \ldots, j_h \leq n$) erfüllen:

(A1) $H_i = \sim H_j$;

(A2) $H_i = \sim \mathbf{P} \sim G, \quad H_j = \sim \mathbf{P} G$;

(A3) $H_i = \mathbf{P}(H \rightarrow G),\ H_j = \mathbf{P}(\sim H \rightarrow G),\ H_k = \sim \mathbf{P} G$;

(A4) $H_i = \sim \mathbf{P}(H \rightarrow G),\ H_j = \sim \mathbf{P}(\sim H \rightarrow G),\ H_k = \mathbf{P} G$;

(A5) $H_{i_1} = \sim \mathbf{P}(H \rightarrow \sim G_1), \ldots, H_{i_m} = \sim \mathbf{P}(H \rightarrow \sim G_m)$,
$H_{j_1} = \sim \mathbf{P} \sim F_1, \ldots, H_{j_h} = \sim \mathbf{P} \sim F_h$,
$H_k = \sim \mathbf{P}(H \rightarrow G_1 \wedge \ldots \wedge G_m \wedge F_1 \wedge \ldots \wedge F_h)$;

5 [Da der Autor im Original die klammerfreie Schreibweise von J. Łukasiewicz verwendet, verweisen wir darauf, daß beide Ausdrücke in unserer Konvention wie üblich mit $H \wedge G \wedge F$ identifiziert werden — d. Ü.]

(A6) $H_{i_1} = \sim\mathbf{P}(H \to G_1), \ldots, H_{i_m} = \sim\mathbf{P}(H \to G_m),$

$H_{j_1} = \sim\mathbf{P}F_1, \ldots, H_{j_h} = \sim\mathbf{P}F_h,$

$H_k = \sim\mathbf{P}(H \to \sim G_1 \wedge \ldots \wedge \sim G_m \wedge \sim F_1 \wedge \ldots \wedge \sim F_h).$

In obigen Bedingungen (A1)–(A6) sind H, G beliebige nichtdeontische Ausdrücke. Auch die Ausdrücke $G_1, \ldots, G_m$, $F_1, \ldots, F_h$ sind beliebige nichtdeontische, dabei jedoch keine Negationen. Wir nehmen an, daß $m \geq 0$, $h \geq 0$, aber $m + h > 0$.

Schlußregeln sind von zweierlei Art: E und D. Die E-*Regeln* stammen aus einem Kalkül der klassischen Aussagenlogik und gestatten zusammen mit den die Bedingung (A1) erfüllenden Axiomen, alle Sätze der klassischen Aussagenlogik zu beweisen, sowie auch alle aus diesen Sätzen durch Substitution von Variablen durch Ausdrücke der Sprache **J** gewonnenen Ausdrücke. Die E-Regeln gestatten, einige extensionale Junktoren zu eliminieren und so die Ausdrücke auf äquivalente Formen zu reduzieren, in denen keine anderen Junktoren, außer höchstens die Zeichen der Konjunktion oder Negation, vorkommen. Charakteristischer für das System DSC_5 sind die D-*Regeln*, die sich auf deontische Formeln beziehen.

E-Regeln

EN: $\dfrac{\sim\sim H}{H}$ EA: $\dfrac{H \vee G}{\sim(\sim H \wedge \sim G)}$ EJ: $\dfrac{H \to G}{\sim(H \wedge \sim G)}$

EÄ: $\dfrac{H \equiv G}{\sim(H \wedge \sim G) \wedge \sim(\sim H \wedge G)}$ ED: $\dfrac{H \dot{\vee} G}{\sim(\sim(H \wedge \sim G) \wedge \sim(\sim H \wedge G))}$

EK: $$\frac{\sim(H_1 \wedge H_2 \wedge \ldots \wedge H_{n-1} \wedge \sim(G_1 \wedge G_2) \wedge H_n)}{\begin{array}{l}\sim(H_1 \wedge H_2 \wedge \ldots \wedge H_{n-1} \wedge \sim G_1 \wedge H_n) \\ \sim(H_1 \wedge H_2 \wedge \ldots \wedge H_{n-1} \wedge \sim G_2 \wedge H_n)\end{array}}$$

D-Regeln

DO: $\dfrac{\mathbf{O}H}{\sim\mathbf{P}\sim H}$ DF: $\dfrac{\mathbf{F}H}{\sim\mathbf{P}H}$

DPA: $$\frac{\mathbf{P}(H \vee G)}{\mathbf{P}H \wedge \mathbf{P} \sim H \wedge \mathbf{P}G \wedge \mathbf{P} \sim G \wedge \mathbf{P}(H \to G) \wedge \mathbf{P}(G \to H)}$$

$$\text{DPNA:}\quad \frac{\mathbf{P}\sim(H\vee G)}{\begin{array}{l}\sim(\mathbf{P}H\wedge\mathbf{P}\sim H\wedge\mathbf{P}G\wedge\mathbf{P}\sim G\wedge\mathbf{P}(H\rightarrow G)\cdots\\ \hline \cdots\wedge\mathbf{P}(G\rightarrow H)\wedge\sim\mathbf{P}(\sim H\rightarrow\sim G)\wedge\sim\mathbf{P}(\sim G\rightarrow\sim H))\end{array}}$$

$$\text{DPNJ:}\quad \frac{\mathbf{P}\sim(H\rightarrow G)}{\mathbf{P}(H\rightarrow\sim G)}\qquad \text{DPJA:}\quad \frac{\mathbf{P}(H_1\vee H_2\rightarrow G)}{\mathbf{P}(H_1\rightarrow G)\wedge\mathbf{P}(H_2\rightarrow G)}$$

$$\text{DPJA-N:}\quad \frac{\mathbf{P}(H_1\vee H_2\rightarrow\sim G)}{\sim(\sim\mathbf{P}(H_1\rightarrow\sim G)\wedge\sim\mathbf{P}(H_2\rightarrow\sim G))}$$

DPJ-K:

$$\frac{\mathbf{P}(H\rightarrow G_1\wedge G_2)}{\mathbf{P}(H\wedge G_1\rightarrow G_2)\wedge\mathbf{P}(H\wedge G_2\rightarrow G_1)\wedge\sim(\sim\mathbf{P}(H\rightarrow G_1)\wedge\sim\mathbf{P}(H\rightarrow G_2))}$$

$$\text{DPJ-NK:}\quad \frac{\mathbf{P}(H\rightarrow\sim(G_1\wedge G_2))}{\begin{array}{l}\sim(\sim\mathbf{P}(H\wedge G_1\rightarrow\sim G_2)\wedge\sim\mathbf{P}(H\wedge G_2\rightarrow\sim G_1)\cdots\\ \hline \cdots\wedge\sim(\mathbf{P}(H\rightarrow\sim G_1)\wedge\mathbf{P}(H\rightarrow\sim G_2)))\end{array}}$$

$$\text{DPÄ:}\quad \frac{\mathbf{P}(G\equiv H)}{\mathbf{P}(H\rightarrow G)\wedge\sim\mathbf{P}(\sim H\rightarrow G)}$$

$$\text{DPNÄ:}\quad \frac{\mathbf{P}\sim(G\equiv H)}{\sim(\sim\mathbf{P}(H\rightarrow\sim G)\wedge\sim\mathbf{P}(\sim H\rightarrow G))}$$

$$\text{DPD:}\quad \frac{\mathbf{P}(H\dot{\vee}G)}{\mathbf{P}H\wedge\mathbf{P}\sim H\wedge\mathbf{P}G\wedge\mathbf{P}\sim G\wedge\sim\mathbf{P}(H\rightarrow G)\wedge\sim\mathbf{P}(G\rightarrow H)}$$

$$\text{DPND:}\quad \frac{\mathbf{P}\sim(H\dot{\vee}G)}{\begin{array}{l}\sim(\mathbf{P}H\wedge\mathbf{P}\sim H\wedge\mathbf{P}G\wedge\mathbf{P}\sim G\wedge\sim\mathbf{P}(H\rightarrow G)\cdots\\ \hline \cdots\wedge\sim\mathbf{P}(G\rightarrow H)\wedge\sim\mathbf{P}(\sim H\rightarrow\sim G)\wedge\sim\mathbf{P}(\sim G\rightarrow\sim H))\end{array}}$$

$$\text{DPK:}\quad \frac{\mathbf{P}(H\wedge G)}{\mathbf{P}(H\rightarrow G)\wedge\mathbf{P}(G\rightarrow H)\wedge\sim(\sim\mathbf{P}H\wedge\sim\mathbf{P}G)}$$

$$\text{DPNK:}\quad \frac{\mathbf{P}\sim(H\wedge G)}{\sim(\sim\mathbf{P}(H\rightarrow\sim G)\wedge\sim\mathbf{P}(G\rightarrow\sim H)\wedge\sim(\mathbf{P}\sim H\wedge\mathbf{P}\sim G))}.$$

Für die Regeln DPJA, DPJA-N fügen wir als Beschränkung hinzu, daß die Variable ‚G' keine Negation repräsentiert. Wenn der Ausdruck H der Sprache **J** gemäß den Regeln D oder E umgestaltet werden soll und dabei der Ausdruck H m Teile hat, die nicht unbedingt verschieden sind

($m = 1, 2, 3, \ldots$; den Begriff ‚*Teil*' verstehen wir hier so, daß insbesondere der ganze Ausdruck H ein Teil ist) und von der Form ist, wie sie oberhalb des Striches der Regel R dargestellt wurde (‚R' steht hier für eine beliebige E- oder D-Regel mit Ausnahme der Regel EK), so muß jedem der m Teile in ein und demselben Beweisschritt die unter dem Strich von R angezeigte Form gegeben werden. Falls der Ausdruck H die in der Regel EK oberhalb des Striches dargestellte Form hat, so muß H auf die unter dem Strich von EK angegebenen Formen der beiden Ausdrücke gebracht werden. Dabei versteht man die Regel EK so, daß es für $n = 0$ keine Glieder $H_1, \ldots, H_n$ gibt und keine sie verbindenden Konjunktionszeichen. Die beiden Negationszeichen heben sich (gemäß EN) auf, und die Regel nimmt folgende Form an:

$$\frac{H \wedge G}{\begin{array}{c} H \\ G \end{array}}$$

Sie zeigt damit, wie ein Ausdruck, der eine Konjunktion ist, umgeformt wird. Wenn $n > 0$ ist, so setzen wir voraus, daß keines der Glieder $H_1, \ldots, H_{n-1}$ die Form $\sim(G_1 \wedge G_2)$ hat, wenngleich das Glied H_n Teile mit dieser Form enthalten darf (d. h., wenn wir die Regel EK auf eine negierte Konjunktion anwenden, so beachten wir lediglich dasjenige ihrer Glieder der Form $\sim(G_1 \wedge G_2)$, welches zuerst in dieser negierten Konjunktion vorkommt). Das Glied H_n braucht überhaupt nicht zu existieren, in dem Fall steht das Glied $\sim(G_1 \wedge G_2)$ am Ende des umzuformenden Ausdrucks. Die E-Regeln – mit Ausnahme der Regel EN – dürfen nicht auf solche Teile des Ausdrucks H angewendet werden, die Argument eines deontischen Junktors oder Fragment eines solchen Arguments sind. Demgegenüber kann aber die Regel EN auf alle Teile (und auf die Gesamtheit) des Ausdrucks H angewendet werden. Außerdem nehmen wir, um eine gewisse Standardisierung der Beweise zu erreichen, an, daß in einem Beweisschritt nur eine Schlußregel angewendet wird, und zwar in der Reihenfolge, in welcher die Regeln eingeführt wurden.

Anders als die E-Regeln sind die D-Regeln gegenüber früher von Gumański betrachteten Systemen (etwa den Systemen DSC, DFC, DFC*, DSC^+, DSC_1, DSC_2, DSC_3, DSC_4 – vgl. Gumański [1975], [1977], [1977a], [1980], [1983]) weitestgehend neu.

Beweise im System DSC_5 sind regressiv. Dies bedeutet, daß der Beweis mit der These beginnt, die bewiesen werden soll. Durch schrittweise Umformungen gemäß den Schlußregeln erhält man lauter Axiome (zumindest eines). Genauer: Der Beweis eines Ausdrucks H ist eine endliche Folge von Ausdrücken $G_1, \ldots, G_n$, die folgende Bedingungen erfüllen: 1° $G_1 = H$, 2° für alle $i > 1$ gibt es eine Zahl $j < i$ derart, daß G_i aus G_j kraft einer E- oder D-Regel erhalten wurde, **3°** wenn G_j in G_i gemäß der Regel EK umgeformt wurde, so entstand G_{i-1} oder G_{i+1} durch dieselbe Umformung, 4° wenn $G_{i_1}, \ldots, G_{i_k}$ alle diejenigen Ausdrücke der Folge $G_1, \ldots, G_n$ sind, aus denen kein G_j hergeleitet wurde (gemäß einer E- oder D-Regel), so ist jeder der Ausdrücke $G_{i_1}, \ldots, G_{i_k}$ Axiom.

Reduktionsfolge des Ausdrucks H nennen wir die Folge $G_1, \ldots, G_n$, welche die Bedingungen 1° – **3°** aus der Definition des Beweises erfüllt.

Satz des Systems DSC_5 nennen wir jeden Ausdruck der Sprache **J**, der einen Beweis im Kalkül dieses Systems hat.

Antithese nennen wir jeden Ausdruck der Sprache **J**, der keinen Beweis hat.

Hier nun ein Beispiel für den Beweis von T10. $\mathbf{O}(p \wedge q) \rightarrow \mathbf{O}(p \rightarrow q)$:

1. $\mathbf{O}(p \wedge q) \rightarrow \mathbf{O}(p \rightarrow q)$ — These
2. $\sim(\mathbf{O}(p \wedge q) \wedge \sim\mathbf{O}(p \rightarrow q))$ — EJ
3. $\sim(\sim\mathbf{P} \sim (p \wedge q) \wedge \sim\sim\mathbf{P} \sim (p \rightarrow q))$ — DO
4. $\sim(\sim\mathbf{P} \sim (p \wedge q) \wedge \mathbf{P} \sim (p \rightarrow q))$ — EN
5. $\sim(\sim\mathbf{P} \sim (p \wedge q) \wedge \mathbf{P}(p \rightarrow \sim q))$ — DPNJ
6. $\sim(\sim\sim(\sim\mathbf{P}(p \rightarrow \sim q) \wedge \sim\mathbf{P}(q \rightarrow \sim p) \wedge \sim(\mathbf{P} \sim p \wedge \mathbf{P} \sim q)) \wedge \mathbf{P}(p \rightarrow \sim q))$ — DPNK
7. $\sim(\sim\mathbf{P}(p \rightarrow \sim q) \wedge \sim\mathbf{P}(q \rightarrow \sim p) \wedge \sim(\mathbf{P} \sim p \wedge \mathbf{P} \sim q) \wedge \mathbf{P}(p \rightarrow \sim q))$ — EN
8. $\sim(\sim\mathbf{P}(p \rightarrow \sim q) \wedge \sim\mathbf{P}(q \rightarrow \sim p) \wedge \sim\mathbf{P} \sim p \wedge \mathbf{P}(p \rightarrow \sim q))$ — EK
9. $\sim(\sim\mathbf{P}(p \rightarrow \sim q) \wedge \sim\mathbf{P}(q \rightarrow \sim p) \wedge \sim\mathbf{P} \sim q \wedge \mathbf{P}(p \rightarrow \sim q))$ — EK

Die Ausdrücke 8. und 9. sind entsprechend der Bedingung (A1) Axiome, da sie zwei einander widersprechende Glieder enthalten: $\sim\mathbf{P}(p \rightarrow \sim q)$, $\mathbf{P}(p \rightarrow \sim q)$. Eigentlich ist aus ebendiesen Gründen bereits der Ausdruck 7. ein Axiom. Wir haben hier jedoch die Umformung im Sinne der Regel EK vorgenommen, um 1° ihre Anwendung zu illustrieren und 2° den Umstand zu betonen, daß man jeden Ausdruck mit einer Reduktionsfolge auf eine Form bringen kann, die keine weiteren Umformungen mehr zuläßt (wie die Ausdrücke 8. und 9.).

Wir merken noch an, daß – wie dies in regressiven Beweisen stets sein muß – alle E- und D-Regeln äquivalente Umformungen ausführen. Der über dem Strich der Regel angegebene Ausdruck ist dem unter dem Strich dieser Regel stehenden Ausdruck oder – im Fall von EK – der Konjunktion der unter dem Strich stehenden Ausdrücke äquivalent.

Einige Sätze und Antithesen von DSC_5

Unter den Sätzen von SDC_5 finden wir alle Ausdrücke T1–T10 und nur einige nichtparadoxe Thesen von DSL, wie beispielsweise

T11 $\mathbf{O}p \to \mathbf{P}p$

T12 $\mathbf{O}p \to \mathbf{F} \sim p$

T13 $\sim\mathbf{O}p \to \mathbf{P} \sim p$

T14 $\mathbf{F}p \to \mathbf{P} \sim p$

T15 $\sim\mathbf{F}p \to \mathbf{P}p$

T16 $\sim(\mathbf{O}p \wedge \mathbf{O} \sim p)$

T17 $\mathbf{P}p \vee \mathbf{P} \sim p$

T18 $\mathbf{F}p \vee \mathbf{P}p$

Dagegen sind alle paradoxen Thesen PT1–PT15 von SDL Antithesen in DSC_5. Auch PT16 ist Antithese. Die Begriffe der bedingten und der absoluten Erlaubnis sind nicht aufeinander zurückzuführen. Antithesen sind:

PT17. $\mathbf{P}q \to \mathbf{P}(p \to q)$

PT18. $\mathbf{P}(p \to q) \to \mathbf{P}q$

Folgende Sätze und Antithesen charakterisieren in gewissem Maße die Verhältnisse zwischen anderen Begriffen:

T19 $\mathbf{O}q \to \mathbf{P}(p \to q)$	PT19 $\mathbf{O}q \to \mathbf{O}(p \to q)$
T20 $\mathbf{F}q \to \mathbf{P}(p \to \sim q)$	PT20 $\mathbf{F}q \to \mathbf{F}(p \to q)$
T21 $\mathbf{F}(p \to q) \to \mathbf{P} \sim q$	PT21 $\mathbf{F}(p \to q) \to \sim\mathbf{P}q$
T22 $\mathbf{F}(p \to q) \to \mathbf{P}(p \to \sim q)$	PT22 $\mathbf{F}(p \to q) \to \mathbf{F}q$
T23 $\mathbf{O}(p \wedge q) \to \mathbf{P}(p \to q)$	PT23 $\mathbf{P}(p \to q) \to \mathbf{O}(p \wedge q)$
T24 $\mathbf{O}(p \vee q) \to \mathbf{P}(\sim p \to q)$	PT24 $\mathbf{P}(\sim p \to q) \to \mathbf{O}(p \vee q)$
T25 $\mathbf{P}(p \to q) \wedge \mathbf{P}(\sim p \to q) \to \mathbf{P}q$	PT25 $\mathbf{P}q \to \mathbf{P}(p \to q) \wedge \mathbf{P}(\sim p \to q)$
T26 $\mathbf{O}(p \to q) \wedge \mathbf{O}(\sim p \to q) \to \mathbf{O}q$	PT26 $\mathbf{O}q \to \mathbf{O}(p \to q) \wedge \mathbf{O}(\sim p \to q)$
T27 $\mathbf{P}q \to \mathbf{P}(p \to q) \vee \mathbf{P}(\sim p \to q)$	PT27 $\mathbf{P}(p \to q) \vee \mathbf{P}(\sim p \to q) \to \mathbf{P}q$
T28 $\mathbf{F}(p \equiv q) \vee \mathbf{F}(q \to p) \equiv \mathbf{P}(\sim q \to p)$	PT28 $\mathbf{F}(p \equiv q) \to \mathbf{F}(q \to p) \wedge \mathbf{P}(\sim q \to p)$

Das System DSC_5 hat eine recht reiche Sprache und viele interessante Sätze. Im Unterschied zu den Systemen DSC, DSC^+, DSC_1, DSC_3 gibt es in der Theorie DSC_5 keine Sätze, die deontische Formeln sind, was einen zweifellosen Vorzug der Theorie ausmacht und die Realisierung des zuvor angenommenen Postulats bedeutet, wonach die deontische Logik nicht darüber befinden solle, welche Normen zum Kodex $\mathcal{K}$ gehören. Insbesondere gibt es unter den Sätzen von DSC_5 keine Ausdrücke, die unmögliches Verhalten verbieten, noch notwendiges erlauben, z. B. in der Art $\sim\mathbf{P}(p \wedge \sim p)$, $\mathbf{P} \sim (p \wedge \sim p)$ – die in SDL und anderen deontischen Systemen vorkommen. Das Fehlen derartiger Sätze in DSC_5 entspricht der von uns akzeptierten ersten Bedingung der Rationalität des Kodex. Die Sätze T13, T15, T17, T18 stimmen dagegen mit der vierten Rationalitätsbedingung überein, derzufolge der Kodex bezüglich Verhaltensweisen des Bereiches $\mathfrak{D}$ abgeschlossen ist.

SATZ 1. *Das System* DSC_5 *ist konsistent.*

Beweis (analog zum in Gumański [1980] für DSC_1 gegebenen): Wir betrachten ein Untersystem von DSC_5, welches durch Weglassen (genau aller) der D-Regeln entsteht. Das so entstandene System – es sei ‚S' genannt – ist konsistent, da es in der klassischen (zweiwertigen) Aussagenlogik interpretiert werden kann, die hier kurz mit AL bezeichnet wird. Die E-Regeln bilden nämlich zusammen mit den (A1) erfüllenden Axiomen – wie wir oben schon sagten – einen axiomatischen Kalkül von AL, die Axiome (A2)–(A6) dagegen gehen in Sätze von AL über, wenn der Junktor ‚**P**' als einstelliger extensionaler Junktor (als sogenanntes *Assertionszeichen*) interpretiert wird, der durch die Wahrheitsbedingungen $\mathbf{P}\mathsf{F} = \mathsf{F}$, $\mathbf{P}\mathsf{W} = \mathsf{W}$ erklärt ist. Betrachten wir nun einen beliebigen Ausdruck H der Sprache des Systems DSC_5 zusammen mit seiner Negation $\sim H$. Indem man alle geeigneten D-Regeln und die Regel EN – sofern benötigt – anwendet, erhält man aus den Ausdrücken H, $\sim H$ entsprechend die Ausdrücke H^+, $\sim H^+$, zu deren weiterer Umformung die D-Regeln nicht mehr verwendet werden können, sondern allenfalls die E-Regeln. Die Ausdrücke H^+, $\sim H^+$ sind in der Sprache des Systems S korrekt. Wenn sie also beide im System DSC_5 beweisbar wären, so hätten sie auch einen Beweis im Kalkül des Systems S. In diesem Fall wäre das System S widersprüchlich, was mit dem zuvor Festgestellten nicht übereinstimmt. Dies beendet natürlich den Beweis.

SATZ 2. *Das System* DSC_5 *ist entscheidbar.*

Der vollständige Beweis kann nach dem in GUMAŃSKI [1980] angegebenen Schema geführt werden. Wir beschränken uns auf eine Skizze: Für einen beliebigen Ausdruck H der Sprache **J** läßt sich eine Reduktionsfolge konstruieren (vgl. S. 272), die dank schrittweiser Anwendung zunächst der E-, dann der D-Regeln entsteht. Im Ergebnis erhalten wir k Ausdrücke $G_1, \ldots, G_k$, die mittels keiner der E- und D-Regeln weiter umgeformt werden können (vgl. das Beispiel S. 272). Wenn alle Ausdrücke $G_1, \ldots, G_n$ Axiome sind, so ist die Folge ein Beweis, der Ausdruck H ist also ein Satz. Sind einige der Ausdrücke $G_1, \ldots, G_k$ keine Axiome, so ist der Ausdruck H Antithese.

6. Kausallogik

6.1. Problemstellung

Besondere Schwierigkeiten bei der metamathematischen Nachbildung fachsprachlicher Texte macht die Behandlung der „wenn-so"-Beziehung. Zwar kann zunächst die „materiale" oder „klassische" Implikation als Formalisierung dieser Beziehung dienen, jedoch kommt eine solche Formalisierung allenfalls in der mathematischen Sprache, d. h. im Sprachgebrauch der Mathematik, den mit der „wenn—so"-Beziehung verknüpften Intuitionen nahe.

Um bessere Entsprechungen für diese Beziehungen zu finden, wurden in der formalen Logik eine Reihe nichtklassischer Implikationen entwickelt. Man kam über die verschiedenen ***strikten Implikationen*** der Modallogik und die *strenge Implikation* Ackermanns zu wesentlich besseren Annäherungen der intuitiven Beziehung.

Allerdings sind auch diese Implikationen überlastet, wenn sie kausale Beziehungen ausdrücken sollen. Es gilt für jede von ihnen das folgende Schema, in dem „$\rightarrow$" wie üblich die klassische Implikation symbolisiert:

$$(H \Rrightarrow G) \rightarrow (\sim G \Rrightarrow \sim H).$$

Wir lesen beispielsweise H als „Ein Platzregen geht nieder" und G als „Die Straße ist naß". Wir wollen nun die Pfeile als formalisierte Beziehung von Ursache und Wirkung auffassen. Dann würde aus obigem Schema der Satz entstehen: „Wenn die Straße darum naß ist, weil ein Platzregen niedergeht, so geht deshalb kein Platzregen nieder, weil die Straße nicht naß ist." Das ist ganz sicher falsch, denn das Ausbleiben des Regens hat andere Ursachen als eine trockene Straße.

Man muß deshalb, um Kausalbeziehungen zu formalisieren, nach prinzipiell neuen Implikationen suchen. Dazu ist zunächst eine entsprechend ausdrucksfähige formale Sprache $\boldsymbol{L}$ anzugeben und innerhalb dieser Sprache sind logische Systeme zu definieren, die den Intuitionen nahekommende Deutungen von kausalen Beziehungen zulassen.

Aus Gründen, die später klarwerden, ist es sinnvoll, ein solches System

$\boldsymbol{S}$ in $\boldsymbol{L}$ semantisch zu erklären: als Menge aller Ausdrücke von $\boldsymbol{L}$, die in allen Modellen einer Klasse $\mathfrak{M}$ wahr sind. In $\mathfrak{M}$ muß dazu eine zumindest zweistellige Relation definierbar sein, deren syntaktische Entsprechung in $\boldsymbol{L}$ im System $\boldsymbol{S}$ Eigenschaften hat, die von der formalisierten Kausalbeziehung erwartet werden. Genauer gesagt, der dieser Relation in $\boldsymbol{L}$ entsprechende Junktor muß den intuitiven Begriff in allen wichtigen Kontexten vertreten können. Die von der Relation verlangten Eigenschaften werden also von jenen des intuitiven Begriffs bestimmt. Da die Kausalbeziehung für das wissenschaftliche Erkennen fundamental ist, bemüht man sich schon lange um eine Bestimmung der Kriterien, die erfüllt sein müssen, damit vom Bestehen einer Kausalbeziehung gesprochen werden kann. Die Meinungen dazu divergieren – auch aus philosophischen Gründen – außerordentlich. Selbstverständlich erschweren solche Umstände die Konstruktion der gesuchten Relation.

In einigen Kriterien stimmen die Ansichten allerdings überein. Zunächst ist man sich darüber einig, daß die Relation nicht symmetrisch sein darf. Die Symmetrie der Relation würde in diesem Zusammenhang bedeuten, daß jede Wirkung wieder Ursache des Ereignisses ist, welches sie hervorgebracht hat. Das ist im allgemeinen ganz sicher nicht der Fall. Meist verwirft man, nach dem Prinzip *nihil est causa sui*, auch die Eigenschaft der Reflexivität. Bei der Frage nach der Transitivität – also bei der Frage, ob ein Ereignis, welches die Ursache für eine bestimmte Wirkung hervorbringt, stets selbst Ursache dieser Wirkung ist – muß man offenbar unterscheiden, ob die Relation einen allgemeinen Kausalzusammenhang oder die Beziehung zwischen Ursache und Wirkung formalisieren soll. Im Zusammenhang mit eventueller Transitivität entsteht auch das Problem, ob ein Ereignis mehrere Ursachen haben kann, bzw. eine Ursache, die aus mehreren alternativen Gliedern besteht. In dieser Frage gibt es unterschiedliche Meinungen.

Sei wieder „$\rightarrow$" die Entsprechung der klassischen Implikation und „$\xrightarrow{k}$" das Symbol des gesuchten Junktors in $\boldsymbol{L}$. Man kann dann ferner eine umfangreiche Liste von Schemata angeben, die nicht erwünscht sind:

(1) $(H \xrightarrow{k} G) \rightarrow (\sim G \xrightarrow{k} \sim H)$;

(2) $(H \xrightarrow{k} G) \rightarrow (H \wedge F \xrightarrow{k} G)$;

(3) $H \wedge G \rightarrow (H \xrightarrow{k} G)$;

(4) $\left(H \xrightarrow{k} G\right) \vee \left(G \xrightarrow{k} H\right)$;

(5) $(H \rightarrow G) \rightarrow \left(H \xrightarrow{k} G\right)$

und viele andere mehr.

Es fällt auf, daß kaum positive Kriterien für die Relation vorliegen. Wir können immerhin fordern, daß die Relation möglichst viele der nicht verbotenen Eigenschaften besitzen soll, um interessante Aussagen im formalen System zu bilden.

Keinesfalls ist die Logik in der Lage, derartige positive Kriterien selbst aufzufinden. Die Kausalität an sich kann überhaupt nicht von der Logik untersucht werden. Als einziger Ausweg erscheint in dieser Situation, „weiche" und „elastische" Modellklassen anzubieten, die viele Variationen der formalisierten Kausalbeziehung ermöglichen. Derartige Untersuchungen übersteigen ganz sicher die Möglichkeiten des Aussagenkalküls und wohl auch der (klassischen) Modallogik. Insofern scheint es gerechtfertigt, dasjenige Teilgebiet der nichtklassischen Aussagenlogik, welches sich mit der Analyse von kausale Beziehungen repräsentierenden Junktoren in ihrer Verknüpfung mit klassischen Junktoren beschäftigt, *Kausallogik* zu nennen.

Obwohl man in der Logikgeschichte bereits recht früh Gedanken über anzustrebende Formalisierungen der Kausalbeziehung findet, existiert die Kausallogik erst seit ca. 40 Jahren. Wesentliche Vorarbeit wurde von BOLZANO geleistet, der in seiner „Aetiologie" eine Lehre von Grund und Folge aufbaute (siehe BOLZANO [1977]). Ohne eine spezielle formale Semantik zur Verfügung zu haben, entwickelte er eine Reihe von Lehrsätzen in der Form mathematischer Theoreme und führte entsprechend strenge Beweise. Zwar faßte er die Kausalimplikation zu weit, jedoch führt diese Art der formalen Behandlung von Kausalität in gerader Linie zur Kausallogik im oben definierten Sinne.

6.2. Formalisierungsansätze

Zu den ersten kausallogischen Publikationen zählen die Arbeiten CHISHOLM [1946] und GOODMAN [1947]. Diesen folgt eine Fülle von Beiträgen zur Formalisierung kausaler Zusammenhänge. Anhand der Zahl der Veröffentlichungen läßt sich bis zu Ende der 60-er Jahre ständig zunehmendes Interesse an der Thematik nachweisen. Nach einem Rückgang der

Veröffentlichungen in den 70-er Jahren steigt ihre Zahl in letzter Zeit wieder deutlich an. Der Schwerpunkt liegt auf semantischen Untersuchungen. Das ist nicht verwunderlich, wenn man an die spärlichen positiven Kriterien für kausale Junktoren denkt – diese wären ja die „natürlichen Kandidaten" für Axiome eventuell aufzustellender syntaktischer Kalküle.

Nur vereinzelt findet man Autoren, die axiomatische Kalküle für die formalisierte Kausalrelation angeben. Meist geht man aber auch dann von der Axiomatik schnell zu dem einen oder anderen semantisch bestimmten Kalkül über, so daß sich diese Versuche in gewisser Weise einer der semantischen Herangehensweisen zuordnen lassen. Einige davon sollen nachfolgend beschrieben werden.

Wir betrachten zunächst die als „regularity analysis" bezeichnete Richtung, die von Chisholm und Goodman initiiert wurde. Der Satz: „Wenn ich den Eimer umstoße, dann läuft das Wasser aus." bringt keine logische Beziehung zum Ausdruck. Es fehlen zusätzliche Bedingungen, die obigen Satz erst wahr machen, so z. B.

– es ist hinreichend viel Wasser im Eimer;
– der Vorgang spielt sich unter normalen Schwerkraftverhältnissen ab;
– das Wasser hat eine Temperatur zwischen 0 °C und 100 °C;
– der Eimer ist von keinem Deckel verschlossen.

Die regularity analysis betrachtet deshalb Sätze von der Art „p bewirkt q" auf dem Hintergrund einer Menge von Naturgesetzen $\boldsymbol{N}$ und einer Menge zusätzlicher Voraussetzungen $\boldsymbol{V}$, die von einem Sprecher getroffen werden. Dieser Sprecher hält nun die Beziehung „p bewirkt q" für wahr, wenn p und q wahr sind und $p \to q$ aus $\boldsymbol{N}$ und $\boldsymbol{V}$ auf gewisse Weise ableitbar ist, jedoch weder q aus $\boldsymbol{N} \cup \boldsymbol{V}$ folgt, noch $\boldsymbol{N}$ allein zur Herleitung von $p \to q$ ausreicht. Bei diesem Herangehen ergeben sich beträchtliche Schwierigkeiten, wenn man die Grundbegriffe präzise und formal fassen will.

Ein sehr breit angelegter Versuch, zu einer brauchbaren Formalisierung zu kommen, stützt sich auf die Analyse sogenannter „counterfactuals" (d. h. „contrary-to-fact-conditional-statements"). Die dabei angestellten Untersuchungen wurden besonders interessant, als sie durch Stalnaker [1968] und Lewis [1973], [1973a] mit dem Konzept der relationalen Semantik von Kripke verbunden wurden. Bei dieser Richtung, zu der Beiträge von Almong, Åquist, Fine, Nute, Pollock und vielen anderen geleistet wurden, gibt es verschiedene Herangehensweisen. Der gemeinsame Grundgedanke ist folgender:

Sei $\mathscr{W}$ eine nichtleere Menge möglicher Welten und $w \in \mathscr{W}$ die aktuelle Welt. Mit $\mathsf{R}(w) \subseteq \mathscr{W}$ bezeichnen wir die Menge der von w aus mittels der Erreichbarkeitsrelation R zugänglichen Welten. Sei $H \overset{c}{\rightarrow} G$ ein gegebenes counterfactual. Die Mengen $\boldsymbol{H}$ und $\boldsymbol{G}$ bestehen jeweils aus den von w aus zugänglichen Welten, in denen H bzw. G wahr ist. Auf $\mathsf{R}(w)$ wird eine binäre Relation $\lesssim$ erklärt, wobei $w_1 \lesssim w_2$ als „w_1 ist w mindestens so ähnlich, wie w_2 es ist" gelesen wird. $f(\boldsymbol{H})$ bezeichnet die Menge der bezüglich $\lesssim$ maximalen Elemente aus $\boldsymbol{H}$, d. h. derjenigen $w \in \boldsymbol{H}$, für die kein $v \neq w$ $w \lesssim v$ erfüllt. In der aktuellen Welt w ist $H \overset{c}{\rightarrow} G$ erfüllt, wenn $f(\boldsymbol{H}) \subseteq \boldsymbol{G}$. Wir gehen also zur Überprüfung eines counterfactuals von der aktuellen Welt zu einer ihr maximal ähnlichen über – in der aber das Vorderglied des counterfactuals anerkannt ist – und stellen fest, ob in dieser Welt auch das Nachglied des gegebenen counterfactuals anerkannt ist.

Die Notwendigkeit von H, $\Box H$, wird nun als $\sim H \overset{c}{\rightarrow} \bot$ erklärt, wobei $\bot$ die Aussagenkonstante „falsch" ist. Die Möglichkeit von H, $\Diamond H$, ist erneut als $\sim\Box\sim H$ definiert. Man kann sich leicht überzeugen, daß man auf diese Weise gerade die üblichen Modalitäten der KRIPKEsemantik erhält. LEWIS [1973] untersucht einen Junktor, $H \overset{k}{\rightarrow} G$, der in unserer Symbolik etwa durch $\Diamond H \rightarrow (H \overset{c}{\rightarrow} G)$ definiert werden kann und der gelesen wird als: „Wenn H der Fall wäre, so würde G der Fall sein." Man ist der Meinung, hier einen Zugang zur formalisierten Kausalrelation gefunden zu haben. Die mangelnde Bestimmtheit des Begriffes „Ähnlichkeit" kann von Nutzen sein, da sie zusätzlichen Spielraum für die Definition von Kausaljunktoren mit verschiedenen Eigenschaften liefert. Im Vergleich zur regularity analysis zeichnet sich diese Methode vor allem durch bessere Handhabbarkeit aus, obwohl jene vom Konzept her anschaulicher und vielleicht auch allgemeiner ist (siehe LOEWER [1978]).

Aber auch gegen die counterfactual analysis werden ernsthafte Einwände gemacht. So würde man den Satz „Wenn sich Blücher bei Waterloo verspätet hätte, so hätte Wellington von anderswo Hilfe erhalten." in der counterfactual analysis für wahr halten, denn eine solche Welt wäre der aktuellen ähnlicher als eine, in der Napoleon nicht geschlagen worden wäre. Von GOOSEN [1979] und andern stammen Beispiele für kausale Zusammenhänge, die von der counterfactual analysis nicht als solche berücksichtigt werden. Man kommt also zu dem Schluß, daß die hier vorgestellte Methode bislang zu Relationen führt, die sich mit der Formalisierung der intuitiven Beziehung nicht decken.

Trotzdem liegt diese Herangehensweise weiterhin im Zentrum des Interesses und wird in der Mehrzahl der kausallogischen Arbeiten behandelt. Durch das Bestreben, die Modellklassen „weicher" zu machen, entwickelte sich die Semantik ganz ähnlich wie im Fall der modalen Logik: nachdem man zu Anfang KRIPKE-artige Modelle betrachtet hatte, kommt man auf der Suche nach semantischen Typen mit größerer Tiefe und Breite über die Nachbarschaftssemantik zum BOOLEschen Typ. Daneben modifiziert man die Modellklassen mittels anderer Techniken, z. B. untersucht man fuzzy-Nachbarschaftsmodelle (siehe ALMONG [1980]).

In DANIELS/FREEMAN [1980] wird der Versuch unternommen, die Nachteile der regularity analysis und der counterfactual analysis zu umgehen, ohne ihre jeweiligen Vorteile aufzugeben. Die Autoren betrachten dazu die Gesamtheit $\{H_1, H_2, \ldots, H_n\}$ der von einem Sprecher als wahr angenommenen Voraussetzungen und arbeiten mit einem dreistelligen Junktor $G/[H_1 \ldots H_n] \xrightarrow{k} F$, der gelesen wird als: „Wenn G der Fall wäre, würde F der Fall sein." G und F repräsentieren wieder Ereignisse, zwischen denen das Bestehen einer kausalen Beziehung ausgedrückt wird.

Ein sehr früher und ganz anders gearteter Versuch geht auf JAŚKOWSKI [1951] zurück. In seinen Vorlesungen an der Warschauer Universität stellte LEŚNIEWSKI in den 20-er Jahren die Frage nach einem extensionalen System, welches die Definition kausaler Junktoren zulassen sollte. JAŚKOWSKI löste dieses Problem, indem er einen Kalkül $\boldsymbol{Q}_\mathrm{f}$ in einer nichtklassischen Sprache $\boldsymbol{L}_\mathrm{f}$ konstruierte und dazu eine abzählbar unendliche Schar von Übersetzungen der Menge AD_f in die Ausdrucksmenge der Prädikatenlogik der ersten Stufe betrachtete. Er arbeitete u. a. mit einem als „faktorielle Implikation" bezeichneten Junktor $\xrightarrow{f}$, wobei $H \xrightarrow{f} G$ als „Wann immer H der Fall ist, so ist auch G der Fall." gelesen wird. Mittels der faktoriellen Implikation werden verschiedene kausale Junktoren definiert.

Es stellt sich nun heraus, daß man JAŚKOWSKIS Konzeption auf verschiedene Art und Weise ganz wesentlich verallgemeinern kann. Insbesondere erhält man für jede reguläre Modallogik eine kausale Logik, wobei sich der vom LEWISschen System S5 generierte Kalkül als mit $\boldsymbol{Q}_f$ identisch erweist. Die auf diese Weise konstruierten Kalküle werden wir im nächsten Abschnitt als konkrete Beispiele für Kausalsysteme untersuchen.

Einen vom philosophischen Ansatz her sehr interessanten Formalisierungsversuch unternimmt v. WRIGHT [1974]. Er sucht den Schlüssel zum Verständnis der Kausalbeziehung in der aktiven Auseinandersetzung mit der Natur, im Einwirken auf deren „normalen“ Verlauf. So würde sich unsere Überzeugung vom Bestehen eines Kausalverhältnisses zwischen zwei Ereignissen erhärten, wenn wir nach künstlichen Hervorbringen des einen (der Ursache) stets das andere (die Wirkung) vorfänden und wenn dieses nicht aufträte, falls wir ersteres unterdrückten. Sein Formalisierungsvorschlag stützt sich auf Strukturen möglicher Welten und kann in modalen und zeitlogischen Termini beschrieben werden.

Von Zeit zu Zeit kann man in der Literatur Versuche finden, sich der Formalisierung von Kausalverhältnissen über Wahrscheinlichkeiten zu nähern (SUPPES [1970]). Dabei beruft man sich oft auf die nichtklassische Physik als Anwendungsbeispiel derartiger Konzeptionen: hier sei, entsprechend der Unschärferelation, keine auf dem Determinismusbegriff fußende Analyse der Kausalität mehr möglich. Entscheidendes Kriterium für die Güte dieser — wie auch aller anderen — Formalisierungsversuche bleibt jedoch die Übereinstimmung der erreichten Formalisierung mit der Intuition, die sich nicht unmittelbar aus deren philosophischer Plausibilität ergibt. Unter diesem Gesichtspunkt erscheinen die hierbei erzielten Ergebnisse noch nicht als befriedigend.

Es ist deutlich geworden, daß die Vertreter der verschiedenen Richtungen bestrebt sind, jeweils variable Modellklassen anzubieten, die entsprechend verschiedene Formalisierungen der Kausalrelation zulassen.

6.3. JAŚKOWSKI-Systeme

Zu den Qualitätsmerkmalen eines jeden Formalisierungskonzepts gehört einmal seine philosophische Fundiertheit und andererseits seine Elastizität, d. h. die Möglichkeit, für alle in Frage kommenden Eigenschaften der Kausalrelationen Junktoren zu definieren, welche die jeweiligen Eigenschaften besitzen. Im Rahmen eines Formalisierungskonzepts wird man um so aussichtsreicher nach einer zufriedenstellenden Entsprechung einer bestimmten Kausalrelation suchen, je besser jenes den beiden obigen Kriterien entspricht. Für die auf JAŚKOWSKIS Arbeiten aufbauende Herangehensweise sind beide Merkmale in besonders hohem Maße gegeben. Deshalb soll diese Konzeption im folgenden etwas näher vorgestellt werden. Die Tragweite der in ihr dargelegten Ideen JAŚKOWSKIS, welche längst noch nicht ausgeschöpfte Möglichkeiten der Weiterentwicklung bieten, entschädigen sicher für den unvermeidlichen technischen Aufwand bei der Darstellung der Konzeption.

Zunächst sei die den Kalkülen zugrunde liegende Sprache präzisiert. Die Menge der Aussagenvariablen AV umfaßt wieder abzählbar unendlich viele Elemente $p, q, r, \ldots, p_0, p_1, p_2, \ldots$ Neben den klassischen aussagenlogischen Junktoren $\sim$, $\wedge$, $\vee$, $\rightarrow$ und $\leftrightarrow$ tritt, wie im vorigen Abschnitt schon angezeigt, ein nichtklassischer zweistelliger Junktor $\xrightarrow{\text{f}}$ (faktorieller Implikator) auf. AD_f bildet nun wie üblich die kleinste Menge, die AV enthält und zu der mit H und G auch $\sim H$, $(H \wedge G)$, $(H \vee G)$, $(H \rightarrow G)$, $(H \xrightarrow{\text{f}} G)$ gehören. Auf die Definition kausaler Junktoren gehen wir später ein.

Für jede natürliche Zahl betrachtet JAŚKOWSKI eine Übersetzung der Ausdrücke aus AD_f in die Sprache eines Systems $\boldsymbol{Q}$, interpretiert diese Übersetzungen in der Sprache des Prädikatenkalküls und erklärt den Kalkül $\boldsymbol{Q}_\mathrm{f}$ als Menge derjenigen Ausdrücke aus AD_f, die in allen betrachteten Fällen auf Sätze des Prädikatenkalküls abgebildet werden. Wir verallgemeinern diesen Ansatz, indem an Stelle des Prädikatenkalküls eine beliebige reguläre Modallogik tritt. Die Einschränkung auf reguläre Modallogiken ergibt sich aus deren Vollständigkeit gegenüber KRIPKE-Rahmen erster Stufe mit nichtnormalen Welten. Diese Strukturen, die in Kapitel **3** ausführlicher besprochen wurden, haben den Vorzug, daß sie eine weite Klasse von Kalkülen vollständig beschreiben, technisch gut handhabbar sind und doch eine gewisse anschauliche Deutung zulassen. Wollte man auf letzteres verzichten, so könnte man den noch allgemeineren BOOLEschen Semantiktyp nutzen und an Stelle des Prädikatenkalküls sogar beliebige klassische Modallogiken betrachten.

Wir kommen nun zur Erklärung der Modellklasse, in der AD_f anschließend interpretiert wird. Sei $\mathfrak{F} = \langle \mathscr{W}, \mathsf{R}, Q, \boldsymbol{P} \rangle$ ein üblicher KRIPKE-Rahmen erster Stufe, kurz: eindimensionaler KPQ-Rahmen, d. h. $\mathscr{W}$ sei eine nichtleere Menge „möglicher Welten“, Q eine Untermenge von $\mathscr{W}$, die aus sogenannten „nichtnormalen Welten“ besteht, R eine in $\mathscr{W}^2$ erklärte Relation der „Informationsübertragung zwischen möglichen Welten“ und schließlich $\boldsymbol{P}$ eine Familie von Untermengen von $\mathscr{W}$, die $\emptyset$ und $\mathscr{W}$ enthält und bezüglich gewisser Operationen abgeschlossen ist.

Aus n eindimensionalen KPQ-Rahmen $\mathfrak{F}_i = \langle \mathscr{W}_i, \mathsf{R}_i, Q_i, \boldsymbol{P}_i \rangle$; $i \leq n$; formen wir das *n-dimensionale Produkt*

$$\mathfrak{F}^{(n)} = \mathfrak{F}_1 \times \ldots \times \mathfrak{F}_n = \langle \mathscr{W}_1 \times \ldots \times \mathscr{W}_n, \hat{\mathsf{R}}_1, \ldots, \hat{\mathsf{R}}_n, \overline{Q}_1, \ldots, \overline{Q}_n, \overline{\boldsymbol{P}} \rangle.$$

Der Träger $\overline{\mathscr{W}} = \mathscr{W}_1 \times \ldots \times \mathscr{W}_n$ ist das kartesische Produkt der Trägermengen von $\mathfrak{F}_1, \ldots, \mathfrak{F}_n$. Die Relationen $\hat{\mathsf{R}}_i$ sind für $i \leq n$ komponentenweise erklärt:
Seien $\overline{w} = \langle w_1, \ldots, w_n \rangle$, $\overline{v} = \langle v_1, \ldots, v_n \rangle \in \overline{\mathscr{W}}$. Dann gilt

$$\overline{w}\hat{\mathsf{R}}_i\overline{v} \quad \text{gdw.} \quad (1) \quad w_i \mathsf{R}_i v_i,$$
$$(2) \quad \text{für alle } j \neq i \text{ gilt: } w_j = v_j.$$

Zwei Elemente $\overline{w}$ und $\overline{v}$ von $\overline{\mathscr{W}}$ stehen also in der Relation $\hat{\mathsf{R}}_i$, wenn sie sich nur in ihrer i-ten Komponente unterscheiden und die an den i-ten Stellen in $\overline{w}$ bzw. $\overline{v}$ auftretenden Elemente $w_i \in \mathscr{W}_i$ und $v_i \in \mathscr{W}_i$ in der Relation R_i stehen. Schließlich sind die $\overline{Q}_i$ definiert als

$$Q_i \stackrel{\text{def}}{=} \mathscr{W}_1 \times \ldots \times \mathscr{W}_{i-1} \times Q_i \times \mathscr{W}_{i+1} \times \ldots \times \mathscr{W}_n; \quad i \leq n$$

und

$$\overline{\boldsymbol{P}} \stackrel{\text{def}}{=} \{V_1 \times \ldots \times V_n \mid V_i \in \boldsymbol{P}_i, \quad i \leq n\}.$$

Das so erklärte n-dimensionale Produkt nennen wir auch *n-dimensionalen* KPQ-*Rahmen*.

Wie im eindimensionalen Fall entsteht ein Modell, indem wir eine Abbildung v von AV nach $\overline{\boldsymbol{P}}$ hinzufügen: sei

$$\mathfrak{M}^{(n)} = \langle \overline{\mathscr{W}}, \hat{\mathsf{R}}_1, \ldots, \hat{\mathsf{R}}_n, \overline{Q}_1, \ldots, \overline{Q}_n, \overline{\boldsymbol{P}}, v \rangle$$

das *auf $\mathfrak{F}^{(n)}$ fundierte n-dimensionale Modell*. Wenn im n-dimensionalen KPQ-Rahmen $\mathfrak{F}^{(n)}$ die Familie $\overline{\boldsymbol{P}}$ alle Untermengen von $\overline{\mathscr{W}}$ enthält, dann spielt sie, wie man sich leicht anhand der Definition von v überzeugt, keine wesentliche Rolle mehr und kann weggelassen werden. Die Abbildung ist dann nämlich wie üblich von AV nach $2^{\overline{\mathscr{W}}}$ erklärt. In diesem Fall sprechen wir von $\mathfrak{F}^{(n)}$ als von einem *vollen* KPQ-*Rahmen* oder kurz: KQ-*Rahmen*.

Für einen Ausdruck $H \in \mathsf{AD}_{\mathrm{f}}$ erklären wir die Erfüllung im Punkt $\overline{w} = (w_1 \ldots w_n)$ des Modells $\mathfrak{M}^{(n)}$, kurz: $\mathfrak{M}^{(n)} \models H/\overline{w}/$, induktiv:

(1⁰) $\mathfrak{M}^{(n)} \models p/\overline{w}/ \Leftrightarrow \overline{w} \in v(p)$, für $p \in \mathsf{AV}$;

(2⁰) $\mathfrak{M}^{(n)} \models \sim H/\overline{w}/ \Leftrightarrow \mathfrak{M}^{(n)} \not\models H/\overline{w}/$;

(3⁰) $\mathfrak{M}^{(n)} \models H \wedge G/\overline{w}/ \Leftrightarrow \mathfrak{M}^{(n)} \models H/\overline{w}/ \mathbin{\boldsymbol{\wedge}} \mathfrak{M}^{(n)} \models G/\overline{w}/$.

Ehe wir den Fall der faktoriellen Implikation erklären, führen wir folgende Abkürzungen ein:

(a) Sei $\mathbf{k} = \{i_1, \ldots, i_k\} \subseteq \{1, \ldots, n\}$. Dann ist $\Box_{\mathbf{k}} H = \Box_{i_1} \cdots \Box_{i_k} H$.

(b) $\mathfrak{M}^{(n)} \models \Box_i H / \overline{w} /$ bedeutet, daß für alle $\overline{v} \in \overline{\mathscr{W}}$, wenn $\overline{w} \hat{\mathsf{R}}_i \overline{v}$, so $\mathfrak{M}^{(n)} \models H / \overline{v} /$; $i \leq n$.

(c) $\mathfrak{M}^{(n)} \models \mathrm{f}(i, H) / \overline{w} /$ bedeutet, daß

$\mathfrak{M}^{(n)} \models \sim \Box_1 \ldots \Box_n (\Box_i H \vee \Box_i \sim H) / \overline{w} /$; $i \leq n$.

(d) Sei $\mathbf{k}$ wie in (a). Dann bedeutet $\mathfrak{M}^{(n)} \models \mathrm{f}(\mathbf{k}, H) / \overline{w} /$, daß

$\mathfrak{M}^{(n)} \models \mathrm{f}(i_1, H) / \overline{w} / \wedge \ldots \wedge \mathfrak{M}^{(n)} \models \mathrm{f}(i_k, H) / \overline{w} /$.

Nun ist

(4⁰) $\mathfrak{M}^{(n)} \models H \xrightarrow{\mathrm{f}} G / \overline{w} / \Leftrightarrow \mathfrak{M}^{(n)} \models H \to G / \overline{w} /$

$\wedge (\bigwedge \mathbf{k} \subseteq \{1, \ldots, n\}) \big(\mathfrak{M}^{(n)} \models \mathrm{f}(\mathbf{k}, H) \to \Box_{\mathbf{k}} (H \to G) / \overline{w} /\big)$.

Da $\{1, \ldots, n\}$ eine endliche Menge ist, könnten wir im Punkt (4⁰) den Quantifikator in eine Konjunktion auflösen.
Die Erfüllungsbedingungen der anderen Junktoren ergeben sich aus den Definitionen $H \vee G \overset{\text{def}}{=} \sim(\sim H \wedge \sim G)$ sowie $H \to G \overset{\text{def}}{=} \sim H \vee G$.

Anstelle der faktoriellen Implikation kann man, wie JAŚKOWSKI das getan hatte, zur Erweiterung der klassischen aussagenlogischen Sprache auch den zweistelligen Junktor $\forall_{\mathrm{f}}$ benutzen. Der Ausdruck $[\forall_{\mathrm{f}} H]\, G$ wird dabei gelesen als: „Für alle Werte der Faktoren von H gilt G.“ Was ist nun ein „Faktor eines Ausdrucks H“?

JAŚKOWSKI [1948; S. 64] schreibt dazu: „Stellen wir uns vor, die Richtigkeit eines Satzes p hinge von gewissen Umständen ab, die wir nicht näher bestimmen brauchen ... Bei einer gewissen Zusammenstellung von Zufallsgrößen wird der Satz richtig, bei einer anderen falsch. Den Satz p können wir also als Funktion ansehen, welche den Wert ‚wahr‘ oder den Wert ‚falsch‘ annimmt ... Weil diese funktionale Abhängigkeit in der Symbolik nicht zum Ausdruck kommt, können wir Sätze dieser Art mittels abhängiger Aussagenvariablen darstellen, ähnlich wie in der Mathematik die Funktion einer Veränderlichen x oft durch den Buchstaben y repräsentiert wird.“ Die Aussagenvariablen in AD_{f} können also als eine Art Prädikatenvariablen ohne festgelegte Stellenzahl gedeutet werden. Derartige abhängige Aussagenvariablen tauchen in der Literatur erstmals in HEYTING [1930] auf und erscheinen sehr natürlich für die

Behandlung von Aussagen, deren Wahrheit von verschiedenen Umständen abhängt. Die „Faktoren von H“ können nun gerade als diese Umstände, die Einfluß auf H haben, gedeutet werden. Insofern lassen sie sich mit solchen Individuenvariablen der prädikatenlogischen Sprache vergleichen, deren Belegung den Wert des betreffenden Prädikats beeinflußt.

Zwischen $\xrightarrow{\mathfrak{f}}$ und $\forall_\mathfrak{f}$ besteht folgender Zusammenhang:

$$[\forall_\mathfrak{f} H]\, G \overset{\text{def}}{=} \left(H \xrightarrow{\mathfrak{f}} G\right) \wedge \left(\sim H \xrightarrow{\mathfrak{f}} G\right).$$

Die genaue Bedeutung der Faktoren von H ergibt sich damit anhand der Modelle. Nach einfachen Umformungen erhält man:

$$(5^0) \quad \mathfrak{M}^{(n)} \models [\forall_\mathfrak{f} H]\, G/\overline{w}/ \Leftrightarrow \mathfrak{M}^{(n)} \models G/\overline{w}/$$

$$\wedge\, (\bigwedge \mathbf{k} \subseteq \{1, \ldots, n\}) \left(\mathfrak{M}^{(n)} \models \mathfrak{f}(\mathbf{k}, H) \to \Box_\mathbf{k} G/\overline{w}/\right).$$

Wie man leicht nachprüft, kann nun auch $\xrightarrow{\mathfrak{f}}$ auf folgende Weise durch $\forall_\mathfrak{f}$ definiert werden:

$$H \xrightarrow{\mathfrak{f}} G \overset{\text{def}}{=} [\forall_\mathfrak{f} H]\,(H \to G).$$

Die um $\forall_\mathfrak{f}$ erweiterte aussagenlogische Sprache und die Sprache $\mathsf{AD}_\mathfrak{f}$ sind also äquivalent. Der zu $\forall_\mathfrak{f}$ duale Junktor ist durch $[\exists_\mathfrak{f} H]\, G \overset{\text{def}}{=} \sim[\forall_\mathfrak{f} H] \sim G$ definiert und wird als: „Für einige Werte der Faktoren von H gilt G.“ gelesen.

Der Ausdruck $H \in \mathsf{AD}_\mathfrak{f}$ ist *im Modell* $\mathfrak{M}^{(n)}$ *gültig*, kurz: $\mathfrak{M}^{(n)} \models H$, wenn für alle $\overline{w} \in \overline{\mathscr{W}} \setminus \bigcup_{i=1}^{n} \overline{Q}_i$ gilt: $\mathfrak{M}^{(n)} \models H/\overline{w}/$. Der Ausdruck H ist im Rahmen $\mathfrak{F}^{(n)}$ gültig, $\mathfrak{F}^{(n)} \models H$, wenn $\mathfrak{M}^{(n)} \models H$ für alle auf $\mathfrak{F}^{(n)}$ fundierten Modelle gilt. Die Formel H ist *Tautologie der Klasse* $\mathbf{K}^{(n)}$, $\mathbf{K}^{(n)} \models H$, wenn sie in jedem Rahmen dieser Klasse gültig ist.

Damit haben wir die Sprache $\boldsymbol{L}_\mathfrak{f}$ in n-dimensionalen verallgemeinerten Kripke-Strukturen interpretiert. n-dimensionale KPQ-Rahmen sind die „natürlichen Modellstrukturen“ für aussagenlogische Sprachen mit n Paaren dualer modaler Junktoren $\Box_1, \Diamond_1, \ldots, \Box_n, \Diamond_n$. Bei unserer Interpretation wurden die Modalitäten lediglich als bequeme (aber eigentlich überflüssige) Abkürzungen eingeführt. Die obige Art der Verwendung möglicher Welten entspricht nicht Kripkes Intuitionen bei der Einführung dieses semantischen Typs, erweist sich aber aus technischen

Gründen als sehr nützlich. Auch in dieser Konstruktion zeigt die Konzeption der Strukturen möglicher Welten ihre Anwendbarkeit, wenngleich sie bei wörtlicher Deutung im Sinne LEIBNIZ noch weniger plausibel erscheint als im Fall der Semantik für modallogische Kalküle.

Sei L eine reguläre modale Logik (d. h. L enthalte die klassische Aussagenlogik und den modalen Ausdruck $\Box p \wedge \Box q \rightarrow \Box(p \wedge q)$ und sei im Hinblick auf die Einsetzungs- und Abtrennungsregel sowie bzgl.

$$\frac{H \rightarrow G}{\Box H \rightarrow \Box G}$$

abgeschlossen). Sei weiter $\mathbf{K}_{\mathsf{L}}$ die Klasse aller KPQ-Rahmen, die L anerkennen, d. h. $\mathbf{K}_{\mathsf{L}} \models H$ für alle $H \in \mathsf{L}$, kurz: $\mathbf{K}_{\mathsf{L}}' \models \mathsf{L}$. Unter dem Inhalt einer Klasse $\mathbf{K}^{(n)}$ bezüglich der Sprache L_f, symbolisch: $\mathbf{E}(\mathbf{K}^{(n)})$, verstehen wir die Menge aller Ausdrücke $H \in \mathsf{AD}_f$, für die $\mathbf{K}^{(n)} \models H$ gilt, also die Menge der Tautologien von $\mathbf{K}^{(n)}$. Wie man leicht sieht, gilt wegen der Vollständigkeit einer beliebigen regulären Logik gegenüber einer gewissen Klasse von KPQ-Rahmen, daß $\mathsf{L} = \mathbf{E}(\mathbf{K}_{\mathsf{L}})$. Mit $\mathbf{K}_{\mathsf{L}}^{(n)}$ bezeichnen wir die Klasse der n-dimensionalen KPQ-Rahmen $\mathfrak{F}_1 \times \ldots \times \mathfrak{F}_n$, wobei $\mathfrak{F}_1, \ldots, \mathfrak{F}_n$ jeweils zu $\mathbf{K}_{\mathsf{L}}$ gehören.

Das durch $\bigcap_{n \in \omega} \mathbf{E}(\mathbf{K}_{\mathsf{L}}^{(n)})$ in AD_f ausgezeichnete logische System nennen wir das durch L ausgezeichnete JAŚKOWSKI-System F_{L}. Es stellte sich heraus, daß das von JAŚKOWSKI konstruierte System $\boldsymbol{Q}_f$ mit einem der obigen Systeme, nämlich mit F_{S5}, identisch ist (URCHS [1981]). Insofern schuf JAŚKOWSKI den historisch ersten Kalkül dieser Klasse. Zum anderen ist die Konstruktion der F_{L} hinreichend originell dafür, daß kein anderes in der Literatur betrachtetes System in diese Klasse fällt. So scheint die Benennung derartiger kausaler Kalküle als JAŚKOWSKI-*Systeme* gerechtfertigt.

Die Klasse der JAŚKOWSKI-Systeme ist sehr reich: für jede reguläre Modallogik L führt die obige Konstruktion zu einem JAŚKOWSKI-System F_{L}. Die regulären Modallogiken auferlegten Bedingungen sind recht schwach. Infolgedessen ist zu erwarten, daß wir nur wenig über die JAŚKOWSKI-Systeme im allgemeinen aussagen können. Offensichtlich werden die Eigenschaften des Kalküls F_{L} hauptsächlich von den Eigenschaften des Systems L bestimmt. Um interessante Systeme aus der Gesamtklasse herauszufinden, muß man also über die sie auszeichnenden modalen Logiken zusätzliche Voraussetzungen treffen.

Eine der Hauptschwierigkeiten bei weitergehenden Untersuchungen der

F_L besteht zunächst im Fehlen einer praktikablen Methode, die Richtigkeit gegebener Ausdrücke im jeweiligen System festzustellen. Das Prüfen *ex definitione* führt bereits bei relativ unkomplizierten Ausdrücken zu enormem technischen Aufwand. Für Q_f wurde eine semantische Prüfmethode nach Vorarbeit von JAŚKOWSKI in PIECZKOWSKI [1965] entwickelt. Deren Autor arbeitete mit einer gänzlich anderen Darstellung des Systems. Es entsteht die Frage, für welche Klasse von JAŚKOWSKI-Systemen sich eine entsprechende Methode angeben läßt. Da die Eigenschaften der jeweiligen Kalküle wesentlich von den zugrunde liegenden modalen Logiken bestimmt werden, fragen wir also nach der Klasse modaler Logiken, die zu JAŚKOWSKI-Systemen mit den gesuchten Eigenschaften führen.

Wir definieren eine weite Klasse modaler Systeme, die, als Basis der oben vorgestellten Konstruktion genommen, zu Kalkülen führen, für welche sich eine Methode zum Prüfen von Ausdrücken angeben läßt. Eine modale Logik heiße *Basissystem*, wenn ihre charakteristische Klasse $\mathbf{K}_L$ folgenden Bedingungen genügt:

(1*) $\mathbf{K}_L$ ist abgeschlossen unter direkten Produkten;[1]
(2*) $\mathbf{K}_L$ ist quasireflexiv, d. h. die Relation jedes zu $\mathbf{K}_L$ gehörenden Rahmens erfüllt: $(\bigwedge w \in \mathscr{W} \setminus Q)\,(wRw)$;
(3*) der einelementige reflexive Rahmen gehört zu $\mathbf{K}_L$;
(4*) für eine Klasse $\mathbf{K}'$ von KQ-Rahmen gilt: $\mathbf{E}(\mathbf{K}') = \mathbf{E}(\mathbf{K}_L)$.

Zu den Basissystemen gehören viele wichtige modallogische Kalküle, u. a. die LEWISschen Systeme und T, D, B, dagegen z. B. nicht die als S4.3 bezeichnete Erweiterung von S4 um das Axiom $\Box(\Box p \to \Box q) \vee \Box(\Box q \to \Box p)$. Die zusätzliche Bedingung für die charakteristische Relation der Klasse S4.3 lautet:

$$(\bigwedge u, v, w \in \mathscr{W})\,\big(uRv \wedge uRw \to (\bigvee u' \in \mathscr{W})\,(vRu' \wedge wRu')\big)$$

und erfüllt damit nicht Punkt (1*) der Definition des Basissystems.
Für die von Basissystemen ausgezeichneten Kalküle F_L kann folgender Satz bewiesen werden:

Für jeden Ausdruck $H \in \mathrm{AD}_f$ existiert eine natürliche Zahl $r(H)$ derart, daß $H \in F_L$ gdw. $\mathbf{K}_L^{(r(H))} \models H$.

---

1 d. h.: für beliebiges natürliches n gehört mit $\langle \mathscr{W}_i, R_i, Q_i, \mathbf{P}_i\rangle$ für $i \leq n$ stets auch $\left\langle \mathscr{W}, \hat{S}, \bigcup_{i=1}^{n} \overline{Q}_i, \overline{\mathbf{P}}_i \right\rangle$ zu $\mathbf{K}_L$, wobei für $\overline{w}, \overline{v} \in \overline{\mathscr{W}}$ gilt: $\hat{\overline{w}} S \overline{v}$ gdw $w_i R_i v_i$ für alle $i \leq n$.

Ob H Tautologie von $\mathsf{F_L}$ ist, entscheiden also einzig die Rahmen einer bestimmten Dimension und nur diese müssen überprüft werden. Den Beweis dieses technisch recht aufwendigen Resultats findet man in URCHS [1982]. Die vom Aufbau des Ausdrucks H abhängige natürliche Zahl $r(H)$ wird folgendermaßen erklärt: Sei $H \in \mathsf{AD_f}$. Jeden an der ersten Stelle der Junktoren $\xrightarrow{f}$, $\forall_f$ und $\exists_f$ vorkommenden Ausdruck nennen wir faktoriell. $Sub_f(H)$ bezeichne die Menge der verschiedenen faktoriellen Ausdrücke in H. Eine Untermenge von $Sub_f(H)$ nennen wir ausgezeichnet, wenn in einem Modell alle Elemente dieser Untermenge einen gemeinsamen Faktor haben. $r(H)$ ist als Zahl der ausgezeichneten Untermengen von $Sub_f(H)$ bestimmt.

Um die Richtigkeit von H in $\mathsf{F_L}$ zu prüfen, muß man wegen obigen Satzes nur feststellen, ob $\mathbf{K}_{\mathsf{L}}^{(r(H))} \models H$. In HUGHES/CRESSWELL [1968] war für modale Logiken ein semantisches Prüfverfahren angegeben worden, die sogenannte „Diagrammethode für modale Ausdrücke“. Diese Prozedur kann für alle Modallogiken genutzt werden, die vollständig bezüglich einer Klasse von KQ-Rahmen sind. Es gelingt nun, diese Diagrammethode für die durch n-dimensionale KQ-Rahmen ausgezeichneten Logiken zu modifizieren. Aus der kombinierten Anwendung dieser Methode und des obigen Satzes erhalten wir eine praktikable Möglichkeit, die Zugehörigkeit von $H \in \mathsf{AD_f}$ zu $\mathsf{F_L}$ zu prüfen. Hierbei handelt es sich aber nicht um einen effektiven Entscheidungsalgorithmus für die Systeme $\mathsf{F_L}$.

Im Besitz dieser Rechenmethode wenden wir uns nun der Untersuchung kausaler Junktoren zu, von denen in den $\mathsf{F_L}$ eine Vielzahl definiert werden kann.

Bereits $\xrightarrow{f}$ hat eine Reihe guter Eigenschaften, z. B. ist

$$\left(p \xrightarrow{f} q\right) \to \left(\sim q \xrightarrow{f} \sim p\right)$$

in keinem JAŚKOWSKI-System gültig. Dagegen kann man zeigen, daß beide Formeln

$$\left(\sim p \xrightarrow{f} p\right) \xrightarrow{f} \left(q \xrightarrow{f} p\right)$$

und

$$\left(p \xrightarrow{f} \sim p\right) \xrightarrow{f} \left(p \xrightarrow{f} q\right)$$

in $\mathsf{F_L}$ gültig sind. Wegen

$$\Box H \leftrightarrow [\forall_f H]\, H \leftrightarrow [\forall_f H]\, (\sim H \to H) \leftrightarrow [\forall_f \sim H]\, (\sim H \to H)$$
$$\leftrightarrow \left(\sim H \xrightarrow{f} H\right)$$

nehmen obige Ausdrücke die unter dem Namen „Paradoxien der strikten Implikation" bekannte Gestalt an:

$$\Box p \xrightarrow{\mathrm{f}} (q \xrightarrow{\mathrm{f}} p)$$

und

$$\sim\Diamond p \xrightarrow{\mathrm{f}} (p \xrightarrow{\mathrm{f}} q).$$

Diese Implikation ist deshalb für unsere Zwecke nicht geeignet.

Als recht gute Entsprechung der intuitiven Kausalbeziehung erscheint dagegen für Jaśkowski-Systeme, die von nicht-normalen Modallogiken ausgezeichnet werden, folgender Junktor:

$$H \xrightarrow{k} G \overset{\mathrm{def}}{=\!=} H \wedge (H \xrightarrow{\mathrm{f}} G) \wedge \sim[\forall_{\mathrm{f}} H]\,(H \vee G).$$

Die Ausdrücke $H \xrightarrow{k} H$, $(H \xrightarrow{k} G) \vee (G \xrightarrow{k} H)$, $(H \xrightarrow{k} G) \to (\sim G \xrightarrow{k} \sim H)$, $(H \xrightarrow{k} G) \to (H \wedge F \xrightarrow{k} G)$ sind nämlich keine Theoreme von $\mathsf{F_L}$. Leider ist dieser Junktor zu stark für Jaśkowski-Systeme, die durch normale modale Logiken ausgezeichnet wurden. In diesen sind u. a. folgende Ausdrücke und Schlußregeln gültig:

(1) $[\forall_{\mathrm{f}} H]\, G \to G$;

(2) $[\forall_{\mathrm{f}} H]\,(G \wedge F) \leftrightarrow [\forall_{\mathrm{f}} H]\, G \wedge [\forall_{\mathrm{f}} H]\, F$;

(3) $[\forall_{\mathrm{f}} H]\,(G \to F) \to ([\forall_{\mathrm{f}} H]\, G \to [\forall_{\mathrm{f}} H]\, F)$;

(4) $[\exists_{\mathrm{f}} H]\,(G \wedge F) \to ([\exists_{\mathrm{f}} H]\, G \wedge [\exists_{\mathrm{f}} H]\, F)$;

(5) Wenn $H \in \mathsf{F_L}$, dann ist für $p \in \mathsf{AV}(H)$ auch $[\forall_{\mathrm{f}} p]\, H \in \mathsf{F_L}$;

(6) alle Axiome der klassischen Aussagenlogik;

(7) alle Schlußregeln der klassischen Aussagenlogik, erweitert auf die Sprache $\boldsymbol{L}_{\mathrm{f}}$.

Sei nun $(H \xrightarrow{k} G) \in \mathsf{F_L}$. Wegen (5) ergibt sich nach Einsetzung $[\forall_{\mathrm{f}} H]\,(H \xrightarrow{k} G)$. Aus der Definition von $\xrightarrow{k}$ und aus (2) folgt weiter

$$[\forall_{\mathrm{f}} H]\, H \wedge [\forall_{\mathrm{f}} H]\,([\forall_{\mathrm{f}} H]\,(H \to G)) \wedge [\forall_{\mathrm{f}} H]\,([\exists_{\mathrm{f}} H]\,(\sim H \wedge \sim G)).$$

Unter Beachtung von (6), (7), (1), (4) und (3) erhalten wir daraus $[\forall_{\mathrm{f}} H]\, G \wedge [\exists_{\mathrm{f}} H] \sim G$, also wegen $[\exists_{\mathrm{f}} H]\, G = \sim[\forall_{\mathrm{f}} H] \sim G$ und (2) auch $[\forall_{\mathrm{f}} H]\,(G \wedge \sim G)$ und schließlich nach (1): $G \wedge \sim G$.

Von normalen Systemen ausgezeichnete Jaśkowski-Kalküle sind also zu reich, um auf sinnvolle Art und Weise $\xrightarrow{k}$ als Formalisierung des

Ursache-Wirkungs-Verhältnisses zu verstehen. In diesen Kalkülen kann man sich mit einer Abschwächung der Definition behelfen:

$$H \xrightarrow{k'} G \overset{\text{def}}{=} H \wedge \left(H \xrightarrow{f} G\right).$$

Dieser Funktor besitzt beispielsweise im System F_{S4} u. a. folgende Eigenschaften: die der Reflexivität, Symmetrie und Transitivität entsprechenden Ausdrücke gelten nicht, ebensowenig die in 6.1. angegebenen Schemata (1)–(5). Dagegen sind z. B. folgende Ausdrücke gültig:

$$\left(H \xrightarrow{k'} G\right) \rightarrow (H \rightarrow G);$$

$$\left(H \xrightarrow{k'} G \wedge F\right) \rightarrow \left(H \xrightarrow{k'} G\right);$$

$$\left(H \xrightarrow{k'} G\right) \wedge \left(F \xrightarrow{k'} G\right) \rightarrow (H \leftrightarrow G).$$

Selbstverständlich sind eine Vielzahl anderer Definitionen kausaler Junktoren möglich. So weist Jaśkowski [1951] auf die Untersuchung folgender Junktoren hin:

$$p \subset_{\mathrm{f}} q \overset{\text{def}}{=} \sim p \xrightarrow{f} \sim q;$$

$$p \equiv_{\mathrm{f}} q \overset{\text{def}}{=} \left(p \xrightarrow{f} q\right) \wedge \left(q \xrightarrow{f}\right) p;$$

$$p \wedge_{\mathrm{f}} q \overset{\text{def}}{=} p \wedge q \wedge [\exists_{\mathrm{f}} p] (\sim p \wedge \sim q).$$

Als ein weiterer Vorteil der Konzeption erscheint, daß die Junktoren jeweils uniform für ganze Klassen von Jaśkowski-Systemen erklärt werden. Die Eigenschaften der Junktoren hängen in gewissem Maße vom jeweils betrachteten System ab. So ergeben sich zusätzlich zur Definition des Junktors Möglichkeiten, durch entsprechende Auswahl des Systems, eine „Feineinstellung" seiner Eigenschaften vorzunehmen.

6.4. Modifikationen

Aus der Konstruktion der F_{L} ergibt sich der Gedanke, Systeme zu untersuchen, die nicht als Durchschnitt aller $\mathbf{E}(\mathbf{K}_{\mathsf{L}}^{(n)})$ entstehen, sondern durch den gemeinsamen Inhalt einer endlichen Familie von Klassen $\mathbf{K}_{\mathsf{L}}^{(1)}, \ldots, \mathbf{K}_{\mathsf{L}}^{(m)}$ gebildet werden. Für Basissysteme zeigt man leicht, daß mit $n \leq m$ auch $\mathbf{E}(\mathbf{K}_{\mathsf{L}}^{(m)}) \subseteq \mathbf{E}(\mathbf{K}_{\mathsf{L}}^{(n)})$ gilt. Mittels der modifizierten Diagrammethode findet man Ausdrücke, die für $n \leq m$ zu $\mathbf{E}(\mathbf{K}_{\mathsf{L}}^{(n)})$ gehören, aber nicht zu $\mathbf{E}(\mathbf{K}_{\mathsf{L}}^{(m)})$. Deshalb wird ein solches System stets von den Tautologien der Klasse mit dem höchsten Index bestimmt.

Wir bemerken ferner, daß obige Konstruktion auf alle Systeme angewandt werden kann, die über eine adäquate KRIPKE-Semantik verfügen. Das ist bei der intuitionistischen Logik ebenso der Fall wie bei manchen als „*parakonsistente Logiken*" bezeichneten Systemen, in denen das Auftreten einander widersprechender Ausdrücke nicht zur Trivialität führt (d. h. in diesen Systemen ist ein gewisser Ausdruck H mitsamt seiner Negation $\sim H$ gültig, ohne daß deshalb jeder beliebige Ausdruck gültig ist). Die auf diese Weise entstehenden JAŚKOWSKI-Systeme verbinden die interessanten Eigenschaften der jeweiligen Aussagenkalküle mit der Möglichkeit, Kausaljunktoren zu definieren.

Mit der zeitlichen Komponente der Kausalität sind ebenfalls Probleme verbunden. Bewirkt ein kausaler Zusammenhang eine zeitliche Relation zwischen seinen Gliedern? Abgesehen von den Schwierigkeiten, eine solche Relation für eine von der Wirkung räumlich entfernte Ursache zu definieren, herrscht ebenfalls keine Einigkeit, welcher Art diese Relation sein sollte. Obwohl die Mehrzahl der Autoren annimmt, die Wirkung träte stets nach ihrer Ursache auf, gibt es auch andere Ansichten; einige nehmen sogar die Existenz von Wirkungen an, die ihrer Ursache zeitlich vorausgehen. Obwohl die JAŚKOWSKI-Strukturen für die Behandlung einer zusätzlichen zeitlichen Komponente geeignet sind, würde diese deshalb weggelassen.

Eine weitere denkbare Verallgemeinerung wäre die Verbindung kausaler Junktoren mit prädikatenlogischen Sprachen. Der Ansatz von JASKOWSKI kann auch dazu genutzt werden. Aus der modalen Prädikatenlogik sind erweiterte KRIPKE-Modellstrukturen bekannt, die die Interpretation von Quantifikatoren zulassen. Kausale Prädikatenkalküle könnten nun z. B. mittels der Inhalte von Produkten derartiger KRIPKE-Strukturen bezüglich entsprechend erweiterter Sprachen gebildet werden. Zweifellos käme eine solche, über den Rahmen der (aussagenlogischen) Kausallogik hinausgehende Betrachtung von kausalen Kontexten den Intuitionen wesentlich näher. Da sich aber für die Definition der kausalen Junktoren an sich kaum neue Gesichtspunkte ergeben, der mathematische Apparat zu deren Behandlung dagegen viel komplizierter werden würde, wollen wir hier auf eine solche Verallgemeinerung verzichten.

7. Algorithmische Logik

7.1. Problemstellung

Im folgenden wird der Versuch unternommen, den Leser an einen Zweig der mathematischen Logik heranzuführen, der sich in den letzten 15—20 Jahren in enger Wechselbeziehung mit der Entwicklung der Informatik herausbildete. Wegen dieser engen Wechselbeziehung können sich die folgenden Betrachtungen allerdings nicht auf die Vorstellung eines Kalküls beschränken, sondern müssen in gewissem Umfang auf seine Anwendung eingehen, da von dort die wesentlichen Intuitionen herkommen.

Dies bewirkt zwar, daß dem Leser eine doppelte Bürde auferlegt wird. Dafür wird aber das Zusammenwirken einer Grundlagendisziplin mit der für die Entwicklung der Produktivkräfte so entscheidenden Informationsverarbeitung verdeutlicht, was den Leser hoffentlich für seine Mühe entschädigen wird. Die von der Informationsverarbeitung herrührenden Motivationen werden in diesem Abschnitt erläutert, wobei der Schwerpunkt auf die gegenwärtig vielversprechende Richtung der Spezifikation abstrakter Datentypen gelegt wird.

In dem Maße, wie die Leistungsfähigkeit von Rechenanlagen zunahm, ihre wachsende Robustheit und sinkende Kosten einen immer breiteren Einsatz ermöglichten, wurden die Anforderungen an ihre Programmierung größer. Der Umfang von Programmen und ihre Komplexität nahmen zu, die Zuverlässigkeitsanforderungen an Programme wurden höher. Man denke hierbei an Anwendungen in der Prozeßsteuerung (z. B. in Kernreaktoren, Raumfahrt) oder Datenbanksystemen (z. B. in Planung und Leitung, Bankwesen). Gleichzeitig wuchs der Anteil des für die Programmierung nötigen Aufwandes am Gesamtaufwand für den Einsatz von Rechenanlagen und übersteigt heute den Aufwand für die reine Gerätetechnik wesentlich. Programmierung ist das Kodieren eines Algorithmus (der ein bestimmtes Problem lösen soll) in einer formalen Sprache (Programmiersprache), die einem Rechner „verständlich“ ist bzw. durch Übersetzungsprogramme „verständlich“ gemacht werden kann. Wenn einmal der Algorithmus gegeben ist, dann zerfällt der Programmieraufwand in den Aufwand für das Erstellen des Programms und den für das Beseitigen entdeckter Fehler.

Diese Tätigkeiten können effektiver werden durch die Benutzung problemorientierter Programmiersprachen. Deshalb verdrängte das Programmieren in Sprachen wie FORTRAN, ALGOL, Pascal u. a. weltweit in immer größerem Umfang das Programmieren in der Maschinensprache. Einen weiteren qualitativen Schritt stellen die durch Sprachen wie SIMULA 67 oder jene neueren Datums wie MODULA, Ada, CLU oder LOGLAN gegebenen Sprachmittel zur Definition von komplexen Datenstrukturen als Zusammenfassung von Datenobjekten und sie betreffenden Operationen dar. Übersetzerprogramme für diese Sprachen prüfen insbesondere, ob die Operationen auf relevante Objekte angewendet werden. Gewissermaßen erlauben es die genannten Sprachen, dem Problem angepaßte Begriffe zu bilden und erzwingen sogar deren sinnvollen Gebrauch. Dadurch wird eine ganze Reihe von Programmierfehlern ausgeschlossen.

Um sich von der Fehlerfreiheit eines Programms zu überzeugen, ist die landläufig genutzte Methode, einige Programmabläufe mit Testdaten zu starten und auftretende Fehler zu korrigieren, solange, bis keine Fehler mehr auftreten, unzulänglich. Deshalb versucht man, die Korrektheit eines Programmes streng mathematischen Beweisen zugänglich zu machen. Das setzt natürlich voraus, daß die Semantik der benutzten Programmiersprache mit geeigneten Methoden exakt definiert ist. Für dieses als *Programmverifikation* bezeichnete Vorgehen will die Algorithmische Logik den formal-logischen Hintergrund liefern. Dabei wird an einen methodologischen Ansatz von Hoare (vgl. Hoare [1972]) angeknüpft.

Danach wird ein Programm als die Summe von

Algorithmus und *Datenstruktur*

betrachtet. Dabei verstehen wir als Datenstruktur die Gesamtheit von

— Objekten, mit denen der Algorithmus operiert,
— Operationen, deren er sich dabei bedienen kann,
— Prädikaten, d. h. Eigenschaften von Objekten bzw. Tupeln von Objekten, die der Algorithmus zu unterscheiden vermag.

Der Programmentwurf zerfällt nach dem Hoareschen Ansatz in Teilschritte:

1. Entwurf der Datenstruktur einschließlich der Festlegung der Eigenschaften der Objekte, Operationen und Prädikate,

2. Entwurf des Algorithmus,
3. Nachweis, daß der Algorithmus die gestellte Aufgabe erfüllt,
4. Entwurf einer Realisierung der Datenstruktur.

Dieser Ansatz erlaubt es, zunächst von vielen Details abzusehen, nämlich von allen Einzelheiten der Realisierung der Datenstruktur. Damit kommt er dem menschlichen Auffassungsvermögen entgegen und nutzt insbesondere die menschliche Fähigkeit zur Abstraktion. Im weiteren Entwurfsprozeß werden dann die Operationen und Prädikate der Datenstruktur wiederum algorithmisch unter Ausnutzung einfacherer Datenstrukturen realisiert.

Die algorithmische Logik stellt nun eine formale Sprache bereit, die es erlaubt, sowohl Eigenschaften von Datenstrukturen als auch von Algorithmen zu formulieren, und gibt ein System von Axiomen und Schlußregeln an, die es erlauben, Eigenschaften von Programmen aus deren Struktur und aus Eigenschaften von Datenstrukturen abzuleiten.

Das adäquate mathematische Beschreibungsmittel für Datenstrukturen sind mehrsortige Strukturen (mehrsortige Algebren, vgl. Asser [1981, S. 7]). Als formale Sprache schlägt daher die Algorithmische Logik eine Erweiterung des Prädikatenkalküls der 1. Stufe vor. Außer *Termen* und *Ausdrücken* treten als dritte syntaktische Kategorie *Programme* auf. Semantisch bilden Programme Variablenbelegungen in Folgen von Zuständen, *Abarbeitungsfolgen* genannt, oder in Mengen von Folgen von Zuständen ab, je nachdem, ob während der Programmabarbeitung zu jedem Zustand höchstens ein Nachfolgezustand oder ob mehrere Nachfolgezustände möglich sind. Im ersten Fall spricht man von deterministischen Programmen im zweiten Fall von nichtdeterministischen. Im folgenden soll ersterer betrachtet werden. Jeder Zustand definiert eine Variablenbelegung. Gewisse Zustände werden als Finalzustände aufgefaßt. Endliche Abarbeitungsfolgen, die mit einem Finalzustand enden, heißen erfolgreich, die dem Finalzustand zugeordnete Variablenbelegung heißt das Ergebnis der Abarbeitungsfolge. Damit definiert ein Programm eine Binärrelation in der Menge der Variablenbelegungen. Faßt man diese nun als mögliche Welten auf, so kann ein Zusammenhang mit der Modallogik hergestellt werden. Die erwähnte Binärrelation entspricht der Erreichbarkeitsrelation. Das Spezifische besteht dabei darin, daß diese Relation nicht nur sagt, daß eine mögliche Welt erreichbar ist, sondern daß sogar ein Algorithmus angegeben wird, mit dessen Hilfe sie effektiv erreicht werden kann.

Programme vermitteln den Übergang von einem Zustand (mögliche Welt) zum anderen, wobei sie die Gültigkeit von Ausdrücken verändern können. Neben den in der klassischen Prädikatenlogik zugelassenen Bildungsregeln für Ausdrücke erlaubt die Algorithmische Logik u. a. die folgende:

Ist K ein Programm und H ein Ausdruck, so ist auch $[K]\ H$ ein Ausdruck.

Der Ausdruck $[K]\ H$ kann wie folgt gelesen werden:

„K bewirkt, daß H wahr wird“

oder ausführlicher:

„Die Abarbeitung des Programms K (des durch K kodierten Algorithmus) ist erfolgreich und ihr Ergebnis erfüllt den Ausdruck H.“

Von besonderem Interesse sind Ausdrücke der Form

$$H_1 \to [K]\ H_2 \quad \text{bzw.} \quad (H_1 \wedge [K]\ \mathsf{true}) \to [K]\ H_2.$$

Dabei ist **true** eine Aussagenkonstante, die den Wert W hat. Diese Ausdrücke können wie folgt gelesen werden:

„Wird die Abarbeitung des Programms K bei einer den Ausdruck H_1 erfüllenden Variablenbelegung gestartet, so ist sie erfolgreich und ihr Ergebnis erfüllt den Ausdruck H_2“.

bzw.

„Wird die Abarbeitung des Programms K bei einer den Ausdruck H_1 erfüllenden Variablenbelegung gestartet und ist sie erfolgreich, so erfüllt ihr Ergebnis den Ausdruck H_2“.

Diese Eigenschaften eines Programms heißen seine *totale* bzw. *partielle Korrektheit* bezüglich der Eingabebedingung H_1 und der Ausgabebedingung H_2. Ihr Nachweis sind wichtige Aufgaben in der Programmverifikation.

7.2. Algorithmische Theorien

Im folgenden wird die formale Sprache der Algorithmischen Logik als Erweiterung des mehrsortigen Prädikatenkalküls erster Stufe eingeführt. Zur Illustration der dabei eingeführten Begriffe sollte das in **7.3** behandelte Beispiel betrachtet werden.

Es seien $\mathscr{S}$, Ω und Π endliche und paarweise disjunkte Mengen, $\mathscr{S}^*$ die Menge aller Wörter über $\mathscr{S}$, $\mathscr{S}^+$ die Menge aller nichtleeren Wörter über $\mathscr{S}$, ε das Leerwort, α eine Abbildung von Ω nach $\mathscr{S}^* \times \mathscr{S}$ und β eine Abbildung von Π nach $\mathscr{S}^+ \cdot \mathscr{S}$ sei nicht leer. Ein Quintupel

$$\Sigma = \langle \mathscr{S}, \Omega, \alpha, \Pi, \beta \rangle$$

heißt dann *mehrsortige Signatur* (kurz: *Signatur*). Die Elemente von $\mathscr{S}$ heißen *Sorten*, die von Ω *Operationssymbole*, jene von Π *Prädikatensymbole*. Ist op ein Operationssymbol und gilt $\alpha(\mathsf{op}) = \langle w, \mathsf{s} \rangle$, so heißen w *Arität* von op und s seine *Sorte*. Ist w das Leerwort, so heißt op Konstantensymbol. Analog heißt das Wort $\beta(\mathsf{pr})$ die Arität des Prädikatensymbols pr.

Dieser Begriffsbildung liegt die Vorstellung zugrunde, daß mehrere Sorten von Individuen (Datenobjekten) betrachtet werden sollen. Demzufolge muß für die Operations- und sinngemäß für die Prädikatensymbole nicht nur eine Stelligkeit gegeben sein, sondern genau angegeben werden, welcher Sorte die einzelnen Komponenten der Argumentetupel und die Ergebnisse der durch sie symbolierten Operationen bzw. Prädikate sind. Dem dienen die Abbildungen α und β. Der hier betrachtete Signaturbegriff geht in den in **1.4** eingeführten über, wenn $\mathscr{S}$ als einelementige Menge und Ω als leer vorausgesetzt wird.

Wir führen nun als Erweiterung des in **1.4** eingeführten Begriffs der Interpretation den Begriff der Datenstruktur einer gegebenen Signatur ein. Eine Datenstruktur ordnet den Sorten Individuenbereiche, den Operationssymbolen Operationen und den Prädikatensymbolen Prädikate zu. Eine Datenstruktur interpretiert also die in der Signatur gegebenen Symbole.

Eine *Datenstruktur der Signatur* $\Sigma = \langle \mathscr{S}, \Omega, \alpha, \Pi, \beta \rangle$ ist ein Tripel $\mathbf{D} = \langle \mathrm{D}, \mathrm{OP}, \mathrm{PR} \rangle$, wobei D eine durch die Elemente von $\mathscr{S}$ indizierte Familie von nichtleeren Mengen $\mathrm{D} = (D_\mathsf{s} \mid \mathsf{s} \in \mathscr{S})$ ist, OP eine Familie von partiellen Funktionen $\mathrm{OP} = (\mathsf{op}^\mathbf{D} \mid \mathsf{op} \in \Omega)$ ist derart, daß für $\mathsf{op} \in \Omega$ $\mathsf{op}^\mathbf{D}$ eine partielle Abbildung $\mathsf{op}^\mathbf{D}\colon D_w \to D_\mathsf{s}$ ist, falls $\alpha(\mathsf{op}) = \langle w, \mathsf{s} \rangle$ gilt (für das Wort $w = \mathsf{s}_1 \ldots \mathsf{s}_n$, $n \geq 1$, ist D_w das Kreuzprodukt $D_{\mathsf{s}_1} \times \ldots \times D_{\mathsf{s}_n}$, D_ε ist die Einermenge $\{\emptyset\}$ und für $\mathsf{op} \in \Omega$, $\mathsf{s} \in \mathscr{S}$ mit $\alpha(\mathsf{op}) = \langle \varepsilon, \mathsf{s} \rangle$ wird $\mathsf{op}^\mathbf{D}(\emptyset)$ als definiert vorausgesetzt) und PR eine Familie von Relationen $\mathrm{PR} = (\mathsf{pr}^\mathbf{D} \mid \mathsf{pr} \in \Pi)$ ist derart, daß für $\mathsf{pr} \in \Pi$ $\mathsf{pr}^\mathbf{D} \subseteq D_w$ gilt, falls $\beta(\mathsf{pr}) = w$ ist (D_w wie oben).

Die Elemente von D heißen *Individuenbereiche*. Ist $\mathsf{s} \in \mathscr{S}$, dann heißen die Elemente von D_s Individuen der Sorte s. Die Elemente von OP heißen *Operationen*, jene von PR *Prädikate*.

Wir kommen nun zur Definition der mehrsortigen algorithmischen Sprache der Signatur $\Sigma = \langle \mathcal{S}, \Omega, \alpha, \Pi, \beta \rangle$. Diese enthält außer den von der Prädikatenlogik 1. Stufe her bekannten Termen und Ausdrücken noch Programme. Darüber hinaus ist es erlaubt, Programme und Ausdrücke zu Ausdrücken zusammenzufügen.

Das *Alphabet* dieser Sprache enthält folgende von den vorstehenden Aussagenkalkülen her bekannten Komponenten:

1. eine entscheidbare, abzählbar unendliche Menge V_0 von *Aussagenvariablen*,

2. logische *Junktoren* $\wedge$, $\vee$, $\rightarrow$, $\sim$ in ihrer üblichen Bedeutung.

Zusätzlich dazu enthält das Alphabet:

3. Für jede Sorte $s \in \mathcal{S}$ eine entscheidbare, abzählbar unendliche Menge V_s von *Individuenvariablen* der Sorte s,

4. die *Operations-* und *Prädikatensymbole* der Signatur Σ,

5. *Aussagenkonstanten* **true**, **false**,

6. die klassischen *Quantoren* $\bigwedge$ und $\bigvee$ in ihrer üblichen Bedeutung (vgl. Kapitel 1),

7. *Iterationsquantoren* $\bigcap$ und $\bigcup$, ihre Bedeutung wird später erläutert,

8. *Hilfssymbole*, die zur Notation von Programmen und Ausdrücken dienen :=, **while**, **do**, **od**, **if**, **then**, **else**, **fi**, ;, ||, [,].

Das Alphabet enthält nicht den Modalitätsoperator. Seine Rolle bei der Ausdrucksdefinition in modalen Kalkülen werden Programme übernehmen. Für jede Sorte $s \in \mathcal{S}$ wird die Menge $\mathbf{T}_s$ der Terme dieser Sorte wie folgt gebildet: ein *Term der Sorte* s ist entweder

(i) eine Individuenvariable der Sorte s,

(ii) ein Konstantensymbol op, für das gilt: $\alpha(\mathsf{op}) = (\varepsilon, \mathsf{s})$,

oder

(iii) eine Zeichenreihe der Form $\mathsf{op}(t_1 \cdots t_n)$, wobei $n \geq 1$ und für $k = 1, \ldots, n$ t_k Term der Sorte s_k ist, falls $\alpha(\mathsf{op}) = (\mathsf{s}_1 \cdots \mathsf{s}_n, \mathsf{s})$ gilt.

Ein *offener prädikatenlogischer Ausdruck* ist entweder

(i) eine Aussagenvariable oder eine Aussagenkonstante,

(ii) ein prädikativer Ausdruck, d. h. eine Zeichenreihe der Form $\mathsf{pr}(t_1 \ldots t_n)$, wobei pr Prädikatensymbol ist und für $k = 1, \ldots, n$ t_k Term der Sorte s_k ist, falls $\beta(\mathsf{pr}) = \mathsf{s}_1 \ldots \mathsf{s}_n$ gilt,

oder

(iii) nach den Regeln der klassischen Aussagenlogik aus offenen prädikatenlogischen Ausdrücken mittels der Junktoren $\wedge$, $\vee$, $\rightarrow$ und $\sim$ gebildet.

Offene prädikatenlogische Ausdrücke sind also solche, in denen alle Individuenvariablen frei vorkommen; vgl. S. 16.

Ein *Programm* ist entweder ein einfaches oder ein zusammengesetztes Programm.
Ein *einfaches Programm* ist entweder die leere Zeichenreihe (Leeranweisung genannt und mit I bezeichnet) oder eine einfache Ergibtanweisung oder eine mehrfache Ergibtanweisung. Eine einfache Ergibtanweisung hat die Form $z := E$, wobei entweder ein $\mathsf{s} \in \mathscr{S}$ so existiert, daß z Individuenvariable der Sorte s und E Term dieser Sorte ist, oder z Aussagenvariable und E offener prädikatenlogischer Ausdruck ist. Eine mehrfache Ergibtanweisung hat die Form $s_1 \| \ldots \| s_n$, wobei $n \geq 2$ gilt und für $i = 1, \ldots, n$ s_i einfache Ergibtanweisungen mit paarweise verschiedenen linken Seiten sind.
Ein *zusammengesetztes Programm* hat entweder die Form

(i) $K_1; K_2$,
(ii) **if** B **then** K_1 **else** K_2 **fi**

oder

(iii) **while** B **do** K_1 **od**,

wobei K_1 und K_2 Programme sind, und B ein offener prädikatenlogischer Ausdruck ist. Hat ein Programm die erste Form, so heißt es *Komposition* der Programme K_1 und K_2, im zweiten Fall heißt es *deterministische Verzweigung* und im dritten Fall *Iteration*.
Ein *Ausdruck* ist ein offener prädikatenlogischer Ausdruck oder ein verallgemeinerter Ausdruck.
Ein *verallgemeinerter Ausdruck* ist entweder

(i) ein aus Ausdrucken nach den Regeln der klassischen Prädikatenlogik gebildeter (vgl. **1.4**),

oder

(ii) er hat die Form

$[K]\, H$ oder $\cap [K]\, H$ oder $\cup [K]\, H$,

wobei K ein Programm und H ein Ausdruck ist.

Die Menge der Terme (der Terme der Sorte s, der offenen prädikatenlogischen Ausdrücke, der prädikativen Ausdrücke, der einfachen Programme, der Programme bzw. der Ausdrücke) wird mit **T** ($\mathbf{T}_s$, $\mathbf{F}_0$, **PA**, **SP**, **FS** bzw. **FSF**) bezeichnet. (Bis auf **SP** und **PA** entsprechen diese Bezeichnungen den in den Originalarbeiten von MIRKOWSKA und BANACHOWSKI verwendeten.)

Wir werden nun die *Semantik* der formalisierten algorithmischen Sprache in Anlehnung an die Definition der Semantik modaler Ausdrücke definieren. Es seien eine Signatur Σ und die zugehörige Sprache fest vorgegeben.

Einer Datenstruktur **D** der Signatur Σ ordnen wir nun eine semantische Struktur zu. Diese ist ein Tripel

$$\langle \mathrm{Val}, \varphi, \mathsf{R} \rangle,$$

wobei Val die Menge aller Abbildungen

$$v \colon \bigcup_{s \in \mathcal{S}} \mathsf{V}_s \cup \mathsf{V}_0 \to \bigcup_{s \in \mathcal{S}} D_s \cup \{\mathsf{W}, \mathsf{F}\}$$

ist, für die für alle x gilt:

$$\begin{cases} \text{Wenn } x \in \mathsf{V}_s, \text{ dann } v(x) \in D_s; \\ \text{wenn } x \in \mathsf{V}_0, \text{ dann } v(x) \in \{\mathsf{W}, \mathsf{F}\}. \end{cases}$$

Die Elemente von Val heißen *Variablenbelegungen.*

φ ordnet jeder Variablenbelegung v eine partielle Abbildung $\varphi(v)$ von $\mathsf{V}_0 \cup \mathbf{PA} \cup \{\mathsf{true}, \mathsf{false}\}$ nach $\{\mathsf{W}, \mathsf{F}\}$ zu. Wie zu erwarten gilt dabei für alle $v \in \mathrm{Val}$:

$$\varphi(v)\,(\mathsf{true}) = \mathsf{W}, \quad \varphi(v)\,(\mathsf{false}) = \mathsf{F}$$

sowie für alle $q \in \mathsf{V}_0$: $\varphi(v)\,(q) = v(q)$.

Um $\varphi(v)\,(H)$ für prädikative Ausdrücke H zu erklären, muß zunächst der Wert $t^{\mathbf{D}}(v)$ eines Terms $t \in \mathbf{T}$ bei $v \in \mathrm{Val}$ in **D** definiert werden:

Ist t Konstantensymbol, dann ist $t^{\mathbf{D}}(v) = t^{\mathbf{D}}(\emptyset)$.
Ist t Individuenvariable, dann ist $t^{\mathbf{D}}(v) = v(t)$.
Ist t Term der Form $\mathsf{op}(t_1 \ldots t_n)$, so gilt:

$$t^{\mathbf{D}}(v) = \begin{cases} \xi & \text{für } i = 1, \ldots, n \text{ ist } \xi_i = t_i^{\mathbf{D}}(v) \\ & \text{definiert und } \xi = \mathsf{op}^{\mathbf{D}}(\xi_1, \ldots, \xi_n) \\ & \text{ist definiert,} \\ \text{nicht definiert} \ldots & \text{andernfalls.} \end{cases}$$

Für $v \in \text{Val}$ und einen prädikativen Ausdruck $H \in \mathbf{PA}$ der Form $\mathsf{pr}(t_1 \cdots t_n)$ definieren wir nun:

$$\varphi(v)\,(H) = \begin{cases} \mathsf{W}, \text{wenn } (\xi_1, \ldots, \xi_n) \in \mathsf{pr}^{\mathbf{D}} \\ \mathsf{F}, \text{wenn } (\xi_1, \ldots, \xi_n) \notin \mathsf{pr}^{\mathbf{D}} \end{cases} \Bigg\} \begin{array}{l} \text{und für } i = 1, \ldots, n \text{ ist} \\ t_i^{\mathbf{D}}(v) = \xi_i \text{ definiert,} \end{array}$$
$$\text{nicht definiert} \ldots \text{sonst.}$$

R ist eine durch die Elemente von **SP** indizierte Familie von Binärrelationen in Val. R_I ist die Identitätsrelation.
Ist s die Ergibtanweisung $z_1 := E_1 \| \ldots \| z_n := E_n$, so enthält R_s genau diejenigen Paare $\langle v, v' \rangle \in \text{Val} \times \text{Val}$, für die gilt:

für alle Variablen $z \in \mathsf{V}_0 \cup \bigcup_{s \in \mathscr{S}} \mathsf{V}_s$ ist

$$v'(z) = \begin{cases} v(z) & \text{falls } z \notin \{z_1, \ldots, z_n\}, \\ E_i^{\mathbf{D}}(v) & \text{falls } z \text{ Individuenvariable und gleich } z_i \text{ ist,} \\ \overline{\varphi}(v)\,(E_j) & \text{falls } z \text{ Aussagenvariable und gleich } z_j \text{ ist.} \end{cases}$$

Mit $\overline{\varphi}(v)$ bezeichnen wir die Ausdehnung von $\varphi(v)$ zu einer partiellen Abbildung, deren Vorbereich $\mathbf{F}_0$ ist: $\overline{\varphi}(v)\,(B)$ ist genau dann erklärt, wenn $\varphi(v)$ für alle prädikativen Ausdrücke erklärt ist, die Teilausdruck von B sind. In diesem Fall wird der Wert von $\overline{\varphi}(v)\,(B)$ wie in der Prädikatenlogik üblich aus denen seiner Teilausdrücke gebildet.

Die Definition der Semantik von Programmen wird nun durch die Begriffe Konfiguration, Übergangsrelation und Abarbeitungsfolge vorbereitet. Eine *Konfiguration* ist ein Element des kartesischen Produkts

$$Conf = \text{Val} \times \mathbf{FS}^*.$$

Die Konfiguration $\langle v, \mathbf{K} \rangle$ widerspiegelt den Zustand einer Programmabarbeitung, wobei v die aktuelle Variablenbelegung und $\mathbf{K}$ die Folge der noch auszuführenden Programmschritte darstellt.
Die *Übergangsrelation* succ ist eine Binärrelation in *Conf* und widerspiegelt, welche Übergänge zwischen Konfigurationen während Programmabarbeitungen möglich sind.
Ein Paar $\langle c, c' \rangle \in Conf \times Conf$ gehört zu succ genau dann, wenn eine der folgenden Bedingungen erfüllt ist:

1. $c = \langle v, s^\frown Rest \rangle$, $c' = \langle v', Rest \rangle$, s ist ein einfaches Programm, $\langle v, v' \rangle \in \mathsf{R}_s$ und *Rest* das (jeweils) verbleibende Restwort.

2. $c = \langle v, K_1; \ldots; K_n^\frown Rest \rangle$, $n > 1$, $c' = \langle v, K_1^\frown K_2; \ldots; K_n^\frown Rest \rangle$, und K_1 ist entweder simultane Ergibtanweisung, Verzweigung oder Iteration.

3. $c = \langle v, \textsf{if } B \textsf{ then } K \textsf{ else } J \textsf{ fi}^\frown \text{Rest}\rangle$ und

entweder (a) $c' = \langle v, K^\frown \text{Rest}\rangle$ und $\overline{\varphi}(v)(B) = \textsf{W}$,

oder (b) $c' = \langle v, J^\frown \text{Rest}\rangle$ und $\overline{\varphi}(v)(B) = \textsf{F}$.

4. $c = \langle v, \textsf{while } B \textsf{ do } K \textsf{ od}^\frown \text{Rest}\rangle$ und

entweder (a) $c' = \langle v, K^\frown \textsf{while } B \textsf{ do } K \textsf{ od}^\frown \text{Rest}\rangle$ und $\overline{\varphi}(v)(B) = \textsf{W}$,

oder (b) $c' = \langle v, \text{Rest}\rangle$ und $\overline{\varphi}(v)(B) = \textsf{F}$.

Es sei an dieser Stelle darauf hingewiesen, daß die Bedingungen 1., 3. und 4. implizieren, daß alle Terme, die in den offenen prädikatenlogischen Ausdrücken B bzw. in der simultanen Ergibtanweisung s auftreten, bei der Belegung v einen definierten Wert besitzen (vgl. dazu die Definition der Abbildung $\overline{\varphi}$).

Konfigurationen, bei denen die Folge der noch auszuführenden Programmschritte leer ist, heißen *finale Konfigurationen*. Sie haben keinen Nachfolger.

Eine *Abarbeitungsfolge* wird nun als eine Folge

$$\boldsymbol{c} = (c_i \mid i < \lambda)$$

von Konfigurationen erklärt, für die gilt:

1. λ ist entweder eine natürliche Zahl oder die kleinste unendliche Ordnungszahl.
2. für alle $i < \lambda$ gilt: wenn es ein c' gibt so, daß $\langle c_i, c'\rangle \in \textsf{succ}$, dann gilt $c' = c_{i+1}$, andernfalls gilt $i + 1 = \lambda$.

Aus der Definition von $\textsf{succ}$ folgt, daß für jede Konfiguration maximal ein Nachfolger existiert. Es läßt sich daher leicht beweisen, daß es für jedes Paar $\langle v, K\rangle \in \text{Val} \times \textbf{FS}$ genau eine Abarbeitungsfolge $(c_i \mid i < \lambda)$ mit $c_0 = \langle v, K\rangle$ gibt. Diese wird mit $\boldsymbol{c}(v, K)$ bezeichnet.

Die Ordnungszahl λ heißt *Länge* der Abarbeitungsfolge. Ist λ endlich und die Konfiguration $c_{\lambda-1} = \langle v', \mathbf{K}\rangle$ eine finale, dann heißt v' *Ergebnis* dieser Abarbeitungsfolge.

Eine Abarbeitungsfolge $\boldsymbol{c}(v, K)$ heißt

erfolgreich, wenn sie endlich ist und ihre letzte Konfiguration eine finale ist,

abgebrochen (failing), wenn sie zwar endlich ist, jedoch ihre letzte Konfiguration keine finale ist,

unendlich (looping) in allen anderen Fällen.

Nach diesen Vorbereitungen kommen wir nun zur Definition der Semantik der Ausdrücke der formalisierten algorithmischen Sprache.

Es sei **D** eine Datenstruktur der betrachteten Signatur, v eine Variablenbelegung in **D**. Wir sagen, daß v den Ausdruck H in **D** erfüllt, in Zeichen

$$\mathbf{D}, v \models H,$$

genau dann, wenn eine der folgenden Bedingungen erfüllt ist:

1. $H \in \mathbf{F}_0$ und $\overline{\varphi}(v)\,(H)$ ist definiert und gleich W,
2. H ist nach üblichen prädikatenlogischen Regeln aus Teilausdrücken zusammengesetzt und erfüllt im Sinne der TARSKI-Semantik (vgl. Abschnitt **1.4.**),
3. H hat die Form $[K]\,H'$, wobei K Programm und H' Ausdruck ist, und die Abarbeitungsfolge $\mathbf{c}(v, K)$ ist erfolgreich und ihr Ergebnis erfüllt H'.
4. H hat die Form $\bigcup\,[K]\,H'$ (K und H' wie oben), und es gibt eine natürliche Zahl i derart, daß die Abarbeitungsfolge $\mathbf{c}(v, K^i)$ erfolgreich ist und ihr Ergebnis H' erfüllt.
5. H hat die Form $\bigcap\,[K]\,H'$ (K und H' wie oben), und für alle natürlichen Zahlen i ist die Abarbeitungsfolge $\mathbf{c}(v, K^i)$ erfolgreich und ihr Ergebnis erfüllt H'.

(Anmerkung: Ist K ein Programm, dann wird für natürliche Zahlen i das Programm K^i rekursiv wie folgt definiert: K^0 ist das Programm I, K^1 ist K selbst und für alle $i \geq 1$ ist K^{i+1} das Programm $K^i; K$.)

Sinngemäß wie in **1.4** werden für Ausdrücke H die Begriffe *allgemeingültig in einer Datenstruktur* **D** (Interpretation), *allgemeingültig in einer Klasse* **K** *von Datenstrukturen* sowie *allgemeingültig* gebraucht (in Zeichen: $\mathbf{D} \models H$, $\mathbf{K} \models H$ bzw. $\models H$). Eine Datenstruktur **D** heißt *Modell* einer Ausdrucksmenge $\boldsymbol{A}$ (in Zeichen $\mathbf{D} \models \boldsymbol{A}$) genau dann, wenn jedes Element von $\boldsymbol{A}$ allgemeingültig in **D** ist.

Es spricht für die Ausdruckskraft der eingeführten Sprache, daß die oben definierten Eigenschaften von Abarbeitungsfolgen in ihr ausdrückbar sind. Diese Tatsache wird in Lemma 7.2 formal ausgedrückt. Zur Vorbereitung dieses Lemmas wird eine Abbildung

$$\mathbf{db} : \mathbf{F}_0 \cup \mathbf{T} \cup \mathbf{FS} \to \mathbf{FSF}$$

konstruiert. Diese Abbildung ordnet jedem Element ihres Vorbereiches E einen Ausdruck P zu, der aussagt:

> „Der Wert aller während der Auswertung des Ausdrucks (des Terms, der Abarbeitung des Programms) E anzuwendenden Operationen ist definiert“.

Nun zur Definition der Abbildung **db**.

Definition 7.1. Für alle $E \in \mathbf{F}_0 \cup \mathbf{T} \cup \mathbf{FS}$:

$$\mathbf{db}(E) = \begin{cases} \mathsf{true} & \text{falls } E \in \{\mathsf{true}, \mathsf{false}\} \cup \mathsf{V}_0 \cup \bigcup_{s \in \mathcal{S}} \mathsf{V}_s \text{ oder } E \text{ Konstantensymbol oder die Leeranweisung ist,} \\ [x := \mathsf{op}(t_1 \dots t_n)]\, \mathsf{true} \wedge \mathbf{db}(t_1) \wedge \dots \wedge \mathbf{db}(t_n) & \text{falls } E \text{ Term der Form } \mathsf{op}(t_1 \dots t_n) \text{ ist,} \\ \mathbf{db}(t_1) \wedge \dots \wedge \mathbf{db}(t_n) & \text{falls } E \text{ prädikativer Ausdruck der Form } \mathsf{pr}(t_1 \dots t_n) \text{ ist,} \\ \mathbf{db}(B_1) \wedge \mathbf{db}(B_2) & \text{falls } E \in \mathbf{F}_0 \text{ und } E \text{ die Form } B_1 \wedge B_2,\ B_1 \vee B_2 \text{ oder } B_1 \rightarrow B_2 \text{ hat,} \\ \mathbf{db}(B') & \text{falls } E \in \mathbf{F}_0 \text{ und } E \text{ hat die Form } {\sim}B', \\ \mathbf{db}(E_1) \wedge \cdots \wedge \mathbf{db}(E_k) & \text{falls } E \in \mathbf{SP} \setminus \{\mathsf{I}\} \text{ und } E \text{ hat die Form } z_1 := E_1 \,||\, \dots \,||\, z_k := E_k, \\ \mathbf{db}(K) \wedge \big({\sim}[K]\, \mathsf{true} \vee [K]\, \mathbf{db}(M)\big) & \text{falls } E \in \mathbf{FS} \text{ und } E \text{ hat die Form } K;M, \\ \mathbf{db}(B) \wedge \Big(\big(B \wedge \mathbf{db}(K)\big) \vee \big({\sim}B \wedge \mathbf{db}(M)\big)\Big) & \text{falls } E \in \mathbf{FS} \text{ und } E \text{ hat die Form } \mathsf{if}\, B\, \mathsf{then}\, K\, \mathsf{else}\, M\, \mathsf{fi}, \\ {\sim}\cup\ [\mathsf{if}\, B\, \mathsf{then}\, K\, \mathsf{fi}]\, \Big({\sim}\mathbf{db}(B) \vee \big(B \wedge {\sim}\mathbf{db}(K)\big)\Big) & \text{falls } E \in \mathbf{FS} \text{ und } E \text{ die Form } \mathsf{while}\, B\, \mathsf{do}\, K\, \mathsf{od} \text{ hat.} \end{cases}$$

Lemma 7.2. *Seien Σ eine Signatur, $\mathbf{D}$ eine Datenstruktur dieser Signatur und K ein Programm in dieser Signatur, sowie v eine Variablenbelegung in $\mathbf{D}$. Dann gilt für die Abarbeitungsfolge $\mathbf{c} = \mathbf{c}(v, K)$:*

$\mathbf{c}$ ist erfolgreich genau dann, wenn $\mathbf{D}, v \models [K]\, \mathsf{true}$.
$\mathbf{c}$ ist abbrechend genau dann, wenn $\mathbf{D}, v \models {\sim}\mathbf{db}(K)$.
$\mathbf{c}$ ist unendlich genau dann, wenn $\mathbf{D}, v \models {\sim}[K]\, \mathsf{true} \wedge \mathbf{db}(K)$.

In **1.4** wurde der Begriff freie Variable in einem prädikatenlogischen Ausdruck eingeführt. Es sei erinnert, daß die Erfülltheit eines Ausdrucks H durch eine Variablenbelegung v in einer Struktur $\mathbf{D}$ nur von den Werten abhängt, die v den in H frei vorkommenden Variablen zuordnet. Im folgenden wird nun der Begriff der freien Variablen in einem Ausdruck der Algorithmischen Logik definiert. Dazu werden zwei Abbildungen

$$\mathbf{eing}\colon \mathbf{T} \cup \mathbf{FS} \cup \mathbf{FSF} \to \mathcal{P}\Bigl(\mathsf{V}_0 \cup \bigcup_{s\in\mathcal{S}} \mathsf{V}_s\Bigr)$$

und

$$\mathbf{ausg}\colon \mathbf{FS} \to \mathcal{P}\Bigl(\mathsf{V}_0 \cup \bigcup_{s\in\mathcal{S}} \mathsf{V}_s\Bigr)$$

eingeführt. Erstere ordnet jedem Term (Programm, Ausdruck) die Menge der Variablen zu, von denen sein Wert (Abarbeitungsfolge, Erfülltheit) abhängen kann. Die zweite Abbildung ordnet jedem Programm die Menge der Variablen zu, die es mit Sicherheit beeinflußt. Man vereinbart:

– für $E \in \mathbf{T} \cup \mathbf{F}_0$: $\mathbf{eing}(E)$ ist die Menge aller in E auftretenden Variablen;

– für die Leeranweisung I: $\mathbf{eing}(\mathsf{I}) = \mathbf{ausg}(\mathsf{I}) = \emptyset$;

– für die Ergibtanweisung s der Form $z_1 := E_1 \,||\, \dots \,||\, z_k := E_k$:

$$\mathbf{eing}(s) = \bigcup_{i=1}^{k} \mathbf{eing}(E_i) \text{ und } \mathbf{ausg}(s) = \{z_1, \dots, z_k\};$$

– für Programme K der Form $K_1;K_2$:
$\mathbf{eing}(K) = \mathbf{eing}(K_1) \cup (\mathbf{eing}(K_2) \setminus \mathbf{ausg}(K_1))$
$\mathbf{ausg}(K) = \mathbf{ausg}(K_1) \cup \mathbf{ausg}(K_2)$;

– für Programme K der Form $\mathsf{if}\ B\ \mathsf{then}\ K_1\ \mathsf{else}\ K_2\ \mathsf{fi}$:
$\mathbf{eing}(K) = \mathbf{eing}(B) \cup \mathbf{eing}(K_1) \cup \mathbf{eing}(K_2)$,
$\mathbf{ausg}(K) = \mathbf{ausg}(K_1) \cap \mathbf{ausg}(K_2)$;

– für Programme K der Form $\mathsf{while}\ B\ \mathsf{do}\ K_1\ \mathsf{od}$:
$\mathbf{eing}(K) = \mathbf{eing}(B) \cup \mathbf{eing}(K_1)$, $\quad \mathbf{ausg}(K) = \emptyset$;

– für Ausdrücke $H \in \mathbf{FSF} \setminus \mathbf{F}_0$ der Form $[K]\,H'$, $\bigcup[K]\,H'$ oder $\bigcap[K]\,H'$:
$\mathbf{eing}(H) = \mathbf{eing}(K) \cup (\mathbf{eing}(H') \setminus \mathbf{ausg}(K))$;

– für Ausdrücke der Form $\bigvee xH'$ oder $\bigwedge xH'$:
$\mathbf{eing}(H) = \mathbf{eing}(H') \setminus \{x\}$;

– für Ausdrücke der Form $H_1 \wedge H_2$, $H_1 \vee H_2$ oder $H_1 \to H_2$:
$\mathbf{eing}(H) = \mathbf{eing}(H_1) \cup \mathbf{eing}(H_2)$;

– für Ausdrücke der Form $\sim H'$: $\mathbf{eing}(H) = \mathbf{eing}(H')$.

Durch einfaches Nachrechnen erhält man das folgende Lemma.

Lemma **7.3.** *Es seien* **D** *eine Datenstruktur der Signatur* Σ, v, v' *Variablen-*

belegungen in $\mathbf{D}$, *weiter* $t \in \mathbf{T}, H \in \mathbf{FSF}$ *und* $K \in \mathbf{FS}$. *Wenn* $\mathfrak{V}_{v,v'} = \{z \mid v(z) = v'(z)\}$ *ist, dann sind die folgenden Aussagen wahr:*

1. *Wenn* $\mathbf{eing}(t) \subseteq \mathfrak{V}_{v,v'}$, *dann sind* $t^{\mathbf{D}}(v)$ *und* $t^{\mathbf{D}}(v')$ *entweder beide definiert und gleich oder aber beide nicht definiert.*

2. *Wenn* $\mathbf{eing}(K) \subseteq \mathfrak{V}_{v,v'}$, *dann sind* $\mathbf{c}(v, K)$ *und* $\mathbf{c}(v', K)$ *entweder beide erfolgreich und für ihre Ergebnisse* v'' *und* v''' *gilt* $\mathbf{eing}(K) \cup \mathbf{ausg}(K) \subseteq \mathfrak{V}_{v'',v'''}$ *oder beide sind abbrechend oder beide sind unendlich.*

3. *Wenn* $\mathbf{eing}(H) \subseteq \mathfrak{V}_{v,v'}$, *dann gilt* $\mathbf{D}, v \models H$ *genau dann, wenn* $\mathbf{D}, v' \models H$ *gilt.*

Eine Variable z heißt *frei* im Ausdruck H genau dann, wenn $z \in \mathbf{eing}(H)$ gilt.

Wie im Fall der klassischen Prädikatenlogik läßt sich eine semantische Folgerungsrelation $\models$ definieren. Diese wird durch Lemma 7.4 charakterisiert. Dabei sei für $\boldsymbol{A} \subseteq \mathbf{FSF}$:

$$\mathsf{Cn}(\boldsymbol{A}) = \{H \mid \boldsymbol{A} \models H\}.$$

Lemma 7.4.

1. *Für alle* $\boldsymbol{A} \subseteq \mathbf{FSF}$ *gilt* $\boldsymbol{A} \subseteq \mathsf{Cn}(\boldsymbol{A})$ (Satz der Einbettung).

2. Für alle $\boldsymbol{A}, \boldsymbol{A}' \subseteq \mathbf{FSF}$ *gilt*: *wenn* $\boldsymbol{A} \subseteq \boldsymbol{A}'$, *dann* $\mathsf{Cn}(\boldsymbol{A}) \subseteq \mathsf{Cn}(\boldsymbol{A}')$ (Satz der Monotonie).

3. *Für alle* $\boldsymbol{A} \subseteq \mathbf{FSF}$: $\mathsf{Cn}(\mathsf{Cn}(\boldsymbol{A})) \subseteq \mathsf{Cn}(\boldsymbol{A})$ (Satz der Abgeschlossenheit).

4. *Für alle* $\boldsymbol{A} \subseteq \mathbf{FSF}$, $H_1 . H_2 \in \mathbf{FSF}$: *wenn* $(H_1 \to H_2) \in \mathsf{Cn}(\boldsymbol{A})$, *dann* $H_2 \in \mathsf{Cn}(\{H_1\} \cup \boldsymbol{A})$ (Ableitbarkeitstheorem).

5. *Für alle* $\boldsymbol{A} \subseteq \mathbf{FSF}$, $H_1 \in \mathbf{FSF}$, $H_2 \in \mathbf{FSF}$: *wenn* H_1 *keine freien Variablen hat, dann folgt aus* $H_2 \in \mathsf{Cn}(\{H_1\} \cup \boldsymbol{A})$, *daß* $(H_1 \to H_2) \in \mathsf{Cn}(\boldsymbol{A})$ (Deduktionstheorem).

6. *Im allgemeinen gilt nicht: wenn* $H_2 \in \mathsf{Cn}(\boldsymbol{A})$, *dann existiert eine endliche Teilmenge* $\boldsymbol{A}_0$ *von* $\boldsymbol{A}$ *so, daß* $H_2 \in \mathsf{Cn}(\boldsymbol{A}_0)$.

Beweis. Der Beweis von 1. bis 5. bereitet keine Schwierigkeit und wird durch einfaches Nachrechnen geführt.

Um 6. zu beweisen wird eine Signatur Σ betrachtet, die einsortig ist und ein Konstantensymbol O, ein einstelliges Operationssymbol s und ein einstelliges Prädikatensymbol p enthält. Es sei $\boldsymbol{A}$ die Ausdrucksmenge

$$\{[x := \mathrm{s(O)}]\ ([x := \mathrm{s}(x)^i]\ \mathrm{p}(x)) \mid i \in \mathbb{N}\}$$

und H der Ausdruck

$$[x := \mathrm{s}(\mathrm{O})] \cap [x := \mathrm{s}(x)]\, \mathrm{p}(x).$$

Aus der Semantikdefinition folgt sofort $\boldsymbol{A} \models H$.
Es seien nun $i_1, \ldots, i_n$ beliebige, paarweise verschiedene natürliche Zahlen mit dem Maximum m und $\boldsymbol{A}_0$ die Ausdrucksmenge

$$\{[x := \mathrm{s}(\mathrm{O})]\,([x := \mathrm{s}(x)^{i_k}]\, \mathrm{p}(x)) \mid k = 1, \ldots, n\}.$$

Es wird nun eine Datenstruktur $\mathbf{D} = \langle\{\mathrm{D}\}, \{\mathrm{O}^{\mathbf{D}}, \mathrm{s}^{\mathbf{D}}\}, \{\mathrm{p}^{\mathbf{D}}\}\rangle$ wie folgt definiert:

D ist die Menge der natürlichen Zahlen,
$\mathrm{O}^{\mathbf{D}}$ ist die Null,
$\mathrm{p}^{\mathbf{D}}$ ist die Menge der von Null verschiedenen Zahlen,
$\mathrm{s}^{\mathbf{D}}(j)$ ist definiert für alle natürlichen Zahlen $j < m$, und $\mathrm{s}^{\mathbf{D}}(j)$ ist dann der Nachfolger von j.

Es ist offensichtlich, daß gilt:

$$\mathbf{D} \models \boldsymbol{A}_0 \quad \text{aber nicht} \quad \mathbf{D} \models H.$$

Da auch $\models H$ nicht gilt, gibt es also keine endliche Teilmenge $\boldsymbol{A}_0$ von $\boldsymbol{A}$, für die gilt $\boldsymbol{A}_0 \models H$. ∎

Es sei an dieser Stelle auf den Zusammenhang der Iterationsquantoren mit der Semantik von Programmen, die eine Iteration enthalten, hingewiesen. Man beachte, daß

$$\cap [K]\, H \leftrightarrow \sim\cup [K]\, (\sim H \vee \sim[K]\, \mathsf{true})$$

sowie

$$\cup [\mathsf{if}\ B\ \mathsf{then}\ K\ \mathsf{else}\ \mathsf{I}\ \mathsf{fi}]\, (\mathbf{db}(B) \wedge \sim B \wedge H) \leftrightarrow [\mathsf{while}\ B\ \mathsf{do}\ K\ \mathsf{od}]\, H$$

Tautologien sind. Die Tatsache, daß der Endlichkeitssatz für den Folgerungsbegriff des eingeführten Kalküls nicht bewiesen werden kann, rührt also von der Semantik der Iteration her. (Die implizit eingeführte Schreibweise $H_1 \leftrightarrow H_2$ für den Ausdruck $(H_1 \to H_2) \wedge (H_2 \to H_1)$ wird fortan verwendet.)

Wir bereiten nun die Axiomatisierung des Folgerungsbegriffes durch zwei syntaktische Hilfskonstruktionen vor.
Es sei s die simultane Ergibtanweisung $z_1 := E_1 \,||\, \ldots \,||\, z_n := E_n$. Weiter seien t ein Term und B ein offener prädikatenlogischer Ausdruck.

Dann bezeichnen

$$\overline{[s]\ t} \quad \text{bzw.} \quad \overline{[s]\ B}$$

den Term bzw. offenen prädikatenlogischen Ausdruck, der aus t bzw. B durch simultanes Ersetzen jedes Auftretens einer Variablen z_i für $i = 1, \ldots, n$ durch den Term bzw. Ausdruck E_i entsteht.

Beispiel 7.5. $\overline{[y := x \,||x := \mathsf{op}(x, y)||\, a := \mathsf{pr}(x, z, u)]\ (a \wedge x = z)}$

ist der Ausdruck

$$\mathsf{pr}(x, z, u) \wedge \mathsf{op}(x, y) = z.$$

Es seien s_1 und s_2 einfache Programme. Mit $s_1 \circ s_2$ bezeichnen wir ein einfaches Programm, welches wie folgt definiert ist:

– Ist s_1 (bzw. s_2) die Leeranweisung, so ist $s_1 \circ s_2$ das einfache Programm s_2 (bzw. s_1).

– Ist s_1 die Ergibtanweisung $z_1 := E_1 \,||\, \ldots \,||\, z_n := E_n$ und s_2 die Ergibtanweisung $z'_1 := E'_1 \,||\, \cdots \,||\, z'_{n'} := E'_{n'}$, so ist $s_1 \circ s_2$ die Ergibtanweisung

$$z'_1 := E''_1 \,||\, \ldots \,||\, z'_{n'} := E''_{n'} \,||\, z_{i_1} := E_{i_1} \,||\ldots||\, z_{i_k} := E_{i_k}$$

wobei für $r = 1, \ldots, n'$ E''_r der Term bzw. Ausdruck $\overline{[s_1]\ E'_r}$ ist und $\{z_{i_1}, \ldots, z_{i_k}\} = \{z_1, \ldots, z_n\} \setminus \{z'_1, \ldots, z'_{n'}\}$ gilt.

Semantisch bedeutet diese Konstruktion soviel: Die Wirkung der Ergibtanweisung $s_1 \circ s_2$ auf eine Variablenbelegung ist die gleiche wie die der Hintereinanderausführung von zunächst s_1 und dann s_2, allerdings unter der Voraussetzung, daß s_1 terminiert. Dazu das folgende Beispiel:

Ist s_1 die mehrfache Ergibtanweisung $y := \mathsf{op}(y, y) \,||\, x := \mathsf{op}(x, y)$ und s_2 die folgende $p := \mathsf{pr}(x, z, u) \,||\, y := u$ (wobei op und pr Operations- bzw. Prädikatensymbol, x, y, z, u Individuenvariablen geeigneter Sorten und p Aussagenvariable in einer geeigneten Signatur sind), so ist $s_1 \circ s_2$ die Ergibtanweisung

$$p := \mathsf{pr}(\mathsf{op}(x, y), z, u) \,||y := u||\, x := \mathsf{op}(x, y).$$

Es folgt nun eine Liste der Axiomenschemata. Dabei bedeuten s und s' simultane Ergibtanweisungen, K, M, Programme, $t, t_1, \ldots, t_n$ Terme, B einen offenen prädikatenlogischen Ausdruck, x und y Individuenvariablen, pr ein Prädikatensymbol, H, H_1 und H_2 Ausdrücke und **db** bezeichnet die in Definition 7.1 definierte Abbildung.

Jeder Ausdruck, der eine durch eines der folgenden Schemata (A0), ..., (A16) gegebene Form hat, heißt Axiom.

(A0) Der Ausdruck entsteht aus einer Tautologie der klassischen Aussagenlogik durch Ersetzen von Aussagenvariablen durch Ausdrücke.

(A1) $\mathsf{true} \wedge \sim\mathsf{false}$

(A2) $\mathsf{pr}(t_1 \dots t_n) \rightarrow (\mathbf{db}(t_1) \wedge \dots \wedge \mathbf{db}(t_n))$

(A3) $[s]\, B \leftrightarrow (\mathbf{db}(s) \wedge \overline{[s]\, B})$

(A4) $[s]\, ([s']\, H) \leftrightarrow (\mathbf{db}(s) \wedge [s \circ s']\, H)$

(A5) $[K]\, (H_1 \wedge H_2) \leftrightarrow ([K]\, H_1 \wedge [K]\, H_2)$

(A6) $[K]\, (H_1 \vee H_2) \leftrightarrow ([K]\, H_1 \vee [K]\, H_2)$

(A6) $[K]\, (H_1 \rightarrow H_2) \leftrightarrow (([K]\, H_1 \rightarrow [K]\, H_2) \wedge [K]\, \mathsf{true})$

(A7) $[K]\, (\sim H) \leftrightarrow ([K]\, \mathsf{true} \wedge \sim [K]\, H)$

(A8) $\cup [K]\, H \leftrightarrow (H \vee [K]\, (\cup [K]\, H))$

(A9) $\cap [K]\, H \leftrightarrow (H \wedge [K]\, (\cap [K]\, H))$

(A10) $[K; M]\, H \leftrightarrow [K]\, ([M]\, H)$

(A11) $[\mathsf{if}\ B\ \mathsf{then}\ K\ \mathsf{else}\ M\ \mathsf{fi}]\, H$
$\leftrightarrow (\mathbf{db}(B) \wedge ((B \wedge [K]\, H) \vee (\sim B \wedge [M]\, H))$

(A12) $[\mathsf{while}\ B\ \mathsf{do}\ K\ \mathsf{od}]\, H$
$\leftrightarrow \cup\ [\mathsf{if}\ B\ \mathsf{then}\ K\ \mathsf{fi}]\, (\mathbf{db}(B) \wedge \sim B \wedge H)$

(A13) $[x := t]\, H \rightarrow \bigvee x\, H$

(A14) $\mathbf{db}(t) \rightarrow (\bigwedge x\, H \rightarrow [x := t]\, H)$

(A15) $[s]\, (\bigvee x\, H) \leftrightarrow \bigvee y\, ([s]\, ([x := y]\, H))$

(A16) $[s]\, (\bigwedge x\, H) \leftrightarrow \bigwedge y\, ([s]\, ([x := y]\, H))$

wobei die Variable y verschieden von x ist und weder in s noch in H auftritt

Zur syntaktischen Charakterisierung der Folgerungsrelation werden außer den Axiomen folgende Schlußregeln eingeführt:

(r1) $$\frac{H_1, H_1 \rightarrow H_2}{H_2}$$

$$\text{(r2)}\quad \frac{H_1 \to H_2}{[K]\, H_1 \to [K]\, H_2}$$

$$\text{(r3)}\quad \frac{[M]\, ([K^i]\, H_1) \to H_2 \quad \text{für alle } i \in \mathbb{N}}{[M] \cup [K]\, H_1 \to H_2}$$

$$\text{(r4)}\quad \frac{H_1 \to [M]\, ([K^i]\, H_2) \quad \text{für alle } i \in \mathbb{N}}{H_1 \to [M] \cap [K]\, H_2}$$

$$\text{(r5)}\quad \frac{[x := y]\, H_1 \to H_2}{\bigvee x\, H_1 \to H_2}$$

$$\text{(r6)}\quad \frac{H_1 \to [x := y]\, H_2}{H_1 \to \bigwedge x\, H_2}$$

Dabei bedeuten in den Regeln (r1), ..., (r6) K und M Programme, H_1 und H_2 Ausdrücke. In den Regeln (r5) und (r6) bedeuten x und y Individuenvariable der gleichen Sorte und y tritt weder in H_1 noch in H_2 auf.

Die Regeln (r1), (r2), (r5) und (r6) bereiten keine begrifflichen Schwierigkeiten. (r1) ist aus der klassischen Aussagenlogik als modus ponens bekannt, (r2) ist eine in modalen Kalkülen gerechtfertigte Schlußweise und (r5) und (r6) entsprechen analogen Regeln des klassischen Prädikatenkalküls.

Schwieriger ist der Fall der Regeln (r3) und (r4). Ihre Einführung ist dadurch motiviert, daß die semantische Folgerungsoperation nicht kompakt ist (vgl. Lemma 7.4.(6)). Man wird deshalb einen formalen Beweis nicht mehr als endliche Folge von Ausdrücken auffassen können, sondern muß die folgende Verallgemeinerung vornehmen (vgl. MIRKOWSKA [1977]):

Ein *formaler Beweis* eines Ausdrucks H aus einer Ausdrucksmenge $\boldsymbol{A}$ **ist** ein Baum τ mit nur endlich langen Zweigen, dessen Knoten mit Ausdrücken bewertet sind, für den gilt:

1. Die Wurzel von τ ist mit dem Ausdruck H bewertet.

2. Für jeden Knoten ν, der kein Blatt ist, gilt: Wenn $\boldsymbol{A}'$ die Menge der Ausdrücke ist, die als Bewertung wenigstens eines unmittelbaren Nachfolgers von ν auftreten, und H' die Bewertung von ν ist, dann ist $\boldsymbol{A}'$ die Menge der Prämissen und H' die Schlußfolgerung einer der Regeln (r1), ..., (r6).

3. Die Blätter von τ sind mit Ausdrücken aus $\boldsymbol{A}$ oder mit Axiomen bewertet.

Existiert ein formaler Beweis von H aus $\boldsymbol{A}$, so heißt H ableitbar aus $\boldsymbol{A}$; in Zeichen: $\boldsymbol{A} \vdash H$.
Die Relation $\vdash$ bezeichnen wir als Ableitungsbeziehung; s. a. Kap. 1.

Für jede Menge von Ausdrücken $\boldsymbol{A}$ wird das Tripel $\mathcal{T} = (\Sigma, \vdash, \boldsymbol{A})$ als *algorithmische Theorie* bezeichnet. Ein Ausdruck H mit $\boldsymbol{A} \vdash H$ heißt Theorem der Theorie $\mathcal{T}$. An dieser Stelle sei auf den Zusammenhang dieser Begriffsbildung zu Begriffen der Programmierung hingewiesen. Die Signatur Σ entspricht der Beschreibung der syntaktischen Eigenschaften eines abstrakten Datentyps (d. h. einer Klasse von Datenstrukturen), $\boldsymbol{A}$ entspricht der Definition der Eigenschaften des Datentyps in der angegebenen formalen Sprache. $\vdash$ bestimmt die Semantik der in sie eingehenden Programmiersprache. Heutige Programmiersprachen enthalten im allgemeinen bestenfalls Mittel zur Festlegung der Signatur (z. B. die bereits genannten SIMULA, LOGLAN, Ada usw.). Eine Ausnahme bildet z. B. Alphard.

Wir kommen nun zum Vollständigkeitssatz, dessen Beweis wir hier nur skizzieren und nicht in allen Einzelheiten ausführen können.

Satz 7.6. (Vollständigkeitssatz). *Ist* $\mathcal{T} = (\Sigma, \vdash, \boldsymbol{A})$ *eine algorithmische Theorie, dann gilt für alle Ausdrücke* H: $\boldsymbol{A} \models H$ *genau dann, wenn* $\boldsymbol{A} \vdash H$.

Beweis. Die Tatsache, daß alle aus $\boldsymbol{A}$ ableitbaren Ausdrücke auch semantische Folgerungen aus $\boldsymbol{A}$ sind, folgt daraus, daß alle Axiome Tautologien sind und man mittels der Schlußregeln stets von Tautologien auf Tautologien schließt. Dies ist anhand der Semantikdefinition leicht nachprüfbar.
Die umgekehrte Implikation wird indirekt bewiesen. Es sei $\mathcal{T} = (\Sigma, \vdash, \boldsymbol{A})$ eine algorithmische Theorie und H ein Ausdruck, der nicht aus $\boldsymbol{A}$ ableitbar ist. Es wird ein Modell von $\boldsymbol{A}$ konstruiert, in dem H nicht allgemeingültig ist. Die dabei benutzte Methode stammt von Rasiowa und Sikorski und wurde zunächst von Mirkowska für den Vollständigkeitsbeweis eines Kalküls der Algorithmischen Logik genutzt. Der algorithmischen Theorie $\mathcal{T}$ wird die als Lindenbaum-Algebra bezeichnete Boolesche Algebra $\mathfrak{A}(\mathcal{T}) = \langle \mathcal{A} \cap, \cup, -, 0, 1, \rangle$ zugeordnet. Träger von $\mathfrak{A}(\mathcal{T})$ ist die Menge der Äquivalenzklassen von Ausdrücken nach der wie folgt definierten Relation:

Ausdrücke H_1 und H_2 sind äquivalent genau dann, wenn

$$\boldsymbol{A} \vdash (H_1 \rightarrow H_2) \wedge (H_2 \rightarrow H_1).$$

Die Operationen der BOOLEschen Algebra $\mathfrak{A}(\mathcal{T})$ sind wie folgt definiert: Für Äquivalenzklassen $[\![H_1]\!]$ und $[\![H_2]\!]$ gilt:

$$[\![H_1]\!] \cap [\![H_2]\!] = [\![H_1 \wedge H_2]\!], \quad [\![H_1]\!] \cup [\![H_2]\!] = [\![H_1 \vee H_2]\!]. \\ -[\![H_1]\!] = [\![\sim H_1]\!], \quad 0 = [\![\mathsf{false}]\!], \quad 1 = [\![\mathsf{true}]\!]. \tag{7.1}$$

Man kann zeigen, daß für die $\mathfrak{A}(\mathcal{T})$ zugeordnete Halbordnung $<$, mit

$$[\![H_1]\!] < [\![H_2]\!] \text{ genau dann, wenn } [\![H_1]\!] = [\![H_1]\!] \cap [\![H_2]\!],$$

die folgende Aussage wahr ist:

$$[\![H_1]\!] < [\![H_2]\!] \quad \text{genau dann, wenn } \boldsymbol{A} \vdash H_1 \rightarrow H_2.$$

Darüber hinaus erfüllt $<$ die folgenden Bedingungen:

Sind K_1, $K_2 \in \mathbf{FS}$ und $H' \in \mathbf{FSF}$ beliebig, so gelten für die Menge $Q_{K_1,K_2,H'} = \{[\![[K_1]\,([K_2^i]\,H')]\!] \mid i \in \mathbb{N}\}$:

$$[\![[K_1] \cup [K_2]\,H']\!] = \sup Q_{K_1,K_2,H'}, \\ [\![[K_1] \cap [K_2]\,H']\!] = \inf Q_{K_1,K_2,H'}. \tag{7.2}$$

Sind $\mathsf{s} \in \mathcal{S}$, $x \in \mathsf{V}_\mathsf{s}$ und $H' \in \mathbf{FSF}$ beliebig, so gelten für die Menge $Q_{\mathsf{s},x,H'} = \{[\![[x := t]\,H']\!] \mid t \in \mathbf{T}_\mathsf{s} \text{ und } [\![\mathbf{db}(t)]\!] = 1\}$:

$$[\![\bigvee x H']\!] = \sup Q_{\mathsf{s},x,H'} \quad \text{und} \quad [\![\bigwedge x H']\!] = \inf Q_{\mathsf{s},x,H'}. \tag{7.3}$$

Mit Q werde nun die Vereinigung der Mengen

$$\{Q_{K_1,K_2,H'} \mid \langle K_1, K_2, H'\rangle \in \mathbf{FS} \times \mathbf{FS} \times \mathbf{FSF}\},$$

$$\left\{Q_{\mathsf{s},x,H'} \mid \langle \mathsf{s}, x, H'\rangle \in \mathcal{S} \times \left(\bigcup_{\mathsf{s} \in \mathcal{S}} \mathsf{V}_\mathsf{s}\right) \times \mathbf{FSF} \quad \text{und} \quad x \in \mathsf{V}_\mathsf{s}\right\}$$

bezeichnet.

Da H nicht aus $\boldsymbol{A}$ ableitbar ist (also $[\![\sim H]\!] \neq 0$ gilt), existiert nach einem Lemma von RASIOWA und SIKORSKI (vgl. RASIOWA/SIKORSKI [1963, S. 871]) ein bezüglich der Inklusion maximaler Filter[1] ∇ mit

$$[\![H]\!] \notin \nabla \tag{7.4}$$

1 Ein Filter ∇ in einer BOOLEschen Algebra $\langle \mathcal{A}, \cap, \cup, -, 0, 1\rangle$ ist eine echte Teilmenge von $\mathcal{A}$ für die gilt:

1. für alle $a, b \in \nabla$: $a \cap b \in \nabla$,
2. für alle $a \in \nabla$ und $b \in \mathcal{A}$: wenn $a = a \cap b$, dann $b \in \nabla$. Für maximale Filter ∇ gilt: für alle $a \in \mathcal{A}$ ist entweder $a \in \nabla$ oder $-a \in \nabla$ erfüllt.

sowie folgender bemerkenswerter Eigenschaft:

Für alle Mengen $X \in Q$: Wenn $\sup X \in \mathcal{V}$, dann
$X \cap \mathcal{V} \neq \emptyset$ und wenn $X \subseteq \mathcal{V}$, dann $\inf X \in \mathcal{V}$. (7.5)

Entscheidend für die Existenz von $\mathcal{V}$ ist dabei die Abzählbarkeit von Q.
Mit Hilfe von $\mathcal{V}$ wird ein Modell $M_{\mathcal{V}}$ von $\mathcal{T}$ konstruiert. Für jede Sorte $\mathsf{s} \in \mathcal{S}$ gilt dabei für den Individuenbereich $M_{\mathcal{V},\mathsf{s}}$ dieser Sorte:

$$M_{\mathcal{V},\mathsf{s}} = \{t \mid t \in \mathbf{T}_\mathsf{s} \quad \text{und} \quad [\![\mathbf{db}(t)]\!] \in \mathcal{V}\}.$$

Für $\mathsf{op} \in \Omega$ ist die Operation $\mathsf{op}^{M_{\mathcal{V}}}$ wie folgt definiert:

$$\mathsf{op}^{M_{\mathcal{V}}}(t_1, \ldots, t_n) = \begin{cases} \mathsf{op}(t_1 \ldots t_n) & \text{falls } [\![\mathbf{db}(\mathsf{op}(t_1 \ldots t_n))]\!] \in \mathcal{V}, \\ \text{nicht definiert} & \text{sonst}. \end{cases}$$

Für $\mathsf{pr} \in \Pi$ ist das Prädikat $\mathsf{pr}^{M_{\mathcal{V}}}$ wie folgt definiert:

$$\langle t_1, \ldots, t_n \rangle \in \mathsf{pr}^{M_{\mathcal{V}}} \text{ genau dann, wenn } [\![\mathsf{pr}(t_1 \ldots t_n)]\!] \in \mathcal{V}.$$

Man betrachtet nun die wie folgt definierte Belegung v:

$$v(z) = \begin{cases} z & z \text{ ist Individuenvariable}, \\ \mathsf{W} & z \text{ ist Aussagenvariable und } [\![z]\!] \in \mathcal{V}, \\ \mathsf{F} & z \text{ ist Aussagenvariable und } [\![z]\!] \notin \mathcal{V}. \end{cases}$$

Für v kann bewiesen werden, daß für alle Ausdrücke $H' \in \mathbf{FSF}$ gilt:

$$M_{\mathcal{V}}, v \models H' \quad \text{genau dann, wenn} \quad [\![H']\!] \in \mathcal{V}. \tag{7.6}$$

Die technische Hauptschwierigkeit bei diesem Beweis besteht im Nachweis dieser Eigenschaft. Er wird durch Induktion über den Ausdrucksaufbau[2] geführt. Dabei bewirkt die Tatsache, daß $\mathcal{V}$ maximaler Filter ist und (7.5) erfüllt, daß die Eigenschaften (7.1) bis (7.3) beim Übergang zur Faktoralgebra von $\mathfrak{A}(\mathcal{T})$ nach $\mathcal{V}$ erhalten bleiben. Diese Beobachtung ermöglicht den Induktionsschritt.
Aus (7.6) erhält man, daß $M_{\mathcal{V}}$ Modell von $\mathcal{T}$ ist, und aus (7.6) und (7.4), daß H nicht allgemeingültig in $M_{\mathcal{V}}$ ist. Mithin ist $H \in \mathsf{Cn}(A)$ widerlegt. ∎

Wir kommen nun zu zwei Schlußfolgerungen aus dem Vollständigkeitssatz. Eine Theorie heißt *widerspruchsfrei*, wenn **false** nicht eines ihrer Theoreme ist.

---

2 Für den Fachmann sei angemerkt, daß es sich um transfinite Induktion handelt.

Satz 7.7. *Eine algorithmische Theorie ist genau dann widerspruchsfrei, wenn sie ein Modell besitzt.*

Beweis. Wie im klassischen Fall kann eine Theorie, die ein Modell hat, nicht widersprüchlich sein.
Es genügt also zu beweisen, daß jede widerspruchsfreie Theorie ein Modell hat. Dazu wird die Konstruktion wiederholt, die im vorigen Beweis Anwendung fand. Da false nicht aus der Theorie ableitbar ist, genügt es, einen beliebigen maximalen Filter zu nehmen, der (7.5.) erfüllt. ∎

Satz 7.8. *Für jede algorithmische Theorie* $\mathcal{T} = (\Sigma, \vdash, \boldsymbol{A})$, *beliebige Ausdrücke* H_1 *und Ausdrücke ohne freie Variable* H_2 *gilt:*

$$\boldsymbol{A} \vdash H_1 \to H_2 \quad \textit{genau dann, wenn } \boldsymbol{A} \cup \{H_1\} \vdash H_2.$$

Beweis. Folgt sofort aus Satz 7.6 und Lemma 7.4. ∎

Satz 7.9. (Theorem von LÖWENHEIM/SKOLEM). *Jede algorithmische Theorie, die ein Modell besitzt, besitzt auch ein solches Modell, bei dem alle Individuenbereiche abzählbar unendlich sind.*

Beweis. Es genügt zu beobachten, daß das in Satz 7.5 konstruierte Modell diese Eigenschaft hat. ∎

Im Gegensatz zum klassischen Prädikatenkalkül gilt für den vorgestellten Kalkül das aufsteigende SKOLEM-LÖWENHEIM-Theorem nicht; vgl. ASSER [1981, S. 14]. Als Beispiel kann die algorithmische Theorie der natürlichen Zahlen betrachtet werden. Sie hat die folgende Signatur:

$$\Sigma_{\mathsf{N}} = \Big\langle \{\mathsf{N}\}, \{\mathrm{s}, 0\}, \Big\{\langle \mathrm{s}, \langle \mathsf{NN}, \mathsf{N}\rangle\rangle, \langle 0, \langle \varepsilon, \mathsf{N}\rangle\rangle\Big\}, \{=\}, \{\langle =, \mathsf{NN}\rangle\}\Big\rangle$$

und ihre Axiome sind die folgenden:

(N1) $[y := 0; \textsf{while} \ \sim x = y \ \textsf{do} \ y := \mathrm{s}(y) \ \textsf{od}]\, \textsf{true}$,

(N2) $[y := \mathrm{s}(y)]\, \textsf{true}$,

(N3) $\mathrm{s}(x) = \mathrm{s}(y) \to x = y$,

(N4) $\sim 0 = \mathrm{s}(x)$.

Jedes Modell dieser Theorie, welches das Gleichheitszeichen als Identitätsrelation interpretiert, ist dem Standardmodell der natürlichen Zahlen isomorph und damit abzählbar.

Eine algorithmische Theorie $\mathcal{T} = \langle \Sigma, \vdash, \boldsymbol{A}\rangle$ heißt *algorithmische Theorie mit Identität*, wenn es für jede Sorte s ein Prädikatensymbol $=_{\mathsf{s}}$ mit

$\beta(=_s) = \mathsf{ss}$ gibt derart, daß: für alle $\mathsf{s} \in \mathcal{S}$, $x, y, z \in \mathsf{V_s}$ die Ausdrücke

$$x =_s x, \quad x =_s y \to y =_s x, \quad x =_s y \to (y =_s z \to x =_s z)$$

zu $\boldsymbol{A}$ gehören; wenn op Operationssymbol mit Arität $\mathsf{s}_1 \ldots \mathsf{s}_n$ und Sorte s_0 ist, dann gehört für gewisse Individuenvariablen $x_0 \in \mathsf{V}_{\mathsf{s}_0}$, $x_1 \in \mathsf{V}_{\mathsf{s}_1}, \ldots$, $x_n \in \mathsf{V}_{\mathsf{s}_n}$ der Ausdruck

$$\begin{aligned}&(x_1 =_{s_1} y_1 \wedge \ldots \wedge x_n =_{s_n} y_n)\\ &\quad \to \Big(\big(\sim [x_0 := \mathsf{op}(x_1 \ldots x_n)]\, \mathsf{true} \wedge \sim [y_0 := \mathsf{op}(y_1 \ldots y_n)]\, \mathsf{true} \big)\\ &\qquad \vee\, \mathsf{op}(x_1 \ldots x_n) =_{s_0} \mathsf{op}(y_1 \ldots y_n) \Big)\end{aligned}$$

zur Menge $\boldsymbol{A}$; für alle Prädikatensymbole pr der Arität $\mathsf{s}_1 \cdots \mathsf{s}_n$ ist der Ausdruck

$$(x_1 =_{s_1} y_1 \wedge \ldots \wedge x_n =_{s_n} y_n) \to \big(\mathsf{pr}(x_1 \ldots x_n) \leftrightarrow \mathsf{pr}(y_1 \ldots y_n)\big)$$

Element von $\boldsymbol{A}$.

Satz 7.6. kann nun für algorithmische Theorien mit Identität wie folgt verschärft werden:

Satz 7.10. *Eine algorithmische Theorie mit Identität ist genau dann widerspruchsfrei, wenn sie ein Modell besitzt, welches die Gleichheitssymbole als Identitätsrelationen der betreffenden Sorten interpretiert.*

Beweis. Die eigentliche Arbeit bei diesem Beweis besteht im Nachweis, daß ein geeignetes Modell existiert. Dazu wird gezeigt, daß die Interpretationen der Gleichheitszeichen im Modell $\boldsymbol{M}_V$, welches im Beweis von Satz 7.6 genutzt wurde, eine solche Kongruenzrelation bilden, daß der kanonische Homomorphismus von $\boldsymbol{M}_V$ auf die Faktorstruktur von $\boldsymbol{M}_V$ nach besagter Kongruenzrelation die Erfülltheit von Ausdrücken durch Belegungen erhält. Daher kann die Faktorstruktur als das gesuchte Modell genommen werden. ∎

Zum Schluß sei das zentrale Ergebnis dieses Abschnitts vom Standpunkt des Programmierers, der den eingeführten Kalkül in der Programmverifikation nutzt, interpretiert. Er betrachtet eine algorithmische Theorie als die Spezifikation eines abstrakten Datentyps, d. h. als die Charakterisierung einer Klasse von Datenstrukturen mit syntaktischen Mitteln. Die in Satz 7.6 gezeigte strenge Vollständigkeit (im Sinne von **1.3.**) des Kalküls bedeutet, daß für jede Spezifikation $\mathcal{T} = (\Sigma, \vdash, \boldsymbol{A})$ gilt: Die durch Ausdrücke in Σ formalisierbaren Eigenschaften, die all jenen

Datenstrukturen gemein sind, die der Spezifikation genügen, sind gerade diejenigen, die aus A ableitbar sind, d. h. Theoreme in $\mathcal{T}$ sind. Die semantische Vielfalt, die durch die Realisierungen der Spezifikation durch verschiedene Datenstrukturen möglich ist, kann man also syntaktisch voll beherrschen. Allerdings ist es eine nichttriviale Aufgabe, die Spezifikation so abzufassen, daß alle ihre Modelle Standardmodelle sind. Mathematischer Ausdruck dieser Eigenschaft einer Spezifikation ist meist ein Darstellungstheorem. Zur Veranschaulichung dient das Beispiel im folgenden Abschnitt.

7.3. Ein Anwendungsbeispiel

Wir wollen nun mit einer algorithmischen Theorie eine Klasse von Datenstrukturen so genau charakterisieren, daß sie nur Standardmodelle enthält. In der Informatik tritt dieses Problem unter der Bezeichnung *Spezifikation eines abstrakten Datentyps* auf.

Wir betrachten den Datentyp *Stapel*[3] (engl. *stack*). Es handelt sich hierbei um eine Organisationsform von Datenspeichern, die vielfältige Anwendung findet.

Zwei Sorten von Individuen sind zu unterscheiden: *Stapel* (Sorte S) und *Elemente*, die gespeichert, „gestapelt“ werden (Sorte E). Es sind folgende Operationen zugelassen:

– Obenauflegen eines Elements auf einen Stapel (Operationssymbol push),

– Wegnehmen des Elements, welches an der Spitze des Stapels liegt, falls der Stapel nicht leer ist (Operationssymbol: pop),

– Ansehen des oben liegenden Elements, falls ein solches existiert, d. h. falls der Stapel nicht leer ist (Operationssymbol: top).

Folgende Prädikate sind zugelassen:

– Testen eines Stapels, ob er leer ist (Prädikatensymbol empty),

3 Im deutschen Informatik-Sprachgebrauch wird im allgemeinen statt „Stapel“ der Begriff Keller gebraucht, da „Stapel“ schon für einen anderen Zweck vergeben ist. Die Abweichung in der Terminologie wurde gewählt, weil nach Meinung des Autors die Vorstellung eines Stapels besser mit dem Wesen der betrachteten Speicherorganisation in Einklang steht.

– Testen von Stapeln bzw. von Elementen auf Gleichheit (Prädikatensymbole $=_E$ und $=_S$).

Wir legen also folgende Signatur fest, wobei wir gleich eine Notation benutzen, die den Lesegewohnheiten des Informatikers entgegenkommt.

Signatur STK

Sorten S, E;

Operationssymbole push: $E \times S \to S$,

pop: $S \to S$,

top: $S \to E$,

Prädikatensymbole empty $\subseteq$ S,

$=_E \subseteq E \times E$,

$=_S \subseteq S \times S$,

Ende STK

Es folgt die algorithmische Theorie der Stapel (**ATS**) (modifiziert nach Salwicki [1978]).

(ATS1) [**while** $\sim$empty(S) **do** $S :=$ pop(S) **od**] **true**

(ATS2) $\sim$empty(S) $\to S =_S$ push(top (S), pop(S))

(ATS3) top(push (E, S)) $=_E E$

(ATS4) pop(push(E, S)) $=_S S$

(ATS5a) [$E :=$ top(S)] **true** $\to$ $\sim$empty(S)

(ATS5b) [$S :=$ pop(S)] **true** $\to$ $\sim$empty(S)

(ATS6) $S =_S S' \leftrightarrow$

[$S_1 := S \,||\, S_2 := S' \,||\, B :=$ **true**;

while $B \wedge \sim$empty(S_1) $\wedge \sim$empty(S_2) **do**

$B := B \wedge$ top(S_1) $=_E$ top(S_2);

$S_1 :=$ pop (S_1) ; $S_2 :=$ pop (S_2)

od] ($B \wedge$ empty(S_1) $\wedge$ empty(S_2))

Diese Axiomenmenge wird ergänzt durch die Gleichungsaxiome für $=_E$. Es gilt folgendes *Darstellungstheorem* (vgl. Salwicki [1978]): Wenn $\boldsymbol{M}$ ein Modell der algorithmischen Theorie **ATS** ist, dann ist das Faktormodell von $\boldsymbol{M}$ nach der Kongruenzrelation $\left(\overset{M}{\underset{E}{=}}, \overset{M}{\underset{S}{=}}\right)$ isomorph zu dem wie folgt definierten Modell $\boldsymbol{M}'$:

$M'_E = M_E$,

M'_S ist die Menge aller endlichen Folgen von Elementen aus M_E,

$\text{pop}^{M'}(s)$ ist definiert genau dann, wenn s verschieden von der leeren Folge ist, und entsteht dann aus s durch Streichen von dessen letztem Element.

$\text{top}^{M'}(s)$ ist definiert genau dann, wenn s verschieden von der leeren Folge ist, und ist dann gleich dem letzten Element von s,

$s \in \text{empty}^{M'}$ genau dann, wenn s die leere Folge ist,

$\overset{M'}{\underset{E}{=}}$ und $\overset{M'}{\underset{S}{=}}$ sind die Identitätsrelationen in M'_E und M'_S.

Aus diesem Darstellungstheorem folgt, daß die *Modellklasse* von ATS nicht durch eine elementare Theorie charakterisiert werden kann. Nehmen wir an, das Gegenteil wäre der Fall und $\mathcal{T}$ sei eine elementare Theorie mit $\mathbf{M}(\mathcal{T}) = \mathbf{M}(\mathsf{ATS})$. Wenn $\mathcal{T}'$ aus $\mathcal{T}$ durch Hinzufügen des Axioms

$$\wedge E_1 \wedge E_2 \, (E_1 =_E E_2)$$

entsteht, so ist $\mathcal{T}'$ kategorisch und man sieht sofort, wie in jedem Modell von $\mathcal{T}'$ das Standardmodell der Arithmetik interpretiert werden kann. Widerspruch. ∎

Um den Ableitungsbegriff der Algorithmischen Logik zu demonstrieren, soll nun bewiesen werden, daß der Ausdruck

$$\begin{aligned}
&[S_1 := S' \,||\, S_2 := S'' \,||\, B := \mathsf{true}\,;\\
&\ \mathsf{while}\ B \wedge \sim\!\text{empty}(S_1) \wedge \sim\!\text{empty}(S_2)\ \mathsf{do}\\
&\quad B := B \wedge \text{top}(S_1) =_E \text{top}(S_2)\,;\\
&\quad S_1 := \text{pop}(S_1)\,;\ S_2 := \text{pop}(S_2)\\
&\ \mathsf{od}]\ \mathsf{true}
\end{aligned} \tag{7.7}$$

Theorem von ATS ist; d. h. die Gleichheit von Stapeln ist eine stets effektiv nachprüfbare Eigenschaft (vgl. Axiom (ATS6)).

Bei diesem Beweis werden ohne Nachweis einige abgeleitete Schluß-

regeln angewendet. Ihre Berechtigung kann sich der Leser leicht durch semantische Betrachtungen plausibel machen. Ihre syntaktische Ableitung ist nicht übermäßig schwierig, würde jedoch den Rahmen dieses Kapitels sprengen.
Zunächst erhalten wir unter Anwendung der abgeleiteten Regel

$$\text{(r7)}\quad \frac{B \to B',\ \mathbf{db}(B') \to \mathbf{db}(B)}{[\text{while } B' \text{ do } K \text{ od}]\ \text{true} \to [\text{while } B \text{ do } K \text{ od}]\ \text{true}}$$

auf das Axiom (ATS1) das Theorem

$$[\text{while } B \wedge \sim\text{empty}(S_1) \wedge \sim\text{empty}(S_2) \text{ do } S_1 := \text{pop}(S_1) \text{ od}]\ \text{true}.$$

Darauf wird die abgeleitete Regel

(r8)

$$\frac{\sim E \to \sim[M']\,E,\ (\mathbf{db}(E) \wedge E) \to [M']\,\mathbf{db}(E),\ [M^i]\,(\sim E) \to \sim[M'^i]\,E \text{ für } i \in \mathbb{N}}{[\text{while } E \text{ do } M \text{ do}]\ \text{true} \to [\text{while } E \text{ do } M' \text{ od}]\ \text{true}}$$

angewendet und liefert

$$\begin{aligned}
&[\text{while } B \wedge \sim\text{empty}(S_1) \wedge \sim\text{empty}(S_2) \text{ do}\\
&\quad B := B \wedge \text{top}(S_1) =_E \text{top}(S_2);\\
&\quad S_1 := \text{pop}(S_1);\\
&\quad S_2 := \text{pop}(S_2)\\
&\text{od}]\ \text{true}.
\end{aligned} \tag{7.8}$$

Da wegen Axiom (A3) der Ausdruck

$$[S_1 := S' \,||\, S_2 := S'' \,||\, B := \text{true}]\ \text{true}$$

Theorem von ATS ist, kann die abgeleitete Regel

$$\text{(r9)}\quad \frac{[K]\ \text{true},\ H}{[K]\ H}$$

angewendet werden, wobei H der Ausdruck (7.8) ist.
Aus dem erhaltenen Ausdruck kann wegen (A10) der Ausdruck (7.7) mittels der Regel (r1) abgeleitet werden.

7.4. Weitere Programmlogiken im Überblick

Als früher Vorläufer der Algorithmischen Logik können nach MIRKOWSKA [1981] Arbeiten von JANOV über Programmschemata angesehen werden.

Stark beeinflußt wurden Entstehung und Entwicklung der Algorithmischen Logik durch die Arbeiten von FLOYD [1967] über eine Methode der Programmverifikation mittels Zwischenbedingungen (intermediate assertions) sowie von ENGELER [1967] über algorithmische Eigenschaften von (algebraischen) Strukturen. Letztere kann als direkter Vorläufer von SALWICKIS Arbeit [1970] über formalisierte algorithmische Sprachen gelten, die den Anfangspunkt der Entwicklung der Algorithmischen Logik darstellt. Im Unterschied zu ENGELER erlaubt SALWICKI nur Ausdrücke endlicher Länge, um algorithmische Eigenschaften von algebraischen Strukturen auszudrücken. Dies wird durch eine geeignete Semantik möglich; siehe **7.2.**

Eine vollständige Axiomatisierung der Algorithmischen Logik (zunächst noch ohne klassische Quantoren) wird von MIRKOWSKA [1971], [1977] angegeben. Allerdings müssen dabei Schlußregeln mit unendlich vielen Prämissen zugelassen werden. BANACHOWSKI [1975], [1977] gibt schließlich eine vollständige Axiomatisierung für die Algorithmische Logik mit klassischen Quantoren an. Neben einer innermathematischen Motivation hatte diese Erweiterung auch eine von der Programmierung herrührende. Und zwar läßt sich der von FLOYD benutzte Begriff der stärksten Nachbedingung einer Programmabarbeitung, die von einem eine gewisse Bedingung erfüllenden Anfangszustand aus startet, ohne klassische Quantoren nicht in der Algorithmischen Logik ausdrücken. BANACHOWSKI stellt mit seinen Arbeiten die FLOYDsche Methode auf die formallogische Grundlage der Algorithmischen Logik.

Die Einordnung wesentlicher Programmeigenschaften (partielle und totale Korrektheit, Stop-Eigenschaft, Programmäquivalenz) in verschiedenen Klassen von Datenstrukturen (reelle Zahlen, komplexe Zahlen u. a.) in die KLEENE-MOSTOWSKI-Hierarchie wurde von KRECZMAR vorgenommen. Diese und andere Ergebnisse sind in KRECZMAR [1974] zu finden.

Weitere Arbeiten (DAŃKO [1978], MIRKOWSKA [1980], MUELDNER [1981], RASIOWA [1975], SALWICKI [1974], SZAŁAS [1981], PETERMANN [1980]) waren darauf gerichtet, den Anwendungsbereich der Algorithmischen Logik zu erweitern. So erweiterte DAŃKO die Menge der zulässigen Pro-

gramme um solche, die mit Feldern belegte Variable enthalten. SALWICKI gab eine Semantik für rekursive Funktionen und Prozeduren an. Die entsprechende vollständige Axiomatisierung wurde von SZAŁAS gefunden.
Einen anderen Ansatz zur Behandlung von rekursiven Prozeduren in der Algorithmischen Logik gibt RASIOWA an. Dabei wird eine ω^+-wertige algorithmische Logik benutzt. Mehrfachverzweigungen (in Pascal als *case-statements* bekannt) werden mit m-wertigen ($m \geq 2$) Logiken behandelt.
MIRKOWSKA untersuchte einen Kalkül, der Programme mit nichtdeterministischen Verzweigungen berücksichtigt, und gab dafür eine Axiomatisierung an. MUELDNER und SALWICKI gaben eine Semantik für Programme mit Parallelarbeit (also solche, die die gleichzeitige Abarbeitung verschiedener Programmteile zulassen) an.
Eine Reihe von Arbeiten brachte Aufschluß über Eigenschaften von verschiedenen Kalkülen der Algorithmischen Logik (HERBRAND-Theorem, Normalform-Theorem sind bewiesen, BETH-Eigenschaft läßt sich nicht nachweisen).
Den Zusammenhang zwischen der schwachen Prädikatenlogik zweiter Stufe und der Algorithmischen Logik untersuchte GRABOWSKI [1981].

Einen Überblick über die meisten der genannten Arbeiten findet der Leser im Bericht über das im Banach-Zentrum Warschau abgehaltene Semester über mathematische Grundlagen der Informatik; vgl. BANACHOWSKI et al. [1977].

Eine propositionale Variante der Algorithmischen Logik wurde von MIRKOWSKA [1981] entwickelt. Vollständigkeit kann für diesen Kalkül gezeigt werden, wenn nur solche Interpretationen für Programme zugelassen werden, die einen endlichen Grad des Indeterminismus haben (d. h., jeder Zustand einer Programmabarbeitung kann nur endlich viele mögliche Folgezustände haben). CHLEBUS [1982] zeigte, daß dieser Kalkül entscheidbar ist und gab die Komplexität der Erfüllbarkeit für diese und andere Programmlogiken an (vgl. CHLEBUS [1982]). Seit der zweiten Hälfte der 70-er Jahre spielen anwendungsorientierte bzw. direkte Anwendungsarbeiten der Algorithmischen Logik eine wachsende Rolle. Sie sind vor allem an der Spezifikation abstrakter Datentypen mittels algorithmischer Theorien orientiert. Das Konzept der Arbeiten in dieser Richtung wurde in SALWICKI [1978] formuliert. SALWICKI selbst zeigte die Anwendbarkeit der Begriffsbildung der Algorithmischen Logik zur Spezifikation abstrakter Datentypen durch die Angabe von Spezifikationen der Datentypen *Kellerspeicher* (synonym; *Stapel*, engl. *stack*),

Wörterbücher (engl. *dictionaries*), *Warteschlangen mit Prioritäten* (engl. *priority queues*) u. a.
In Arbeiten von OKTABA und BARTOL werden diese Methoden zur Lösung von Problemen bei der Definition der Semantik und der Implementation der Programmiersprache LOGLAN 82 (vgl. BARTOL et al. [1982]) genutzt.

Eigenschaften von Dateien werden von STAPP [1983] axiomatisiert. PETERMANN gibt die Spezifikation des abstrakten Datentyps „hierarchisches Dateibehandlungssystem" an (vgl. PETERMANN [1984]). (Zur Erläuterung: Dateien bilden den logischen Rahmen für die Ein- und Ausgabe von Daten während einer Programmabarbeitung auf einem Rechner und dienen zur Organisation der Datenspeicherung. Die Programme, die die Arbeit mit Dateien ermöglichen, werden unter der Bezeichnung *Dateibehandlungssystem* zusammengefaßt.)
Theoretische Arbeiten von DAŃKO, die von o. g. Anwendungen inspiriert wurden, zielen darauf ab, den Begriff der Implementation eines Datentyps in einem anderen mit Hilfe des Begriffs der Interpretation einer Theorie in einer zweiten in den Griff zu bekommen.

Nun ein Überblick über andere Programmlogiken. Die in der oben genannten Arbeit von FLOYD entwickelten Gedanken wurden von HOARE aufgegriffen (vgl. HOARE [1969]). Dieser stellte einen Kalkül vor, mit dessen Hilfe man die partielle Korrektheit von Programmen beweisen kann. HOARES Kalkül enthält Schlußregeln für das Arbeiten mit Ausdrücken der Form

$$\{P\}\ K\{Q\} \tag{7.9}$$

wobei P und Q prädikatenlogische Ausdrücke 1. Stufe (einer gewissen Signatur) sind und K ein Programm ist. Die Bedeutung eines Ausdrucks (7.9) ist:

> „wenn das Programm bei einer dem Ausdruck P genügenden Belegung gestartet wird und terminiert (d. h. seine Abarbeitung erfolgreich ist), dann erfüllt die Ergebnisbelegung die Bedingung Q".

Zunächst enthielt dieser Kalkül nur Regeln für while-Programme. Allmählich wurden aber von verschiedenen Autoren Regeln für praktisch alle bekannten programmiersprachlichen Konzepte angegeben. Gleichzeitig wurde HOARES Kalkül Gegenstand theoretischer Untersuchungen. Diese allerdings deckten prinzipielle Schwächen auf, insbesondere die Unvollständigkeit. Und zwar gilt nicht: Wenn $\mathbf{D}$ eine Datenstruktur (gegebener Signatur) ist und $\mathcal{T}$ ihre elementare Theorie ist, dann ist

jeder in **D** allgemeingültige Ausdruck der Form (7.9) aus $\mathcal{T}$ mit dem HOARE-Kalkül ableitbar.
Mit dieser Feststellung soll allerdings nicht der Fortschritt in Theorie und Praxis der Programmverifikation in Abrede gestellt werden, den HOARES Ansatz brachte. Einen umfassenden Überblick über die HOARE-Logiken gibt APT [1981, 1984].

Angeregt durch den Vorschlag eines Studenten, modallogische Mittel zur formalen Behandlung von HOARES Logik zu nutzen, entwickelte PRATT 1974 das Konzept der Dynamischen Logik (erstmals in PRATT [1976] veröffentlicht). Es beruht auf der Verbindung von modaler Logik und TARSKIschem Relationskalkül, d. h. auf einer durch die Informatik motivierten Kombination von bereits bekannten, innerhalb der Mathematik entstandenen Begriffsbildungen.
Programme werden durch Binärrelationen (Eingabe-Ausgabe-Relationen) interpretiert. Programmjunktoren mit Hilfe der Operationen des TARSKIschen Relationen-Kalküls ($\cup$ — Vereinigung, ; — Superposition, * — Iteration, 0 — leere Relation) modelliert. Z. B. wird das Programm

while P do K od

durch

$$((P? \,;\, K)^* \,;\, (-P))$$

modelliert.
Dabei wird $P?$ als eine Teilmenge der Identitätsrelation interpretiert, die alle aus P erfüllenden Zuständen gebildeten Paare enthält. Ausdrücke der Form

$$[K]\,P$$

wobei K ein Programm und P ein Ausdruck ist, werden modallogisch interpretiert.

Für die propositionale Variante der Dynamischen Logik gab SEGERBERG [1977] eine Axiomatisierung und PARIKH [1978] lieferte den Vollständigkeitsbeweis. FISCHER/LADNER [1977] zeigten, daß jeder erfüllbare Ausdruck auch ein endliches Modell hat. Einen Überblick findet der Leser in PARIKH [1982].

Es sei an dieser Stelle auf einen Unterschied hingewiesen, der zwischen der Semantik des Ausdrucks

$$[K]\,P$$

in der propositionalen algorithmischen Logik (PAL) und der dynamischen Logik (PDL) besteht:
Die PAL-Semantik fordert über PDL hinausgehend auch, daß das Programm K überhaupt Ergebniszustände liefert.

MIRKOWSKA [1981] zeigt, daß es in der um den Inversionsoperator $\downarrow$ erweiterten PAL Programme K und Ausdrücke P gibt, für die es in der $\downarrow$ entsprechenden Erweiterung von PDL keine semantisch äquivalenten Ausdrücke gibt.[4] Ein zweiter Unterschied liegt in der folgenden Axiomatisierung des Iterationsoperators (und damit der Iteration von Programmen) in PDL:

$$[K^*]\, P \to P$$

$$[K^*]\, P \to [K]\, ([K^*]\, P)$$

$$\big(P \wedge [K^*]\, (P \to [K]\, P)\big) \to [K^*]\, P$$

Diese ist schwächer als die der PAL und läßt Nichtstandard-Semantiken für Programme zu. Nicht für alle Modelle $\mathbf{M}$ von PDL gilt für alle Zustände s:

wenn $\mathbf{M}, s \models [K^*]\, P$, dann gibt es ein natürliches i mit

$\mathbf{M}, s \models [K^i]\, P$.

(vergleiche dazu SALWICKI [1980]).

Als das semantische Gegenstück zur formalen Sprache der PDL werden von PRATT [1979] und KOZEN [1979] *dynamische Algebren* vorgeschlagen, die ähnlich wie BOOLEsche Algebren als das semantische Gegenstück zum klassischen Aussagenkalkül aufgefaßt werden können.
Dynamische Algebren sind zweisortige Strukturen der Signatur:

Signatur DA

Sorten B, R;

Operationssymbole $\vee: \mathrm{B} \times \mathrm{B} \to \mathrm{B}$,

$': \mathrm{B} \to \mathrm{B}$,

$0: \to \mathrm{B}$,

$\cup: \mathrm{R} \times \mathrm{R} \to \mathrm{R}$,

4 Die Bedeutung des auf Programme wirkenden Inversionsoperators $\downarrow$ wird wie folgt erklärt: wird ein Programm K durch die Relation R interpretiert, so wird $K\downarrow$ durch die inverse Relation R^{-1} interpretiert.

$$
\begin{aligned}
; &: R \times R \to R, \\
* &: \quad\;\; R \to R, \\
\Diamond &: R \times B \to B, \\
? &: \quad\;\; B \to R;
\end{aligned}
$$

Prädikationssymbole $=_{B} \subseteq B \times B$,

$=_{R} \subseteq R \times R$

Ende DA.

Die Klasse der dynamischen Algebren ist die Klasse aller Modelle der folgenden elementaren Theorie (dabei werden die Operations- und Prädikatensymbole bis auf $\Diamond$ in Infixschreibweise verwendet, a und b bedeuten Variablen der Sorte R, p und q solche der Sorte B. Der Ausdruck $p =_{B} p \vee q$ wird durch $q \leq p$ abgekürzt.):

1) $(B, \vee, ', 0)$ ist BOOLEsche Algebra,

2a) $\Diamond a 0 =_{B} 0$,

2b) $\Diamond a(p \vee q) =_{B} \Diamond ap \vee \Diamond aq$,

3) $\Diamond(a \cup b)\, p =_{B} \Diamond ap \vee \Diamond bp$,

4) $\Diamond(a\, ;\, b)\, p =_{B} \Diamond a \Diamond bp$,

5a) $p \vee \Diamond a \Diamond a^* p \leq \Diamond a^* p$,

5b) $\Diamond a^* p \leq p \vee \Diamond a^*(p \vee (\Diamond ap)')'$,

6) $\Diamond(p?)\, q =_{B} (p' \vee q')'$.

Begünstigt durch die Eleganz dieser Begriffsbildung entstanden in der Folge zahlreiche Arbeiten, die Ergebnisse über dynamische Algebren lieferten. Einen guten Überblick gibt PRATT [1979a].
Stellvertretend sei eines von ANDRÉKA genannt. Eine dynamische Algebra, die den Ausdruck

$$\bigwedge p \bigwedge q \left(\sim p =_{R} q \to \bigvee a\, (\sim \Diamond ap =_{B} \Diamond aq)\right)$$

erfüllt, heiße *separabel*. Dann gilt (vgl. ANDRÉKA [1980]): Jede dynamische Algebra, die zu der von den separablen dynamischen Algebren generierten Varietät gehört, ist isomorph zu einer KRIPKEstruktur.

Seit der zweiten Hälfte der 70-er Jahre spielen *Prozeßlogiken* (vgl. PRATT [1979]) eine wachsende Rolle. Ihr Anliegen ist es, Aussagen nicht über das Verhältnis von Anfangs- und Endzuständen einer Programmabarbeitung zu machen, sondern auch über beliebige Zwischenzustände. Dies ist von Bedeutung, wenn das Verhalten unendlicher Prozesse beschrieben werden soll. Ein natürliches theoretisches Mittel ist in diesem Zusammenhang die Zeitlogik (vgl. Pnueli [1979]). Mit Erfolg werden bereits Verifikationssysteme angewandt, die deren theoretischen Apparat ausnutzen (vgl. Hailpern [1981]).

Diese und ähnliche Ansätze sind gegenwärtig Gegenstand intensiver Forschung. Ihre besondere praktische Bedeutung besteht darin, daß sie geeignet sind, konkurrente und verteilte Prozesse zu beschreiben. Diese sind für viele aktuelle Anwendungen bedeutsam, z. B. für die Realisierung von informationsverarbeitenden Systemen, die räumlich verteilten Nutzern das Austauschen von Daten und Rechenleistungen ermöglichen. Einen Überblick über diese Arbeiten gibt Broy [1985].

Die erwähnten Ansätze zur Zeit- oder Prozeßlogik sowie Arbeiten zur Spezifikation abstrakter Datentypen dürften weiterhin Schwerpunkte der Entwicklung der Programmlogiken bleiben. Dabei wird allerdings die Aufgabe weniger im Finden immer neuer Kalküle bestehen als darin, vorhandene für den Praktiker nutzbar zu machen.

8. Entscheidungslogik

8.1. Der Gegenstand der Entscheidungslogik

In der Entscheidungslogik geht es darum, Präferenzbeziehungen zwischen Handlungen zu betrachten, um mit Hilfe dieser Präferenzen sich für die Handlung entscheiden zu können, die für ein betrachtetes *Subjekt* die günstigste ist. Es soll im folgenden vom „betrachteten Subjekt" oder kurz „Subjekt" gesprochen werden, da es nicht immer einzelne Personen sind, die entscheiden sollen, sondern z. B. auch Gruppen von Menschen. In der Entscheidungslogik werden die möglichen *Handlungen* gegeneinander abgewogen. Dabei werden die verschiedenen Folgen einer Handlung untersucht und diesen numerische *Wünschbarkeiten* (Wünschbarkeitswerte) zugewiesen. Die verschiedenen *Folgen* einer Handlung hängen von verschiedenen *Bedingungen* (verschiedenen „Zuständen der Welt") ab. Mit Hilfe der *Wahrscheinlichkeiten* der Bedingungen von Folgen und der Wünschbarkeit von Folgen werden durch eine Erwartungswertbildung[1] die *Wünschbarkeiten von Handlungen* berechnet. Aus diesen Erwartungswerten wird die günstigste Handlung ermittelt, für deren Ausüben sich das betrachtete Subjekt entscheiden soll.

Durch die Wichtung der Wünschbarkeiten mit Wahrscheinlichkeiten bei dieser Erwartungswertbildung werden die Wünschbarkeiten, die ihrem Inhalt nach einen sehr subjektiven Charakter haben, in gewissem Umfang „rationalisiert", um damit ein „vernünftiges Handeln" zu ermöglichen. Zum Beispiel wird dem Schneefall von Kindern sicher eine viel höhere Wünschbarkeit beigemessen als von älteren Menschen. Oder — um bei dem Beispiel zu bleiben — ein Verantwortlicher der Energiewirtschaft wird dem Schneefall unterschiedliche Wünschbarkeitswerte beimessen, wenn er einerseits an seine Kinder und andererseits an seine Arbeit denkt. Soweit zum subjektiven Charakter der Wünschbarkeit. Andererseits ist es nicht „vernünftig", sich im Sommer Schnee zu wünschen: wegen der geringen Wahrscheinlichkeit ist die Gefahr der Enttäuschung zu groß.

1 Wir verstehen unter dem Erwartungswert der Wünschbarkeiten $d_1, \ldots, d_n$ bzw. der Wahrscheinlichkeiten $p_1, \ldots, p_n$ die (gewichtete) Summe $\sum_{i=1}^{n} p_i d_i$.

Ausführlicher, als im folgenden dargestellt, kann in JEFFREY [1967] nachgelesen werden. Dort befinden sich übersichtliche Darlegungen der Theorien von BAYES, RAMSEY, v. NEUMANN/MORGENSTERN sowie eine umfassende Beschreibung von JEFFREYS eigener Theorie.

8.2. Die Theorien von BAYES und RAMSEY

8.2.1. *Das Bayessche Modell*

Eine Entscheidungssituation wird in *Handlungen*, *Bedingungen* und *Folgen* zerlegt. Die in Abschnitt 1. erläuterten Zusammenhänge von Handlungen, Bedingungen und Folgen lassen sich sehr übersichtlich in einer *Matrix der Folgen* darstellen.

	Bedingung 1	*Bedingung* 2	...
Handlung 1	f_{11}	f_{12}	...
Handlung 2	f_{21}	f_{22}	...
⋮	⋮		

f_{ik} ist dabei die Folge der Handlung i unter der Bedingung k.

Das folgende Beispiel („Kulturtage") soll den Sachverhalt demonstrieren. Das betrachtete Subjekt wird vor folgende Situation gestellt. Es finden eine Reihe von Kulturveranstaltungen statt. Das Subjekt hat die Möglichkeit, für den heutigen Abend eine Theaterkarte oder eine Karte für das Konzert mit einem berühmten Solisten zu bekommen. Allerdings steht noch nicht fest, ob der Solist gesund ist und wirklich auftreten kann.

Das Subjekt muß sich zwischen den beiden Handlungen „eine Theaterkarte kaufen" und „eine Konzertkarte kaufen" entscheiden. Die Bedingungen für die Folgen sind „der Solist ist gesund" bzw. „der Solist ist krank". Die Matrix der Folgen lautet dann:

	Solist gesund	*Solist krank*
eine Theaterkarte kaufen	ins Theater gehen und Solist gesund	ins Theater gehen und Solist krank
eine Konzertkarte kaufen	ins Konzert gehen und Solist gesund	ins Konzert gehen und Solist krank

Bei dieser Matrix sind die Folgen Beschreibungen der Handlungen und Bedingungen selbst. Häufig wird diese Art der Beschreibungen ausreichen. In vielen Fällen wird jedoch eine deutlichere Beschreibung der Folgen nötig sein, z. B. wenn es dem Subjekt auf die Betonung bestimmter Aspekte der Folgen ankommt.
Unser Beispiel läßt sich u. a. auch mit der folgenden Matrix der Folgen darstellen

	Solist gesund	*Solist krank*
Theater	eindrucksvolles Erlebnis	eindrucksvolles Erlebnis
Konzert	einmaliges Erlebnis	großes Erlebnis, aber Enttäuschung über das Fehlen des Solisten

Analog zur Matrix der Folgen kann man nun die *Matrix der* (numerischen) *Wünschbarkeiten* (d_{ik}) der Folgen sowie die *Matrix der Wahrscheinlichkeiten* (p_{ik}) der Bedingungen aufstellen. Jedes Element d_{ik} der Wünschbarkeitsmatrix stellt die Wünschbarkeit der Folgen f_{ik} der Handlung i unter der Bedingung k dar.

Das betrachtete Subjekt kann im Beispiel „Kulturtage" folgende Wünschbarkeitsmatrizen aufstellen (In Zukunft werden Zeilen- und Spaltentitel der Matrizen weggelassen, wenn es klar ist, um welches Beispiel es sich handelt, bzw. bei Betrachtungen, wo diese Titel eine untergeordnete Rolle spielen, wie z. B. beim Vergleich zweier Matrizen):

$$\begin{bmatrix} 1 & 1 \\ 3 & 0{,}5 \end{bmatrix} \quad \text{oder} \quad \begin{bmatrix} 1 & 0{,}8 \\ 3 & 0{,}5 \end{bmatrix}.$$

Die Matrizen drücken aus, daß das Subjekt am liebsten das Konzert mit dem berühmten Solisten besuchen würde, daß es aber das Theater einem Konzertbesuch ohne den Solisten vorziehen würde. Der Unterschied zwischen den beiden Matrizen besteht darin, daß das Subjekt im Falle der ersten Matrix dem Theaterbesuch eine einheitliche Wünschbarkeit beimißt, sei der Solist nun gesund oder nicht, also nur den künstlerischen Eindruck bewertet, während es bei der zweiten Matrix zum Ausdruck bringt, daß ihm auch die Gesundheit des Solisten wichtig ist, auch wenn es ihn nicht erlebt.

Ein Element p_{ik} der Wahrscheinlichkeitsmatrix ist die Wahrscheinlichkeit der Bedingung k, wenn die Handlung i gewählt wird. In den meisten Fällen werden sich die Wahrscheinlichkeiten einer Bedingung für die verschiedenen Handlungen nicht unterscheiden (d. h. $p_{ik} = p_{jk}$ in den meisten Fällen), nämlich dann, wenn das Ausführen einer Handlung keinen Einfluß auf die Bedingungen ausübt. So wird in unserem Beispiel der Solist nicht dadurch früher oder später gesund, daß das betrachtete Subjekt sich für das Konzert entschieden hat. Wenn das Subjekt z. B. annimmt, daß der Solist mit einer Wahrscheinlichkeit von 0,4 wieder gesund ist, so hat seine Wahrscheinlichkeitsmatrix die Gestalt:

$$\begin{bmatrix} 0{,}4 & 0{,}6 \\ 0{,}4 & 0{,}6 \end{bmatrix}.$$

Für die Wahrscheinlichkeiten werden die üblichen Konventionen angenommen (s. auch Axiom 8.3 in **8.3.2**). Insbesondere gilt $\sum_k p_{jk} = 1$ für alle Zeilen j der Wahrscheinlichkeitsmatrix. Das folgende Beispiel „Rauchen und Sterblichkeit" (s. JEFFREY [1967], S. 21) zeigt die Möglichkeit für verschiedene Zeilen in der Wahrscheinlichkeitsmatrix. Das betrachtete Subjekt nimmt als Matrix der Folgen an:

	Leben bis mindestens 65 Jahre	*Sterben vor dem 65. Jahr*
Rauchen	Rauchen und bis mindestens 65 leben (beste Folge)	Rauchen und vor 65 sterben (drittbeste Folge)
Rauchen aufgeben	nicht rauchen und bis mindestens 65 leben (zweitbeste Folge)	nicht rauchen und vor 65 sterben (schlimmste Folge)

Die Wahrscheinlichkeitsmatrix zu diesem Beispiel könnte[2] folgendermaßen lauten:

$$\begin{bmatrix} 0{,}6 & 0{,}4 \\ 0{,}8 & 0{,}2 \end{bmatrix}.$$

2 Unser hier gewähltes Zahlenbeispiel ist rein hypothetisch. Der Realität entsprechende Zahlenwerte wären etwa mittels statistischer Methoden aus medizinischen Befunden zu gewinnen.

Der *Erwartungswert der Wünschbarkeit* einer Handlung ist die gewichtete Summe der Wünschbarkeiten der möglichen Folgen dieser Handlung, die Gewichte sind die Wahrscheinlichkeiten der entsprechenden Bedingungen.

Wenn in einer Entscheidungssituation die Wünschbarkeitsmatrix (d_{ik}) und die Wahrscheinlichkeitsmatrix (p_{ik}) vorliegen, so berechnet sich der Erwartungswert der Wünschbarkeit e_j einer Handlung j durch die Formel

$$e_j = \sum_k p_{jk} d_{jk} .$$

Nach dem Bayesschen Prinzip müssen die Erwartungswerte der Wünschbarkeit für alle möglichen Handlungen der Entscheidungssituation berechnet werden. Das betrachtete Subjekt soll sich dann für die Handlung (bzw. eine der Handlungen) entscheiden, für die der Erwartungswert der Wünschbarkeit am größten ist.

Im Beispiel „Kulturtage" habe das Subjekt als Wünschbarkeits- bzw. Wahrscheinlichkeitsmatrix die Matrizen

$$d_{ik} = \begin{bmatrix} 1 & 1 \\ 3 & 0{,}5 \end{bmatrix} \quad \text{bzw.} \quad p_{ik} = \begin{bmatrix} 0{,}4 & 0{,}6 \\ 0{,}4 & 0{,}6 \end{bmatrix}.$$

Als Erwartungswerte für die Wünschbarkeiten der beiden Handlungen ergeben sich somit:

$$e_1 = 0{,}4 \cdot 1 + 0{,}6 \cdot 1 = 1 ,$$

$$e_2 = 0{,}4 \cdot 3 + 0{,}6 \cdot 0{,}5 = 1{,}5 .$$

Das Subjekt wird also die zweite Handlung vorziehen und Konzertkarten kaufen. Die Entscheidung kann allerdings auch anders ausfallen, wenn sich die Wahrscheinlichkeitsmatrix ändert. Ist die Wahrscheinlichkeit, daß der Solist gesund wird, gleich 0,2, so sind die beiden Erwartungswerte gleich ($e_1 = e_2 = 1$) und die Handlungen sind deshalb gleich gut. Bei einer Wahrscheinlichkeit von 0,1 für die Gesundheit des Solisten wird die erste Handlung, eine Theaterkarte zu kaufen, vorzuziehen sein ($e_1 = 1$, $e_2 = 0{,}75$).

8.2.2. Ramseys Theorie

Mit Hilfe des Bayesschen Modells lassen sich noch weitere Ergebnisse erzielen, z. B. äquivalente Wünschbarkeitstransformationen einführen (vgl. unten Definition 8.19) und Wahrscheinlichkeiten aus Wünschbarkeiten bzw. Wünschbarkeiten aus Wahrscheinlichkeiten in speziellen Fällen berechnen. Die Ergebnisse werden hier nicht angegeben, da sie in der in 8.3 dargestellten Theorie von JEFFREY enthalten sind.

Es soll im folgenden eine Erweiterung des BAYESschen Modells durch RAMSEY [1931] vorgestellt werden. Die Methode von RAMSEY wurde durch v. NEUMANN/MORGENSTERN [1961] wiederentdeckt und erhielt durch sie eine wichtige Rolle in der Wirtschaftswissenschaft und in der Statistik.

RAMSEY betrachtet *Wünschbarkeitsskalen* der Gestalt

$$\begin{array}{l} \vdash B \\ \vdash C \\ \vdash A \end{array}$$

Wenn die Folgen A, B und C die Wünschbarkeiten d_A, d_B und d_C besitzen, so bedeutet die angegebene Wünschbarkeitsskala, daß gilt:

$$d_B > d_C > d_A.$$

Es soll ermittelt werden, an welcher Stelle zwischen A und B die Folge C liegt. Mit Hilfe von *Glücksspielen*, deren Ergebnisse G (für „Gewinn") und nicht-G sein können, wird eine Entscheidungssituation der folgenden Gestalt eingeführt:

	Bedingung G	*Bedingung nicht-G*
Glücksspiel: B wenn G, A wenn nicht-G	B	A
C	C	C

Das betrachtete Glücksspiel soll dann so gewählt werden, daß das Glücksspiel um die Folgen A und B einerseits und die Folge C andererseits als gleich günstig angesehen werden. Die Glücksspiele haben keine inhaltlichen Beziehungen zu den Folgen A, B und C; für die Entscheidungssituation sind nur die Wahrscheinlichkeiten der Bedingung G — sie sei p — sowie der Bedingung „nicht-G" — die dann $1-p$ ist — von Bedeutung. Deshalb können auch Glücksspiele ganz allgemeiner Form, wie etwa Würfelspiele und das Ziehen von Karten, verwendet werden. Ist ein geeignetes Glücksspiel gefunden — d. h., die Handlungen, (a) das Glücksspiel um A und B zu spielen und (b) die Folge C zu wählen, scheinen dem Subjekt gleich günstig —, so kann die Wünschbarkeit von C aus den Wünschbarkeiten von A und B wie folgt ermittelt werden:

Die Wünschbarkeitsmatrix lautet

$$\begin{bmatrix} d_B & d_A \\ d_C & d_C \end{bmatrix},$$

wobei d_B und d_A die bekannten Wünschbarkeiten von B und A sind, d_C ist die gesuchte Wünschbarkeit von C. Die Wahrscheinlichkeitsmatrix lautet

$$\begin{bmatrix} p & 1-p \\ p & 1-p \end{bmatrix},$$

wobei p die Wahrscheinlichkeit für das Eintreten der Bedingung G ist.

Die Erwartungswerte der Wünschbarkeit der Handlungen sind dann

$$pd_B + (1-p)\, d_A = p(d_B - d_A) + d_A$$

sowie

$$pd_C + (1-p)\, d_C = d_C.$$

Wir können diese Erwartungswerte gleichsetzen:

$$d_C = p(d_B - d_A) + d_A.$$

Im folgenden soll noch eine Methode demonstriert werden, mit deren Hilfe Ramsey die Wünschbarkeitsskala beliebig fein unterteilte. Benötigt wird dazu eine ethisch neutrale Bedingung mit der Wahrscheinlichkeit $\frac{1}{2}$.

Definition 8.1. Eine Bedingung heißt *ethisch neutral* für ein Subjekt, wenn dessen Wünschbarkeitsskala nicht davon beeinflußt wird, ob es glaubt, daß die Bedingung eintreten wird oder nicht.

Ramsey-Kriterium 8.2. Wenn A und B Folgen sind, denen das betrachtete Subjekt verschiedene Wünschbarkeiten beimißt und wenn N eine ethisch neutrale Bedingung ist, dann hat N genau dann die subjektive Wahrscheinlichkeit $\frac{1}{2}$, wenn dem Subjekt die folgenden zwei Glücksspiele gleich günstig erscheinen:

B wenn N, A wenn nicht-N,

A wenn N, B wenn nicht-N.

Ramsey unterteilt die Wünschbarkeitsskala zwischen zwei Folgen A und B, wobei die Folge B der Folge A vorgezogen wird, indem er eine ethisch neutrale Bedingung N mit der Wahrscheinlichkeit $\frac{1}{2}$ wie folgt anwendet: Der Mittelpunkt der Wünschbarkeitsskala zwischen A und B wird mit dem Erwartungswert der Wünschbarkeit des Glücksspieles

A wenn N, B wenn nicht-N

gleichgesetzt. Um die Punkte 1/4 und 3/4 der Wünschbarkeitsskala zu bestimmen, muß eine Folge C gefunden werden, die dem Subjekt gleich günstig erscheint wie das Glücksspiel. Der Punkt 1/4 wird dann dem Erwartungswert der Wünschbarkeit des Glücksspiels

A wenn N, C wenn nicht-N

und der Punkt 3/4 dem Erwartungswert des Glücksspiels

C wenn N, B wenn nicht-N

gleichgesetzt. Soll die Wünschbarkeitsskala weiter verfeinert werden, so muß das betrachtete Subjekt Folgen finden, die es den letzten beiden Glücksspielen gleichsetzen kann, und jedes dieser Viertel der Wünschbarkeitsskala kann auf die beschriebene Weise weiter unterteilt werden. Indem man diese Methode fortsetzt, kann man eine beliebig feine Unterteilung der Wünschbarkeitsskala erreichen.

Das folgende Beispiel zeigt die Anwendung der Methode. Das betrachtete Subjekt wird von einem Bekannten gebeten, seine Meinung über eine bestimmte Anzahl von Komponisten zu sagen. Zu diesem Zweck stellt das Subjekt die Wünschbarkeitsskala unter den genannten Komponisten auf.

Die ethisch neutrale Bedingung N (mit der Wahrscheinlichkeit 1/2) für das Subjekt ist dabei die Bedingung, eine gerade Zahl zu würfeln. Von den genannten Komponisten mag das Subjekt am liebsten Bach und mißt der Folge, eine Komposition von Bach zu hören, die Wünschbarkeit 1 bei. Am wenigsten gern hört das Subjekt Stücke von Reger und mißt deshalb dem Hören einer Komposition von Reger die Wünschbarkeit 0 bei. Um die Stellung der übrigen Komponisten zwischen Reger und Bach zu bestimmen, verwendet das Subjekt Ramseys Methode (s. S. 335):

Die Anwendung dieses Ramseyschen Verfahrens ist aber unter Umständen an einige Voraussetzungen gebunden, die nicht in jedem Falle erfüllt zu sein brauchen. So ist z. B. die beliebig feine Unterteilung der

des	Glücksspiel	Komponist
1		Bach
7/8	Bartók wenn gerade Zahl, Bach wenn nicht;	Beethoven
13/16	Bartók wenn gerade Zahl, Beethoven wenn nicht;	Stravinsky
3/4	Mozart wenn gerade Zahl, Bach wenn nicht;	Bartók
5/8	Mozart wenn gerade Zahl, Bartók wenn nicht;	
1/2	Reger wenn gerade Zahl, Bach wenn nicht;	Mozart
1/4	Reger wenn gerade Zahl, Mozart wenn nicht;	Brahms
0		Reger

Wünschbarkeitsskala mit Hilfe von Glücksspielen nur möglich, wenn die Wünschbarkeitsskala folgende Forderung erfüllt: Zu jeder Folge (außer der günstigsten und der ungünstigsten) muß es ein Glücksspiel um zwei Folgen geben, das dem Subjekt als gleich günstig erscheint. So ist es im obigen Beispiel nicht möglich, die Wünschbarkeit des Komponisten Richard Strauß zu bestimmen, dessen Werke das Subjekt lieber hört als die von Reger, aber nicht so gern wie die von Brahms, wenn Strauß nicht genau so günstig erscheint wie das Glücksspiel um Reger und Brahms.

1/4	Brahms
	R. Strauß?
1/8	Reger, wenn gerade Zahl, Brahms wenn nicht
	R. Strauß?
0	Reger

8.3. Jeffreys Entscheidungslogik

8.3.1. Verwendung von Propositionen

In den Theorien von Bayes und Ramsey werden in einer Entscheidungssituation verschiedene Objekte – Handlungen, Bedingungen und Folgen – betrachtet. Wünschbarkeitswerte erhalten dabei nur Folgen, Handlungen erhalten Erwartungswerte der Wünschbarkeit. Mit Hilfe von Glücksspielen um gegebene Folgen gelingt Ramsey die Einteilung der Wünschbarkeitsskala. Die Einführung von Glücksspielen in die Wünschbarkeitsskala hat jedoch den Nachteil, daß eine neue Art von Objekten eingeführt wird: Die Glücksspiele kann man weder zu den Folgen zählen, obwohl sie in die Wünschbarkeitsskala der Folgen eingereiht werden, noch kann man sie zu den Handlungen zählen, obwohl die Wünschbarkeitswerte der Glücksspiele wie die Erwartungswerte der Wünschbarkeit von Handlungen berechnet werden. Diese Zwitterstellung macht die Verwendung von Glücksspielen in Entscheidungssituationen sehr unhandlich. Außerdem wird es häufig nicht leicht sein, Wünschbarkeiten von Glücksspielen den Wünschbarkeiten realer Folgen gleichzusetzen.

Um eine einheitliche Behandlung der Objekte zu erreichen, geht Jeffrey von der Handlung zur Aussage mit dieser Handlung als Sachverhalt über, ebenso von Bedingungen und Folgen von Handlungen zu entsprechenden Aussagen. Solche Aussagen nennt er „Propositionen", und diesen Ausdruck wollen wir hier übernehmen. Nun kann man sagen, daß Handlungen Propositionen sind, die das betrachtete Subjekt nach Belieben wahr machen kann. Bedingungen sind Propositionen, die wahr werden können (mit einer gewissen Wahrscheinlichkeit). Damit ist die Entscheidungslogik eine Wahrscheinlichkeitslogik. Folgen sind Propositionen, die wahr werden, wenn das Subjekt eine Proposition wahr macht („handelt") und eine andere Proposition (die Bedingung) wahr wird.

In Jeffrey [1967, S. 65ff.] wird ausführlich begründet, daß es immer möglich ist, Handlungen, Bedingungen und Folgen als Propositionen zu formulieren. Ein Zitat für die Darstellung von Wünschen als Propositionen soll als Beispiel ausgewählt werden:

„... Die Alltagssprache läßt zwar manchmal nicht Propositionen, sondern irgendwelche anderen Dinge als die grammatikalischen Objekte von Wünschen erscheinen, doch ist es immer möglich ... anzunehmen, daß in Wirklichkeit die verschiedenen, diesen anderen Dingen entsprechenden Propositionen die Objekte ... sind. Der Wunsch nach Frieden, nach einer bestimmten Stellung, nach der Liebe einer Frau oder nach einem Schinkenbrot ist somit der Wunsch, daß die eine oder andere Proposition zutreffe (= eintrete = gegeben sei = der Fall sei = wahr sei): daß Frieden herrsche, daß der Autor des Wunsches diese Stellung erhalte, von einer Frau geliebt werde, ein Schinkenbrot erhalte ...".

Propositionen sollen im folgenden durch große lateinische Buchstaben dargestellt werden.

Im Beispiel „Kulturtage" könnten folgende Propositionen verwendet werden: Die Handlungen, die das Subjekt wahr machen (ausführen!)

kann, sind

K: „Das Subjekt geht heute abend ins Konzert",

T: „Das Subjekt geht heute abend ins Theater".

Die Bedingungen für die Entscheidungssituation sind die Propositionen

G: „Der Solist ist heute abend gesund und kann daher auftreten",

$\sim G$: „Der Solist ist heute abend krank und kann daher nicht auftreten".

Die Folgen sind die Propositionen

„Das Subjekt geht heute abend ins Theater, und der Solist ist gesund" ($T \wedge G$),

„Das Subjekt geht heute abend ins Theater, und der Solist ist krank" ($T \wedge \sim G$),

„Das Subjekt geht heute abend ins Konzert, und der Solist ist gesund" ($K \wedge G$),

„Das Subjekt geht heute abend ins Konzert, und der Solist ist krank" ($K \wedge \sim G$).

Diese Propositionen werden wahr, wenn die entsprechenden Handlungen wahr gemacht und die entsprechenden Bedingungen wahr werden. So wird z. B. die Folge $K \wedge G$ wahr, wenn heute abend der Solist gesund ist (also die Proposition G wahr wird) und das betrachtete Subjekt ins Konzert geht (also die Proposition K wahr macht).

Die Wahrscheinlichkeit, die das betrachtete Subjekt der Proposition A beimißt, soll mit dem Symbol

prob(A) (*prob*abilitas = Wahrscheinlichkeit)

und die Wünschbarkeit, die das betrachtete Subjekt der Proposition A beimißt, mit dem Symbol

des(A) (*des*iderabilitas = Wünschbarkeit)

bezeichnet werden. prob(A) und des(A) sind Zahlen und können in arithmetischen Ausdrücken auftreten. Die Propositionen können mit den logischen Junktoren $\sim$ (Negator), $\wedge$ (Konjunktor) und $\vee$ (Alternator) verknüpft werden. Die notwendig wahre Proposition soll mit $\top$, die notwendig falsche Proposition mit $\bot$ bezeichnet werden.

Die logischen Verknüpfungen treten an die Stelle der Glücksspiele in RAMSEYS Theorie, u. a. mit dem Vorteil, daß mittels logischer Junktoren verknüpfte Propositionen wieder eine Proposition ergeben.

Das Ziel der Entscheidungslogik ist, Wünschbarkeiten von Propositionen zu berechnen, die Handlungen ausdrücken. Das Subjekt kann die Proposition (bzw. eine der Propositionen) mit der größten Wünschbarkeit wahr machen.

8.3.2. Wahrscheinlichkeits- und Wünschbarkeitsaxiome

Die folgenden Wahrscheinlichkeits- und Wünschbarkeitsaxiome liegen der Entscheidungslogik JEFFREYS zugrunde:

Axiom 8.3. *Jede Wahrscheinlichkeitsfunktion* prob *habe folgende Eigenschaften:*

(a) prob *ist nicht negativ*: $\text{prob}(X) \geq 0$;

(b) prob *ist normiert*: $\text{prob}(\top) = 1$;

(c) prob *ist additiv: wenn* $X \wedge Y = \perp$, *dann*

$$\text{prob}(X \vee Y) = \text{prob}(X) + \text{prob}(Y).$$

Axiom 8.4. *Für jede mit einer gegebenen Wahrscheinlichkeitsfunktion* prob *verbundene Wünschbarkeitsfunktion* des *gelte: Wenn* $\text{prob}(X \wedge A) = 0$ *und* $\text{prob}(X \vee Y) \neq 0$, *dann ist*

$$\text{des}(X \vee Y) = \frac{\text{prob}(X) \cdot \text{des}(X) + \text{prob}(Y) \cdot \text{des}(Y)}{\text{prob}(X) + \text{prob}(Y)};$$

der notwendig falschen Proposition $\perp$ *werde keine Wünschbarkeit zugeordnet.*

Wie bei der Erwartungswertbildung der Wünschbarkeiten bei BAYES kann gemäß diesem Wünschbarkeitsaxiom die Wünschbarkeit zusammengesetzter Propositionen berechnet werden, indem die Wahrscheinlichkeitswerte der einzelnen Propositionen verwendet werden. Wie in 8.1 bemerkt, löst man sich dadurch von einer rein willkürlichen Beimessung von Wünschbarkeitswerten, um „vernünftiges Handeln" zu ermöglichen. In Fällen, wo die Wahrscheinlichkeiten große Differenzen aufweisen, wird ihr Einfluß besonders deutlich.

Beispiel 8.5. Eine Lotterie findet statt. Unter den 2000 Losen befinden sich 1 Gewinn von 1000 Mark und 200 Gewinne von 1 Mark. Die Propositionen X und Y seien wie folgt definiert:

X: „Das Subjekt gewinnt 1000 M."

Y: „Das Subjekt gewinnt 1 M."

Das Subjekt möge diesen Propositionen die Wünschbarkeiten $\text{des}(X) = 1000$ und $\text{des}(Y) = 1$ beimessen. Offensichtlich gilt:

$$\text{prob}(X) = \frac{1}{2000}, \ \text{prob}(Y) = \frac{1}{10} \quad \text{und} \quad X \wedge Y = \bot$$

(wenn man voraussetzt, daß das Subjekt genau 1 Los zieht). Nach Axiom 8.3 gilt dann

$$\text{prob}(X \vee Y) = \text{prob}(X) + \text{prob}(Y) \neq 0.$$

Damit läßt sich Axiom 8.4 anwenden, und es ergibt sich

$$\text{des}(X \vee Y) = \frac{\frac{1}{2000} \cdot 1000 + \frac{1}{10} \cdot 1}{\frac{1}{2000} + \frac{1}{10}} = \frac{1200}{201} = 5{,}97.$$

Plausibel ist zunächst, daß $\text{des}(X \vee Y)$ zwischen $\text{des}(X)$ und $\text{des}(Y)$ liegen muß. Denn wenn $X \vee Y$ wahr wird, gewinnt das Subjekt mindestens 1 Mark und höchstens 1000 Mark, also $1 \leq \text{des}(X \vee Y) \leq 1000$.

Daß das Subjekt der Proposition $X \vee Y$ mit ca. 6 eine (im Vergleich zu 1000) so niedrige Wünschbarkeit beimißt, läßt sich folgendermaßen interpretieren: Obwohl das Subjekt gern 1000 Mark gewinnen würde, schätzt es realistisch ein, daß der Wünschbarkeit der Proposition $X \vee Y$ kein hoher Wert beigemessen werden kann, da die Wahrheit von $X \vee Y$ mit großer Wahrscheinlichkeit die Wahrheit von Y bedeutet.

Während das Wünschbarkeitsaxiom 8.4. die Ermittlung der Wünschbarkeit der Alternative zweier Propositionen X, Y (mit $\text{prob}(X \wedge Y) = 0$) mit Hilfe der Wahrscheinlichkeiten und Wünschbarkeiten von X und Y

regelt, läßt sich ein ähnlich allgemeines Verhalten für Konjunktionen von Propositionen nicht formulieren.[3]

Axiom 8.4 geht davon aus, daß man vernünftigerweise annehmen kann, daß die Wünschbarkeit einer Alternative zweier Propositionen X, Y unter den vorausgesetzten Bedingungen zwischen des(X) und des(Y) liegen muß. Bei dem Versuch, eine analoge Aussage zum Verhalten der Wünschbarkeit einer Konjunktion zweier Propositionen zu finden, stößt man auf Schwierigkeiten, indem sich die gegensätzlichsten Verhaltensweisen von Wünschbarkeitsverteilungen feststellen lassen.

Das folgende Beispiel soll einige extreme Möglichkeiten demonstrieren. Zwei Propositionen A, B seien definiert als

A: Ich habe (jetzt) a zu Besuch.

B: Ich habe (jetzt) b zu Besuch.

Für die Wünschbarkeiten möge gelten, daß sowohl A als auch B je eine hohe Wünschbarkeit haben mögen, weil ich mich jeweils über den Besuch von a und über den Besuch von b sehr freue. Weiter gelte $\text{des}(A) < \text{des}(B)$. FolgendeFälle sind nun u. a. noch denkbar:

1. ich habe b lieber allein zu Besuch: $\text{des}(A) < \text{des}(A \wedge B) < \text{des}(B)$;
2. a und b ergänzen sich prächtig: $\text{des}(A) < \text{des}(B) < \text{des}(A \wedge B)$;
3. a und b sind verfeindet: $\text{des}(A \wedge B) \ll \text{des}(A) < \text{des}(B)$.

Keiner dieser Fälle kann jedoch allein aus der Kenntnis der Wünschbarkeiten von A und B erschlossen oder ausgeschlossen werden.

Mittels der Wahrscheinlichkeits- und Wünschbarkeitsaxiome lassen sich Theoreme über Wahrscheinlichkeiten und Wünschbarkeiten beweisen.

---

3 Allgemeine Aussagen über die Wünschbarkeit von Konjunktionen wird man daher nur unter zusätzlichen Voraussetzungen erwarten können. Jedoch spielt die Wünschbarkeit der Konjunktion von Propositionen eine wichtige Rolle beim Aufbau einer Logik bedingter Entscheidungen. Die Wünschbarkeit einer Proposition X unter der Bedingung, daß die Proposition Y wahr wird, möge mit des (X/Y) bezeichnet werden. Es ist plausibel, diese bedingte Wünschbarkeit zu definieren als: $\text{des}\,(X/Y) = \text{des}(X \wedge Y)$, denn wenn Y wahr wird, drücken X und $X \wedge Y$ äquivalente Propositionen aus. Läßt man dieser bedingten Wünschbarkeit von X bzgl. Y die bekannte bedingte Wahrscheinlichkeit $\text{prob}(X/Y)$ entsprechen, so lassen sich aus den Wahrscheinlichkeits- und Wünschbarkeitsaxiomen, d. h. den Axiomen 8.3 und 8.4, Beziehungen beweisen, die als Wahrscheinlichkeits- und Wünschbarkeitssätze für bedingte Propositionen die Basis für eine Logik bedingter Entscheidungen bilden können, wie sie bei Mohr [1980] entwickelt worden ist.

Ersetzt man im Axiom 8.4 die Proposition Y durch $\sim X$ und beachtet man, daß mit $X \vee \sim X$ und $\top$ dieselben Propositionen ausgedrückt werden, so erhält man

Satz 8.6. $\text{des}(\top) = \text{prob}(X) \cdot \text{des}(X) + \text{prob}(\sim X) \cdot \text{des}(\sim X)$.

D. h., die Wünschbarkeit der notwendig wahren Proposition $\top$ ist der gewichtete Mittelwert der Wünschbarkeiten einer beliebigen Proposition X und ihrer Negation $\sim X$; die Gewichte sind die entsprechenden Wahrscheinlichkeiten, deren Summe $= 1$ ist. Die Wünschbarkeit von $\top$ liegt also „zwischen“ den Wünschbarkeiten einer Proposition X und ihrer Negation $\sim X$, d. h., es gilt

$$\text{des}(X) \leq \text{des}(\top) \leq \text{des}(\sim X) \quad \textit{oder} \quad \text{des}(\sim X) \leq \text{des}(\top) \leq \text{des}(X).$$

Da Satz 8.6 für jede beliebige Proposition X gilt, gilt jeweils eine der beiden Ungleichungen für jede Proposition X. Darauf basiert die folgende Definition:

Definition 8.7. Eine Proposition A heißt *gut*, *schlecht* oder *indifferent*, je nachdem, ob A über $\top$ (d. h. $\text{des}(A) > \text{des}(\top)$), unter $\top$ (d. h. $\text{des}(A) < \text{des}(\top)$) oder gleichhoch mit $\top$ (d. h. $\text{des}(A) = \text{des}(\top)$) in der Wünschbarkeitsskala[4] eingestuft ist.
Liegt etwa folgender Ausschnitt einer Wünschbarkeitsskala vor:

├ A
├ $\top$; B
├ C

so ist A eine gute, B eine indifferente und C eine schlechte Proposition.

Aus den Wahrscheinlichkeitsaxiomen, d. h. aus Axiom 8.3, lassen sich die bekannten Beziehungen unter Wahrscheinlichkeiten beweisen, u. a.:

Satz 8.8.

(a) $\text{prob}(\sim A) = 1 - \text{prob}(A)$

(b) $\text{prob} \perp = 0$

---

4 In gleicher Weise kann man die hier eingeführten Sprechweisen statt mit Bezug auf eine Wünschbarkeitsskala auch mit Bezug auf jedes der nach Definition 8.12 (siehe **8.3.3** unten) betrachteten Präferenzschemata erklären. Wir werden dies nicht separat tun, aber diese Sprechweise auch später benutzen.

(c) $\mathrm{prob}(A \wedge \sim B) = \mathrm{prob}(A) - \mathrm{prob}(A \wedge B)$

(d) $\mathrm{prob}(A \vee B) = \mathrm{prob}(A) + \mathrm{prob}(B) - \mathrm{prob}(A \wedge B)$

(e) *Spezielles Additionsgesetz:*

gilt $A_1 \vee A_2 \vee \ldots \vee A_n = \top$ *und ist für jedes Paar* i, j *mit* $i \neq j$ *und* $i, j = 1, 2, \ldots, n$*:*

$$A_i \wedge A_j = \bot, \quad \textit{so ist} \quad \sum_{k=1}^{n} \mathrm{prob}(A_k) = 1.$$

In den folgenden Theoremen kommt der enge Zusammenhang zwischen Wahrscheinlichkeiten und Wünschbarkeiten von Propositionen zum Ausdruck. Diese Theoreme lassen sich deshalb zur Berechnung von Wahrscheinlichkeiten aus Wünschbarkeiten und umgekehrt verwenden. Dieser enge Zusammenhang resultiert daraus, daß sich die Wünschbarkeit einer Proposition, die in verschiedenen Fällen wahr sein kann, nach dem Axiom 8.4 als gewichtete Summe der Wünschbarkeiten der Fälle, in denen diese Proposition wahr wird, mit den Wahrscheinlichkeiten dieser Fälle als Gewichten berechnet (z. B. wenn sich eine Proposition A durch $A = A_1 \vee A_2 \vee \ldots \vee A_n$ darstellen läßt, mit $A_i \wedge A_j = \bot$ für $i \neq j$, kann Axiom 8.4 zur Berechnung von $\mathrm{des}(A)$ angewendet werden).
Als unmittelbare Folge von Satz 8.6 ergibt sich

Satz 8.9. *Wenn* $\mathrm{des}(X) \neq \mathrm{des}(\sim X)$, *so ist*

$$\mathrm{prob}(X) = \frac{\mathrm{des}(\top) - \mathrm{des}(\sim X)}{\mathrm{des}(X) - \mathrm{des}(\sim X)}.$$

Die Wahrscheinlichkeitsverteilung wird also durch die Wünschbarkeitsverteilung festgelegt. Die Einschränkung $\mathrm{des}(X) \neq \mathrm{des}(\sim X)$ schließt dabei lediglich indifferente Propositionen aus, deren Negationen ebenfalls indifferent sind. Denn nach Satz 8.6 gilt unter der Bedingung $\mathrm{des}(X) = \mathrm{des}(\sim X)$:

$$\begin{aligned}\mathrm{des}(\top) &= \mathrm{prob}(X) \cdot \mathrm{des}(X) + \mathrm{prob}(\sim X) \cdot \mathrm{des}(\sim X) \\ &= \mathrm{des}(X) \cdot \big(\mathrm{prob}(X) + \mathrm{prob}(\sim X)\big) = \mathrm{des}(X).\end{aligned}$$

Deutlicher wird die Situation im folgenden Theorem, wo die Festlegung $\mathrm{des}(\top) = 0$ getroffen wird. Dann berechnet sich die Wahrscheinlichkeit einer Proposition nur noch aus der Wünschbarkeit dieser Proposition und der Wünschbarkeit ihrer Negation, wenn die Proposition und ihre Negation nicht beide indifferent sind.

Satz 8.10. *Wenn* des(X) $\neq$ des($\sim X$) *und* des($\top$) $= 0$, *so gilt:*

$$\text{prob}(X) = 0, \quad \textit{wenn} \quad \text{des}(\sim X) = 0,$$

$$\text{prob}(X) = \frac{1}{1 - \dfrac{\text{des}(X)}{\text{des}(\sim X)}}, \quad \textit{wenn} \quad \text{des}(\sim X) \neq 0.$$

Die Wünschbarkeit der Negation einer Proposition kann entsprechend dem folgenden Resultat berechnet werden nach Satz 8.6:

Satz 8.11. *Wenn* des($\top$) $= 0$ *und* prob(X) $\neq 1$, *so*

$$\text{des}(\sim X) = -\frac{\text{prob}(X)}{\text{prob}(\sim X)} \cdot \text{des}(X).$$

8.3.3. Untersuchung von Präferenzschemata

Mit dem Begriff „Präferenz“ wird eine vergleichende Wertung der Propositionen bezeichnet. Dabei werden die Propositionen durch die folgende Definition eingestuft.

Definition 8.12.

(a) Die Proposition A ist *höher eingestuft* als die Proposition B gdw. das Subjekt das Wahrsein von A dem Wahrsein von B vorzieht. (Man kann auch sagen, A ist „besser“ als B.).

(b) Die Proposition A und B sind *gleich eingestuft* gdw. das Subjekt sich zwischen dem Wahrsein von A und dem Wahrsein von B nicht entscheiden kann (A und B sind „gleich gut“).

Die Proposition $\perp$ wird nicht in die Präferenz einbezogen.

Für die Proposition $\top$ gilt:

(c) Die Proposition X ist höher eingestuft als $\top$; tiefer als $\top$, oder gleich mit $\top$ eingestuft gdw. das Subjekt das Wahrsein von X dem Umstand vorzieht, daß nur $\top$ wahr ist; das Subjekt den Umstand, daß nur $\top$ wahr ist, dem Wahrsein von X vorzieht, oder das Subjekt sich zwischen dem Umstand, daß nur $\top$ wahr ist, und dem Wahrsein von X nicht entscheiden kann. (Nach Definition 8.7 ist dann X gut, schlecht oder indifferent.)

Mit Hilfe des Begriffs der Präferenz können *Präferenzschemata* unter den Propositionen aufgebaut werden, die folgende Gestalt haben:

1) Von zwei nicht gleich eingestuften Propositionen steht die höher eingestufte Proposition *über* der anderen Proposition;

2) gleich eingestufte Propositionen stehen, durch Semikolon getrennt, *nebeneinander*.

Beispiel 8.13. Es möge folgendes (evtl. unvollständige) Präferenzschema vorliegen:

├ A
├ B; C
├ $\top$; D
├ E

In diesem Präferenzschema sind z. B. A und B höher als $\top$ eingestuft, A jedoch höher als B; B und C sind gleich eingestuft usw.

Mit Hilfe des Präferenzbegriffes lassen sich weitere Theoreme formulieren, deren wichtigste das Äquivalenz- und das Eindeutigkeitstheorem sind. Dazu sollen zunächst einige allgemeine Bedingungen definiert werden.

Definition 8.14. Ein Paar von Wahrscheinlichkeits- und Wünschbarkeitsverteilungen prob, des erfüllt die *Existenzbedingung in bezug auf ein Präferenzschema* unter Propositionen, wenn die Axiome 8.3 und 8.4 erfüllt sind und wenn die Wünschbarkeitsverteilung des dem Präferenzschema entspricht, d. h., daß des(X) mindestens so groß wie des(Y) ist, wenn X in dem Präferenzschema mindestens so hoch eingestuft ist wie Y (für alle X und Y des Präferenzschemas).

Definition 8.15. Ein *Wahrscheinlichkeitsfeld* ist eine Menge von Propositionen, welche die Negation jeder der in ihr enthaltenen Proposition sowie die Konjunktion und die Alternative jedes Paares in ihr enthaltener Propositionen enthält.

Definition 8.16. Ein Präferenzschema erfüllt die *Geschlossenheitsbedingung* gdw. die Propositionen des Präferenzschemas zusammen mit der Proposition $\bot$ ein Wahrscheinlichkeitsfeld bilden.

Definition 8.17. Ein Präferenzschema erfüllt die *$\mathfrak{G}$-Bedingung* gdw. das Präferenzschema eine gute Proposition G enthält, deren Negation schlecht ist.

Durch die $\mathfrak{S}$-Bedingung werden triviale Präferenzschemata ausgeschlossen, in denen außer $\top$ nur noch indifferente Propositionen oder nicht indifferente Propositionen mit der Wahrscheinlichkeit Null vorkommen. (Dies folgt leicht aus dem weiter unten genannten Satz 8.22.)

Definition 8.18. Ein Präferenzschema erfüllt die *Zerlegbarkeitsbedingung*, wenn für dieses Präferenzschema gilt: Für jede Proposition A des Präferenzschemas, für die weder A noch $\sim A$ gleichhoch mit $\top$ eingestuft sind, gibt es in dem Präferenzschema zwei Propositionen A_1 und A_2, welche die folgenden Bedingungen erfüllen:

(a) $A_1 \wedge A_2 = \bot$,

(b) $A_1 \vee A_2 = A$,

(c) A_1 und A_2 sind gleichhoch eingestuft,

(d) $\sim A_1$ und $\sim A_2$ sind gleichhoch eingestuft.

(A durch $A_1 \vee A_2$ auszudrücken, wird auch *Zerlegung von A in A_1 und A_2* genannt.)

Das Äquivalenztheorem untersucht Transformationen der Wahrscheinlichkeits- und Wünschbarkeitsverteilungen, die das entscheidungslogische Verhalten der Verteilungen nicht verändern. Diese „äquivalenten" Transformationen werden wie folgt definiert.

Definition 8.19. Ein Paar PROB, DES von Wahrscheinlichkeits- und Wünschbarkeitsverteilungen geht aus einem Paar prob, des von Verteilungen durch eine *äquivalente Wahrscheinlichkeits- und Wünschbarkeitstransformation* genau dann hervor, wenn die Verteilungen PROB, DES aus prob, des mit Hilfe der folgenden Gleichungen und Ungleichungen (a) bis (e) für alle Propositionen ermittelt werden:

(a) $\mathrm{PROB}(X) = \mathrm{prob}(X) \cdot (c \cdot \mathrm{des}(X) + d)$;

(b) $\mathrm{DES}(X) = \dfrac{a \cdot \mathrm{des}(X) + b}{c \cdot \mathrm{des}(X) + d}$;

a, b, c, d sind reelle Zahlen, für die gilt:

(c) $ad - bc > 0$;

(d) $c \cdot \mathrm{des}(X) + d > 0$ für jedes X in der Präferenzordnung;

(e) $c \cdot \mathrm{des}(\top) + d = 1$.

Das Äquivalenztheorem lautet dann:

Satz 8.20. *Wenn das Paar* prob, des *von Wahrscheinlichkeits- und Wünsch-*

barkeitsverteilungen die Existenzbedingung für ein bestimmtes Präferenzschema erfüllt und das Paar PROB, DES *aus* prob, des *mit Hilfe einer äquivalenten Wahrscheinlichkeits- und Wünschbarkeitstransformation ermittelt wurde, dann erfüllt das Paar* PROB, DES *ebenfalls die Existenzbedingung für dieses Präferenzschema.*

Das Äquivalenztheorem drückt aus, daß zwei Paare prob, des und PROB, DES von Wahrscheinlichkeits- und Wünschbarkeitsverteilungen, die den Beziehungen in Definition 8.19 genügen, gleiches entscheidungslogisches Verhalten zeigen, indem sie die Existenzbedingung bezüglich desselben Präferenzschemas erfüllen. Umgekehrt zeigt das folgende Theorem, daß, wenn das Präferenzschema gewisse Eigenschaften besitzt, die äquivalenten Wahrscheinlichkeits- und Wünschbarkeitstransformationen die einzigen Transformationen sind, mit deren Hilfe aus einem Paar von Verteilungen ein Paar von Verteilungen ermittelt werden kann, das in dem in Satz 8.20 gegebenen Sinne äquivalent mit prob, des ist.
Ähnlich wichtig wie dieses Äquivalenztheorem ist auch das folgende Eindeutigkeitsresultat.

Satz 8.21. *Für ein gegebenes Präferenzschema seien die Geschlossenheits-, die $\mathfrak{G}$- und die Zerlegbarkeitsbedingungen erfüllt; die zwei Paare* prob, des *und* PROB, DES *mögen die Existenzbedingung für das gegebene Präferenzschema erfüllen. Dann gibt es reelle Zahlen a, b, c und d, so daß ad $-$bc positiv ist und daß für jede Proposition X im Präferenzschema mit* $\text{prob}(X) > 0$ *die Beziehungen aus Definition 8.19 erfüllt sind.*

Mit Hilfe der folgenden Theoreme lassen sich aus einem vorgegebenen Präferenzschema unmittelbar verschiedene Aussagen über Wahrscheinlichkeiten gewinnen.

Satz 8.22. *Wenn die Negation $\sim A$ einer nicht indifferenten Proposition A indifferent ist und* prob *mit einer Verteilung* des *die Existenzbedingung in bezug auf das entsprechende Präferenzschema erfüllt, so ist* $\text{prob}(A) = 0$.

Dieser Satz 8.22. sagt also aus, daß eine Proposition A die Wahrscheinlichkeit 0 hat, wenn A und $\sim A$ das folgende Verhalten im Präferenzschema zeigen:

$$\begin{array}{l} \vdash A \\ \vdash \sim A;\ \top \end{array} \qquad \text{oder} \qquad \begin{array}{l} \vdash \sim A;\ \top \\ \vdash A \end{array}$$

Satz 8.23. *Wenn die Existenzbedingung erfüllt ist, gilt: Von zwei zugleich eingestuften guten* (*bzw. schlechten*) *Propositionen A und B, deren Nega-*

tionen $\sim A$ und $\sim B$ beide nicht indifferent sind, ist diejenige die wahrscheinlichere, deren Negation tiefer (bzw. höher) eingestuft ist.

Nach Satz 8.23 kann man z. B. aus den folgenden Ausschnitten aus Präferenzschemata sofort die komparativen Verhältnisse der Wahrscheinlichkeiten ablesen:

$A;\ B$	$\sim A;\ \sim B$	$A;\ B$	$\sim A$
$\top$	$\top$	$\top$	$\sim B$
$\sim A;\ \sim B$	$A;\ B$	$\sim B$	$\top$
		$\sim A$	$A;\ B$

$\text{prob}(A) = \text{prob}(B)$ $\qquad\qquad$ $\text{prob}(A) > \text{prob}(B)$

Satz 8.24. *Eine gute Proposition G, deren Negation schlecht ist, hat weder die Wahrscheinlichkeit* 0 *noch die Wahrscheinlichkeit* 1.

Satz 8.25. *Wenn die Geschlossenheits-, die 𝔊- und die Zerlegbarkeitsbedingung erfüllt sind und die Wahrscheinlichkeitsverteilung* prob *zusammen mit einer Wünschbarkeitsverteilung* des *die Existenzbedingung bezüglich eines Präferenzschemas erfüllt, dann ist durch dieses Präferenzschema*

(a) *das Verhältnis der Wahrscheinlichkeiten zweier beliebiger gleichhoch eingestufter Propositionen eindeutig bestimmt und sind*

(b) *die Wahrscheinlichkeiten aller indifferenten Propositionen eindeutig bestimmt.*

Dieser Satz 8.25 zeigt einen engeren Zusammenhang zwischen den Präferenzschemata (d. h. den Wünschbarkeiten der Propositionen) und den Wahrscheinlichkeiten. Jeffreys Entscheidungslogik liefert auch Verfahren, mit deren Hilfe die gemäß Satz 8.25 garantierten numerischen Wahrscheinlichkeitsverhältnisse bzw. Wahrscheinlichkeiten ermittelt worden können.

Während in Ramseys Theorie Glücksspiele verwendet wurden, um detaillierte Ergebnisse zu erzielen, tritt bei Jeffrey an deren Stelle die *Zerlegung* (gemäß der Zerlegbarkeitsbedingung von Definition 8.18). Um numerische Werte beliebig genau anzunähern, müssen fortgesetzte Zerlegungen durchgeführt werden: Eine gute oder schlechte Proposition wird in zwei gleichwahrscheinliche Komponenten zerlegt (die gleichhoch mit der Proposition eingestuft sind). Die beiden Komponenten werden wieder in je zwei gleichwahrscheinliche Komponenten zerlegt usw. Nach k Schritten bekommt man auf diese Weise (wenn die Zerlegbarkeitsbedingung erfüllt ist) 2^k verschiedene Komponenten der Proposition, die alle gleichhoch mit der Proposition eingestuft sind. Indem die Proposition und deren Zerlegungen anhand des Präferenzschemas untersucht werden, d. h. Theoreme wie Satz 8.22, Satz 8.23, Satz 8.24 verwendet werden, bekommt man Näherungswerte für die gesuchten Wahrscheinlichkeiten (s. JEFFREY [1967; S. 139–153]).

9. Präsuppositionen — Ein Überblick über die logischen Darstellungsweisen

9.1. Problemstellung

Der Sprachphilosoph P. F. Strawson leitete 1950 mit seiner Arbeit „On referring“ die *moderne* Präsuppositionsdiskussion ein. Seitdem sind Präsuppositionsphänomene und die Möglichkeiten ihrer theoretischen Darstellung ein heiß umstrittenes Thema von Sprachphilosophen, Linguisten und Logikern.

In diesem Kapitel werden mehrere Vorschläge zur Darstellung dieser Phänomene aus *logischer* Sicht vorgestellt. Dabei wird sich die Vielfalt der Explikations- und Definitionsvorschläge herausstellen.

Um anzudeuten, worum es sich bei Präsuppositionsphänomenen der natürlichen Sprache handelt, mögen vorerst folgende Beispiele genügen.

Beispiele 9.1.

(1) Eigennamen und bestimmte Kennzeichnungen:

Karl hat die schöne Frau geküßt.

Präsuppositionen: *Es gibt Karl.*

Es gibt die schöne Frau.

(2) Faktive Verben:

Karl weiß, daß Leipzig eine Messestadt ist.

Präsupposition: *Leipzig ist eine Messestadt.*

(3) Transformative Verben:

Karl hat aufgehört zu rauchen.

Präsupposition: *Karl hat* (*vorher*) *geraucht.*

(4) Irreale Konditionale:

Wenn Karl rechtzeitig gekommen wäre, hätten wir ins Theater gehen können.

Präsupposition: *Karl ist nicht rechtzeitig gekommen.*

(*Wir sind nicht ins Theater gegangen.*)

(5) Partikel: (a) auch

Auch Karl hat geraucht.

Präsupposition: *Jemand, der nicht Karl ist, hat geraucht.*

(b) noch

Karl ist noch größer als Peter.

Präsupposition: *Peter ist groß* (= größer als normal).

Die aufgezählten Beispiele machen deutlich, daß Präsuppositionsphänomene in der natürlichen Sprache sehr verschiedenartig sind und im Zusammenhang mit unterschiedlichen sprachlichen Mitteln auftreten.

Das Präsuppositions**problem** entsteht für die formale Logik weitgehend erst dann, wenn sie auf die natürliche Sprache *angewendet* werden soll.[1] Umgekehrt erfolgt eine Berufung auf bestimmte natürlichsprachliche Phänomene häufig, um die *Modifikation* vorhandener logischer Kalküle, insbesondere den Übergang von klassischen zu nichtklassischen Systemen zu motivieren. Präsuppositionsphänomene dienen dann zur Begründung der Modifikation bestimmter Momente klassischer logischer Kalküle oder der *Wahl* nichtklassischer Systeme, um natürlichsprachliche Phänomene zu erfassen. Die Bezugnahme auf das Präsuppositionsproblem erfolgt auch, um die Leistungsfähigkeit bestimmter logischer Systeme zu demonstrieren bzw. deren Plausibilität zu erhöhen.

Da wir in diesem Kapitel in erster Linie einen Überblick über die logischen Darstellungsweisen von Präsuppositionsphänomenen, die in der Literatur eine wichtige Rolle spielen, liefern wollen, werden die linguistischen Aspekte des Problems hier eine untergeordnete Rolle spielen. Sie gehen aber einerseits in unsere Wahl des Aufbaus des Kapitels ein und werden andererseits immer an den Stellen wichtig, an denen die Motivation und die Kritik einer Vorgehensweise zur Sprache kommt.

Der Terminus „Präsupposition" dient in der Literatur zur Bezeichnung sehr verschiedenartiger Phänomene. Präsuppositionen werden als Voraussetzungen für die Wahrheit oder für die Wahrheit und Falschheit von Aussagesätzen, für die Angemessenheit von Satzäußerungen (Sprechaktbedingungen) u. a. aufgefaßt. Seit Ende der sechziger Jahre beschäftigen sich Linguisten verstärkt mit Präsuppositionen. Insbesondere folgende Tests wurden und werden diskutiert, die es ermöglichen sollen, Präsuppositionen in der natürlichen Sprache aufzufinden (vgl. Reis [1977; S. **31** ff.]):

---

1 Eine gewisse Ausnahme bildet dabei die in **9.2** behandelte freie Logik, für deren Entwicklung vor allem interne Faktoren der Theorieentwicklung entscheidend waren. Deshalb erscheint sie in der Übersicht auch nicht gleichgeordnet mit den anderen Vorgehensweisen.

(a) Invarianz der Präsuppositionen eines Satzes gegenüber der Negation von diesem Satz;

(b) Invarianz der Präsuppositionen eines Satzes gegenüber der Infragestellung und imperativischen Abwandlung von diesem Satz;

(c) Invarianz von Präsuppositionen eines Satzes in modalen Kontexten bzw. gegenüber modalen Veränderungen von diesem Satz.

So bleibt in Beispiel 9.1.(3) die genannte Präsupposition bei den folgenden Abwandlungen intuitiv erhalten:

Karl hat nicht aufgehört zu rauchen.
Hat Karl aufgehört zu rauchen?
Es ist möglich, daß Karl aufgehört hat zu rauchen.

Einerseits ist jedoch die Leistungsfähigkeit dieser Tests umstritten, andererseits gibt es zur Zeit keine allgemein anerkannte Explikation des Begriffs „Präsupposition". Die gegenwärtige Forschungslage läßt die Suche nach einer solchen Explikation auch als wenig aussichtsreich erscheinen. Entsprechend gibt es auch nicht die logische Darstellungsmethode, obgleich in der Literatur bestimmte Trends sichtbar werden, denen der Aufbau des Kapitels ebenfalls Rechnung trägt. Die Erläuterung des jeweiligen Präsuppositionsverständnisses wird den entsprechenden Abschnitten vorangestellt.

Weiterhin erfolgt die Gliederung des Kapitels nach folgenden (logischen) Gesichtspunkten:

1) In den Abschnitten **9.2** bis **9.4** behandeln wir vorwiegend semantische Fragen. Die vorgestellten Darstellungsweisen pragmatischer Präsuppositionsphänomene im Abschnitt **9.5** erweisen sich als verschiedenartige Verallgemeinerungen der MONTAGUE-Semantik.

2) Die Gliederung der Abschnitte **9.2** bis **9.4** erfolgt entsprechend bestimmten Gesichtspunkten bezüglich der Semantik der klassischen Logik. Diese stützt sich auf zwei Prinzipien: das Prinzip der Zweiwertigkeit und das Prinzip der Extensionalität.

Präsuppositionsphänomene als Motivierung des Aufgebens des Zweiwertigkeitsprinzips behandeln wir im Abschnitt **9.3** und als Motiv für den Übergang zur Intensionalität im Abschnitt **9.4**.

Bei Abschnitt **9.2** liegt der Fall etwas anders. Der Standpunkt der freien Logik ist folgender: Die gebräuchliche Semantik der klassischen

Prädikatenlogik erster Stufe enthält eine Vielzahl von Voraussetzungen (Präsuppositionen), darunter insbesondere:

Präsupposition 1: Der Individuenbereich ist eine nichtleere Menge;

Präsupposition 2: Alle Individuenkonstanten (in einer Logik ohne Individuenkonstanten: alle freien Variablen) bezeichnen in jeder Interpretation Gegenstände.

Diese Präsuppositionen werden in der freien Logik aufgegeben.

Übersicht zur Gliederung des Kapitels

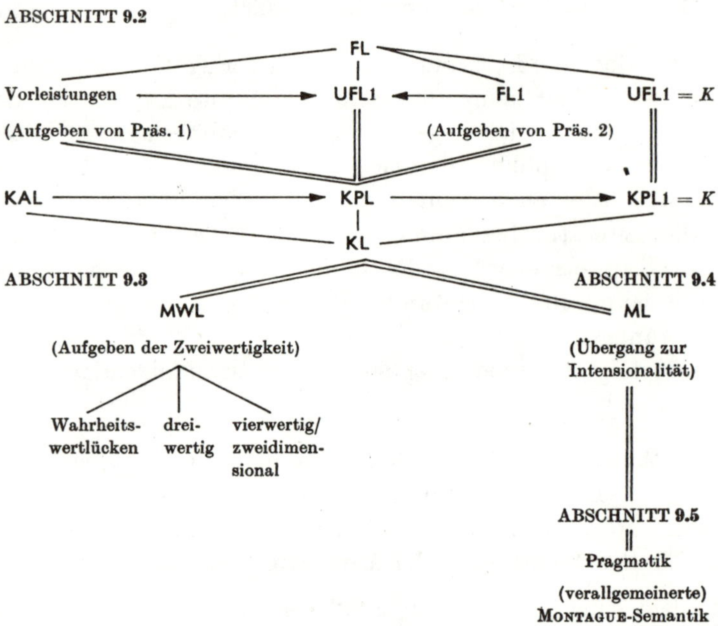

Folgende Abkürzungen werden benutzt:

KL ≙ klassische Logik

KAL ≙ klassische Aussagenlogik

KPL1 ≙ klassische Prädikatenlogik erster Stufe

KPL1 = K ≙ klassische Prädikatenlogik erster Stufe mit Identität und Kennzeichnung

MWL ≙ mehrwertige Logik

ML ≙ Modallogik
FL ≙ freie Logik
UFL ≙ universell freie Logik

9.2. Freie Logik

„Freie Logik" ist eine abkürzende Bezeichnung, die Lambert [1960] für eine Logik einführte, die frei von Existenzpräsuppositionen (Existenzvoraussetzungen) bezüglich ihrer allgemeinen und singulären Termini ist. Die Unterteilung der Termini in allgemeine und singuläre im Rahmen der modernen Logik geht auf Quine zurück.[2]

Ein *allgemeiner Terminus* ist ein Terminus, der (wenn überhaupt) auf jeden Gegenstand, jedes Paar von Gegenständen, jedes Tripel von Gegenständen usw. in einer gegebenen Menge zutrifft. Solche Termini seien z. B. „Mensch", „größer als", aber auch „Einhorn" usw.
Ein *singulärer Terminus* ist ein Terminus, der die Aufgabe hat, genau einen Gegenstand zu bezeichnen. Solche Termini seien z. B. „Sokrates", „die Königin von England", aber auch „Pegasus" und „der König von Frankreich", usw.

Betrachten wir zur Illustration zuerst eine Logik, die nicht frei von Existenzvoraussetzungen bezüglich ihrer allgemeinen Termini ist. Diese Logik (z. B. das logische Quadrat der vier kategorischen Aussagen) soll folgende logisch wahre Aussage einschließen:

(*A*) Wenn alle Menschen sterblich sind, so existieren Menschen, die sterblich sind.

Unter den Voraussetzungen, daß die Aussage „Runde Quadrate existieren" falsch ist, und die allgemeinen Termini „Menschen" und „sterblich" durch den allgemeinen Terminus „runde Quadrate" ersetzt werden, erhalten wir folgende falsche Aussage:

(*B*) Wenn alle runden Quadrate runde Quadrate sind, so existieren runde Quadrate, die runde Quadrate sind.

Um die logische Wahrheit von (*A*) zu erhalten, muß die entsprechende Einsetzung unterbunden werden. Allgemein darf kein allgemeiner Ter-

2 Diese Linie läßt sich historisch über J. S. Mill bis in die Scholastik zurückverfolgen.

minus „F“, der die Bedingung „F existiert“ verletzt, in (A) für die allgemeinen Termini „Menschen“ bzw. „sterblich“ eingesetzt werden. Folglicherweise ist eine Logik, die eine Aussage wie (A) zu ihren logischen Wahrheiten zählt, nicht frei von Existenzpräsuppositionen bezüglich ihrer allgemeinen Termini. Aussagen wie (A) sind logisch wahr nur unter der Voraussetzung, daß für jeden allgemeinen Terminus „F“ gilt: F existiert.

Betrachten wir weiterhin eine Logik, die nicht frei von Existenzvoraussetzungen bezüglich ihrer singulären Termini ist. Diese Logik soll z. B. folgende logisch wahre Aussage einschließen:

(C) Es existiert irgend etwas, das mit Marlies Göhr identisch ist.

Unter den Voraussetzungen, daß die Aussage „Pegasus existiert“ falsch ist, und der singuläre Terminus „Marlies Göhr“ durch den singulären Terminus „Pegasus“ ersetzt wird, erhalten wir folgende falsche Aussage:

(D) Es existiert irgend etwas, das mit Pegasus identisch ist.

Um die logische Wahrheit von (C) zu bewahren, muß die entsprechende Einsetzung erneut unterbunden werden. Allgemein darf kein singulärer Terminus „a“, der die Bedingung „a existiert“ verletzt, in (C) für den singulären Terminus „Marlies Göhr“ eingesetzt werden. Folglich ist eine Logik, die eine Aussage wie (C) zu ihren logischen Wahrheiten zählt, nicht frei von Existenzvoraussetzungen bezüglich ihrer singulären Termini. Aussagen wie (C) sind logisch wahr unter der Voraussetzung, daß für jeden singulären Terminus „a“ gilt: a existiert.

Nun läßt sich die FL ausführlicher charakterisieren als eine Logik, in der die Quantifikationsausdrücke existentielle Bedeutung haben und in der keine Aussagen vorkommen, die logisch wahr sind, ohne daß es wahr ist, daß F für jeden allgemeinen Terminus „F“ existiert, oder daß a für jeden singulären Terminus „a“ existiert.

Die beiden Präsuppositionen der Semantik der klassischen Logik, die üblicherweise beim Aufbau der Semantik explizit angegeben werden, lassen sich wie folgt formulieren:

Präsupposition 1: Der Individuenbereich ist eine nichtleere Menge.

Ziel der FL ist, daß leere Individuenbereiche zugelassen werden sollen.

Präsupposition 2: Alle Individuenkonstanten (bzw. freien Individuenvariablen in einer Logik ohne Individuenkonstanten) haben in jeder Interpretation einen Gegenstand als Wert.

Ziel der FL ist ferner, daß nichtbezeichnende Individuenkonstanten zugelassen werden sollen.[3]

Wir werden zuerst die Behandlungen der beiden Präsuppositionen in der freien Logik separat vorstellen, und danach stellen wir ein System der freien Prädikatenlogik erster Stufe mit Identität (FPL1) vor, mit dem beide Präsuppositionen sinnvoll behandelt werden können. Freie Logiken der letzteren Art werden seit MEYER/LAMBERT [1968] als universell freie Logiken (UFL) bezeichnet.

9.2.1. *Aufgeben von Präsupposition 1: Zulassung leerer Individuenbereiche*

Den Rahmen für diesen Unterabschnitt bildet die Prädikatenlogik erster Stufe ohne Identität, wobei als Axiome und Theoreme nur Aussagen – somit keine Ausdrücke mit freien Variablen – auftreten sollen. Indem wir Aussageformen nicht zulassen, können wir an dieser Stelle das Problem der Präsupposition 2 noch aussparen.

Die Semantik der klassischen Prädikatenlogik erster Stufe wird so formuliert, daß sie als Theoreme genau diejenigen Formeln liefert, die sich bei allen Interpretationen in allen *nichtleeren* Individuenbereichen als wahr erweisen. QUINE [1954; S. 177] verweist darauf, daß es zwei gewichtige Argumente dafür gibt, den leeren Individuenbereich nicht zuzulassen:

1. Wenn $\mathcal{D}$ irgendein nichtleerer Bereich ist, wird jede prädikatenlogische Formel, die unter allen Interpretationen in allen Bereichen, die $\mathcal{D}$ enthalten, wahr wird, auch unter allen Interpretationen in $\mathcal{D}$ wahr. Obgleich jeder Teilbereich eine gewisse Trivialität besitzt, können folglich alle außer einem von ihnen, dem leeren Bereich, ohne Zugeständnisse angenommen werden. Den leeren Bereich einzubeziehen würde andererseits bedeuten, auf einige Formeln zu verzichten, die sonst überall gültig und folglich allgemein gebräuchlich sind.
2. Wenn wir entscheiden wollen, ob eine Formel für den leeren Bereich gilt, dann steht uns ein einfacher *zusätzlicher Test* zur Verfügung: Wir müssen nur die Allquantifikation als wahr und die Existenzquantifikation als falsch markieren und die übliche Wahrheitstabellen-Methode anwenden.

3 Die Entstehung der FL war vor allem mit der Diskussion um die Präsupposition 2 verbunden.

Betrachten wir die folgende Formel:

$$\land x F(x) \to \lor x F(x)$$

Diese Formel ist in der üblichen PL1 ein Theorem und logisch wahr. Gemäß Test 2, der die Formel zusätzlich für den leeren Bereich prüft, ist diese Formel im leeren Bereich nicht gültig und gemäß 1 muß damit auf diese Formel verzichtet werden. Eine *inklusive* PL1 (einschließlich des leeren Bereichs) sei nun eine solch PL1, in der sich ein Beweis einfach aus einem Beweis in der *exklusiven* PL1 und dem zusätzlichen Test 2 zusammensetzt.

Es existieren mehrere Systeme, die im Unterschied zur obengenannten inklusiven PL1 das Resultat einer direkteren oder autonomeren Formulierung sind. Solche Systeme liefern für PL1 unter anderem Jaśkowski [1934], Church [1951], Mostowski [1951], Hailperin [1953], Quine [1954], für Aussageformen Leblanc/Meyer [1969] und für PL1 = Schneider [1961]. Wir beschränken uns an dieser Stelle auf Systeme von Hailperin und Quine.
Diese beiden Systeme machen wesentlichen Gebrauch von der *vagen* Quantifikation. Ein Quantor ist vage, wenn ihm ein Ausdruck folgt, in welchem die Variable, die durch den Quantor gebunden wird, nicht frei vorkommt. Es entsteht die Frage, welchen Wahrheitswert die vage Allquantifikation „$\land x \boldsymbol{f}$" einer Falschheit $\boldsymbol{f}$ bei der Zulassung des leeren Individuenbereichs erhält.

Im Unterschied zu Mostowski [1951], der die genannte Allquantifizierung für den leeren Bereich falsch macht, da ein vager Quantor immer redundant und damit weglassbar ist, macht Hailperin [1953] die Allquantifikation „$\land x \boldsymbol{f}$" für den leeren Bereich wahr, da Allquantifikationen für den leeren Bereich wahr sein sollen. Hailperin konstruiert ein elegantes System, welches aber, wie Quine [1954] zeigte, weiter vereinfacht werden kann.

Basis der Diskussion ist die PL1 in der Formulierung des Systems ML von Quine [1940]. Der *universelle Abschluß* einer Formel A sei das Resultat des Voranstellens von Allquantoren für alle Individuenvariablen, die in A frei vorkommen. Der universelle Abschluß einer Formel A erfolge in *umgekehrter alphabetischer Ordnung*; d. h.: Ist A eine Formel der Form $F(x_1, x_2, \ldots, x_n)$ und ist die alphabetische Ordnung der Individuenvariablen durch $x_1, x_2, \ldots, x_n$ angedeutet, so habe der universelle Abschluß die Form $\land x_n \land x_{n-1} \ldots \land x_1 F(x_1, x_2, \ldots, x_n)$. „$\vdash A$" bedeute nun gerade,

daß der universelle Abschluß von A in umgekehrter alphabetischer Reihenfolge ein Axiom bzw. ein Theorem von ML ist.
Die Axiomenschemata dieser exklusiven Theorie lauten wie folgt:

(**A1**) $\vdash A$, wenn A eine Tautologie bezüglich zweiwertiger Wahrheitstabellen ist;

(**A2**) $\vdash \wedge x(A \to B) \to (\wedge xA \to \wedge xB)$.

(**A3**) $\vdash A \to \wedge xA$, wenn x nicht frei in A vorkommt.

(**A4**) $\vdash \wedge xA \to A[x/y]$, wobei $A[x/y]$ aus A durch korrekte Einsetzung von y anstelle aller freien x in A entsteht.

(**A5**) $\vdash \wedge x \wedge yA \to \wedge y \wedge xA$.

(**AR**) Wenn $A \to B$ und A Theoreme sind, so ist B ein Theorem.

Hailperin konstruiert sein System QE einer inklusiven PL1 aus ML wie folgt: (**A1**) bis (**A3**), (**A5**) und (**AR**) werden übernommen, (**A4**) wird in

(**A6**) $\vdash \wedge xA \to \wedge yA[x/y]$

verwandelt und

(**A7**) $\vdash (A \to \wedge xB) \to \wedge x(A \to B)$, wenn x nicht frei in A vorkommt,

hinzugefügt.
Hailperin beweist die zwei folgenden Sätze:

Satz 9.2. *Das Axiomensystem* QE *bildet eine vollständige Menge von Axiomen für prädikatenlogische Formeln, die in allen Individuenbereichen gültig sind.*

Satz 9.3. *Eine vollständige Menge von Axiomen für prädikatenlogische Formeln, die in allen nichtleeren Bereichen gültig sind, erhalten wir aus* QE *durch Hinzufügung von* (**A8**) $\vdash \sim \wedge x\mathbf{f}$.

Satz 9.3 besagt, daß die inklusive PL1 QE (als autonome Formulierung) durch Hinzufügung von (**A8**) in eine exklusive PL1 umgewandelt wird. Somit ist die Stelle, die den Ausschluß des leeren Individuenbereichos erforderlich macht, genau markiert. Quine [1954] weist darauf hin, daß sich QE weiter vereinfachen läßt. Wir lesen „$\vdash A$" nun so: Der universelle Abschluß von A in *alphabetischer Ordnung* ist ein Axiom bzw. ein Theorem von ML. Berry [1941] konnte zeigen, daß mit dieser geringen Modifikation an ML das Axiomenschema (**A5**) abhängig ist. Das neue System nennen wir ML′. Um eine autonome Formulierung einer inklusiven PL1 zu erhalten, reicht es aus, in ML′ (**A4**) so zu modifizieren, daß $\vdash \wedge xA \rightarrow \rightarrow A[x/y]$, wenn x frei in A vorkommt, und die Einsetzung korrekt ist. Dieses Vorschalten wird benötigt, um „$\wedge x\mathbf{f} \rightarrow \mathbf{f}$“, was im leeren Bereich nicht gilt, auszuschließen. Diese Stelle bildet nun den einzigen Unterschied zwischen der exklusiven Theorie ML′ und der inklusiven Theorie. Letztere Theorie, nennen wir sie FL1(ML′), benötigen wir in 9.2.3 erneut.

9.2.2. Aufgeben von Präsupposition 2: Zulassung nichtbezeichnender Individuenkonstanten

Das Problem der Individuenkonstanten, die nichts bezeichnen, tritt natürlich nur auf, wenn sie in der Sprache der Prädikatenlogik erster Stufe zugelassen und nicht zugunsten anderer logischer Mittel (z. B. Kennzeichnungen und Identität) eliminiert werden. Für solche Prädikatenkalküle, die keine Individuenkonstanten enthalten, tritt dieses Problem allerdings schon im Zusammenhang mit freien Individuenvariablen auf. Charakteristisch für die Art freier Logik, die aus der Behandlung des oben genannten Problems erwuchs, sind die Beschränkungen bei der Einführung des Existenzquantors bzw. der Beseitigung des Allquantors. Weiterhin spielen Fragen der Definition des Existensprädikats und der Existenz überhaupt eine wesentliche Rolle. Und nicht zuletzt gilt es, die Unterscheidung von freien und gebundenen Individuenvariablen konsequent durchzuhalten.

Freie Logiken lassen sich klassifizieren bezüglich der Wahrheitswerte, die die jeweiligen atomaren Aussagen erhalten. Nehmen wir an, eine Sprache bestehe nur aus dem zweistelligen Prädikat „ist identisch mit“ und singulären Termini, die entweder etwas Existentes bezeichnen oder nicht.
Atomare Sätze dieser Sprache seien unter anderem:

(1) *Pegasus ist identisch mit Pegasus,*
(2) *Pegasus ist identisch mit Voltaire,*
(3) *Pegasus ist identisch mit Zeus.*

Dann können wir unterscheiden:

1) *Negative freie Logik*: alle angegebenen atomaren Beispielsätze sind falsch, d. h. kommt in einer atomaren Aussage der Sprache ein singulärer Terminus vor, der nichts bezeichnet, so erhält die Aussage den Wahrheitswert falsch. (z. B. Russell [1905], Burge [1975]).

2) *Positive freie Logik:* zumindest die Aussage „Pegasus ist identisch mit Pegasus" ist wahr. Einige betrachten sogar jede atomare Identitätsaussage, die nur singuläre Termini enthält, die nichts Existentes bezeichnen, als wahr (z. B. MEYER/LAMBERT [1968]).

3) *Neutrale freie Logik:* alle obigen Beispiele atomarer Identitätsaussagen sind wahrheitswertlos, d. h. alle atomaren Aussagen der gegebenen Art, die mindestens einen singulären Terminus enthalten, der nichts Existentes bezeichnet, sind wahrheitswertlos; außer natürlich Aussagen der Form „*a* existiert", die ebenfalls als atomare aufgefaßt werden, in denen „*a*" nichts Existentes bezeichnet (z. B. SKYRMS [1968]).

Die neutrale freie Logik bildet einen Übergang zu **9.3.1** und **9.3.2**, da die entsprechende Semantik in einem bestimmten Sinne dreiwertig aufgebaut wird. Wir werden insbesondere in **9.3.1** eine semantische Methode von VAN FRAASSEN betrachten, die den Begriff „Superbewertung" („supervaluation") einführt und für diese Superbewertungen Wahrheitswertlücken (truth valus gaps) zuläßt.

In diesem Abschnitt stellen wir eine FL vor, die als ein System des natürlichen Schließens aufgebaut ist. Dieses System, das in LEBLANC/HAILPERIN [1959] entwickelt wurde, ist eine Modifikation eines Systems des natürlichen Schließens für die PL1= und stellt eine positive freie Logik dar.

Betrachten wir zunächst die gebräuchliche *Einführungsregel für den Existenzquantor* (**E**$\vee$):

(**E**$\vee$) $A[x/y] \vdash \vee x A$, wobei $A[x/y]$ durch korrekte Einsetzung einer Individuenkonstante (Abkürzung: IK) oder Individuenvariablen (Abkürzung: IV) y für die IV x entsteht.

Diese Regel gestattet uns, aus irgendeiner wahren Prämisse der Form „*a* ist ein Soundso", wobei *a* eine Individuenkonstante ist, zu schließen auf die Existenz von irgend etwas, das ein Soundso ist. So können wir aus der wahren Prämisse „Pegasus ist nicht identisch mit irgend etwas" schließen auf die Existenz von irgendetwas, das nicht identisch mit irgend etwas ist; d. h., es treten genau dann Probleme auf, wenn $A[x/y]$ IK oder freie IV enthält, die nichts bezeichnen. Um solche Folgerungen zu blockieren, kann man eine zusätzliche Existenzprämisse $E!x$ hinzufügen, die im vorliegenden Fall als $\vee x(x=y)$ definiert sei.[4]

4 Es ist auch gebräuchlich, $E!x$ durch $x=x$ zu definieren.

Das *Vokabular* der Sprache von **L** (als System des natürlichen Schließens von PL1=) sei:

Grundzeichen:

- eine Liste von Prädikatenvariablen: $F, G, \ldots$;
- eine unendliche Liste von IV bzw. IK: $x, y, z, x_1, \ldots$;
- Funktoren: $\sim, \rightarrow$;
- der Quantor: $\vee$
- Identität: $=$
- Klammern: (und).

Die *Grammatik* von **L** legt fest, daß Formeln von **L** seien:

- endliche Folgen von Grundzeichen der Form $F(x_1, x_2, \ldots, x_n)$, wobei F eine n-stellige ($n \geq 1$) Prädikatenvariable und $x_1, x_2, \ldots, x_n$ IK oder IV sind;
- $x=y$, wobei x und y IK oder IV sind;
- $\sim A$, wobei A eine Formel ist;
- $(A \rightarrow B)$, wobei A und B Formeln sind;
- $\vee xA$, wobei x eine IV und A eine Formel ist.

Ein Vorkommen einer IV x in einer Formel A soll in A *gebunden* heißen, wenn sie in einem Formelteil $\vee xB$ von A vorkommt; ein Vorkommen einer IV x in einer Formel A soll in A *frei* heißen, wenn sie in A an dieser Stelle nicht gebunden ist; und jedes Vorkommen einer IK x in einer Formel A soll in A frei heißen.

Die *primären Ableitungsregeln* von **L** seien:

(R) [*Reflexivität*]: $A \vdash A$;

(E) [*Expansion*]: Wenn $A_1, A_2, \ldots, A_n \vdash B$, dann $A_1, A_2, \ldots, A_{n+1} \vdash B$;

(P) [*Permutation*]: Wenn $A_1, A_2, \ldots, A_n \vdash B$, dann
$A_i, A_2, \ldots, A_{i-1}, A_1 A_{i+1}, \ldots, A_n \vdash B$;

(T) [*Transitivität*]: Wenn $A_1, A_2, \ldots, A_n \vdash A_{n+1}$ und
$A_1, A_2, \ldots, A_{n+1} \vdash B$, dann
$A_1, A_2, \ldots, A_n \vdash B$;

(EN) [*Einführung der Negation*]: Wenn $A_1, A_2, \ldots, A_{n+1} \vdash B$ und
$A_1, A_2, \ldots, A_{n+1} \vdash \sim B$, dann $A_1, A_2, \ldots, A_n \vdash \sim A_{n+1}$;

(BN) [*Beseitigung der Negation*]: $\sim\sim A \vdash A$;

(BI) [*Beseitigung der Implikation*]: $A \to B, (A \to C) \to A \vdash B$;

(EI) [*Einführung der Implikation*]: Wenn $A_1, A_2, \ldots, A_{n+1} \vdash B$, dann $A_1, A_2, \ldots, A_n \vdash A_{n+1} \to B$;

(B⋁) [*Beseitigung des Existenzquantors*]: Wenn $A_1, A_2, \ldots, A_{n+1} \vdash B$ und kein Vorkommen der IV x in irgendeinem der A_i von A_1 bis A_n oder in B ein freies Vorkommen ist, dann $A_1, A_2, \ldots, A_n, \bigvee x A_{n+1} \vdash B$;

(E⋁) [*Einführung des Existenzquantors*]: $A' \vdash \bar{\bigvee} x A$, wobei A' wie A ist, mit der Einschränkung, daß A' freie Vorkommen einer IK oder IV x' an all den Stellen enthält, an denen A freie Vorkommen der IV x enthält;

(BG) [*Beseitigung der Identität*]: $x = x', A \vdash A'$, wobei x und x' IV sind, und A' wie A ist, mit der Einschränkung, daß A' an null oder mehr Stellen freie Vorkommen von x' enthält, wo A freie Vorkommen von x enthält;

(EG) [*Einführung der Identität*]: $\vdash x = x$, wobei x eine IV ist.

Für das System ***L*** gelten folgende *sekundäre Ableitungsregeln*; wobei $\bigwedge x A$ eine Abkürzung für $\sim \bigvee x \sim A$ ist:

(R1) Wenn $A_1, \ldots, A_n \vdash A_{n+1} \to B$, dann $A_1, \ldots, A_{n+1} \vdash B$;

(R2) Wenn $A_1, \ldots, A_n \vdash B$ und die IV x in keinem der $A_1, \ldots, A_n$ frei vorkommt, dann $A_1, \ldots, A_n \vdash \bigwedge x B$; und

(R3) Wenn $A_1, \ldots, A_n \vdash \bigwedge x B$, dann $A_1, \ldots, A_n \vdash B'$, wobei sich B' zu B verhält wie A' zu A in (**E⋁**).

Mit Hilfe von (**R1**) bis (**R3**) erhalten wir stärkere Varianten von (**BG**) und (**EG**):

(BG') $x = x', A \vdash A'$, wobei x und x' IK oder IV sind, und A' wie in (**BG**) charakterisiert wird;

(EG') $\vdash x = x$, wobei x eine IK oder IV ist.

Um nun das Problem des singulären Schließens zu behandeln, wird (**E⋁**) zu (**E⋁'**) abgeschwächt und die PL1 = ***L*** geht damit in eine FL = ***L*** über:

(E⋁') $A' \vdash \bigvee x A$, wobei A' wie A ist mit der Einschränkung, daß A freie Vorkommen einer IV (nicht IK) x' an all den Stellen enthält, an denen A freie Vorkommen der IV x enthält.

Mit Hilfe von (**BG**′), (**EG**′) und (**E**$\vee$′) läßt sich die Regel (**E**$\vee$″) beweisen, was im Ausgangssystem nicht möglich war:

(**E**$\vee$″) $\vee x\ (x'=x),\ A' \vdash \vee xA$, wobei A' wie A ist mit der Einschränkung, daß A' freie Vorkommen der IK x' an all den Stellen enthält, an denen A freie Vorkommen der IV x enthält, die uns erlauben, aus A' immer dann $\vee xA$ zu folgern, wenn x' irgend etwas bezeichnet.

Beweis von (**E**$\vee$″):

(1)	$A,\ x'=x,\ A' \vdash \vee xA$	(**E**$\vee$′), (**E**)
(2)	$x'=x,\ A',\ A \vdash \vee xA$	(1), (**P**)
(3)	$x'=x,\ A' \vdash A$	(**BG**′)
(4)	$x'=x,\ A' \vdash \vee xA$	(2), (3), (**T**)
(5)	$A',\ x'=x \vdash \vee xA$	(4), (**P**)
(6)	$A',\ \vee x(x'=x) \vdash \vee xA$	(5), (**B**$\vee$)
(7)	$\vee x(x'=x),\ A' \vdash \vee xA$	(6), (**P**) ∎

Die Regeln (**BG**′), (**EG**′) und (**E**$\vee$′) liefern aber nicht die Regel (**E**$\vee$), die uns erlaubte, $\vee xA$ aus A' zu folgern unabhängig davon, ob x' irgend etwas bezeichnet oder nicht. Um dies zu zeigen, wählen wir die folgende Interpretation: $\boldsymbol{L}$ enthalte eine IK x_0 als Grundzeichen, für die gilt:

(a) $x_0=x_0$ ist wahr,

(b) $x_0=x$ ist für jede andere IK x von $\boldsymbol{L}$ falsch und

(c) der Gegenstand, der durch x_0 bezeichnet wird, fällt nicht unter die Werte der IV von $\boldsymbol{L}$.

Von unseren Regeln gilt nur (**E**$\vee$) bei dieser Interpretation nicht, da $x_0=x_0 \vdash \vee x(x_0=x)$ eine wahre Prämisse und eine falsche Konklusion hat.

9.2.3. *Aufgeben von Präsupposition 1 und Präsupposition 2 — Die universell freie Logik* (UFL)

Wir stellen nun ein System der universell freien Logik vor, in dem beide Präsuppositionen (vgl. **9.2.1** und **9.2.2**) aufgegeben werden. Es ist das System LF von VAN FRAASSEN [1966]. LF ist das um die Identitätsaxiomenschemata erweiterte System FL (ML′) aus **9.2.1**, also ein System der UFL1=. Darin steht t für singuläre Termini, also sowohl für die Individuenvariablen $x, y, z, x_1, \ldots$ als auch für die Individuenkonstanten $a, b, c, a_1, \ldots$

Die Axiomenschemata von LF sind:

(LF1) Wenn A eine Tautologie bezüglich zweiwertiger Wahrheitstabellen ist, so $\vdash A$.

(LF2) $\vdash \wedge x(A \to B) \to (\wedge xA \to \wedge xB)$.

(LF3) $\vdash A \to \wedge xA$, wenn x nicht frei in A vorkommt.

(LF4) $\vdash \wedge xA \to A[x/y]$, wenn x frei in A vorkommt.

(LF5) $\vdash t=t' \to (A \to A[t/t'])$.

(LF6) $\vdash t=t$.

(**AR**) Wenn A und $A \to B$ Theoreme sind, so ist B ein Theorem.

In dem System LF ist weder

$$\wedge xFx \to Fa$$

ableitbar noch

$$\vee x(x=a).$$

Dagegen läßt sich zeigen, daß z. B.

$$\vdash \wedge xA \wedge \vee x(x=a) \to A[x/a].$$

Die Beseitigung des Allquantors ist nur beim Vorliegen einer weiteren Existenzannahme möglich, wobei $\vee x(x=a)$ das Definiens von E!a (gelesen als „a existiert") ist.

Betrachten wir den folgenden Satz:

Pegasus hat ein weißes Hinterbein.

Bezüglich dieses Satzes sind zwei unterschiedliche Standpunkte möglich: Die eine Position besagt, daß Sätze wie dieser weder wahr noch falsch sind (neutrale FL). Jedoch ist es für einen Philosophen auch legitim und widerspruchsfrei möglich, diese Position, die z. B. von Frege und Strawson vertreten wird, zu bestreiten. In diesem anderen Fall muß der Opponent eine Theorie dafür entwickeln, warum Sätze, die nichtbezeichnende singuläre Termini enthalten, einen Wahrheitswert und gerade diesen erhalten (positive und negative FL). Soweit die Logik berührt wird, ist dieser Streit philosophischer Natur und repräsentiert zwei alternative

Standpunkte, die bei der Konstruktion einer formalen Sprache eingenommen werden können.

Natürlich muß die Akzeptation eines der beiden Standpunkte durch irgendeine Theorie gerechtfertigt werden, doch gehört eine derartige Theorie zur Philosophie der Sprache. VAN FRAASSEN zeigt, daß diese alternativen Standpunkte durch alternative Interpretationen von LF wiedergegeben werden können, und daß ein einziges logisches System, eben LF, für jede der beiden Interpretationen adäquat ist. Eine Interpretation von LF besteht in der Entwicklung einer Sprache $\boldsymbol{L}$ derart, daß die Theoreme von LF genau die allgemeingültigen Aussagen von $\boldsymbol{L}$ sind. Die verschiedenen Formen, die diese Interpretation annehmen kann, werden durch alternative Spezifizierungen des Begriffs der Allgemeingültigkeit wiedergegeben. Wir behandeln in diesem Abschnitt nur den Standpunkt, der die Zweiwertigkeit uneingeschränkt beibehält. Den Standpunkt, der Wahrheitswertlücken zuläßt, betrachten wir in **9.3.1**.

Ein *Modell* $\mathfrak{M}$ für $\boldsymbol{L}$ ist ein geordnetes Quadrupel $\langle \theta, \psi, \varphi, \mathcal{D} \rangle$. Der *Bereich* $\mathcal{D}$ ist eine Menge, die möglicherweise leer ist. Die *Interpretationsfunktion* φ wird für jedes Grundprädikat P_n definiert, indem sie P_n eine Menge $\varphi(P_n)$ von geordneten n-Tupeln von Elementen von $\mathcal{D}$ zuordnet und jedem Element c einer Teilmenge C^φ von der Menge der Individuenkonstanten C ein Element $\varphi(c)$ von $\mathcal{D}$ zuordnet. Die Elemente von C^φ werden die *bezeichnenden Konstanten* genannt. Wenn $\mathcal{D}$ leer ist, so sind C^φ und $\varphi(P_n)$ für jedes Prädikat P_n leer.

Eine *Variablenbelegung* α für $\mathcal{D}$ ist eine Funktion, die für jede Variable x definiert wird, indem sie x ein Element $\alpha(x)$ von $\mathcal{D}$ zuordnet. Wenn $\mathcal{D}$ leer ist, ist die Menge der Variablenbelegungen für $\mathcal{D}$ auch leer. Im weiteren soll „für alle α" bedeuten „für alle Variablenbelegungen α für $\mathcal{D}$", wobei $\mathcal{D}$ der zur Diskussion stehende Bereich des Modells ist. Wir schreiben „$\alpha' =_x \alpha$" für „α' ist wie α außer vielleicht bei x".

Die *Denotationsfunktion* δ_α für α ordnet $\alpha(x)$ jeder Variablen x und $\varphi(c)$ jeder bezeichnenden Konstante c zu; sie ist nur für diese definiert.

Die *Hilfsbewertungsfunktion* ψ ist die leere Funktion, wenn $\mathcal{D}$ leer ist. Wenn $\mathcal{D}$ nicht leer ist, ist ψ eine zweistellige Funktion derart, daß $\psi(\alpha, A)$ für jede Zuordnungsfunktion α und jede Formel A definiert und entweder 1 oder 0 ist.

Die *Bewertungsfunktion* θ wird für jede Aussage A definiert und ordnet ihr entweder 1 oder 0 zu. Die Bewertungen durch θ sind:

(B1) Wenn A eine atomare Aussage ist, in der keine bezeichnenden

Konstanten vorkommen, ist $\theta(A)$ entweder 1 oder 0 gemäß folgender Einschränkungen:

(a) $\theta(a=a) = 1$,

(b) Wenn $\theta(a=b) = 1$, dann $\theta(A[a/b]) = \theta(A)$.

(B2) Wenn A eine atomare Aussage ist, in der irgendeine bezeichnende Konstante vorkommt oder A eine Aussage der Form $\wedge xB$ ist, dann ist $\theta(A) = 1$ gdw $\psi(\alpha, A) = 1$ für alle α.

(B3) $\theta(\sim A) = 1$ gdw $\theta(A) = 0$;

$\theta(A \rightarrow B) = 1$ gdw $\theta(A) = 0$ oder $\theta(B) = 1$.

Bezüglich (B2) sei angemerkt, daß keine Konstante eine bezeichnende Konstante ist, wenn $\mathcal{D}$ leer ist.

Kehren wir zur Hilfsbewertungsfunktion ψ zurück. Vorausgesetzt, daß $\mathcal{D}$ und folglich ψ nicht leer sind, soll $\psi(\alpha, A)$ die folgenden Bedingungen erfüllen:

(B4) Für atomare Ausdrücke, in denen nichtbezeichnende Konstanten vorkommen:

(a) Wenn A ein derartiger Ausdruck ist und keine bezeichnenden Konstanten oder Variablen in A vorkommen, dann gilt für alle α: $\psi(\alpha, A) = \theta(A)$.

(b) Wenn A ein derartiger Ausdruck ist und einige bezeichnende Konstanten oder Variablen enthält, dann ist $\psi(\alpha, A)$ entweder 1 oder 0 bezüglich der folgenden Einschränkungen:

– wenn A $t=t'$ ist, dann ist $\psi(\alpha, A) = 0$;

– wenn $\psi(\alpha, t=t') = 1$, dann ist $\psi(\alpha, A) = \psi(\alpha, A[t/t'])$;

– wenn $\alpha'(x) = \alpha(x)$ für jedes in A frei vorkommende x gilt, dann ist $\psi(\alpha', A) = \psi(\alpha, A)$.

(B5) Für atomare Ausdrücke, in denen keine nichtbezeichnenden Termini vorkommen:

(a) $\psi(\alpha, t=t') = 1$ gdw $\delta_\alpha(t) = \delta_\alpha(t')$;

(b) $\psi\alpha, (P_n(t_1, \ldots, t_n)) = 1$ gdw $\langle\delta_\alpha(t_1), \ldots, \delta_\alpha(t_n)\rangle \in \varphi(P_n)$.

(B6) Für zusammengesetzte Ausdrücke

(a) $\psi(\alpha, \sim A) = 1$ gdw $\psi(\alpha, A) = 0$;

(b) $\psi(\alpha, A \rightarrow B) = 1$ gdw $\psi(\alpha, A) = 0$ oder $\psi(\alpha, B) = 1$;

(c) $\psi(\alpha, \wedge xA) = 1$ gdw $\psi(\alpha', A) = 1$ für jedes $\alpha' =_x \alpha$.

Nur Aussagen – und nicht Aussageformen – werden die Werte 1 oder 0 in einem Modell zugeordnet. Wenn der Bereich nicht leer ist, gilt weiterhin für jede Aussage $A: \theta(A) = 1\ (0)$ gdw $\psi(\alpha, A) = 1\ (0)$ für alle α.

Die uns hier interessierende Definition der Allgemeingültigkeit lautet:

Definition 9. 4. Eine Aussage von $\boldsymbol{L}$ ist *allgemeingültig* gdw ihr 1 in jedem Modell für $\boldsymbol{L}$ zugeordnet wird.

Bezüglich dieser Definition beweist van Fraassen die semantische Vollständigkeit von LF.

Anhand des Aufbaus der Semantik für LF wird deutlich, daß sowohl zugelassen wird, daß der Bereich $\mathcal{D}$ leer sein kann (Befreiung von Präsupposition 1) als auch, daß nichtbezeichnende Individuenkonstanten auftreten können (Befreiung von Präsupposition 2).

9.2.4. *Ausblick: Präsupposition 1 und Modallogik*

Für die freie modale Aussagenlogik ist charakteristisch, daß in Analogie zur Aufgabe der Präsupposition 1, d. h. der Zulassung des leeren Individuenbereichs in der PL1, hier nun die Präsupposition der gebräuchlichen Kripkesemantiken für T, S4 und S5 fallengelassen wird, daß die Menge möglicher Welten mindestens ein Element, eine mögliche Welt enthält. Dazu werden die Systeme T, S4 und S5 zu den Systemen T*, S4* und S5* abgeschwächt, und für diese Systeme wird eine Semantik angegeben, die der Kripkeschen analog ist mit der Ausnahme, daß die Menge möglicher Welten möglicherweise leer ist (vgl. Morgan [1975a]).

Es stehe $\Diamond$ für den Möglichkeits- und $\Box$ für den Notwendigkeitsoperator. Betrachten wir nun folgende *Axiomenschemata*:

(A1) A, wenn A wahrheitsfunktional allgemeingültig ist.

(A2) $\Box(A \to B) \to (\Box A \to \Box B)$

(A3) $\Diamond A \to (\Box B \to \Box\Diamond B)$

(A4) $\Diamond A \to (\Box B \to B)$

(A4′) $\Box B \to B$

(A5) $\Box A \to \Box\Box A$

(A6) $\Diamond A \to \Box\Diamond A$

Die *Ableitungsregeln* sind:

$$\text{(MP)}\quad \frac{A \rightarrow B \quad A}{B}$$

$$\text{(N)}\quad \frac{A}{\Box A}.$$

Das System T hat als seine Axiomenschemata (**A1**), (**A2**) und (**A4'**) und T* hat (**A1**) bis (**A4**). S4 entsteht aus T bzw. S4* aus T* durch Hinzufügung von (**A5**); und S5 entsteht aus S4 bzw. S5* aus S4* durch Hinzufügung von (**A6**), wobei $\Diamond A$ wie üblich als $\sim\Box\sim A$ definiert wird.

Damit ist klar, daß die Systeme * aus den üblichen Systemen durch Abschwächung von (**A4'**) zu (**A4**) und Hinzufügung von (**A3**) entstehen. Sind (**A1**), (**A2**) und (**A4'**) gegeben, so ist (**A3**) ableitbar. Weiterhin läßt sich (**A4**) mittels (**MP**), (**A1**) und (**A4'**) ableiten. Damit sind T*, S4* und S5* in den entsprechenden üblichen Systemen enthalten. Um festzustellen, ob die Systeme verschieden von den üblichen Systemen sind, genügt es darauf hinzuweisen, daß $B \rightarrow \Diamond B$ für jeden Ausdruck B aus (**A4'**) ableitbar ist. Damit ist in den üblichen Systemen ein Ausdruck der Form $\Diamond(A \rightarrow A)$ ableitbar, und es gilt, daß jeder Ausdruck $\Diamond A$ in jeder Interpretation falsch ist, in der die Menge der möglichen Welten leer ist. Vorausgesetzt, die Systeme* sind bezüglich einer noch anzugebenden den obigen Intentionen entsprechenden Semantik widerspruchsfrei, so ist kein Ausdruck der Form $\Diamond A$ in diesen Systemen beweisbar. Damit sind die Systeme* echt in den üblichen Systemen enthalten.

Der Wertebereich für die Ausdrücke sei wie üblich {1,0}. FP sei die Menge aller Funktionen, die die Menge der Aussagenvariablen AV in den Wertebereich abbilden. Einige Elemente aus FP werden mögliche Welten genannt. Die Menge möglicher Welten $\mathscr{W}$ sei eine beliebige Teilmenge von FP, *möglicherweise leer*. R sei die Erreichbarkeitsrelation, die über $\mathscr{W}$ definiert wird. Wenn $\mathscr{W}$ leer ist, dann ist R die leere Relation. Für T* wird für R Reflexivität, für S4* zusätzlich Transitivität und für S5* weiterhin Symmetrie gefordert.

Die semantische Bewertungsfunktion v wird als Abbildung in {0, 1} durch folgende Bedingungen charakterisiert:

(S1) $v(A, f_i, \mathscr{W}, \mathsf{R}) = f_i(A)$ für $A \in \mathsf{AV}$;

(S2) $v(\sim A, f_i, \mathscr{W}, \mathsf{R}) = 1$ gdw $v(A, f_i, \mathscr{W}, \mathsf{R}) = 0$;

(S3) $v(A \to B, f_i, \mathscr{W}, \mathsf{R}) = 1$ gdw $v(A, f_i, \mathscr{W}, \mathsf{R}) = 0$ oder

$v(B, f_i, \mathscr{W}, \mathsf{R}) = 1$;

(S4) $v(\Box A, f_i, \mathscr{W}, \mathsf{R}) = 1$ gdw für alle $f_j \in \mathscr{W}$, für die $(f_i, f_j) \in \mathsf{R}$ gilt, auch $v(A, f_j, \mathscr{W}, \mathsf{R}) = 1$ ist.

Eine T*-Interpretation besteht aus einem geordneten Tupel $\langle f_i, \mathscr{W}, \mathsf{R}\rangle$ derart, daß:

(a) $f_i \in \mathrm{FP}$;

(b) $\mathscr{W} \subseteq \mathrm{FP}$;

(c) R eine reflexive Relation über $\mathscr{W}$ ist;

(d) wenn $\mathscr{W}$ nicht leer ist, dann ist $f_i \in \mathscr{W}$.

Eine S4*-Interpretation ist eine T*-Interpretation, für die R eine transitive Relation ist.
Schließlich ist eine S5*-Interpretation eine S4*-Interpretation, für die R eine symmetrische Relation ist.
Ein Ausdruck ist gültig* gdw. er in jeder Interpretation* erfüllt ist. Ein Ausdruck wird durch eine Interpretation* genau dann erfüllt, wenn er den Wert 1 in der Interpretation* annimmt. Eine Menge von Ausdrücken wird durch eine Interpretation* genau dann erfüllt, wenn jeder Ausdruck der Menge durch die Interpretation* erfüllt wird.

Nun ist es einfach, die Beziehung zwischen den üblichen Systemen und den Systemen* anzugeben: Eine Interpretation im obigen Sinne, wobei $\mathscr{W}$ nicht leer ist, ist gerade eine übliche Interpretation.
Folglich ist ein Ausdruck gültig* gdw. er im üblichen Sinn gültig ist und auch in jeder Interpretation, in der die Menge der möglichen Welten leer ist, erfüllt wird. Folglich präsupponieren die Systeme* nicht die Existenz irgendwelcher möglicher Welten. In allen anderen Beziehungen weicht die Semantik von der üblichen nicht ab.

Lambert/Leblanc/Meyer [1969] geben die folgende philosophische Interpretation in Bezugnahme auf dieses Resultat: Vom Standpunkt der Systeme* präsupponiert die Logik nicht, daß es mögliche Welten gibt. Entsprechend gibt es keine rein logischen Gründe zu sagen, daß irgendeine Aussage A in einigen möglichen Welten wahr ist. Andererseits werden weder die logische Wahrheit von Aussagen der Form $\Box A$ noch von Aussagen ohne Modaloperatoren bestritten. Würde es keine möglichen Welten geben, so würden einige Aussagen dennoch aus logischen Gründen wahr sein (z. B. $\Box(A \vee \sim A)$, $A \to A$). Dahinter verbirgt sich der Standpunkt, daß Ausdrücke der Form $\Diamond A$ eher bestimmte, obzwar minimale, ontologische Voraussetzungen einschließen als Ausdrücke der Form $\Box A$.

MORGAN [1975] hat gezeigt, daß sich die Systeme T* und S4* durch Weglassen des Axiomenschemas (**A3**) weiter abschwächen lassen. Nennen wir die resultierenden Systeme T** und S4**[5].

Die Semantik für die beiden Systeme** ist durch die Benutzung der Begriffe „nichtnormale Welt" und „quasi-reflexive Erreichbarkeitsrelation" mit der Semantik für S2 und S3 verwandt. Eine *nichtnormale Welt* ist eine Welt, in der jeder Ausdruck der Form $\Diamond A$ wahr und der Form $\Box A$ falsch ist. Jede nichtnormale Welt ist zumindest von einer normalen Welt aus erreichbar. Dagegen ist von einer nichtnormalen Welt aus keine Welt erreichbar. Die Erreichbarkeitsrelation, die nun nur noch für die normalen Welten reflexiv ist, gilt insgesamt als *quasi-reflexiv*. Es gilt für jede Welt f_i:

Wenn es eine Welt f_j gibt derart, daß $\langle f_i, f_j\rangle \in \mathsf{R}$, so ist $\langle f_i, f_i\rangle \in \mathsf{R}$.
Eine Interpretation $\langle f_i, \mathscr{W}, \mathsf{R}\rangle$ ist *bizarr* gdw für jeden Ausdruck der Form $\Box A$: $v(\Box A, f_i, \mathscr{W}, \mathsf{R}) = 1$ ist.
Jede Interpretation mit leerem $\mathscr{W}$ ist bizarr.
T**-Interpretationen werden wie T*-Interpretationen erklärt; nur tritt an die Stelle von Bedingung (*c*) nun:

(*c'*) R ist eine quasi-reflexive Relation über $\mathscr{W}$.
Die Systeme** haben weniger Präsuppositionen als die Systeme*.

9.3. Präsupposition und mehrwertige Logik

9.3.1. Die Methode der Superbewertungen

Dieser Abschnitt, in dem die Arbeit VAN FRAASSEN [1968] vorgestellt wird, bildet gewissermaßen den Übergang von der klassischen zweiwertigen Logik zu mehrwertigen, insbesondere dreiwertigen Logiken bei der Darstellung verschiedener Präsuppositionsphänomene. Übergang aus folgenden Gründen:

1. Obwohl Superbewertungen in einem noch anzugebenden Sinne das Gemeinsame klassischer Bewertungen ausdrücken, wird das Zweiwertigkeitsprinzip für die Superbewertungen aufgegeben.

---

5 Das System S5** ist mit dem System S5* äquivalent, d. h. in S5* ist (**A3**) beweisbar.

2. An den Stellen, an denen Superbewertungen keinen der klassischen Wahrheitswerte zuordnen, ordnen sie keinen dritten Wahrheitswert zu, sondern lassen diese Stellen undefiniert (Wahrheitswertlücken). Damit soll das Prinzip vom ausgeschlossenen Dritten aufrechterhalten werden.

Weiterhin werden wir in **9.3.2** sehen, daß WOODRUFF [1970] mit einer ähnlichen Motivation, aber durch Aufgeben der Unterscheidung von klassischer Bewertung und Superbewertung und Benutzung des dritten Wahrheitswertes „unbestimmt" zu einer rein dreiwertigen Logik gelangt.

Die Erfindung der Methode der Superbewertungen durch VAN FRAASSEN in der Mitte der sechziger Jahre steht im engen Zusammenhang mit der Entwicklung der freien Logik: VAN FRAASSEN beweist die semantische Vollständigkeit des Systems LF aus **9.2.3** auch bezüglich einer Semantik, die Superbewertungen benutzt, um dem Standpunkt gerecht zu werden, daß Sätze wie „Pegasus hat ein weißes Hinterbein" weder wahr noch falsch sind. VAN FRAASSEN selbst wendet diese Methode über die freie Logik hinausgehend zur Explikation der Vorschläge STRAWSONS an, die darauf hinauslaufen, Präsupposition als eigenständige Folgerungsrelation aufzufassen. Ehe wir uns jedoch letzterem zuwenden, werden wir uns etwas näher mit den intuitiven Grundlagen der Methode der Superbewertung beschäftigen (vgl. LAMBERT [1981; S. 185ff.]).

VAN FRAASSEN entwarf seine Methode zum Teil, um folgende Auffassung zu stützen: Die Aussage

$B \vee \sim B$: *Pegasus ist ein Leichtathlet oder es ist nicht der Fall, daß Pegasus ein Leichtathlet ist*

soll logisch wahr sein, sogar wenn die atomare Aussage

B: *Pegasus ist ein Leichtathlet*

keinen Wahrheitswert erhält. ($\sim$ sei die klassische Negation und $\vee$ die klassische Alternative.)
Betrachten wir die folgenden zwei Möglichkeiten:

(a) Wenn eine Sprache nur singuläre Termini enthält, die etwas bezeichnen, dann werden alle Aussagen der Sprache einen Wahrheitswert haben. So ist z. B.

A: *Marlies Göhr ist eine Leichtathletin*

bei entsprechenden semantischen Festlegungen wahr.

(b) Wenn eine Sprache aber singuläre Termini enthält, die nichts bezeichnen, dann sind einige Aussagen der Sprache bei den gleichen semantischen Festlegungen ohne bestimmten Wahrheitswert. Dies soll nun nicht bedeuten, daß diese Aussagen keinen Wahrheitswert haben werden – eine klassische Bewertung fordert ja gerade, daß sie einen haben –, sondern nur, daß ihre einzelnen Wahrheitswerte durch dieses Kriterium nicht bestimmt werden. Dann erhalten wir eine Teilmenge von Aussagen einer Sprache, deren Wahrheitswerte bezüglich irgendeines Kriteriums nicht bestimmt sind. Diese Aussagen seien die Stellvertreter der wahrheitswertlosen Aussagen des Benutzers einer Sprache vom Typ (b).

Die *intuitive Idee* läßt sich folgendermaßen formulieren: Wenn eine Aussage als wahrheitswertlos angesehen wird, dann ist, falls ihr in einer klassischen Bewertung ein Wahrheitswert zugeordnet werden sollte, diese Zuordnung willkürlich, d. h. die Rechtfertigungen dafür, der Aussage einen der beiden klassischen Wahrheitswerte zuzuordnen, sind gleichstark.

Angenommen, eine Sprache besteht nur aus den beiden oben angegebenen Aussagen A und B, dann läßt sich die Situation wie folgt darstellen:

	v_1	v_2
A	1	1
$\sim A$	0	0
B	1	0
$\sim B$	0	1
$A \vee \sim A$	1	1
⋮	⋮	⋮
$B \vee \sim B$	1	1

Wir haben also je zwei mögliche klassische Bewertungen bezüglich der Aussagen A und B.

Betrachten wir nun die folgende Bewertung:

	s_1
A	1
$\sim A$	0
B	–
$\sim B$	–
$A \vee \sim A$	1
⋮	⋮
$B \vee \sim B$	1

Die Bewertung s_1 wird der eingangs angeführten Auffassung gerecht (etwa $B \vee \sim B = 1$, obwohl B ohne Wahrheitswert) und ist ein Beispiel dessen, was VAN FRAASSEN Superbewertung (supervaluation) nennt.

Als allgemeine Regel läßt sich formulieren, daß eine Superbewertung nur denjenigen Aussagen den Wahrheitswert wahr (falsch) zuordnet, denen in allen klassischen Bewertungen der Wahrheitswert wahr (falsch) zugeordnet wurde. So stellt s_1 dar, was v_1 und v_2 gemeinsam haben.

Wie schon erwähnt, benutzt VAN FRAASSEN [1968] die Methode der Superbewertungen, um die Präsupposition als eigenständige Folgerungsrelation zu explizieren. Ausgangspunkt ist eine in der Literatur häufig anzutreffende Fassung der Präsuppositionsrelation:

(P1) Die Aussage *A* präsupponiert die Aussage *B* gdw *A* nur dann entweder wahr oder falsch ist, wenn *B* wahr ist.

Dies ist äquivalent zu

(P2) *A* präsupponiert *B* gdw

(a) wenn *A* wahr ist, dann ist *B* wahr,

(b) wenn *A* falsch ist, dann ist *B* wahr.

Wenn wir festlegen, daß die Negation einer Aussage *A* wahr (falsch) ist gdw. *A* falsch (wahr) ist, so erhalten wir

(P3) *A* präsupponiert *B* gdw

(a) wenn *A* wahr ist, dann ist *B* wahr,

(b) wenn (nicht-*A*) wahr ist, dann ist *B* wahr.

Nun entstehen folgende Probleme:

(a) Bei Aufrechterhaltung des Zweiwertigkeitsprinzips und der Deutung von „wenn, so" als materiale Implikation ist die Präsuppositionsrelation eine triviale semantische Relation, da in diesem Falle jede Aussage die allgemeingültigen Aussagen der KAL präsupponiert. Erstens scheint zweifelhaft, daß Aussagen der natürlichen Sprache, deren Präsuppositionen nicht erfüllt sind, genau einer der beiden klassischen Wahrheitswerte zugeordnet werden soll. Solche Aussagen werden intuitiv häufig weder als wahr noch als falsch angesehen. Zweitens haben viele Präsuppositionen nicht die Form allgemeingültiger Aussagen.

(b) Die Präsuppositionsrelation unterscheidet sich in zweifacher Hinsicht von der logischen Folgebeziehung (verstanden als logisch wahre materiale Implikation): Erstens gilt der Modus tollens für die Präsuppositionsrelation nicht. Zweitens gilt aber

$$\frac{\begin{array}{l} A \text{ präsupponiert } B \\ (\text{nicht-}A) \end{array}}{B}$$

für die Präsuppositionsrelation, aber nicht für die Folgebeziehung. Dagegen gilt der Modus Ponens für beide. Diese Gemeinsamkeit können wir durch eine eigenständige semantische Beziehung, die Beziehung der „Erforderung" („necessitation") zum Ausdruck bringen.

Definition 9.5. *A erfordert B* — symbolisch: $N(A, B)$ — gdw immer dann, wenn A wahr ist, ist B auch wahr.

Aus **(P3)** und Definition 9.5 erhalten wir die folgende Explikation der Präsuppositionsrelation allein mit Hilfe semantischer Begriffe:

(P4) A präsupponiert B gdw

(a) A erfordert B

(b) (nicht-A) erfordert B.

Eine präsuppositionelle Sprache ***PL*** sei eine Sprache, deren Semantik es erlaubt, Präsuppositionen explizit zu machen, und die Möglichkeit zuläßt, daß einige Aussagen über nichterfüllte Präsuppositionen verfügen. (Wichtig ist es, den Unterschied zwischen Präsuppositionsversagen als Grund für Wahrheitswertlosigkeit/Unbestimmtheit der klassischen Bewertung und der Präsuppositionsrelation zu beachten!) Unsere Sprache ***PL*** enthalte als Grundfunktoren „$\sim$" und „$\vee$". Ihre Semantik werde mit Hilfe der Beziehung der „Erforderung", die die Fälle abdeckt, die nicht Fälle der Folgebeziehung sind, und dem Begriff der klassischen Bewertung aufgebaut. Zunächst gilt

(P5) Wenn v eine klassische Bewertung für die Sprache ***PL*** ist, und A, B Aussagen von ***PL*** sind, dann gilt

(a) $v(A) = 0$ oder $v(A) = 1$

(b) $v(\sim A) = 0$ gdw. $v(A) = 1$

(c) $v(A \vee B) = 0$ gdw. $v(A) = v(B) = 0$.

Bezüglich einer aktualen Situation werden die Aussagen von ***PL*** in drei Klassen unterteilt: in wahre, falsche und solche, die weder wahr noch falsch sind. ***G*** sei die Menge der wahren Aussagen in einer gegebenen Situation. Dann gilt

(**P6**) (a) Es gibt eine klassische Bewertung, die $\boldsymbol{G}$ erfüllt;

(b) wenn jede klassische Bewertung, die $\boldsymbol{G}$ erfüllt, auch B erfüllt, dann ist $B \in \boldsymbol{G}$;

(c) wenn $\mathrm{N}(A, B)$ und A zu $\boldsymbol{G}$ gehören, so auch B.

Eine Menge $\boldsymbol{G}$ von Aussagen, die (**P6**) (a) erfüllt, heißt *klassisch erfüllbar*, und wenn (**P6**) (b) und (c) für sie gelten, heißt $\boldsymbol{G}$ eine bezüglich der Beziehung der Erforderung *gesättigte* Menge. Demzufolge ist die Menge der Sätze, die in einer aktualen Situation wahr sind, eine klassisch erfüllbare, gesättigte Menge. Der Begriff der zulässigen Bewertung $\mathfrak{s}$ wird wie folgt eingeführt.

Definition 9.6. Eine Zuordnung $\mathfrak{s}$ ist eine *zulässige Bewertung* für **PL** nur dann, wenn es eine klassisch erfüllbare, gesättigte Menge gibt derart, daß gilt

(a) wenn A in $\boldsymbol{G}$ ist, so $\mathfrak{s}(A) = 1$

(b) wenn die Negation von A in $\boldsymbol{G}$ ist, so $\mathfrak{s}(A) = 0$

(c) andernfalls ist $\mathfrak{s}(A)$ nicht definiert.

$(\sim\sim A)$ ist damit in $\boldsymbol{G}$ nur dann, wenn A in $\boldsymbol{G}$ ist.

Definition 9.7. Die *Superbewertung*, die durch $\boldsymbol{G}$ induziert wird, ist die Funktion, die

(a) A die 1 zuordnet, wenn alle klassischen Bewertungen, die $\boldsymbol{G}$ erfüllen, A die 1 zuordnen

(b) A die 0 zuordnet, wenn alle klassischen Bewertungen, die $\boldsymbol{G}$ erfüllen, A die 0 zuordnen,

(c) andernfalls für A nicht definiert ist.

Damit gilt das Zweiwertigkeitsprinzip für Superbewertungen nicht mehr uneingeschränkt für alle Aussagen, da einige Aussagen weder wahr noch falsch sind. Dagegen gilt das Prinzip vom ausgeschlossenen Dritten weiter: Jede Aussage der Form $(A \vee \sim A)$ ist gültig, d. h. jeder derartigen Aussage wird durch alle zulässigen Bewertungen die 1 zugeordnet. Formale, wenn auch intuitiv nicht überzeugende Resultate der so konstruierten Semantik faßt der folgende Satz zusammen.

Satz 9.8.

(a) *Wenn A sich selbst präsupponiert, dann ist A niemals falsch.*

(b) *Wenn A $\sim A$ präsupponiert, dann ist A niemals wahr.*

(c) *Wenn A einen Widerspruch präsupponiert, dann ist A immer weder wahr noch falsch.*

(d) *Wenn A eine gültige Aussage präsupponiert, dann ist A ebenfalls gültig.*

Diese Konzeption ist in der linguistischen Literatur nach wie vor im Gespräch, obwohl die kritischen Stimmen immer mehr das Übergewicht erhalten. Ohne einzelne natürlichsprachliche Präsuppositionsphänomene zu diskutieren, seien hier einige Einwände angeführt:

– Einen Einwand vom logischen Standpunkt bringt KUTSCHERA [1976; S. 141] vor: Partiell definierte Funktionen können nicht als Argumente von Funktionen höherer Stufe auftreten. Weiterhin hängt die Beantwortung der Frage, ob *B* eine Präsupposition von *A* ist, beim allgemeinen Fall von der Interpretation von *A* und *B* ab.

– Die Resultate (a) bis (d) geben keinen Anlaß, die Konzeption bezüglich natürlichsprachlicher Präsuppositionsphänomene für intuitiv plausibel zu halten. Insbesondere GAZDAR [1979; S. 91–103] hat gezeigt, daß die hohe theoretische Investition zuwenig akzeptable Ergebnisse bei der Analyse der natürlichen Sprache liefert.

– KARTTUNEN [1973] weist darauf hin, daß bei einer quasi-dreiwertigen Lesart VAN FRAASSENS System der 3-wertigen Logik von ŁUKASIEWICZ ähnelt und vom Standpunkt einer Semantik der natürlichen Sprache ebenso unzulänglich ist wie jene, daß also insbesondere die Kritikpunkte, die den 3-wertigen Ansatz zur Darstellung von Präsuppositionsphänomenen im allgemeinen treffen, auch auf VAN FRAASSENS Ansatz zutreffen.

9.3.2. 3-wertige Logik

Von Verfechtern einer 3-wertigen Logik wurde die Diskussion um Präsuppositionsphänomene der natürlichen Sprache und um das Problem ihrer theoretischen, vor allem logischen, Darstellung begrüßt. Liefern diese Phänomene doch anscheinend gewichtige Gründe, einen dritten Wahrheitswert („unbestimmt“) zu akzeptieren. Damit wurde die Diskussion um 3-wertige Logiksysteme um eine wichtige Motivation bereichert. Aus der Literatur lassen sich folgende Tendenzen ablesen:

(a) Traditionelle 3-wertige Systeme (mit Ausnahme des Systems von POST [1921]) werden auf eine neue intuitive Grundlage gestellt, und der dritte Wahrheitswert wird neu motiviert. Dies diskutieren z. B. die Arbeiten von HAUSSER [1976] und WOODRUFF [1970].

(b) Es werden bestimmte Modifikationen beim Aufbau 3-wertiger Systeme vorgeschlagen und unter Bezugnahme auf Präsuppositionsphänomene neue 3-wertige Systeme aufgebaut. Z. B. BLAU [1973], [1974], [1978] und SEUREN [1980], [1985].

(c) Die Präsuppositionsrelation wird definitorisch als eigenständige Relation entweder objektsprachlich als 3-wertiger wahrheitsfunktionaler Funktor (z. B. WOODRUFF) oder metasprachlich als Folgebeziehung (z. B. SEUREN [1980]) eingeführt.

In diesem Abschnitt werden wir auf die beiden unter (c) genannten Versionen eingehen.

WOODRUFF [1970] stellt sich das Ziel, eine nicht triviale Theorie der Präsupposition in der Objektsprache zu formulieren. Dazu wird ein System von KLEENE [1952] auf eine neue intuitive Grundlage gestellt. Den Aufbau des 3-wertigen aussagenlogischen Systems **U** nimmt WOODRUFF wie folgt vor. Grundzeichen von **U** seien: $\supset$, **T**, (,) und die Aussagenkonstante **u**.
Die Definition der „materialen“ Präsupposition erfolgt über folgende Definitionen:

$$\mathbf{f} \overset{\text{def}}{=} \mathbf{Tu} \tag{9.1}$$

$$\sim A \overset{\text{def}}{=} (A \supset \mathbf{f}) \tag{9.2}$$

$$(A \vee B) \overset{\text{def}}{=} (\sim A \supset B) \tag{9.3}$$

$$\mathbf{F}A \overset{\text{def}}{=} \mathbf{T} \sim A \tag{9.4}$$

$$+A \overset{\text{def}}{=} (\mathbf{T}A \vee \mathbf{F}A) \tag{9.5}$$

$$(A \rightarrow B) \overset{\text{def}}{=} (\mathbf{T}A \supset \mathbf{T}B) \tag{9.6}$$

Die Definition der „materialen“ Präsupposition $\gg$ lautet nun

$$(A \gg B) \overset{\text{def}}{=} (+A \rightarrow B) \tag{9.7}$$

(Wir lesen **T** als „es ist wahr, daß“, **F** als „es ist falsch, daß“, $\supset$ als „impliziert“ und $\rightarrow$ z. B. als „wenn, dann“, schließlich stehe **u** für „Unbestimmtheit“ und **f** für „Falschheit“)

Die Semantik von **U** sei hier nur in der Form der folgenden Wertetabellen angegeben, wobei der Wert der Aussagenkonstante **u** der Wert *u* und der Wert von **f** die 0 sei:

A	$\sim A$	**T**A	**F**A	$+A$
1	0	1	0	1
0	1	0	1	1
u	u	0	0	0

A	B	$A \supset B$	$A \vee B$	$A \rightarrow B$	$A \gg B$
1	1	1	1	1	1
1	0	0	1	0	0
1	u	u	1	0	0
0	1	1	1	1	1
0	0	1	0	1	0
0	u	1	u	1	0
u	1	1	1	1	1
u	0	u	u	1	1
u	u	u	u	1	1

Die Wertetabelle für $(A \gg B)$ besagt, daß $(A \gg B)$ wahr ist, wenn B wahr und A wahr oder falsch ist, allerdings auch, wenn A unbestimmt ist. Gemäß Definitionen (9.5) und (9.7) ist $(A \gg B)$ mit $(\mathbf{T}A \vee \mathbf{F}A) \rightarrow B$ gleichbedeutend.

Mit Hilfe der „materialen" (objektsprachlichen) Präsuppositionsrelation expliziert WOODRUFF die Auffassung STRAWSONS, daß „A präsupponiert B" besage „B ist eine notwendige Bedingung sowohl für die Wahrheit als auch für die Falschheit von A", durch die Festsetzung:

A präsupponiert B bedeute $\vdash A \gg B$. (9.8)

Damit haben wir auch noch eine metasprachliche Formulierung der Präsupposition.

Der Linguist SEUREN [1980], der sich für den 3-wertigen Ansatz entscheidet, teilt die Kritik an bestehenden 3-wertigen Lösungen und schlägt deshalb ein System vor, das sich von den bereits vorliegenden in erster Linie durch andere Wertetabellen unterscheidet.

SEUREN geht von der fragwürdigen Annahme aus, daß in der natürlichen Sprache im wesentlichen zwei verschiedene wahrheitsfunktionale Negationen vorkommen, zu deren Beschreibung wir damit drei Wahrheitswerte benötigen sollen. Um diese Annahme zu stützen, verweist SEUREN auf den Unterschied zwischen negativen Polaritätsausdrücken (NPA) und positiven Polaritätsausdrücken (PPA).

Wir greifen aus den Beispiellisten für NPA und PPA von SEUREN den NPA *mehr* (als temporales Adverb) und den PPA *noch* heraus und geben die Überlegungen von SEUREN anhand der folgenden Beispielsätze in verknappter Form wieder:

Beispielsätze mit dem NPA *mehr*:

(1) *Harald wohnt nicht mehr in Leipzig.*

(1a) *Harald wohnt mehr in Leipzig.*

(1b) *Harald wohnt nicht mehr in Leipzig; er ist noch nie in Sachsen gewesen.*

Beispielsätze mit dem PPA *noch*:

(2) *Harald wohnt nicht noch in Leipzig.*

(2a) *Harald wohnt noch in Leipzig.*

(2b) *Harald wohnt nicht noch in Leipzig; er ist noch nie in Sachsen gewesen.*

NPA und PPA sind in ihrem Verhalten bezüglich der Negation nicht symmetrisch: Während NPA in einfachen Aussagesätzen wie in (1) eine Negation verlangen und andernfalls ungrammatisch wie in (1a) werden, lassen PPA Negationen durchaus zu wie in (2) (wenngleich ein Echo-Effekt auftritt). Weiterhin enthält Satz (1) eine Präsupposition, die der Satz (2) nicht hat:

(3) *Harald hat bis vor kurzem in Leipzig gewohnt.*

Die Präsupposition tritt auch in Verbindung mit dem Satz (2a) auf. Da der Satz (2b) widerspruchsfrei ist, und der Satz (1b) als widersprüchlich angesehen wird, sehen wir, daß die Negation, die in Verbindung mit *noch* auftritt, die Präsupposition nicht bewahrt, dagegen die Negation, die in Verbindung mit mehr auftritt, präsuppositionsbewahrend ist. SEUREN verallgemeinert dies dahingehend, daß Negationen, die von den NPA verlangt werden, immer präsuppositionsbewahrend und die Negationen, die von den PPA zugelassen werden, immer präsuppositionslöschend sind.

Diese Unterscheidung in minimale (präsuppositionsbewahrende) und radikale (präsuppositionslöschende) Negation zieht sich durch SEURENS System hindurch. Wir machen im folgenden einige Bemerkungen zu

SEURENS 3-wertiger Aussagenlogik. Wahrheitswerte seien

1 für „wahr",

0 für „minimal falsch",

u für „radikal falsch".

$\sim$ stehe für die „minimale Negation" und $\simeq$ für die „radikale Negation".

„*A* ist radikal falsch" bedeute „in *A* ist mindestens eine Präsupposition verletzt".

Die Wertetabellen sind:

A	$\sim A$	$\simeq A$
1	0	0
0	1	0
u	*u*	1

A	B	$A \vee B$	$A \supset B$	$A \supseteq B$
1	1	1	1	1
1	0	1	0	0
1	*u*	1	0	0
0	1	1	1	1
0	0	0	1	0
0	*u*	0	1	0
u	1	1	1	1
u	0	0	0	1
u	*u*	*u*	*u*	1

Die *minimale Implikation* ($A \supset B$) läßt sich durch ($\sim A \vee B$) und die *radikale Implikation* ($A \supseteq B$) durch ($\simeq A \vee B$) definieren. Die Präsupposition wird bei SEUREN nur metasprachlich als besondere Folgebeziehung eingeführt:

A präsupponiert B gdw $\vdash A \supseteq B$.

Obwohl SEURENS Wertetabellen von den üblichen abweichen, gelten für seine Vorgehensweise einige Einwände, die die linguistische Relevanz 3-wertiger Systeme generell betreffen:

(1) Die in 3-wertigen Systemen immer wieder anzutreffende Unterscheidung zweier Negationsarten korrespondiert nicht notwendig mit Negationsausdrücken der natürlichen Sprache.

(2) Gewichtiger aber ist der Einwand, daß wir mittels eines dritten Wahrheitswertes zwar unterscheiden können, ob in *A* alle Präsuppositionen erfüllt sind oder mindestens eine Präsupposition verletzt ist, aber über die Art der Präsupposition keine Angaben machen können.

(3) Der Fall, daß *A* wahr und dennoch eine ihrer Präsuppositionen falsch ist, kann nicht ausgedrückt werden.

9.3.3. *4-wertige Logik und 2-dimensionale Semantik*

In den beiden letzten Abschnitten haben wir gesehen, auf welche Weise die traditionelle Definition der Präsuppositionsbeziehung STRAWSONS einer semantischen Behandlung mittels Wahrheitswertlücken bzw. Superbewertungen und 3-wertiger Logiken unterzogen wurde. Wir haben angedeutet, daß von linguistischer Seite sehr ernstzunehmende Einwände gegen diese Vorgehensweisen vorgebracht wurden und werden. Im Rahmen der mehrwertigen Logik halten wir den 4-wertigen/2-dimensionalen Ansatz von BERGMANN [1981], [1981a], [1982] für den aussichtsreichsten. Dabei liefert die von HERZBERGER [1973] ausgearbeitete 2-dimensionale Semantik die Basis für BERGMANNS intuitiv plausible Sprache für Präsuppositionen. BERGMANN hat zudem selbst die Leistungsfähigkeit dieser Sprache durch die Anwendung auf bestimmte Präsuppositionsphänomene, wie sie im Zusammenhang mit *nur*, *sogar* und englischen cleft-Konstruktionen auftreten, nachgewiesen. Die 4-wertige/2-dimensionale Herangehensweise bietet vor allem die Möglichkeit (im Unterschied zu den in **9.3.1** und **9.3.2** besprochenen Ansätzen), die Präsuppositionen einer Aussage unabhängig von den Wahrheitsbedingungen jenes Satzes zu definieren.

Diese Vorgehensweise liefert die Möglichkeit zu feineren semantischen Unterscheidungen:

(a) Aussagen können wahr sein und gleichzeitig falsche Präsuppositionen haben;

(b) es können verschiedene Strategien bezüglich Präsuppositionen komplexer Aussagen zugelassen werden, ohne die Wahrheitsbedingungen dieser Sätze zu verändern, und

(c) die Standardpräsuppositionen für einfache Subjekt-Prädikat-Sätze werden erzeugt.[6]

In den Arbeiten von BERGMANN wird mittels einer 2-dimensionalen Wertmenge jede Aussage zweifach bewertet. Zum einen, um ihren Wahrheitswert anzugeben, und zum anderen, um anzugeben, ob bestimmte semantische Bedingungen erfüllt sind oder nicht. Wenn wir nur Existenzpräsuppositionen betrachten, so sind die relevanten semantischen

6 In der Herangehensweise gibt es einige Analogien zu einem von JUNG/KÜNSTNER [1987] entwickelten Ansatz, doch weichen die intuitiven Grundlagen und der formale Aufbau der 4-wertigen Sprachen erheblich voneinander ab.

Bedingungen für die zweite Bewertung gerade die Präsuppositionen 1 und 2, die auch die freie Logik (vgl. **9.2**) auf andere Art und Weise behandelte. Es sind dies die Bedingungen, daß quantifizierte Ausdrücke einer Aussage nichtleere Denotationen haben, und daß Namen und Kennzeichnungen etwas bezeichnen. Sind diese semantischen Bedingungen erfüllt, so ist die Aussage *korrekt* (secure), andernfalls *unkorrekt* (nonsecure). Wir verfügen somit über zwei Wahrheitswerte 1 und 0 und über zwei Korrektheitswerte 1 und 0. Die vier möglichen Kombinationen sind ⟨1;1⟩, ⟨0;1⟩, ⟨1;0⟩ und ⟨0;0⟩, wobei der Wahrheitswert immer an erster und der Korrektheitswert immer an zweiter Stelle im geordneten Paar steht. Wir werden im weiteren abkürzend 11, 01, 10, und 00 schreiben.

Die Präsuppositionsbeziehung läßt sich mit Hilfe der „Korrektheit" wie folgt definieren.

Definition 9.9. Eine Aussage *A* *präsupponiert* eine Aussage *B* gdw gilt: Ist *A* korrekt, so ist *B* wahr.

Die innere Negation ∼ habe folgende Wertetabelle:

A	∼*A*
11	01
01	11
10	00
00	00

Dieser einstellige Funktor ist so geartet, daß Präsuppositionsverletzungen Einfluß auf den Wahrheitswert haben (vgl. Zeile **1** und **3** bzw. 2 und 4 der Tabelle).
Es können natürlich auch Funktionen definiert bzw. angenommen werden, für die die Präsuppositionsverletzung keinen Einfluß auf den Wahrheitswert hat. Ein Spezialfall dieser Sorte sind die „semantisch aufsteigenden" Funktoren. Zum Beispiel ist der Wahrheitsfunktor **T** ein solcher:

A	**T***A*
11	11
01	01
10	11
00	01

Dieser Funktor bewirkt, daß alle Präsuppositionsversagen gelöscht werden.

Wir stellen nun das Vokabular der Sprache $\boldsymbol{L}$ (PL1=) und ihre 2-dimensionale Semantik vor, wie sie BERGMANN [1981 a] angibt.
Das *Vokabular* von $\boldsymbol{L}$ umfaßt:

- n-stellige Grundprädikate: $F_1^n, F_2^n, F_3^n, \ldots$
- Individuenkonstanten: $a_1, a_2, a_3, \ldots$
- Individuenvariablen: $x_1, x_2, x_3, \ldots$
- logische Konstanten: $\sim$, $\mathbf{T}$, $\supset$, $\wedge$, $\forall$, E!, $=$
- Hilfszeichen: , (,), [,]

Die *Semantik* für $\boldsymbol{L}$ bewertet jede Formel von $\boldsymbol{L}$ zweifach. Ein Modell $\mathfrak{M}$ für $\boldsymbol{L}$ ist ein geordnetes Paar $\langle \mathcal{D}, \mathcal{J} \rangle$, wobei $\mathcal{D}$ eine nichtleere Menge und $\mathcal{J}$ eine Funktion ist, die folgende Zuordnungen trifft:
Für jede Individuenkonstante a gilt: Entweder wird a ein Element aus $\mathcal{D}$ zugeordnet oder $\mathcal{J}(a)$ ist undefiniert. $\mathcal{J}$ ordnet jedem n-stelligen Prädikat eine Menge von n-Tupeln von Elementen aus $\mathcal{D}$ zu. Eine Variablenbelegung s über einem Modell $\mathfrak{M}$ ist eine Funktion, die jeder Individuenvariablen von $\boldsymbol{L}$ ein Element aus $\mathcal{D}$ zuordnet. Falls s eine Variablenbelegung ist, so sei $s[d_1/w_1, \ldots, d_n/w_n]$ diejenige Variablenbelegung, die den Variablen $w_1, \ldots, w_n$ die Werte $d_1, \ldots, d_n$ zuordnet und sonst mit s übereinstimmt.
Die *Bewertung* v_s über $\mathfrak{M}$, die durch die Variablenbelegung s induziert wird, ist ein Paar von Funktionen v_s, p_s, das Individuenvariablen, Individuenkonstanten, Prädikaten und Formeln von $\boldsymbol{L}$ Werte wie folgt zuordnet:

(1) Wenn w eine Individuenvariable ist, so gilt

(a) $v_s(w) = s(w)$

(b) $p_s(w) = 1$.

(2) Wenn a eine Individuenkonstante ist, so gilt

(a) $v_s(a) = \mathcal{J}(a)$, wenn $\mathcal{J}(a)$ definiert ist; andernfalls ist $v_s(a)$ undefiniert

(b) $p_s(a) = 1$, wenn $\mathcal{J}(a)$ definiert ist; andernfalls ist $p_s(a) = 0$.

(3) Wenn F ein n-stelliges Grundprädikat ist, dann gilt

(a) $v_s(F) = \mathcal{J}(F)$

(b) $p_s(F) = 1$.

(4) Wenn A eine Formel der Form $F(t_1, \ldots, t_n)$ ist, in der F ein Grundprädikat ist, dann gilt

(a) $v_s(A) = 1$, wenn $v_s(t_1), \ldots, v_s(t_n)$ alle definiert sind

und $\langle v_s(t_1), \ldots, v_s(t_n) \rangle \in v_s(F)$;

$v_s(A) = 0$ sonst;

(b) $p_s(A) = 1$, wenn $p_s(t_1) = \ldots = p_s(t_n) = 1$;

$p_s(A) = 0$ sonst.

$F(t_1, \ldots, t_n)$ ist korrekt gdw. jedes der Individuensymbole $t_1, \ldots, t_n$ bezeichnet.

(5) Wenn A eine Formel der Form $(\mathsf{E}!t)$ ist, dann gilt

(a) $v_s(A) = 1$, wenn $v_s(t)$ definiert ist;

$v_s(A) = 0$ sonst;

(b) $p_s(A) = 1$.

Der Ausdruck $\mathsf{E}!$ ist das Existenz-Prädikat. Eine Formel $\mathsf{E}!t$ ist immer korrekt. Eine Formel der Form $\mathsf{E}!t$ präsupponiert nicht sich selbst, wenn t nicht bezeichnet.

(6) Wenn A eine Formel der Form $t_1 = t_2$ ist, dann gilt

(a) $v_s(A) = 1$, wenn $v_s(t_1)$ und $v_s(t_2)$ beide definiert sind

und $v_s(t_1) = v_s(t_2)$;

$v_s(A) = 0$ sonst;

(b) $p_s(A) = 1$, wenn $p_s(t_1) = p_s(t_2) = 1$;

$p_s(A) = 0$ sonst.

(7) Wenn eine Formel die Form $\sim B$ besitzt, dann gilt

(a) $v_s(A) = 1$, wenn $v_s(B) = 0$ und $p_s(B) = 1$;

$v_s(A) = 0$ sonst;

(b) $p_s(A) = p_s(B)$.

(8) Wenn A eine Formel der Form $(B \wedge C)$ ist, dann gilt

(a) $v_s(A) = 1$, wenn $v_s(B) = v_s(C) = 1$;

$v_s(A) = 0$ sonst;

(b) $p_s(A) = 1$, wenn $p_s(B) = p_s(C) = 1$;

$p_s(A) = 0$ sonst.

(9) Wenn A eine Formel der Form $(B \supset C)$ ist, dann gilt

(a) $v_s(A) = 1$, wenn $v_s(B) = 0$ oder $v_s(C) = 1$;

$v_s(A) = 0$ sonst;

(b) $p_s(A) = 1$, wenn $p_s(B) = p_s(C) = 1$;

$p_s(A) = 0$ sonst.

Aus (8) und (9) geht hervor, daß komplexe Aussagen alles das präsupponieren, was die jeweiligen Komponenten präsupponieren.
Zur Kritik dieser Auffassung vgl. man die Ansicht von KARTTUNEN in **9.5.2**.

(10) Wenn A eine Formel der Form $\mathbf{T}B$ ist, dann gilt

(a) $v_s(A) = v_s(B)$

(b) $p_s(A) = 1$.

Der Ausdruck $[\forall wB]$ ist ein beschränkter Quantor. Die Korrektheitsbedingungen sollen besagen, daß eine Aussage der Form $[\forall wB]\,C$ präsupponiert, daß mindestens ein w die Formel B erfüllt.

(11) Wenn A eine Formel der Form $[\forall wB]\,C$ ist, dann gilt

(a) $v_s(A) = 1$, wenn für jedes $d \in \mathcal{D}$, für das $v_s[d/w]\,(B) = 1$ ist, auch $v_s[d/w]\,(C) = 1$ gilt;

$v_s(A) = 0$ sonst;

(b) $p_s(A) = 1$, wenn es mindestens ein $d \in \mathcal{D}$ gibt, für das $v_s[d/w]\,(B) = 1$ ist; und für jedes $d \in \mathcal{D}$, für das $v_s[d/w]\,(B) = 1$ ist, auch $p_s[d/w]\,(B) = p_s[d/w]\,(C) = 1$ ist;

$p_s(A) = 0$ sonst.

Eine Aussage A ist *wahr* (bzw. *falsch*) in $\mathfrak{M}$, wenn $v_s(A) = 1$ (bzw. 0) für jede Variablenbelegung s in $\mathfrak{M}$; und A ist *korrekt* (bzw. *unkorrekt*) in $\mathfrak{M}$, wenn $p_s(A) = 1$ (bzw. 0) für jede Variablenbelegung s in $\mathfrak{M}$.
Aus einer Aussage A *folgt* die Aussage B gdw. B in jedem Modell wahr ist, in dem auch A wahr ist.
Eine Aussage A *präsupponiert* eine Aussage B gdw. B in jedem Modell wahr ist, in dem A korrekt ist.

Die einzigen semantisch aufsteigenden Ausdrücke in $\boldsymbol{L}$ sind E! und **T**. Wenn eine Aussage A kein Vorkommen einer Individuenkonstante a in dem Bereich einer dieser beiden Ausdrücke enthält, präsupponiert A den Ausdruck E!a. Und wenn A kein Vorkommen eines beschränkten Allquantors $[\forall wB]$ in diesem Bereich enthält, präsupponiert A den Ausdruck $(\bigvee w)\, B$, wobei $(\bigvee w)$ ein unbeschränkter Existenzquantor ist, der in drei Schritten definiert wird:

$$(\bigwedge w)\, B \stackrel{\text{def}}{=} [\forall w(w{=}w)]\, B,$$

$$\neg\, A \stackrel{\text{def}}{=} A \supset \sim\mathbf{T}A,$$

$$(\bigvee w)\, B \stackrel{\text{def}}{=} \neg\, (\bigwedge w) \neg\, B.$$

Folglich ist

$$v_s\big((\bigvee w)\, B\big) = 1 \text{ gdw für mindestens ein } d \in \mathcal{D}\text{:}\quad v_s[d/w]\,(B) = 1;$$

$$p_s\big((\bigvee w)\, B\big) = 1 \text{ gdw für jedes } d \in \mathcal{D}\text{: } p_s[d/w]\,(B) = 1.$$

9.4. Präsupposition und intensionale Semantik/Modallogik (ML)

9.4.1. Ein Beispiel

Karttunen [1973] kritisiert van Fraassens Präsuppositionsdefinition (vgl. **9.3.1**) „A präsupponiert B gdw. (a) wenn A wahr ist, dann ist B wahr und (b) wenn (nicht-A) wahr ist, dann ist B wahr" unter anderem dadurch, daß er einwendet, daß die genannte Definition in den Fällen problematisch ist, in denen Modalpartikel (Modaloperatoren) auftreten. Insbesondere liefere sie kein Resultat dafür, daß man aus

„*Es ist möglich, daß Karl aufgehört hat, seine Frau zu schlagen*", ohne einen breiteren Modalkontext vorauszusetzen, nicht gültig auf

„*Karl hat seine Frau geschlagen*"

schließen kann.
Nach KARTTUNENS Auffassung sei aber folgendes Schlußschema gültig:

(**K**) A präsupponiert B

$$\frac{A \text{ ist möglich}}{\text{Folglich } B.}$$

Mittels der Definition von VAN FRAASSEN kann man nur die schwächere Konklusion

Folglich ist B möglich

rechtfertigen.

KARTTUNEN behauptet, daß die intuitive Gültigkeit von (**K**) nicht semantisch adäquat behandelt werden kann, wobei er sich auf HERZBERGER [1973] bezieht.

MARTIN [1975] stellt, indem er sich gleichfalls auf HERZBERGER [1973] bezieht, die These auf, daß das von KARTTUNEN intuitiv akzeptierte Schlußschema mittels einer Modallogik darstellbar ist, die bezüglich einer zweidimensionalen Semantik interpretiert wird. Deshalb seien auch Betrachtungen des Kontextes und konventionaler Implikaturen (vgl. **9.5.2**), wie sie R. H. THOMASON [1977] anstellt, zumindest für diesen Fall nicht erforderlich.

Aufgrund der Tatsache, daß MARTIN eine zweidimensionale Semantik konstruiert, eine Semantik, die letztlich vierwertig ist, gehört dieser Abschnitt zum Teil auch in **9.3**. Desweiteren gibt es einige Parallelen zum Vorgehen von BERGMANN in **9.3.3**. Ein wichtiger Unterschied ist aber, daß BERGMANN und HERZBERGER für ihre Zwecke bezüglich der Art der zwei Dimensionen modifizieren müssen, wogegen MARTIN sich mehr an die intuitiven Vorstellungen von HERZBERGER hält.
Wir benötigen zwei Grundideen von HERZBERGERS [1973] Semantik.

(1) Ein Satz ist wahr, wenn er sowohl mit der Welt korrespondiert als auch alle seine Präsuppositionen wahr sind. Wahrheit sei also Korrespondenz plus erfüllte Präsuppositionen.

(2) Ein gültiges Argument bewahrt die Korrespondenz, nicht die Wahrheit. Formal werden Sätzen sowohl Korrespondenz-Werte als auch Präsuppositions-Werte zugeordnet.

Wir benötigen die These KARTTUNENS, daß A und $\Diamond A$ dieselben Präsuppositionen haben, d. h. in A sind alle Präsuppositionen erfüllt gdw. in $\Diamond A$ alle Präsuppositionen erfüllt sind. Es ergibt sich daraus, daß B aus $\Diamond A$ folgt, wenn B von A präsupponiert wird. Ist nämlich $\Diamond A$ wahr, so sind alle Präsuppositionen von $\Diamond A$ wahr. Da sich unter diesen B befindet, ist B wahr.

Eine Sprache wird mittels $\wedge$, $\sim$ und $\Diamond$ aufgebaut: $\sim A$, $A \wedge B$ und $\Diamond A$ sind Formeln, wenn A und B Formeln sind. $\mathscr{W}$ sei die Menge aller möglichen 4-wertigen Bewertungen (oder möglichen Welten) w, deren Werte die in **9.3.3** eingeführten geordneten Paare 11, 10, 01, 00 sind und für deren zugehörige Korrespondenzbewertung w_1 und 2-wertige Präsuppositionsbewertung w_2 gilt:

(1) Für jede atomare Formel A sind $w_1(A), w_2(A) \in \{0, 1\}$;

(2) $w_1(\sim A) = 1$ gdw $w_1(A) = 0$;

(3) $w_1(A \wedge B) = 1$ gdw $w_1(A) = w_1(B) = 1$;

(4) $w_1(\Diamond A) = 1$ gdw es ein w_1' mit $w_1'(A) = 1$ gibt;

(5) $w_2(\sim A) = 1$ gdw $w_2(A) = 1$;

(6) $w_2(A \wedge B) = 1$ gdw $w_2(A) = w_2(B) = 1$;

(7) $w_2(\Diamond A) = 1$ gdw $w_2(A) = 1$;

(8) $w(A) = \langle w_1(A), w_2(A) \rangle$.

Die Bewertungen w_1 und w_2 unterscheiden sich also bezüglich $\Diamond A$ (vgl. (4) und (7)).

Die Tabelle für $\wedge$ ist:

$\wedge$	11	01	10	00
11	11	01	10	00
01	01	01	00	00
10	10	00	10	00
00	00	00	00	00

Es sei $D = \{\langle 1;1 \rangle, \langle 1;0 \rangle\}$ die Menge der ausgezeichneten Werte. Aus A *folgt semantisch* B gdw für alle $w \in \mathscr{W}$ gilt: wenn $w(A) \in D$, dann $w(B) \in D$; Abkürzung: $A \models B$.

Damit verhält sich „$\models$" völlig klassisch, da die zweite Dimension die

Auszeichnung nicht beeinflußt. und die erste Dimension den klassischen Tabellen folgt.

$$A \text{ präsupponiert } B \text{ gdw für alle } w \text{ gilt: ist } w(A) \in \{\langle 1;1\rangle, \langle 0;1\rangle\}, \text{ so } w(B) = \langle 1;1\rangle.$$

Eine weitere Folgebeziehung läßt sich mittels des Begriffes der Wahrheit definieren:

$$A \underset{*}{\models} B \text{ gdw für alle } w \text{ gilt: } w(A) = \langle 1;1\rangle \text{ nur, wenn } w(B) = \langle 1;1\rangle.$$

Satz 9.10. *Wenn A B präsupponiert, dann* $\Diamond A \underset{*}{\models} B$.

Beweis. Es sei $w(\Diamond A) = \langle 1;1\rangle$. Dann gilt für das durch w bestimmte w_2: $w_2(\Diamond A) = 1$. Folglich ist $w_2(A) = 1$ und $w(A) \in \{\langle 1;1\rangle, \langle 0;1\rangle\}$. Folglich ist $w(B) = \langle 1;1\rangle$. ∎

9.4.2. Präsupposition und Kontext

Stechow [1981] ist der Auffassung, daß es mindestens drei voneinander zu unterscheidende Präsuppositionen gibt:

(1) semantische,
(2) kontextuelle,
(3) pragmatische Präsuppositionen.

Die Darstellung semantischer Präsuppositionen gehört in die reine Semantik, und die der pragmatischen ganz in die Pragmatik. Der Begriff der kontextuellen Präsuppositionen ist zwischen der Semantik und der Pragmatik anzusiedeln.

Es wird zuerst die Darstellung semantischer Präsuppositionen durch Stechow [1981] und anschließend die der kontextuellen vorgestellt, wobei letztere eine Überleitung zu **9.5** bildet.

9.4.2.1. Die Semantik möglicher Welten und semantische Präsuppositionen

Den Rahmen bildet die Semantik möglicher Welten; diese betrachtet hier:

(a) eine Menge $\mathscr{W}$ möglicher Welten (w_1, w_2, w aus $\mathscr{W}$ seien mögliche Welten)

(b) eine Menge $\mathcal{A}$ möglicher Gegenstände; eine Menge $\mathcal{P}$ möglicher Orte mit $\mathcal{P} \subseteq \mathcal{A}$; eine Menge $\mathcal{T}$ von Zeitintervallen mit $\mathcal{T} \subseteq \mathcal{A}$;

(c) eine Menge $\{0,1\}$ von Wahrheitswerten.

Propositionen sind wahr oder falsch in einer möglichen Welt während einer Zeit und an einem Ort.
Eine (mögliche) *Situation* sei ein Tripel $\langle w, t, p \rangle$, das aus einer Welt w, einer Zeit t und einem Ort p besteht. Die Menge $\mathcal{C} = \mathcal{W} \times \mathcal{T} \times \mathcal{P}$ ist die Menge aller Situationen.

Definition 9.11.

(a) Eine *Proposition* ist eine partielle Funktion aus $\mathcal{C}$ in die Menge $\{0,1\}$.

(b) q sei irgendeine Proposition und c irgendeine Situation, dann ist q *wahr in* c gdw $q(c) = 1$, und q ist *falsch in* c gdw $q(c) = 0$.

(c) $\mathcal{S}$ sei irgendeine Teilmenge von $\mathcal{C}$, dann ist eine Proposition q $\mathcal{S}$-*wahr* ($\mathcal{S}$-*falsch*) gdw q in c wahr (falsch) ist für jedes $c \in \mathcal{S}$.

(d) q ist *notwendig wahr* (*falsch*) gdw q $\mathcal{C}$-wahr ($\mathcal{C}$-falsch) ist.

Propositionen sind partielle Funktionen, d. h. eine Proposition q kann für irgendeine Situation c keinen Wahrheitswert haben. Da die hier benutzte Metasprache die rein extensionale Sprache der Mengenlehre ist, soll für den Ausdruck „$q(c)$" selbst dann eine Denotation gesichert werden, wenn c nicht im Definitionsbereich der Funktion q ist. $\mathfrak{D}(q)$ sei der Definitionsbereich der Proposition q, dann soll folgende Äquivalenz gelten:

1) $q(c) = \emptyset$ gdw. $c \notin \mathfrak{D}(q)$.

Nun lassen sich einige interessante Relationen zwischen Propositionen definieren:

Definition 9.12. Aus der Proposition q *folgt* die Proposition r ($q \models r$) gdw für jedes $c \in \mathcal{C}$ die folgende Implikation gilt:

$$q(c) = 1 \Rightarrow r(c) = 1\,.$$

Definition 9.13. Die Propositionen q und r sind *kontradiktorisch* gdw für jedes $c \in \mathcal{C}$ gilt:

$q(c) = 1 \Leftrightarrow r(c) = 0$ und

$q(c) = 0 \Leftrightarrow r(c) = 1\,.$

Die Definition 9.13 besagt, daß es zu jeder Proposition q genau eine kontradiktorische Proposition gibt, die durch $\bar{q}$ bezeichnet werden soll. Dabei gilt $\mathfrak{D}(q) = \mathfrak{D}(\bar{q})$.

Nun läßt sich die Relation der semantischen Präsupposition definieren. Die Idee von FREGE [1892] und STRAWSON [1950], [1952] war, daß die Wahrheit der Präsupposition einer Aussage eine notwendige Bedingung für die Wahrheit oder Falschheit dieser Aussage ist. Im Unterschied zu den Vorgehensweisen in **9.3** wird Präsupposition hier als Relation zwischen Propositionen definiert.

Definition 9.14. Die Proposition q *präsupponiert semantisch* die Proposition r gdw für jedes $c \in \mathscr{C}$ die folgende Implikation wahr ist:

$r(c) \neq 1 \Rightarrow q(c) = \emptyset$ (gemäß 1) ist dann $c \notin \mathfrak{D}(q)$).

Es lassen sich die folgenden Resultate beweisen.

Satz 9.15. *Die Proposition q präsupponiert semantisch die Proposition r gdw aus q folgt r und aus $\bar{q}$ folgt r.*

Damit ist die semantische Präsuppositionsbeziehung ein Spezialfall der Folgebeziehung.

Das nächste Resultat besagt, daß notwendige Wahrheit gerade ein (trivialer) Spezialfall der semantischen Präsupposition ist.

Satz 9.16. *Die Proposition q präsupponiert semantisch die Proposition r gdw r $\mathfrak{D}(q)$-wahr ist.*

Folglich ist eine semantische Präsupposition einer Proposition in deren gesamten Bereich wahr. Da notwendig wahre Propositionen in jeder Situation wahr sind, sind sie triviale Fälle semantischer Präsuppositionen.

In Bezugnahme auf Kritiker, die die Idee ablehnen, daß die notwendig wahren Propositionen semantische Präsuppositionen jeder beliebigen Proposition sind, führt STECHOW eine Unterscheidung von kontingenten und notwendigen Präsuppositionen ein: Eine Präsupposition einer Proposition ist *kontingent* gdw sie eine kontingente Proposition ist; eine Proposition ist kontingent, gdw sie für irgendeine Situation wahr und für irgendeine andere Situation falsch ist. Wenn nur kontingente Propositionen und ihre kontingenten Präsuppositionen betrachtet werden, dann ist die Relation der semantischen Präsuppositionen irreflexiv, transitiv und asymmetrisch.

9.4.2.2. Kontext-Theorie und kontextuelle Präsuppositionen

Die kontextuelle Präsupposition sei vorläufig als eine Relation zwischen der Aussage A und der Proposition q definiert.

Definition 9.17. Die Aussage A *präsupponiert kontextuell* die Proposition q gdw für jedes $c \in \mathscr{C}$ gilt: A drückt eine Proposition bezüglich c nur dann aus, wenn q in c wahr ist.

Der Unterschied zwischen semantischen und kontextuellen Präsuppositionen besteht in folgendem: Während semantische Präsuppositionen die (kontrafaktualen) Situationen der Bewertung der Aussage betreffen, stellen kontextuelle Präsuppositionen die (kontrafaktualen) Situationen der Äußerung einer Aussage in Rechnung. Natürlichsprachliche Ursache für kontextuelle Präsuppositionen sind vor allem deiktische Wörter wie z. B. „hier", „jetzt", „ich", usw., d. h. Aussagen, die derartige Wörter enthalten, drücken einen Inhalt nur dann in einer Situation aus, wenn diese Situation bestimmte Bedingungen erfüllt, wie z. B.: die Aussage muß geäußert werden, der Sprecher, der sie äußert, die Zeit (der Ort) der Äußerung müssen klar sein usw.

Im folgenden sei zwischen dem *Charakter* eines linguistischen Ausdrucks und seinem *Inhalt* unterschieden. Ein Aussage-Charakter ist eine partielle Funktion aus der Menge der Situationen in die Menge der Propositionen. Wenn A irgendeine Aussage ist, so ist ihr Charakter X_A eine partielle Funktion aus $\mathscr{C}$ in die Funktionen aus $\mathscr{C}$ in $\{1,0\}$, oder äquivalent: X_A ist eine partielle Funktion aus $\mathscr{C} \times \mathscr{C}$ in $\{1,0\}$. In der Literatur heißen die c oft Indizes. Der Charakter X_A ordnet jeder geeigneten Situation c den Inhalt von A bezüglich c zu. Wenn der Charakter X_A bezüglich eines geordneten Index-Paares $\langle c_0, c_1 \rangle$ bewertet wird, so heißt der erste Index c_0 der *Äußerungskontext* und der zweite Index c_1 die *Bewertungsumstände*. Ist diese Terminologie gegeben, kann Definition 9.17 auch in folgender Weise gegeben werden.

Definition 9.18. Der Charakter X *präsupponiert kontextuell* die Proposition q gdw für jedes $c \in \mathscr{C}$ gilt: $q(c) \neq 1 \rightarrow X(c) = \emptyset$ (d. h. X ist undefiniert für c).

Beispiel 9.19. Wenn $X_{\text{ich rauche}}$ der Charakter von „Ich rauche" ist, dann drückt $X_{\text{ich rauche}}$ nur in denjenigen Kontexten eine Proposition aus, in denen die Worte „Ich rauche" von genau einem Sprecher geäußert werden.

Kehren wir noch einmal kurz zum Unterschied zwischen semantischen und kontextuellen Präsuppositionen zurück: In der vorliegenden Fassung müssen semantische Präsuppositionen durch die Umstände der Bewertung erfüllt sein, damit der Inhalt irgend etwas denotiert. Kontextuelle Präsuppositionen entstehen durch die Bedingungen, die durch die Äußerungssituation erfüllt sein müssen, damit der Ausdruck einen Inhalt haben kann.

9.5. Präsupposition und Pragmatik

Bisher wurden Präsuppositionen verschiedenen Typs semantisch dargestellt. Einen Übergang zu der pragmatischen Vorgehensweise stellten die kontextuellen Präsuppositionen STECHOWS dar. Hier wurden primär für linguistische Zwecke entwickelte intensionale Semantiken verwendet.

In der Literatur zum Problem, mit welchen (logischen) Mitteln Präsuppositionsphänomene der natürlichen Sprache behandelt werden sollen, wird vor allem auch die Frage diskutiert, ob diese Phänomene als semantische oder pragmatische anzusehen sind. Für diejenigen Forscher, die eine pragmatische Betrachtung anstreben (unabhängig davon, wie skeptisch sie einer semantischen Betrachtung gegenüberstehen), bilden vor allem folgende sprachphilosophische Konzeptionen den Hintergrund:

- die Theorie der Sprechakte von AUSTIN und SEARLE,
- die Theorie der partikularisierten und generalisierten konversationalen Implikaturen von GRICE und
- die Theorie der konventionalen Implikaturen von GRICE.

Das Interesse richtet sich dann insbesondere darauf, bestimmte pragmatische Präsuppositionsphänomene als

(a) Glückensbedingungen für Sprechakte

(b) bestimmte Typen partikularisierter oder generalisierter konversationaler Implikaturen oder

(c) bestimmte konventionale Implikaturen

zu betrachten und diese dann mit Hilfe der bereits entwickelten sprachphilosophischen Konzeptionen zu erklären.

Für diejenigen Forscher, die zudem formallogische Mittel einsetzen wollen, entsteht die Frage, welche Mittel adäquat sind. Da in der modernen

Literatur der Trend vorherrscht, unter formaler Pragmatik vor allem in jeweils unterschiedlicher Weise verallgemeinerte intensionale Semantik zu verstehen, wollen wir hier kurz zwei dieser Verallgemeinerungen vorstellen, die von STALNAKER [1976] und KARTTUNEN/PETERS [1975], [1977], [1979]. Beide wurden vor allem durch die Überlegungen von GRICE beeinflußt und modifizieren die intensionale Semantik (Pragma-Semantik) MONTAGUES in verschiedener Weise.

9.5.1. Gemeinsames Hintergrundwissen

STALNAKER [1970] war der erste, der für eine formale Darstellung pragmatischer Präsuppositionen plädierte und dabei eine Erweiterung der intensionalen Semantik vorschlug, die tatsächlich „formale Pragmatik" genannt werden kann.

Der kritische Punkt in MONTAGUES Semantik (intensionaler Logik) ist für STALNAKER die Verschmelzung von Kontexten mit möglichen Welten zu Referenzpunkten. Propositionen sind dann Funktionen von kontextmöglichen Welten (Referenzpunkten) in die Menge der Wahrheitswerte. In diesem Fall würden nicht die Propositionen, sondern die Wahrheitswerte vom Kontext abhängen. Die mögliche Welt wäre dann Teil des Kontextes, in dem der Satz geäußert wird.

STALNAKER strebt ein Modell an, in dem sowohl Kontexte als auch mögliche Welten partielle Determinanten des Wahrheitswertes dessen sind, was durch den Satz ausgedrückt wird. Das vorgeschlagene Modell kann kurz so charakterisiert werden:

1. Die syntaktischen und semantischen Regeln für eine bestimmte Sprache bestimmen einen *interpretierten Satz* oder Satzteil.

2. Kommen einige Merkmale des Gebrauchskontextes für den Satz oder Satzteil hinzu, so bestimmt dies eine *Proposition*.

3. Kommt weiterhin eine mögliche Welt hinzu, so bestimmt dies einen *Wahrheitswert*.

Ein interpretierter Satz entspricht so einer Funktion von Kontexten zu Propositionen, und eine Proposition ist eine Funktion von möglichen Welten in die Menge der Wahrheitswerte.

Daraus ergibt sich die Notwendigkeit, diesen besonderen Schritt auf dem Weg von Sätzen zu Wahrheitswerten zu begründen. Die Rechtfertigung dieses Zwischenschrittes ist u. a. davon abhängig, ob zwischen Kontexten und möglichen Welten ein Funktionsunterschied besteht. Der Begriff der *pragmatischen Präsupposition* ist nun für die Charakterisierung von Kontexten im Unterschied zu möglichen Welten entscheidend.

Eine pragmatische Präsupposition ist eine propositionale Einstellung. Das Subjekt einer Präsupposition kann jeder Teilnehmer an einem sprachlichen Kontext sein. Wird eine Proposition im pragmatischen Sinn präsupponiert, so nimmt das entsprechende Subjekt auf der einen Seite an, daß ihre Wahrheit selbstverständlich ist und auf der anderen Seite, daß andere Subjekte dasselbe tun. Die Menge aller Präsuppositionen, die ein Subjekt macht, bestimmt die Klasse möglicher Welten, die mit allen Präsuppositionen konsistent ist. Diese Menge, die Präsuppositions-(Voraussetzungs-) Menge, bestimmt die Grenze der sprachlichen Situation. Die Präsuppositionsmenge ist eine Menge möglicher Welten, auf deren Basis ein Sprecher zu unterscheiden beabsichtigt, wenn er eine Proposition ausdrückt.

Es sollte beachtet werden, daß STALNAKER nicht versucht, die Begriffe Präsupposition und Präsuppositionsmenge zu definieren. Er behandelt sie eher als Grundbegriffe pragmatischer Interpretation, die Mittel sind, um zu pragmatischen Begriffen korrespondierende logische Begriffe zu definieren. Als Demonstrationsbeispiel verwenden wir die Arbeit von STALNAKER [1976] zum vernünftigen Schließen (reasonable inference):

$\mathscr{L}$ sei eine Sprache, die Sätze enthält.

Eine *semantische Interpretation* von $\mathscr{L}$ besteht aus einer Menge möglicher Welten und einer Funktion, die Sätzen relativ zu Kontexten Propositionen (Funktionen von möglichen Welten in Wahrheitswerte) zuordnet. Ein Kontext $\boldsymbol{K}$ ist ein n-Tupel, dessen erster Term eine Präsuppositionsmenge $\mathrm{S}(\boldsymbol{K})$ ist.

Eine *pragmatische Interpretation* von $\mathscr{L}$ besteht aus

(1) einer semantischen Interpretation,

(2) einer zweistelligen Angemessenheitsrelation A, wobei $\mathsf{A}(P, \boldsymbol{K})$ bedeuten soll, „die Behauptungsäußerung von dem Satz P im Kontext $\boldsymbol{K}$ ist angemessen" und

(3) einer zweistelligen Veränderungsfunktion g, wobei $g(P, \boldsymbol{K})$ eine Funktion ist, die einen Satz aus $\mathscr{L}$ und einen Kontext in einen Kontext überträgt. Intuitiv bezeichnet $g(P, \boldsymbol{K})$ den Kontext, der aus der Behauptungsäußerung von P im Kontext $\boldsymbol{K}$ resultiert.

Jetzt werden zwei Forderungen formuliert, die an eine Sprache gestellt werden sollen, die eine Behauptungspraxis modelliert:

Forderung 1: $\mathsf{A}(P, \boldsymbol{K})$ nur, wenn $\|P\|_{\boldsymbol{K}} \cap \mathrm{S}(\boldsymbol{K}) \neq \emptyset$.

Dabei sei $\|P\|_{\boldsymbol{K}}$ die Proposition, die durch P im Kontext $\boldsymbol{K}$ unter der fraglichen Interpretation ausgedrückt wird. (Die Bezeichnung der Interpretation ist weggelassen worden.)
Forderung 1 besagt, daß man eine Proposition nicht angemessen in einem Kontext behaupten kann, der mit ihr unverträglich ist.

Forderung 2: $\mathrm{S}(g(P, \boldsymbol{K})) = \mathrm{S}(\boldsymbol{K}) \cap \|P\|_{\boldsymbol{K}}$.

Jede Behauptung verändert den Kontext, indem sie eine zusätzliche Präsupposition der nachfolgenden Konversation wird. In einer sorgfältigeren Formulierung müßte die Forderung 2 näher bestimmt werden, da Behauptungen verworfen werden können oder ihnen widersprochen werden kann, Forderung 2 gilt für den Fall, daß keine Verwerfung vorliegt. (An dieser Stelle wird deutlich, welch wichtige Funktion die epistemische Logik bei einer derartigen Darstellung erhalten kann; vgl. Stelzner [1984] und Kapitel 5.)

Die Bedingungen (2) und (3) lassen sich soweit verallgemeinern, daß sie auf endliche Satzfolgen anwendbar sind:
Es sei s eine endliche Satzfolge von $\mathcal{L}$: $P_1, P_2, \ldots, P_n$. Es sei $\boldsymbol{K}_1, \boldsymbol{K}_2, \ldots, \boldsymbol{K}_n$ eine Kontextfolge, definiert in Ausdrücken von s und einem Kontext $\boldsymbol{K}$ wie folgt:

$$\boldsymbol{K}_1 \stackrel{\text{def}}{=} \boldsymbol{K};\ \boldsymbol{K}_{i+1} \stackrel{\text{def}}{=} g(P_i, \boldsymbol{K}_i).$$

Dann gilt:

$$\mathsf{A}(\mathrm{s}, \boldsymbol{K}) \text{ gdw für alle } i \text{ von 1 bis } n\text{: } \mathsf{A}(P_i, \boldsymbol{K}_i);$$

$$g(\mathrm{s}, \boldsymbol{K}) \stackrel{\text{def}}{=} \boldsymbol{K}_n.$$

Vernünftiges Schließen sei dann wie folgt bestimmt: Die Folgerung von einer Satzfolge s aus $\mathcal{L}$ auf einen Satz P aus $\mathcal{L}$ ist *vernünftig-in-$\mathcal{L}$* gdw für alle Interpretationen und alle Kontexte $\boldsymbol{K}$ mit $\mathsf{A}(\mathrm{s}, \boldsymbol{K})$ gilt, daß $\|P\|_{g(\mathrm{s}, \boldsymbol{K})}$ aus $\mathrm{S}(g, \mathrm{s}, \boldsymbol{K})$ folgt.
Dabei gilt: Aus P_1 folgt P_2 gdw. für alle Interpretationen und alle Kontexte $\boldsymbol{K}$ gilt: Aus $\|P_1\|_{\boldsymbol{K}}$ folgt $\|P_2\|_{\boldsymbol{K}}$.

9.5.2. *Pragmatische Präsuppositionen als Gricesche konventionale Implikaturen*

KARTTUNEN/PETERS [1979] suchen nach einer Teilklasse von Präsuppositionen, die tatsächlich einen Bedeutungsaspekt konstituieren, der von der Art des semantischen Inhalts als Gegenstand wahrheitsfunktionaler Semantik verschieden ist. Damit verbunden ist die Kritik daran, daß alle sogenannten Präsuppositionen Beispiele ein und desselben Phänomens sind. Die Tatsache, daß anfangs sehr verschiedenartige Phänomene (vgl. die Beispiele der Einleitung) unter dem Terminus „Präsupposition" zusammengefaßt wurden, ist mehr oder weniger dafür verantwortlich, daß eine fortgesetzte Kontroverse darüber besteht, wie Präsuppositionen analysiert werden sollen. Im Unterschied zu KEMPSON [1975] und WILSON [1975], die nur sehr wenige Fälle realer Präsuppositionsphänomene anerkennen (vor allem die in Verbindung mit der Partikel *sogar*), und BOËR/LYCAN [1976], die zu dem pessimistischen Schluß kommen, daß der Begriff der Präsupposition völlig irreführend ist, entscheiden sich KARTTUNEN/PETERS dafür, daß es sinnvoller ist, die heterogene Kollektion aufzuspalten und die einzelnen Fälle unterschiedlich einzuordnen bzw. theoretisch verschieden zu behandeln.

Die Basis für die Betrachtungen von KARTTUNEN/PETERS bildet eine Arbeit von GRICE [1975; dt. 1979] über Implikaturen.
Der Begriff *Implikatur* wird folgendermaßen expliziert: Wenn die Äußerung eines Satzes A in einem gegebenen Kontext die Folgerung p zuläßt, obwohl die Proposition p irgend etwas darüber hinaus ist, was der Sprecher aktual sagt, dann hat er *impliziert*, daß p, und p ist ein *Implikatum* der Äußerung von A.
Im Unterschied zu GRICE, der den Status von A und p weitgehend offen läßt, legen KARTTUNEN/PETERS fest, daß A ein Satz und p eine Proposition ist.

Die Implikaturen lassen sich in

(1) konversationale und
(2) konventionale

Implikaturen unterteilen. GRICE selbst ist primär an den konversationalen Implikaturen interessiert und bemerkt zu konventionalen Implikaturen in der genannten Arbeit nur (GRICE [1979; S. 247f.]):

„In manchen Fällen wird die konventionale Bedeutung der verwandten Wörter bestimmen, was impliziert ist, und nicht nur helfen zu bestimmen, was gesagt worden ist.

Wenn ich (selbstgefällig) sage, ‚Er ist ein Engländer; er ist mithin tapfer', so habe ich mich — kraft der Bedeutung meiner Worte — darauf festgelegt, daß seine Tapferkeit eine Konsequenz dessen ist (daraus folgt), daß er ein Engländer ist. Aber während ich gesagt habe, er sei Engländer, und gesagt habe, er sei tapfer, möchte ich nicht sagen, ich hätte (im bevorzugten Sinn) *gesagt*, seine Tapferkeit folge daraus, daß er Engländer ist — obwohl ich dies sicherlich angedeutet und somit impliziert habe. Ich möchte nicht sagen, meine Äußerung dieses Satzes wäre, *strenggenommen*, falsch, falls die fragliche Folgerung nicht gelten sollte. Mithin sind *einige* Implikaturen konventional ..."

Konventionale Implikaturen sind in erster Linie durch die konventionalen Bedeutungen der Wörter und grammatikalischen Konstruktionen bedingt, die im Satz vorkommen.

Es gibt zwei typische Charakteristika, die konventionale von konversationalen Implikaturen unterscheiden:

(C1) *Beseitigbarkeit* (detachability): Während die konversationalen Implikaturen mehr vom Inhalt dessen abhängen, was gesagt wird und weniger davon, wie es ausgedrückt wird, gibt es bezüglich konventionaler Implikaturen immer eine andere Art und Weise dasselbe zu sagen, so daß es keinen Anlaß zur Implikatur gibt. Ändern wir den Beispielsatz von GRICE in „Er ist Engländer und er ist tapfer", so impliziert dieser nicht mehr, daß ein Teilsatz aus dem anderen folgt.

(C2) *Nichtannulierbarkeit* (noncancelability): Konversationale Implikaturen können verhindert werden, indem sie explizit abgestritten werden. Dagegen ist es bei konventionalen Implikaturen widersprüchlich, irgend etwas zu verneinen, was konventional durch den Satz impliziert wird, der geäußert wird.

Anlaß zu konventionalen Implikaturen bieten insbesondere:

(a) einzelne lexikalische Einheiten wie

— Partikel (z. B. *auch*, *sogar*, *nur* usw.)

— faktive Verben (z. B. *vergessen*, *wissen* usw.) u. a. m.;

(b) bestimmte grammatische Konstruktionen (z. B.: „Es war nicht Hans, der die Auszeichnung erhielt" hat als Implikatur „Irgend jemand erhielt die Auszeichnung").

Zugelassen ist die Möglichkeit, daß das, was konventional durch die Äußerung eines Satzes impliziert wird, zugleich auch aus ihm folgt: z. B. folgt die Implikatur „Irgendjemand erhielt die Auszeichnung" des Satzes „Es war Hans, der die Auszeichnung erhielt" auch semantisch aus der Proposition, die der Satz ausdrückt.

Wir werden uns im weiteren auf die konventionalen Implikaturen beschränken.[7]

Eine weitere Grundlage bildet für KARTTUNEN/PETERS der Begriff des gemeinsamen Hintergrundes (common ground), der sich in seinem intuitiven Gehalt im wesentlichen mit dem Begriff der Präsuppositionsmenge von STALNAKER [1976] deckt.

KARTTUNEN/PETERS deuten die Präsuppositionen, die traditionellerweise mit den genannten lexikalischen Einheiten und grammatikalischen Konstruktionen verknüpft werden, als konventionale Implikaturen, für die charakteristisch ist, daß sie nicht mittels der üblichen wahrheitsfunktionalen Semantik und allgemeiner pragmatischer Überlegungen behandelt werden können.
Daraus ergibt sich die Zielstellung, modelltheoretische Methoden der semantischen Interpretation so zu erweitern, daß sowohl wahrheitsfunktional als auch konventional implizierte Bedeutungen von Sätzen dargestellt werden können. Das System, das zu diesem Zweck erweitert wird, ist MONTAGUES PTQ [1970] (PTQ steht als Abkürzung für die Arbeit MONTAGUES „Proper Treatment of Quantification in Ordinary English", die das entsprechende System enthält.)

An dieser Stelle können wir das System PTQ und dessen Erweiterung durch KARTTUNEN/PETERS nicht umfassend vorstellen. Wir beschränken uns auf einige fragmentarische Bemerkungen. MONTAGUES System PTQ besitzt eine Syntax, die eine einfache Technik der semantischen Interpretation zuläßt. Jede syntaktische Kategorie besteht aus Phrasen (wie z. B. Substantivphrasen, intransitiven Verbphrasen usw.), die entweder im Lexikon aufgelistet werden (Basisphrasen) oder nach syntaktischen Regeln gebildet werden (abgeleitete Phrasen). Für jede Basisphrase wird eine Bedeutung angegeben, und den syntaktischen Regeln entsprechen

---

7 Entsprechend dem Grad der Kontextabhängigkeit lassen sich die konversationalen Implikaturen noch weiter in partikularisierte und generalisierte unterteilen. Ein Beispiel für partikularisierte Implikaturen sind nach KARTTUNEN/PETERS [1979] Präsuppositionen kontrafaktualer Konditionalsätze, wobei sie anhand von Beispielen dagegen argumentieren, daß derartige Sätze immer die Falschheit des Vordergliedes präsupponieren. Ein Beispiel für die generalisierten Implikaturen sind Verben der Wertung, wie z. B. „kritisieren" (die sogenannten Expressiva der Sprechakttheorie). Nach KARTTUNEN/PETERS ist in diesen Fällen die übliche wahrheitsfunktionale Betrachtung der Satzbedeutung völlig ausreichend, d. h., es besteht kein zwingender Grund, einen zusätzlichen nicht-wahrheitsfunktionalen Aspekt der Satzbedeutung einzuführen.

semantische Regeln, die jeder abgeleiteten Phrase eine geeignete Bedeutung zuordnen, die aus den Bedeutungen der Teilphrasen konstruiert wird. Damit beruht MONTAGUES Semantik auf dem Prinzip der Kompositionalität (Rekursivität). Die Bedeutung der komplexeren Phrasen wird allein durch die Bedeutungen der Teilphrasen und die entsprechenden Regeln bestimmt. Im System PTQ werden Bedeutungen durch logische Ausdrücke repräsentiert. Jede Phrase des PTQ-English besitzt eine Übersetzung, d. h. einen entsprechenden Ausdruck der interpretierten intensionalen Logik. Dabei besage „interpretiert", daß die logischen Ausdrücke und damit auch die englischen Phrasen, deren Bedeutungen durch erstere repräsentiert werden, systematisch auf nichtlinguistische Objekte bezogen werden, und zwar in Übereinstimmung mit Prinzipien der Modelltheorie. Solche nichtlinguistischen Objekte sind u. a. Individuen, Wahrheitswerte, Mengen, Eigenschaften und Propositionen. MONTAGUE behandelt allerdings nur den wahrheitsfunktionalen Aspekt der Bedeutung. Folglich lassen sich in seinem ursprünglichen System die konventionalen Implikaturen, die einen weiteren Bedeutungsaspekt konstituieren sollen, nicht darstellen.

Um den Doppelaspekt der Bedeutung zu erfassen, muß das System PTQ erweitert werden. Betroffen sind davon insbesondere die Übersetzungsregeln, die den natürlichsprachlichen Ausdrücken Ausdrücke der interpretierten intensionalen Logik zuordnen. Jede Phrase der Sprache wird nicht mehr nur mit einem Ausdruck, sondern mit zwei Ausdrücken der intensionalen Logik verbunden. Einer dieser Ausdrücke, der *Extensionsausdruck* („extension expression"), entspricht der einfachen Übersetzung von MONTAGUE. Hinzu kommt der *Implikaturausdruck* („implicature expression"), der ausdrückt, was die Phrase konventional impliziert, wenn diese Phrase z. B. ein Satz ist. Für jede Basisphrase wird der geeignete Extensions- und der geeignete Implikaturausdruck im Lexikon angegeben. Jeder abgeleiteten Phrase ordnen die jeweiligen Übersetzungsregeln einen Extensions- und einen Implikaturausdruck als Funktion der Extensions- und Implikaturausdrücke der Teilphrasen zu. Diese beiden Ausdrücke werden als geordnete Paare von Ausdrücken angegeben, deren erstes Glied immer der Extensionsausdruck und deren zweites Glied immer der Implikaturausdruck ist. Wenn wir in **9.6** eine frühere Form dieser Theorie kennenlernen, werden wir nochmals in bezug auf die dortige PTQ-Regel 11, die sich mit Ausdrücken der Form „*A* und *B*" bzw. „*A* oder *B*" beschäftigt, auf diesen Ansatz zurückkommen und seine Arbeitsweise etwas näher kennenlernen.

9.6. Ausblick

Nachdem wir eine Vielzahl verschiedener logischer Darstellungsweisen kennengelernt haben, mittels derer versucht wird, das Präsuppositionsproblem in den Griff zu bekommen, werden wir uns in diesem letzten Abschnitt noch einem weiteren Problem, dem *Projektionsproblem* für Präsuppositionen zuwenden. Dieses Problem tritt insbesondere im Zusammenhang mit zusammengesetzten Sätzen der Form „A und B" und „A oder B" (auf diese beiden Fälle werden wir uns im folgenden beschränken) auf. Die Konnektoren „und" und „oder" als natürlichsprachliche Entsprechungen der logischen Funktoren $\wedge$ und $\vee$ haben die Eigenschaft, unter bestimmten Bedingungen Präsuppositionen der Komponenten der zusammengesetzten Sätze zu annulieren. Es entsteht die Frage, nach welchen Regeln dies geschieht, und ob das Prinzip der Kompositionalität unter diesen Umständen aufrechterhalten werden kann.

Indem wir dieses Problem etwas ausführlicher diskutieren, können wir abschließend auch einige Bemerkungen über den Zusammenhang der verschiedenen logischen Darstellungsweisen machen.

Wir wenden uns einer früheren Arbeit von KARTTUNEN [1973a] zu. KARTTUNEN geht davon aus, daß die Filterbedingungen, die die Annullierung von Präsuppositionen bestimmen, nicht von den aktualen Wahrheitswerten der Komponentensätze abhängen (wie z. B. in VAN FRAASSENS System), sondern von der Existenz gewisser semantischer Beziehungen. Um diese Filterbedingungen zu formulieren, bedient sich KARTTUNEN mengentheoretischer sprachlicher Mittel und führt folgende Hilfsbegriffe ein:

$\mathfrak{P}(A/\boldsymbol{X}) \overset{\text{def}}{=}$ Menge aller Präsuppositionen, die A bezüglich eines Kontextes $\boldsymbol{X}$ besitzt,

wobei $\boldsymbol{X}$ eine Menge vorausgesetzter Fakten (Kontext) ist;

also gilt:

$B \in \mathfrak{P}(A/\boldsymbol{X})$ gdw A B relativ zu $\boldsymbol{X}$ präsupponiert.

$\mathfrak{C}(\boldsymbol{X}) \overset{\text{def}}{=}$ Menge aller logischen Folgerungen aus $\boldsymbol{X}$;

also gilt:

$B \in \mathfrak{C}(\boldsymbol{X})$ gdw. $\boldsymbol{X} \vdash B$.

$\mathfrak{C}(\boldsymbol{X} \cup A) \overset{\text{def}}{=}$ Menge aller logischen Folgerungen aus $\boldsymbol{X} \cup \{A\}$.

$\mathfrak{E}(A/\boldsymbol{X})$ sei die Menge aller logischen Folgerungen aus der Konjunktion von A mit $\boldsymbol{X}$, also:

$$\mathfrak{E}(A/\boldsymbol{X}) \overset{\text{def}}{=} \mathfrak{E}(\boldsymbol{X} \cup A) \setminus \mathfrak{E}(\boldsymbol{X}),$$

weswegen gilt:

$$B \in \mathfrak{E}(A/\boldsymbol{X}) \quad \text{gdw} \quad B \in \mathfrak{E}(\boldsymbol{X} \cup A) \quad \text{und} \quad B \notin \mathfrak{E}(\boldsymbol{X}).$$

$\mathfrak{E}(A/\boldsymbol{X})$ ist also die Menge der Folgerungen, die aus A mit zusätzlich aus $\boldsymbol{X}$ gewonnenen Prämissen gezogen werden können; aber ausgeschlossen sind all diejenigen Folgerungen, die aus $\boldsymbol{X}$ direkt ableitbar sind und folglich nicht von A abhängen.

Die Filterbedingungen für „und" und „oder" sind nun:

$$\mathfrak{P}(A \textit{ und } B/\boldsymbol{X}) = \mathfrak{P}(A/\boldsymbol{X}) \cup \big(\mathfrak{P}(B/\boldsymbol{X} \cup A) \setminus \mathfrak{E}(A/\boldsymbol{X})\big). \tag{9.9}$$

$$\mathfrak{P}(A \textit{ oder } B/\boldsymbol{X}) = \mathfrak{P}(A/\boldsymbol{X}) \cup \big(\mathfrak{P}(B/\boldsymbol{X} \cup \sim A) \setminus \mathfrak{E}(\sim A/\boldsymbol{X})\big). \tag{9.10}$$

Sind A und B atomare Sätze (Sätze, die keine Konnektoren enthalten), so kann unter der Voraussetzung, daß atomare Sätze in allen Kontexten dieselben Präsuppositionen haben, die Bezugnahme auf den Kontext in $\mathfrak{P}(A/\boldsymbol{X})$ und $\mathfrak{P}(B/\boldsymbol{X} \cup A)$ bzw. $\mathfrak{P}(B/\boldsymbol{X} \cup \sim A)$ weggelassen werden:

$$\mathfrak{P}(A \text{ und } B/\boldsymbol{X}) = \mathfrak{P}(A) \cup \big(\mathfrak{P}(B) \setminus \mathfrak{E}(A/\boldsymbol{X})\big). \tag{9.11}$$

$$\mathfrak{P}(A \textit{ oder } B/\boldsymbol{X}) = \mathfrak{P}(A) \cup \big(\mathfrak{P}(B) \setminus \mathfrak{E}(\sim A/\boldsymbol{X})\big). \tag{9.12}$$

Als *pragmatisches Prinzip* liegt diesen Bedingungen zugrunde:

Bei der Konjunktion: Wird die erste Komponente zu dem Kontext hinzugefügt, so bildet sich ein neuer Kontext für die zweite Komponente. Diejenigen Präsuppositionen der zweiten Komponente, die auf jeden Fall im neuen Kontext erfüllt werden, zählen nicht als Präsuppositionen für den gesamten zusammengesetzten Ausdruck.

Bei der Alternative: Wir müssen die Negation des ersten Alternativgliedes betrachten, d. h. den Kontext, der um die Negation des ersten Alternativgliedes vergrößert wird. Wiederum werden diejenigen Präsuppositionen des zweiten Gliedes, die auf jeden Fall im neuen Kontext erfüllt werden, herausgefiltert, sie können nicht durch den zusammengesetzten Ausdruck als ganzen präsupponiert werden.

Beispiele für (9.11) und (9.12) sind:

A: *John ist verheiratet und lebt mit seiner Frau zusammen.*

B: *Entweder hat John niemals seine Frau geschlagen oder er hat aufgehört sie zu schlagen.*

In A präsupponiert die zweite Komponente, daß John eine Frau hat. Der zusammengesetzte Satz hat in irgendeinem Kontext, in dem aus Verheiratetsein folgt, daß man eine Frau hat, diese Präsupposition nicht.
In B präsupponiert die zweite Komponente, daß John seine Frau geschlagen hat, aber die gesamte Alternative besitzt diese Präsupposition nicht, da sie aus der Negation der ersten Komponente in irgendeinem Kontext folgt.

Im Gegensatz zu der von KARTTUNEN zu dieser Zeit vertretenen Auffassung, daß die genannten Filterbedingungen keiner wahrheitsfunktionalen Behandlung unterzogen werden können, zeigt PETERS [1977], daß eine derartige Vorgehensweise möglich und durchführbar ist. Allerdings ist die benutzte Semantik intensional. Dies entspricht einem Trend dieser Zeit, mehrwertige modale Systeme aufzubauen, und wir haben hier in gewisser Weise erneut eine Synthese der Standpunkte aus **9.3.** und **9.4.**, wie sie uns in **9.4.1.** (allerdings im Zusammenhang mit einer 4-wertigen Logik) schon einmal begegnete.

PETERS setzt eine Menge $\mathcal{J}$ von Referenzpunkten mit ihren Elementen i voraus. Vorausgesetzt, daß die Bedeutung eines Satzes A ist, daß A an einem gegebenen Referenzpunkt i wahr oder falsch ist, so verbindet die Bedeutung von A diesen Satz A mit Wahrheitswerten relativ zu den Elementen von $\mathcal{J}$. Diese Verbindung nennen wir Intension von A, die als geordnetes Paar von disjunkten Teilmengen von $\mathcal{J}$ angesehen werden kann. Die Komponenten dieses Paares sind zum einen die Menge der Referenzpunkte, an denen A wahr ist und zum anderen die Menge der Referenzpunkte, an denen A falsch ist. Eine Interpretation der Sprache ordnet jedem grammatisch wohlgeformten Satz A der Sprache einen semantischen Wert zu, der mit $[\![A]\!]$ bezeichnet wird. Nehmen wir als semantische Werte die Intension des Satzes A, so liefert dies ein geordnetes Paar von disjunkten Mengen von Referenzpunkten. Wir schreiben: $[\![A]\!] = \langle [\![A]\!]_1, [\![A]\!]_0 \rangle$, wobei $[\![A]\!]_1$ die Menge der Referenzpunkte ist, an denen A wahr ist und $[\![A]\!]_0$ die Menge der Referenzpunkte, an denen A falsch ist.

Die semantischen Bedingungen für die Filterbedingungen seien nun

$$[\![A \textit{ und } B]\!]_1 = [\![A]\!]_1 \cap [\![B]\!]_1,$$

$$[\![A \textit{ und } B]\!]_0 = [\![A]\!]_0 \cup ([\![A]\!]_1 \cap [\![B]\!]_0),$$

$$[\![A \textit{ oder } B]\!]_1 = [\![A]\!]_1 \cup ([\![A]\!]_0 \cap [\![B]\!]_1),$$

$$[\![A \textit{ oder } B]\!]_0 = [\![A]\!]_0 \cap [\![B]\!]_0.$$

Diesen Festlegungen entsprechen 3-wertige Wahrheitstabellen („u“ gelesen als „Abwesenheit eines Wahrheitswertes – Wahrheitswertlücke“):

$\vee$	1	0	u
1	1	1	1
0	1	0	u
u	$\boxed{u}$	u	u

$\wedge$	1	0	u
1	1	0	u
0	0	0	0
u	u	$\boxed{u}$	u

THOMASON [1979] hat die Vorgehensweise von PETERS [1977] zu einer modalen Prädikatenlogik mit Wahrheitswertlücken verallgemeinert.

In gewisser Weise führen hier mehrere Diskussionsstränge zusammen: Unter der Voraussetzung der wahrheitsfunktionalen Darstellung von Präsuppositionsphänomenen, insbesondere der Filterbedingungen, wird hier die Vorgehensweise VAN FRAASSENS (Wahrheitswertlücken) bzw. der 3-wertigen Logik mit der Vorgehensweise der intensionalen Semantik/Modallogik gekoppelt. Es kommt also bei der Diskussion um den logischen Darstellungsmodus von Präsuppositionen neben aller Differenziertheit auch zu integrativen Lösungsvorschlägen, die eine reichhaltigere Sprache anstreben, um die vielfältigen Präsuppositionsphänomene der natürlichen Sprache adäquat zu erfassen.

Kehren wir nun zum System PTQ von MONTAGUE und der Erweiterung durch KARTTUNEN/PETERS aus **9.5.2.** zurück. Die Übersetzungsregel 11. von PTQ besagt, daß Ausdrücke der Form (*A und B*) bzw. (*A oder B*), wobei A und B Sätze sind, einfach in Ausdrücke der Form $[A \wedge B]$ bzw. $[A \vee B]$ übersetzt werden.
MONTAGUE behandelt die Konnektoren „und“ und „oder“ synkategorematisch. Sie werden nicht als zu den Basiszeichen gehörig betrachtet, sondern durch syntaktische Regeln eingeführt. Da das Wort „und“ im System selbst keine Übersetzung hat, spielt die Abhängigkeit der konventionalen Implikaturen zusammengesetzter Sätze von den Übersetzungen ihrer Komponentsätze keine Rolle. Nun entsteht die Frage: Wie sind die Wahrheitsbedingungen und die konventionalen Implikaturen (letztere als nichtwahrheitsfunktionaler Aspekt der Bedeutung) von Ausdrücken der Form „*A und B*“ bzw. „*A oder B*“ auf diejenigen der Sätze A und B bezogen?
(1) Bezüglich der Wahrheitsbedingungen wird die übliche Position, die auch MONTAGUE einnimmt, bezogen: Die Konnektoren werden mit ihren

logischen Entsprechungen identifiziert, woraus sich die Zuordnung der Extensionsausdrücke ergibt: $[A^e \wedge B^e]$ bzw. $[A^e \vee B^e]$, wobei A^e bzw. B^e die Extensionsausdrücke von A bzw. B sind.

(2) Bezüglich der Implikaturen seien die entsprechenden Implikaturausdrücke hier nur genannt:

$[A^i \wedge [A^e \rightarrow B^i]]$ bzw. $[[A^i \vee B^e] \wedge [A^e \vee B^i]]$, wobei A^i bzw. B^i die Implikaturausdrücke von A bzw. B sind.

Damit erhalten wir folgende Übersetzungen (modifizierte Übersetzung in bezug auf **PTQ**):

$$\text{für } (A \textit{ und } B)\text{: } \langle [A^e \wedge B^e], [A^i \wedge [A^e \rightarrow B^i]] \rangle \tag{9.13}$$

$$\text{für } (A \textit{ oder } B)\text{: } \langle [A^e \vee B^e], [[A^i \vee B^e] \wedge [A^e \vee B^i]] \rangle . \tag{9.14}$$

Nach KARTTUNEN/PETERS ist die intensionale Semantik bezüglich der Filterbedingungen über die Wahrheitsfunktionalität hinaus erweitert worden.

Abschließend einige Bemerkungen zu strukturellen Ähnlichkeiten des wahrheitsfunktionalen und des obigen nichtwahrheitsfunktionalen Vorgehens.

Geordnete Paare von Werten haben wir bereits in **9.3.3.** und **9.4.1.** angetroffen, wobei die Semantik im ersten Fall extensional blieb und im zweiten Fall intensional war. Beide Ansätze basieren auf Interpretationen von Ansichten von HERZBERGER [1973].

Ebenfalls mit Paaren, aber nun von Extensions- und Implikaturausdrücken, hatten wir es in **9.5.2** und oben zu tun. Wir haben also nach HERZBERGER folgendes Paar:

⟨Korrespondenzwert; Zweiwertigkeitswert⟩

und nach KARTTUNEN/PETERS das Paar

⟨Extensionsausdruck; Implikaturausdruck⟩.

Aufgrund dieser Entsprechung können wir z. B. den Wert ⟨1,1⟩ auch so lesen: Was ein Satz sagt, ist wahr, und was er konventional impliziert, ist wahr.

Ersetzen wir in den Wertetabellen von PETERS [1977] den oben eingerahmten Wert für $\wedge$ durch 0 bzw. für $\vee$ durch 1, so erhalten wir die Wertetabellen eines Systems von KLEENE, welches in **9.3.2.** schon vorkam (vgl. auch Kapitel 2).

Gemäß der Wertetabelle präsupponiert jeder Satz A entsprechend der traditionellen Definition der Präsuppositionsrelation die Alternative von sich selbst und seiner Negation.

A	$\sim A$	$A \vee \sim A$
1	0	1
0	1	1
u	u	u

Weiterhin ist $[A \vee \sim A]$ die *maximale Präsupposition* von A, da aus ihr alle anderen Präsuppositionen von A folgen, und sie aus der Summe der anderen Präsuppositionen folgt. Kürzen wir die maximale Präsupposition mit A^p ab, so gilt insbesondere:

$$[A \wedge B]^p \leftrightarrow [A \wedge B] \vee \sim[A \wedge B],$$

$$[A \vee B]^p \leftrightarrow [A \vee B] \vee \sim[A \vee B].$$

Dies ist in KLEENES System äquivalent zu

$$[A \wedge B]^p \leftrightarrow [B \rightarrow [A \vee \sim A]] \wedge [A \rightarrow [B \vee \sim B]],$$

$$[A \vee B]^p \leftrightarrow [\sim B \rightarrow [A \vee \sim A]] \wedge [\sim A \rightarrow [B \vee \sim B]].$$

Gemäß der Abkürzungen für maximale Präsuppositionen erhalten wir

$$[A \wedge B]^p \leftrightarrow [B \rightarrow A^p] \wedge [A \rightarrow B^p] \qquad (9.15)$$

$$[A \vee B]^p \leftrightarrow [\sim B \rightarrow A^p] \wedge [\sim A \rightarrow B^p]. \qquad (9.16)$$

Diese Äquivalenzen in (9.15), (9.16) korrespondieren zu den Ausdrücken in (**9.13**), (**9.14**), wobei die maximale Präsupposition A^p zu dem Implikaturausdruck A^i und der Satz A zu dem Extensionsausdruck A^e analog ist. (9.16) und (9.14) entsprechen sich über die Definierbarkeit von $\vee$ durch $\rightarrow$ und umgekehrt sogar direkt. KARTTUNEN/PETERS behandeln die Filterbedingungen von „und" und „oder" nicht symmetrisch. Um dies zu erhalten, muß KLEENES Wertetabelle in die von PETERS zurückverwandelt werden.

Insgesamt zeigen unsere Diskussionen folgendes allgemeine Bild: Nichtklassische Darstellungsweisen natürlichsprachlicher Präsuppositionsphänomene lassen sich bezüglich ihrer grundlegenden Merkmale aufteilen in die:

(a) extensionale wahrheitsfunktionale mehrwertige Darstellungsweise (vgl. **9.3.**),

(b) intensionale wahrheitsfunktionale zweiwertige Darstellungsweise (vgl. 9.4.2.),

(c) intensionale wahrheitsfunktionale mehrwertige Darstellungsweise (vgl. 9.4.1. und 9.6.),

(d) intensionale nichtwahrheitsfunktionale Darstellungsweise/Pragmatik (vgl. 9.5.2. und 9.6.).

Die Angemessenheit der jeweiligen Zugänge zu den empirischen Phänomenen ist keine rein logische Angelegenheit. Es kann sinnvoll sein, verschiedene Präsuppositionsphänomene mit unterschiedlichen logischen Mitteln adäquat darzustellen. Inwieweit eine bestimmte Konzeption eine integrative Funktion übernimmt, bleibt abzuwarten.

Literaturverzeichnis

Die im folgenden bei der Angabe von Zeitschriften- bzw. Buchtiteln gelegentlich verwendeten Abkürzungen verstehen sich i. allg. von selbst und entsprechen sonst dem Gebrauch der wesentlichsten Referatezeitschriften wie *Mathematical Reviews* und *Zentralblatt für Mathematik und ihre Grenzgebiete*. Für einige häufiger auftretende Zeitschriften wurden weitergehende Abkürzungen benutzt:

Bull. Acad. Polon. Sci. — Bulletin de l'Academie Polonaise des Sciences. Série des Sciences Mathématiques, Astronomiques et Physiques. (Warschau);

CR Varsovie — Comptes Rendus des Séances de la Société des Sciences et des Lettres de Varsovie. (Warschau);

Fund. Inform. — Annales Societatis Mathematicae Polonae. Series IV: Fundamenta Informaticae. (Warschau);

JPL — Journal of Philosophical Logic. (Dordrecht);

JSL — The Journal of Symbolic Logic. (Providence, R.I.);

NDJFL — Notre Dame Journal of Formal Logic. (Notre Dame, Ind.);

ZML — Zeitschrift für mathematische Logik und Grundlagen der Mathematik. (Berlin).

Die Literaturangabe erfolgt in jedem Falle unter Autoren- bzw. Herausgebernamen und Erscheinungsjahr.

Ackermann, R.

[1967] *An Introduction to Many-Valued Logics*, London/New York (Routledge & Kegan Paul/Dover).

Almong, J.

[1980] Semantical considerations on modal counterfactual logic with corollaries on decidability, completeness and consistency questions, *NDJFL* **21**, 467—479.

Anderson, A. R.

[1956] *The Formal Analysis of Normative Systems*, New Haven (nachgedruckt in: The Logic of Decision and Action [N. Rescher Hrsg.], Pittsburgh 1967, S. 147—214).

Apt, K. R.

[1981—84] Ten years of Hoare's logic: a survey. Teil I: *ACM Transactions on Programming Languages and Systems* **3**, 431—483; Teil II: *Theoretical Computer Science* **28**, 83—109.

Arruda, A. I.

[1977] On the imaginary logic of N. A. Vasil'ev, in: *Non-Classical Logics, Model Theory and Computability* (A. I. Arruda et al. Hrsg.), Amsterdam (North-Holland), S. 3—24.

ASSER, G.

[1959] *Einführung in die mathematische Logik.* Teil I: *Aussagenkalkül,* Leipzig (Teubner); 6., völlig neubearb. Aufl. 1982.

[1972] *Einführung in die mathematische Logik.* Teil II: *Prädikatenkalkül der ersten Stufe,* Leipzig (Teubner).

[1981] *Einführung in die mathematische Logik.* Teil III: *Prädikatenlogik höherer Stufe,* Leipzig (Teubner).

BAILHACHE, P.

[1977] Semantiques pour des systemes déontiques integrant permission faible et permission forte, *Logique et Analyse* **20**, Nr. 79, 286–316.

[1984] Quelques foncteurs faussement primitifs en logique déontique (Trivalence et action), *Logique et Analyse* **27**, Nr. 108, 393–405.

BANACHOWSKI, L.

[1977] Investigation of properties of programs by means of the extended algorithmic logic. I, II, *Fund. Inform.* **1**, 93–119, 167–193.

BANACHOWSKI, L. — KRECZMAR, A. — MIRKOWSKA, G. — RASIOWA, H. — SALWICKI, A.

[1977] An introduction to algorithmic logic. Metamathematical investigations in the theory of programs, in: *Mathematical Foundations of Computer Science* (A. Mazurkiewicz, Z. Pawlak Hrsg.), Banach Center Publ., Bd. **2**, Warschau (PWN), S. 7–99.

BARENSE, J. G.

[1966] *Knowledge and True Belief: Hintikka's Logic of One Notion,* in: APA Pacific Division Annual Meeting.

BARTOL, W. M. et al.

[1982] *Report on the* LOGLAN 82 *Programming Language.* Institut für Informatik. Univ. Warschau. (erscheint bei PWN, Warschau).

BAUDRY, L.

[1950] *La querelle des futurs contingents: Louvain 1465–1475,* Paris (Vrin).

BECKER, O.

[1930] Zur Logik der Modalitäten, in: *Jahrbuch für Philosophie und phänomenologische Forschung,* Bd. **11**, S. 497–548.

[1952] *Untersuchungen über den Modalkalkül,* Meisenheim am Glan (A. Hain).

BELL, J. L.

[1977] *Boolean-Valued Models and Independence Proofs in Set Theory,* Oxford (Clarendon Press).

BERGMANN, M.

[1981] Presupposition and two-dimensional logic, *JPL* **10**, 27–53.

[1981a] Only, even and clefts in two dimensional logic, in: *Proc.* 11. *Intern. Symp. Multiple-Valued Logic,* Oklahoma 27.–29. Mai 1981, Long Beach (IEEE Comp. Soc.), S. 117–123.

[1982] Expressibility in two-dimensional languages for presupposition, *NDJFL* **23**, 459–470.

BERKA, K. — KREISER, L.

[1983] *Logik-Texte.* Kommentierte Auswahl zur Geschichte der modernen Logik, 3., erw. Aufl., Berlin (Akademie-V.).

BERNAYS, P.
[1926] Axiomatische Untersuchungen des Aussagenkalküls der „Principia Mathematica", *Mathematische Zeitschrift* **25**, 305–320.

BERRY, G. D. W.
[1941] On Quine's axioms of quantification, *JSL* **6**, 23–27.

BLACK, M.
[1937] Vagueness: an exercise in logical analysis, *Philosophy of Science* **4**, 427–455.

BLAU, U.
[1969] *Glauben und Wissen*. Eine Untersuchung zur epistemischen Logik, Dissertation, München.
[1973] Zur 3-wertigen Logik der natürlichen Sprache, *Papiere zur Linguistik* **4**, 20–96.
[1974] Dreiwertige Sprachanalyse und Logik, Univ. München (unveröffentl. Manuskript).
[1978] *Die dreiwertige Logik der Sprache: ihre Syntax, Semantik und Anwendung in der Sprachanalyse*, Berlin (West) — New York (de Gruyter).

BLOK, W. J.
[1977] The lattice of modal logics, *Bulletin of the Section of Logic* **6**, 112–115.

BOČVAR, D. A.
[1938] Ob odnom trechznačnom isčislenii i ego primenenii k analizu paradoksov klassičeskogo isčislenija, *Matematičeskij Sbornik* **4** (46), 287–308.
[1943] K voprosu o neprotivorečivosti odnogo trechznačnogo isčislenija, *Matematičeskij Sbornik* **12** (54), 353–369.

BOËR, S. E. — LYCAN, W. G.
[1976] The myth of semantic presupposition, *OSU Working Papers in Linguistics* **21**, Indiana Univ. Linguistics Club, Bloomington.

BOLZANO, B.
[1977] Aetiologie, in: *Mathematische und philosophische Schriften* 1810–1816 (J. Berg Hrsg.), Stuttgart (Frommann), S. 75–112.

BORKOWSKI, L.
[1976] *Formale Logik*. Logische Systeme. Einführung in die Metalogik, Berlin (Akademie-V.).

BOWEN, K. A.
[1979] *Model Theory for Modal Logic*, Dordrecht (Reidel).

BROY, M. (Hrsg.)
[1985] *Control Flow and Data Flow: Concepts of Distributed Programming*, Berlin (West) etc. (Springer).

BULAVINOV, A. N.
[1978] Propozicional'nye modal'nye isčislenija na intuicionistskoj osnove, in: *Modal'nye i intensional'nye isčislenija*. Tezisy koordinacionnogo soveščanija, Moskau (Institut Filosofii Akademii Nauk SSSR), S. 24–27.

BULL, R. A.
[1965] A modal extension of intuitionistic logic, *NDJFL* **6**, 142–146.

BURGE, T.
[1975] Truth and singular terms, *Noûs* **8**, 309–325.

BYRD, M. E.
[1973] Knowledge and true belief in Hintikka's epistemic logic, *JPL* **2**, 181–192.

CARNAP, R.
[1972] *Bedeutung und Notwendigkeit*, Wien—New York (Springer).
CASTAÑEDA, H. N.
[1960] Obligation and modal logic, *Logique et Analyse* **3**, 40—48.
ČELIŠČEV, V. V.
[1977] *Filosofskie problemy semantiki vozmožnych mirov*, Novosibirsk (Nauka).
[1978] *Ponjatie ob'ekta v modalnoj logike*, Novosibirsk (Nauka).
CHANG, C. C.
[1963] The axiom of comprehension in infinite valued logic, *Mathematica Scandinavica* **13**, 9—30.
[1965] Infinite-valued logic as a basis for set theory, in: *Logic, Methodology, and Philosophy of Science* (Y. Bar-Hillel et al. Hrsg.), Amsterdam (North-Holland), S. 93—100.
CHELLAS, B. F.
[1980] *Modal Logic*. An Introduction, Cambridge (Cambridge Univ. Press).
CHISHOLM, R. M.
[1946] The contrary-to-fact conditional, *Mind* **55**, 289—307.
[1963] Contrary-to-duty imperatives and deontic logic, *Analysis* **24**, 33—36.
[1969] On a principle of epistemic preferability, *Philosophy and Phenomenological Research* **30**, 290—293.
CHISHOLM, R. M. — KEIM, R. G.
[1972] Ein System der epistemischen Logik, *Ratio* **14**, 95—110.
CHLEBUS, B.
[1982] On the decidability of propositional algorithmic logic, *ZML* **28**, 247—261.
[1982a] On the computational complexity of satisfiability in propositional logics of programs, *Theoretical Computer Science* **21**, 179—212.
CHURCH, A.
[1950] On Carnap's analysis of assertion and belief, *Analysis* **10**, 97—99.
[1951] A formulation of the logic of sense and denotation, in: *Structure, Method and Meaning*. Essays in Honour of Henry M. Sheffer (P. Henle, H. M. Kallen, S. K. Langer Hrsg.), New York (Liberal Arts Press), S. 3—24.
[1954] Isomorphism and identity of belief, *Philosophical Studies* **5**, 65—73.
CONTE, A. G. — HILPINEN, R. — VON WRIGHT, G. H. (Hrsg.)
[1977] *Deontische Logik und Semantik*, Wiesbaden (Athenaion).
CRESSWELL, M. J.
[1970] Classical intensional logic, *Theoria* **34**, 347—372.
[1972] Intensional logics and logical truth, *JPL* **1**, 2—15.
[1980] Quotational theories of propositional attitudes, *JPL* **9**, 17—40.
[1984] An incomplete decidable modal logic, *JSL* **49**, 520—527.
DAHN, B. I.
[1973] Generalized Kripke models, *Bull. Acad. Polon, Sci.* **21**, 1073—1077.
DANIELS, C. B. — FREEMAN, J. B.
[1980] An analysis of subjunctive conditional, *NDJFL* **21**, 639—655.
DANKO, W.
[1978] Algorithmic properties of programs with tables, *Fund. Inform.* **1**, 379 bis 398.

[1979] Definability in algorithmic logic, *Fund. Inform.* **2**, 277–287.

DAVIDSON, D. — HINTIKKA, J. (Hrsg.)

[1969] *Words and Objections*, Dordrecht (Reidel).

DAWSON, E. E.

[1959] A model for deontic logic, *Analysis* **19**, 73–78.

DOWTY, D. R. — WALL, R. E. — PETERS, S. T.

[1981] *Introduction to Montague Semantics* (Synthese Language Library, vol. **11**), Dordrecht (Reidel).

DUGUNDJI, J.

[1940] Note on a property of matrices for Lewis' and Langford's calculi of propositions, *JSL* **5**, 150–151.

DUMMETT, M.

[1959] A propositional calculus with denumerable matrix, *JSL* **24**, 97–106.

DUMMETT, M. — LEMMON, E. J.

[1959] Modal logics between S4 and S5, *ZML* **5**, 250–264.

DZIOBIAK, W.

[1978] A note on incompleteness of modal logic with respect to neighbourhood semantics, *Bulletin of the Section of Logic* **7**, 172–176.

[1981] The degress of maximality of the intuitionistic propositional logic and of some of its fragments, *Studia Logica* **40**, 195–198.

[1982] On finite approximability of ψ-intermediate logics, *Studia Logica* **41**, 67–73.

[1983] Cardinalies of proper ideals in some latticef of strengthenings of the intuitionistic propositional logic, *Studia Logica* **42**, 173–177.

EBERLE, R.

[1974] A logic of believing, knowing and inferring, *Synthese* **26**, 356–382.

ENGELER, E.

[1967] Algorithmic properties of structures, *Math. Systems Theory* **1**, 183–195.

FENSTAD, J. E.

[1964] On the consistency of the axiom of comprehension in the Łukasiewicz infinite valued logic, *Mathematica Scandinavica* **14**, 65–74.

FEYS, R.

[1965] *Modal Logics*, Paris (Gauthier-Villars; russ. Übersetzung: Modalnaja logika, Moskau (Nauka) 1974).

FINE, K.

[1974] An incomplete logic containing S4, *Theoria* **40**, 23–29.

FISCH, M. — TURQUETTE, A. R.

[1966] Peirce's triadic logic, *Transactions Ch. S. Peirce Society* **2**, 71–85.

FISCHER, M. J. — LADNER, R. E.

[1977] Propositional modal logic of programs, in: *Proc. 9th Annual ACM Symp. on Theory of Computing*, Boulder, Colo., S. 286–294.

FISHER, M.

[1961] A three-valued calculus for deontic logic, *Theoria* **27**, 107–118.

FITTING, M. C.

[1969] *Intuitionistic Logic, Model Theory and Forcing*, Amsterdam (North-Holland).

[1983] *Proof Methods for Modal and Intuitionistic Logics*, Dordrecht (Reidel).

Floyd, R. W.

[1967] Assigning meanings to programs, in: *Math. Aspects of Computer Sci.* (J. T. Schwartz Hrsg.), S. 19–32.

Frege, G.

[1891] *Function und Begriff*, Jena (Nachdruck in: Berka/Kreiser [1983]).

[1892] Über Sinn und Bedeutung, *Zeitschrift für Philosophie und philosophische Kritik* **100**, 25–50. (Nachdruck in: Berka/Kreiser [1983]).

Gabbay, D. M.

[1976] *Investigations in Modal and Tense Logics with Applications to Problems in Philosophy and Linguistics*, Dordrecht (Reidel).

Gardies, J.-L.

[1973] Logique déontique et théorie générale des fonctions completives, *Logique et Analyse* **16**, Nr. 61–62, 143–220.

[1976] De la théorie des normes à l'informatique, *Logique et Analyse* **19**, Nr. 73, 139–170.

[1978] La logique déontique et ses sémantiques possibles, *Logique et Analyse* **21**, Nr. 82–83, 185–203.

[1983] Logique de l'action (ou du changement) et logique déontique, *Logique et Analyse* **26**, Nr. 101, 71–89.

Gazdar, G.

[1979] *Pragmatics: Implicature, Presupposition, and Logical Form*, New York (Academic Press).

Gerasimova, I. A.

[1984] Okrestnostnye semantiki dlja epistemičeskich logik, in: *Modal'nye i intensional'nye logiki i ich primenenie k problemam metodologii nauki*, Moskau (Nauka), S. 207–220.

Gerson, M.

[1975] The inadequacy of the neighbourhood semantics for modal logic, *JSL* **40**, 141–148.

Gödel, K.

[1932] Zum intuitionistischen Aussagenkalkül, *Anzeiger Akad. Wiss. Wien*, Math.-nat. Kl. **69**, 65–66; auch: *Ergebnisse eines mathemat. Kolloquiums* **4** (1933), 40. (Nachdruck in: Berka/Kreiser [1983], 199–200).

[1933] Eine Interpretation des intuitionistischen Aussagenkalküls, *Ergebnisse eines mathemat. Kolloquiums* **4**, 39–40. (Nachdruck in: Berka/Kreiser [1983], S. 200–201).

Goguen, J. A.

[1969] The logic of inexact concepts, *Synthese* **19**, 325–373.

Goodman, N.

[1947] The problem of counterfactual conditionals, *Journal of Philosophy* **44**, 113–128.

Goosen, W.

[1979] Causal chains and counterfactuals, *Journal of Philosophy* **76**, 489–496.

Gottwald, S.

[1979] Mengentheoretische Eigenschaften unscharfer Begriffe, *Math. Nachr.* **91**, 363–374.

[1980] Fuzzy propositional logics, *Fuzzy Sets and Systems* **3**, 181–192.

[1985] Fuzzy-Logik, ein Versuch systematisierten approximativen Schließens, in: *Entwicklungstendenzen nichtklassischer Logiken und Probleme ihrer Geschichtsschreibung* (G. Schenk, H. Wessel Hrsg.), Wissenschaftl. Beiträge 1985/19 (A 74), Martin-Luther-Univ. Halle (Saale), S. 62–73.

[1986] Characterizations of the solvability of fuzzy equations, *Elektron. Informationsverarb. und Kybernetik* **22**, 67–91.

GRABOWSKI, M.

[1981] Full weak second-order logic versus algorithmic logic, in: *Mathematical Logic in Computer Science* (B. Dömölki, T. Gergely Hrsg.), Colloquia Math. Soc. J. Bolyai, Bd. **26**, Amsterdam (North-Holland), S. 471–483.

GRICE, H. P.

[1975] Logic and conversation, in: *Syntax and Semantics*, Vol. 3: *Speech Acts* (P. Cole, J. L. Morgan Hrsg.), New York (Academic Press), S. 41–58; (deutsch als: Logik und Konversation, in: *Handlung, Kommunikation, Bedeutung* (G. Meggle Hrsg.), Frankfurt/Main (Suhrkamp) 1979, S. 243–265).

GRIGOLIA, R.

[1977] Algebraic analysis of Łukasiewicz-Tarski's *n*-valued logical systems, in: *Selected Papers on Łukasiewicz Sentential Calculi* (R. Wójcicki, G. Malinowski Hrsg.), Wrocław (Ossolineum), S. 81–92.

GUMAŃSKI, L.

[1975] Deontic logic without certain paradoxes, *Studia Logica* **34**, 343–365.

[1975a] Paradoksy obowiazków i dozwoleń w standardowym systemie logiki deontycznej, *Ruch Filozoficzny* **33**, Nr. 1, 55–56.

[1977] An improvement of the deontic calculus DSC, *Studia Lociga* **36**, 177–180.

[1977a] Ein neues System der deontischen Logik, *Wissenschaftl. Zeitschrift Univ. Halle*, Ges.- und sprachwiss. Reihe, **26**, Nr. 3, 27–35.

[1980] On deontic logic, *Studia Logica* **39**, 63–75.

[1983] An extension of the calculus DSC_1, *Studia Logica* **42**, 129–137.

HAILPERIN, T.

[1953] Quantification theory and empty individual domains, *JSL* **18**, 197–200.

HAILPERN, B. T.

[1981] *Verifying Concurrent Processes Using Temporal Logic*, Lecture Notes Computer Sci., Bd. **129**, Berlin (West) etc. (Springer).

HANSON, W. H.

[1965] Semantics for deontic logic, *Logique et Analyse* **8**, Nr. 31, 177–190.

HAŃSSON, B.

[1969] An analysis of some deontic logics, *Noûs* **3**, 373–398. (Nachdruck in: HILPINEN [1971], 121–147).

[1977] The dependence of deontic logic upon the general theory of decision, in: CONTE/HILPINEN/VON WRIGHT [1977], 74–81.

HAUSSER, R.

[1976] Presuppositions in Montague grammar, *Theoretical Linguistics* **3**, 245–280.

HAY, L. S.

[1963] Axiomatization of the infinite valued predicate calculus, *JSL* **28**, 77–86.

HEITSCH, W.
[1977] Ein Normenkalkül mit semantisch definierter Satzmenge, in: WESSEL [1977], S. 108–129.

HEMPEL, C. G.
[1937] A purely topological form of non-aristotelian logic, *JSL* **2**, 97–112.
[1939] Vagueness and logic, *Philosophy of Science* **6**, 163–180.

HERMES, H.
[1963] *Einführung in die mathematische Logik.* Klassische Prädikatenlogik, Stuttgart (Teubner).

HERZBERGER, H. G.
[1973] Dimensions of truth, *JPL* **2**, 535–556.

HEYTING, A.
[1930] Die formalen Regeln der intuitionistischen Logik, *Sitzungsberichte der Preußischen Akad. Wiss.*, Phys.-Math. Kl., 42–56.
[1930a] Die formalen Regeln der intuitionistischen Mathematik II, *Sitzungsberichte der Preußischen Akad. Wiss.*, Phys.-Math. Kl., 57–71.
[1934] *Mathematische Grundlagenforschung. Intuitionismus. Beweistheorie,* Berlin (Springer).
[1962] After thirty years, in: *Logic, Methodology and Philosophy of Science,* Proc. International Congress 1960 (E. Nagel, P. Suppes, A. Tarski Hrsg.), Stanford (Stanford Univ. Press), S. 194–197.

HILBERT, D.
[1922] Neubegründung der Mathematik. Erste Mitteilung, *Abhandlungen aus dem Mathematischen Seminar der Hamburger Universität* **1**, 157–177.
[1926] Über das Unendliche, *Mathematische Annalen* **95**, 161–190.

HILBERT, D. – ACKERMANN, W.
[1959] *Grundzüge der theoretischen Logik,* Berlin (Springer), 4. Aufl.

HILPINEN, R.
[1971] (Hrsg.) *Deontic Logic: Introductory and Systematic Readings,* Dordrecht (Reidel).
[1977] Deontic logic and the semantics of possible worlds, in: CONTE/HILPINEN/VON WRIGHT [1977], S. 82–88.

HINTIKKA, J.
[1957] Modality as referential multiplicity, *Ajatus* **20**, 49–64.
[1962] *Knowledge and Belief.* Ithaca–New York.
[1969] *Models für Modalities.* Dordrecht (Reidel).
[1969a] The modes of modality, in: HINTIKKA [1969], S. 71–86.
[1970] "Knowing that one knows" reviewed, *Synthese* **21**, 141–162.
[1970a] Surface information and depth information, in: *Information and Inference* (J. Hintikka, P. Suppes Hrsg.), Dordrecht (Reidel), S. 263–297.
[1972] Some problems in epistemic logic, two comments, *Ajatus* **34**, 144–148.
[1973] *Logic, Language-Games and Information,* Oxford.
[1975] Impossible possible worlds vindicated, *JPL* **4**, 475–484.

HOARE, C. A. R.
[1969] An axiomatic approach to computer programming, *Communications ACM* **12**, 576–580.
[1972] Proof of correctness of data representations, *Acta Informatica* **1**, 271–281.

HOFSTADTER, A. — MCKINSEY, J. C. C.
[1939] On the logic of imperatives, *Philosophy of Science* **6**, 446—457.
HUGHES, G. E. — CRESSWELL, M. J.
[1968] *An Introduction to Modal Logic*, London (Methuen). (Deutsche Übersetzung: Einführung in die Modallogik, Berlin (West) — New York (de Gruyter), 1978).
IWIN, A. A.
[1972] Grundprobleme der deontischen Logik, in: *Quantoren, Modalitäten, Paradoxien* (H. Wessel Hrsg)., Berlin (Deutscher Verlag Wissensch.), S. 402—522.
JANOV, JU. I. (JANOW, J.)
[1957] O ravnosil'nosti i preobrazovanijach schem programm, *Doklady Akad. Nauk SSSR* **113**, 39—42.
[1962] Über logische Schemata von Algorithmen, in: *Probleme der Kybernetik*, Bd. **1**, Berlin (Akademie-V.), S. 87—144.
JAŚKOWSKI, S.
[1934] On the rules of supposition in formal logic, *Studia Logica* **1**, 5—32.
[1936] Recherches sur le système de la logique intuitionistic, in: *Actes du Congrès International de Philosophie Scientifique* **1935**, Actualitès Scientifique et Industriel, Bd. **393**, Paris (Hermann), S. 58—61.
[1948] Ein Aussagenkalkül für deduktiv widersprüchliche Systeme (poln.), *Studia Societatis Scientiarum Torunensis*, Sect. A, **1**, 57—77.
[1951] On the modal and causal functions in symbolic logic, *Studia Philosophica* **4**, 71—92.
JEFFREY, R. C.
[1967] *Logik der Entscheidungen*, Wien—München (Oldenbourg).
JOHNSON WU, K.
[1972] On Hintikka's defense of (C.KK*) and (C.BB*), *Ajatus* **34**, 139—143.
[1976] On (C.KK*) and KK-thesis, *JPL* **4**, 91—95.
JØRGENSEN, J.
[1937—38] Imperatives and logic, *Erkenntnis* **7**, 288—296.
JUNG, U. — KÜSTNER, H.
[1987] Ein Kalkül zur Behandlung von Negation und Präsupposition und seine Anwendung auf die semantische Beschreibung lexikalischer Einheiten, in: KUNZE, J., JUNG, U., KÜSTNER, H., Probleme der Selektion und Semantik, *studia grammatica* **XXVIII**, Berlin (Akademie-Verlag) 1987, 155—210.
KALINOWSKI, G.
[1953] Théorie des propositiones normatives, *Studia Logica* **1**, 147—182.
[1972] *La Logique des Normes*, Paris (Presses Universitaires de France).
[1972a] *Études de Logique Déontique*. I (1953—1969), Paris (Libr. General de Droit et de Jurisprudence).
[1977] Du prescriptif et du descriptive en logique déontique, *Logique et Analyse* **20**, Nr. 79, 317—328.
[1985] Logique des normes, logique déontique et fondements logiques de la pensée normative, in: KALINOWSKI/SELVAGGI [1985], S. 147—174.
KALINOWSKI, G. — SELVAGGI, F. (Hrsg.)
[1985] *Les Fondements Logique de la Pensée Normative*. Actes du Colloque de Logique Déontique de Rome (April 1983), Rom (Ed. Pontificia Università Gregoriana).

Kanger, S.

[1957] *Probability in Logic*, Stockholm (Almqvist & Wiksell).

Kaplan, D.

[1969] Quantifying in, in: Davidson/Hintikka [1969], S. 206—242.

Karttunen, L.

[1973] Presuppositions of combound sentences, *Linguistic Inquiry* **4**, 169—193.

[1973a] Remarks on presuppositions. Presented at Texas Conference on Performances, Conversational Implicatures and Presuppositions.

Karttunen, L. — Peters, S.

[1975] Conventional implicature in Montague grammar, in: *Proc. First Annual Meeting of the Berkeley Linguistic Soc.*, S. 266—278.

[1977] Requiem for presupposition, in: *Proc. Third Annual Meeting of the Berkeley Linguistic Soc.*, S. 360—371.

[1979] Conventional implicature, in: *Syntax and Semantics*. Vol. **11**: *Presupposition* (D. A. Dineen, C. K. Oh Hrsg.) New York (Academic Press), S. 1—56.

Kelsen, H.

[1960] *Reine Rechtslehre*, Wien (Deuticke), 2. Auflage

Kelsik, N. C.

[1979] Bibliography, in: *Justification and Knowledge* (G. S. Pappas Hrsg.), Dordrecht (Reidel), S. 183—211.

Kempson, R. M.

[1975] *Presupposition and the Delimitation of Semantics*, New York—Cambridge (University Press).

Keuth, H.

[1974] Deontische Logik und Logik der Normen, in: Lenk [1974], S. 64—88.

Kielkopf, C. F.

[1974] K1 as a Dawson modelling of A. R. Anderson's sense of 'ought', *NDJFL* **15**, 402—410.

Kleene, S. C.

[1938] On notation for ordinal numbers, *JSL* **3**, 150—155.

[1952] *Introduction to Metamathematics*, Amsterdam/New York (North-Holland/van Nostrand).

Kolmogorov, A. N.

[1925] O principe tertium non datur, *Matematičeski Sbornik* **32**, 646—667.

[1932] Zur Deutung der intuitionistischen Logik, *Mathematische Zeitschrift* **35**, 58—65. (Nachdruck in: Berka/Kreiser [1983], 193—199.)

Kostjuk, V. N.

[1978] *Elementy Modalnoj Logiki*, Kiew.

Kozen, D.

[1979] A representation theorem for models of *-free PDL, Report RC 7864, IBM Research Centre, Yorktown Heights, New York.

Kreczmar, A.

[1972] Degree of recursive unsolvability of algorithmic logic, *Bull. Acad. Polon. Sci.* **20**, 615—618.

[1974] Effectivity problems of algorithmic logic, in: *Automata, Languages and Programming*, 2nd Colloq. Saarbrücken 1974 (J. Loeckx Hrsg.), Lecture Notes Computer Sci., Bd. **14**, Berlin (West) etc. (Springer), S. 583–600.

KRESCHNAK, H.

[1985] *Computergestützte Analysen von Schülerleistungen.* Ein Beitrag zur Logik und Methodologie der Diagnostik, Beiträge zur Pädagogik, Bd. 34, Berlin (Volk und Wissen).

KRIPKE, S. A.

[1959] A completeness theorem in modal logic, *JSL* **24**, 1–14.

[1962] The undecidability of monadic modal quantification theory, *ZML* **8**, 113–116.

[1963] Semantic analysis of modal logic I: Normal modal propositional calculi, *ZML* **9**, 67–96.

[1965] Semantic analysis of modal logic II: Nonnormal modal calculi, in: *The Theory of Models* (J. W. Addison, L. Henkin, A. Tarski Hrsg.), Amsterdam (North-Holland), S. 206–220.

[1971] Identity and necessity, in: *Identity and Individuation* (M. K. Munitz Hrsg.), New York, S. 135–164.

[1972] Naming and necessity, in: *Semantics of Natural Language* (D. Davidson, G. Harman Hrsg.), Dordrecht (Reidel), S. 253–355. (Deutsch als: Name und Notwendigkeit, Frankfurt/M. (Suhrkamp), 1981.)

KUBIN, W.

[1979] Eine Axiomatisierung der mehrwertigen Logiken von Gödel, *ZML* **25**, 549 bis 558.

KUTSCHERA, F. VON

[1967] *Elementare Logik*, Wien–New York (Springer).

[1976] *Einführung in die intensionale Semantik*, Berlin (West) – New York (de Gruyter).

LAMBERT, K.

[1981] On the philosophical foundations of free logic, *Inquiry* **24**, 147–203.

LAMBERT, K. – LEBLANC, H. – MEYER, R. K.

[1969] A liberated version of S5, *Archiv für mathemat. Logik und Grundlagenforschung* **12**, 151–154.

LEBLANC, H. – HAILPERIN, T.

[1959] Nondesignating singular terms, *Philosophical Review* **68**, 239–243.

LEBLANC, H. – MEYER, R. K.

[1969] Open formulas and the empty domain, *Archiv für mathemat. Logik und Grundlagenforschung* **12**, 78–84.

LEMMON, E. J.

[1957] New foundations for Lewis' modal systems, *JSL* **22**, 176–186.

[1966] Algebraic semantics for modal logics, *JSL* **31**, 46–65 und 192–219.

[1977] *An Introduction to Modal Logic* (American Philosophical Quarterly Monograph Series), Oxford (Blackwell) – Preprint bereits 1966.

LENK, H. (Hrsg.)

[1974] *Normenlogik*, Pullach (Verlag Dokumentation).

LENZEN, W.

[1978] Recent work in epistemic logic, *Acta Philosophica Fennica* **30**, H. 1.

[1979] Epistemologische Bemerkungen zu S4, S5, *Erkenntnis* **14**, 33–56.
[1980] *Glauben, Wissen und Wahrscheinlichkeit*, Wien–New York (Springer).

LEVIN, M. E. — LEVIN, M. R.
[1978] The independence results of set theory: an informal exposition, *Synthese* **38**, 1–34.

LEWIS, C. I.
[1918] *A Survey of Symbolic Logic*, Berkeley (Univ. of California Press).

LEWIS, C. I. — LANGFORD, C. H.
[1932] *Symbolic Logic*, New York.

LEWIS, D.
[1973] Causation, *Journal of Philosophy* **70**, 556–568.
[1973a] Counterfactuals and comparative possibility, *JPL* **2**, 418–446.
[1974] Prinzipien der Semantik, in: *Studien zur Semantik* (S. Kanngießer, G. Lingrün Hrsg.), Kronberg/Ts. (Scriptor), S. 136–197.

LINDEMANS, F.
[1983] The reduction of deontic logic to the first-order predicate calculus, *Logique et Analyse* **26**, Nr. 102, 191–202.

LOEWER, B. M.
[1978] Cotenability and counterfactual logic, *JPL* **8**, 99–117.

LÓPEZ-ESCÓBAR, E. G. K.
[1981] Equivalence between semantics for intuitionism. I, *JSL* **46**, 773–780.

LORENZEN, P.
[1961] Ein dialogisches Konstruktivitätskriterium, in: *Infinitistic Methods*, Proceedings of the Symposium on Foundations of Mathematics, Warsaw, 2.–9. Sept. 1959, Warszawa, S. 193–200 (Nachdruck in: Berka-Kreiser [1983]).
[1962] *Metamathematik*, Mannheim (Bibliograph. Institut).

ŁOŚ, J.
[1948] Logiki wielowartosciowe a formalozacja funkcij intensjonalnych, *Kwartalnik Filozoficzny* **17**, 59–78.

LOVETT, E. O.
[1900–01] Mathematics at the International Congress of Philosophy, Paris 1900, *Bulletin of the American Mathematical Society* **7**, 157–183.

ŁUKASIEWICZ, J.
[1920] O logice trojwartosciowej, *Ruch Filosoficzny* **5**, 170–171 (s. auch [1970]).
[1930] Philosophische Bemerkungen zu mehrwertigen Systemen des Aussagenkalküls, *CR Varsovie*, cl. III, **23**, 51–77 (s. auch [1970]). (Nachdruck in: Berka/Kreiser [1983], 135–150).
[1935] Zur Geschichte der Aussagenlogik, *Erkenntnis* **5**, 111–131 (s. auch [1970]).
[1953] A system of modal logic, *Journal of Computing Systems* **1**, 111–149 (s. auch [1970]).
[1970] *Selected Works* (L. Borkowski Hrsg.), Amsterdam/Warschau (North-Holland/PWN).

ŁUKASIEWICZ, J. — TARSKI, A.
[1930] Untersuchungen über den Aussagenkalkül, *CR Varsovie*, cl. III, **23**, 30–50 (s. a. ŁUKASIEWICZ [1970]).

MAKINSON, D.
[1966] On some completeness theorems in modal logics, *ZML* **12**, 379–384.
[1970] A generalization of the concept of a relational model for modal logic, *Theoria* **34**, 331–335.
MARTIN, J. N.
[1975] Karttunen on possibility, *Linguistic Inquiry* **6**, 339–341.
McCOLL, H.
[1897] Symbolic reasoning. II, *Mind*, N. S. **6**, 493–510.
McKINSEY, J. C. C.
[1939] Proof of the independence of the primitive symbols of Heyting's calculus of propositions, *JSL* **4**, 155–158.
McKINSEY, J. C. C. — TARSKI, A.
[1948] Some theorems about the sentential calculi of Lewis and Heyting, *JSL* **13**, 1–14.
McLAUGHLIN, R. N.
[1955] Further problems of derived obligation, *Mind* **64**, 400–402.
MENGER, K.
[1939] A logic of the doubtful. On optative and imperative logic, *Reports of a Mathematical Colloq.* **2**, Notre Dame Univ., Indiana (University Press), S. 53–64.
MEYER, R. K. — LAMBERT, K.
[1968] Universally free logic and standard quantification theory, *JSL* **33**, 8–26.
MICHALSKI, K.
[1937] Le probléme de la volonté à Oxford et à Paris au XIVe siècle, *Studia Philos.* **2**, 233–365.
MINC, G. E.
[1974] Sistemy Ljuisa i sistema *T* (1965–1973); Anhang zur russ. Übersetzung von FEYS [1965], S. 422–509.
MIRKOWSKA, G.
[1971] On formalized systems of algorithmic logic, *Bull. Acad. Polon. Sci.* **19**, 421–428.
[1974] Herbrand theorem in algorithmic logic, *Bull. Acad. Polon. Sci.* **22**, 539–543.
[1977] Algorithmic logic and its application in the theory of programming. I–II, *Fund. Inform.* **1**, 1–17, 147–166.
[1980] Algorithmic logic with nondeterministic programs, *Fund. Inform.* **3**, 45–64.
[1981] PAL — propositional algorithmic logic, *Fund. Inform.* **4**, 675–760.
MOH SHAW-KWEI
[1954] Logical paradoxes for many-valued systems, *JSL* **19**, 37–40.
MOHR, H.-P.
[1980] Logische Grundlagen des effektiven Handelns auf der Basis bedingter Wahrscheinlichkeits- und Wünschbarkeitsverteilungen, Dissertation A, Univ. Leipzig.
MONTAGUE, R.
[1970] The proper treatment of quantification in ordinary English, in: *Approaches to Natural Language*. Proc. 1970 Stanford Workshop on Grammars and Semantics (J. Hintikka, J. Moravcsik, P. Suppes Hrsg.), Dordrecht (Reidel), S. 221–242.

[1974] *Formal Philosophy*, Selected Papers, New Haven (Yale Univ. Press).

MONTAGUE, R. — SCHNELLE, H.

[1972] *Universale Grammatik*, Braunschweig (Vieweg).

MORGAN, C. G.

[1975] Weak liberated versions of T and S4, *JSL* **40**, 25—30.

[1975a] Liberated versions of T, S4 and S5, *Archiv für mathemat. Logik und Grundlagenforschung* **17**, 85—90.

MOSTOWSKI, A.

[1951] On the rules of proof in the pure functional calculus of the first order, *JSL* **16**, 107—111.

[1957] On a generalization of quantifiers, *Fundamenta Mathematicae* **44**, 12—36.

[1961] Axiomatizability of some many valued predicate calculi, *Fundamenta Mathematicae* **50**, 165—190.

MUELDNER, T.

[1981] On the semantics of parallel programs, *Fund. Inform.* **4**, 35—82.

MULLOCK, P.

[1975] The Stone-Tammelo deontic logic, *Logique et Analyse* **18**, Nr. 69—70, 65—89.

NEUMANN, J. VON — MORGENSTERN, O.

[1961] *Die Theorie der Spiele und des wirtschaftlichen Verhaltens*, Würzburg.

NOVIKOV, P. A.

[1973] *Grundzüge der mathematischen Logik*, Berlin (Deutscher Verlag Wiss.).

[1977] *Konstruktivnaja matematičeskaja logika s točki zrenija klassičeskoj*, Moskau (Nauka).

PAILTHORP, C.

[1967] Hintikka on knowing that one knows, *The Journal of Philosophy* **64**, 487 bis 500.

PAP, A.

[1957] Belief and proposition, *Philosophy of Science* **24**, 123—136.

PARIKH, R.

[1978] The completeness of propositional dynamic logic, in: *Math. Found. Computer Sci. 1978*. Proc. 7th. Symp. Zakopane, Sept. 4.—8., 1978 (J. Winkowski Hrsg.), Lecture Notes Computer Sci., Bd. **64**, Berlin (West) etc. (Springer), S. 403—415.

[1982] Propositional dynamic logic: a survey, in: *Logics of Programs*. Workshop Zürich 1979 (E. Engeler Hrsg.), Lecture Notes Computer Sci., Bd. **125**, Berlin (West) etc. (Springer), S. 102—144.

PARSONS, T.

[1975] Rezension zu: MONTAGUE [1974], *The Journal of Philosophy* **72**, 196—203.

PATZIG, G.

[1973] Aristotle, Łukasiewicz and the origins of many-valued logic, in: *Logic, Methodology and Philosophy of Science* IV (P. Suppes et al. Hrsg.), Warschau/Amsterdam (PWN/North-Holland), S. 921—929.

PEIRCE, CH. S.

[1931—58] *Collected Papers* (C. Hartshorns et al. Hrsg.), Cambridge/Mass. (Harvard Univ. Press).

PETERMANN, U.
[1980] On algorithmic logic with partial operations, in: *Logics of Programs and Their Applications*. Proc. Poznan 1980 (A. Salwicki Hrsg.). Lecture Notes Computer Sci., Bd. **148**, Berlin (West) etc. (Springer), S. 213–223.
[1984] File System — Axiomatic Specification and Discussion of its Realizability in LOGLAN, Dissertation, Univ. Warschau.

PETERS, S.
[1977] A truth-conditional formulation of Karttunen's account of presupposition, *Texas Linguistic Forum* **6**, 137–149.

PHILIPP, P.
[1977] Logische Aspekte zweckmäßigen Verhaltens, *Wissensch. Zeitschrift Univ. Halle*, Ges.- und sprachwissensch. Reihe, **26**, Nr. 6, 75–82.
[1978] Ein System der deontischen Logik, *Wissensch. Zeitschrift Univ. Halle*, Ges.- und sprachwissensch. Reihe, **27**, Nr. 4, 17–27.

PIECZKOWSKI, A.
[1965] The axiomatic system of the factorial implication, *Studia Logica* **18**, 41–46.

PIEL, W.
[1980] Zur formalen Pragmatik konstativer Performatoren, in: *Theorie des wissenschaftlichen Argumentierens* (C. F. Gethmann Hrsg.), Frankfurt/M. (Suhrkamp), S. 165–189.

PNUELI, A.
[1977] The temporal logic of programs, in: *The 18th Annual Symp. on Found. of Computer Sci.* Providence, R. I., Long Beach (IEEE Computer Soc.), S. 46–57.
[1979] The temporal semantics of concurrent programs, in: *Semantics of Concurrent Computation*. Proc. Internat. Symp., Evian, Frankreich (G. Kahn Hrsg.), Lecture Notes Computer Sci., Bd. **70**, Berlin (West) etc. (Springer), S. 1–20.

POGORZELSKI, W. A.
[1964] The deduction theorem for Łukasiewicz many-valued propositional calculi, *Studia Logica* **15**, 7–23.

POLYA, G.
[1962–63] *Mathematik und plausibles Schließen*. Bde. I, II, Basel–Stuttgart (Birkhäuser).

PÖSCHEL, R. — KALUZNIN, L. A.
[1979] *Funktionen- und Relationenalgebren*. Ein Kapitel der Diskreten Mathematik, Berlin (Deutscher Verlag Wiss.).

POST, E. L.
[1921] Introduction to a general theory of elementary propositions, *American Journal of Mathematics* **43**, 163–185.

PRATT, V. R.
[1976] Semantical considerations on Floyd-Hoare logic, in: *Proc. 17th IEEE Symp. on Foundations of Computing*, Houston, Tex., S. 109–121.
[1979] Process logic, in: *Proc. 6th Annual ACM Symp. on Principles of Programming Languages*, San Antonio, Tex., S. 93–100.

[1979a] Dynamic algebras: examples, constructions, applications. MIT, Lab. Computer Sci., Technical Memo. 138.

[1980] Applications of modal logic to programming, *Studia Logica* **39**, 257–274.

PRIOR, A.

[1954] The paradoxes of derived obligation, *Mind* **63**, 64–65.

[1957] *Time and Modality*, Oxford (Clarendon Press).

[1958] Escapism: the logical basis of ethics, in: *Essays in Moral Philosophy* (A. I. Melden Hrsg.), Seattle (Univ. of Washington Press), S. 135–146.

[1962] *Formal Logic*, Oxford (Clarendon Press), 2. Auflage.

[1967] *Past, Present and Future*, London, Oxford. (Clarendon Press).

QUINE, W. V. O.

[1940] *Mathematical Logic*, New York (Norton).

[1954] Quantification and the empty domain, *JSL* **19**, 177–179.

[1961] *From a Logical Point of View*, Cambridge/Mass. (deutsche Übers.: Frankfurt/M. (Ullstein) 1979).

RAGAZ, M. E.

[1981] Arithmetische Klassifikation von Formelmengen der unendlichwertigen Logik, Dissertation, ETH Zürich.

RAMSEY, F. P.

[1931] Truth and probability, in: *The Foundations of Mathematics and other Logical Essays*, London–New York (Routledge and Kegan Paul-Harcourt, Brace and Co.).

RANTALA, V.

[1975] Urn models: a new kind of non-standard model for first order logic, *JPL* **4**, 455–474.

RASIOWA, H.

[1975] ω^+-valued algorithmic logic as a tool to investigate procedures, in: *Mathematical Foundations of Computer Sci. 1974.* 3rd Symp. Jadwisin (A. Blikle Hrsg.), Lecture Notes Computer Sci., Bd. **28**, Berlin (West) etc. (Springer) S. 423–450.

RASIOWA, H. — SIKORSKI, R.

[1963] *The Mathematics of Metamathematics*, Warschau (PWN).

RAUTENBERG, W.

[1979] *Klassische und nichtklassische Aussagenlogik*, Braunschweig (Vieweg).

REIS, M.

[1977] *Präsupposition und Syntax*, Tübingen (Niemeyer).

RESCHER, N.

[1957] Rezension zu PAP [1957], *JSL* **22**, 391–392.

[1958] An axiom system for deontic logic, *Philosophical Studies* **9**, 24–30.

[1964] Quantifiers in many-valued logic, *Logique et Analyse* **7**, 181–184.

[1968] *Topics in Philosophical Logic*, Dordrecht (Reidel).

[1969] *Many-valued Logic*, New York (McGraw-Hill).

RESCHER, N. — NAT, A. V.

[1973] On alternatives in epistemic logic, *JPL* **2**, 119–135.

RESCHER, N. — URQUHART, A.
[1971] *Temporal Logic*, Wien—New York (Springer).
RINE, D. C. (Hrsg.)
[1977] *Computer Science and Multiple-Valued Logic*. Theory and Applications, Amsterdam (North-Holland).
RITTER, J. — GRÜNDER, K. (Hrsg.)
[1984] *Historisches Wörterbuch der Philosophie*. Bd. 6, Basel—Stuttgart (Schwabe & Co.).
ROLF, B.
[1981] Topics on Vagueness, Phil. Diss., Univ. Lund.
ROSE, A. — ROSSER, J. B.
[1958] Fragments of many-valued statement calculi, *Transactions of the American Mathematical Society* 87, 1—53.
ROSENBERG, I. G.
[1977] Completeness properties of multiple-valued logic algebras, in: *Computer Science and Multiple-valued Logic*. Theory and Applications (D. C. Rine, Hrsg.), Amsterdam (North-Holland), S. 144—186.
ROSSER, J. B.
[1969] *Simplified Independence Proofs*, New York—London (Academic Press).
ROSSER, J. B. — TURQUETTE, A. R.
[1952] *Many-Valued Logics*, Amsterdam (North-Holland).
ROUTLEY, R.
[1970] Extensions of Makinson's completeness theorems in modal logic, *ZML* 16, 239—256.
RUSSELL, B.
[1905] On denoting, *Mind*, N. S. 14, 479—493.
[1923] Vagueness, *Australasian Journal of Philosophy* 1, 84—92.
RUTLEDGE, J. D.
[1960] On the definition of an infinitely many-valued predicate calculus, *JSL* 25, 212—216.
SALWICKI, A.
[1970] Formalized algorithmic languages, *Bull. Acad. Polon. Sci.* 18, 227—232.
[1974] Programmability and Recursiveness, Dissertation, Univ. Warschau.
[1978] On algorithmic theory of stacks, in: *Mathematical Foundations Computer Sci.* 1978, Proc. 7th Symp. Zakopane (J. Winkowski Hrsg.), Lecture Notes Computer Sci., Bd. 64, Berlin (West) etc. (Springer), S. 452—461.
SÁNCHEZ GARCÍA, A.
[1985] Tableaux sémantiques pour la logique des normes Kalinowskienne, in: KALINOWSKI/SELVAGGI [1985], S. 197—205.
SCARPELLINI, B.
[1962] Die Nichtaxiomatisierbarkeit des unendlichwertigen Prädikatenkalküls von Łukasiewicz, *JSL* 17, 159—170.
SCHNEIDER, H. H.
[1961] A syntactical characterization of the predicate calculus with identity and the validity in all individual-domains, *Portugaliae Math.* 20, 105—117.

SCHREIBER, P.
[1977] *Grundlagen der Mathematik*, Berlin (Deutscher Verl. Wiss.).
SCHRÖTER, K.
[1943] Was ist eine mathematische Theorie?, *Jahresberichte der Deutschen Mathematiker-Vereinigung* **53**, 69—82 (Nachdruck in: BERKA/KREISER [1983]).
[1955] Methoden zur Axiomatisierung beliebiger Aussagen- und Prädikatenkalküle, *ZML* 1, 241—251.
[1955—58] Theorie des logischen Schließens, *ZML* 1, 37—86; 4, 10—65.
SCHÜTTE, K.
[1968] *Vollständige Systeme modaler und intuitionistischer Logik*, Berlin (West) etc. (Springer).
SCHWEIZER, B. — SKLAR, A.
[1960] Statistical metric spaces, *Pacific Journal of Mathematics* **10**, 313—334.
[1961] Associative functions and statistical triangle inequalities, *Publicationes Mathematicae Debrecen* 8, 169—186.
SCOTT, D.
[1970] Advice on modal logic, in: *Philosophical Problems in Logic*. Some Recent Developments (K. Lambert Hrsg.), Dordrecht (Reidel), S. 143—173.
SEARLE, J. R.
[1971] *Sprechakte*, Frankfurt/M. (Suhrkamp).
ŠECHTMAN, V. B.
[1977] O nepolnych logikach vyskazyvanij, *Doklady Akademii Nauk SSSR* **235**, 542—545.
SEGERBERG, K.
[1970] Modal logic with linear alternative relations, *Theoria* **36**, 301—322.
[1971] *An Essay in Classical Modal Logic*, Uppsala.
[1977] A completeness theorem in the modal logic of programs, *Notices of the AMS* **24**, A-552.
SEUREN, P. A. M.
[1980] Dreiwertige Logik und die Semantik natürlicher Sprache, in: *Grammatik und Logik*. Jahrbuch 1979 des Instituts für deutsche Sprache (J. Ballweg, H. Glinz Hrsg.), Düsseldorf (Schwann), S. 72—103.
[1985] Discourse semantics, Oxford (Blackwell).
SIDORSKY, A.
[1965] A note on three criticisms of von Wright, *Journal of Philosophy* **62**, Nr. 24, 739—742
SILVERSTEIN, H.
[1974] Von Wright's deontic logics, *Philosophical Studies* **25**, 365—371.
SINOWJEW — siehe ZINOV'EV
SKOLEM, TH.
[1957] Bemerkungen zum Komprehensionsaxiom, *ZML* 3, 1—17.
[1958] Mengenlehre gegründet auf einer Logik mit unendlich vielen Wahrheitswerten, in: *Sitzungsberichte der Berliner Mathematischen Gesellschaft* 1957/58, Berlin (West), S. 41—56.
[1963] Studies on the axiom of comprehension, *NDJFL* 4, 162—170.

SKYRMS, B.
[1968] Supervaluations: identity, existence and individual concepts, *The Journal of Philosophy* **65**, 477–482.

SŁUPECKI, J.
[1936] Der volle dreiwertige Aussagenkalkül, *CR Varsovie*, cl. III, **29**, 9–11. (Gekürzter Nachdruck in: BERKA/KREISER [1983], 152–153.)

SMIRNOV, V. A. (Hrsg.)
[1981] *Semantika modalnych i intensionalnych logik*, Moskau (Progress).

SOETEMAN, A.
[1973] Some remarks about two famous paradoxes of deontic logic, *Logique et Analyse* **16**, Nr. 61–62, 273–283.

SOKULER, Z. A.
[1977] Problema kvantifikacii v modalnoj logike, in: *Metody Logičeskogo Analiza*, Moskau (Nauka), S. 46–68.

STALNAKER, R. C.
[1968] *A Theory of Conditionals*, Oxford.
[1970] Pragmatics, *Synthese* **22**, 272–289.
[1976] Indicative conditionals, in: *Language in Focus*. Foundations, Methods and Systems: Essays in Memory of Yehoshua Bar-Hillel (A. Kasher Hrsg.), Dordrecht (Reidel), S. 98–112.

STAPP, L.
[1983] Axiomatix approach to the system of files, in: *Logics of Programs and Their Applications*, Proc. Poznan 1980 (A. Salwicki Hrsg.), Lecture Notes Computer Sci., Bd. **148**, Berlin (West) etc. (Springer), S. 270–294.

STECHOW, A. VON
[1981] Presupposition and context, in: *Aspects of Philosophical Logic* (U. Mönnich Hrsg.), Dordrecht (Reidel), S. 157–224.

STEGMÜLLER, W.
[1969] *Wissenschaftliche Erklärung und Begründung*, Berlin (West)–Heidelberg–New York (Springer).

STEINACKER, P.
[1978] Paradoks logičeskogo vsevedenija i sverchslabye modal'nye isčislenija, in: *Modal'nye i intensionalnye logiki*. Tezisy koordinacionnogo soveščanija, Moskau (Institut Filosofii Akademii Nauk SSSR), S. 168–172.
[1985] A note on neighbourhoods, *Bulletin of the Section of Logic* **14**, 94–98.

STELZNER, W.
[1977] Grundbegriffe der Theorie der Diskussion und epistemische Logik, in: WESSEL [1977], S. 187–206.
[1978] Diskussion und Logik, *Deutsche Zeitschrift für Philosophie* **26**, 209–221.
[1984] *Epistemische Logik*. Zur logischen Analyse von Akzeptationsformen, Berlin (Akademie-V.).
[1985] De dicto, de re und Quantifikation in der alethischen Modallogik, *Untersuchungen zur Logik und zur Methodologie* **2**, 52–72.

[1985b] Quantifikation und epistemische Kontexte, in: *Entwicklungstendenzen nichtklassischer Logiken und Probleme ihrer Geschichtsschreibung*, Halle, S. 54–61.

STRAWSON, P. F.

[1950] On referring, *Mind*, N. S. 59, 320–344.

[1952] *Introduction to Logical Theory*, London (Methuen).

STREHLE, P.

[1983] Zur Begründung und Darstellung mehrdimensionaler mehrwertiger Logiken, Dissertation B, Karl-Marx-Universität Leipzig.

SUPPES, P.

[1970] *A Probabilistic Theory of Causality*, Amsterdam (North-Holland).

SUSZKO, R.

[1949] Rezension zu: Łoś [1948], *JSL* 14, 64–65.

ŚWIRIDOWICZ, K. — WRONKOWSKA, S. — ZIELIŃSKI, M. — ZIEMBIŃSKI, Z.

[1975] O nieporozumieniach dotyczacych tzw. „norm zezwalajacych", *Państwo i Prawo* 7, 57–64.

SZALAS, A.

[1981] Algorithmic logic with recursive functions, *Fund. Inform.* 4, 975–995.

[1983] A note on proving partial correctness of processes communicating by signals, in: *Proc. Internat. Summer School of* LOGLAN, Zaborow.

TARSKI, A.

[1936] Über den Begriff der logischen Folgerung, in: *Actes Congres Internat. de Philosophie Scientifique* 1935, Bd. VII. Paris (Hermann), S. 1–11. (Gekürzter Nachdruck in: BERKA/KREISER [1983], 404–413.)

THIELE, H.

[1958] Theorie der endlichwertigen Łukasiewiczschen Prädikatenkalküle der ersten Stufe, *ZML* 4, 108–142.

THOMASON, R. H.

[1972] Semantic analysis of tense logics, *JSL* 37, 150–158.

[1977] Semantics, pragmatics, conversation, and presupposition, in: *Proc. Texas Conference on Performatives, Presuppositions and Implicatures* (A. Rogers, B. Wall, J. P. Murphy Hrsg.), Arlington, S. 161–166.

THOMASON, S. K.

[1979] Truth-value gaps, many truth values and possible worlds, in: *Syntax and Semantics.* Vol 11: *Presupposition.* (D. A. Dineen, C. K. Oh Hrsg.), New York (Academic Press), S. 357–369.

TOKARZ, M.

[1977] A method of axiomatization of Łukasiewicz logics, in: *Selected Papers on Łukasiewicz Sentential Calculi* (R. Wójcicki, G. Malinowski Hrsg.), Wrocław (Ossolineum), S. 113–117.

TURQUETTE, A. R.

[1967] Peirce's Phi and Psi operators for triadic logic, *Transactions Ch. S. Peirce Society* 3, 66–73.

UCHII, S.
[1974] "Ought" and conditionals, *Logique et Analyse* **17**, Nr. **65–66, 143–164.**
URCHS, M. P.
[1978] Przeglad rezultatow badan semantycznych nad logikami modalnymi, Preprint, Univ. Torun.
[1981] Semantische Typen für klassische Modallogiken, *Wissenschaftliche Zeitschrift Martin-Luther-Universität Halle*, Mathemat.-naturw. R., **30**, 71–80.
[1981 a] Kripke-style semantics for Jaśkowski's system Q_f, *Bulletin of the Section of Logic* **10**, 24–29.
[1982] Systeme mit Kausalimplikationen, die von modalen Logiken ausgezeichnet werden (poln.), Dissertation A, Universität Torun.
VAN BENTHEM, J. F. A. K.
[1979] Syntactic aspects of modal incompleteness theorems, *Theoria* **45**, 63–77.
VAN FRAASSEN, B. C.
[1966] The completeness of free logic, *ZML* **12**, 219–234.
[1968] Presupposition, implication, and self-reference, *The Journal of Philosophy* **65**, 136–152.
VASILEV, N. A.
[1910] O častnych suždeniach, o treugol'nike protivopoložnostej, o zakone isklučënnogo četvertogo, *Učënie Zapiski Kazan'skogo Universiteta*, Kazan.
[1912] Voobražaemaja (nearistoteleva) logika, *Žurnal Ministerstva Narodnogo Prosveščenija* **40**, 207–246.
VIEHWEGER, D.
[1983] Semantik und Sprechakttheorie, in: *Richtungen der modernen Semantikforschung* (W. Motsch, D. Vieweger Hrsg.), Berlin (Akademie-V.), S. 145–245.
WAJSBERG, M.
[1931] Aksjomatyzacja trojwartosciowego rachunki zdan, *CR Varsovie*, cl. III, **24**, 126–148 (engl. Übersetzung in [1977]).
[1935] Beiträge zum Metaaussagenkalkül. I, *Monatshefte für Mathematik und Physik* **42**, 221–242 (engl. Übersetzung in [1977]).
[1977] *Logical Works* (S. J. Surma Hrsg.), Wrocław (Ossolineum).
WEINBERGER, O.
[1970] Normenlogik anwendbar im Recht, *Logique et Analyse* **13**, N. 49–50, 93–106.
[1973] Erwiderung auf A. Soetemans Kritik und seine Reformversuche der deontischen Logik, *Logique et Analyse* **16**, Nr. 61–62, 285–292.
[1973 a] Der Erlaubnisbegriff und der Aufbau der Normenlogik, *Logique et Analyse* **16**, Nr. 61–62, 113–142.
[1974] *Studien zur Normenlogik und Rechtsinformatik*, EDV und Recht, Bd. 7, Berlin (West) (J. Schweitzer Verlag).
[1985] Die Bedeutung der Logik für die moderne Rechtstheorie, in: KALINOWSKI/SELVAGGI [1985], S. 109–145.
WESSEL, H.
[1972] Probleme topologischer Logiken, in: *Quantoren, Modalitäten, Paradoxien* (H. Wessel Hrsg.), Berlin (Deutscher Verlag Wiss.), S. 279–298.
[1977] (Hrsg.) *Logik und empirische Wissenschaften*, Berlin (Deutscher Verlag Wiss.).
[1984] *Logik*, Berlin (Deutscher Verlag Wiss.).

WESSEL, H. — WUTTICH, K.
[1977] Ein System der epistemischen Logik, in: WESSEL [1977], S. 150–163.
WHITE, R. B.
[1979] The consistency of the axiom of comprehension in the infinite-valued predicate logic of Łukasiewicz, *JPL* **8**, 509–534.
WILSON, D.
[1975] *Presuppositions and Non-Truth-Conditional Semantics*, London–New York (Academic Press).
WOLEŃSKI, J.
[1982] Deontic sentences, possible worlds and norms, *Reports on Philosophy* **6**, 65–73.
WOLF, R. G.
[1977] A survey of many-valued logic (1966–1974), in: *Modern Uses of Multiple-Valued Logic* (J. M. Dunn, G. Epstein Hrsg.), Dordrecht (Reidel), S. 167 to 323.
WOODRUFF, P. W.
[1970] Logic and truth value gaps, in: *Philosophical Problems of Logic* (K. Lambert Hrsg.), Dordrecht (Reidel), S. 121–142.
WRIGHT, G. H. VON
[1951] Deontic logic, *Mind*, N. S., **60**, 1–15.
[1963] *Norm and Action*. A Logical Enquiry, London (Routledge & Kegan Paul).
[1964] A new system of deontic logic, *Danish Yearbook of Philosophy* **1**, 173 bis 182. (Nachdruck in: HILPINEN [1971], S. 105–114.)
[1968] *An Essay in Deontic Logic and the General Theory of Action*, Acta Philosophica Fennica **21**, Amsterdam (North-Holland).
[1974] *Causality and Determinism*, New York–London (Academic Press).
[1974a] Handlungslogik, in: LENK [1974], S. 9–24.
WUTTICH, K.
[1976] Epistemische Logik, *Deutsche Zeitschrift für Philosophie* **24**, 840–847.
[1977] Probleme der epistemischen Logik, Dissertation A, Berlin.
ZADEH, L. A.
[1965] Fuzzy sets, *Information and Control* **8**, 338–353.
ZEMAN, J. J.
[1973] *Modal Logic*. The Lewis-modal Systems, Oxford.
ZIEMBA, Z.
[1969] *Logika Deontyczna jako Formalizacja Rozumowań Normatywnych*, Warschau (PWN).
[1971] Deontic syllogistic, *Studia Logica* **28**, 139–159.
[1983] *Analityczna Teoria Obowiazku*, Warschau (PWN).
ZINOV'EV, A. A. (SINOWJEW)
[1968] *Über mehrwertige Logik*. Ein Abriß, Berlin–Braunschweig–Basel (DVW–Vieweg–Winter).
[1975] Očerk epistemičeskoj logiki, *Theorie a Metoda* **7**, 37–46.

Namenverzeichnis

Stichwortverzeichnis